基礎から学ぶ

生物学・細胞生物学

第4版

著／和田　勝　編集協力／髙田耕司

羊土社
YODOSHA

第4版の序

ついに第4版を出すまでになった．光陰矢の如しというように，初版を2006年12月に世に問うてから，もう14年の月日が流れたのだ．幸いなことに，教科書として大勢の方々に受け入れてもらえたようで，本書を教科書として採用された先生方，利用してくださった学生の方々に心から感謝している．また，この間，多くの方々からいただいた記述の誤りなどの丁寧な指摘を受けて，訂正したり書き加えたりした．この点についても，あらためて感謝したい．

前回の改訂では，カラー化をするために，図版の準備などに追われたが，全図版がカラー化されたことで，とても分かりやすくなったと思っている．特にタンパク質の立体構造が分かりやすくなった．その陰に隠れて，内容の記述の踏み込んだ改訂は十分ではなかったので，今回，読者からの指摘が多くあった発生と免疫の章は，書き加えて配列を整えた．特に免疫の章は，自然免疫に関する新たな知見が多くあり，大幅に書き加えた．改めて通して読んでみて，免疫現象も進化の過程を色濃く反映していることが，浮かび上がったような気がする．その他の章も，書き加えたり配列を変えたりした．より一層わかりやすくなったと感じていただければ幸いである．

今の時代は，生物学の知識はもはや必須となってきている．ネット社会になって，様々な情報が飛び交うなかで，どれが正しい情報であるかを的確に判断するためには，生物学の基礎的な知識がぜひとも必要である．進化という歴史を必然的に背負ってこの地球上に暮らしている生物，しかも孤立しているのではなく，お互いにつながりあい，影響しあって生きている生物，同じように見えてそれぞれが全く同一でない生物．このことを理解するために，生物学を，地球上の生き物全体を見渡す大きな視点と生き物がもつ個々の現象に立ち入ったミクロの視点で，理解することが必要なのである．専門課程に進んで，ミクロの視点で生命現象を理解し，研究するようになった時にも，そのことを理解し，この本で学んだことがバックグラウンドとして役に立ってくれれば幸いである．

「役に立つ」と書いたが，そんなことより，もっと大事なことがある．それは身びいきな言い方かもしれないが，生物学はおもしろいのである．だって身の回りにいる様々な生き物が，どんな戦略で「生きている」かを知ることができるのだもの．この教科書を使って学ぶ生物学が，おもしろくてワクワクすると感じて学び取ってくれれば，著者としてとてもうれしい．

2020年9月

和田　勝

第3版の序

ついにカラー化された第3版の出版にこぎつけることができた．正直，とてもうれしい．ここに至ることができたのも，ひとえに多くの読者の方々に受け入れていただいたおかげである，あらためて感謝したい．

今回の第3版の改訂にあたっては，①冒頭にあるように図版を含めてカラー化，②新しい高校の教科書への対応，③これまで寄せられたご意見への対応，④演習の追加，⑤編集協力者として髙田耕司さんへの参加要請，を行った．

①カラー化にあたっては，図版のカラー化とともに，いくつかの図版を加え，新しく描き直した．タンパク質などの立体構造はすべてパソコンで描き直し，その際に利用したPDBコードを各図のキャプションの最後に付した．これを使い演習で述べる手順を踏めば，誰でも自分のパソコン上で立体図を再現し，操作できるはずである．②新しい高校の教科書はずいぶんと分子生物学の内容が付け加わったが，それに伴い生物学・細胞生物学の学問としての発展の流れが見えにくくなった．本書では，対応した内容を付け加えつつ，これまでの版の良い点である，「読める教科書」からは逸脱しないように努めた．③寄せられたご意見を参考にして，全体を見直して書き直したり，書き加えたりした．わかりやすくなったと思っていただければ幸いである．④これまでの確認問題に加えて，手を動かして学べる「演習」を新たに追加した．読者が積極的に演習を行うことにより，本書の内容をより理解できるように工夫したつもりである．解答などは羊土社のホームページに載せてインターネットで利用できるようになっているが，まずはアクティブ・ラーニングを実践してほしい．⑤今回から東京慈恵会医科大学の髙田耕司さんに編集の段階から加わっていただき，全体を丁寧に読んでもらった．別な視点からの有益なコメントを得て，書き加えたり直したりしたところがたくさんある．

第2版の序文に「誤りとあいまいな記述は徹底的に除き」と書いたが，第3版への改訂の過程で読み直してみると，まだ誤りやあいまいな記述が出てきて，汗顔の至りであった．できる限り訂正したつもりだが，疑問に思う点などがあったら，ご指摘，ご意見を寄せてほしい．さまざまな方法で対処していくつもりである．確認問題や演習などをサプリメント・インフォメーションとしてさらに加えていけたらとも思っている．

と，ここまでいろいろ書き連ねてきたが，第2版の序文の最後に書いたように，生物っておもしろい，生きているってすばらしい，という感覚を大切に思う気持ちで本書を改訂している点は変わりない．生命現象の探求に深く分け入るにつれ，生物の進化，生物同士のつながりだけでなく，生命現象をつかさどるシステム同士のつながり，ネットワークの複雑さに，ますます興味をそそられる．読者の方々が生命現象を理解するとともに，そのような感覚を共有できたならば，望外の喜びである．

最後になったが，改訂の過程で羊土社の編集部の方々，特に鈴木美奈子氏，望月恭彰氏には大変お世話になった．この場を借りてお礼申し上げる．

2015年11月

和田　勝

第2版の序

本書は『基礎から学ぶ生物学・細胞生物学』というタイトルで，大学1，2年生向けの生物学の教科書として2006年11月に出版された．本屋さんの片隅で，他の優れた教科書の陰に隠れて，やがて消えていくのではないかという著者の懸念とは異なり，幸いなことに多くの方に受け入れていただき増刷を重ねることができ，今回，第2版を出版できる運びとなった．支持していただいた読者の方々にはお礼を申し上げるとともに，誤りに対するご指摘，さまざまなご教示をくださった方々にもお礼を申し上げる．増刷の度に指摘していただいた誤りを正してきたつもりだが，今回，もう一度読み直して，まだ誤りや文章の至らなさが残っていることを見つけ，製造物責任法（PL法）にひっかかるのではないかしらと，汗顔の至りだった．

第2版を制作するにあたっては，誤りとあいまいな記述は徹底的に除き，本の分量をあまり増やすことなく新しい知見とトピックを若干加え，さらに各章の末尾に「確認問題」を加え，索引を充実させた．特に確認問題は，自分で解答を作ることによって，もう一度読み直し，あいまいなところを整理することを促すような設問，また自分で積極的に調べることを促すような設問になるよう努力したつもりである．蛍光ペンでただ印をつけて重要語句を覚え込むだけでなく，それらを使って自分の言葉で，わかりやすく説明する努力をしてみてほしい．そのために参照や索引を多くした．初版の「序」に書いたように，「しおり」を挟んで「行ったり来たり」の作業を繰り返してみてほしい．

といっても，生物学を学ぶことがおもしろくなくては意味がない．これも初版の「序」に書いたことだが，そのために，本書はなるべく記述にストーリーを持たせるように書いたつもりである．また，教科書に主張があってもいいと思って，そのような書き方をしてある個所がふつうの教科書に比べたら多くなっているはずである．その主張とは，「生物多様性の認識」と「生き物バンザイ」ということである．ここには，ヒトもこの地球上の生物の一員なのだという自覚が込められている．2010年は「国際生物多様性年」であり，10月には「COP10（生物多様性条約第10回締約国会議）」が名古屋で開かれた．生物の多様性が失われつつあることに，ヒトはかなり責任があるのだと考える必要があるのだと思う．

生物を見ていると，どんな生物でも与えられた条件で精一杯生きていることを感じる．地球上の生物の一員として，そういった仲間の生き方を，生物学の視点で見ることができることはとても重要なのだと思う．生物学の情報量はますます増加しているけれど，それぞれの情報のつながり方が理解でき，どういう視点でとらえたらよいかがわかれば，あとは必要に応じて調べれば自ずと理解できるはずである．すべての人が生物学の基礎を理解することがますます必要なのだと思う．ここに書かれたさまざまな知識やダイナミックな生命現象を理解しながら，生物のおもしろさを感じていただければ幸いである．

2010年12月

和田　勝

初版の序

大学入試で「生物」を受験科目にしなかった理由を聞くと，物理や化学と比べて「憶えることが多すぎる」と言う学生が多い．たしかに，生物学の知識はいまや膨大なものになり，さらに日々，新しい知識がこれに加わるので，その量に圧倒されてしまう．

しかしながら，21世紀に生きるものとして生物学の基本的な事柄を知らずにいることはできなくなった．新聞を開けば，必ずDNAやマクロファージなどの生物用語が出てくる．DNAがどのような分子か，マクロファージはどんなはたらきをしているかという知識だけでなく，生物の多様性を考えるにしても環境問題を考えるにしても，生物学の知識が必要になる．幸いなことに，現代生物学の進歩により，複雑多岐な生命現象の根底にある，基本的な枠組みが明らかになってきた．基本的な枠組みが理解できれば，あとはそれを応用し発展させることにより，生物学のいろいろな事象を理解することは容易になる．

そこで本書では，科学とは何か，生物学とはどんな学問なのかを皮切りに，生物学の歴史を駆け足でたどることによって，生物学の基本的な枠組みがどのように解明されてきたかを理解できるようにした．また，こうして得られた枠組みの根底にある，生物の基本構造である「細胞」に焦点をあて，なるべく具体的な例をあげながら，順を追って話を進めていくように努力した．さらに細胞同士がどのように構築されて多細胞生物個体になるのか，細胞同士がどのように情報を交換しあってはたらいているのかを，その主役であるタンパク質を中心に記述した．タンパク質のはたらきについては，なるべく具体的な分子としてイメージできるように，形を示す図と関連づけて記述し，おもしろく読めるように心がけた．

序章から章を追って読んでいけば，生物学・細胞生物学の基礎から順に学んでいけるように構成したつもりだが，どうしても後で詳しく説明する事象がページの前のほうに出てきてしまうことがある．その場合は（○章－○参照）としてジャンプ先を示してあるので，現在のページに「しおり」を挟み，参照先のページへ飛んで一通り内容に眼を通してほしい．完全には理解できなくてもよいので，少しわかった状態でしおりを挟んだ位置に戻って，また読み進む．このような往復運動を厭わずに繰り返すと，次第に生物・細胞の全体像が見えてくるようになる．本書を読めば，大学で学ぶべき生物学の基本事項を一通り身につけることができるはずである．高校で生物を学んでいない学生も，本書を用いて，生物学を基礎からぜひとも学んでほしい．

生物学・細胞生物学の最初の一歩として本書を利用した読者が，読み進んでいくうちに生物学の基本的な枠組みを理解するとともに，生物学のおもしろさを実感していただけたら望外の幸せである．

2006年11月

和田　勝

目次概略

目　次

Column

■正誤表・更新情報
https://www.yodosha.co.jp/textbook/book/6463/index.html
本書発行後に変更，更新，追加された情報や，訂正箇所のある場合は，上記のページ中ほどの「正誤表・更新情報」を随時更新しお知らせします．

■お問い合わせ
https://www.yodosha.co.jp/textbook/inquiry/other.html
本書に関するご意見・ご感想や，弊社の教科書に関するお問い合わせは上記のリンク先からお願いします．

Webサービスのご案内

章末問題について

各章の最後に章末問題を掲載しています。復習や自主学習にお役立てください。

- 解答は，問題の右上にある **QRコード** を読み込むことによって，お手持ちの端末でご覧いただけます。

> QRコードのご利用には，専用の「QRコードリーダー」が必要となります。
> お手数ですが各端末に対応したアプリケーションをご用意ください。
> ※QRコードは株式会社デンソーウェーブの登録商標です。

- また，羊土社ホームページの**本書特典ページ**（下記参照）にも解答を掲載しております。

Supplemental Data について

目次で Supplemental Data マークのある演習は，本文と連動したデータを，本書特典ページよりダウンロードできます。理解を深めるためにぜひご活用ください。

特典ページへのアクセス方法

1. **羊土社ホームページ （www.yodosha.co.jp/）** にアクセス（URL入力または「羊土社」で検索）
2. 羊土社ホームページのトップページ右上の **書籍・雑誌付録特典**（スマートフォンの場合は**付録特典**）をクリック
3. **コード入力欄**に下記をご入力ください

   コード： **bud** - **iuol** - **edjq**　※すべて半角アルファベット小文字

4. 本書特典ページへのリンクが表示されます

   ※ 羊土社会員にご登録いただきますと，2回目以降のご利用の際はコード入力は不要です
   ※ 羊土社会員の詳細につきましては，羊土社HPをご覧ください
   ※ 付録特典サービスは，予告なく休止または中止することがございます．本サービスの提供情報は羊土社HPをご参照ください

生物史年表─本書に登場する人物

年代	人名	できごと
335BC～	アリストテレス ［*Aristoteles*,（*Aristotle* in English）384-322BC］	生物を分類する
1660～	レイ （*John Ray*, 1627-1705）	植物の分類
1665	フック （*Robert Hooke*, 1635-1703）	『*Micrographia*』出版 「細胞」の命名
1673～	レーウェンフック （*Anton van Leeuwenhoek*, 1632-1723）	単レンズ顕微鏡を製作し微生物を観察
1682	グルー （*Nehemiah Grew*, 1641-1712）	『*The Anatomy of Plants*』出版．比較解剖学の語を用いる
1735 1758	リンネ （*Carolus Linnaeus*, 1707-1778）	『自然の体系』初版出版 『自然の体系』10版発行
1796	ジェンナー （*Edward Jenner*, 1749-1823）	種痘法（予防接種）の発明
1801～	キュビエ （*Georges Cuvier*, 1769-1832）	比較解剖学と分類を結合，古生物学の確立
1809	ラマルク （*Jean Baptiste Lamarck*, 1744-1829）	『動物哲学』出版，用不用説
1830～33	ライエル （*Charles Lyell*, 1797-1875）	『地質学原理』出版
1831	ブラウン （*Robert Brown*, 1773-1858）	ブラウン運動の発見．細胞の「核」の命名
1838	シュライデン （*Matthias Jakob Shleiden*, 1804-1881）	「植物の基本単位は細胞」
1839	シュヴァン （*Theodor Schwann*, 1810-1882）	「動物の基本単位は細胞」，細胞説の完成
1843～66	オーエン （*Richard Owen*, 1804-1892）	比較解剖学，相同と相似の概念の確立
1839 1859	ダーウィン （*Charles Robert Darwin*, 1809-1882）	『ビーグル号航海記』出版 『種の起源』出版
1856～63 1865	メンデル （*Gregor Johann Mendel*, 1822-1884）	エンドウの交配実験 遺伝の法則を発表，翌年論文
1858	ヴィルヒョー （*Rudolf Virchow*, 1821-1902）	「すべての細胞は細胞から」
1858	ウォーレス （*Alfred Russel Wallace*, 1823-1913）	自然選択の考えを公表することをダーウィンに依頼
1862	パスツール （*Louis Pasteur*, 1822-1895）	生物の自然発生説の否定
1865	ベルナール （*Claude Bernard*, 1813-1878）	内部環境という概念を提唱
1869	ミーシャー （*Friedrich Miescher*, 1844-1895）	ヌクレイン（DNA）の発見
1900	ド・フリース，チェルマク，コレンス （*Hugo de Vries*, 1848-1935） （*Eric von Seysenegg Tschermak*, 1871-1962） （*Carl Erich Correns*, 1864-1933）	メンデルの法則の「再発見」
1908	ハーディーとワインベルグ （*Godfrey Harold Hardy*, 1877-1947） （*Wilhelm Weinberg*, 1862-1937）	集団遺伝学の基本法則の発見
1910	レビーン （*Phoebus Levene*, 1869-1940）	DNAの化学的研究（テトラヌクレオチド説）
1910～	モーガン （*Thomas Hunt Morgan*, 1866-1945）	ショウジョウバエの遺伝の研究（染色体地図）
1922～	ランドシュタイナー （*Karl Landsteiner*, 1868-1943）	ハプテンの発見（血液型の発見）

年代	人名	できごと
1927	マラー （*Hermann Joseph Muller*, 1890-1967）	X線による人為突然変異誘発の発見
1928	グリフィス （*Frederick Griffith*, 1879-1941）	肺炎球菌を用いた形質転換の実験
1932	キャノン （*Walter Bradford Cannon*, 1871-1945）	ホメオスタシスの提唱
1937	クレブス （*Hans Adolf Krebs*, 1900-1981）	TCA回路の発見
1941	ビードルとテイタム （*George Wells Beadle*, 1903-1989） （*Edward Lawrie Tatum*, 1909-1975）	一遺伝子一酵素説
1944	アベリー （*Oswald Avery*, 1877-1955）	形質転換因子がDNAであることを示唆
1949	シャルガフ （*Erwin Chargaff*, 1905-2002）	「DNAの塩基組成はA＋G＝T＋Cである」
1949	ポーリング （*Linus Pauling*, 1901-1994）	鎌形赤血球へモグロビンの電荷の違いを証明
1952	ハーシーとチェイス （*Alfred Hershey*, 1908-1997） （*Martha Chase*, 1927-2003）	遺伝子の本体はDNAであることを証明
1953	ワトソンとクリック （*James Dewey Watson*, 1928-　） （*Francis Harry Compton Crick*, 1916-2004）	DNAの二重らせん構造モデルを発表
1955	ケトルウェル （*Henry Bernard David Kettlewell*, 1907-1979）	工業暗化（小進化）の実験的証明
1956	イングラム （*Vernon Ingram*, 1924-2006）	鎌形赤血球へモグロビンは1つのアミノ酸が変異
1957	バーネット （*Frank Macfarlane Burnet*, 1899-1985）	クローン選択説
1958	メセルソンとスタール （*Matthew Meselson*, 1930-　） （*Frank Stahl*, 1929-　）	DNAの半保存的複製を分子レベルで証明
1961	ジャコブとモノー （*François Jacob*, 1920-2013） （*Jacques Monod*, 1910-1976）	オペロン説の提唱
1961	ヘイフリック （*Leonard Hayflick*, 1928-　）	ヒト繊維芽細胞の分裂に限界があることを発見
1962	下村　脩 （*Osamu Shimomura*, 1928-2018）	緑色蛍光タンパク質の発見
1965	カンデル （*Eric Richard Kandel*, 1929-　）	ウミウシの行動と記憶の神経機構の解明
1966	岡崎令治 （*Reiji Okazaki*, 1930-1975）	岡崎フラグメントの発見
1968	木村資生 （*Motoo Kimura*, 1924-1994）	分子進化の中立説の提唱
1972	エルドリッジとグールド （*Niles Eldredge*, 1943-　） （*Stephen Jay Gould*, 1941-2002）	断続平衡説の提唱
1976	利根川進 （*Susumu Tonegawa*, 1939-　）	抗体分子多様性の遺伝的メカニズムの発見
1992～	大隅良典 （*Yoshinori Ohsumi*, 1945-　）	オートファジーのしくみの解明
2006	山中伸弥 （*Shinya Yamanaka*, 1962-　）	iPS細胞の確立

用語の異同について

日本で使われる学術用語の多くは，明治になって英語などから翻訳されてつくられてきたが，分野によって訳語の不統一があった．そのため文部省（現・文部科学省）が主導して，それぞれの学問分野で使う学術用語を関連する学会が整理統一し，それが「文部省学術用語集」として出版されている．生物学の学術用語集には，動物学編と植物学編がある．

生物学を基礎とする医学や獣医学も生物学と同じ用語を使うが，歴史的な経緯などから，必ずしも同じ訳語が使われない場合がある．本書は，『学術用語集動物学編（増訂版）』（1988）に準拠しているので，医学の用語集のものとは異なる場合がある．以下に主な用語の異同を掲げておく．左端が動物学用語集登載のもの，右端が医学で使われる用語である（ただし，例外的に「うずまき管」は「蝸牛」，「微柔毛」は「微絨毛」，「柔毛」は「絨毛」を使用している）．

また第4版では，日本学術会議による報告書「高等学校の生物教育における重要用語の選定について（改訂）」（2019）も参考にした．

動物学用語	欧文表記	医学用語
うずまき管	cochlea	蝸牛
顆粒	granule	果粒
筋肉	muscle	筋
細精管	seminiferous tubule	精細管
細尿管	uriniferous tubule	尿細管
細胞小器官	organelle	細胞器官
柔毛	villi（複）	絨毛
神経冠	neural crest	神経堤
精原細胞	spermatogonia（複）	精祖細胞
精細胞	spermatid	精子細胞
繊維	fiber	線維
繊毛	cilia（複）	線毛
脳下垂体	hypophysis cerebri, pituitary gland	下垂体
微柔毛	microvilli（複）	微絨毛
卵原細胞	oogonia（複）	卵祖細胞

＊本書で使用している用語を下線で示す．

基礎から学ぶ

生物学・細胞生物学

第4版

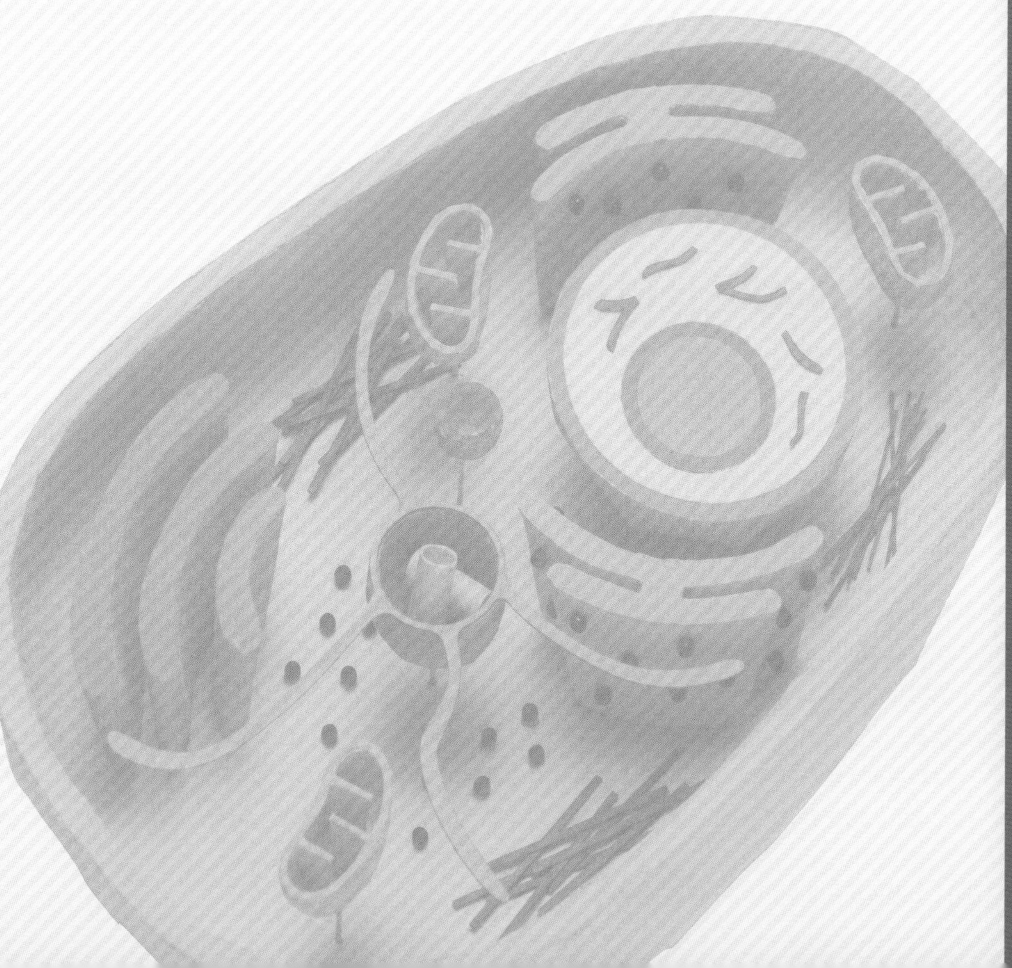

序章 はじめに

宇宙から原子まで，物質を構成する分子から分子間の反応様式まで，地球上の生物からその生命現象まで，科学は身の回りの自然現象を理解し，説明したいという人間の本能に根ざした活動である．そのために，まず自然現象を観察し，観察結果をデータとして記録し，それらを矛盾なく説明できることを目指す．一方，現象の観察からその要因を推定して仮に説明をし，その仮説が正しいかを実験を行って検証する方法論が確立した．実験によって仮説が証明されたら，そこからまた新しい仮説を立て，観察，仮説，実験による検証のサイクルを繰り返すことにより，説明できる範囲を広げていく．このような，科学的思考のプロセスは，日常生活の中でも因果関係を明らかにしていくために普通に使っている．こうして得られた科学的な事実が，いつでもどこでも必ず成り立つ場合は法則とよび，科学的事実や法則をまとめあげた自然現象の説明を理論とよんでいる．

生物学は，人間が生まれながらもっている生物や生命現象に対する強い関心に根ざした科学の一分野だが，生命現象が複雑なために，長い間，物理学や化学とは異なっていると思われてきた．生物には特有な生気が宿っていると考えられ，生物は自然に発生するとさえ思われていた．自然発生説が完全に否定されたのは19世紀中頃であり，生気論が否定されたのはさらに後である．現在では，生命現象は複雑ではあるが，物理学や化学と同じように科学の方法で説明できると考えられ，さまざまな観察や実験のための道具や機械が発明され，生物学は進歩し続けている．

0-1 科学とは何か？

1 科学とは

科学（Science）の語源はラテン語の「知ること（scientia）」で，「科学」とは「何かを知ること」そのものなのである．人間は，自分自身や身の回りの生物に興味があるだけでなく，身の回りに起きる自然現象，さらには月の満ち欠けや太陽の動きなどの天文現象を通じて宇宙までも知りたいと思ってきた．こうした人間の知りたいという欲求と，知ったことを説明したいという欲求が，科学を生み出す原動力となる．

自然現象を理解して説明したいという素朴な欲求は，次第に形を整え，17世紀の科学革命を経て近代科学として確立する．近代科学は「**発見と帰納**」と「**仮説と演繹**（えんえき）」という手順によって，自然現象を観察し，説明する方法を確立した（図0-1）．

❶「発見と帰納の科学」

帰納（induction）とは，論理学では観察などによる個別的な事象から一般的・普遍的な規則・法則を見出す推論方法をいう．英語のinduceは，まさに何かを引き出すという意味である．

この手法を念頭においた発見と帰納の科学の基礎となるのは，**観察や測定によって得られたデータの集積**である（図0-2）．したがって，科学が取り扱えるのは，観察し計測することのできる構造やプロセ

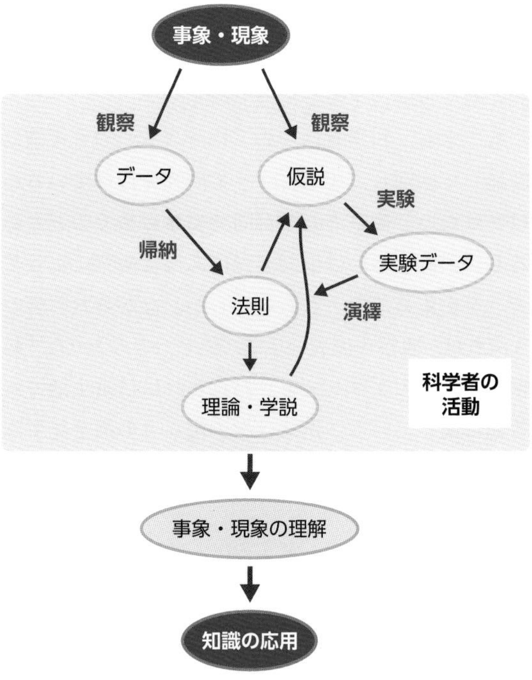
事象・現象
観察
観察
データ
仮説
実験
帰納
実験データ
法則
演繹
理論・学説
科学者の
活動
事象・現象の理解
知識の応用
●図0-1 「科学」のプロセス

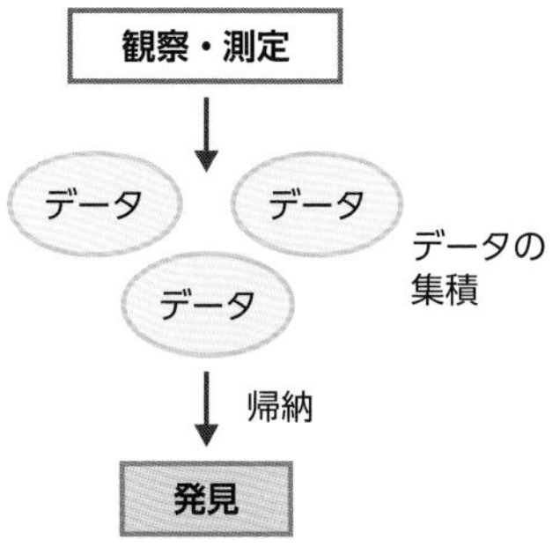
観察・測定
データ
データ
データ
データの
集積
帰納
発見
●図0-2 発見と帰納のプロセス

スである．科学では「観察あるいは測定できないもの」は証明することも否定することもできない．また，同じ手順を踏めば誰がやっても同じように観察することができ，測定できなくてはならない（**検証可能性**，testability）．

こうした観察や測定によって得られた検証可能なデータの集積が，発見の科学の基礎となる．生物学でも，これらのデータの集積をもとに，生物や生命現象を説明することができるようになる．このような方法は実験科学ではなく記載生物学だといって軽く見る向きもあるが，ヒューマンゲノム計画による「ヒトゲノム」の解読も，このやり方をとっている．ヒューマンゲノム計画とは，国際的な協力体制のもとに，組織的・計画的にヒトゲノムの解読を進めて，ともかくゲノムをすべて記述しようとする試みである（2003年に完了）．

しかしながら，これまでの多くの発見は，このような組織的・計画的なプロジェクトではなく，天才的な科学者あるいは好奇心旺盛な科学者による，幸運な発見（serendipity）によってなされてきた．ここでいう「幸運」は決してラッキー（lucky）という意味ではない．注意深い観察と，普段と異なる結果に対して「何故だ」と思って追求する知識と能力に裏打ちされた「幸運」である．

こうして集められたデータから，現象を説明するために，**帰納的論理**によって結論を導く．帰納的結論というのは，集められた多くのデータを矛盾なく説明できる包括的な結論である．例えば，「すべての生物は細胞からできている」という細胞説は，顕微鏡の発明後に多くの人たちによって観察された結果を，帰納して得られた結論である．

細胞説の例のように，注意深い観察とそれを説明する帰納的結論は，自然現象を理解するための基本的な方法である（図0-1）．

❷「仮説と演繹による科学」

演繹（deduction）とは，論理学では帰納とは逆方向の推論方法で，一般的な原理から個々の事象の確からしさを導き出す推論方法をいう．英語のdeduceは，まさに導き出すが語源である．

数学ではよくこの方法が使われるが，自然科学では一般的な原理を知りたいので，仮説演繹法といって，観察をもとに一般的な原理の代わりに仮の説明を**仮説**（hypothesis）として立て，これが当てはまるかどうかを確認する手法がとられる．仮説が正しいかどうかを検証するためには**実験**（experiment）が行われる（図0-3）．この仮説と演繹による科学が近代科学の最も基本的な手法である．

実験によって仮説が正しいことがわかったら，それに続く次の仮説を立て，それを試すための実験を行う．もしも仮説が実験によって否定されたら，部分的に仮説を修正するか，全面的に新しい仮説を立

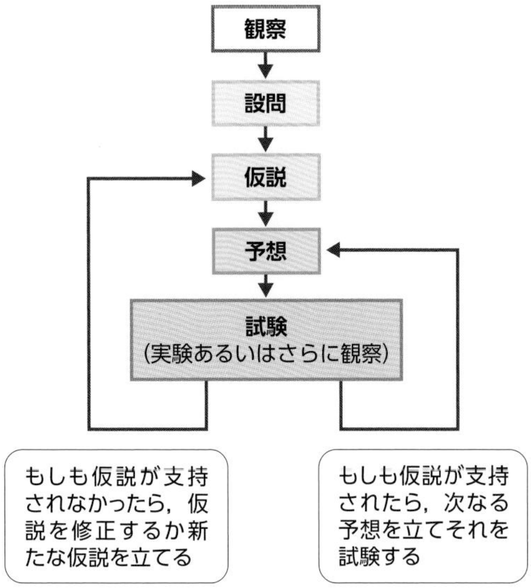
観察
設問
仮説
予想
試験
(実験あるいはさらに観察)
もしも仮説が支持されなかったら，仮説を修正するか新たな仮説を立てる
もしも仮説が支持されたら，次なる予想を立てそれを試験する

図0-3　仮説と演繹のプロセス

て直し，再び実験をする．このようなループを繰り返すことによって，観察をもとにして立てられた設問に対する解答を順番に得ていく．

もっとも，科学者はこのプロセスをいつも正確に認識して区別し，忠実に守って研究を行っているわけではない．観察と設問が同時にひらめくこともあるし，設問あるいは仮説が先にあって観察によってデータを集めることもある．しかしながらおおまかな流れは，観察→仮説→実験である．このような「**科学的思考**」のプロセスを，われわれは日常生活でも普通に使っている．例えば次の図0-4の例を見てみよう．

❸科学と似非科学

懐中電灯の例でわかるように，物事の因果関係を突き止めるためには，「**科学的な態度**（scientific

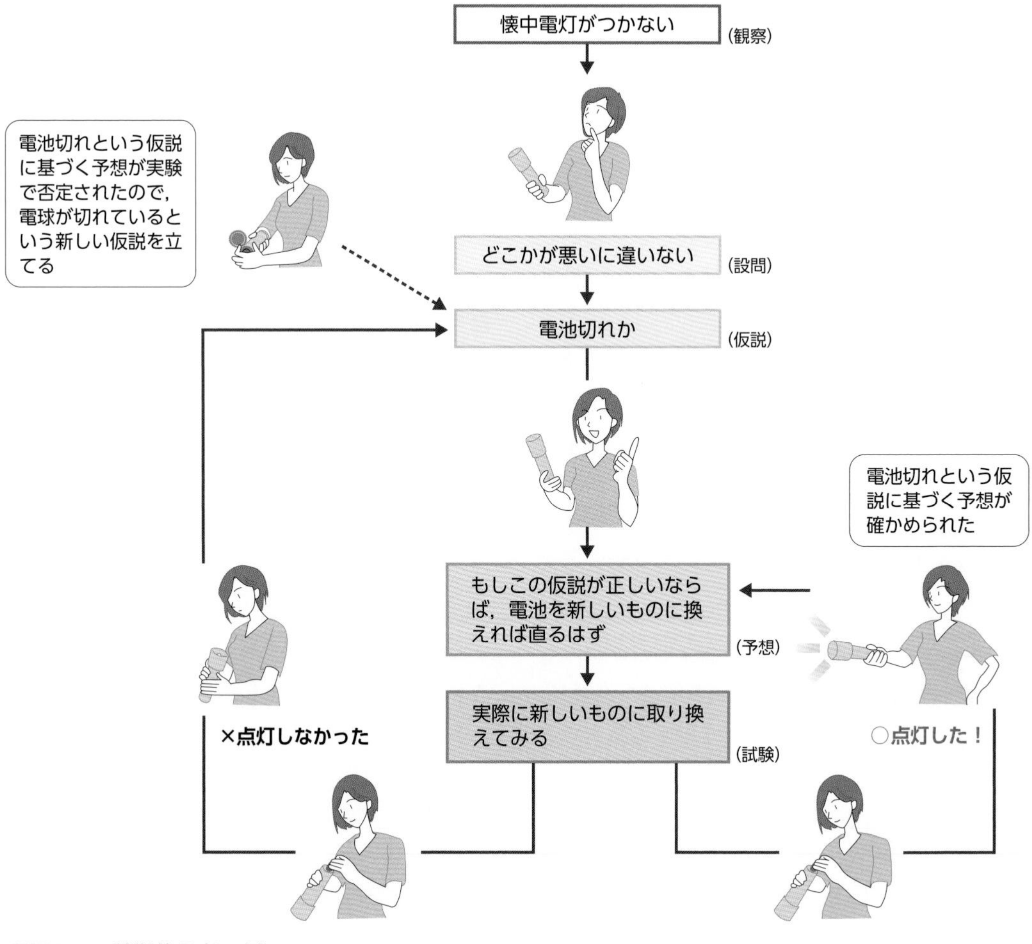
懐中電灯がつかない
(観察)
電池切れという仮説に基づく予想が実験で否定されたので，電球が切れているという新しい仮説を立てる
どこかが悪いに違いない
(設問)
電池切れか
(仮説)
電池切れという仮説に基づく予想が確かめられた
もしこの仮説が正しいならば，電池を新しいものに換えれば直るはず
(予想)
実際に新しいものに取り換えてみる
(試験)
×点灯しなかった
○点灯した！

図0-4　科学的思考の例
参考図書1をもとに作成．

attitude)」がきわめて重要である．もしも，図0-4の例で電池と電球の両方を同時に換えたら，点灯するようになったとしても，どちらが真の原因だったかはわからない．日常生活では困った問題が解決できればよしとするが，1つ1つ，因果関係を明らかにして進んでいく科学では，これでは困る．いずれにしても，必要な場面で正しく使える科学的態度を身につけたいものである．

科学が超常現象の説明と決定的に異なるのは，**繰り返し観察でき，検証が可能である点**である．一度だけの観察，しかもしばしば誤った観察から，もっともらしい検証不可能な結論を出すのは，科学ではなく似非（えせ）科学である．

2 法則と理論

上に述べた仮説検証の手続きによって得られた「**科学的な事実**（scientific fact）」のうち，一定の条件のもとでは，どこでも，どんな場合でも必ず成立するような相互関係を，**法則**（law）とよんでいる．生物学では「**メンデルの法則**」が有名である．メンデルがエンドウの実験結果を公表したときには，この結果がすべての生物に適用できるかどうか確かめられたわけではなかったが，メンデルの業績が再発見されたときに，その他の植物や動物にも適用できることがわかり，法則として成り立つことが示されて法則の名が与えられた．

たくさんの「科学的事実」や法則をまとめあげ，筋道を立てて説明した自然現象に対する解釈を**理論**（theory）という．生物学では「**ダーウィンの進化論**（進化の理論）」が有名である．理論が有用なのは，それによって新しい認識の方法が提供されるからである．その結果，新しい見方が生じ，新しい仮説が立てられ，新しい実験が生まれる．優れた理論ほど，このような波及効果が大きい．その意味で，ダーウィンの進化論は優れた理論である．

理論というのは，自然現象の解釈のしかたなので，新しい事実が見つかって理論に破綻が生じれば，その理論は訂正を受ける．ダーウィンの進化論も生物が進化したという大筋では正しいが，すべてが絶対に正しいと決まったものではない．

0-2 生物学とは，生物学の方法

1 生物学とは

ヒトは生まれながらに，生物や生命現象に対する強い関心をもっている．誰かに教えられなくても，ヒトはごく自然に，ペットを飼ったり，花を育てたり，バードウォッチングをしたり，海岸の潮溜まりで生き物を探したりする．生き物を飽きることなく見ていることもできる．ただ漫然と見ているだけでなく，観察結果を文章にしたり，スケッチを描いたりもする．ラスコーの壁画を見ても，太古の昔から，ヒトがいかに優秀な観察者であったかがよくわかる．

生物学は，こうした人間の性質を土台に，近代科学の方法論と手技によって，生物そのものから生物の示すさまざまな生命現象までを明らかにしようとする，物理学や化学と並ぶ科学の一分野である．

2 生物学は特殊だった？

生物学は，長い間，物理学や化学とは少し違うと思われてきた．生物には，無機物にはない特殊な「生気（vital force）」が宿っているのだという考えが根強く残っていたからである．生物学の歴史を紐解いてみれば，生気論がつい最近まで幅を利かせていたことがわかる．

生物の自然発生が完全に否定されたのは1862年で，**パスツール**が行った「**白鳥の首**」とよぶ特殊な形をしたフラスコを使った実験（図0-5）によってである．その後，次第に生命現象が有機化学の知識で説明できるようになる．発生学の分野では，単純な受精卵から完全な成体があまりにも見事に発生するので，20世紀になってもエンテレヒーとよぶ特殊な要素が存在すると主張されたが，それも否定される．

今では，生物に特殊な生気が存在すると考える科学者はいない．生物学も，物理学や化学と全く同じ方法論を使う．ただ時として，生物と生命現象があまりにも複雑で見事なために，何故だろうと思う前に感嘆してしまうことが多いのも事実である．

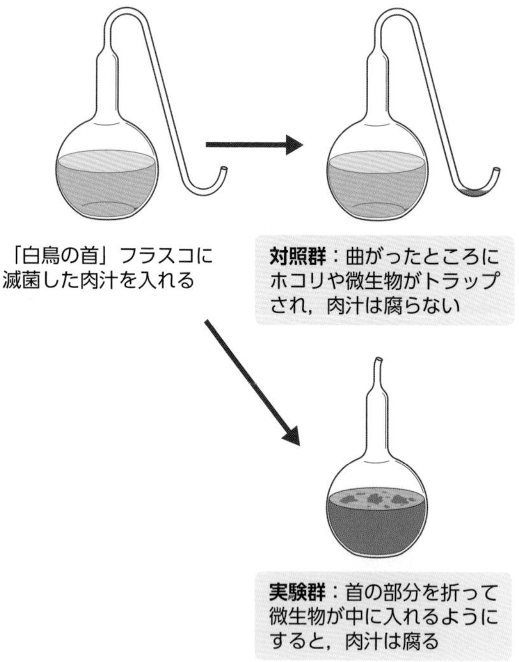
「白鳥の首」フラスコに
滅菌した肉汁を入れる
対照群：曲がったところに
ホコリや微生物がトラップ
され，肉汁は腐らない
実験群：首の部分を折って
微生物が中に入れるように
すると，肉汁は腐る

●図0-5　パスツールの実験

●表0-1　細胞生物学を支える技術の例

<細胞を操作する>
細胞培養技術
セルソーターによる細胞選別
<細胞や分子を観察する>
抗体や蛍光色素などを使った染め分けの技術
放射性同位元素などを使ったトレーサー技術
顕微鏡の改良（共焦点顕微鏡など）
緑色蛍光タンパク質（GFP）による可視化
<物質を抽出・分離する>
遠心分離などによる細胞分画法
ゲル濾過などのクロマトグラフィー
電気泳動
<DNA・遺伝子を操作する>
塩基配列決定法
組換えDNA技術
PCR（Polymerase Chain Reaction）
クローニング・ライブラリー作製
ノックアウト動物作製
ゲノム編集
<データを解析・蓄積する>
コンピュータによる解析技術
データベース構築

3 仮説を立てるために

科学の出発点は観察である．観察して生まれた「何故だ」という疑問が出発点になる．もっとも，今，リンゴが落ちるのを見て「何故だ」という疑問を抱いても，それはすでにニュートンが観察し，その理由を説明してしまっている．動物が行動しているのを見て，どうして脚が動くのだろう，という疑問は，筋肉による収縮の結果であることはわかっているし，筋肉の収縮はどうして起こるのかという疑問は，アクチンとミオシンという2つのタンパク質分子の相互作用（⇒5章-2 3）によることもすでにわかっている．しかしさらに進んで，2つのタンパク質の相互作用がどのようなものかという疑問になると，まだわからない点が出てくる．研究者は，すでに得られている知識の集積を，教科書や原著論文を読んでよく理解し，そのうえで観察や実験を行う．

4 観察のための道具

観察や実験を行うためには，さまざまな手技や道具を使うので，道具の発達が生物学を発展させてきた．近代生物学の発展は，道具の発達の歴史でもある．肉眼による観察では小さな生物や，生物の細かな部分を観察することはできない．そこで眼の機能を補い，小さなものを拡大させるためにレンズが使われ，さらにレンズを組合わせ，遠くを見るために双眼鏡（binocular），拡大するために顕微鏡（microscope）が発明された．この2つは生物学にとって必須の道具である．

その他，現代生物学ではさまざまな技術や道具（表0-1）を使って観察をし，実験を行っている．これらの道具を使うことにより，観察や実験ができる生物学の領域が飛躍的に広がったのである．

1章 生物学の基本

この地球上には多様な生物が生存しているが，これらの生物を似たもの同士でグループに分け，さらに大きなグループにまとめることができる．このような秩序は，神の意思によって生物が創造されたためだと考えられていた時代もあったが，現在では，長い地球の歴史の過程で，共通の祖先から進化し，枝分かれしてきたためだと考えられるようになった．

顕微鏡の発明により，生物は細胞を基本的な単位として，細胞が多数集まって構成されていることが明らかになる．生物のかたちやはたらきは，その生物に固有な遺伝子（設計図）によって決まり，この設計図を次の世代に引き継ぐこと（遺伝）によって種として存続している．そのために同じ種はお互いに似ており，種が違えば区別ができるのである．その後遺伝子がどのように次の世代へ伝えられるかも明らかになり，共通の祖先から多様な種が生まれたのは，長い時間の間に突然変異によって設計図が書き換えられ，その変更が次世代に伝えられて個体群内に広がって固定されたためだと理解されるようになった．

多細胞生物は，多数の細胞が集まってできているが，単なる集合体ではなく階層構造をとっている．細胞ははたらきに応じて形を変え，はたらきの同じ細胞は集まって組織をつくり，組織は器官をつくり，これが組合わさって個体を構成している．

この章では，以上のような生物学の基本となる事項を，歴史をたどりながら概観し，生物学の基本的な枠組みを理解していく．

1-1 地球上には多様な生物が生息している

1 人は区別する

地球上にはさまざまな生物が生息している．2010年の時点で，記録されているだけで植物が約37万種，動物が約136万種あり（合計約173万種），未発見の種を含めると地球上には500万から1億種の生物がいるだろうといわれている．しかし，そもそも173万種というのはどうやって区別され，整理されてきたのだろうか．

おそらくヒトも最初は食べられるものと食べられないものを区別し，さらに細かい区別をするようになっていったのであろう．パプアニューギニアに住む先住民の一族は，その地域に生息する鳥をひとまとめにして鳥（もちろん先住民の言葉で）というのではなく，137種類に区別して認識し，それぞれ固有の名前でよんでいた．この数は，現在の分類学が区別した，138種の鳥とほとんど同じで，わずかに1種だけを他の種と混同していたに過ぎなかったという．

われわれは動物を見たとき，直感的にこれとあれは似ている，と判断できることが多い．例えば，ブルドッグとセントバーナードを見たとき，形態や風貌がかなり異なっているにもかかわらず，同じイヌだと判断できる．これらのイヌを，ゾウやキリン，あるいはネコの仲間だと間違えることはない．

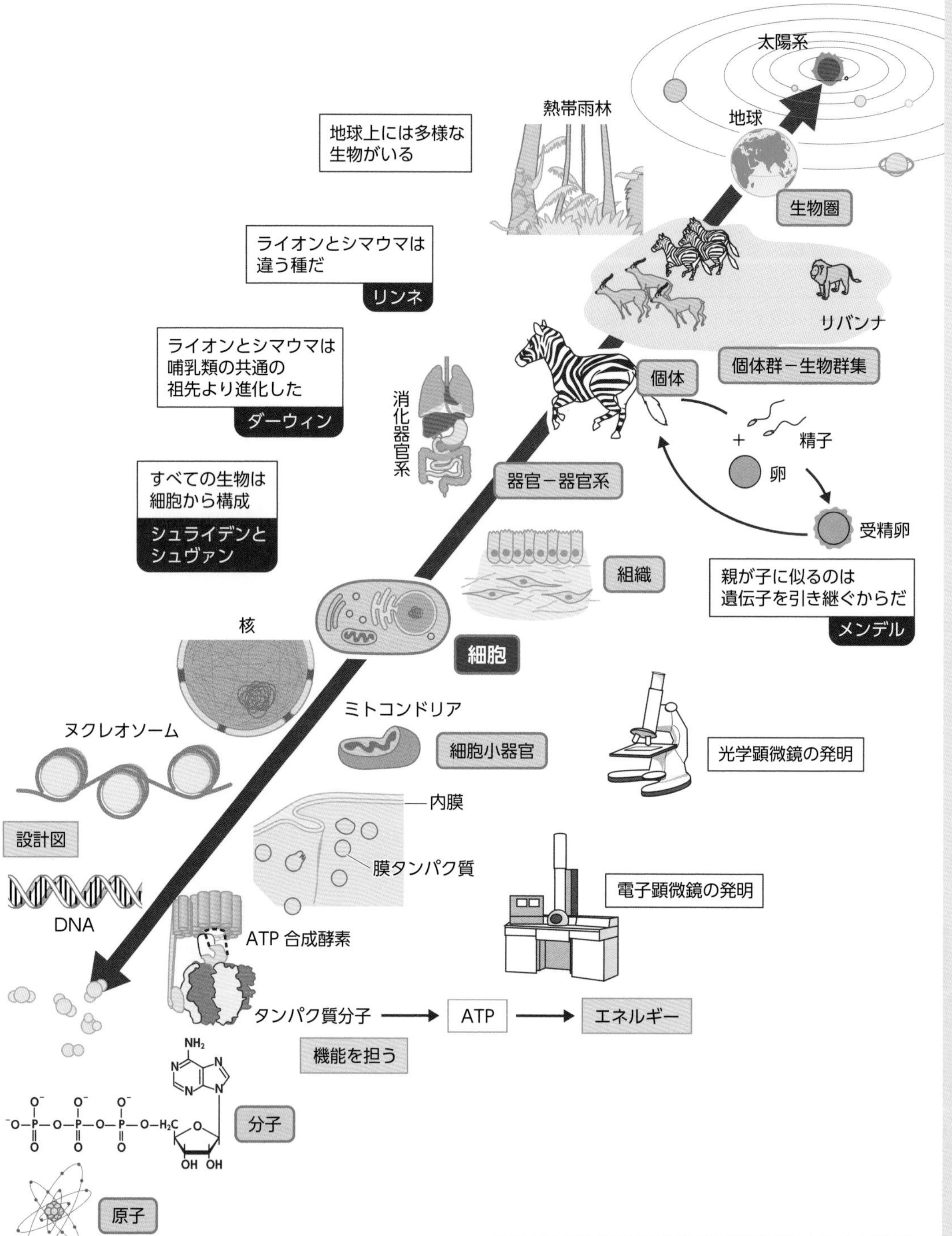
太陽系
地球
熱帯雨林
地球上には多様な
生物がいる
生物圏
ライオンとシマウマは
違う種だ
リンネ
リバンナ
ライオンとシマウマは
哺乳類の共通の
祖先より進化した
ダーウィン
個体群－生物群集
個体
消化器官系
+
精子
卵
受精卵
すべての生物は
細胞から構成
シュライデンと
シュヴァン
器官－器官系
組織
親が子に似るのは
遺伝子を引き継ぐからだ
メンデル
核
細胞
ミトコンドリア
細胞小器官
ヌクレオソーム
光学顕微鏡の発明
内膜
設計図
膜タンパク質
電子顕微鏡の発明
DNA
ATP 合成酵素
タンパク質分子
ATP
エネルギー
機能を担う
分子
原子

概略図●生物界の階層性と生物学の基本事項

地球上には多様な生物が生息しているが，それらを区別し，似たもの同士でグループにまとめるというのは，ヒトが生まれつきもっている能力である．

2 名前をつける

人間は自分に近い仲間の動物だとかなり詳しく区別できるが，遠くなると多くの種類をまとめてしまう傾向がある．人間の都合，特に有用かどうかで，この距離感が決まる．また，文化も大きく影響している．背骨のある脊椎動物は何となくグループ分けできるが，多くの人は，自分の生活に直接には関係のない無脊椎動物のほとんどを，「ムシ」としてひとまとめにしてしまうだろう．このような距離感をもとに，昔から生物をグループ分けしようと試みが行われてきた．

最も古いものは**アリストテレス**による分類である．アリストテレスは大きく動物と植物に分け，動物をさらに有血動物と無血動物に分けた．この分類のしかたは，ほぼ18世紀まで使われることになる．

大航海時代（1400年頃～1650年頃）になって，いろいろな生物がヨーロッパにもたらされた．当時すでに生物にラテン語で名前をつけることは行われていたが，命名法は各研究者によってバラバラで，生物の分類は混乱していた．

次節で述べるリンネが登場する前にも，分類を整理しようとする試みはあった．イギリスのナチュラリストで植物学者のレイは，英国国教会の司祭で，全能の神がこの世界とすべての生物をつくり出したのであり，神の創造物である生物を集め，それを正しく分類すれば，神の英知と秩序を窺(うかが)い知ることができること，それが博物学者の使命だと考えていた．イギリスでは博物学の父とよばれているレイは，植物を分類するために，花，種，果実，根など植物全体を使った．同じくイギリスの植物学者で医者のグルーは，顕微鏡を使って植物を研究し，花が生殖器官であることを明らかにした（*The Anatomy of Plants*, 1682）．グルーは初めて**比較解剖学**（comparative anatomy）という用語を使っている．

1-2 神の栄光のために生物を分類する

1 リンネの自然の体系

こうした混乱を整理する人としてリンネが登場する．**リンネ**が「分類学の父」とよばれるのは，リンネが生物に名前をつける方法，それを階層構造にまとめあげる分類体系の標準方式を確立したからである．彼の考えた方式は，その後，多くの変更を施され，また哲学的，神学的な思想とは切り離されて，現在でも広く使われている．

リンネは1735年にオランダで医者の資格をとるかたわら，ライデン大学でさらに研究を続け，この年に『自然の体系（*Systema Naturae*）』の最初の版を出版した．植物の生殖器官である雄しべと雌しべを手がかりにグループ分けを行い，最初は種の名前を属名とさらにこれを限定するいくつかのラテン語で表していたが，後に代表的なラテン語（種小名という）のみで表した．これが学名のはじまりで，**二名法**（binomial nomenclature）とよばれるようになる．

リンネは『自然の体系』の改定を続け，最初に出版したときは14ページの薄いパンフレットだったものが，1758年に出版された第10版では複数巻の本に膨れ上がった．これはもちろん，あちこちから集められた植物や動物の数が増えたからであり，分類体系が改良されたからである．

リンネは1778年に亡くなり，残された資料はイギリスの自然史家スミスに売却され，これをもとにイギリス・ロンドンにリンネ学会がつくられることになる．

2 リンネの考え方

リンネも全能の神がこの世界をつくり出し，すべての生物をつくり出したと信じていた．レイと同じように，神の創造物である生物を集め，それを正しく分類すれば，神の英知と秩序を窺い知ることができること，それが博物学者の使命だという信念をもって，分類体系を打ち立てたのである．「神が創り，リンネが分ける」といわれた所以である．

リンネの体系が今でも受け継がれているのは，彼が分類を行うにあたって，①人の役に立つ植物を記載するそれまでの本草学(ほんぞうがく)の観点から離れて，より広く植物を集めて記載した，②種を基本として，それをまとめて次第に大きなカテゴリーとしていった，③二名法によってそれまでの種名の混乱を整理できた，ためである．

こうして二名法は分類体系の標準的な方法となり，国際的な組織がつくられた．動物の場合は『自然の体系第10版（1758）』，植物の場合は『植物の種（1753）』を出発点とし，これ以降に新しく発見された生物は，国際命名規約に従って分類し命名されることになっている．

3 分類学の基礎

❶種の概念

リンネは形態の不連続性を基礎として**種**（species）を確定し，これに属と種小名をラテン語で記載する二名法を導入した（例えばヒトという種は，二名法では*Homo sapiens*となる．表1-1参照）．リンネは種は不連続だと考えたが，実際には形質が連続的に変化している場合があり，必ずしも明確に分けられない場合も多い．リンネの時代にもすでに同一種内の**多型現象**（polymorphism）※1が認識されていた．

けれども，①雌雄で形態が違っても同一種に入れる，②ブルドッグとセントバーナードはどんなに形が変わっていてもイヌの中の品種であって種ではない，③季節ごとに翅の模様が変わる蝶もいるが同一種として認識する，として種を最も基本的な単位と定義した．

20世紀初頭のメンデルの法則の再発見以後，遺伝学は目覚ましい発展を遂げ，分類学は遺伝学の発展に助けられて，新しい展開を遂げた．親から子へ遺伝情報が伝えられるしくみが明らかになり，個体と集団の間の関係を遺伝学的にとらえることが可能となったからである（⇒1章-5）．

一方で，有性生殖（⇒8章-1）を行う個体群は，生殖を通して必ず遺伝子の混ぜ合わせが起こるので遺伝的に全く同質ではなく，突然変異によって変更が起こる可能性があり，常に環境からの淘汰圧を受けていることが明らかになった（⇒1章-3）．そのため，種をどのように定義するかはかえって難しくなっ

●表1-1　生物の分類体系

階級（Rank）	例：ヒト（*Homo sapiens*）	
界（Kingdom）	動物界	Animal Kingdom
門（Phylum）	脊索動物門	Phylum Chordata
亜門（Subphylum）	脊椎動物亜門	Subphylum Vertebrata
上綱（Superclass）		
綱（Class）	哺乳綱	Class Mammalia
亜綱（Subclass）		
下綱（Infraclass）		
上目（Superorder）		
目（Order）	サル（霊長）目	Order Primates
亜目（Suborder）	サル（真猿類）亜目	Suborder Anthropoidea
下目（Infraorder）		
上科（Superfamily）	ヒト上科	Superfamily Hominoidea
科（Family）	ヒト科	Family Hominidae
亜科（Subfamily）		
属（Genus）	ヒト属	Homo
亜属（Subgenus）		
種（Species）	ヒト	sapiens
亜種（Subspecies）		

ヒト（*Homo sapiens*）を例として示した．

※1 多型現象（polymorphism）：同じ種の個体には体の大きさなどの形質に連続的な変異がみられるが，これとは異なり形態や模様などが不連続に著しく異なる現象をいい，昆虫などによくみられる．現在では，同一遺伝子内の塩基の違いも多型という．

た．現在では，種はマイヤーによる次のような定義を使うことが多い．

「種とは，実際に（あるいはおそらく），互いに交配し，他の集団からは生殖隔離されている自然集団の集合体」

このように定義される種を**生物学的種**といい，生物学的種を同定して分類作業を行う分類学を種分類学という．

❷上位の階級

イヌとゾウは体の大きさはずいぶん違うがお互いに似ていて，ハトとの違いはイヌとゾウよりはずっと大きいことはなんとなく認識できる．このように種は似たものがまとめられてさらに大きなグループに組み入れることができる．こうして順次さらに上位の階級にまとめあげられて，生物の分類体系が組み立てられる（表1-1）．

このように，種より上位の体系を構築する分類学を，種分類学に対して体系分類学とよんでいる．次節で述べるように，地球上の生物は共通の祖先から枝分かれしてきたのだから，上位の階級分けは進化の過程（系統発生）を反映した，類縁関係がわかるような分類が望ましいと考えられてきた．類縁関係をどのように判定するかによって，さまざまな手法が提案され，分類体系がつくられてきた．現在でも，遺伝子工学の手法を取り入れた分子系統学の成果をもとに，分類体系の検討が進められている．

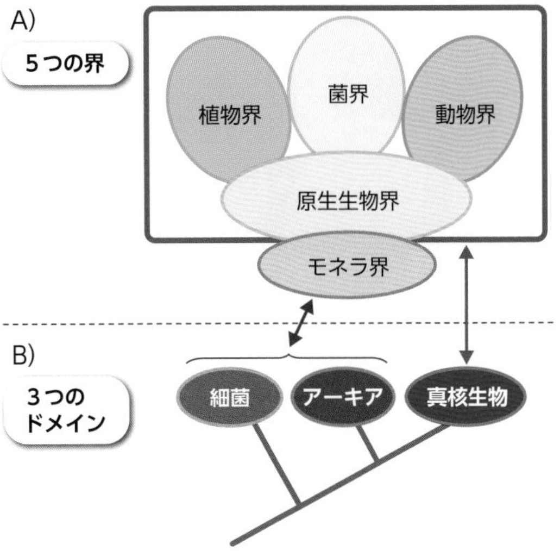
A)
5つの界
植物界
菌界
動物界
原生生物界
モネラ界
B)
3つの ドメイン
細菌
アーキア
真核生物

●図1-1　生物五界説（A）と三ドメイン説（B）

リンネは一番上位の階級である界を動物界と植物界に分けたが，その後，モネラ，原生生物，菌，植物，動物の５つに分ける体系が一般に認められてきた（図1-1A）．現在では，界よりもさらに上位の階級としてドメイン（超界）を置き，原生生物，菌，植物，動物を真核生物として１つのドメインにまとめ，モネラをさらに細菌（真正細菌）とアーキア（古細菌）の２つに分ける考え方が定着している（図1-1B）．

1-3　進化論の登場（神の退場）

1 ダーウィン以前

ヨーロッパでは，19世紀までこの地球を含む宇宙も，地球上に生息している生物も，すべて神が創り出したものだと考えられていた（創造説，The Creation）．創造説では，生物は今から6,000年ほど前に，神によってそれぞれ独立して創られ，それ以来ずっと固定されたものである，と考えた．

植物の雑種がつくれることが明らかになって種の不変性が疑われだしたが，リンネは何とかつじつまを合わせようとした．しかしながら，生物はすべて神が創り出したという考えを守り通すことに対する矛盾が次第に大きくなっていった．

種は時間とともに変化するという考えを初めて明確に述べたのはフランスのラマルクである．ラマルクは変化の要因として時間と環境への適応を考え，環境への適応の過程として，いわゆる「用・不用」によって手に入れた「獲得形質の遺伝」を提唱した．有名な例としてよくあげられるのは，キリンの首の長さの進化である．キリンの祖先は首が短かったが，ある時点で樹上の食物を採らなければならないようになり，キリンは首を伸ばして食物を採ろうとし，その結果，必要によってよく使われる首が発達し，これが子孫に伝えられ，次第にキリンの首が長くなったという考えである．

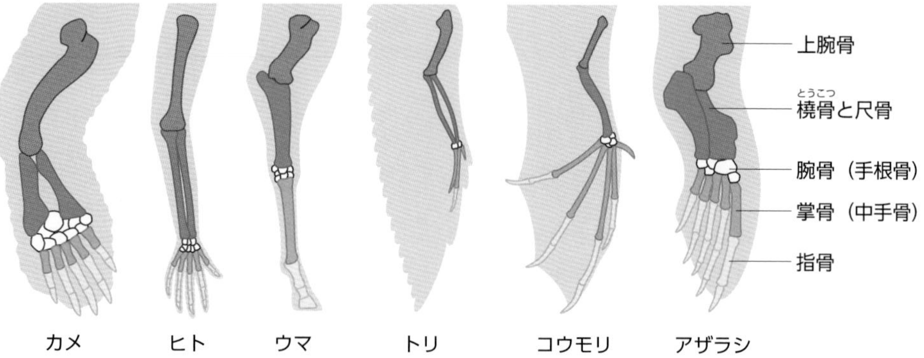
形態の相同性
上腕骨
とうこつ
橈骨と尺骨
腕骨（手根骨）
掌骨（中手骨）
指骨
カメ
ヒト
ウマ
トリ
コウモリ
アザラシ

●図1-2　脊椎動物の前肢骨格の比較

このような考えが生まれてきた背景には，18世紀の末から19世紀に入って発展した比較解剖学や比較発生学，古生物学によるところが大きい．例えば，フランスのキュビエは，比較解剖学と古生物学を学問分野として確立した．彼自身は生物の進化を信じてはいなかったし，ラマルクの敵対者であったが，化石の研究は必然的に進化の考えを内包するものであった．

イギリスのオーエンも比較解剖学者であり古生物学者で，比較解剖学の分野で**相同**（homology）と**相似**（analogy）※2という重要な概念を確立した．ただし，後にダーウィンが進化の考えを発表したときには，オーエンは一貫してダーウィンの考え方に反対している．

このように，オーエンの意思とはかかわりなく比較解剖学的な事実は，生物が独立して創造されたのではなく，生物には何らかの類縁関係があるのではないかという考えを生んだ．外見は違って見えるトリの翼やヒトの腕，ウマの前肢の骨格構造が似ていること（相同形質）（図1-2）は，共通の祖先から進化したと考えるほうが自然だからである．

地質学も大きな影響をもたらした．ライエルらの研究で，地球が天変地異によって生まれたのではなく，その歴史も決して6,000年ほどの短いものではないことが示された．後で述べるようにライエルの『地質学原理』は，ダーウィンに大きな影響を与えることになる．

このような背景のもとにダーウィンが登場する．

2 ダーウィンが考えたこと

❶ダーウィンが進化の考えに至るまで

ダーウィンは1809年にイギリスに生まれた．最初は祖父や父と同じ医者になるべく医学の道に進んだが，どうしても医学になじめず進路を変更して神学を学び，その間もずっと好きだった博物学に興味をもち続けた．大学を卒業後，1831年に，たまたま航海中に食事時の話し相手を探していたビーグル号の若い船長フィッツロイに植物学教授のヘンスローが口添えしてくれ，話し相手兼博物学者の職を得ることになる．1831年から1836年までかかった地球を一周する航海に，ダーウィンは出版されたばかりのライエルの『地質学原理』を携行する．ライエルは，この世界は聖書に書かれたような天変地異によってつくられたものではなく，風や水による侵食，火山，地震のように普段目にする小さな力によって徐々につくられたものだと論じた．ライエルは単に新しい地質学を提出しただけでなく，新しい科学の考え方を提出したのである．ゆっくりと徐々に長い期間

※2 相同と相似（homology and analogy）：脊椎動物の前肢のように，形態が異なっていても内部の骨の構造や発生が互いに対応していることを相同といい，このような関係にある器官を相同器官とよぶ．一方，トリの前肢である翼と昆虫の翅のように，形態がよく似ていて同じはたらきをするが内部の構造や発生が異なることを相似といい，このような関係にある器官を相似器官という．相同という概念はその後，拡張されていろいろな用語に使われるようになる（相同染色体や相同ゲノム）．

をかけて蓄積すれば，大きな変化を生み出すことができる，という考え方である．ダーウィンはこの本から多くを学ぶとともに，各地の動物相，植物相，地質学の知識を蓄積する．

航海中にダーウィンはある地域から他の地域へ移動するに従って，動物相や植物相が変化していくのを観察した．ビーグル号が太平洋に出てガラパゴス諸島に到着したとき，島々の環境に応じて嘴（くちばし）の大きさや行動の少しずつ異なる14種類ものフィンチが生息しているのを観察し，これらの種が独立に創られたということは考えられないと感じる．エクアドル本土から島々に移入した後，変化したとするほうが自然だと考えたのである．有名なダーウィンフィンチの逸話である．ここにはライエルの考え方の影響があった．

帰国後，ダーウィンは航海中の発見などをもとに，『ビーグル号航海記』を出版し（1839），科学者として名を成すようになる．ライエルの知己を得て地質学会の幹事になり，王立科学協会の会員にも選ばれる．

最初に進化のアイデアを思いついたのは，1838年にたまたま読んだマルサスの『人口論』によってだと，ダーウィンは自伝に書いている．マルサスは，この本の中で，人口は世界で生産される食料の量によって最大限が設定され，それよりも人口が増加すると，飢え，疫病，食糧の奪い合いに基づく戦争などが発生して人口は減り，それによって総人口は調節されていると主張した．食糧不足に「適応」できた者が生き残るという図式である．ダーウィンは，ヒトだけではなくすべての生物にこの考えがあてはまると考えたのである．

彼はこの考えを温め，健康を損ねてロンドンから隠居したダウンでは，彼が航海中に見たいろいろな生物，採集した標本などをもとに，種の起源について思索を続けた．特に人為選抜による品種改良に注目し，伝書鳩の品種改良をしている人を訪ね，どのようにして人為的に選抜をしているかを熱心に調べ，自分でも鳩を飼育している．こうして，次第に種の起源についての考えがまとまっていく．

1842年には，進化についての考えを短いノートとしてまとめ，1844年にはある程度の結論を得ていた．これらは後の理論の萌芽であったが，慎重居士だった彼は，植物学者のフッカーなどに自分の考えを話すことはあったが，公表することはなかった．

1858年にダーウィンは，マレー諸島で蝶の採集を職業としていた**ウォーレス**から手紙を受け取った．ウォーレスは種の変異とその起源に関する自分のエッセーを発表してほしいと頼んできたのである．ダーウィンはその内容を見て驚愕した．彼が温めてきた自然選択の考えがそこに書かれていたからである．

ライエルとフッカーは悩むダーウィンを説得して，ダーウィンが1844年に書いた自然選択に関するノート，アメリカの植物学者グレーに宛てた私信，ウォーレスのエッセーを，1858年7月1日にリンネ学会で同時に公表した．ダーウィンもウォーレスもその場にはいなかった．

ダーウィンは翌年の1859年に，もっと大著とすることを考えていた大量のノートの内容を大急ぎでまとめて，**『種の起源』**として出版した※3．

この本は出版されると即日，完売したという．しかしながら，種の起源は『創世記』に書かれた創造説とは真っ向から対立するので，宗教界をはじめ大多数は反対の態度だった．しかし，ダーウィンの考え方は生物学者には次第に受け入れられていった．進化の基本概念である**自然選択**（natural selection）によって，生物は常に環境に適合するように進化し，多様な種が生じるという合理的な説明が受け入れられたからである．ただし，神の代わりに自然が種を創ったという自然選択の考えが本当に受け入れられるのは，メンデルの遺伝の法則（⇒1章-5）が再発見された後のことである．

❷ダーウィンの考えた自然選択による進化

進化の考えは，必ずしもダーウィンの独創ではない．ダーウィンの祖父のエラスムス・ダーウィンも

※3『ビーグル号航海記』と『種の起源』の原文はそれぞれ下記のサイト（Project Gutenberg）で読むことができる．
『ビーグル号航海記』 https://www.gutenberg.org/ebooks/944，『種の起源』初版 https://www.gutenberg.org/ebooks/1228

ラマルクも，進化について述べている．ダーウィンは，彼らの荒削りな進化の概念を，多くの観察，丁寧な例証と傍証，実験による傍証によって，仮説の段階から理論にまで高めたのである．特に，神ではなく自然選択により種が創られることを説明したことは大きなことであった．進化が「どのようなメカニズムで，どのような過程で」起こったかについては，現在でも論争があるが，「生物が進化した結果，現在の地球上に多様な生物が生息している」ことを疑う者は誰もいない．

それでは神に取って代わった自然選択とは，どのような考え方であろうか．ダーウィンのいう自然選択は，表1-2の4つの条件が満たされれば自律的に起こる．

●表1-2　自然選択が起こるための条件

①生物の集団には変異が存在する
②変異は親から子に伝わる
③環境の収容力は繁殖力よりも小さいので，資源をめぐって競争が起こる
④そのため，環境に最も適合する変異をもった個体が子を残すことができる

こうして，ある環境のもとで，形態的，生理的，生態的に生きて子を残すことができる種が自然選択される．生物の立場から見て，その種はその環境に**適応**（adaptation）している，という表現がよく使われる．またこのような環境のはたらきかけを**淘汰圧**（とうたあつ）（selection pressure）という．

環境が変われば，それに応じて形態的，生理的，生態的な適応が起こる．もとは1つの個体群だったものが，2つの異なる環境に適応した2つの個体群となり，隔離によって自由な交配が起こらなくなるとやがて2つの種に分化する．こうして新しい種が形成される（speciation）ことになる．

ダーウィンは変異の起こり方に特定の方向性があるとは考えていなかったようで，進化は進歩あるいは向上（progress）とは別なものだと認識していた．だからこそキリスト教との軋轢（あつれき）を恐れたのである．キリスト教には，人はより高みへ向かっているという考え方があるからである．なお，『種の起源』の中でも，進化（evolution）という言葉は使わず，「Descent with modification」という言葉を使っている．

3 進化論その後

ダーウィンは実験によって進化を証明したのではない．あくまで多くの例をあげ，これを合理的に説明するために，自然選択による進化という考えを導入したのである．ダーウィンは変異や遺伝について説明できなかったが，現在では，遺伝を担う実体はDNAであることがわかっているし（⇒3章-2），変異は突然変異（mutation）によって生じることもわかっている（⇒7章-4）．

進化を実験によって証明することは時間がかかることなので，ほとんど不可能だと考えられていた．これを覆したのが，プリンストン大学のピーターとローズマリー・グラント夫妻とその共同研究者で，ダーウィンが記述したガラパゴス諸島のダーウィンフィンチを調べて，ダーウィンの考えが正しいことを実験的に示した．

1-4 地球上の生物に共通すること①（細胞説）

1 細胞説の前夜

レンズを組合わせた複式顕微鏡は，17世紀の初頭にオランダのヤンセン親子によって発明されたとされる．17世紀中頃になると顕微鏡はかなり普及し，生物学的な成果が世に出てくる．1つはイギリスのフック※4による『*Micrographia*』(1665）で，複式顕微鏡（図1-3，倍率およそ×20～30）を使って観察した動植物の微細構造の図版を多数載せたこの本

※4 ちなみに，このフックはバネの応力とひずみに関する「フックの法則」のフックであり，ニュートンと喧嘩をして不遇な晩年を送っている．

●図1-3　フックの複式顕微鏡
図左のランプの光を水の入ったフラスコで集め，試料載せ台を照らす．図右の鏡筒の下側には対物レンズ，右上には接眼レンズが入っている．『*Micrographia*』（1665）より．

●図1-4　レーウェンフックの単レンズ顕微鏡
中央左の小さな黒い穴の中に凸レンズがはめ込まれている．
写真提供：有限会社浜野顕微鏡 浜野一郎氏

はベストセラーとなる※5．

かなり長い序文の中で，フックは顕微鏡が感覚を拡大すると熱心に力説している．この本の中に顕微鏡で見たコルクの図があり，その空所を**細胞**（cell）と名づけた．cellはラテン語の小部屋という意味をもつcellulaから取った語で，これが細胞という語が使われた最初である．

もう一人はオランダのレーウェンフックである．彼は織物業を営んでいた商人で，大学や学会とは全く関係ない，オランダ語だけを話す市井の人だった．

レーウェンフックは独特な構造をした単レンズ顕微鏡（図1-4，倍率およそ×200）を自ら製作し，原生動物，細菌，淡水性の藻類などの微生物や，赤血球の核や精子などを観察して，イギリスのロンドン王立協会へ多数のLetterとしてオランダ語で報告した．グラーフ卵胞（⇒図8-6）の発見者である同郷の友人グラーフが，王立協会に推薦してくれたのである．協会は，彼のLetterを英語に翻訳して会合で発表する．後には会員に推挙される．彼は単なる観察だけでなく，さまざまな実験をも行っている．

このように，顕微鏡を使って生物の観察が行われたが，単式顕微鏡では倍率の飛躍的増大は望めず，複式顕微鏡では色収差※6のために倍率を大きくしようとするとはっきりと見えなくなり，しばらくは初期の成果以上の結果はなかなか得られなかった．

18世紀の末になって，レンズを張り合わせると色収差を除去できることがわかり，これを利用した顕微鏡がつくられ，拡大してもシャープな像が見られるようになった．さらに組織を固定したり染色したりする標本作製の技術も向上し，組織の観察が盛んに行われた．こうして細胞説が生まれる素地ができあがっていく．

2 細胞説

顕微鏡の発達によって，必然的に**細胞説**（cell theory）が生まれた．1831年にブラウン運動で有名なブラウンが，ランの表皮細胞に核を認めて，nucleusと名前をつける．これらの背景の下に，植物での観察をまとめてまずシュライデンが1838年に，すべての植物は細胞から構成されていると発表する．翌年シュヴァンが，動物も細胞からできていることを述べる．彼は明確に，すべての組織は細胞から構成されていると述べている．こうして二人の名前は細胞

※5『*Micrographia*』は下記のサイトで読むことができる．Project Gutenberg　https://www.gutenberg.org/ebooks/15491
あるいは　https://ceb.nlm.nih.gov/proj/ttp/flash/hooke/hooke.html
※6 色収差（chromatic aberration）：波長によりガラスの屈折率が異なるため，レンズを通して物体を拡大して像を結ばせると，波長による焦点距離の違いが拡大されて像の大きさと位置に色によるズレが生じ，像の周りが色づいて鮮明な像が得られなくなる．これを色収差という．

説と不可分に結びついて，後世に伝わることになる．

細胞はすでに存在する細胞から生じると明確に表明したのはドイツの病理学者ヴィルヒョーで，1850年代に入ってからであった．彼の有名な「すべての細胞は細胞から（omnis cellula e cellula）」という箴言（しんげん）が，組織の形成の基本原理を示している．

現在では，ヴィルヒョーの箴言を含めて，細胞説は次の３点に要約することができる．

①すべての生物は細胞から構成されている
②細胞はすでに存在する細胞からのみ生成される
③細胞は生命の最小単位である

この３点は，いまから見るとごく当たり前に感じるかもしれないが，当時としては画期的なことで，ここから細胞生物学が出発するのである．すでに序章で述べたパスツールによる自然発生説の否定は1862年であり，このことも一緒にして考えると，細胞説では，すべての生物は細胞からできていて，細胞は決して自然発生するのではなく細胞からのみ生じ，細胞が生命活動の最小基本単位であること，を宣言している．細胞説によって研究の方向性が示されたので，顕微鏡を使った細胞の研究が盛んに行われるようになる．

これらの発見と後述するメンデルの法則の再発見とが結びついて，細胞生物学は20世紀に突入する．遺伝子は染色体上に乗っていて，それが生殖細胞を通じて子孫へ伝えられていくことが明確に認識されるようになり，突然変異の発見も加わって，進化や生物の多様性の原因も理解できるようになったのである．

1-5 地球上の生物に共通すること②（メンデルの遺伝の法則）

1 メンデル以前

❶なぜ親に似るか

遺伝（heredity），すなわち子どもは親に似るという現象は，もちろんメンデル以前から知られていた．メンデルの法則を知らなくても，誰でも自分が両親とあちこち似たところがあることを知っている．

また，人類は足の速いウマや，毛の量の多いヒツジや，産卵期間の長いニワトリを得るために，かけ合わせによる品種改良を行ってきた．特に17～18世紀は園芸が盛んな時代で，園芸品種の改良が盛んに行われた．園芸品種を自由に改良でき，思いのままに花の色や形の珍しい苗が得られたら，大もうけができたからである（チューリップ狂乱時代）．

このように経験的に品種改良が行われ，遺伝という現象は知られていたにもかかわらず，遺伝のしくみを科学的に明らかにすることができた人は，メンデル以前にはいなかった．

❷雑種の研究

植物の花が生殖器官であることがわかると，多くの人たちが交配実験を繰り返し，世代だとか受精という見方ができるようになった．こうして雑種をつくることができるようになると，生物は天地創造のときに神によって創られ，固定されたもので，その後何の改変も受けていない，という考えとは合わなくなった．

例えば，ケルロイターは，花が生殖器官であることを実験によって再確認し，受粉が昆虫や風によって起こることを示した．彼は植物の遺伝について研究を行い，500以上の雑種をつくった．ゲルトナーもマメ，タバコ，トウモロコシなどの700種の植物を使い，10,000以上の実験を繰り返し，異なる植物の種をかけ合わせると雑種ができることを示していた．また，雑種の子は，親の形質のさまざまな組合わせであることも認識していた．それにもかかわらず，種は固定されたもので，１つの種が別の種に変わることはありえないと信じていた．

2 メンデルの行った実験

メンデルは，チェコのブルノにある聖トーマス修道院で，1856年からエンドウを注意深く何代も観察して，親の特徴が雑種の子孫に再び現れるときに，あるパターンがあることに気がついた．この法則性

●表1-3　メンデルのあげた遺伝の実験にエンドウを使う利点

①多くの形質が明瞭で，簡単に見分けられる
②花弁が閉じているため，他の花からの受粉が妨げられる
③比較的たくさんの種子が得られ，世代を経ても繁殖力が落ちない

を明らかにしようとして，メンデルはエンドウ（*Pisum sativum*）を使って実験を行うことにした．どうしてエンドウを使ったのだろうか，メンデルは論文の中で3つの利点をあげている（表1-3）．

彼は，実験を始める前に，数多くの遺伝的な特徴について，純系[※7]を得るための作業を行っている．そして最終的に7つの，明らかに対照的な（対立する）特徴（**形質**，character）をもつ種子を選んだ（表1-4）．実験が成功する鍵はここにあった．すなわち，明瞭な**対立形質**を選んだこと，その形質に関して純系を得て実験を行ったことである．

3 メンデルの遺伝の法則

❶優性の法則（優劣の法則）

メンデルは初めに，対立形質をもつ2つの純系の植物を交雑する実験を行った．例えば，紫色の花を咲かせる植物体と白い花を咲かせる植物体（P世代[※8]）を交雑させると，すべての子（F_1世代[※9]）は紫色の花を咲かせた．

他の6つの形質も同じで，いずれの場合も一方の形質が現れ，対立する他方の形質は現れなかった．そこでメンデルは，F_1では片親の形質がもう一方の親の形質を覆い隠してしまうと考えた．上の例では，「紫色の花の色」という形質が**優性**（dominant）で子に現れ，「白色の花の色」という形質が**劣性**（recessive）で隠されてしまうと考える．現在，**優性の法則**[※10]として知られている概念である．

メンデルは，形質を支配する独立した要素（element）があると考えた．メンデルは，遺伝子という言葉は使っていないが，要素は現在の遺伝子とほとんど同義なので，ここでは遺伝子という用語を使う

●表1-4　メンデルの選んだ7つの対立形質

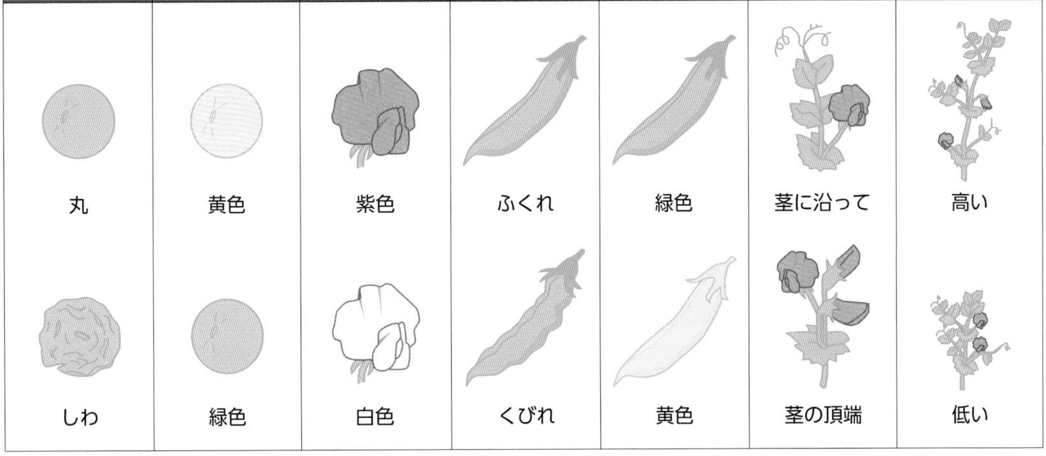

種子の形	種子の色	花の色	さやの形	さやの色	花のつき方	茎の高さ
丸	黄色	紫色	ふくれ	緑色	茎に沿って	高い
しわ	緑色	白色	くびれ	黄色	茎の頂端	低い

「種子の色」は，「種皮の色」ではなく，種皮のすぐ内側の子葉の色である（⇒p.44 Column）．参考図書1をもとに作成．

※7　純系（pure line）：注目する形質について自家交配を繰り返してホモにした系統をいう．純系同士を交配すると必ず同じ形質が現われる．理想的にはすべての遺伝子についてホモである系統をいう．

※8　親世代（P世代，parental generation）

※9　雑種第一代（F_1世代，first filial generation）

※10　ここでいう優性と劣性は，性質が優れている，劣っているという意味ではない．英語にあるように，「現れる」と「隠れる」という意味である．そのため顕性と潜性という言葉が提案されているが，ここでは優性と劣性の語を使うことにする．

ことにする．

ここで，この遺伝子を表すために文字を導入する（メンデルも論文の中で文字を使って説明している）．花の色が紫の遺伝子をFとし，白い花の色に対する遺伝子をfとする．大文字のFが優性を表し，小文字のfは劣性を表す．遺伝子Fとfは対立する形質に対応するので**対立遺伝子**（**アレル**，allele）という．

花の色に対応する遺伝子は一対だけ存在すると考える．したがって，純系の紫色の花をつける植物体［紫］はFFの遺伝子をもち，純系の白色の花をつける植物体［白］はffの遺伝子をもつことになる．このように同じ遺伝子を一対もつ個体を**ホモ接合体**（homozygote）という．

この例のように，花の色という形質を**表現型**（phenotype）とよび，これに対応する遺伝子の構成を**遺伝子型**（genotype）という．

メンデルは，**配偶子**（有性生殖を行う生物の生殖細胞，精子と卵のこと※11⇒8章-1）が形成されるときに，2つの遺伝子は粒子としてふるまい，対の一方だけを含む配偶子が形成され，この過程の間に，2つの遺伝子はなんの変更も受けず混じり合うこともないと考えた．

配偶子形成の結果，純系の［紫］からはFの遺伝子のみをもつ配偶子が得られ，［白］からはfの遺伝子のみをもつ配偶子が得られる．両者を交配すると，その子はすべてFfの遺伝子型をもち，優性が劣性を覆い隠すので表現型は紫色である．このように対立遺伝子を1つずつもつ個体を**ヘテロ接合体**（heterozygote）という．

❷分離の法則

雑種第二代（F_2世代，second filial generation）は，F_1世代の交雑や自家受粉によってつくることができる．花の色に注目したメンデルの実験では，その結果，F_2世代では，705の［紫］と，224の［白］が得られた．白色の花を咲かせる遺伝子はF_2世代に再び出現するので，F_1世代では隠されただけで失われたのではなかったのだ．

紫色の花を咲かせる植物と白色の花を咲かせる植物の出現頻度は705：224＝3.15：1で，整数にすると3：1となる．このようにメンデルは常に多数の標本を得て，それを数量的に扱った．

その他の形質についても同様な実験を行い，いずれの場合もF_1では一方の形質のみが現れ，次のF_2ではほぼ3：1になることがわかった．

それではどうして3：1になるのだろうか．上で使った文字を使ってもう一度考えてみよう．

F_1の植物体は花の色に関してはすべてFfの遺伝子型なので，卵および精子はFとfが1：1の割合でできる．これらは同数だけつくられ，受粉はランダムに起こるはずである．したがってこれらの卵と精子が受精すれば，表1-5のような遺伝子型をもった子どもF_2が生まれる．

表1-5　一遺伝子雑種の遺伝

	卵（F）	卵（f）
精子（F）	FF ［紫］	Ff ［紫］
精子（f）	Ff ［紫］	ff ［白］

F_2の分離比［紫］：［白］＝3：1

こうして粒子的な遺伝子を仮定することで，メンデルは，紫色の花と白色の花がF_2で約3：1という比率で現れることを説明した．

表現型では［紫］：［白］＝3：1であるが，遺伝子型の比率はFF型：Ff型：ff型＝1：2：1である．

現在では，メンデルが仮定した粒子としてふるまう要素は，染色体上に実在する遺伝子として認識されている．分離の法則で"分かれる"と書いたのは，減数分裂のときに染色体がそれぞれ生殖細胞に分配されることに対応している（後述，⇒8章-1）．

これが対立遺伝子の分離の法則である．

❸独立の法則

単純な一遺伝子雑種（monohybrid cross）は，一対の対立遺伝子のみが関係する現象である．メンデルは，2つ（二遺伝子雑種）またはそれ以上の形質

※11 被子植物の雄性配偶子は，精子の形態をとらず花粉管内の精細胞だが，本文および表1-5, 6, 7, 9では精子と書くことにする．

表1-6　二遺伝子雑種の遺伝

	卵（FR）	卵（Fr）	卵（fR）	卵（fr）
精子（FR）	FFRR ［紫・丸］	FFRr ［紫・丸］	FfRR ［紫・丸］	FfRr ［紫・丸］
精子（Fr）	FFRr ［紫・丸］	FFrr ［紫・しわ］	FfRr ［紫・丸］	Ffrr ［紫・しわ］
精子（fR）	FfRR ［紫・丸］	FfRr ［紫・丸］	ffRR ［白・丸］	ffRr ［白・丸］
精子（fr）	FfRr ［紫・丸］	Ffrr ［紫・しわ］	ffRr ［白・丸］	ffrr ［白・しわ］

F_2の分離比 ［紫・丸］：［紫・しわ］：［白・丸］：［白・しわ］＝9：3：3：1

をもつ交配種についても分析した．

二遺伝子雑種として，花の色に加えて種子の形（丸いかしわが寄っているか）を考えてみよう．どちらの形質も優性で紫色の花をつけ丸い種子をつくるエンドウ［紫・丸］（FFRR）と，どちらも劣性で白色の花をつけしわの寄った種子をつくるエンドウ［白・しわ］（ffrr）を交配すると，FFRRのエンドウはすべてFRの配偶子を生じ，ffrrのエンドウはすべてfrの配偶子を生じるので，これらの子どもはすべてFfRrの遺伝子型をもち，すべての個体で花の色は紫で丸い種子をつくる．

F_1個体は4種類の配偶子（FR，Fr，fR，fr）を等しい確率でつくり出す．そのため，これらの配偶子が交配されると，表1-6のように9：3：3：1の確率で，それぞれ［紫・丸］，［紫・しわ］，［白・丸］，［白・しわ］というF_2世代が生まれる．メンデルは二遺伝子雑種についても，いくつかの形質を選んで解析して，この比率に近くなることを示した．

このように，2つの対立遺伝子が異なる染色体の上にあるとき，それぞれの遺伝子は独立して分配される．表によって配偶子の遺伝子型と交配した結果を整理して表示する方法を**パネットの方形**（Punnett's square）という．

注意しなければならないのは，独立の法則が成立するのは，各々の遺伝子が別の染色体に乗っているときである．2組の遺伝子が別の染色体に乗っている場合は，2組の対立遺伝子同士は互いに干渉することなくランダムに配偶子に分配されて，2つの染色体上に対立遺伝子のどちらかが乗った配偶子がつくられる．上の例でいえば，F（あるいはf）とR（あるいはr）はお互いに独立して配偶子に分配される．当時はまだ染色体についてよく知られていなかった．今ではエンドウの染色体は14本（7対）で，メンデルの選んだ形質の多くはそれぞれ別の染色体に乗っていることがわかっている．メンデルは7つの形質を偶然選んだのだろうか．実験結果と要素による説明とが合わないものは，実験結果を捨て去ったのだろうか．この点は謎として残されている（⇒p.44 Column も参照）．

いずれにしてもメンデルは，実験材料の特徴を活かし，周到な準備をし，注意深く根気よく実験を行い，実験結果を多数集め，粒子的な要素の考えを取り入れて実験結果を数量的に取り扱い，正しい結論を得た．形質はペンキを混ぜるように混ざってしまうという，それまでの考えからの画期的な転換であった．メンデルは若いときに修道院から選科生としてウィーンに派遣され，そこで物理学を学び，数量的な考え，力学における質点のような粒子的な考えを身につけていたからだと考えられる．

4 見かけ上，メンデルの法則があてはまらない例

❶連鎖

すでに述べたように，メンデルの法則が成立しない場合がある．2つの遺伝子が同じ染色体に乗っているときである．同じ染色体に2つの遺伝子がある場合，この2つの遺伝子座[※12]は**連鎖**（linkage）しているという．

連鎖している遺伝子は配偶子をつくるとき，一緒に行動する．同じ染色体に乗っているので当然である．この場合，2つの形質はあたかも1つの形質のようにふるまう．例えば，上に述べた花の色と種子の形が連鎖していると仮定すると，紫色の花をつけ丸い種子をつくる植物体｛(FR)（FR)｝の配偶子は常にFRで，白い花をつけしわのある種子をつくる植物体｛(fr)（fr)｝の配偶子は常にfrである．これを交配すると，雑種第一代（F_1）はすべて｛(FR)（fr)｝で紫色の花をつけ丸い種子をつくる．

F_1同士を交配するとどうなるだろう．｛(FR)（fr)｝がつくる配偶子は，FRとfrの2種類である．したがって表1-7のパネットの方形のように，［紫・丸］と［白・しわ］が3：1となる．

●表1-7　完全連鎖の遺伝

	卵（FR）	卵（fr）
精子（FR）	FFRR ［紫・丸］	FfRr ［紫・丸］
精子（fr）	FfRr ［紫・丸］	ffrr ［白・しわ］

F_2の分離比　［紫・丸］：［白・しわ］＝3：1

このような結果になる場合を**完全連鎖**といい，遺伝子座は隣り合うくらい近い場合である．実際には，染色体はある長さがあり，その上に遺伝子座が直線状に配列しているので，遺伝子座によっては距離が離れている．そうすると連鎖は完全ではなくなり，配偶子をつくる過程で染色体の交叉（こうさ）による乗換えが起こり，遺伝子の組換えが起こるのである．

交叉による遺伝子の組換えは確率的なもので，遺伝子座間の距離に比例し，距離が遠いほど組換えが起こる確率は高くなる．例えば上の例でFとRがある程度，離れていると，F_1が配偶子をつくるとき，FRとfrの間に組換えが起こり，FRとfrのほかにFrとfRが一定の割合で生じる．そのため，上に述べた完全連鎖をしている場合の3：1でもなく，別々の遺伝子に乗っている場合の9：3：3：1でもない，その間の割合となる．

このことは後に染色体が明らかになり，減数分裂の過程における染色体の挙動が詳しく調べられることによって解決される（⇒8章-1）．また，連鎖という現象を使ってモーガンはショウジョウバエで連鎖地図（染色体地図）を作製する（⇒3章-1）．

❷伴性遺伝

性によって現れやすい劣性遺伝子がある．例えばヒトの血友病がその例である．血友病は女性より男性に多くみられる．これは性を決定する性染色体の大きさが異なり，性染色体に乗っている遺伝子には対立遺伝子がない場合があるためである．

ヒトの染色体は，22対の**常染色体**と1対の**性染色体**から構成されている（⇒詳しくは2章-4①参照）．性染色体はXとYで，男性はXY，女性はXXである．つまりY染色体があると男性になる．ところがY染色体はX染色体に比べて極端に小さい．そのため，X染色体上にある血友病の病因遺伝子の対立遺伝子がY染色体にはない．

いま，血友病病因遺伝子をaとしよう．これは劣性で，対立遺伝子はAである．そうすると，女性はX^AX^A，X^AX^a，X^aX^aのいずれかで，男性はX^AY，X^aYのいずれかである．X^aX^aとX^aYが発病する．

病気でなく遺伝子型がホモの女性（X^AX^A）と，病気でない男性の場合は，子どもは男性も女性も病気にはならない．ところが，病気ではないがヘテロの女性（X^AX^a，保因者という）と，病気でない男性が子どもをつくる場合は，表1-8のパネットの方形のように男性の子どもが発病する．このように，性染色体（X染色体）上の対立遺伝子による遺伝現象を**伴性遺伝**という．

●表1-8　ヒト血友病の遺伝

	卵（X^A）	卵（X^a）
精子（X^A）	X^AX^A 女性・発症せず	X^AX^a 女性・発症せず
精子（Y）	X^AY 男性・発症せず	X^aY 男性・発症

※12 遺伝子（gene）は，遺伝情報を担う要素あるいはその実体，さらに進んで遺伝情報の実体であるDNAを指す言葉だが，遺伝子座（locus，複数形loci）というと，遺伝子が染色体上で占める位置と領域を念頭においたときの表現である．ただし，両者を厳密に区別しないで使うことも多い．

❸不完全優性

対立遺伝子の対の一方がいつでも優性で，一方がいつでも劣性な例ばかりではないことがわかってきた．つまりヘテロな組合わせになると，両者の中間の性質が出るのである．このような例を**不完全優性**とよんでいる．

例えば，日本で普通にみられる赤と白のオシロイバナを交配すると，F_1の雑種はピンク色になる．このピンク色の花を交雑させると，赤，ピンク，白の花の雑種が１：２：１の割合で現れる．

ピンク色の花は明らかにヘテロ接合の個体で，赤の対立遺伝子も白の対立遺伝子も，完全には優性ではない．この場合は，表現型の割合が遺伝子型の割合を反映し，ヘテロ接合体が中間の表現型を示すのである．

いま赤色の花の遺伝子をRとし，白い花の遺伝子をrとすると，パネットの方形は表1-9のようになる．

●表1-9　不完全優性の遺伝

	卵（R）	卵（r）
精子（R）	RR [赤]	Rr [ピンク]
精子（r）	Rr [ピンク]	rr [白]

F_2の分離比 [赤]：[ピンク]：[白] ＝1：2：1

5 メンデルの法則その後

メンデルはエンドウの交配実験を繰り返し，その結果を数量的に扱い，粒子的性質をもつ要素（遺伝子）を仮定すると実験結果をすべて説明できることを発見して，形質を支配する遺伝子という考え方の枠組みを提供した．しかしながら，当時の学会にこの考えを理解する者はいなかった．その後，メンデルは修道院長となり研究から離れていき，「今に私の時代がきっと来る」という言葉を残して1884年に亡くなった．

メンデルの法則が再発見されたのは1900年になってからである．この年にド・フリース，チェルマク，コレンスの三人によって，独立にメンデルの法則が再発見され，コレンスによって，前述したような３つの法則にまとめられた．

再発見後はメンデルの発見した法則は正当に評価され，その後の遺伝学の発展，そして現在の遺伝子工学のおおもとになっている．

1-6 生物体のつくりと階層性

1 細胞，組織，器官，器官系

細胞は生命の最小単位であるが，１個の細胞がそのまま個体となっている**単細胞生物**を除き，多くの生物は多数の細胞が集まって個体をつくっている**多細胞生物**（multicellular organisms）である．多細胞生物といっても，単に細胞がたくさん集まった細胞の塊ではない．細胞の集団は組織化された構成となっている．例えば，簡単な多細胞生物である刺胞動物（イソギンチャクの仲間）に属するヒドラ（図1-5）でも，体の表面を覆っている細胞は扁平な細胞で，細胞同士がお互いにしっかりとつなぎ合わさっている．胃水管腔とよぶ内部の袋を構成する細胞も似たような細胞だが，栄養分を吸収する細胞などが混じっている．体の表面（内部の表面も含めて）を覆っているこのような細胞の集まりを，**上皮組織**（epithelial tissue）とよぶ．

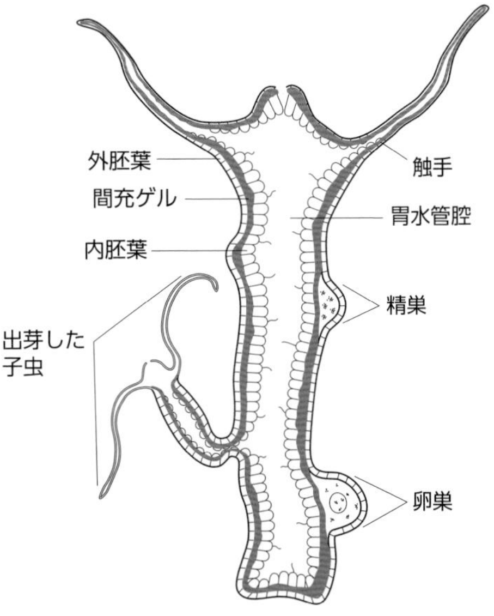
外胚葉
間充ゲル
内胚葉
出芽した
子虫
触手
胃水管腔
精巣
卵巣

●図1-5　ヒドラの断面図
http://www.waterwereld.nu/hydra.php より作成.

われわれヒトでも，体の一番表面を覆っているのは表皮とよばれる上皮組織である．ヒドラよりもずっと複雑になっているが，口から肛門までの消化器官系の表面を覆っているのも上皮組織である．ただし一口に上皮組織といっても細胞の高さや形などは，それぞれの場所で異なっている．上皮組織にも場所やはたらきによって，いくつかの種類がある．

組織には上皮組織の他に，**結合組織**（connective tissue），**筋組織**（muscle tissue），**神経組織**（nervous tissue）があり，多細胞生物では，細胞はどこかの**組織**（tissue）に属している．

細胞 → 組織

これらの組織が組合わさって，**器官**（organ）を構成する．器官というのは胃だとか腸とかの，あるはたらきと形をもった単位である．腸を例にとると，腸は上皮組織，結合組織，筋組織，神経組織の全部を含む器官である．もちろん1つの組織だけからなる器官もある．

細胞 → 組織 → 器官

さらに，いくつかの器官が組合わさって**器官系**を構成する．例えば，腸は消化器官系の一員である．消化器官系は口から始まって，食道，胃，小腸，大腸，肛門からなり，摂取した食物を消化し，栄養分を吸収し，消化できなかったものを糞として排出するはたらきをしている．この消化吸収のはたらきを助ける肝臓，膵臓（すいぞう），胆嚢（たんのう）などの付属消化器官も消化器官系の一員である．

細胞 → 組織 → 器官 → 器官系

ヒトは1種類の器官系だけでは生きていくことはできない．消化器官系の他，体を覆っている上皮組織やその付属物である髪や爪などからなる外皮系，体を支え運動を司る骨格系と筋系，体中に栄養分や酸素を供給する循環器官系，その酸素を体外から取り込む呼吸器官系，老廃物を排出する泌尿器官系，体全体のはたらきを統御し調節する神経系と内分泌系，次世代を残すための生殖器官系が組合わさって，個体がつくられている．

細胞 → 組織 → 器官 → 器官系 → 個体

生体はこのように階層構造をとっている．各階層は組織化され，固有の構造と機能をもち，それがさらに階層的に組合わさって，より上位の構造を形成する，という特徴をもっている．

2 生物界の階層性

細胞は，さらに下位の階層から構成されている．例えば，図1-6の心筋細胞の中に見える楕円形の構造は核である．核以外は描かれていないが，その他にも電子顕微鏡で観察できる構造が存在する．これらの構造物を**細胞小器官**（organelle）という．

これまで述べてきたように，核の中には染色体が存在する．染色体には遺伝子が乗っていて，それはDNAという分子である．DNAは炭素，酸素，水素，窒素，リンといった原子からできている．つまり細胞から下へ，

細胞 → 細胞小器官 → 分子 → 原子

という階層がある．

一方，シマウマは1頭だけ孤立して存在するのではない．アフリカのサバンナに仲間のシマウマと一緒に生息していて，個体群をつくっている．シマウマはライオンのような捕食者とも共存しているし，直接，食うか食われるかの関係にはない多くの動物とともに生息し，全体としてコミュニティーをつくっている．このように，個体から上へも，

個体 → 個体群 → コミュニティー（生物群集）→ 生物圏

という階層構造が存在する（⇒詳しくは12章-1）．

3 細胞が基本

細胞の構造は，小腸では吸収に適した形をしており，皮膚では体の表面を覆い内部を守るのに適した

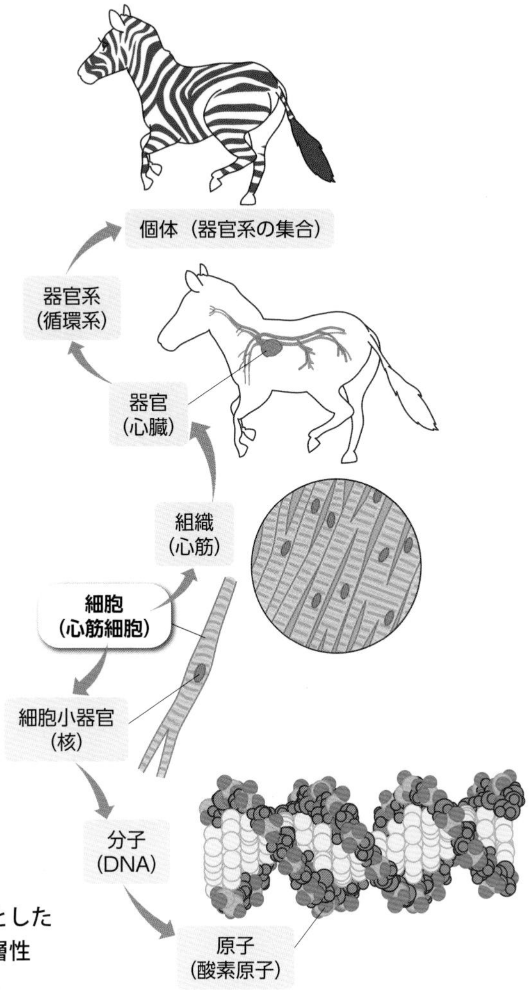
個体（器官系の集合）
器官系
（循環系）
器官
（心臓）
組織
（心筋）
細胞
（心筋細胞）
細胞小器官
（核）
分子
（DNA）
原子
（酸素原子）

図1-6　細胞を中心とした生物界の階層性
参考図書1をもとに作成.

構造をしている．さらに心臓は血液を送り出すポンプのはたらきに適した構造をしている．生物では，それぞれの階層ごとに，はたらき（機能，function）に応じたかたち（構造，structure）が対応している．構造–機能を常に対応させてとらえることが，生物学を学ぶうえで非常に重要である．分子のレベルでも，通常の化学反応では考えられないような効率で酵素反応が進むのは，酵素の活性部位と基質の間にちょうど鍵と鍵穴のような構造的な関係があるからである（⇒4章-3）．構造と機能を関連づけて考えることは，常に念頭においてよいことである．

細胞ははたらきに応じたかたちをもっていると書いたが，どんな細胞にも備わっている基本的なかたちやはたらきがある．共通している点をいくつか列挙してみよう（表1-10）．

表1-10　すべての細胞に共通していること

①タンパク質が構造と機能を担う単位となる
②タンパク質の構造は，設計図〔遺伝子（DNA）〕によって決まる
③設計図とタンパク質合成の仲介に，RNAが重要なはたらきをする
④設計図であるDNAは，複製されて次の代に伝えられる
⑤栄養素を摂取して原材料とし，エネルギー源としてATPをつくる
⑥細胞の周囲は，特殊な膜（細胞膜）で包まれている

細胞は，生物の体をつくりあげる基本単位である．次章以降では，細胞の共通したはたらきについて学んでいこう．

章末問題

解答 ➡

問1 リンネは分類学の父とよばれるが，彼の功績について説明せよ．

問2 ダーウィンが『種の起源』を発表した当時の新聞に，ダーウィンの顔をしたサルを描き，ヒトはサルから進化したのかと，彼を揶揄する挿絵が掲載されている．これはどの点で誤っているか，説明せよ．

問3 よくコマーシャルに出てくる「今年の車はまた進化を遂げた」という言い方は，生物学的には誤りである．この言葉の使い方はどのような点が誤っているのか，説明せよ．

問4 p.43 Columnにあるように，ヴィクトリア女王は血友病の保因者であった．家系図を見るとヴィクトリア女王には王子が４人，王女が５人いる．王子のうち１人が発病し，王女のうち２人が保因者である．表1-8によれば，男子の健常者と発病者の比は１：１，女子の健常者と保因者の比は１：１となるはずである．この違いの理由は何か説明せよ．

問5 メンデルは，それまで考えられていた遺伝の情報はペンキを混ぜるように両親の情報が混ざってしまうという考えを転換して，要素という考えを使って実験結果を説明し，その後の遺伝学の基礎を築いた．メンデルはどのように「科学のプロセス」を実践したと考えられるか，順を追って説明せよ．

問6 細胞は個体を構成する基本単位であるが，個体は細胞の単なる集合体ではない．細胞がどのように組織化され，階層構造をとって個体を構成しているか，説明せよ．

Column 歴史にみる遺伝病

1891年，事件は滋賀県大津で起こった．来日中のロシア帝国皇太子ニコライが，警備の巡査に襲われ，サーベルで頭部を切られたのである．幸い命に別条がなく皇太子は帰国するが，犯人をどう裁くかで司法の独立が問われる大きな問題となる．夏樹静子の『裁判百年史ものがたり』（文藝春秋，2010年）の第1話はこの「大津事件」を「ロシア皇太子暗殺未遂事件」として取り上げている．

皇太子は後に最後のロシア皇帝ニコライ二世となる．最後というのは，ニコライ二世はロシア革命で退位させられるからである．その後，皇后と一男四女の子どもとともにソ連軍に監禁され，虐殺される．遺体の埋葬場所などがわからなかったが，ソビエト連邦崩壊後の1991年に遺骨が発見され，DNA鑑定が行われ，その際に大津事件の血染めのハンカチも鑑定の資料となった．

このDNA鑑定についてはワトソンとベリーの『DNA』（講談社，2003年）に譲るとして，ロシア革命が起こった遠因は，4人続いた皇女のあとに生まれた皇位継承者である男の子アレクセイが血友病だったことにあるとされる．血友病は伴性遺伝をする不治の病であり，祈祷のために宮廷に招かれた怪僧ラスプーチンが皇后アレクサンドラの信任を得て，政治を混乱させたためである．アレクセイが血友病を遺伝したのは，皇后が保因者だったからだが，彼女は大英帝国の絶頂期に君臨したヴィクトリア女王の孫娘である．ちなみにダーウィンの『種の起源』が刊行されたのは，ヴィクトリア朝時代である．

ヴィクトリア女王は血友病の保因者で，親族には血友病保因者がいないことから，彼女に突然変異が起こったと推定されている．健常なアルバート公との間に四男五女をもうけたが，3番目の二女アリスと9番目の五女ベアトリスが保因者で，そのために，アリスの子であるアレクサンドラが保因者となり，上に述べた悲劇につながった．一方，ベアトリスの娘ヴィクトリアがやはり保因者で，アルフォンソ十三世と結婚したためにスペイン王室に血友病の遺伝子が入った．ヴィクトリア女王の4人の息子のうち，8番目の四男レオポルドは血友病で，怪我がもとで31歳の若さで死んでいる．原因遺伝子はp.267参照のこと．

この他にもハプスブルグ家に代々伝わった「ハプスブルグの下唇」が有名である．スペイン・ハプスブルグ王朝の宮廷画家だったベラスケスが描くフェリペ四世の肖像画に，特徴的な下唇と下顎が突出した風貌が認められる．遺伝子の流れを想像しながら歴史を紐解くのもよいかもしれない．

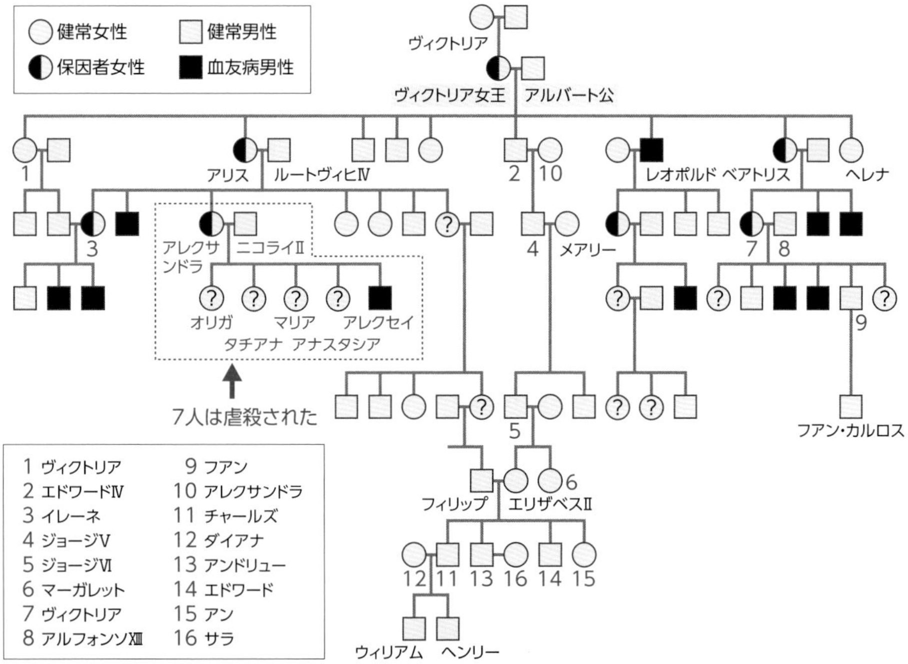

健常女性
健常男性
保因者女性
血友病男性
ヴィクトリア
ヴィクトリア女王
アルバート公
アリス
ルートヴィヒⅣ
レオポルド
ベアトリス
ヘレナ
アレクサンドラ
ニコライⅡ
メアリー
オリガ
マリア
アレクセイ
タチアナ
アナスタシア
7人は虐殺された
フアン・カルロス
フィリップ
エリザベスⅡ
ウィリアム
ヘンリー
1 ヴィクトリア
2 エドワードⅣ
3 イレーネ
4 ジョージⅤ
5 ジョージⅥ
6 マーガレット
7 ヴィクトリア
8 アルフォンソⅩⅢ
9 フアン
10 アレクサンドラ
11 チャールズ
12 ダイアナ
13 アンドリュー
14 エドワード
15 アン
16 サラ

●図　ヴィクトリア女王から始まるイギリス王室の家系図と血友病
https://sites.ualberta.ca/~pletendr/tm-modules/genetics/70gen-hemophil より作成.

Column　メンデルの選んだ7つの形質

メンデルは原著論文[1]で，選んだ7つの形質を，「実った種子の形」，「種子の胚乳の色」，「種皮の色（花の色と常にリンクしている）」，「実ったさやの形」，「未熟なさやの色」，「花のつく位置」，「茎の高さ」と表現していて，それぞれに対立する形質の記述がある．

このうち，「種子の形」と「種子の胚乳の色」は，交配して種子が実ればすぐに観察できる形質だが，残りの5つは実った種子を蒔いて翌年になってからでないと観察できない形質である．そのため，メンデルは「種子の形」と「種子の胚乳の色」を使ったデータを多く集めている．

ただし，「種子の胚乳の色」としたのは現在からみると誤りで，マメ科植物の種子には胚乳がなく（無胚乳種子），発芽時の養分は子葉に蓄積される．したがって胚乳とせずに子葉の色とするのが正しい．岩波文庫の『植物雑種の研究』（メンデル/著，岩槻邦男，須原準平/訳，1999年）では，訳注に「メンデルの時代には，精核と2個の極核が接合してできる3倍体の胚乳が，現在の意味で正確に知られていたわけでなく，種子の初期の成長に資する栄養を供給するものを漠然と胚乳と呼んでいた」とある．

「種皮の色」の形質の記述では，優性が灰色あるいは茶色がかった灰色あるいはなめし皮のような茶色で紫の斑点がある場合とない場合があり，劣性は白色としている．灰色の種子はゆでると濃茶になるとも書かれている．リンクしている花の色については，優性では旗弁が紫色（violet），翼弁が赤紫色（purple）で，葉腋の部分にも赤みがかった色がつくと記述している（図A）．

「種皮」は子房内の胚珠の皮（すなわち珠皮）から形成されるので親の形質である（図B）．交配した雑種第一代の結果を得るためには，種子を蒔き，実った種子を観察する必要があり，上に述べた，実った種子ですぐに結果がわかる2つの形質とは異なることに注意する必要がある．

メンデルの記述した胚乳を正して「種子の子葉の色」とすると，カキの種子のように胚乳に埋もれた小さな子葉をもつ種子を思い浮かべて誤解を招きやすいし，エンドウでは種皮のすぐ内側に子葉があり，薄い種皮を通して見えるので，本書では「種子の色」とした（⇒表1-4）．多くの教科書でも「seed color」の語が使われている．また，「種皮の色」ではなく「花の色」を採用したのは，上述したように種皮は珠皮由来であり，これも

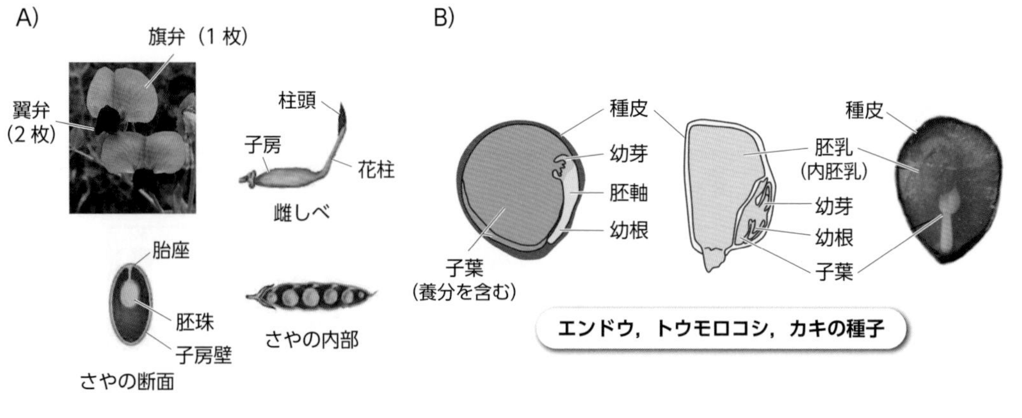

A)
旗弁（1枚）
翼弁
（2枚）
柱頭
子房
花柱
雌しべ
胎座
胚珠
子房壁
さやの断面
さやの内部
B)
種皮
幼芽
胚軸
幼根
子葉
（養分を含む）
種皮
胚乳
（内胚乳）
幼芽
幼根
子葉
エンドウ，トウモロコシ，カキの種子

●図　エンドウの花と種子（A）と種子による養分の貯蔵部位の違い（B）

誤解を招きやすいし，「花の色」のほうがわかりやすく，絵になるからである．

メンデルが選んだ7つの形質は，エンドウの7対の染色体のうちの5対に乗っている[2]．

1番染色体－種子の色
2番染色体－種皮の色（＝花の色）
3番染色体－茎の高さ，さやの形（強い連鎖）
4番染色体－花のつき方
5番染色体－種子の形，さやの色

メンデルは，二遺伝子雑種で独立の法則を示した形質として，別の染色体に乗っているもの（あるいは同一であっても離れたもの）を選んでいる．

ちなみに，メンデルの7つの形質のうち，2020年5月時点で遺伝子として明らかになっているのは，以下の4つで，いずれも単一遺伝子によって支配される形質である．以下は少し専門的な記述になってしまうが，興味ある人は読んでみてほしい．

「種子の形」（丸いかしわがあるか）の遺伝子は，デンプンを構成するアミロペクチンの生成に必要な枝分かれ酵素をコードしている．デンプンはグルコースがα 1,4結合で直鎖状につながったアミロースと，途中でα 1,6結合により枝分かれがあるアミロペクチンの混合物だが，この遺伝子は，このα 1,6結合を生成する酵素をコードしている．劣性遺伝子では，Ips-rとよばれるトランスポゾン（転移因子の一種）が入ったために，酵素の機能が失われ，その結果，α 1,6結合ができなくなり，原料のグルコースが余ってしまう（グルコースを結合できる端の数がずっと少なくなるため）．その結果，浸透圧が上昇して水を吸引してしまい，水膨れした種子となり，その後，乾燥するとこの水が蒸発して体積が減少し，しわが生じるのである[3]．

「茎の高さ」をコードしている遺伝子は，植物の成長に関与するホルモンであるジベレリンの代謝経路の酵素（GA 3-oxidase）遺伝子の一塩基置換（G→A）であることが示されている[4]．

「種子の色」をコードする遺伝子は，葉緑素の分解にかかわる，Stay-green（sgr）と名づけられた遺伝子が関係することがわかっている．野生型では種子が実った後，葉緑体に発現する葉緑素クロロフィルを壊す酵素により緑色を失い，酵素がはたらかないと緑のままになる．イギリスのグループが明らかにしたが[5]，日本のグループは，イネの同じ形質の遺伝子と比較して，メンデルの形質をコードする遺伝子は，クロロフィル破壊酵素の翻訳か翻訳後修飾の経路の活性化に関与していると報告している[6]．

「花の色」をコードする遺伝子は，塩基性ヘリックス-ターン-ヘリックスパターンをもつ転写調節因子をコードしていることが示されている．この転写調節因子は，花の色を含む色素を発現させるフラボノイド代謝系に関与している．劣性では，スプライシング・ドナーサイトのG→A置換により，本来の位置でのスプライシングが起こらず8塩基下流のGTを認識し，その結果，フレームシフト突然変異が起こって終止コドンが早く現れ，結果的に短いタンパク質ができることによる[7]．この結果は，メンデルが示した種皮の色と花の色が強くリンクしているということをも説明できる．

これ以外の3つの形質についても候補となる遺伝子はあげられているが，劣性になるのはどのような変異によるのかなどの詳細は明らかになっていない[2, 8]．

［文献］

1) 原著論文ドイツ語版：http://www.mendelweb.org/MWGerText.html, 原著論文英語版（annotated）：http://www.mendelweb.org/Mendel.html
2) Reid JB & Ross JJ：Genetics, 189：3-10, 2011
3) Bhattacharyya MK, et al：Cell, 60：115-122, 1990
4) Lester DR, et al：Plant Cell, 9：1435-1443, 1997
5) Armstead I, et al：Science, 315：73, 2007
6) Sato Y, et al：Proc Natl Acad Sci USA, 104：14169-14174, 2007
7) Hellens RP, et al：PLoS One, 5：e13230, 2010
8) Noel Ellis TH, et al：Trend Plant Sci, 16：590-596, 2011

演習① データを数量的に扱い，統計処理をしてみよう

メンデルが，エンドウを用いた遺伝の実験で，形質を支配する要素的な因子を考え，交配実験を繰り返し行い，多数の標本を数量的に扱ってデータの解析を行ったことは，本文中で述べた通りである（⇒**1章-5**③）．メンデルの時代には統計学の手法はなかったので，数量的に扱っているといっても，統計的な処理をしているわけではない．現在では，実験を行う生物学では，必ず数量的なデータを集め，統計学を用いて比較する．アメリカ人は日本人よりは背が高い気がする，というのでは，単なる感想である．背が高い，低いというのではなく，実際に何人かの背の高さを測定し，得られたデータをもとにして比較することが，科学的方法である．生物学が好きな人は，得てして数学が苦手で（筆者もそうなのだが），数字を見るとそれだけで「嫌だなー」と思ってしまいがちだが，慣れておくに越したことはない．

幸いなことに，現在では，コンピュータをもっていれば，ほとんどの人はMicrosoft社のExcelという表計算ソフトがインストールされているだろう．Excelは計算をしたり，その結果をグラフで表示したりすることが容易にできる便利なツールである．使いこなせるようになっておくと，とても役に立つ．

1）Excelの使い方

① Excelの基本

表計算ソフトについての詳しいことは，他の書物に譲ることにして，簡単な原理と使い方を書いておく．Excelを起動して新しく「空白のブック」を開くと，上端にはAから順にアルファベットが，左端には1から順に数字が並び，残りの白地の部分にはたくさんのマス目が並んだシートが表示される．1つ1つのマス目を「セル」とよび，それぞれのセルは，横に並んだアルファベットと縦に並んだ数字で番地が決められている．したがって一番左上のセルは「A1」である．セルをマウスでクリックして選択すると，左上の窓（名前ボックス）に番地が表示される．選択したセルには，数字や文字列，さらに数式も書き込むことができ，その内容は名前ボックスの右側の，横に広い「数式バー」に表示される．

②表計算の基本

ちょっと，練習をしておこう（知っている人は飛ばしてください）．A1に「5」と入力し，A2に「8」と入力する（以下，「」内の数字あるいは文字列は，セルに入力する内容を示し，数字と次に述べる数式はすべて半角文字で入力する）．次にA3に「=A1+A2」と入力する．瞬間的にA3に答えの「13」が表示されるはずである．先頭に「=」をつけると数式と認識され，数式バーにも表示される．セルを指定して数式バーに数式を直接入力することもできる．「+」の代わりに，引き算は「-」，掛け算は「*」，割り算は「/」を使う．

2つのセルの足し算の場合は簡単だが，セル10個分の足し算だと，計算式が長くなってしまう．そんなときのためにExcelでは関数が用意されている．合計を表すのはSUM（summation）である．試しにA3のセルを選択し，数式バーに「=SUM(A1:A2)」と入力してみよう（A1:A2は範囲を表す）．やはり合計として13が表示されるはずである．

Excelには，このような関数が多数用意されているので，これらを駆使すれば，単なる演算だけでなく，データの平均値や標準偏差を計算し，統計処理などを行うことができる．

2）データを取得する

本来ならば実験室で実験を行うか，野外に出て観察をしてデータを取得するのだが，ここでは本書の**12章**の図12-6を利用する．この図はアメリカの大学生男女を背の高さに従って並んだ写真をもとに描いたもので，フィート：インチを横軸にした，ヒストグラムになっている．この図から女子学生と男子学生の数を数えて表をつくる．

新しいブックを開いて，A1にタイトルを書き込む（例えば，データの数量的取扱い）．B3に「男」，C3に「女」と書き込む．次にB4からの列に男子学生の身長をすべて入力する．最初の2人の学生の身長は5フィート4インチなので，cmに換算してB4とB5に「162.6」と書き込む．次は5フィート5インチ（165.1 cm）を5人分，B6からB10まで書き込む．あとは同様に6フィート5インチ（195.6 cm）まで，全部で81人分のデータを入力する．

次のC4からの列に女子学生の身長を人数分，書き込んでいく（76人分）．

実際に計測して得たデータでは，このように小さいものから順に並ぶことはないが，ここは演習なので乞う許容．

これで取り扱うデータが得られた．図12-6と表の数字を見ると，女子学生のほうが男子学生よりも身長が低いことが見てとれるが，どのくらい違うのか，その差は統計学的に有意（statistically significant）なのか，調べる必要がある．

注：本書ではWindows版のExcel 2013およびExcel 2016に基づいて解説をしている．OSやExcelのバージョンによっては，メニューの表示や場所が異なったり，使用できない機能があることをご了承願いたい．

3）基本統計量を計算する

A86に「標本数」，A87に「平均」，A88に「標準偏差」，A89に「標準誤差」と入力する．

次に，B86のセルを選択する．マウスのポインターを数式バーにもっていき，そこに「=COUNT(」と入力し，次にB4を左クリックし，そのまま（左クリックを押したまま）下へドラッグしていく．B84まで来たら，左クリックをやめる．これでB4からB84までが選択され，数式バーの表示が，「=COUNT(B4:B84」となっているはずである．最後に括弧を閉じて，Enterキーを押すと，標本数の横に，「81」という数値が表示される．

同様にして，B87には「=AVERAGE(B4:B84)」，B88には「=STDEV(B4:B84)」，B89には「=STDEV(B4:B84)/SQRT(B86)」と入力する．

女子学生のデータも同様にして基本統計量を計算する．Cの列の該当するセルに同じ式を入れていけばよい．

4）度数分布表を作成する

3）で作成した生データをそのままグラフにしても仕方がないので，度数分布表を作成することにする．今回の場合は，すでにデータが身長の低いほうから高いほうへ順に並んでいるので，あまり必要はないのだが，練習として行い，その結果を使って，男女別のヒストグラムを作成することにする．実験などで測定データが得られたときは，まずこの度数分布表をつくるのが大事である．幸いなことにExcelでは簡単に度数分布表をつくることができる．

①データ区間の決定

度数を求めるためには，最初に，データ区間を決める必要がある．この区間の中にデータがいくつあるかを数えるのである．今回の場合は，インチから換算したcmの値をそのままデータ区間の値とする．E4に「度数分布表」と書き込み，E6に「データ区間」，F6に「男」，G6に「女」と入力する．次に，E7からE24までのセルに，「152.4」から「195.6」までの数値を入力する．

これで準備ができたので，Excelの上部に並んだタブ（リボンという）から，「データ分析」をクリックする．もしも「データ分析」が表示されない場合は，まだアドインとしてインストールされていないので，次の操作を行う．

一番左の「ファイル」リボンを選ぶと左側にいろいろなサイドメニューが表示されるので，一番下にある「オプション」をクリックする．「Excelのオプション」というポップアップウィンドウが開いたら，左側の一覧から「アドイン」をクリックする．「アドインの表示と管理」が開くので，その中にある「分析ツール」（「分析ツール－VBA」ではないので注意）をクリックして，下の設定ボタンをクリックする．これでデータリボンの中に「分析ツール」が加わる．

②データ範囲の決定

元に戻って，この「データ分析」をクリックすると，ポップアップウィンドウが開き，分析ツールが表示される．その中から「ヒストグラム」をクリックして選択し，右側の「OK」をクリックする．すると新しくウィンドウが開き，「データ範囲」と「データ区間」を指定する窓が表示される．「データ範囲」の空白部分にマウスのポインターを置き，左クリックすると，シートの範囲を選択できるようになるので，B4からB84までをドラッグして選択する．次に「データ区間」の窓をクリックし，同じように先ほど決めたデータ区間，E7からE24までを選択する．

③結果の表示

最後に結果を表示する場所を指定する．ここでは，このシート内に表示させたいので，「出力先」のラジオボタンをクリックし，右側の窓の空白をクリックした後，シートのL7をクリックして指定する．最後に，OKボタンを押すと，L7からM26の範囲に，データ区間と頻度が表示される．これが度数分布表である．頻度の下にある結果（M8からM25）を選択し，コピーする．次に，F7のセルを選択し，コピーしたデータを貼り付ける（両方を合わせて，よくコピペと称する）．

同様に，女子学生のデータを使って度数分布表を作成する．出力先としてO7を選ぶと，2つの表が並ぶようになる．頻度のデータをG7からG24にコピペする．これで男女の度数（頻度）が並んだ度数分布表が作成できた．

5）男女別ヒストグラム

上で求めたデータを使い，グラフを描く．Excelでグラフを描く場合は，描きたいデータ範囲を選んだ後，リボンから「挿入」を選び，表示されたグラフの中から描きたいグラフの形式を選ぶ．これだけで簡単にグラフを描くことができる．

今回の場合は，棒グラフを描くことにする．データの範囲として，F7からG24まで（データだけ）を選び，グラフの中から棒グラフのアイコンをクリックする．「棒グラフの挿入（棒グラフのアイコン）」を選ぶと，ポップアップウィンドウが開き，何種類かの棒グラフが表示されるので，とりあえず一番左上のシンプルな棒グラフを選ぶ．すると，横軸に1から18までの項目が振られ，それぞれの項目に，色の異なる2本の棒が表示される．これが男女を別々にして同じ軸上に描いたヒストグラムである．グラフウィンドウの枠にマウスのポインターをもっていくと，十字矢印になるので，左ボタンを押してドラッグすればグラフウィンドウを移動することができる．度数分布表の下にグラフを移動して左ボタンを離し，移動を止める．

横軸が1から18までなので，度数分布表の身長の値に変更する．グラフのプロットエリアを右クリックすると，ウィンドウが現れるので，その中から「データの選択」をクリックする．現れた表示の中の「横（項目）軸ラベル」の下にある編集をクリックして選び，現れた範囲指定枠内に，マウスでデータ区間である「E7からE24」をドラッグして選択し，「OK」ボタンをクリックする．これで，軸ラベルが「身長の数値」になる．

6）平均値の比較

次に，男女の身長差を比較してみよう．比較するときの代表値として普通は平均値を使う．平均値は，すでに基本統計量のところで算出しているので，これを使ってまずグラフを描いてみよう．B87とC87にある，平均をクリックして選択し，上と同じように「挿入」，「グラフ」，棒グラフを選べば，男女の身長が2本の棒グラフとして表示される．

ここではちょっと工夫して，標準偏差を棒グラフに付け加えてみよう．描かれたグラフの右上に3つの絵入りのボタンが表示されているはずである．一番上の＋の付いたボタンをクリックすると，「グラフ要素」というウィンドウが開く．今は「軸」，「グラフタイトル」，「目盛線」にチェックが入っているはずである．「誤差範囲」の左の四角をクリックして選択するとグラフにヒゲ棒が付け加わるが，これは正しくないので，右にある小さな三角をクリックする．すると新しく開いたウィンドウに4つの項目が書かれているので，「その他のオプション」を選択する．するとシートの右側に「誤差範囲の書式設定」が表示されるので，一番下にある「ユーザー設定」を選び「値の指定」をクリックする．表示された誤差範囲ウィンドウ内の正の誤差範囲として「B88」と「C88」を選び，負の誤差範囲として同じく「B88」と「C88」を選ぶ．こうすると棒グラフの平均値の上下に正しい標準偏差のヒゲ棒が表示される．

これで視覚的に表示されたが，本当に差があるかどうかを検定する．

①等分散の検定

両者の標本の分布は正規分布と考えて，等分散の検定のF検定を用いる．「データ」，「データ分析」を選び，表示された一覧の中から「F検定：2標本を使った分散の検定」をクリックして選ぶ．「変数1の範囲」と「変数2の範囲」を入力するウィンドウが表示されるので，この中にそれぞれ「B4」から「B84」まで，「C4」から「C79」までをドラッグして選択して入力する．出力先をE68にしてOKをクリックすると，ここに平均，分散，観測数，自由度，観測された分散比，P(F<=f)片側，F境界値片側の値が変数1と2に対して表示される．Pの値は0.136968なので，両側で0.274となり0.05より大きいので，有意差5％で両者の間に分散の差がない（等分散である）といえることになる．

②平均値の比較

等分散なので，2標本の平均値の比較のためのt検定を行うことができる．F検定の場合と同じように，分析ツールから「t検定：等分散を仮定した2標本による検定」を選び，αが0.05であることを確認して，出力先をE82としてOKをクリックすると結果の表が表示される．両側のPの値は3.11E−22（3.11×10^{-22}）と，きわめて小さな値で，0.05よりも十分に小さい．したがって，5％の有意差で男女の身長には差があるといえることになる．

統計の手順の詳しい説明は省略したが，Excelを使えば比較的簡単に，データをグラフ化し，統計処理を行うことができる．さらに詳しくは統計の本を参照されたい．

Supplemental Data

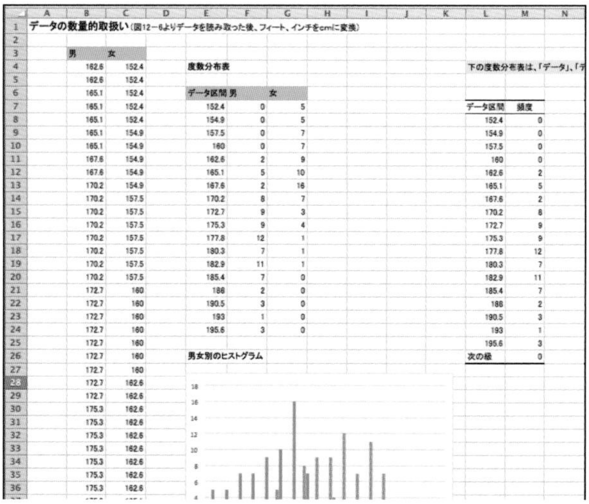

	A	B	C	D	E	F	G	H	I	J	K	L	M	N
1	データの数量的取扱い（図12−6よりデータを読み取った後、フィート、インチをcmに変換）													
2														
3		男	女											
4		162.6	152.4		度数分布表							下の度数分布表は、「データ」、「デ		
5		162.6	152.4											
6		165.1	152.4		データ区間	男	女							
7		165.1	152.4		152.4	0	5					データ区間	頻度	
8		165.1	152.4		154.9	0	5					152.4	0	
9		165.1	154.9		157.5	0	7					154.9	0	
10		165.1	154.9		160	0	7					157.5	0	
11		167.6	154.9		162.6	2	9					160	0	
12		167.6	154.9		165.1	5	10					162.6	2	
13		170.2	154.9		167.6	2	16					165.1	5	
14		170.2	157.5		170.2	8	7					167.6	2	
15		170.2	157.5		172.7	9	3					170.2	8	
16		170.2	157.5		175.3	9	4					172.7	9	
17		170.2	157.5		177.8	12	1					175.3	9	
18		170.2	157.5		180.3	7	1					177.8	12	
19		170.2	157.5		182.9	11	1					180.3	7	
20		170.2	157.5		185.4	7	0					182.9	11	
21		172.7	160		188	2	0					185.4	7	
22		172.7	160		190.5	3	0					188	2	
23		172.7	160		193	1	0					190.5	3	
24		172.7	160		195.6	3	0					193	1	
25		172.7	160									195.6	3	
26		172.7	160		男女別のヒストグラム							次の級	0	
27		172.7	160											
28		172.7	162.6											
29		172.7	162.6											
30		175.3	162.6											
31		175.3	162.6											
32		175.3	162.6											
33		175.3	162.6											
34		175.3	162.6											
35		175.3	162.6											
36		175.3	162.6											

本演習に連動したExcelファイルをダウンロードできます（⇒目次の次頁参照）．

2章 細胞のプロフィール

生物のかたちとはたらきの最小単位は細胞である．大多数の細胞の大きさは，およそ10～100 μmの範囲にあり，平均的な細胞の大きさは20 μmである．これは肉眼で見ることができる範囲よりもずっと小さいので，細胞を観察するためには顕微鏡が利用される．光学顕微鏡と電子顕微鏡を使い分けてさまざまな細胞を観察すると，それぞれの細胞は，どの組織に属するかどのようなはたらきをするかによって，さまざまな形をしていることがわかる．しかしよく観察すると，細胞に共通した基本的なプロフィールが見えてくる．

細胞は，細胞小器官という構造体が，かなりの密度でサイトソル（細胞質基質）という水溶液中に浮かんだ構造をしている．細胞小器官は，タンパク質，核酸，糖質，脂質から構成され，サイトソル中にはこれらの原料となるアミノ酸，ヌクレオチド，グルコース，脂肪酸やグリセリンなどが各種のイオンとともに溶け込んでいる．水は特異的な分子の形のためこれらの分子を溶かす優れた溶媒である．主な細胞小器官には，核，小胞体，ゴルジ装置，ミトコンドリア，（植物細胞には葉緑体）があり，それぞれ情報の保持，タンパク質合成，分泌性タンパク質の加工，ATPの産生という重要なはたらきをする．細胞の一番外側は細胞膜とよぶ脂質の二重膜で囲まれていて，物質の取り込み，分泌に重要な機能を果たしている．

2-1 光学顕微鏡と電子顕微鏡の発明

大部分の細胞の大きさは，20 μm前後で，肉眼で見ることはできない（図2-1）．したがって拡大する必要がある．拡大に使われるのが顕微鏡である．顕微鏡は，可視光線と光学レンズを使う**光学顕微鏡**（light microscope）と，電子線と電磁コイルを使う**電子顕微鏡**（electron microscope）に大きく分けることができる（表2-1）．

光学顕微鏡には，光を使う普通の顕微鏡（明視野と暗視野），試料を通過する際に生じる光の位相のずれを利用して見る位相差顕微鏡，蛍光を観察する蛍光顕微鏡などがある．

電子顕微鏡には，試料を透過した電子線を蛍光板で観察し，フィルムに焼き付ける透過型電子顕微鏡と，試料の表面に金の薄膜を蒸着し，電子ビームで試料の表面を走査して発生する二次電子を表示装置（CRT）で観察し，フィルムに焼き付ける走査型電子顕微鏡がある．

細胞に含まれる物質を染め分けるために，表2-1に示したヘマトキシリン・エオシン染色以外にも各種の染色法が開発されている．また，細胞が生きた状態で薄く切った切片をつくり，細胞に含まれる酵素（⇒4章-3）のはたらきを利用して発色させ，酵素の存在を可視化することも行われる．今では，細胞に含まれるタンパク質に対する抗体（⇒9章-7）をつくり，抗体が蛍光をもつように細工し，これを切片中のタンパク質と反応させて蛍光顕微鏡で観察してタンパク質の所在を可視化する手法がよく使われる．また，緑色蛍光タンパク質（GFP）の遺伝子

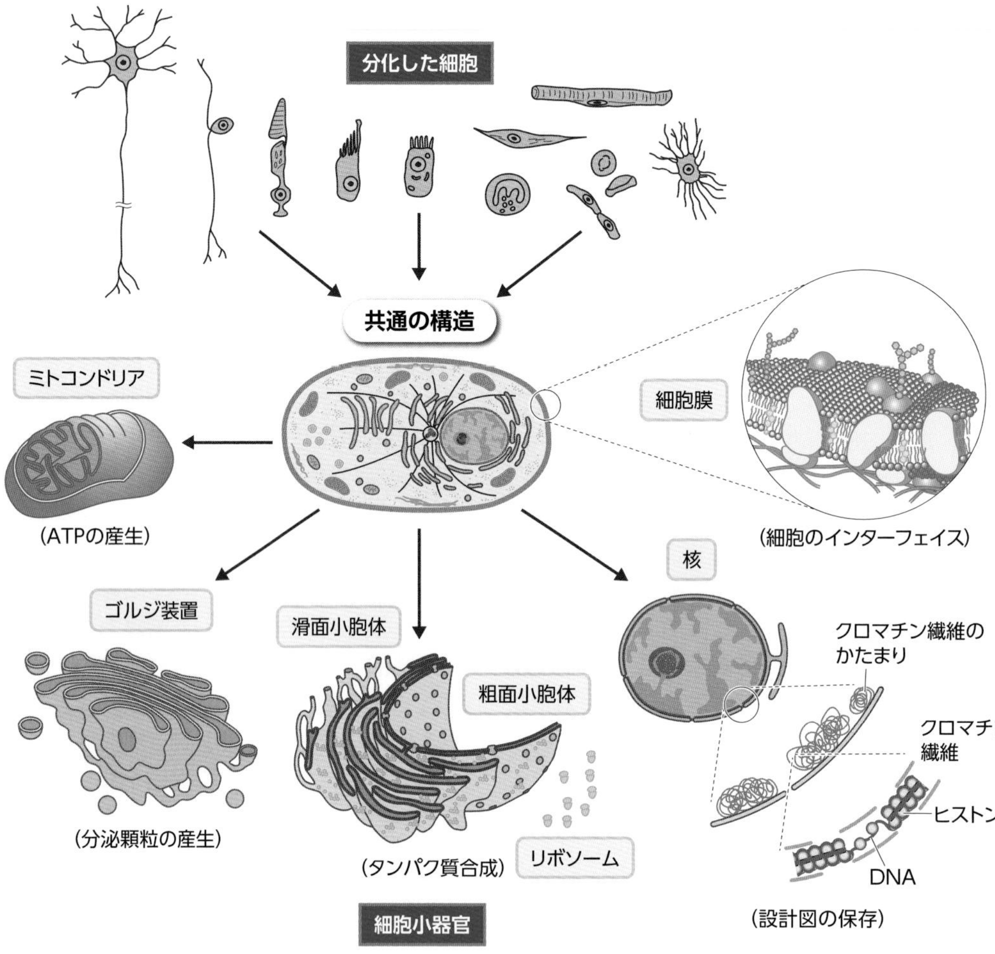
分化した細胞
共通の構造
ミトコンドリア
(ATPの産生)
細胞膜
(細胞のインターフェイス)
核
ゴルジ装置
滑面小胞体
粗面小胞体
(分泌顆粒の産生)
(タンパク質合成)
リボソーム
クロマチン繊維の
かたまり
クロマチン
繊維
ヒストン
DNA
(設計図の保存)
細胞小器官

概略図●分化した細胞の形態および共通する細胞小器官の構造

を組込み，細胞や目的とするタンパク質を光るようにすることも行われる（⇒詳細はp.253 Column参照）．

IT技術の進歩により，目あるいは写真で観察する代わりに，光の情報をCCD（charge coupled device，電荷結合素子）で受け取り，コンピュータに送ってモニタに表示することができるようになった（デジタル顕微鏡）．コンピュータに取り込んで表示するため，多数の画像を重ね合わせて立体像を得たり，色の異なる蛍光像を重ね合わせることもできる．このようなデジタル顕微鏡は，今後も改良されていくだろう．

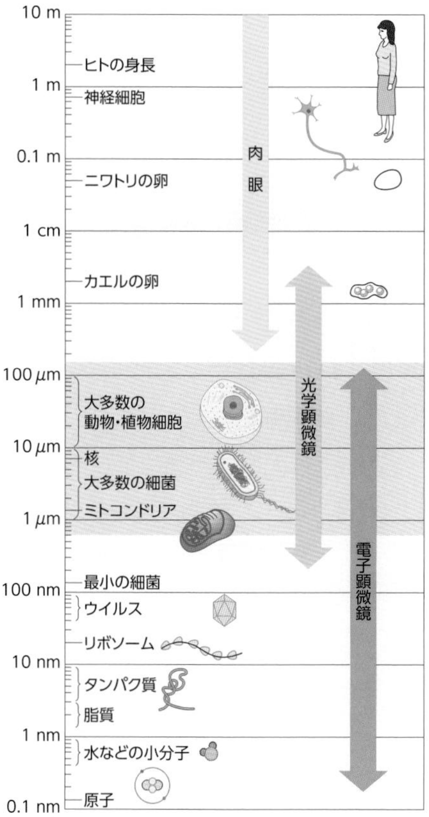
10 m
ヒトの身長
1 m
神経細胞
0.1 m
ニワトリの卵
1 cm
カエルの卵
1 mm
100 μm
大多数の
動物・植物細胞
10 μm
核
大多数の細菌
ミトコンドリア
1 μm
最小の細菌
100 nm
ウイルス
リボソーム
10 nm
タンパク質
脂質
1 nm
水などの小分子
0.1 nm
原子
肉眼
光学顕微鏡
電子顕微鏡

●図2-1　肉眼と顕微鏡で観察できる大きさの範囲
参考図書1をもとに作成.

●表2-1　顕微鏡の種類と原理

	光学顕微鏡	電子顕微鏡
種類	明視野顕微鏡, 暗視野顕微鏡 位相差顕微鏡 微分干渉顕微鏡 蛍光顕微鏡	透過型電子顕微鏡 走査型電子顕微鏡
原理図	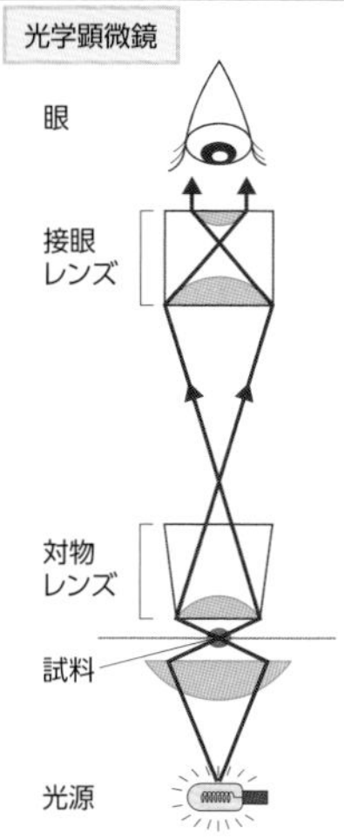光学顕微鏡 眼 接眼レンズ 対物レンズ 試料 光源	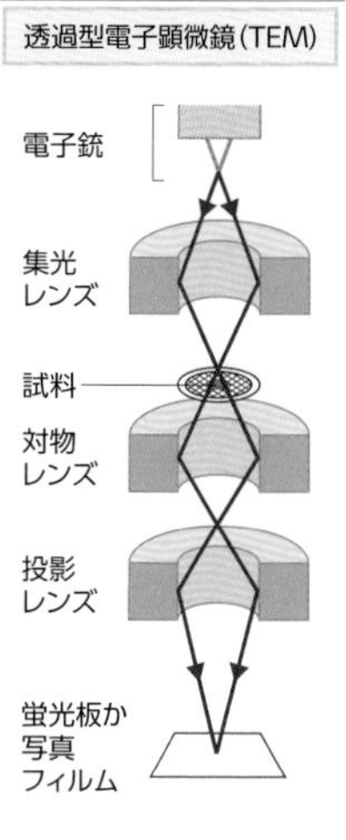透過型電子顕微鏡(TEM) 電子銃 集光レンズ 試料 対物レンズ 投影レンズ 蛍光板か写真フィルム
利用する線源	可視光線, 蛍光	電子線
薄く切る方法	パラフィン包埋, 凍結法	樹脂包埋
コントラストをつける方法	色素による染色 (ヘマトキシリン・エオシン染色など)	重金属による染色 (酢酸ウランとクエン酸鉛)
観察方法	肉眼あるいは写真	蛍光板あるいは写真
分解能	0.1 μm	0.2 nm

参考図書2をもとに作成.

2-2　細胞には多様な横顔がある

1 多様な細胞の形

1章にて，ヒトの体を構成している細胞は，組織の一員として分化していると述べたが，光学顕微鏡ではどのように見えるのだろうか.

図2-2は，左からA）表皮の細胞層，B）小腸上皮細胞と杯細胞，C）膵臓消化酵素分泌細胞，D）大脳の錐体細胞（神経細胞），E）骨格筋の筋繊維，F）小腸の平滑筋細胞のスケッチである．細胞はさまざまな形をしているのがわかる．形はさまざまだが，共通な点も見える．いずれの細胞も核を有している点である.

2 細胞の概観

明視野の光学顕微鏡では，核と大型の粒子などが見える程度であるが，染色法の工夫や顕微鏡の改良により，より小さな構造物も観察できるようになる．さらに電子顕微鏡の発明により，飛躍的に拡大した像を見ることができるようになった．こうした知識を総合して動物細胞に共通する構造を描いたものが図2-3である．また，植物細胞に共通する構造は図2-4のようになる.

細胞の内部は，核以外にさらに多くの構造物で埋め尽くされている．これらの構造を**細胞小器官**（organelle）といい，それぞれの細胞小器官は細胞の活動に必要な特定の機能をもっている（表2-2).

植物細胞では葉緑体を細胞内に含んでいること，さらに細胞膜の外側を硬い細胞壁が覆っていることが，動物細胞と異なる点である.

動物と植物（と菌類および原生生物）は**真核生物**（eukaryote）とよばれ，真核生物の細胞では核膜

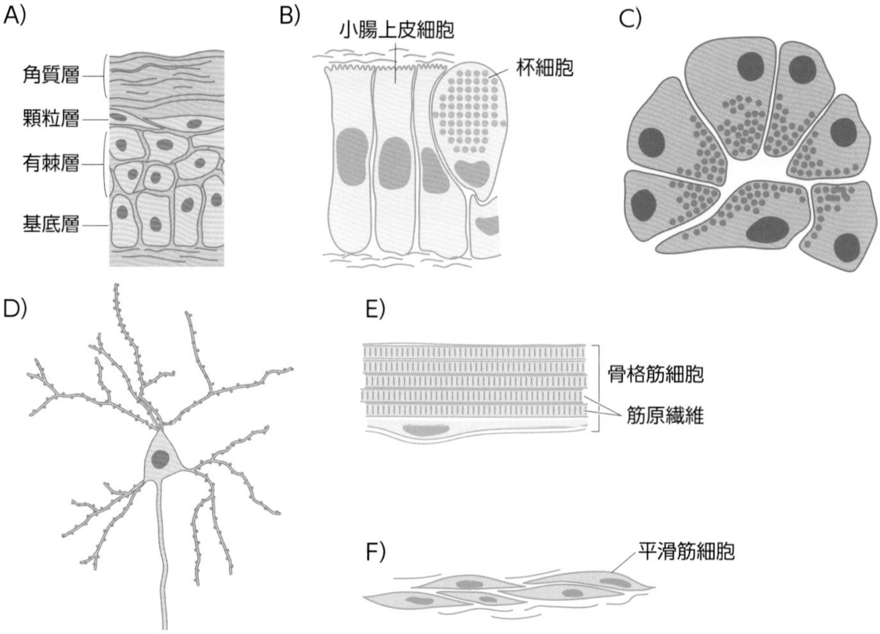
A)
角質層
顆粒層
有棘層
基底層
B)
小腸上皮細胞
杯細胞
C)
D)
E)
骨格筋細胞
筋原繊維
F)
平滑筋細胞

図2-2　ヒトのさまざまな細胞
A）表皮の細胞層，B）小腸上皮細胞と杯細胞，C）膵臓消化酵素分泌細胞，D）大脳の錐体細胞，E）骨格筋の筋繊維，F）小腸の平滑筋細胞．

表2-2　細胞小器官の種類とその機能※1

細胞小器官の名前	機能
核（nucleus） ・核膜（nuclear envelope） ・染色質（クロマチン，chromatin） ・核小体（nucleolus）	遺伝子貯蔵所 ・核質をサイトソル（細胞質基質）から隔離 ・染色体が脱凝集した無定形の構造 ・リボソーム（下段参照）形成に必要な原料を供給
小胞体（endoplasmic reticulum：ER） ・粗面小胞体（rough ER） ・滑面小胞体（smooth ER）	細胞内に発達した膜系 ・細胞外へ分泌されるタンパク質の合成 ・ステロイド合成など
リボソーム（ribosome）	遺伝情報をもとにタンパク質を合成
ゴルジ装置（Golgi apparatus）	細胞外へ分泌されるタンパク質を加工し小胞生成
ミトコンドリア（mitochondria）	エネルギー源であるATPの産生
細胞骨格（cytoskeleton）	細胞の形を整え，細胞の運動に関与
中心体（centrosome）	細胞分裂時に紡錘体の起点
リソソーム（lysosome）など	細胞内での消化
細胞膜（cell membrane）	細胞と外界との境界面

※1 細胞小器官という用語は，身体とそれを構成する器官との対比で，細胞内にある微小な構造を指す言葉として使われた．その後，さまざまな変遷を経て，現在では細胞小器官を，過去において寄生によって生じたと考えられる，独自のDNAをもつミトコンドリアと葉緑体に限定する立場，これに脂質の二重膜に包まれて区画化された核，小胞体，ゴルジ装置，リソソームなどを加える立場，膜に包まれていないリボソームや中心体なども含める立場がある．本書では歴史的な経緯を踏まえ，細胞小器官を最も広くとらえる立場をとっている．

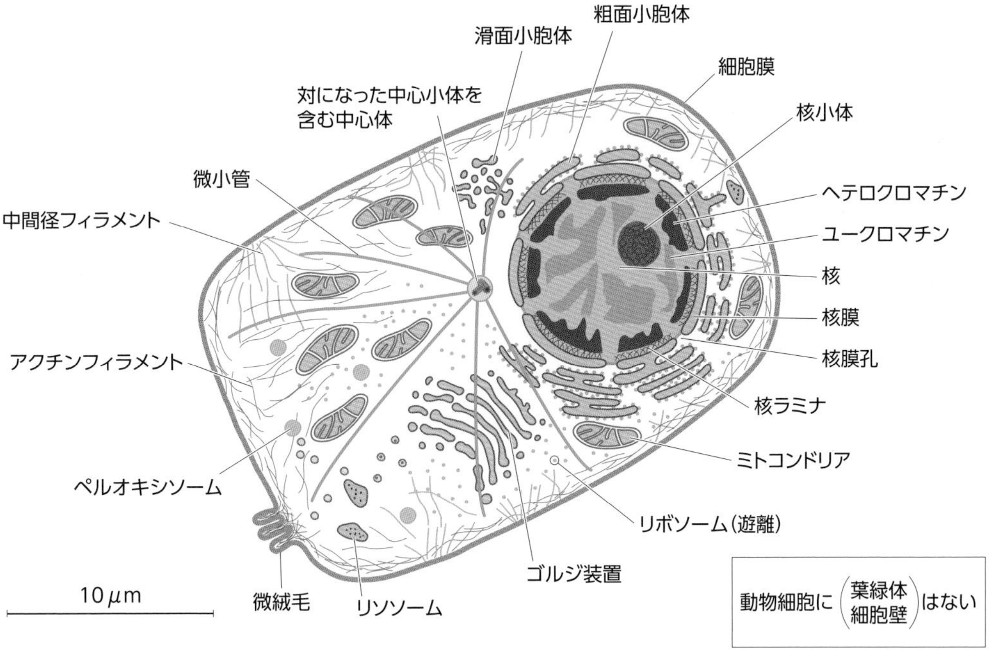
粗面小胞体
滑面小胞体
細胞膜
対になった中心小体を
含む中心体
核小体
微小管
ヘテロクロマチン
中間径フィラメント
ユークロマチン
核
核膜
アクチンフィラメント
核膜孔
核ラミナ
ミトコンドリア
ペルオキシソーム
リボソーム（遊離）
ゴルジ装置
10 μm
微絨毛
リソソーム
動物細胞に（葉緑体 細胞壁）はない

●図 2-3　動物細胞の構造

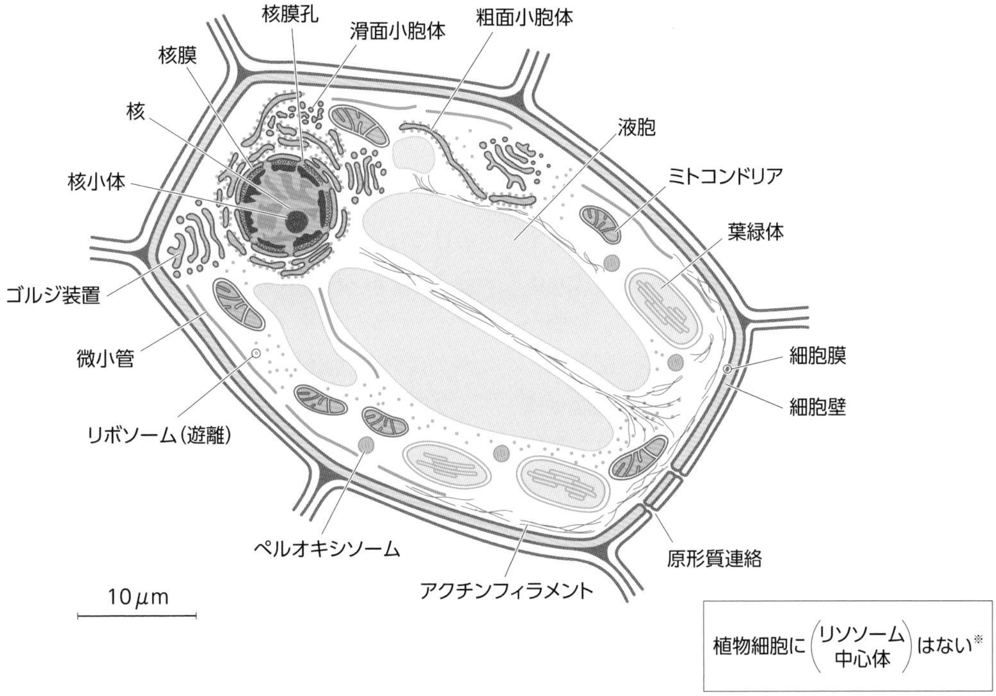
核膜孔
滑面小胞体
粗面小胞体
核膜
核
液胞
ミトコンドリア
核小体
葉緑体
ゴルジ装置
微小管
細胞膜
細胞壁
リボソーム（遊離）
ペルオキシソーム
原形質連絡
10 μm
アクチンフィラメント
植物細胞に（リソソーム 中心体）はない※

●図 2-4　植物細胞の構造

※植物では液胞がリソソームの役割を担うが，リソソームがあるという説もある．中心体は花を咲かせる植物にはないが，藻類やコケ植物にはある．

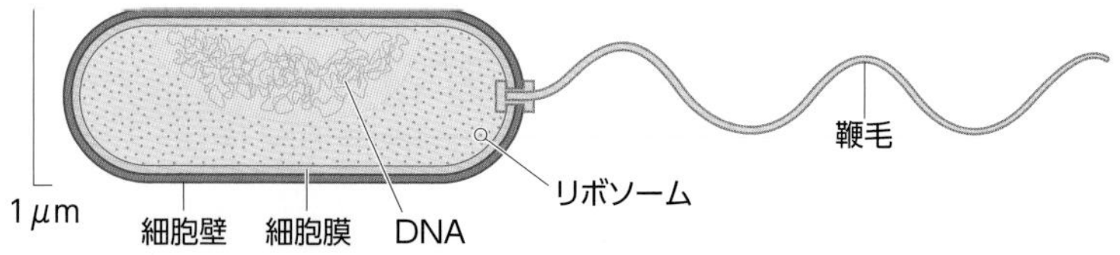
鞭毛
リボソーム
1 μm
細胞壁
細胞膜
DNA

●図2-5　原核生物の細胞の構造
参考図書3をもとに作成.

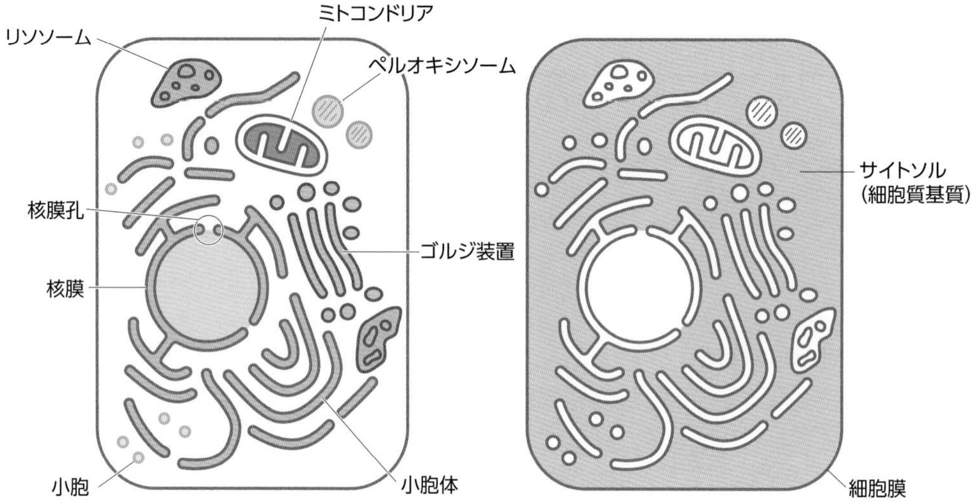
ミトコンドリア
リソソーム
ペルオキシソーム
核膜孔
核膜
ゴルジ装置
小胞
小胞体
サイトソル
(細胞質基質)
細胞膜

●図2-6　細胞小器官の模式図（動物細胞）
参考図書2をもとに作成.

によって核と細胞質が分けられている．一方，モネラ界（⇒図1-1）に属する生物は**原核生物**（prokaryote）といい，核膜による仕切りがなく，細胞小器官もリボソーム以外は発達していない（図2-5）．

これまで述べたことからわかるように，細胞は核とそれ以外の細胞質（cytoplasm）からなり，細胞質の一番外側には細胞膜があり，内部は細胞小器官で満たされている．といっても，液体の部分がないわけではない．細胞小器官が浮かんでいる液体の部分を**サイトソル**※2（cytosol）とよんでいる（図2-6）．サイトソルにはK^+などのイオン類の他，多くのタンパク質やその原料であるアミノ酸，グルコース（ブドウ糖）などが溶け込んでいる．

細胞が共通して有している，これらの細胞小器官の構造とはたらきについて，さらに詳しく見ていくことにしよう．

2-3　細胞を構成している物質

細胞小器官の構造やはたらきを理解するためには，それを構成する分子についてある程度理解していることが必要である．生化学，分子生物学の詳細については，『基礎からしっかり学ぶ生化学』（羊土社）などに譲ることにして，ここでは生物学を学ぶために必要な最低限のことを述べる．

※2 サイトゾル，細胞質基質ともよばれる．

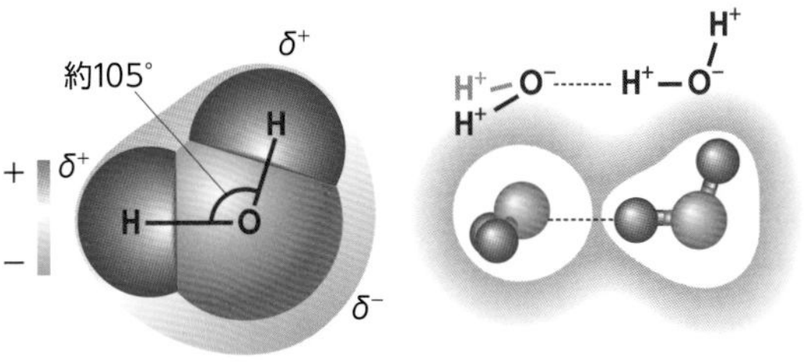
約105°
δ+
δ+
δ−
H
H
O
+
−
H+
H+
O−
H+
O−
H+

●図2-7　水分子の構造と水素結合
水素結合を点線で示す．

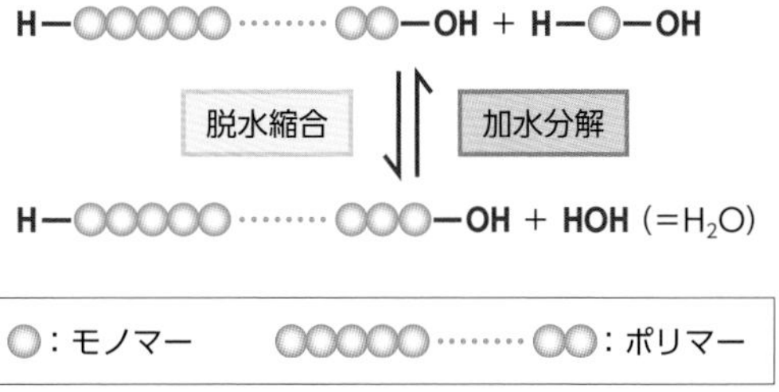
H—○○○○○………○○—OH + H—○—OH
脱水縮合
加水分解
H—○○○○○………○○○—OH + HOH (=H2O)
○：モノマー
○○○○○………○○：ポリマー

●図2-8　ポリマーの生成と分解

1 水の性質

生体を構成している分子の中で割合が一番多いのは「**水**」である．生体に占める水の割合はおよそ70％で，90％を超える生物もある．生物が生きていけるのは分子間の相互作用によって生じるさまざまな機能のおかげであるが，この相互作用は水という媒質の中で起こる．そのため，水分子の性質を理解することは重要である．水分子は地球上，どこにでもあるごく普通の分子だが，非常に特異な性質をもっている．生物が生きていくためには，この特異な性質がとても重要なのである．

水分子の特異な性質は何だろうか．それは，水分子が分極していること，そのため，水分子同士が水素結合によって結合できることである．

水の分子式はH_2Oだが，2つの水素原子は酸素原子の反対側に位置（180°）するのではなく，およそ105°の角度をなして酸素原子と結合している（図2-7）．さらに酸素原子が電子を吸引するために，2つの水素原子は正に帯電し，酸素原子は負に帯電している．

このため，水分子同士が近づくと，正の水素原子は近づいた水の負の酸素原子と弱い結合をつくり，ちょうど間に水素原子を介して2つの酸素原子が結合する形となる．このような結合を**水素結合**（hydrogen bond）とよんでいる．水素結合は弱い結合なので生成したり壊れたりする．この弱い水素結合のため，水全体は大きなもろい結晶をつくっていると考えればよい．

このような性質のために，分子量が小さいにもかかわらず，水はきわめて粘性が高く，また沸点も凝固点も高い．水よりも分子量が大きいメタノールやエタノールと比べると，その違いは一目瞭然である．

一方，この正と負に帯電した水素原子と酸素原子が，タンパク質分子などの表面の電荷を帯びた原子群と水素結合をつくるので，水は電荷を帯びた大きな分子を溶かす良好な溶媒となる．

2 モノマーとポリマー

水を除いたあとに残る，生体を構成する基本的な要素は，**タンパク質**（protein），**核酸**（nucleic acid），**多糖類**（polysaccharide），**脂質**（lipid）である．これらの分子は，脂質を除いて，いずれも生体内では**ポリマー**として存在する．

ポリマーというのは，構成単位（**モノマー**）が共有結合で結合してつくられた大きな分子のことである．高校の化学でナイロンやポリエチレンなどを学んだことがあるだろう．ポリエチレンは名前が示すとおり，エチレンを単位（モノマー）とするポリマーである．

生体成分のポリマーの場合は，ポリマーと付加されるモノマーの間で水が取れて共有結合がつくられる（**脱水縮合**）．反対にポリマーが分解されるときは，**加水分解**（hydrolysis）による（図2-8）．

上で述べた生体内の基本的な構成成分であるタンパク質はアミノ酸のポリマーであり，核酸はヌクレオチドのポリマーである．多糖類は単糖類とその誘導体をモノマーとするポリマーである．脂質はこれらとはちょっと異なり，三価のアルコールであるグリセロールと脂肪酸のエステル※3である．いずれの生体の基本的な構成成分も，細胞内の水環境中で，脱水縮合によって生成することを覚えておいてほしい．

これ以降，これらの構成成分の構造について，もう少し学んでおこう．

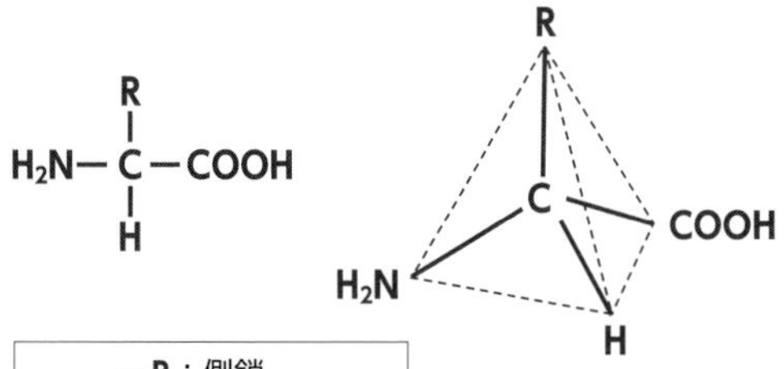
R
$H_2N-C-COOH$
H
R
C
COOH
H_2N
H

−R：側鎖
$-NH_2$：アミノ基
−COOH：カルボキシ基

●図2-9　アミノ酸の構造式

3 タンパク質

❶タンパク質はアミノ酸のポリマー

タンパク質はアミノ酸をモノマーとするポリマーである．

アミノ酸分子の中心は炭素原子Cであり，ちょうど正四面体の重心にCがあり，各頂点に向かって4本の手（結合価）が伸びていると考えることができる（図2-9）．このうちの2本には，それぞれアミノ基とカルボキシ基が結合している．残った2本の手のうち，1本には水素が結合し，残りの1本にはさまざまな分子群R（**側鎖**という）が結合する．側鎖

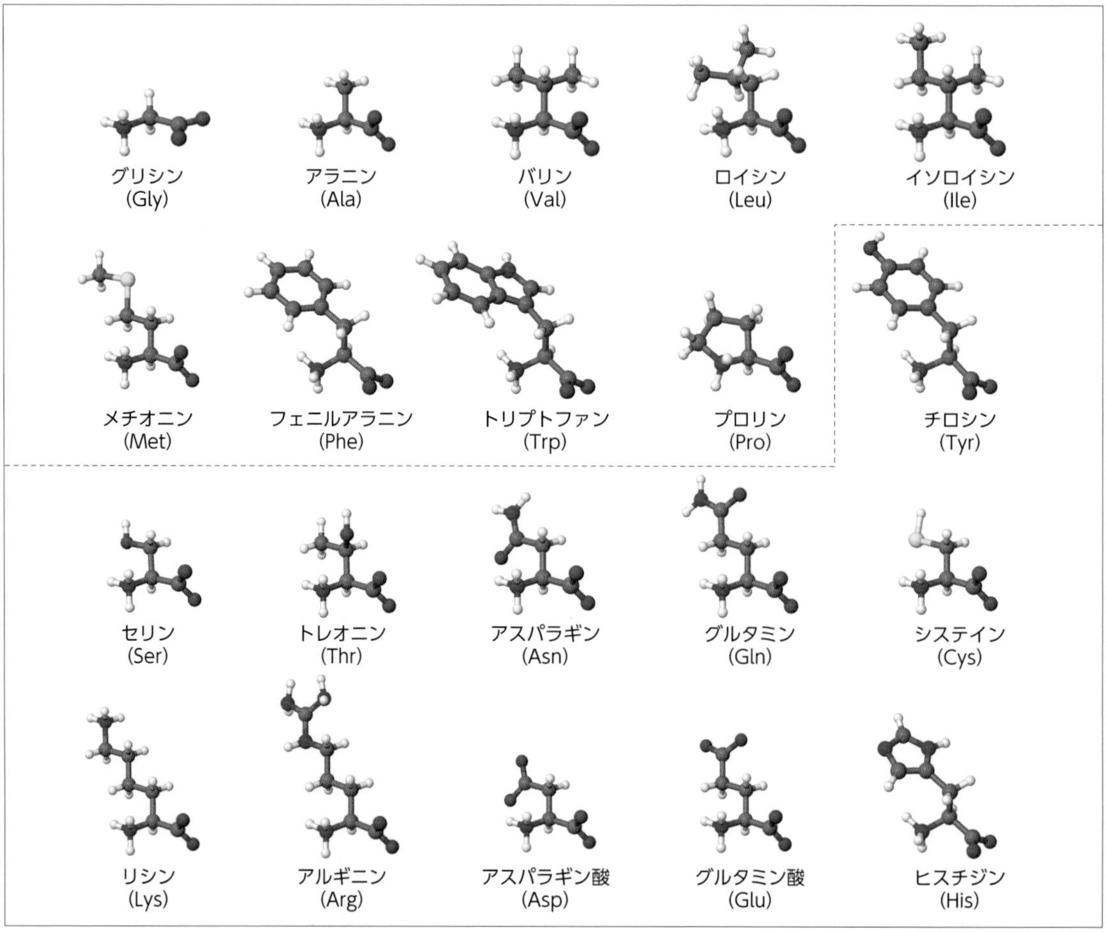
グリシン
(Gly)
アラニン
(Ala)
バリン
(Val)
ロイシン
(Leu)
イソロイシン
(Ile)
メチオニン
(Met)
フェニルアラニン
(Phe)
トリプトファン
(Trp)
プロリン
(Pro)
チロシン
(Tyr)
セリン
(Ser)
トレオニン
(Thr)
アスパラギン
(Asn)
グルタミン
(Gln)
システイン
(Cys)
リシン
(Lys)
アルギニン
(Arg)
アスパラギン酸
(Asp)
グルタミン酸
(Glu)
ヒスチジン
(His)

●図2-10　20種類のアミノ酸の構造

球棒モデルによる遊離アミノ酸．両性電解質として表示している．各立体構造の下側にH_3N-CH-CO_2が表示され，真ん中のCから側鎖が上に伸びている．破線より上の9アミノ酸が疎水性の側鎖，下の11アミノ酸が親水性の側鎖をもつ．それぞれのアミノ酸の側鎖の大きさと疎水性，親水性の性質に注目．●：C，●：O，●：N，○：H，●：S

※3 エステル：カルボン酸のような有機酸あるいはリン酸のような無機の酸と，アルコールのヒドロキシ基が脱水縮合してできた化合物をいう．

は20種類なので，アミノ酸は20種類ある（図2-10，⇒p.87 表3-1も参照）．つまり，図2-9に示すアミノ酸の基本構造のうち，R以外はすべて共通で，Rが20種類あるということである．

このアミノ基とカルボキシ基は酵素のはたらきで脱水縮合することができ[※4]，この結合は特に**ペプチド結合**（peptide bond）とよばれる（図2-11）．もちろん，自分自身のアミノ基とカルボキシ基が結合するのではなく，2つのアミノ酸が隣り合って並んだとき，左側に位置するアミノ酸のカルボキシ基と右側のアミノ酸のアミノ基が結合する．

隣り合ったアミノ酸が，こうして次々とペプチド結合をつくって鎖状につながった大きな分子がタンパク質（ポリペプチド）である．金属の長い鎖を思い浮かべて，1つ1つの鎖の環がアミノ酸と考えればいい．ただ本物の鎖と異なるのは，1つ1つの環からRが飛び出した格好になる．

タンパク質を構成するアミノ酸は，遊離アミノ酸とは異なるので**アミノ酸残基**（amino acid residue）という．n個のアミノ酸残基からなるタンパク質は図2-12のように書くことができる．

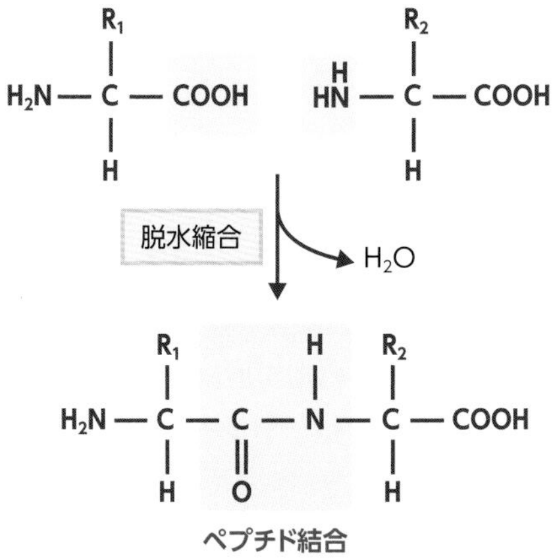

脱水縮合
H_2O
ペプチド結合

●図2-11　脱水縮合によるペプチド結合の生成

❷タンパク質の一次構造

前述したように，タンパク質はアミノ酸が一列に並んでペプチド結合でつなぎ合わさった分子である（図2-13）．アミノ酸の並び方（配列，sequence）をタンパク質の**一次構造**（primary structure）とよぶ[※5]．図2-12の分子式にあるように，アミノ基側（N末端）を左に書き，カルボキシ基側（C末端）に向かって，アミノ酸に順番に番号を振っていく．したがってN末端からC末端に向かう方向性があることになる．

20種あるRは，大きさが異なるだけでなく，水に溶けやすい性質（極性，親水性）のものと溶けにくい性質（非極性，疎水性）のものがある．大きさと水に対するふるまいが異なる20種類のRの並び方が，そのタンパク質全体の形と性質を決めている．

❸タンパク質の二次構造

ペプチド結合をつくっているCOとNHは，OとNが負に帯電しHが正に帯電しているので，両者の間で水素結合をつくることができる．この水素結合によって部分的に形成される規則的に繰り返しのある立体構造を**二次構造**（secondary structure）という．典型的な二次構造には，αヘリックス構造とβシート構造がある．

a.　αヘリックス構造

αヘリックス構造は，あるアミノ酸残基のCOの酸素原子が，3つおいて4つ目のアミノ酸残基のNHの水素原子と水素結合をつくり，共通骨格構造部分が3.6アミノ酸残基ごとに1回転するらせん構造を

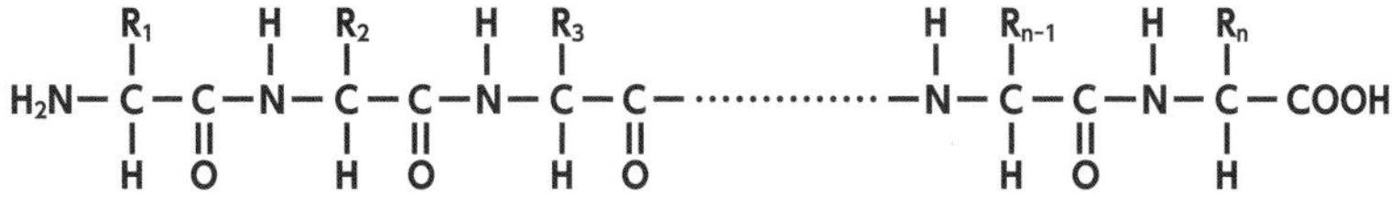
●図2-12　タンパク質の分子式

※4 この反応にはエネルギーが必要．詳細は4章，特に図4-5を参照.

※5 一次構造，二次構造，…というのは英語を見るとわかるように，一番目の構造，二番目の構造，…という意味で，「次」に「次元」dimensionの意味はなく，一次試験，二次試験の「次」と同じ意である.

2章
細胞のプロフィール

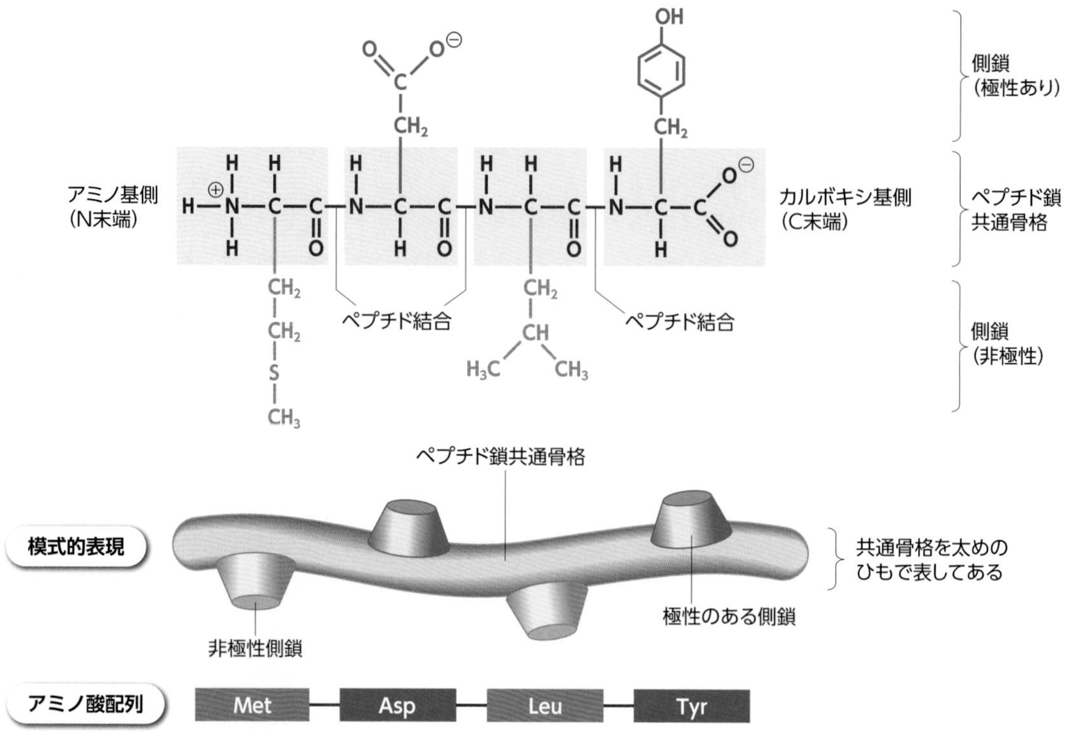

側鎖
（極性あり）
アミノ基側
（N末端）
カルボキシ基側
（C末端）
ペプチド鎖
共通骨格
ペプチド結合
ペプチド結合
側鎖
（非極性）
ペプチド鎖共通骨格
模式的表現
共通骨格を太めの
ひもで表してある
極性のある側鎖
非極性側鎖
アミノ酸配列
Met
Asp
Leu
Tyr

●図2-13　タンパク質の一次構造
参考図書3をもとに作成.

している（図2-14A）. 共通骨格構造がらせんを描いて形成されるリボン状構造からRが外に向かって突き出した構造をしているので，模式的にリボンで描いたり，もっと単純化して円筒で描くことがある.

b. βシート構造

βシート構造は，ポリペプチド鎖が伸びた構造で，隣り合った鎖の間で水素結合が形成される．そのため，広がりのあるシートになる（図2-14B）．隣り合うポリペプチド鎖の向きが反対な逆平行βシート構造と，同じ向きの平行βシート構造がある．図2-14Bは逆平行の例である.

二次構造をつくるか，つくった場合にαヘリックスになるかβシートになるかは，側鎖の種類と並び方による．プロリンは側鎖分子内で環状構造をとるため，水素結合をつくることができない．また，グリシンは側鎖がHと小さすぎるので，αヘリックスが形成されにくい．したがって，プロリンやグリシンがポリペプチド鎖内にあると，その部分でαヘリックスやβシートがつくられなくなり，タンパク質分子の表面に出ることが多くなる.

❹タンパク質の三次構造，四次構造

タンパク質分子の全長にわたって，前述したαヘリックスとβシート構造が形成されるのではなく，両者やαヘリックス同士，βシート同士をつなぐループ，ターンとよぶ構造があって，分子全体として立体的な構造をとる．これをタンパク質の**三次構造**（tertiary structure）という．三次構造がつくられることによって，アミノ酸配列では離れていたアミノ酸残基の側鎖が近づくことができる.

三次構造がつくられるのは，親水性側鎖は分子の表面に位置し疎水性側鎖は分子の内側に位置しようとする力がはたらくためと，分子内の相互作用による（図2-15）.

立体構造をとることにより，タンパク質の表面にはでっぱりや凹み（ポケット）ができる．また，配列の上からは遠く離れていたアミノ酸残基が近づき

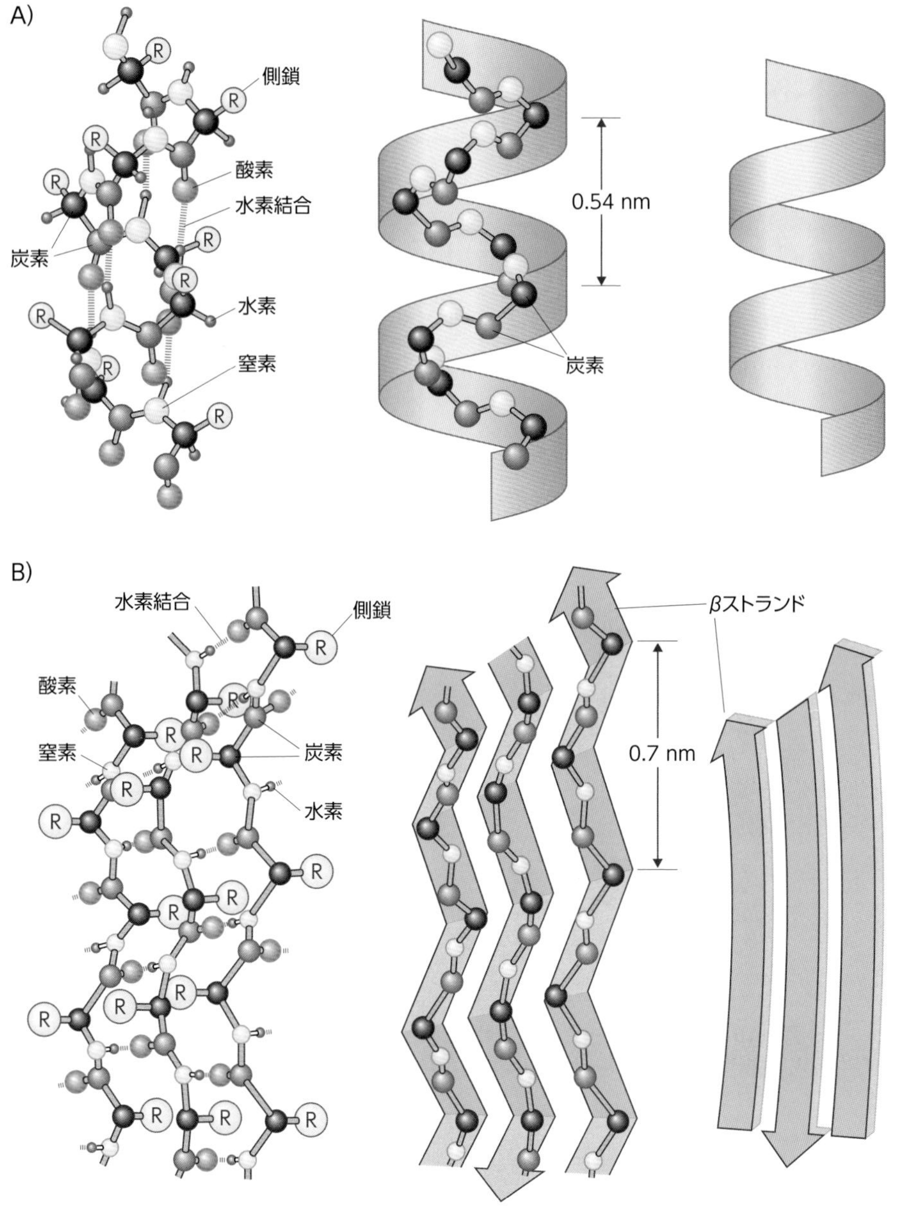
A)
側鎖
酸素
水素結合
炭素
水素
窒素
0.54 nm
炭素
B)
水素結合
側鎖
酸素
窒素
炭素
水素
βストランド
0.7 nm

図2-14　タンパク質の二次構造

A) αヘリックス構造，B) βシート構造．βシートの1本1本をβストランドとよぶ．参考図書3をもとに作成．

機能的なスポットが形成される※6．このような立体構造がつくられることが，タンパク質が機能を現すためには重要で，立体構造が熱などによって壊れると，機能が失われる．

卵白リゾチームという酵素の三次構造を球棒モデルで描いたものと，αヘリックスをリボン，βシートを矢印で描いたものは図2-16のようになる（⇒分子モデルの見方はp.74 Column参照）．

※6 さらに，比較的リジッドなαヘリックスやβシート構造をつなぐループやターンがバネのように動くことによって，分子の形を変えたり，部分的に接近したりすることができるようになる．

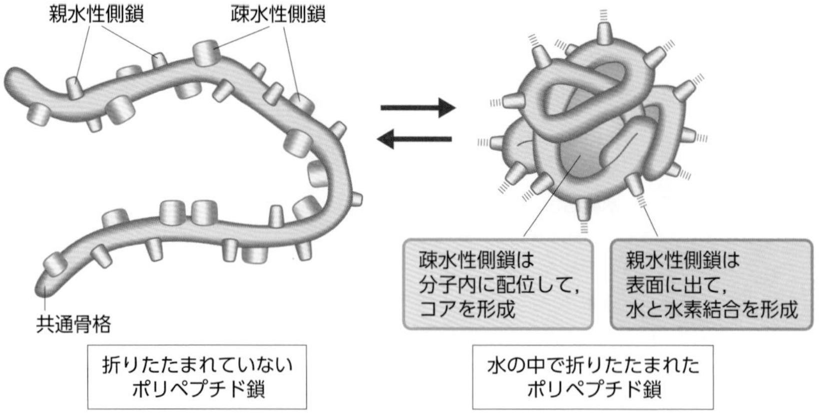

親水性側鎖
疎水性側鎖
共通骨格
折りたたまれていない
ポリペプチド鎖
疎水性側鎖は
分子内に配位して,
コアを形成
親水性側鎖は
表面に出て,
水と水素結合を形成
水の中で折りたたまれた
ポリペプチド鎖

●図2-15　三次構造の形成
参考図書3をもとに作成.

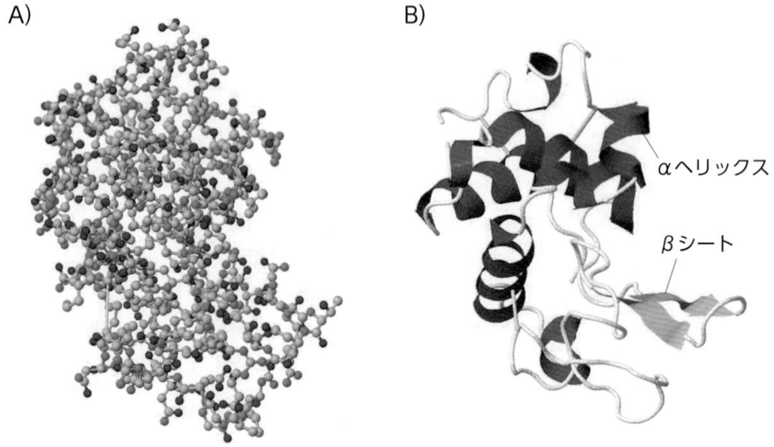

A)
B)
αヘリックス
βシート

●図2-16　卵白リゾチームの三次構造［PDB：193L］
A）球棒モデル，B）リボンと矢印によるモデル.

●表2-3　タンパク質構造のまとめ

一次構造	二次構造	三次構造	四次構造**
アミノ酸の配列（長い鎖）	水素結合による部分的な立体構造．αヘリックス，βシート*	αヘリックス，βシートがループやターンでつながってとる立体構造	三次構造をとる複数の単位が会合してできる立体構造

* これ以外の部分は，ループ，ターンとよぶ構造をとる.
** すべてのタンパク質が四次構造をとるわけではない.

これまではN末端からC末端まで一続きのポリペプチド鎖を主に考えてきたが，タンパク質のなかには，このような一塊のポリペプチド鎖が複数個，非共有結合によって集合体をつくっている場合がある．このような構造をタンパク質の**四次構造**（quaternary structure）といい，単位となる個々のポリペプチドを**サブユニット**とよんでいる．四次構造をつくることで，タンパク質はさらに複雑な形をとることができ，新たな機能を獲得する（⇒3章-5）.

タンパク質にみられる階層的構造を表2-3にまとめた.

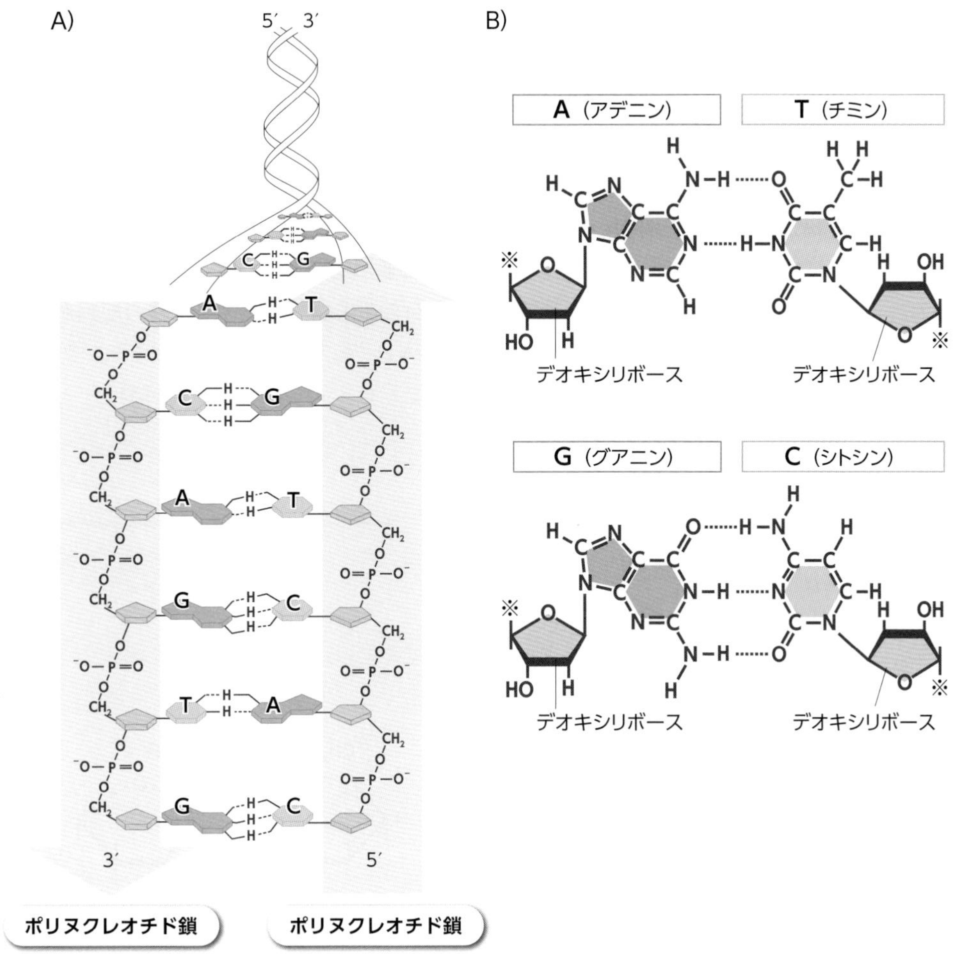
A)
B)
5′ 3′
3′
5′
ポリヌクレオチド鎖
ポリヌクレオチド鎖
A（アデニン）
T（チミン）
G（グアニン）
C（シトシン）
デオキシリボース
デオキシリボース
デオキシリボース
デオキシリボース

●図2-17　DNAの二重らせん構造（A）と構成塩基のつくる水素結合（B）
点線は水素結合を示す．※でリン酸を介して共通骨格に結合する．

4 核酸

核酸は**ヌクレオチド**（nucleotide）をモノマーとするポリマーである．ヌクレオチドは，五炭糖（リボースあるいはデオキシリボース），リン酸，核酸塩基からできている．核酸にはデオキシリボ核酸（DNA）とリボ核酸（RNA）の2種類があるが，ここではDNAのほうだけを考えることにする（⇒DNAとRNAの違いについては3章-3参照）．

❶DNAの構造

DNAにもアミノ酸の場合と同じように共通骨格がある．DNAの場合，共通骨格は糖（デオキシリボース）とリン酸で構成され，この共通骨格の糖の部分から**塩基**（base）が飛び出た形をしている．塩基には4種類あり，略称で書くと，ACGTである（⇒塩基についての詳細は3章-2参照）．この共通骨格にも5′末端から3′末端に向かう方向性がある．

DNAは，こうしてできた2本のポリヌクレオチド鎖が逆平行に寄り添い，飛び出た塩基の間に水素結合がつくられて結合した，二本鎖の分子である（図2-17A）．水素結合によって結合できる塩基の組合わせは決まっていて，AとTの間には2本，GとCの間には3本の水素結合ができ，この組合わせでしか水素結合はできない（図2-17B）．

塩基は平面状の分子で，AとT，GとCはそれぞれ向き合って結合するため，塩基のペアは梯子のステップのように平面で，これが何段も積み重なった構造となる．

2本のポリヌクレオチドの骨格は，塩基のペアを挟みながららせん構造をとる．大きな溝と小さな溝が交互にくる，いわゆる**二重らせん構造**である（⇒3

章-2も参照）．DNAの場合は，タンパク質の場合と異なり，基本的にこの構造しかとらず，ある意味では単純である．そのため比較的安定な構造となり，古い組織などからもDNAを取り出すことができる．

❷DNAのはたらき

DNAのはたらきはひとえに遺伝情報の保持である．DNAは二本鎖が二重らせん構造をしているが，必要な情報は片方の鎖に書かれている．一方の鎖は❶で述べたように共通骨格に5′から3′への方向性があるので，塩基に注目するとたった4つのACGTが5′から3′の方向にたくさん並んでいることになる．この塩基の配列（sequence）が重要で，4種類のうち3つの塩基の組合わせ（例えばACGやAGT）が1つのアミノ酸を指定（コード）している．20種類のアミノ酸はそれぞれ，決まった3つの塩基の組合わせによってコードされている．こうして，5′から3′に並んだ塩基の配列によって，タンパク質のN末端からC末端までのアミノ酸の配列が決められる．DNAは“塩基語”で書かれたタンパク質の設計図なのである（⇒詳細は3章-2参照）．

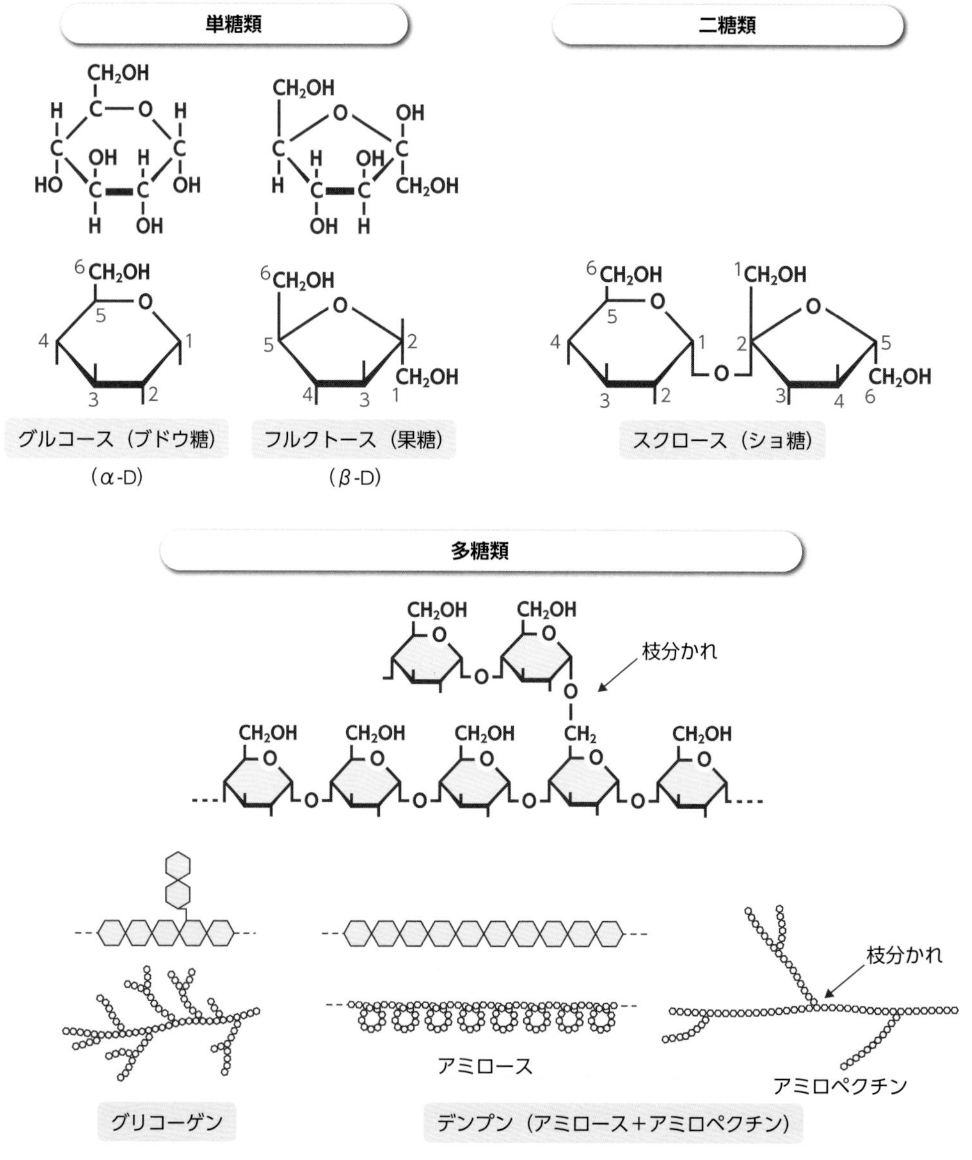
単糖類
二糖類
CH₂OH
グルコース（ブドウ糖）
（α-D）
フルクトース（果糖）
（β-D）
スクロース（ショ糖）
多糖類
枝分かれ
グリコーゲン
アミロース
アミロペクチン
デンプン（アミロース+アミロペクチン）

図2-18　糖質の種類

構造式は左上のようにすべて表記する場合もあるが，通常は骨格を構成する炭素などを省略した表記を用いることが多い．

5 糖質

糖質は炭水化物ともよび，**単糖**をモノマーとして，これが2つ脱水縮合した**二糖類**，少数の単糖が縮合した**オリゴ糖**，多数の単糖が縮合した**多糖類**に分けることができる（図2-18）．

単糖類には，グルコース（ブドウ糖），フルクトース（果糖），ガラクトースなどがあり，二糖類にはスクロース（ショ糖），マルトース（麦芽糖），ラクトース（乳糖）などがある．多糖類には，グルコースが多数結合したグリコーゲンやデンプンなどがある．

これらはいずれも炭素数6の六炭糖をモノマーとし，主にエネルギー源として使われる．五炭糖であるリボースとデオキシリボースは，すでに述べたように核酸の材料である．

❶単糖類

六炭糖（ヘキソース）と五炭糖（ペントース）以外に，三炭糖（トリオース），四炭糖（テトロース）などがある．三炭糖は，4章-1の解糖のところで登場するグリセルアルデヒド，ジヒドロキシアセトンの名前を覚えておこう．ここでは主として六炭糖に限って話を進める．

六炭糖のなかで最も身近なものは**グルコース**（正確にはD-グルコース）で，分子式は$C_6H_{12}O_6$である．フィッシャーの投影図では図2-19左にあるように，多価のアルコールで末端にアルデヒド基を有する．水によく溶けて，水中では大部分が環構造（図2-19右）をとる．なお，この図では1位のOHが下を向いたα型であるが，水中では上を向いたβ型にもなる．

六炭糖には，この他に，ヒドロキシ基のつき方がグルコースと異なるだけのガラクトース，アルデヒド基ではなくケトン基を有し環構造をとったときに五員環となるフルクトースがある（図2-18）．

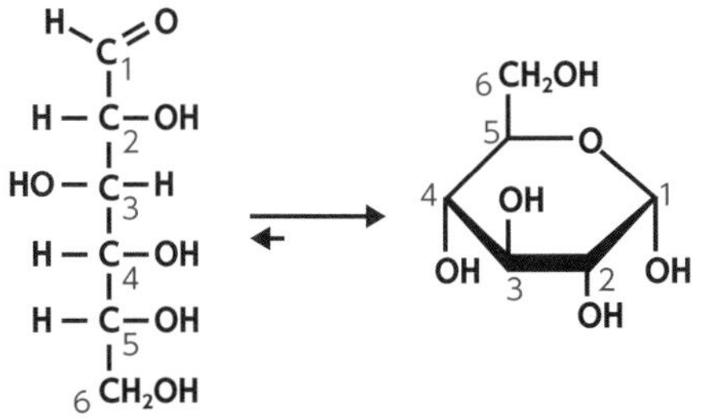

●図2-19　グルコースは水の中でほとんど環構造をとった平衡状態になる

左はフィッシャーの投影図，右はハースの投影式で表している．

❷二糖類

2つの単糖が脱水縮合したものが二糖類である．図2-20は2つのグルコースからマルトースが生成する脱水縮合反応の図であり，1つのグルコースの1位のαヒドロキシ基と隣のグルコースの4位のヒドロキシ基の間で脱水縮合によってできた結合なので，α1,4グルコシド結合[※7]とよんでいる（グルコシドは省略されることが多い）．

図2-18のスクロースでは，グルコースの1位のαヒドロキシ基とフルクトースの2位のβヒドロキシ基が脱水縮合した，α1,β2グルコシド結合をしている．そのためにフルクトースが時計回りに180度回転してグルコースの1位のヒドロキシ基とフルクトースの2位のヒドロキシ基が接近して脱水縮合が起こ

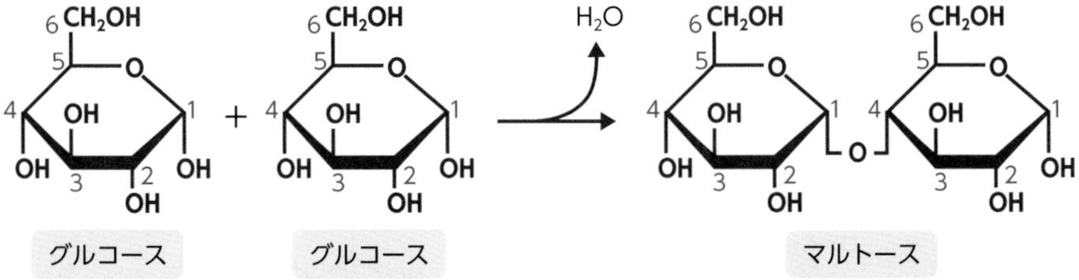
グルコース
グルコース
マルトース

●図2-20　2つのグルコースから，脱水縮合によってマルトースが生成する反応

※7 単糖と他の有機化合物（単糖を含む）が脱水縮合した結合を，より一般的にはグリコシド結合という．

るのだが，便宜的に図2-18のように描くことが多い．

❸オリゴ糖

少糖類ともいう．定義はあいまいで，二糖類以上をいう場合もあるが三糖類以上をいう場合もある．オリゴ糖は母乳に多数の種類が含まれていることが知られていて，さまざまな生理活性作用があることが確認されている．

❹多糖類

グルコースがα 1,4結合で結合して長い直鎖状になったものが**アミロース**，途中でα 1,6結合によって枝分かれをしているものが**アミロペクチン**で，アミロースとアミロペクチンの混合物が**デンプン**である（図2-18）．デンプンは4章-2で後述するように，植物の光合成によってつくられる．

αグルコースがα 1,4結合するのではなく，βグルコースがβ 1,4結合によって直鎖状につながった多糖がセルロースで，植物の細胞壁や食物繊維の主成分である．セルロースは非常に安定な性質をもち，水に溶けず，酸や塩基にも侵されにくく，ヒトのα 1,4結合を切断する消化酵素では分解できない．ウシなどがセルロースを分解・利用できるのは，胃内に共生している細菌のおかげである．

グリコーゲンは，アミロペクチンと似た構造をしているが，直鎖状部分のグルコースの数が少ないのが特徴である．

われわれは，ここで述べたのとは反対方向，すなわち多糖類であるデンプンを摂取し，消化によって単糖であるグルコースにまで酵素で加水分解して吸収している．

糖質には，ここに述べたもの以外に多数の種類があるが，詳しいことは省略する．

6 脂質

脂質は，長鎖脂肪酸とアルコールのエステルおよびそれに類似した物質で，単純脂質と複合脂質と誘導脂質に大別される．本書では三価のアルコールであるグリセロールと脂肪酸がエステル結合をした分子とその誘導体，およびステロイドの一種であるコレステロールのみを脂質として取り上げることにする（図2-21）．

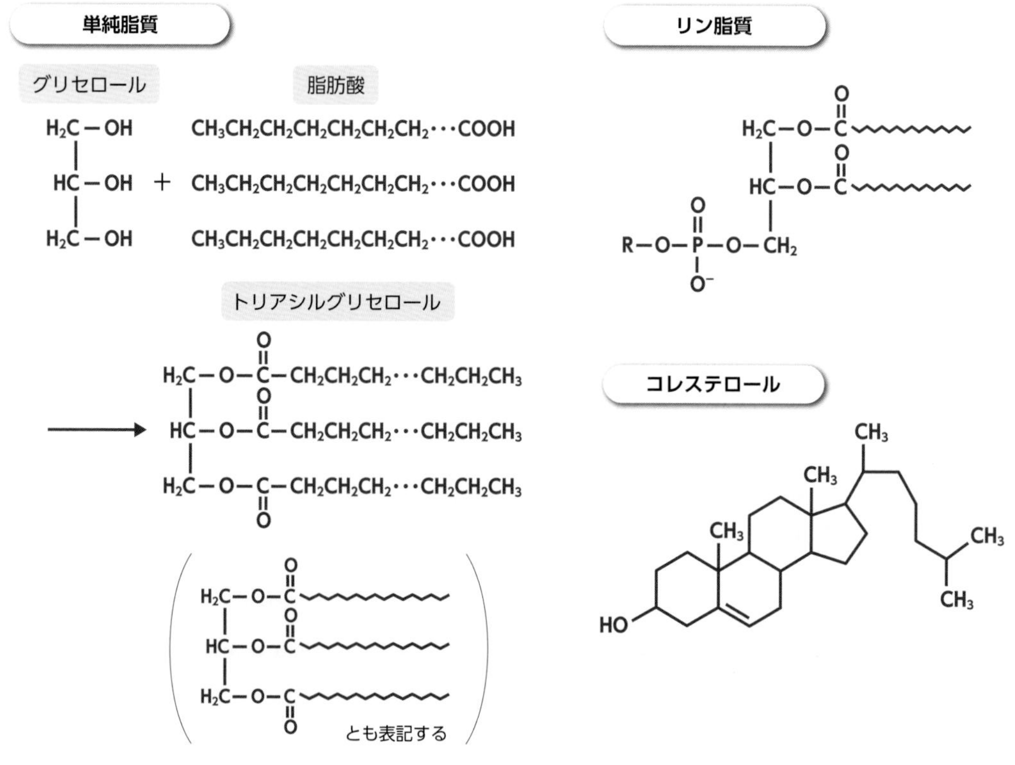

単純脂質
グリセロール
脂肪酸
トリアシルグリセロール
とも表記する
リン脂質
コレステロール

●図2-21　脂質の種類

❶単純脂質

三価のアルコールであるグリセロールのそれぞれのヒドロキシ基と，3つの長鎖脂肪酸がエステル結合した分子で，**トリアシルグリセロール**（トリグリセリド）とよぶ．脂肪組織中の脂肪細胞に蓄えられ，エネルギー源となる．生体内には，長鎖脂肪酸として，二重結合のない飽和脂肪酸である炭素数16のパルミチン酸や18のステアリン酸，二重結合が1つある炭素数18のオレイン酸などが多い．

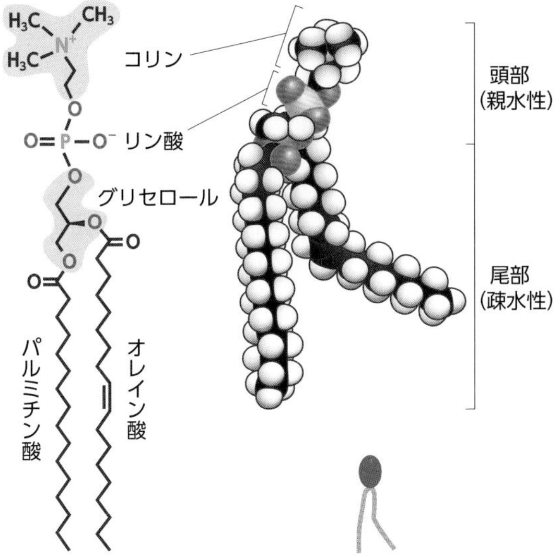

H_3C
CH_3
H_3C
N^+
コリン
O
O=P−O⁻
リン酸
O
グリセロール
O
O
O
O
パルミチン酸
オレイン酸
頭部
（親水性）
尾部
（疎水性）

●図2-22　ホスファチジルコリン
右下は単純化した図で，細胞膜の図に使われる（⇒図2-34）．参考図書3をもとに作成．

❷複合脂質のうちのリン脂質

図2-21ではリン脂質の構造式をRと記しているが，Rの種類によって，いくつかのリン脂質がある．Rがコリンだとホスファチジルコリンとよび，それ以外にRにはエタノールアミン，イノシトール，セリンなどがある．

例として，飽和の長鎖脂肪酸で炭素数16のパルミチン酸と，不飽和の長鎖脂肪酸で炭素数18，二重結合を1つもつオレイン酸とコリンから構成されるホスファチジルコリンを示す（図2-22）．

リン脂質は，細胞膜の重要な構成分子である（⇒図2-34，5-25）．また，ホスファチジルイノシトールのように，細胞膜の構成成分であるとともに，細胞内情報伝達にかかわる場合もある（⇒図6-21）．

❸誘導脂質

単純脂質，リン脂質などの複合脂質から加水分解によって生じる水に溶けずに有機溶媒に溶ける分子群を誘導脂質とよび，脂肪酸やテルペノイド，ステロイドが含まれる．ここではステロイドの1つであるコレステロールについて記す（図2-23）．

コレステロールは，ステロイドホルモン生合成の出発物質であり（⇒p.120，162），細胞膜の重要な要素である（⇒図2-34）．コレステロールが細胞膜に埋め込まれることで，細胞膜の流動性が低下する（硬くなる）．

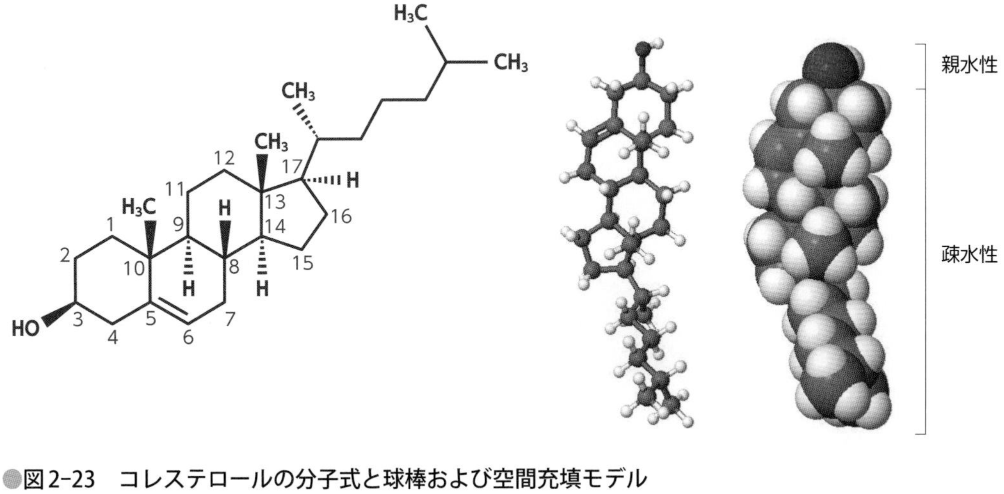

H_3C
CH_3
CH_3
CH_3
H_3C
H
H
H
H
HO
1
2
3
4
5
6
7
8
9
10
11
12
13
14
15
16
17
親水性
疎水性

●図2-23　コレステロールの分子式と球棒および空間充填モデル
右2つの図は，細胞膜に埋め込まれた状態を表すために，分子式を時計回りに90度回転させて描いている．

2-4 細胞小器官の構造と機能

1 核

❶核の構造

核（図2-3, 24）の中には染色体が存在するが，核を観察すればいつでも染色体が見えるわけではない．染色体が見えるようになるのは細胞分裂のときだけである．それ以外のときには，電子顕微鏡で観察しても，核の内部には核小体以外の特定の構造は見えない．

ヘマトキシリン・エオシン染色法で染色すると，核内に染色される部分があるので，これを**染色質**（クロマチン，chromatin）と名づけた．その後，この部分はDNAと**ヒストン**（histone）というタンパク質の複合体であることがわかり，現在では**クロマチン**というと，DNAとヒストンとの複合体の意味で使うことが多い（図2-25）．電子顕微鏡で観察すると，このクロマチン繊維からなる染色質は濃い黒色に見える．

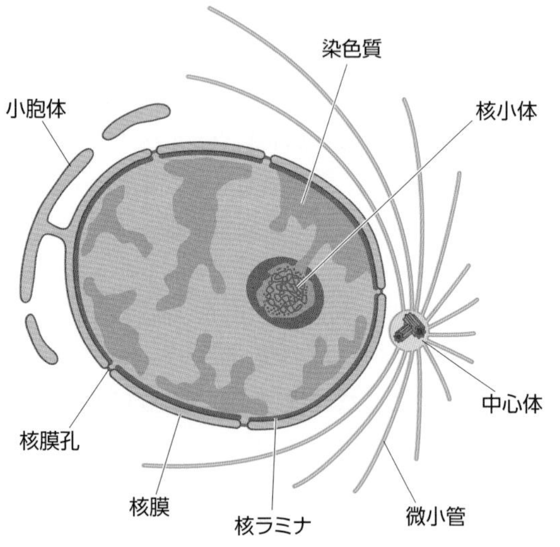

染色質
小胞体
核小体
中心体
核膜孔
核膜
核ラミナ
微小管

●図2-24　核の模式図

核の中にはヘマトキシリンで強く染まる小球体があり，**核小体**（nucleolus）という．核小体ではリボソームの原料をつくっている．

核を包んでいる**核膜**（nuclear envelope）は二重の膜で，たくさんの**核膜孔**（nuclear pore）が開いていて，核の内部とサイトソルとをつないでいる（⇒図2-6）．遺伝子DNAは，核の内部に染色質という形で納められていて，その情報は核膜孔を通ってサイトソルに運ばれる．電子顕微鏡で観察しても特定できないが，クロマチンのあちこちで細胞の通常の活動に必要な遺伝子から遺伝情報が読み取られ，サイトソルへ送られている．

❷染色体

核の内部全体に広がっていたクロマチンは，細胞分裂が始まると凝集を始め，染色体という明瞭な構造になる（図2-26）．DNAは直径2 nmの細い糸のようなものなので，このままでは絡まってしまって収拾がつかなくなる．そのためまとめて扱いやすい形にする必要がある．糸を糸巻きに巻いて裁縫箱に整理しておくのと同じである．

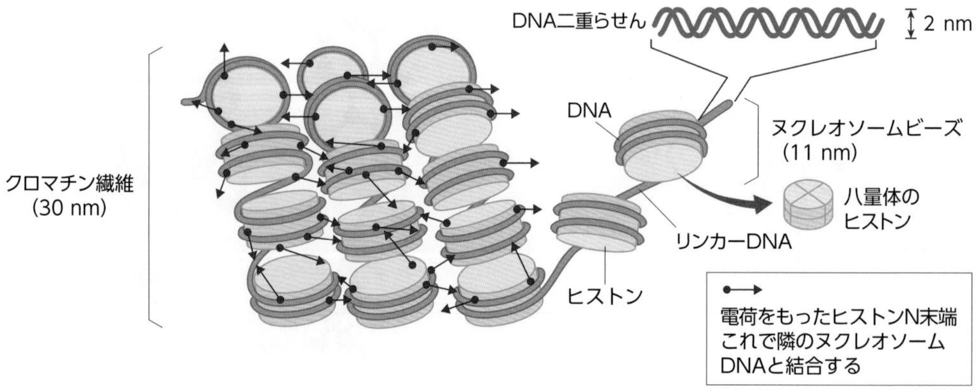

DNA二重らせん
2 nm
DNA
ヌクレオソームビーズ
(11 nm)
クロマチン繊維
(30 nm)
八量体の
ヒストン
リンカーDNA
ヒストン
電荷をもったヒストンN末端
これで隣のヌクレオソーム
DNAと結合する

●図2-25　クロマチン繊維の構造
http://edoc.hu-berlin.de/dissertationen/geissenhoener-antje-2004-07-13/HTML/chapter1.htmlをもとに作成.

DNAの糸は，４種類のヒストンが２つずつ集まった八量体の（糸巻き）タンパク質ヒストンに巻きついている．糸巻き１つに146塩基対のDNAが巻きついていて，１つの単位となっている．これを**ヌクレオソーム**（nucleosome）とよんでいる（直径11 nm）．

ヌクレオソームは，リンカーDNAとよぶDNAの糸で次のヌクレオソームとつながり，全体として数珠のような構造になっている．このヌクレオソームが凝集して，直径30 nmの**クロマチン繊維**となる（図2-25）．

細胞分裂が始まると，クロマチン繊維は，足場となるタンパク質にループ状になって貼り付けられて直径300 nmの繊維となり，さらにこの繊維がらせんをつくって直径700 nmの紐となる．これが**染色体**（chromosome）である（図2-26）．細胞分裂の中期（⇒7章-2）の染色体は複製されているので，セントロメアのところで融合したX字状の構造をとる（図2-27）．

染色体の数は種によって決まっている．ヒトの染色体の数は46本（23対）で，そのうち半数は父親から，半数は母親から受け継いでいる．１本の染色体は一続きのDNA分子なので，46本のDNA分子が，普段はクロマチン繊維の形で核の中に分散していて，細胞分裂のときには凝集して染色体という形をとることになる．なおDNA＝遺伝子ではない．この点については後述する（⇒3章-2）．

23対の染色体のうち，22対の染色体は，それぞれ全く同じ大きさである．この対になった同じ形の染色体を**相同染色体**という．残りの１対２本は大きさの異なる性染色体である．

これらの染色体を区別するために，染色体を大きさの順に並べ，１から順番に番号をつける．ヒトの場合は，１から22番までの番号とXX（女性）あるいはXY（男性）となり，22A＋XX（あるいはXY）と表記する場合もある（図2-28）．Aはautosomalの略で，常染色体の意味である．

体細胞分裂中期の染色体は，分裂した後の２つの娘細胞にそれぞれ全く同じ染色体を分配するために，染色体が複製され２本になっている（⇒7章-2）．図2-28で縦に薄く白い線が見えるのはそのためである．２本になったそれぞれを**染色分体**とよぶ．染色分体は，染色体によって位置は異なるが途中で融合してくびれているように見える．この部分には特殊な

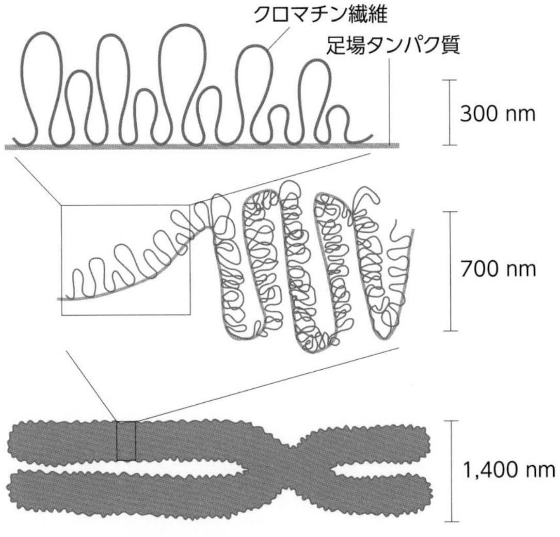
クロマチン繊維
足場タンパク質
300 nm
700 nm
1,400 nm
細胞分裂中期の染色体

図2-26　染色体の構造
参考図書１をもとに作成.

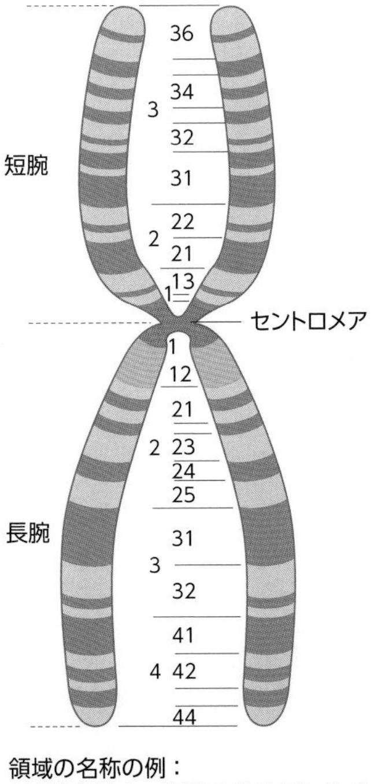
36
3
34
32
短腕
31
22
2
21
13
1
セントロメア
1
12
21
2
23
24
25
長腕
31
3
32
41
4
42
44
領域の名称の例：
１番染色体上，短腕の２の22=1p2.22

図2-27　染色体上の領域の名称

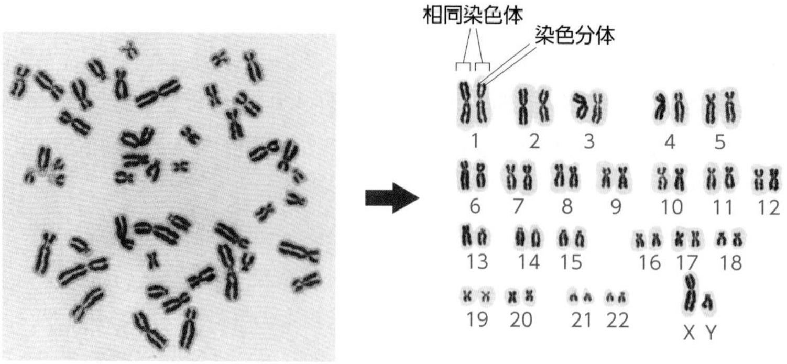

相同染色体
染色分体
1
2
3
4
5
6
7
8
9
10
11
12
13
14
15
16
17
18
19
20
21
22
X Y

●図2-28 ヒト（男性）の染色体一式
体細胞分裂中期のときの染色体を染色して写真に撮り，それぞれを切り取って大きさの順に配列して番号をつける．この図は男性の染色体で22A＋XYである．左図は国立研究開発法人放射線医学総合研究所HP（http://www.nirs.go.jp/information/moe/kiso/）より引用．

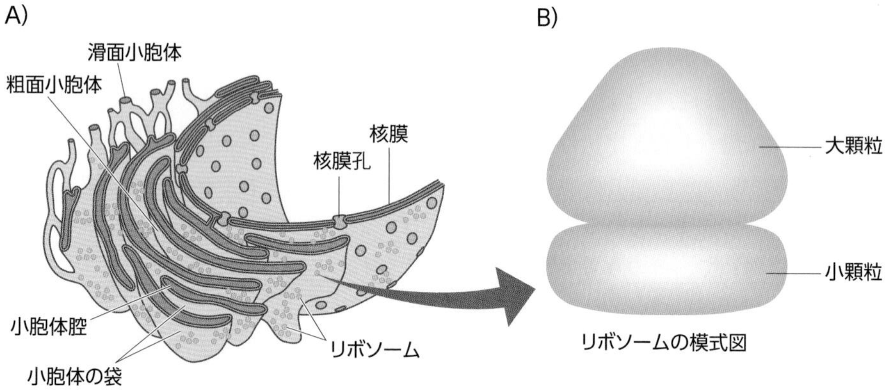

A)
滑面小胞体
粗面小胞体
核膜
核膜孔
小胞体腔
小胞体の袋
リボソーム
B)
大顆粒
小顆粒
リボソームの模式図

●図2-29 小胞体（A）とリボソーム（B）の構造
参考図書1をもとに作成．

DNA配列があり，セントロメアとよんでいる．セントロメア部にタンパク質の**動原体**（kinetocore）という構造が加わり，ここに細胞分裂のときに現れる**動原体微小管**が結合する（⇒7章-2）．

このような染色体の形のため，セントロメアのくびれより上を短腕（p腕）と名づけ，下側を長腕（q腕）とよぶ．染色体の番号とpかqの別，それから相対的な距離に基づく部域を示す番号を組合わせて，染色体の場所を特定する（図2-27）．

2 小胞体とリボソーム

❶小胞体の構造

真核生物の細胞の内部には，これから述べる小胞体や次に述べるゴルジ装置のような，非常によく発達した膜系が存在する．**小胞体**（endoplasmic reticulum：ER）は，英語の名前の示すように細胞質内の網状構造で，粗面小胞体（rER）と滑面小胞体（sER）の２種類がある（図2-3, 29A）．粗面小胞体という名は，平たい袋状に拡がった小胞体の２枚の膜表面にリボソーム顆粒が付着していて，電子顕微鏡で観察すると表面が粗く見えるからである．滑面小胞体にはリボソームの付着はなく，平たい膜ではなくむしろ管状構造をしている．両者の小胞体の管腔は連続している．

rERは細胞におけるタンパク質の生合成に中心的な役割を演じているので，分泌性タンパク質を盛んに合成している消化酵素をつくる細胞や，内分泌腺の細胞でよく発達している．

二重の核膜の外側の膜と小胞体の膜は連続している．

❷リボソームの構造

リボソームは，電子顕微鏡では黒い粒子である．さらに拡大してみると，ダルマのように大顆粒と小顆粒が重なった構造をしていることがわかる※8（図2-29B）．

リボソームはRNAとタンパク質の複合体で，核小体部で合成されたRNAとサイトソルで合成され核に送り込まれたタンパク質からつくられ，再びサイトソルに送り返される．

❸小胞体とリボソームの機能

リボソームはタンパク質合成の場所である．遊離のリボソームでは細胞内で日常的に使われる（house-keeping）タンパク質が合成され，小胞体に結合したリボソームでは細胞外へ分泌されるタンパク質あるいは膜に埋め込まれる膜タンパク質，さらにリソソームではたらくタンパク質が合成されている．後者の３種のタンパク質は小胞体腔へ入り，管腔を通って処理され，ゴルジ装置へ送られる（⇒詳細は3章-4参照）．

3 ゴルジ装置

❶ゴルジ装置の構造と機能

ゴルジ装置（ゴルジ体ともいう）は，平たい袋状の構造が積み重なったような構造をしていて（図2-3, 30），やはり分泌活動の盛んな細胞で発達している．

ゴルジ装置の機能は，分泌性タンパク質などをまとめて小胞にして送り出すはたらきである．小胞体に結合したリボソームで合成されて小胞体腔へ送り込まれたタンパク質は，小胞体から輸送小胞の形で送り出され，ゴルジ装置の膜と融合してゴルジ装置へ取り込まれる．ゴルジ装置では糖が付加されて糖タンパク質になり，再び膜に包まれた小胞（分泌小胞）となる．

ゴルジ装置には方向性があり，粗面小胞体から小胞を受け入れる面（cis面）と，送り出す面（trans面）が区別できる（図2-30）．

ゴルジ装置からサイトソルへ送り出された分泌小胞は細胞内にとどまり，必要に応じて細胞膜へ移動して細胞膜と融合し，小胞内部に貯蔵された糖タンパク質を細胞の外へ分泌する（開口分泌，exocytosis）．膜タンパク質は小胞の膜に埋め込まれたまま細胞膜と融合し，小胞膜内側が細胞膜外側となることによって細胞膜に埋め込まれる（⇒図3-22）．

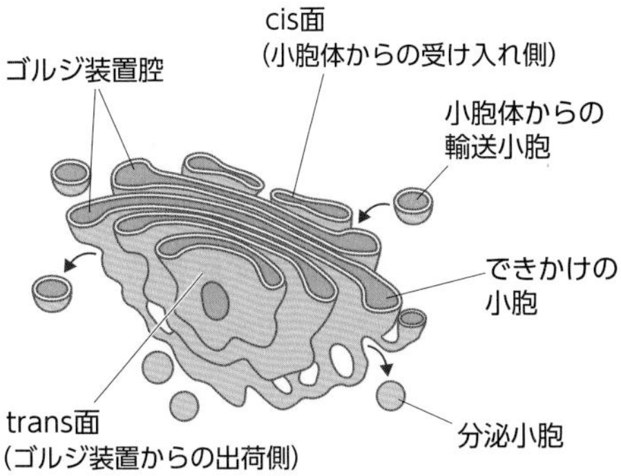

cis面
（小胞体からの受け入れ側）
ゴルジ装置腔
小胞体からの
輸送小胞
できかけの
小胞
trans面
（ゴルジ装置からの出荷側）
分泌小胞

●図2-30　ゴルジ装置の構造
参考図書１をもとに作成．

4 ミトコンドリア

❶ミトコンドリアの構造

ミトコンドリアはこれまで述べてきた核膜，小胞体，ゴルジ装置を構成する細胞内膜系と異なり，独立した構造をもった細胞小器官である（図2-3, 31）．

ミトコンドリアはラグビーボールのような回転楕円体からもっと長く伸びた棒状のものまで，いろいろな形をとるが，いずれも内外２枚の膜からなり，内膜はミトコンドリア内に棒状あるいはヒダ状に張り出していて，この部分をクリステとよんでいる．２枚の膜でできているので，ミトコンドリアの腔所は２つあり，１つは外膜と内膜の間の膜間腔（intermembrane space），もう１つは内膜に囲まれたマトリックス（matrix，基質，礎質ともいう）である（図2-31）．

ミトコンドリアのマトリックスには，ミトコンドリア独自のDNAとリボソームが含まれている．このDNAとリボソームを使って，ミトコンドリアは自立的に分裂して数を増やすことができる．

※8 英語では大小顆粒をそれぞれ large subunit（大単位），small subunit（小単位）とよぶ．これは沈降係数による大きさで分けたことに由来する．ここでは構造のことも考えて顆粒を使う．

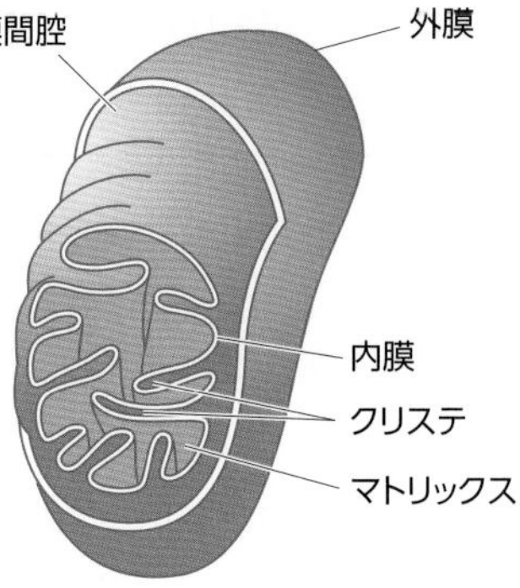
膜間腔
外膜
内膜
クリステ
マトリックス

●図2-31　ミトコンドリアの構造
参考図書1をもとに作成.

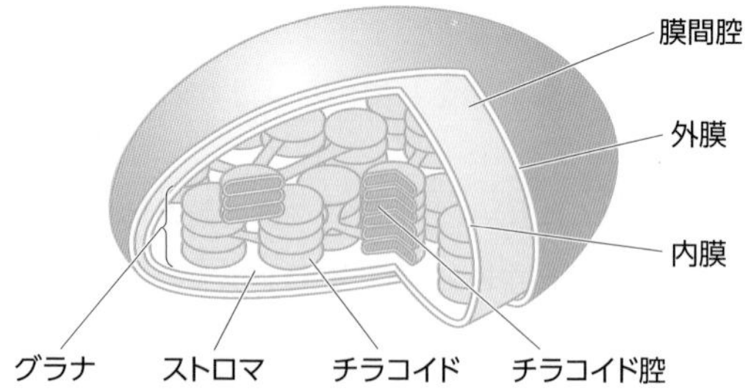
膜間腔
外膜
内膜
グラナ
ストロマ
チラコイド
チラコイド腔

●図2-32　葉緑体の構造
参考図書1をもとに作成.

❷ミトコンドリアの機能

ミトコンドリアは細胞の活動に必要なエネルギーを供給するパワープラントである．エネルギーはATPという分子の形で産生され，必要な場所で使われる（⇒詳細は4章-1参照）.

5 葉緑体

❶葉緑体の構造

植物が緑色をしているのは，植物細胞が**葉緑体**（chloroplast）を含むからである．葉緑体はミトコンドリアと同じように，独立した構造をもった細胞小器官である（図2-4, 32）.

葉緑体は二重の膜で包まれた袋で，その内部はチラコイドという丸い座布団状の袋を積み重ねたグラナという構造で満たされている．グラナ同士はところどころチラコイド膜の一部が伸びてつながっているが隙間の部分もあり，これをストロマとよぶ.

葉緑体のストロマにも，独自のDNAとリボソームが含まれていて，自立的に分裂して数を増やすことができる.

❷葉緑体の機能

葉緑体は光エネルギーを吸収して，このエネルギーを使って二酸化炭素と水から糖質をつくり出す．動物が利用するエネルギーは，植物がつくり出すこの糖質に依存している（⇒詳細は4章-2参照）.

6 細胞骨格

❶細胞骨格の種類

細胞が一定の形を保つことができたり，細胞分裂を起こしたり，移動したり，あるいは細胞内の細胞小器官の動きをつくったりするのは，すべて**細胞骨格**（cytoskeleton）のはたらきのおかげである.

細胞骨格といっても骨のように固い構造をしているのではない．いずれもタンパク質の繊維であり，繊維は単位となるタンパク質が会合してできている．繊維の太さや構造によって表2-4に示す3つの種類がある.

❷細胞骨格の機能

微小管（図2-33A）は細胞内の運搬の道筋となる．細胞内にはダイニンやキネシンといったモータータンパク質があり，これらのモータータンパク質は微小管の上を滑っていくことができる．モータータンパク質は微小管の線路の上を走るトロッコのようなはたらきをして，細胞小器官や小胞などを動かすことができる（⇒5章-2②）．この他，微小管は細胞分裂のときに染色体を動かす原動力となる（⇒7章-2）．また繊毛や鞭毛（べんもう）※9の構成要素となり，細胞の移動を司る.

アクチンフィラメント（図2-33B）は細胞の表面にたくさんあって，細胞表面の形を変えたり，原形質流動を起こしたり，細胞のアメーバ運動を司る.

※9 繊毛と鞭毛：細胞表面から突き出た繊維状の運動性小器官で，細く短く多数生えているものを繊毛，1本だけ長く生えているものを鞭毛という．どちらも中心に微小管が2本，周辺には微小管が2本融合したものが9本（9＋2構造）配列していて，周辺微小管とモータータンパク質の相互作用によって屈曲運動が起こる（⇒図5-15）．なお，細菌の鞭毛は全く異なる構造をしている.

●表2-4　細胞骨格の種類

	微小管	アクチンフィラメント	中間径フィラメント
構造	中空の管，13個のチューブリンで管壁を構成	2本のアクチン繊維が撚り合わさっている	繊維状タンパク質が撚り合わさった太い繊維
直径	25 nm（管腔は15 nm）	7 nm	8～12 nm
単位	αとβチューブリン	アクチン	ケラチンなど

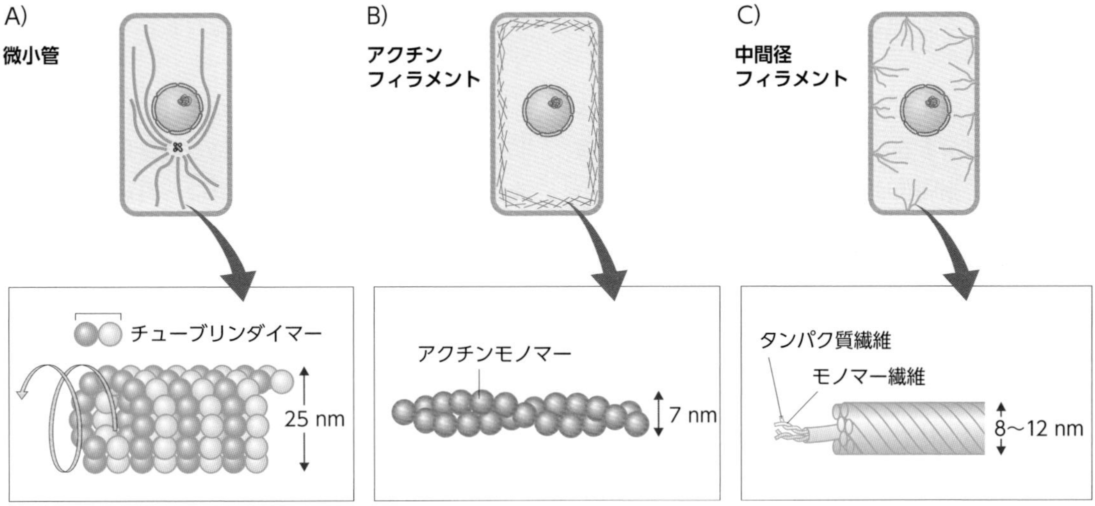
A)
微小管
B)
アクチン
フィラメント
C)
中間径
フィラメント
チューブリンダイマー
25 nm
アクチンモノマー
7 nm
タンパク質繊維
モノマー繊維
8～12 nm

●図2-33　各細胞骨格の単位と構造
参考図書1をもとに作成.

細胞分裂のときには細胞質分裂を行う（⇒7章-2）．また筋肉の収縮は，アクチンフィラメントとモータータンパク質の一種であるミオシンとの相互作用によって起こる（⇒詳細は5章-2③）．

中間径フィラメント（図2-33C）は主として細胞の形を保つのに重要である．また核膜の内側にあって核の形を保っている．

7 リソソーム，ペルオキシソーム

細胞は，さまざまな分子や物質を細胞内に取り込む（⇒p.144 Column）．こうして細胞膜に包まれて取り込まれた小胞は，細胞内のリソソームと融合して分解される．不用になった細胞小器官なども生体膜に包まれ，やはりリソソームと融合して分解される（この過程を**オートファジー**という）．2016年のノーベル生理学・医学賞は，オートファジーのしくみを解明した大隅良典に贈られた．

リソソームは，ゴルジ装置でつくられた各種の加水分解酵素を生体膜で包んだ小胞である．なお，分解すべき小胞と融合して分解をしている状態の小胞もリソソーム（特に区別するときは二次リソソーム）とよぶ．

細胞に含まれる，似たような小胞に**ペルオキシソーム**がある．ペルオキシソームは酸化反応を行う酵素を含んでいて，細胞内のさまざまな代謝経路における酸化反応（例えば長鎖脂肪酸の酸化や過酸化水素の分解など）を行っている．

なお植物細胞にはリソソームはなく，液胞がリソソームの役割を果たしている．

2-5 細胞を取り巻く細胞膜の構造と機能

1 細胞膜の構造

細胞膜は，細胞内部を外部から区画して保護するとともに，外部との物質の出入り口となるため，細胞にとってきわめて重要である（⇒図2-3, 6）.

しかしながら，光学顕微鏡では細胞の境界らしきものを判別することはできるが，膜の構造まではわからない.

電子顕微鏡で拡大すると，細胞の境界には確かに黒い1本の線があることがわかる．そこでさらに拡大をすると，細胞膜は1本の黒い線ではなく2本の黒い線が白い線を挟んだような構造をしていることがわかる．これまで述べてきた細胞内膜系の膜も細胞膜と同じ構造をしているので，このような細胞内の膜構造を**単位膜**（unit membrane）とよんでいる.

単位膜の構造については，その後さまざまな推定が行われたが，現在では，図2-34のような構造をしていると考えられている．すなわち2本足のマッチ棒のように描いてあるリン脂質が足を内側にして2層に並んで膜を形成し（**脂質二重層**，lipid bilayer），この膜に膜タンパク質が埋め込まれた構造である．ところどころに見えるコレステロールは，膜に硬さを与えている.

細胞の外側に面した部分には糖鎖が多くあるが，内側面にはほとんどない．これらの糖鎖は膜タンパク質に付加されていたり，糖脂質として膜に埋め込まれている.

膜タンパク質にはさまざまな種類があり，図2-34に描かれているように細胞骨格と結合して細胞の形を保つようにはたらくもの以外に，物質の出入りを調節する膜タンパク質，信号を受け取る膜タンパク質などがある．細胞膜の機能は，細胞膜に埋め込まれたこれらのタンパク質が担っているのである.

2 細胞膜の機能

1で述べたように，細胞膜の機能は細胞を取り巻いて内部を保護するとともに細胞の形を維持し，細胞内外の物質の出入りを調節することである（図2-35）．特に重要なのは，細胞膜が脂質の二重層か

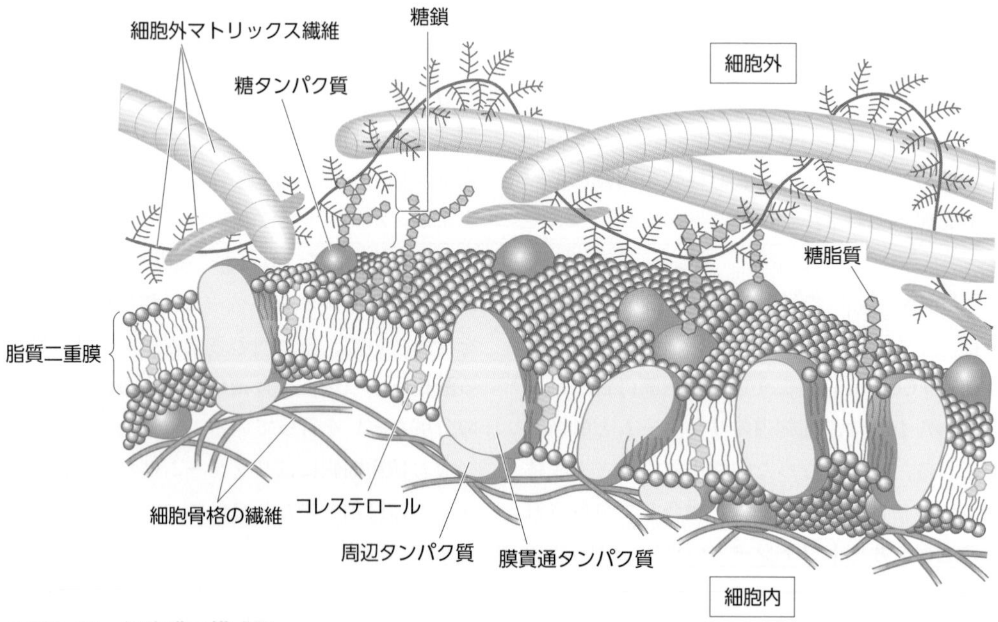
細胞外マトリックス繊維
糖鎖
細胞外
糖タンパク質
糖脂質
脂質二重膜
細胞骨格の繊維
コレステロール
周辺タンパク質
膜貫通タンパク質
細胞内

●図2-34　細胞膜の模式図
参考図書1をもとに作成.

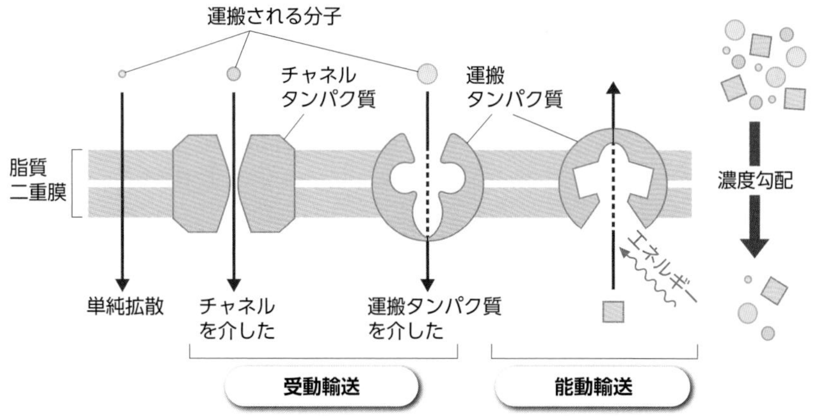
運搬される分子
チャネル
タンパク質
運搬
タンパク質
脂質
二重膜
濃度勾配
エネルギー
単純拡散
チャネル
を介した
運搬タンパク質
を介した
受動輸送
能動輸送

図2-35　細胞膜を分子が通過する様子を示した模式図
疎水性分子や極性のある小分子は，濃度勾配に従う単純拡散によって膜を通り抜ける．極性のある大分子やイオンや電荷をもつ分子は，膜に埋め込まれたチャネルタンパク質や運搬タンパク質によって運ばれる．運搬タンパク質によって濃度勾配に逆らって運搬されるためにはエネルギーが必要である．参考図書3をもとに作成．

らなる膜（脂質二重膜）であるためにイオンや電荷をもった物質は細胞膜を通過することができないことである（表2-5）．そのため，特定のイオンや電荷をもった物質を通過させることができる膜タンパク質（チャネルタンパク質，運搬タンパク質など）が細胞膜に埋め込まれれば，その細胞にそのような機能をもたせることができる（⇒5章-1①）．このように膜タンパク質が細胞膜のはたらき，ひいては細胞の機能を決めているのである．

表2-5　分子の性質による脂質二重膜透過性*の違い

分子の性質	例	透過性
疎水性の小分子	N_2，O_2，炭化水素	自由に透過
極性のある小分子	H_2O, CO_2**, グリセロール，尿素	かなり自由に透過
極性のある大きな分子	グルコースなどの単糖類，二糖類	ほとんど透過できない
イオンや電荷をもつ分子	アミノ酸，H^+，HCO_3^-，Na^+，K^+，Ca^{2+}，Cl^-，Mg^{2+}	透過できない

*膜タンパク質を含まない膜を想定している．
**非極性分子だが，脂質二重膜が置かれた環境では，炭酸にもなるのでここに入れた．

章末問題

解答 ➡

問1　光学顕微鏡および電子顕微鏡が，生物学の発展に与えた意義を論ぜよ．

問2　動物細胞と植物細胞について同じ点，異なる点を明確にして述べよ．

問3　生体高分子であるタンパク質およびDNAそれぞれについて，構成単位であるモノマーとそれがどのようにしてポリマーをつくっているか説明せよ．

問4　水素結合について説明せよ．

問5　真核生物の細胞の内部には，小胞体やゴルジ装置などの膜で囲まれた構造が多くみられる．また，ミトコンドリアなどの細胞小器官も存在する．これらの構造は，細胞内の化学反応（代謝の過程）にどのような効果を与えていると考えられるか，試験管内の反応と比較しながら説明せよ．

Column タンパク質分子モデルの見方

本書には，生体高分子であるタンパク質の分子モデル図をたくさん載せてある．タンパク質のはたらきを理解するためには，立体的な構造が重要だからである．

タンパク質の三次構造（あるいは四次構造）の表示方法には以下のようなものがある．

1. すべての原子を表示（ただし解像度の関係からHは除く）

1）**針金モデル（wireframe model）**は，原子も原子間の結合も針金の折れ線で表す方法である．分子全体を見るにはよい．

2）**球棒モデル（Ball and Stick model）**は原子を球で，共有結合を棒で表す方法である．棒の長さは分子間の結合の長さを反映しているが，球の大きさは原子の大きさを反映していない．分子の塊としての広がりと，アミノ酸の側鎖などを把握しやすい（⇒図2-16A）．

3）**空間充填モデル（Space-filling or CPK model）**は，実際の原子の大きさを反映した表示方法で，単位となるアミノ酸はタンパク質分子の塊の中に埋没してしまい把握しにくいが，空間的な広がりをもったタンパク質分子の立体構造を把握できる．さらに個々の原子は無視して，分子の表面（Surface model）だけを示す方法もある．

2. 骨格だけを表示

1）**骨格モデル（α carbon trace model）**はN-C-Cの骨格だけを曲線の棒で表す方法で，側鎖の広がりは把握できないが，最も単純化したタンパク質の構造が表示できる．

2）**リボン（あるいはカートン）モデル（ribbon or cartoon model）**は，骨格の中で二次構造（αヘリックスとβシート構造）をとる部分をそれぞれリボンと幅広矢印で表す方法（⇒図2-16B）で，タンパク質分子の二次構造の空間的な位置関係と立体構造が把握できるので，形と機能を理解しやすい．棒の部分はループとかターンとよばれる．

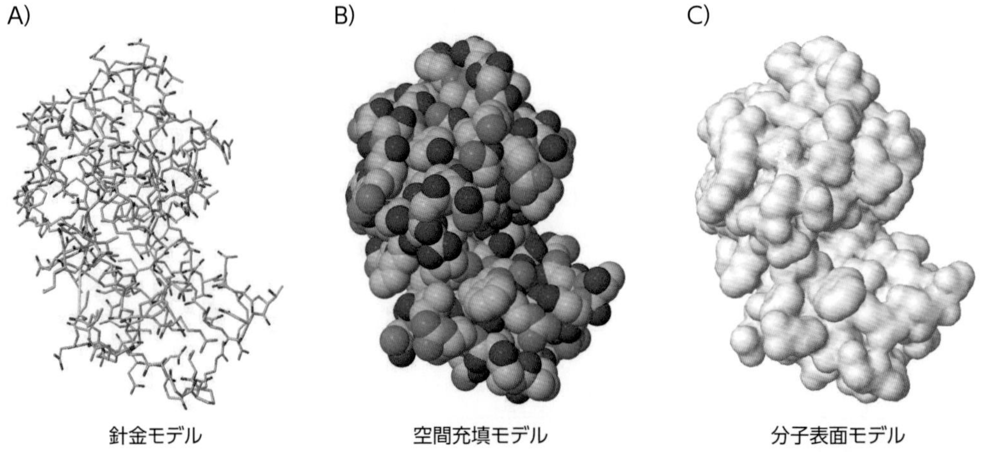

A)
B)
C)
針金モデル
空間充填モデル
分子表面モデル

●図　卵白リゾチームの分子モデル［PDB：193L］

3. タンパク質データベースのWebサイト

現在では世界中の科学者がタンパク質の構造をX線回折などで解析したデータを集めたデータベースが構築され，公開されている．ここには，タンパク質の一次構造（アミノ酸の配列）と，二次構造を形成するアミノ酸の範囲，側鎖間の水素結合，イオン結合，S-S結合の位置，個々の原子の座標が記述されている．このデータを使ってコンピュータ上にタンパク質の立体構造を表示するソフトも公開されているので，誰もが登録されたタンパク質分子を上にあげたモデルで表示することができ，マウスで分子を回転して見ることや，リボンモデルに球棒の側鎖を加えたり，さらに表面モデルと組合わせたりすることが可能になっている．

例えば次のサイトにアクセスし，タンパク質に付与された4ケタのコードを入力して表示させることができる．

https://bioinformatics.org/firstglance/fgij/

次のサイトは一次構造を調べるタンパク質データベースの1つで，4ケタのコードも調べられる（⇒詳しくは**演習②**参照）．

https://www.uniprot.org/

以下はタンパク質立体構造データバンクで，さまざまなタンパク質について調べることができる．

https://www.rcsb.org/（RCSB PDB）

https://pdbj.org/（日本版PDB）

本書では，これらのサイトからデータを得て表示したタンパク質の立体構造から，本文との関係でわかりやすい図を選んで掲載している．

図2-16には卵白リゾチームの球棒モデルとリボンモデルを載せてあり，ここにはそれ以外の，A）針金モデル（ただし印刷の関係で太くしてある），B）空間充填モデル，C）分子表面モデル，D）骨格のみを表したモデル，E）リボンモデルに針金の側鎖を加えたモデルを載せてある．また表面モデルの活性部位を拡大し，骨格に側鎖の球棒を加えて透けて見えるようにした図（F）も加えてある（⇒p.119も参照のこと）．

D)　E)　F)

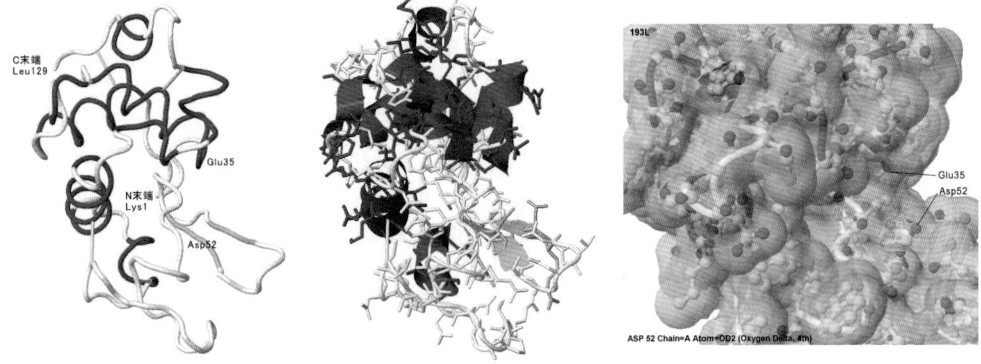
C末端
Leu129
Glu35
N末端
Lys1
Asp52
193L
Glu35
Asp52

骨格モデル

リボンモデル+針金モデルの側鎖

表面モデル+球棒モデルの側鎖（活性中心の拡大図）

演習② タンパク質をデータベースで調べ，パソコンで描いてみよう

ネット空間には研究者の努力によって各種のデータベースが公開されている．タンパク質のデータベースとして有名なのが，The Universal Protein Resource（UniProt）のなかにあるKnowledgebase（UniProtKB）である．ここでは，このデータベースを使って，ヒト成長ホルモン（growth hormone：GH，somatotropinが正式名称）について調べてみよう（⇒**5章**図5-5も参照）．

以下の検索には，Chrome，Edge，Firefox，Safariいずれかを使うこと．

1）ヒト成長ホルモンのアミノ酸配列をデータベースを使って調べる

①UniProtの使い方

UniProt（https://www.uniprot.org/）のページへアクセスすると，図1のような画面のトップページが表示されるので，赤丸で囲まれた欄に半角文字で「somatotropin human」と入力し，右端の虫眼鏡マーク（検索）をクリックする．

入力したキーワードに関連する，たくさんのタンパク質が表示され，一番上に「P01241」SOMA_HUMANが出てくるはずである．Protein namesはSomatotropinで，Gene namesはGH1，ヒト（*Homo sapiens*）由来，アミノ酸217個からなることがわかる．

Entry欄の「P01241」をアクセッション番号というが，これをクリックすると，このタンパク質の詳細ページへジャンプし，一番上に，タンパク質名と遺伝子名，このタンパク質の由来生物の学名（*Homo sapiens*），Statusにはどこまでわかっているかが書かれている．このタンパク質（成長ホルモン）は，タンパク質のレベルまで実験的な証拠があると書かれている．

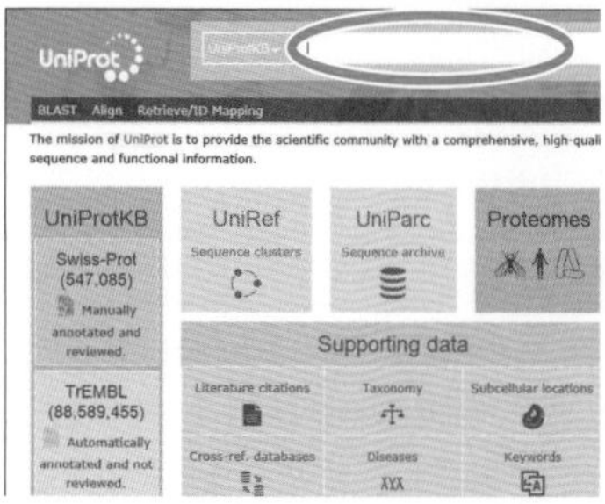
UniProt
BLAST Align Retrieve/ID Mapping
The mission of UniProt is to provide the scientific community with a comprehensive, high-quali sequence and functional information.
UniProtKB
Swiss-Prot (547,085)
Manually annotated and reviewed.
TrEMBL (88,589,455)
Automatically annotated and not reviewed.
UniRef
Sequence clusters
UniParc
Sequence archive
Proteomes
Supporting data
Literature citations
Taxonomy
Subcellular locations
Cross-ref. databases
Diseases
Keywords

●図1　UniProtのトップページ

下へたどっていくと，このタンパク質について，Function，Names & Taxonomyなど，左の青い帯に書かれた順に，さまざまな情報が記載されている．本文の青い文字にはリンクが張ってあって，専門用語の解説や，さらに関連した情報を得ることができる．

Functionにはこのホルモンの作用が書いてあり，Subcellular locationにはこの分子が「分泌される」と書かれている．さらに，Pathology & Biotechを見ると，いろいろな突然変異体が存在することがわかる．

まずは一次構造（アミノ酸配列）が知りたいのだから，左の青い帯のSequencesをクリックすると，その位置までジャンプし，一次構造を取得できる．

左の青い帯のStructureをクリックすると，Secondary structureの帯に青と赤と緑の領域が表示され，アミノ酸配列のどの位置にαヘリックス（青）あるいはβシート（緑）があるかがわかる（赤はターン）．Show more detailsをクリックすると，Helix，Beta strand，Turnの位置が，アミノ酸の番号とともにさらに詳しく表示される．Position(s)とある青い数字で表示された範囲をクリックすると，分子全体のアミノ酸配列のどの部分に当たるかが，黄色い網掛けで表示されるようになる．作業を続けるには，ブラウザーの戻る矢印（←）をクリックする．

②三次構造を検索する

Structureの項に，すでに三次構造が表示されている．表示された分子模型を，左クリックしながらマウスでなぞると，分子を回転させることができる．右側にPDB Entry番号，Method（解析方法），Resolution（解像度）などが表示される．1A22の行を見ると，このタンパク質は，X線回折で解析していて，解像度は2.60オングストローム，2本ある鎖のうちのA鎖が該当するタンパク質で，アミノ酸残基番号27から217番までが立体構造として表示されていることがわかる（もう1つのB鎖については後述）．アミノ酸残基1から26番はシグナルペプチド（⇒**3章-4**③）なので，27から217番までの191アミノ酸が実際のヒト成長ホルモンである．

右端にLinksとして，Protein Data Bank（PDB）へのリンクが表示されている．PDBは世界中の研究者によって決定されたタンパク質の立体構造データが登録されているデータベースで，登録されたデータは，PDB Entry番号（ここでは1A22）や単語で検索することができる．4つあるPDBのうち日本語で表示できるPDBjをクリックしてみよう．別画面でPDBjの該当するページが表示される．

1A22の概要が表示され，分子名称は「GROWTH HORMONE, GROWTH HORMONE RECEPTOR」とある．B鎖は成長ホルモン受容体だったのである．上方の概要タブの隣に「構造情報」「実験情報」「機能情報」などのタブがあり，ここをクリックするとさらに詳しい情報が得られる．ここでは手っ取り早く，右端に表示された「構造」の「非対称単位を表示」をクリックしてみよう．プルダウンされたメニューから一番上のMolmilをクリックすると，別画面で，立体構造が表示される．上で

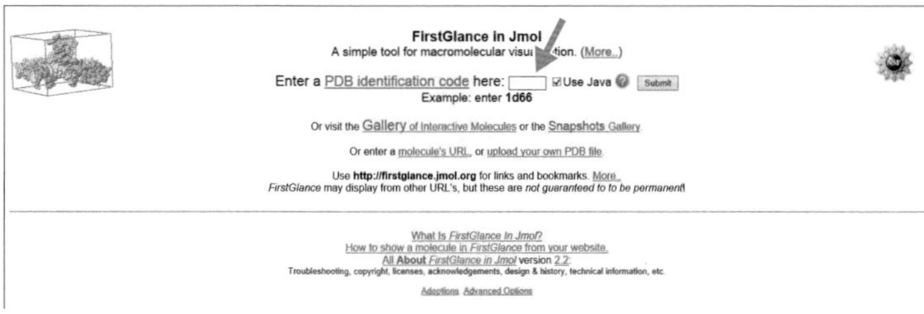
FirstGlance in Jmol
Enter a PDB identification code here:
Use Java
Submit
Example: enter 1d66

●図2　FirstGlance in Jmolのトップページ

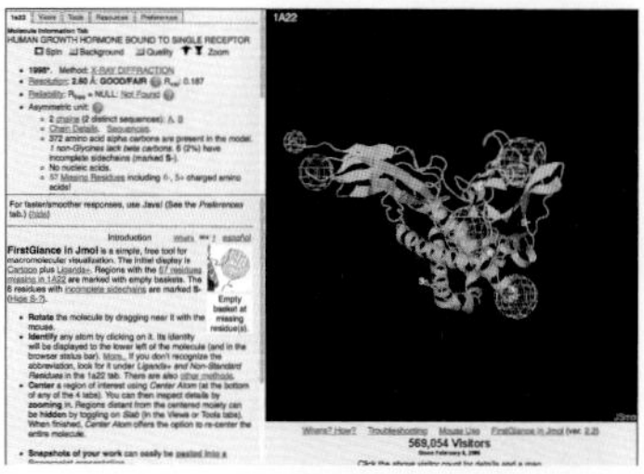
1A22
569,054 Visitors

●図3　1A22で立体構造を描いた例

述べたように，画面を左クリックしてマウスでなぞると，分子を回転させることができるし，マウスのホイールを回すと拡大縮小することができる．表示様式，配色もいろいろと選択することができる．

もとのUniProtの画面の下の方にCross-referencesがあり，その中に3D structure databasesの項目がある．ここからも同じようにPDBデータベースにジャンプすることができる．

③さまざまな3Dモデルを描く

ここでは表示の自由度が高い別の方法を使って，成長ホルモンをパソコン上に表示し，いろいろと操作してみよう．

まず，FirstGlance in Jmol（https://bioinformatics.org/firstglance/fgij/）のページに行く．

図2のようなページが表示される．

Enter … hereの右にある四角い箱の中（図中の赤い矢印）に，1A22と入力してSubmitボタンを押す．このとき，Use Javaの左の四角をクリックして選択しておく．画面が変わって右半分が黒くなり，ここにタンパク質の立体構造が表示される（途中でJavaの使用に関して警告が出た場合は，リスクを受け入れて「実行する」をクリックする）．

しばらく待つと，黒いバックに，分子がカートゥーンで表示され，ゆっくりと回転しているはずである（図3）．ここで画面左上のSpinの四角をクリックしてOffにする．これでマウスを分子の上に置き，なぞると，それにつれて分子は回転したり傾いたりと，自由に動かすことができるようになる．Spinの隣のBackgroundから背景を白にしたり，Viewsタブから，分子の表現形式を球棒モデルにしたり，空間充填モデルにしたりすることができる．

ちなみに，この3Dモデルは，成長ホルモン本体とその受容体の一部が結合した状態で一緒に表示される．成長ホルモン単独の結晶は得られていないためで，αヘリックスの塊が成長ホルモンで，それを支えるようなβシートが固まった部分が受容体の細胞表面から突き出た部分である．この部分の下側に細胞膜に埋まった部分があるのだが，その構造は明らかになっていない．

再びUniProtのページに戻り，青い帯の「Cross-references（引用）」をみると，このタンパク質の遺伝子の情報が書かれている．Sequence databasesから，mRNAやGenomic DNAを調べることができる．なおWeb resourcesでWikipedia（英語版）のGrowth hormoneへジャンプできるようになっている．

これでヒト成長ホルモンの一次構造，二次構造，三次構造がわかった．

2）成長ホルモン受容体についても調べる

さてこれでヒトの成長ホルモンについてわかったので，最初のUniProtでの検索結果のヒトのSomatotropinのすぐ下にある，Growth hormone receptorについても同じような操作をして調べてみよう．Entry番号はP10912で，アミノ酸638個からなる，成長ホルモンよりは大きな分子だということがわかる．受容体だから当然だが．

Subcellular locationのTopologyの項に，Transmembrane部分（細胞膜に埋まっているアミノ酸配列）がアミノ酸265から288までであると記載されている．膜貫通部分は1つで，PTM/Processingの項には，シグナルペプチドは1-18と書かれているので，膜貫通部分よりも前の19から264までの領域が細胞外へ突き出た部分，膜貫通部分の後がサイトソル内に飛び出てホルモンを受容したことを細胞内に伝える部分だとわかる．

StructureにあるPDB番号は上と同じ1A22で，Positionsが19-256になっている．つまり，成長ホルモンと一緒に結晶をつくっているのはシグナルペプチドを切り離した19番目のアミノ酸から，膜貫通部分の少し前の256番目のアミノ酸までであることがわかる．

これで，UniProtのタンパク質データベースで目的のタンパク質を探して，一次構造を調べたり，立体構造を描いたりすることができるようになった．気になった（あるいは自分の好みの）タンパク質をどんどん探して，いろいろと調べていこう．

3章 何が細胞の形や機能を決めているか

メンデルによって，生物の形や色といった形質は，要素（遺伝子）によって親の代から子の代へ伝えられていくことが明らかになった．その後，細胞分裂時の染色体の挙動から，遺伝子は染色体上に乗っていると推定された．さらに，モーガンらの研究によって，遺伝子は染色体上に線状に配列していることがわかったが，遺伝子の実体はなかなかわからなかった．

一方，DNAはこれらの研究とは関係なく，核に含まれる化学物質として抽出され，DNAは4種類のヌクレオチドが鎖状につながった分子であることが明らかになる．タンパク質を構成するアミノ酸は20種，DNAを構成するヌクレオチドは4種なので，数の多いタンパク質が遺伝の暗号の候補だと漠然と考えられていたが，遺伝子はタンパク質であるという考えを覆す実験が行われ，DNAこそが遺伝子の実体であることが明らかになる．

その後，ワトソンとクリックがDNAの分子構造を推定し，遺伝子に必要な性質をこの分子が備えていることが説明できたことで，多くの研究を刺激した．やがて，4つの塩基ATCGの3つの組合わせによる遺伝の暗号が解読され，DNAの遺伝情報はタンパク質のアミノ酸の並び方を指定していることが明確になった．

こうして細胞の形や機能を決めているのは，染色体上のDNAであることが明確に認識されるようになり，さらに遺伝子の塩基に変更が起こることで，アミノ酸の配列が乱れてタンパク質の性質が変化すること（突然変異）がわかった．

3-1 形質を決めているものを求めて

1 DNAの発見

物質としての**DNA**（deoxyribonucleic acid，デオキシリボ核酸）が発見されたのは比較的古く，1869年のことで，ダーウィンの進化論の発表，メンデルの遺伝の実験の発表とほぼ同時期だった．発見したのはミーシャーである．ミーシャーは基礎医学の道に進み，細胞説に基づき細胞の化学的な裏づけを得ようと研究を展開していたチュービンゲン大学のホッペザイラーのもとで研究を行った．

テーマは白血球の細胞成分の化学的な研究であった．白血球を生体から多量に得るのは難しかったので，彼は膿に着目し，病院で多量に出るガーゼに付着した膿を集め，死んだ白血球の核から新しい物質としてC，H，O以外にリンと窒素を含むヌクレイン（現在のDNA）を抽出する．ミーシャーはヌクレインの研究を続け，酵母，腎臓，肝臓などにも同じ物質が含まれていることを明らかにする．後に膿の代わりにサケの精子を使い，多量のヌクレインが含まれることを見つけた．

ミーシャーはヌクレインの化学組成を明らかにしたが，ヌクレインが遺伝に関与する物質であるとは考えていなかった．1940年代までは，誰もが遺伝を担う物質はタンパク質であろうと考えていた．したがってヌクレインは機能不明な物質としてしばらくは日の目を見なかった．

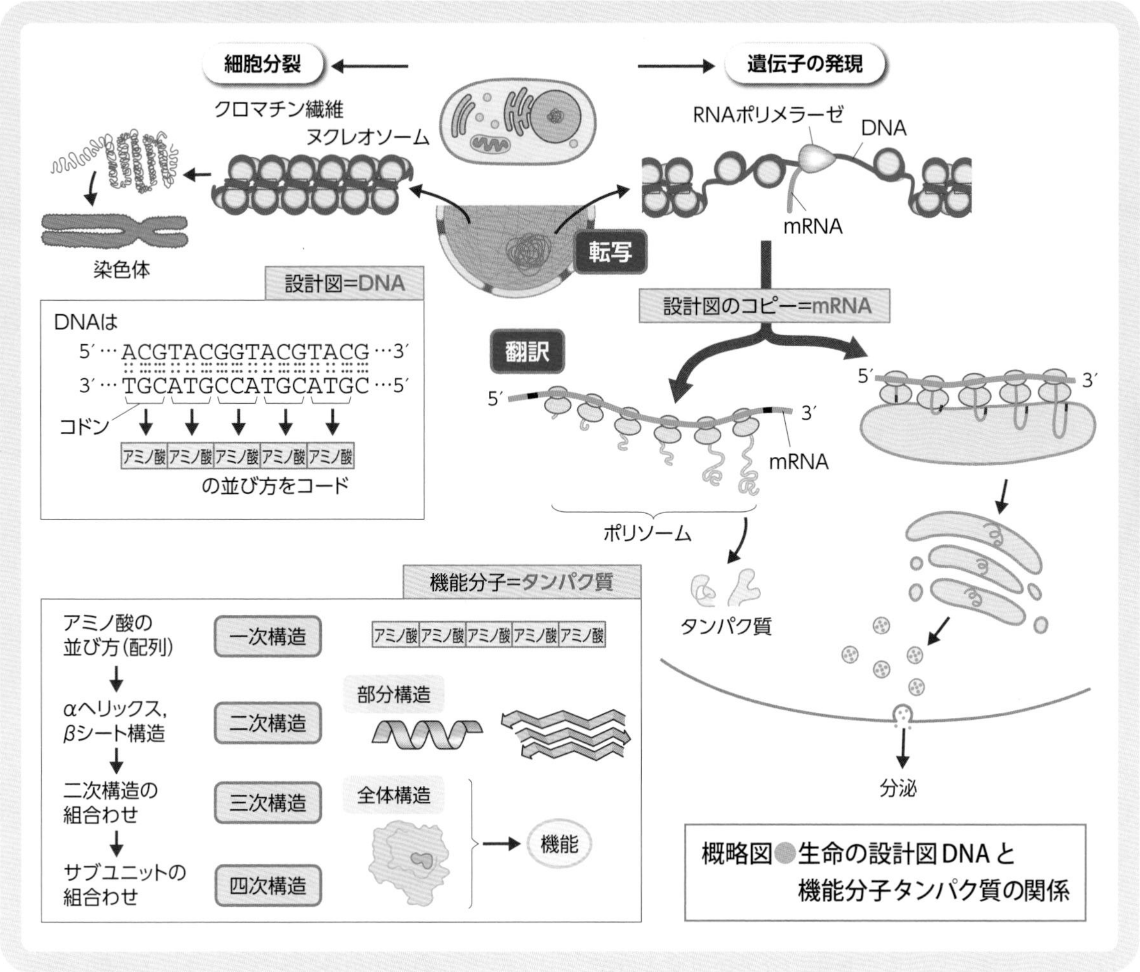
細胞分裂
遺伝子の発現
クロマチン繊維
ヌクレオソーム
染色体
RNAポリメラーゼ
DNA
mRNA
転写
設計図=DNA
DNAは
5′…ACGTACGGTACGTACG…3′
3′…TGCATGCCATGCATGC…5′
コドン
アミノ酸 アミノ酸 アミノ酸 アミノ酸 アミノ酸
の並び方をコード
設計図のコピー=mRNA
翻訳
5′
3′
mRNA
ポリソーム
タンパク質
分泌
機能分子=タンパク質
アミノ酸の並び方(配列)
一次構造
αヘリックス，βシート構造
二次構造
部分構造
二次構造の組合わせ
三次構造
全体構造
機能
サブユニットの組合わせ
四次構造
概略図●生命の設計図DNAと機能分子タンパク質の関係

2 染色体地図

DNAの発見とは別に，1920年代になって染色体と遺伝子の関係がモーガンの研究によってさらに明らかになった.

モーガンはショウジョウバエを使って，メンデルと同じような遺伝の実験を行った．一世代の時間が短く，また突然変異体を比較的容易につくり出すことができるため，ショウジョウバエは遺伝の実験には好都合だった.

モーガンらはこの利点を活かして，体色が黒くなる突然変異体（*b*）と痕跡翅(こんせきし)となる突然変異体（*vg*）を使った二遺伝子雑種の実験を行った．メンデルの独立の法則に従うのならば，優性ホモと劣性ホモを交雑した場合，そのF_2世代では2つの表現型の比は9：3：3：1になるはずである（⇒1章-5 3 ❸）．ところが結果はこれと大きくずれていた．そこで**戻し交配**による**検定交雑**※1を行ってみたところ，*BVg*：*Bvg*：*bVg*：*bvg*の比は965：206：185：944であった（図3-1）.

この現象は，2つの遺伝子が同じ染色体上にあり，配偶子をつくる過程で染色体の交叉によって遺伝子の組換えが起こったと考えると説明がつく（⇒1章-5 4）．そこで，この値から**組換え価**を計算した．もしも完全連鎖をしている（組換えが起こらない）なら，*BVg*と*bvg*しか生じないはずであるが，*Bvg*が206，*bVg*が185個体，生まれているので，この

※1 F_1と劣性ホモをかけ合わせて，次世代の表現型の比を調べることにより，F_1がつくる配偶子の遺伝子型の比を推定する方法.

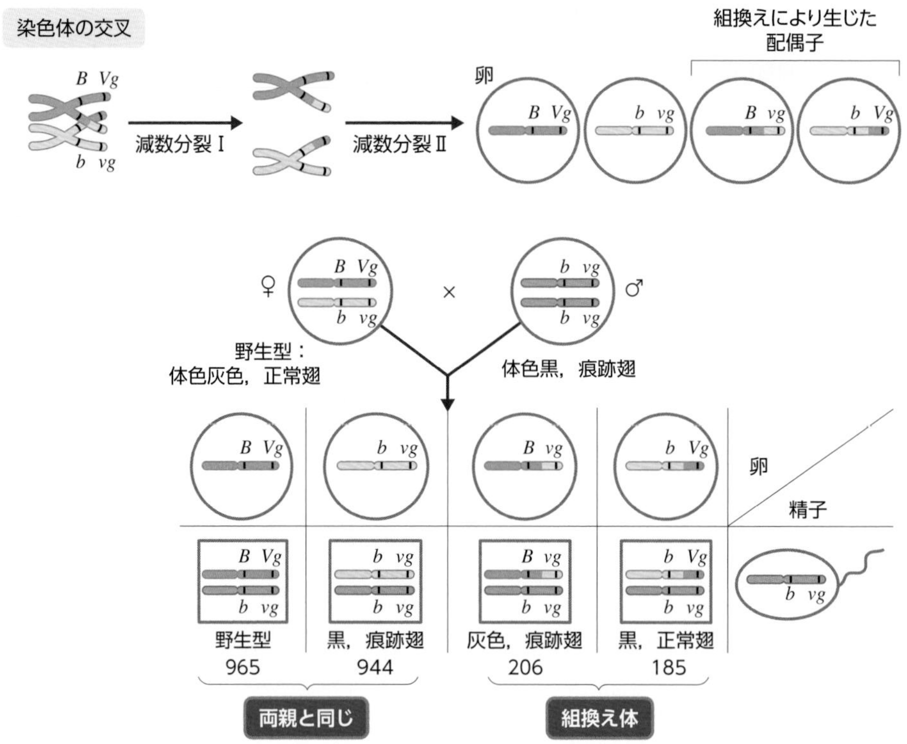

染色体の交叉
B Vg
b vg
減数分裂Ⅰ
減数分裂Ⅱ
卵
組換えにより生じた配偶子
♀
×
♂
野生型：
体色灰色，正常翅
体色黒，痕跡翅
卵
精子
野生型
965
黒，痕跡翅
944
灰色，痕跡翅
206
黒，正常翅
185
両親と同じ
組換え体

図3-1　減数分裂によって遺伝子の組換えが起こる（上）ので，検定交雑により組換え価を求める（下）
参考図書1をもとに作成．

和が組換えの結果生じた新しい組合わせである．したがって，新しい組合わせが生じた組換え価は，分母に検定交雑の全個体をおき，分子に組換えの起こった個体数をおいた次の式

$$\frac{206+185}{965+206+185+944}\times 100=17\ (\%)$$

となる（完全連鎖なら０%である）．

モーガンらは多くの表現型を徹底的に調べ，連鎖する表現型がショウジョウバエの染色体（$2n=8$）の半数である４つにグループ分けできることを示した．こうして，遺伝子は染色体の上に直線状に並んで乗っていることが明らかになった．組換え価から４つの連鎖群内の遺伝子座の相対的な位置関係を求めて，**染色体地図**がつくられた．

3 遺伝子はタンパク質をコードしている

エンドウの花の色やショウジョウバエの眼の色で示されたように，遺伝子は表現型を規定している．それでは遺伝子は花の色や眼の色という表現型をどのように規定しているのであろうか．この点を明確にしたのがビードルとテイタムで，1941年のことである．

ビードルは，最初はモーガンの研究室でショウジョウバエの眼の色に関する遺伝の研究を行ったが，あまりにも複雑すぎるので，ショウジョウバエからアカパンカビに実験材料を切り替えることにした．

アカパンカビは，グルコース，無機塩類，ビオチン（ビタミンの一種）を含む**最小培地**※2で培養することができる．有性生殖によって胞子をつくり，この胞子は無性生殖によってどんどん増えてコロニー

※2 最小培地（minimum medium）：細菌や単離した細胞は，シャーレのようなガラス器に，生存に不可欠な水，イオン，有機化合物を寒天のような支持物質に混ぜて注入し，その上で培養する．野生型の細菌が増殖できる最も簡単な組成をもつ培地を最小培地といい，栄養要求性の細菌の突然変異体を分離するためには不可欠である．

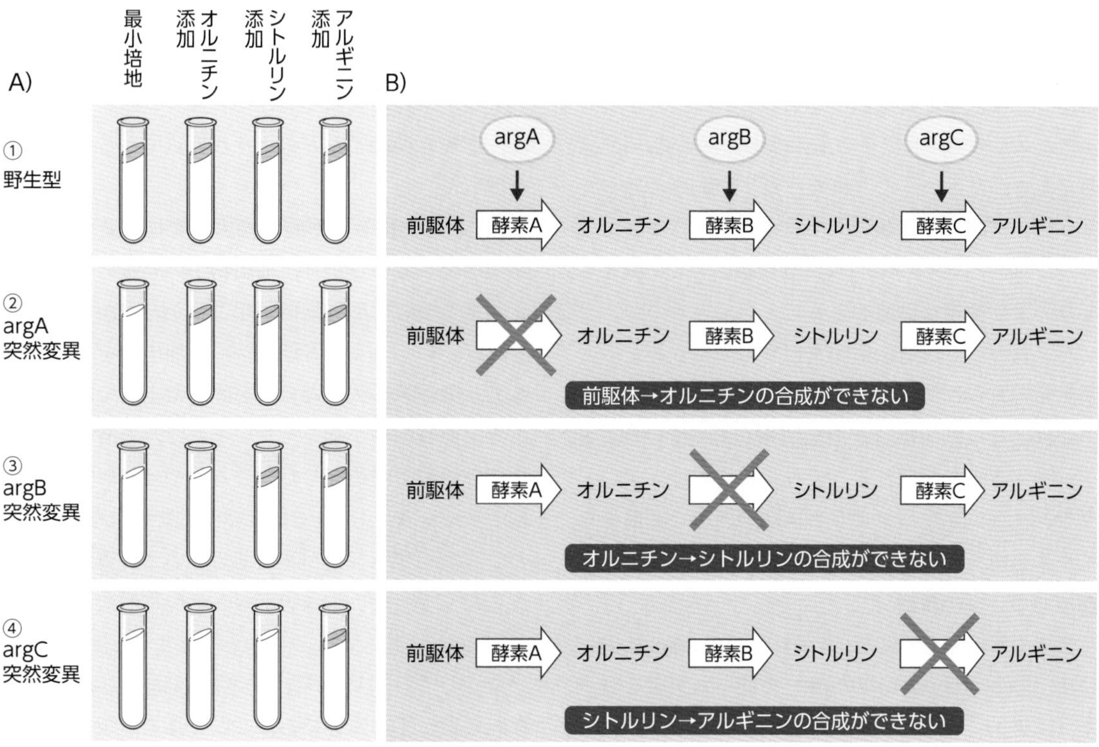
A)
最小培地
オルニチン添加
シトルリン添加
アルギニン添加
① 野生型
② argA 突然変異
③ argB 突然変異
④ argC 突然変異
B)
argA
argB
argC
前駆体
酵素A
オルニチン
酵素B
シトルリン
酵素C
アルギニン
前駆体→オルニチンの合成ができない
オルニチン→シトルリンの合成ができない
シトルリン→アルギニンの合成ができない

図3-2　アカパンカビの栄養要求突然変異の解析
参考図書1をもとに作成.

をつくる．好都合なことに胞子は半数体（一倍体⇒8章-1）なので，突然変異の結果がそのまま表現型に現れる．

ビードルはまずアカパンカビにX線を照射して栄養要求性の突然変異体をつくった．最小培地では生育できないが，培地に酵母の抽出物を加えると生育できるようになる変異体である．栄養要求性の突然変異体をさらに調べたところ，突然変異体のなかには，1種類のアミノ酸を添加すれば生育できるものがあることがわかった．

彼らはアルギニン要求性の突然変異体に注目して調べたところ，アルギニン要求性の突然変異体には3つの系統があることがわかった．これらの系統をargA，argB，argCと名づけることにしよう．こうして表現型は，眼の色のような目に見えるものから，栄養要求性という目には見えないものに拡張されたのである．

野生型のアカパンカビは，もちろん最小培地で生育することができる（図3-2A①）．ところがargA突然変異体は最小培地では生育できず，オルニチンを加えた培地であれば生育することができた（図3-2A②）．また，argBはオルニチンでは生育できず，シトルリンを加えると生育できた（図3-2A③）．3番目のargCはオルニチンでもシトルリンでもだめで，アルギニンを加えて初めて生育することができた（図3-2A④）．

これらの結果は，アルギニンがアカパンカビの中で生合成される経路（前駆物質→オルニチン→シトルリン→アルギニン）があって，その各ステップを触媒する酵素が，argA，argB，argCという遺伝子によってコードされていると考えるとうまく説明ができる（図3-2B）．

この結果から，ビードルとテイタムは**一遺伝子一酵素説**という仮説を提唱した．タンパク質のなかには複数のポリペプチド鎖から構成されるものがあるので，現在ではこれを少し修正して，一遺伝子は一ポリペプチド鎖をコードしているという（⇒3章-5）．こうして，遺伝子は花の色や眼の色という漠然とした形質ではなく，実体のあるタンパク質をコードしていることが明確になったのである．

4 遺伝子の本体はDNAだ

染色体はタンパク質とDNAでできていることがわかり，染色体上に遺伝子が乗っていることが明らかになったので，遺伝子の本体はタンパク質かDNAのどちらかだということになった．2章-3で述べたように，核酸は4種類のヌクレオチドからできているのに対して，タンパク質は20種類のアミノ酸からなり，より複雑な構造をとることができるので，タンパク質のほうが遺伝情報を担うのにふさわしいと漠然と考えられていた．

これに対して，DNAが遺伝情報を担っていることを示唆する研究が現れる．これらの研究は，エンドウやショウジョウバエよりも構造の簡単な細菌やウイルスを使って行われた．

❶グリフィスの実験

まずイギリスのグリフィスが1928年に肺炎球菌※3（*Streptococcus pneumoniae*）を使った実験を行った（図3-3）．

これらの実験結果は，R型の肺炎球菌がS型の何らかの因子によって病原性をもつように形質が転換したことを示している．グリフィスはこれを**形質転換因子**と名づけたが，因子の本体については明らかにすることはできなかった．

❷アベリーの実験

グリフィスの実験を受けてアメリカのアベリーらは，形質転換因子がどのような物質であるかの追求を行った．

S型から抽出した形質転換因子を加えると形質の転換が起こるのだから，抽出物中のいろいろな物質を順番に壊して形質転換が起こるかどうかを試してみればいい．そこでS型菌からの抽出物を遠心分離して，分子量の大きな分画を除いた上清で試みたところ，形質転換が起こった．そこで，上清をタンパク質分解酵素で処理したところ，やはり形質転換は起こった．またRNA分解酵素でも影響はなかった．ところが，DNA分解酵素で処理すると形質転換は起こらなくなった．つまりDNAが形質転換因子だったのである．

こうしてDNAが形質を転換する因子の本体，すなわち遺伝子の本体であることを強く示唆する結果が公表されたが，多くの人はまだ半信半疑だった．細菌やウイルスに遺伝子としてのDNAがあることさえも，必ずしも明確ではなかったからである．

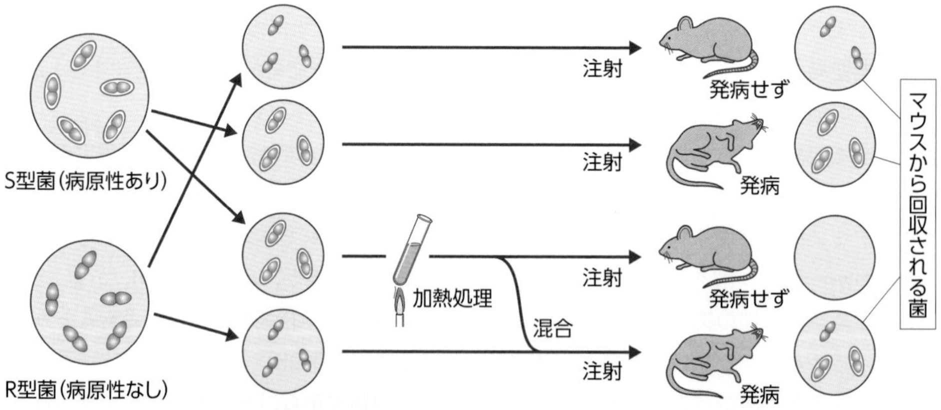

S型菌（病原性あり）
R型菌（病原性なし）
注射
注射
注射
注射
加熱処理
混合
発病せず
発病
発病せず
発病
マウスから回収される菌

●図3-3　肺炎球菌の形質転換を示す実験
マウスに注射すると，R型では死なず，S型では発病してマウスが死ぬ．次に，S型を加熱して殺してから注射すると，致死性は失われた．ところが，病原性のないR型に，加熱して殺したS型を混ぜて注射すると，注射されたマウスは死亡した．死んだマウスの血液中からは培養すると縁が滑らかなコロニーをつくる菌が得られた．

※3 肺炎球菌には2系統あり，1つは野生型で病原性があり，マウスでは致死性である．莢膜（きょうまく）をもち，培養すると縁が滑らかなコロニーをつくる（S型，smooth）．もう1つは突然変異体で病原性を失っており，莢膜がなく，培養すると縁がギザギザなコロニーをつくる（R型，rough）．肺炎球菌は煮沸によって殺すことができる．かつては肺炎双球菌とよばれていた．

❸バクテリオファージを使った実験

ウイルスはDNAにタンパク質の衣をかぶせたようなもので，生物とも無生物ともいえる不思議な生き物である．ウイルスは自らタンパク質を合成できないので，細菌や他の生物の細胞内に入り込んで，その細胞のタンパク質合成工場を乗っ取ってタンパク質の衣をつくる．ウイルスのなかでバクテリア（細菌）を宿主とするものを**バクテリオファージ**（あるいは単にファージ）という．

T系バクテリオファージ（図3-4）は月着陸船のような構造をしていて，大腸菌に取り付くと中身を大腸菌の中に注入し，やがて大腸菌の中で月着陸船のようなタンパク質の衣とDNAを複製して増殖し，大腸菌を破って飛び出してくる．

それではファージは，大腸菌の中でDNAを使って自分と同じファージをたくさんつくり出しているのだろうか．あるいはタンパク質を使っているのだろうか．この点を明らかにしたのがハーシーとチェイスで，彼らは**ブレンダー実験**という巧みな実験系を組んでこれを証明した．

タンパク質を構成するアミノ酸のうちメチオニンではCHON以外にSを含む．一方の核酸の構成要素であるヌクレオチドではCHON以外にPを含む．

そこで，一方のバッチでは放射性Sで標識したメチオニンを含む培地で大腸菌を培養して，ファージに感染させて外皮タンパク質を放射性Sで標識する．もう1つのバッチでは，放射性Pで標識したヌクレオチドを含む培地で大腸菌を培養し，ファージに感染させてDNAを放射性Pで標識する．

この2種類の標識をしたファージと別な大腸菌とブレンダーを使って，彼らは図3-5のような実験を行った．

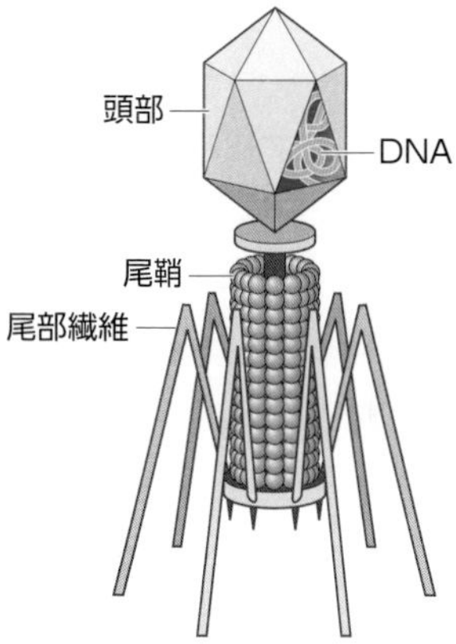

頭部
DNA
尾鞘
尾部繊維

●図3-4　T系バクテリオファージ
参考図書1をもとに作成.

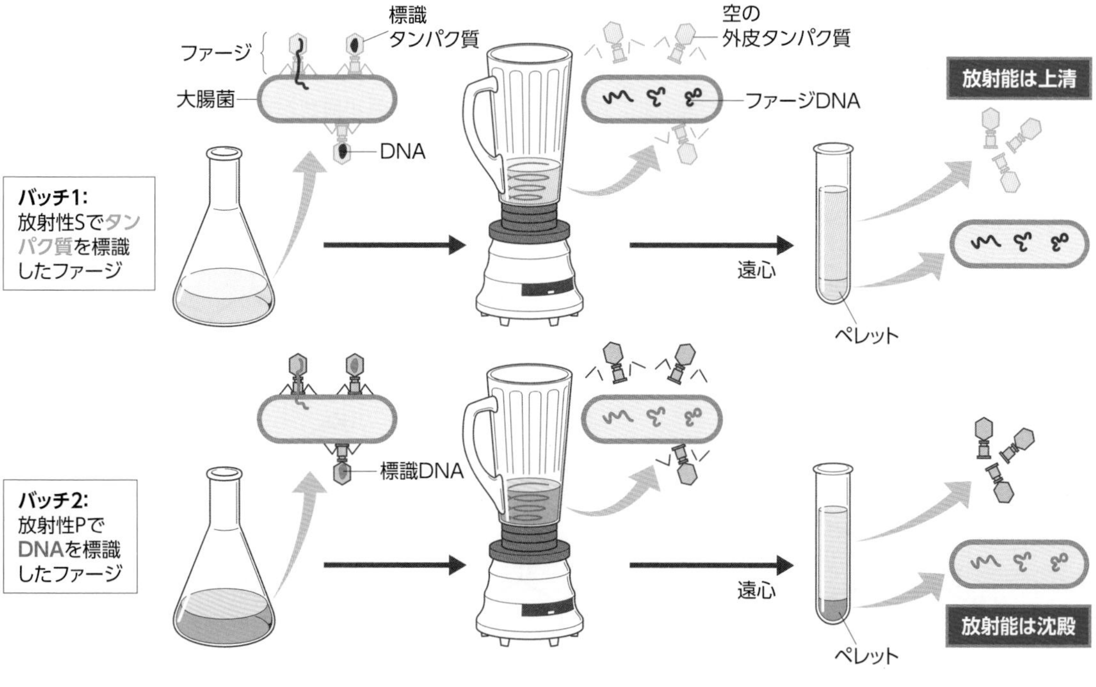

ファージ
標識
タンパク質
大腸菌
DNA
空の
外皮タンパク質
ファージDNA
放射能は上清
バッチ1:
放射性Sでタンパク質を標識したファージ
遠心
ペレット
標識DNA
バッチ2:
放射性PでDNAを標識したファージ
遠心
ペレット
放射能は沈殿

●図3-5　ハーシー-チェイスのブレンダー実験
参考図書1をもとに作成.

一定時間培養した後に，ブレンダーで撹拌してファージを大腸菌から離し，遠心して上清と沈殿したペレットの放射能を調べた．その結果，タンパク質を標識した場合は上清に放射能が現れ，DNAを標識した場合はペレットに放射能が現れることが示された．大腸菌に入るのはDNAだけだったのである．

こうして，T系ファージは大腸菌菌体内にDNAを注入し，タンパク質の衣は菌体内には入らないことが明らかにされた．遺伝子の本体はDNAであることが確定したのである．

3-2 遺伝子としてのDNA

1 DNAの化学的性質の研究

1920年代に生化学者のレビーンがDNAの化学的組成について研究を行い，DNAは窒素を含む4種類の**塩基**〔アデニン（A），グアニン（G），シトシン（C），チミン（T）〕，**デオキシリボース**という五炭糖，および**リン酸**で構成されていることを発見し，デオキシリボースに塩基とリン酸が結合していると考えた．4種の塩基の比は等しく，DNAはそれぞれの塩基をもつ4種のヌクレオチドが結合したテトラマーの集合体だという仮説を提出した．

1949年になってシャルガフはいろいろな生物のDNAの塩基組成を調べ，4種の塩基の比は等しくなく，**A＝T，G＝C**という関係があることを明確にした．このことは次に述べるワトソンとクリックがDNAのモデルをつくりあげるのに大きな手がかりとなった．ヌクレオチドは，レビーンが考えたようにデオキシリボースに塩基とリン酸が結合した分子ではあるが，DNAはテトラマーの集合体ではなく，もっと分子量の大きな分子であることがわかった．

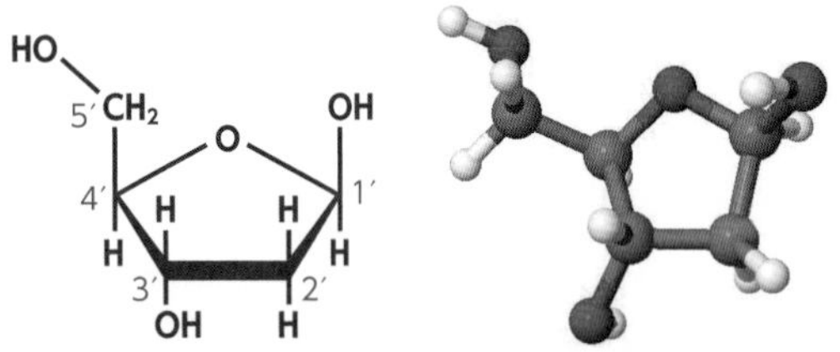
HO
5′ CH2
OH
O
4′
1′
3′
2′
OH

●図3-6　デオキシリボースの構造

デオキシリボースの炭素を区別するために，右の炭素から順番に時計回りに1′から5′の番号をつける（図3-6）．塩基は1′の炭素に結合し，リン酸は5′の炭素に結合している．3′の炭素にはヒドロキシ基がつくが，2′の炭素にはヒドロキシ基はない．

塩基にはアデニン，グアニン，シトシン，チミンの4種があるので，DNAを構成する**ヌクレオシド**（nucleoside）にもそれに従って，デオキシアデノシン，デオキシグアノシン，デオキシシチジン，デオキシチミジンの4種類がある（図3-7）．

塩基以外の構造は4種のヌクレオシドで全く同じ

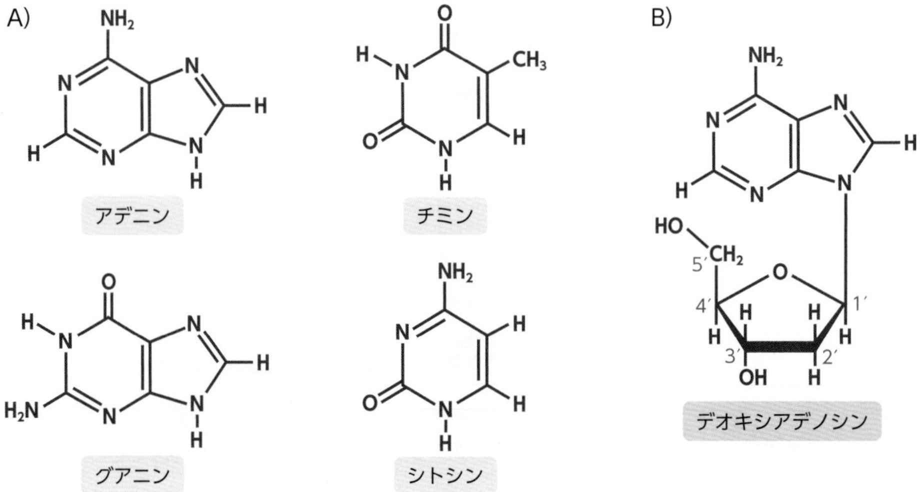
A)
アデニン
チミン
グアニン
シトシン
B)
デオキシアデノシン

●図3-7　DNAの4種類の塩基（A）とヌクレオシドの例（B）

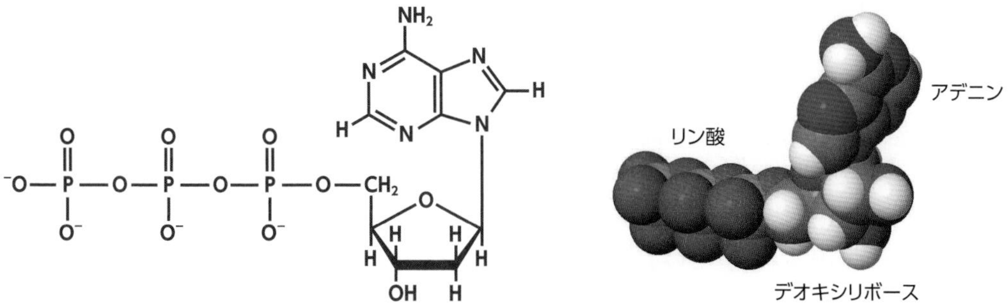
リン酸
アデニン
デオキシリボース

●図3-8　DNAのヌクレオチドの1つデオキシアデノシン三リン酸（dATP）

で，ヌクレオシドにリン酸がついたものが**ヌクレオチド**（nucleotide）である．図3-8は，5′にリン酸が3つついたデオキシアデノシン三リン酸である．他のヌクレオチドは，分子の右側に描かれたアデニンを，それぞれグアニン，シトシン，チミンに変えたものとなる．

DNAは，この4種のヌクレオチドが直線状につながったものであることはわかった．それがどのようなつながり方をしているかは，まだわからなかった．

2 ワトソン-クリックのモデル

1951年にアメリカで学位を取ったばかりの**ワトソン**が，イギリスで**クリック**と出会った．これがDNA構造の解明への第一歩だった．

DNAの話ですっかり意気投合した二人は，DNAの構造を解明するために，部屋の中に大きな模型を組んでジグソーパズルのような謎解きを始めることになる．

ある朝，ワトソンは，A：TおよびG：Cが水素結合をつくると考えるとピッタリと収まることに気がつき，これを聞いたクリックは，タンパク質のαヘリックスでは側鎖がらせんから外に突き出ているが，DNAでは塩基が内側を向いて二重らせん構造をとれば，シャルガフの経験則とフランクリンのX線回折像を説明でき，ジグソーパズルがピッタリと収まることをすぐに理解した．こうしてDNAの分子模型（図3-9）がこの世に現れたのである．1953年2月28日土曜日のことであった．

わずか1ページの短い論文は科学週刊誌Natureに投稿されて掲載される．このモデルがすぐに受け入れられたのは，A：TおよびG：Cがそれぞれ2本および3本の水素結合で結合し，それ以外の組合わせでは結合できないという点である（**相補性**，complementary）．これによって，細胞分裂のときに染色体が複製される際にDNAも複製されて全く同じものが娘細胞に分配されるという現象を，分子のレベルで見事に説明できたからである（⇒7章-2）．

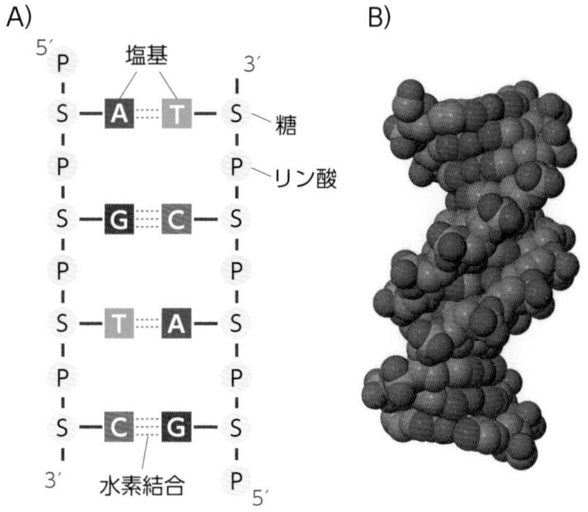
A)
B)
塩基
糖
リン酸
水素結合

●図3-9　DNA分子の構造［PDB：1BNA］
A）模式図　B）二重らせん構造のモデル

3 遺伝の暗号はどう解読されたか

❶DNAからタンパク質への流れ

こうして，DNAが遺伝子であり，その情報を使ってタンパク質をつくり出していることが明らかになった．次に問題になるのは，4種類しかないDNAのヌクレオチドをどのように使って遺伝の情報としているか，また，DNAからどのようにしてタンパク質が実際につくられるのか，という問題だった．

DNA（の一方の鎖）もポリペプチド鎖も，それぞれ4種類のヌクレオチドと20種のアミノ酸が直線状に連結したポリマーである（⇒2章-3）．しかもDNAのほうは5′→3′，ポリペプチド鎖のほうはN末端→C末端という方向性がある．2つの間の対応を取ることは容易なように思われる．しかしながら，DNAは核の中にあり核から外に出ることはなく，タンパク質はサイトソルで合成される．どのようにして両者が結びつくのだろうか．また4つと20ではどうしても数が合わない．

これらの難問に対して，クリックは新しい実験を促すようないくつもの仮説を提出した．DNAとポリペプチド鎖を関連づけるためにRNAを間において，情報は**DNA→RNA→タンパク質**というように流れると考え（セントラルドグマ），アミノ酸を合成の場につれてくるアダプターを別に考えればいいという仮説を立てた．これらの仮説は，後に実験によって証明される．

また，4と20の謎も，塩基1つだとアミノ酸との対応は4^1で4種類，2つだと4^2で16種類だが，3つだと4^3で64種類の対応が取れ，これで必要十分だとガモフが提唱して，これが正しいことが明らかになる．

現在では，DNAからタンパク質への情報の流れは次のように考えられている（図3-10）．

DNAはまず，2本の鎖のうち，片方の鎖を鋳型（いがた）として，相補性を利用してDNAの塩基配列をRNAに写し取る．この過程を**転写**（transcription）といい，転写された一定の長さのRNAを**mRNA**（messenger RNA）という（⇒3章-3）．

次に，mRNAの塩基の配列3つずつ（これを**コドン**という）に対応する**tRNA**（transfer RNA，クリックの提唱したアダプター）がmRNAの塩基配列に従って順番に並び，それぞれのtRNAに結合したアミノ酸がペプチド結合で結合すれば，DNAの塩基配列の情報に従ったアミノ酸配列のポリペプチド鎖ができあがる．この過程を**翻訳**（translation）という（⇒3章-4）．

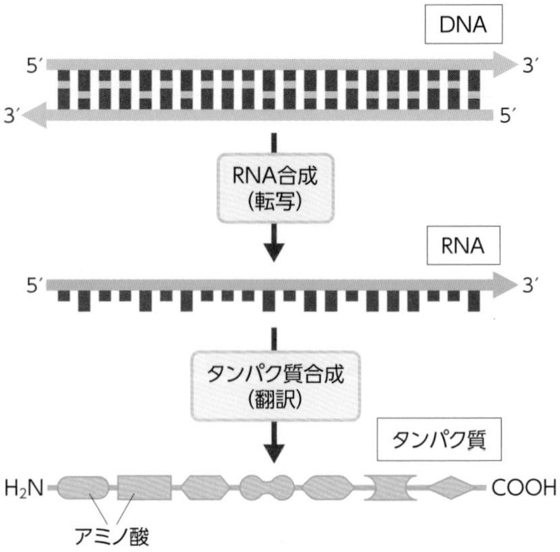
DNA
5′
3′
3′
5′
RNA合成
（転写）
RNA
5′
3′
タンパク質合成
（翻訳）
タンパク質
H₂N
COOH
アミノ酸

図3-10　DNAの遺伝情報がRNAへ転写されタンパク質へ翻訳される情報の流れ（セントラルドグマ）

塩基の配列がアミノ酸と対応していることも実際に確かめられた（1961～'65）．合成したポリウリジンを*in vitro*※4のタンパク質合成系に入れると，ポリフェニルアラニンが合成されたのである．この実験を最初として次々と合成実験が行われ，64種類の塩基の組合わせに対応するアミノ酸が決められた．

表3-1は，こうして決められたDNAの塩基3つ（コドン）とアミノ酸の対応表である．

こうして，染色体を構成しているタンパク質とDNAのうち，DNAのほうに遺伝情報が塩基の配列というかたちで書き込まれていることが明らかになった．塩基4文字のうち3つの組合わせ（コドン）がアミノ酸を指定（コード）していたのである．遺伝子はポリペプチド鎖のアミノ酸の配列をコードする塩基配列で，これが染色体を構成するDNA分子上に線状に並んでいるのである．

❷遺伝の暗号と突然変異

遺伝子は，対になった染色体（$2n$）にペアで存在し，細胞分裂によって誤りなく娘細胞に分配される．こうして代々遺伝子は伝えられていくが，何らかの

※4 *in vitro*：「ガラス容器の中で」という意味のラテン語で，生体から器官や組織，細胞を取り出して，生理的塩類溶液を満たしたガラス容器の中でしばらく生かして実験を行う場合，これを*in vitro*の実験という．これに対して生体の中で行う実験は*in vivo*という．

●表3-1　DNAのコドンとアミノ酸の対応

1番目の塩基	T（2番目の塩基）	C	A	G	3番目の塩基
T	Phe	Ser	Tyr	Cys	T
	Phe	Ser	Tyr	Cys	C
	Leu	Ser	Stop※2	Stop※2	A
	Leu	Ser	Stop※2	Trp	G
C	Leu	Pro	His	Arg	T
	Leu	Pro	His	Arg	C
	Leu	Pro	Gln	Arg	A
	Leu	Pro	Gln	Arg	G
A	Ile	Thr	Asn	Ser	T
	Ile	Thr	Asn	Ser	C
	Ile	Thr	Lys	Arg	A
	Met※1	Thr	Lys	Arg	G
G	Val	Ala	Asp	Gly	T
	Val	Ala	Asp	Gly	C
	Val	Ala	Glu	Gly	A
	Val	Ala	Glu	Gly	G

※1　ATGは開始コドンにもなる.
※2　Stopは終止コドンを表す.

アミノ酸名	3文字表記	1文字表記
アラニン	Ala	A
システイン	Cys	C
アスパラギン酸	Asp	D
グルタミン酸	Glu	E
フェニルアラニン	Phe	F
グリシン	Gly	G
ヒスチジン	His	H
イソロイシン	Ile	I
リシン	Lys	K
ロイシン	Leu	L
メチオニン	Met	M
アスパラギン	Asn	N
プロリン	Pro	P
グルタミン	Gln	Q
アルギニン	Arg	R
セリン	Ser	S
トレオニン	Thr	T
バリン	Val	V
トリプトファン	Trp	W
チロシン	Tyr	Y

原因で塩基の文字が変わればアミノ酸も変わってしまい，タンパク質の構造も変わってしまう．タンパク質の構造が変わったために機能を失う場合もあるし，ほとんど影響が出ない場合もある．これが**突然変異**（mutation）（⇒7章-4）である．生殖細胞に生じたこうした突然変異が個体群の変異の原因であり，自然選択を受ける対象となる（⇒12章-2）．

3-3　DNAからタンパク質へ①（転写）

1 転写の過程

DNAに遺伝情報が塩基の4文字で書かれていることはわかったが，この情報がタンパク質の合成に利用されるためにはmRNAへ転写されなければならない．1つの遺伝子は1本のポリペプチド鎖をコードしているのだから始まりと終わりがあり，これに対応する**開始コドン**と**終止コドン**がある．つまり，DNAには開始を示す文字から句点までのひとまとまりのセンテンスが，カセットテープに複数の曲が録音されているように，線状に並んでいることになる．それでは必要な遺伝子の情報の読み出し，すなわち“頭出し”をどのようにして行っているのだろうか．

❶RNA

ここでRNAのことに少し触れなくてはならない．RNA（ribonucleic acid，リボ核酸）はDNAと同じく核酸の一種で，次の3つがDNAと異なる点である．

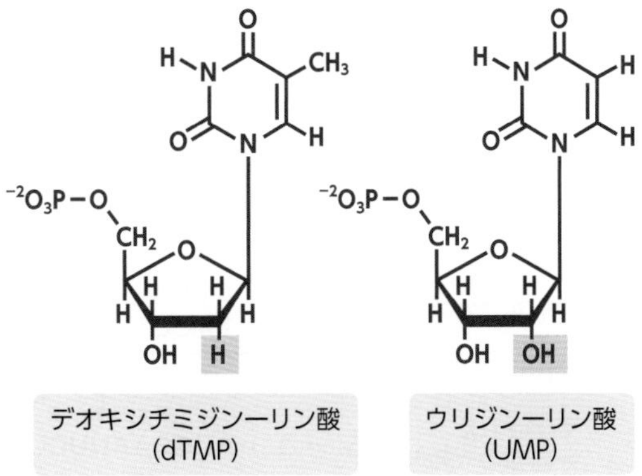
デオキシチミジン一リン酸
(dTMP)
ウリジン一リン酸
(UMP)

●図3-11　デオキシリボヌクレオチドとリボヌクレオチドの違い

①五炭糖はデオキシリボースではなくリボース
②塩基の４種類がAGCTではなくAGCU
③二重らせん構造をとらず一本鎖のまま

リボースとデオキシリボースの違いは，2′にヒドロキシ基がついているか，いないかである（図3-11）．

また，チミン（T）とウラシル（U）の違いは，メチル基のあるなしで，Uでも，Tと同じようにAとの間に相補的な水素結合が２本できる（表3-2）．

❷RNAポリメラーゼ

DNAからmRNAへの転写は，酵素である**RNAポリメラーゼ**によって触媒される．RNAポリメラーゼは，DNAの二重らせんをほどきながら，二本鎖のう

●表3-2　DNAとRNAをつくるヌクレオチド類の名称

塩基	糖	ヌクレオシド	ヌクレオチド 一リン酸	二リン酸	三リン酸
アデニン（A）	リボース デオキシリボース	アデノシン デオキシアデノシン	AMP dAMP	ADP dADP	ATP dATP
グアニン（G）	リボース デオキシリボース	グアノシン デオキシグアノシン	GMP dGMP	GDP dGDP	GTP dGTP
シトシン（C）	リボース デオキシリボース	シチジン デオキシシチジン	CMP dCMP	CDP dCDP	CTP dCTP
チミン　（T）	デオキシリボース	デオキシチミジン	dTMP	dTDP	dTTP
ウラシル（U）	リボース	ウリジン	UMP	UDP	UTP

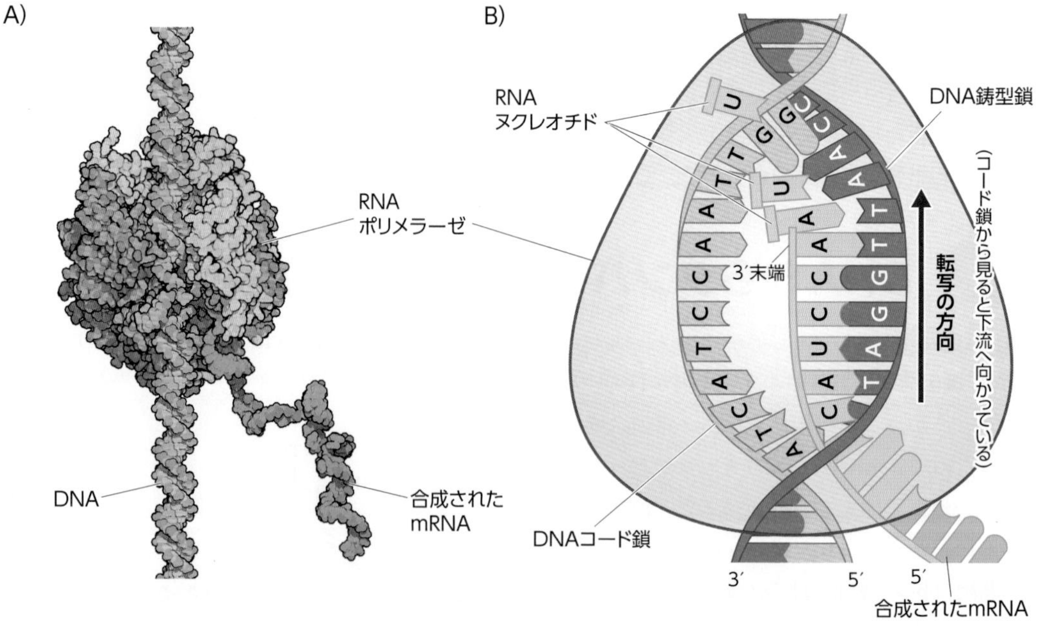
A)
RNA
ポリメラーゼ
DNA
合成された
mRNA
B)
RNA
ヌクレオチド
DNA鋳型鎖
3′末端
転写の方向
（コード鎖から見ると下流へ向かっている）
DNAコード鎖
3′
5′
5′
合成されたmRNA

DNA 二本鎖
(5′ → 3′) ATGGAATTCTCGCTC....(コード鎖，coding strand，sense strand)
(3′ ← 5′) TACCTTAAGAGCGAG....(鋳型鎖，template strand，antisense strand)
転写
転写された
一本鎖の mRNA
(5′ → 3′) AUGGAAUUCUCGCUC....

●図3-12　RNAポリメラーゼによるmRNAの転写
A）はApril 2003 Molecule of the Month by David Goodsellより，B）は参考図書1より作成．

ち鋳型となる鎖の塩基の配列を読んで，これと相補的な塩基をもったヌクレオチドを次々と呼び込んで結合をつくっていく．RNAの鎖の伸長は必ず5′→3′の方向に起きるので，鋳型鎖の配列に従ってこの方向に塩基をつないでいくと，コード鎖と同じ塩基の配列（ただしTはUとなる）をもったmRNAができることになる（図3-12）．

RNAポリメラーゼは複雑な構造をした酵素タンパク質で，12個のポリペプチド鎖から構成されている．図3-12Aのように二本鎖のDNAを包み込むように結合し，DNAに沿って動きながら右下に見えるmRNAを合成していく．

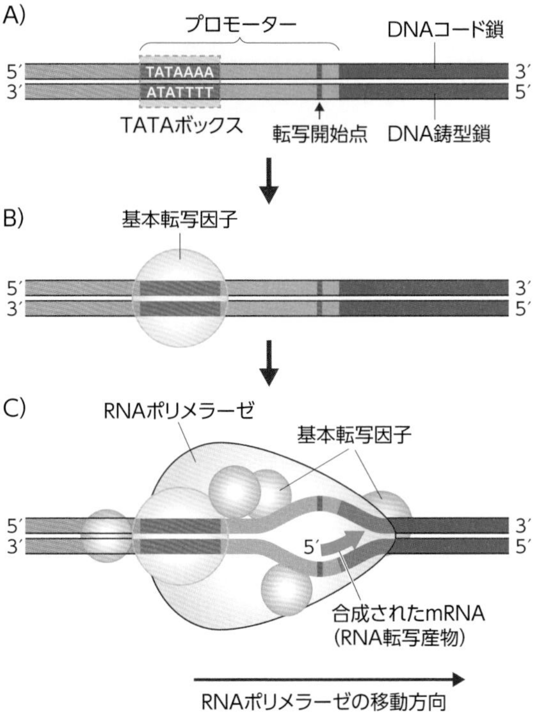

A)
プロモーター
DNAコード鎖
5′
3′
TATAAAA
ATATTTT
3′
5′
TATAボックス
転写開始点
DNA鋳型鎖
B)
基本転写因子
5′
3′
3′
5′
C)
RNAポリメラーゼ
基本転写因子
5′
3′
5′
3′
5′
合成されたmRNA
（RNA転写産物）
RNAポリメラーゼの移動方向

図3-13　転写の開始（真核生物の場合）
A）RNAポリメラーゼは，開始コドン（ATG）の上流にあるプロモーター領域※5を認識して結合する．B）まずTATAボックスに基本転写因子タンパク質が結合する．C）これを目印にRNAポリメラーゼやその他の基本転写因子が結合し，転写開始点からの転写が開始される．RNAポリメラーゼが転写終了を示すターミネーターまで達すると，転写は終了する．参考図書1をもとに作成．

❸プロモーターと転写の開始点

それではどうやって，頭出しをしているのだろうか．その秘密は，DNAの塩基配列にある．DNAの塩基配列にはアミノ酸配列をコードしている領域と，転写の調節に関与する領域がある．調節領域には，タンパク質が結合するための目印となる塩基の配列が存在するのである（図3-13A）．RNAポリメラーゼは，この目印を手がかりにして結合して，転写を始める（図3-13B）．

調節領域の1つである**プロモーター**（promoter）はRNAポリメラーゼの着地点であるとともに，この酵素がDNA上を移動していく方向も規定する（図3-13C）．したがって，二本鎖のうちのどちらが鋳型鎖になるかは，プロモーターの配置によって決まる．

❹プロセシング

真核生物の場合は，転写されたままではmRNAとしては未完成で，タンパク質合成に使うことはできない．転写産物が成熟したmRNAになるために，いろいろな修飾を受ける．この修飾の過程を**プロセシング**（processing）とよんでいる．

プロセシングの1つは余分な構造の付加で，5′側にCap構造，3′側にAが連続したpolyA tailが付加される．したがって，開始コドンから終止コドンまでのコード領域は，この間に含まれていることになる．

もう1つは**スプライシング**（splicing）とよぶ過程である（図3-14）．真核生物の遺伝子では，開始コドンから終止コドンまでの間に，タンパク質のアミノ酸配列の情報をもった領域と情報をもたない領域が混在している．前者を**エキソン**（exon）とよび，後者を**イントロン**（intron）とよんでいる．RNAポリメラーゼは，転写開始点からターミネーターまで，連続して転写してしまうので，エキソンとイントロンの両方とも含んだ転写産物ができてしまう．

そのため，アミノ酸配列の情報をもたないイントロン部分を切り出す必要がある．この切り出しの過程がスプライシングである（⇒10章-3②も参照）．テレビ番組を録画したあと，広告の部分を編集によっ

※5 真核生物では，このプロモーター領域のうち，開始コドン上流30塩基を中心にTATAAAAという配列が共通して存在する．そのため，この領域のことをTATAボックスとかホグネス配列とよんでいる．なお，5′→3′の方向性を川の流れにたとえ，コード鎖の5′側を上流，3′側を下流という．

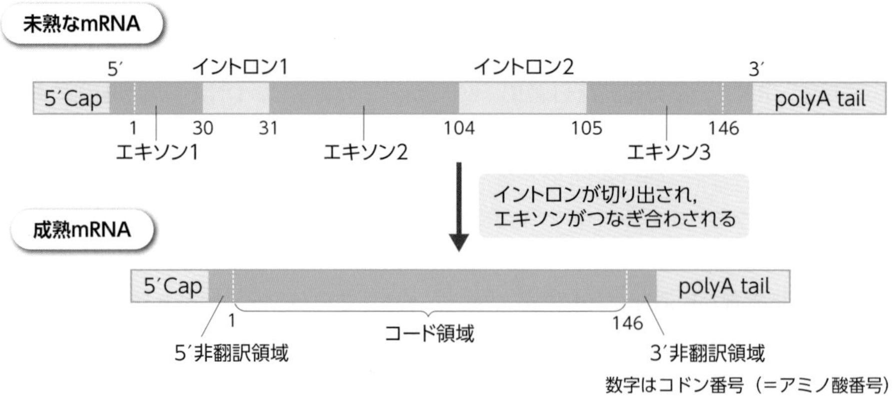
未熟なmRNA
5′
イントロン1
イントロン2
3′
5′Cap
polyA tail
1
30
31
104
105
146
エキソン1
エキソン2
エキソン3
イントロンが切り出され，
エキソンがつなぎ合わされる
成熟mRNA
5′Cap
polyA tail
1
146
コード領域
5′非翻訳領域
3′非翻訳領域
数字はコドン番号（=アミノ酸番号）

●図3-14　ヒトβグロビンのmRNAがスプライシングされて成熟mRNAができる模式図

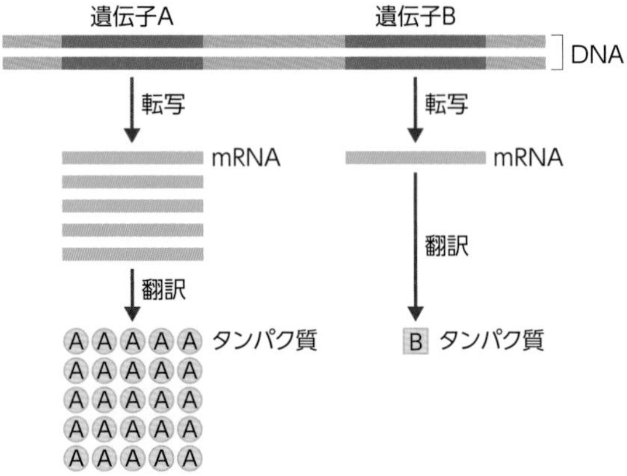
遺伝子A
遺伝子B
DNA
転写
転写
mRNA
mRNA
翻訳
翻訳
A A A A A
A A A A A
A A A A A
A A A A A
A A A A A
タンパク質
B
タンパク質

●図3-15　転写の量的な調節

上の例では，転写の調節機構のために遺伝子Aのほうが転写されるmRNAの量が多くなり，最終産物であるタンパク質Aの量が多くなっている．参考図書3をもとに作成．

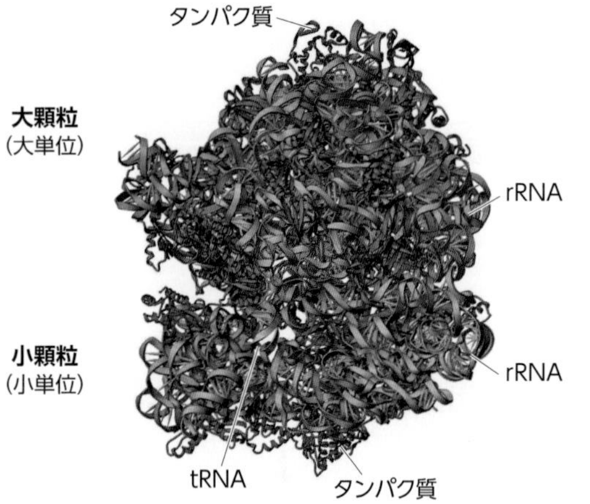
タンパク質
大顆粒
（大単位）
rRNA
小顆粒
（小単位）
rRNA
tRNA
タンパク質

●図3-16　リボソームの模式図

http://rna.ucsc.edu/rnacenter/ribosome_images.htmlより引用．

て切り取って，本編だけをつなぎ合わせるのと同じことである．

これらの過程は核の中で起こる．こうして，最終的に成熟したmRNAが核膜孔を通って，サイトソルに送られる．

❺転写の調節

遺伝情報がDNAに書き込まれているからといって，すべての情報が転写されて，タンパク質になるわけではない．もしもそうだったら，すべての細胞が同じ形をして，同じ機能を発揮してしまうことになる．そうならないのは，**転写の調節**が行われているからである．また転写される場合でも，転写の量的な調節が行われていることが多い（図3-15）．そのため，同じ遺伝子組成の生物でも，置かれた環境によって表現型に量的な変異が現れることがある．このような変異（環境変異または彷徨変異とよばれる）は遺伝子突然変異とは異なり，遺伝はしない．

2 リボソームとtRNA

❶リボソーム

タンパク質の合成の場は**リボソーム**（図3-16）である．リボソームは**rRNA**（ribosomal RNA）とタンパク質の複合体で，大顆粒と小顆粒からなるダルマ型をしているが，それぞれの顆粒の表面や顆粒の連結部が複雑な形をしていて，mRNAやtRNAが結合できる場所になっている．これらの結合部位のおかげで，mRNAの塩基の配列情報とアミノ酸の配列情報が，アダプターであるtRNAの仲立ちによって

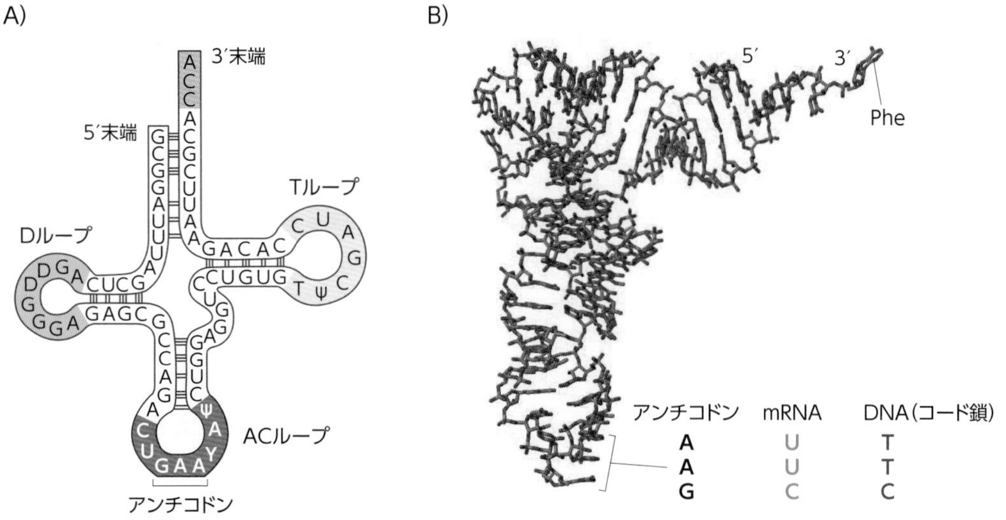
A)
3′末端
5′末端
Tループ
Dループ
ACループ
アンチコドン
B)
5′
3′
Phe
アンチコドン mRNA DNA(コード鎖)
A U T
A U T
G C C

図3-17　tRNAのクローバーモデルと逆L字型分子の模式図 [PDB：4TNA]
A) ACループにアンチコドンとよばれる連続した3つのヌクレオチドがあり，この部分でmRNAのコドンを認識して相補的な水素結合を形成する．3′末端側に共通のCCAという配列があり，その先にアンチコドンに対応した特定のアミノ酸を結合する．ψ，D，Yは修飾塩基を示す．B) 実際の分子の形は，全体としてはL字をひっくり返した形をしている．

対応するようになっている．簡単にいえばリボソームは，塩基語からアミノ酸語への翻訳機なのである．

❷tRNAの構造

クリックの予言したアダプターには2つの機能が必要である．1つはmRNAのコドンを認識すること，もう1つはアミノ酸を結合することである．しかもその両者が正しく対応しなければならない．このアダプターの実体はtRNAであった．

tRNAは，73～93個のヌクレオチド（対応するアミノ酸によって異なる）が連結した構造をしているが，一本鎖の中に相補的な水素結合をつくれる領域が4カ所あり，その部分が柄と葉になった三つ葉のクローバー形となり（図3-17A），分子全体の形は逆L字型をしている（図3-17B）．

20種のアミノ酸の運搬には，それぞれのアミノ酸に対応したtRNAが必要だが，コドンのそれぞれに対応してtRNAがあるわけではない．多くのアミノ酸は複数のコドンと対応していて，3番目の塩基には自由度がある（⇒p.87 表3-1）．そのため，3番目の塩基に対応するアンチコドンの塩基は，修飾を受けて複数の塩基に対応できるようになっている．

❸tRNAにアミノ酸を付加する

細胞の中では常にタンパク質合成が起こっているので，原料となるtRNAが常に供給されている必要がある．食べ物から取り込んで分解されたアミノ酸は細胞に供給され，アミノアシルtRNA合成酵素によって対応するtRNAに結合され，合成の場に次々と供給される．アミノアシルtRNA合成酵素は，逆L字形のtRNAとピッタリと結合してアンチコドン部を読み取り，これに合うアミノ酸を取り込んで3′側にリン酸を介して結合させる（図3-18）．

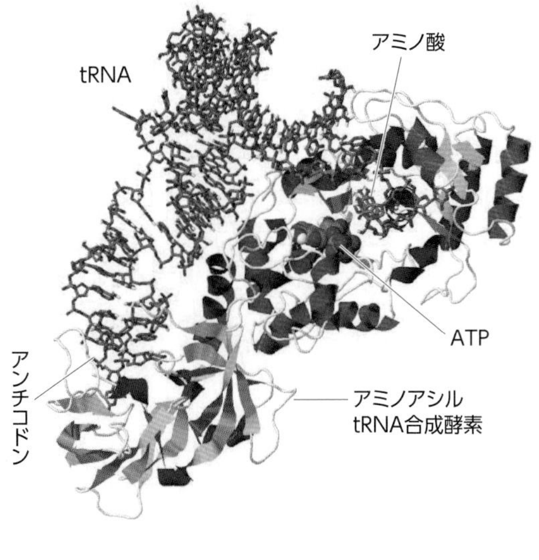
tRNA
アミノ酸
ATP
アンチコドン
アミノアシル
tRNA合成酵素

図3-18　アミノ酸のtRNAへの付加 [PDB：1QRT]

3-4 DNAからタンパク質へ②（翻訳）

1 リボソーム表面上にあるさまざまな結合部位

これでmRNAの情報，tRNAが運ぶタンパク質の原料アミノ酸，合成の場であるリボソームの準備ができた．あとはどのように合成が進んでいくかという点だけである．翻訳の過程は，ステップバイステップで1つずつアミノ酸をペプチド結合でつないでいく過程である．それがリボソームの表面で起こるのである．

リボソームのモデルを図3-16に示したが，話を簡単にするために図3-19のようにさらに模式的に描くことにする．話の都合上，この図ではダルマさんをひっくり返して，小顆粒を下に描いている．

小顆粒にはmRNAの結合部位があり，小顆粒と大顆粒にまたがって，3つの凹みがある．スポーツタイプの自動車の座席によくある，バケットシートを想像するとよいかもしれない．右から順に**A部位**，**P部位**，**E部位**と並んでいる．A部位のAはアミノアシルtRNAの略であり，アミノ酸を3′末端に結合したtRNAだけが座ることができるシートである．次のP部位のPはペプチジルtRNAのPであり，ペプチド鎖を結合したtRNAだけが座ることができる．最後のEは出口（exit）の略で，アミノ酸もペプチド鎖も結合していないtRNAだけが一時的に座ってリボソームから出ていくためのシートである．

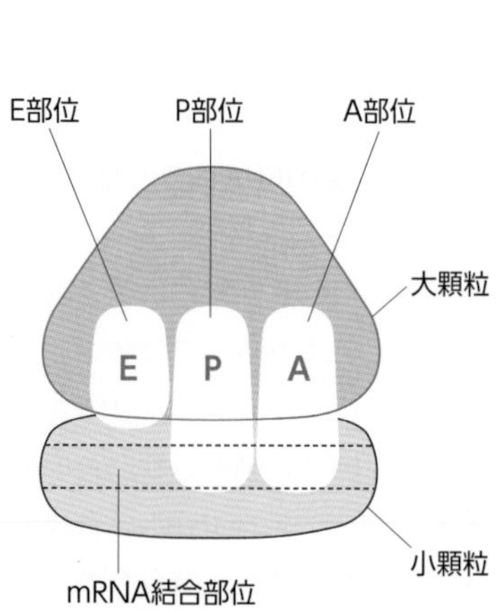
E部位
P部位
A部位
大顆粒
E
P
A
小顆粒
mRNA結合部位

図3-19　各種結合部位を示したリボソームの模式図
参考図書3をもとに作成．

2 翻訳の過程

❶翻訳の開始

翻訳の開始は，mRNAとメチオニンを結合したtRNAが結合するところから始まる（図3-20AB）．メチオニンを結合したtRNAは例外的にP部位に座ることができるので，A部位が空席になり次のコドンに対応するtRNAが座ることができ（図3-20C），メチオニンは右隣のアミノ酸とペプチド結合をつくる（図3-20D）．アミノ酸を離したtRNAはE部位に移ってリボソームから離れる（図3-20E）．こうして翻訳が始まる．

❷ペプチドの伸長

A部位が空いているので，次のコドンに対応するtRNAが座り，ペプチドがそのアミノ酸とペプチド結合をつくり，2つのtRNAは仲良く隣へ移動する．後はこの3段階の繰り返しで，コドンの並び方に従って対応するアミノ酸が次々と付加されていく（図3-20FG）．

❸翻訳の終了

リボソームが終止コドン（3つあるうちのどれか）までくると，終結因子が終止コドンと結合してそれ以上翻訳が進まず，それまで翻訳されたポリペプチド鎖が切り離されて翻訳が終了する（図3-20HI）．

こうして，DNAの遺伝情報（コドン）を正確にアミノ酸に置き換えたポリペプチド鎖が完成する．読み取り開始から終わりまで，平均して20～60秒ほどかかる．

❹翻訳は次々と起こる

普通は，上に述べたように1本のmRNAに1個のリボソームがついて，1本のポリペプチド鎖ができるのではなく，1本のmRNAにたくさんのリボソームが付着して，それぞれのリボソームが次々とポリペプチド鎖を合成していく．このように1本のmRNAにたくさんの“ダルマさん”がつながったようなものを**ポリリボソーム**（あるいは単に**ポリソーム**）とよんでいる．

どの細胞でも共通して必要とされ使われるタンパク質をコードする遺伝子をハウスキーピング（house-keeping）遺伝子といい，翻訳が終わるとタンパク

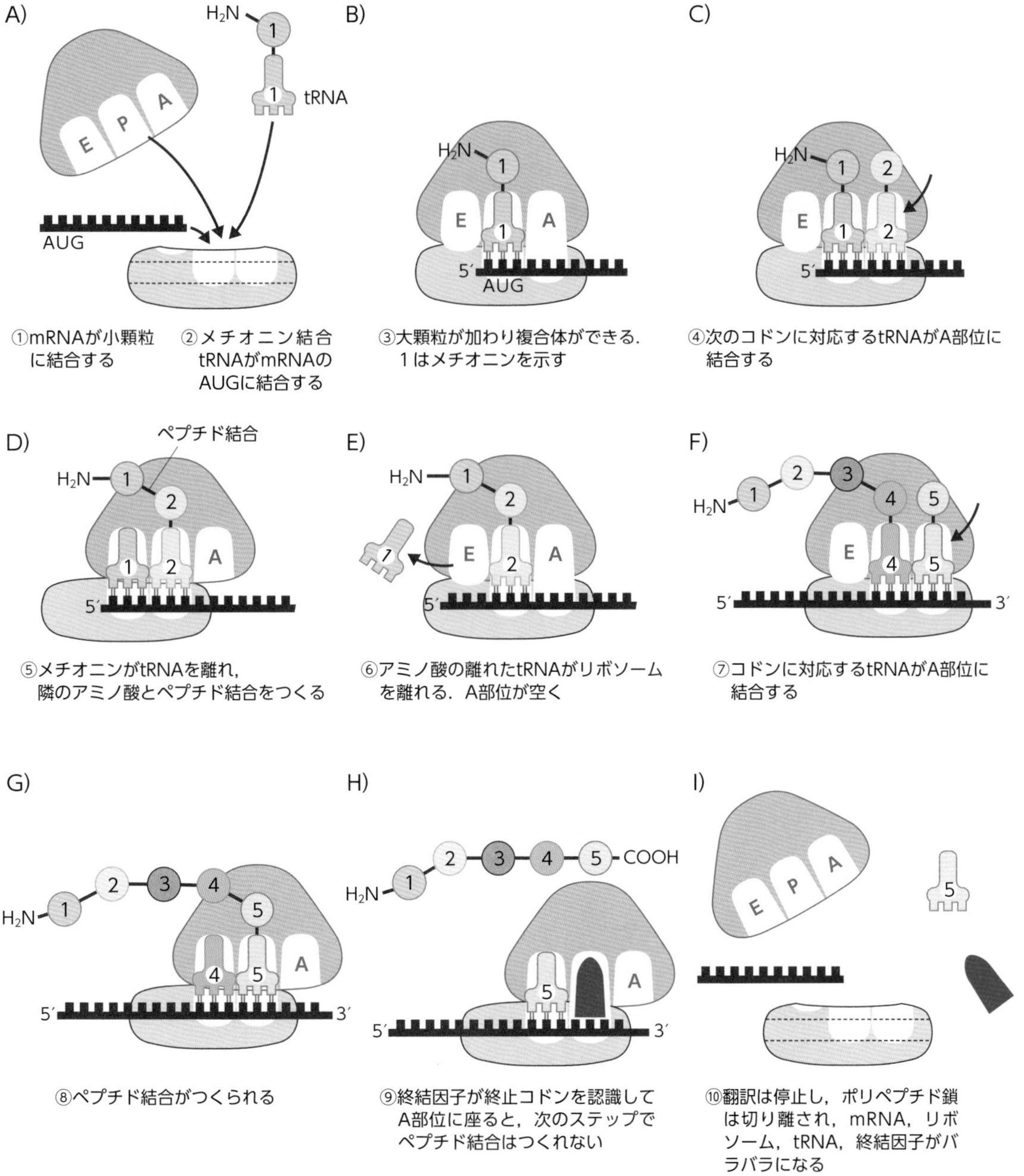
A)
H_2N
1
1
tRNA
E
P
A
AUG
①mRNAが小顆粒に結合する
②メチオニン結合tRNAがmRNAのAUGに結合する
B)
H_2N
1
E
1
A
5′
AUG
③大顆粒が加わり複合体ができる．1はメチオニンを示す
C)
H_2N
1
2
E
1
2
5′
④次のコドンに対応するtRNAがA部位に結合する
D)
ペプチド結合
H_2N
1
2
1
2
A
5′
⑤メチオニンがtRNAを離れ，隣のアミノ酸とペプチド結合をつくる
E)
H_2N
1
2
1
E
2
A
5′
⑥アミノ酸の離れたtRNAがリボソームを離れる．A部位が空く
F)
H_2N
1
2
3
4
5
E
4
5
5′
3′
⑦コドンに対応するtRNAがA部位に結合する
G)
H_2N
1
2
3
4
5
4
5
A
5′
3′
⑧ペプチド結合がつくられる
H)
H_2N
1
2
3
4
5
COOH
5
A
5′
3′
⑨終結因子が終止コドンを認識してA部位に座ると，次のステップでペプチド結合はつくれない
I)
E
P
A
5
⑩翻訳は停止し，ポリペプチド鎖は切り離され，mRNA，リボソーム，tRNA，終結因子がバラバラになる

図3-20　翻訳の過程

A～E）開始，F～G）伸長，H～I）終了．開始コドンの上流には本来は5′非翻訳領域があるが省略している．参考図書3をもとに作成．

質の高次構造（⇒2章-3③）をとって機能をもつようになり，サイトソルへ供給される．

翻訳されたタンパク質はサイトソルで適切に折りたたまれて特異的な立体構造をとる（この過程を**フォールディング**とよぶ）が，このフォールディングを助けるはたらきがあるタンパク質が存在することが明らかになってきた．このタンパク質は**分子シャペロン**（単にシャペロン，chaperoneとも）とよばれ，フォールディングの途中で疎水性の側鎖が表面に出て凝集するのを防いで，正しくフォールディングが起こるようにはたらいている．また，熱などによって変性したタンパク質をもとの形に戻すはたら

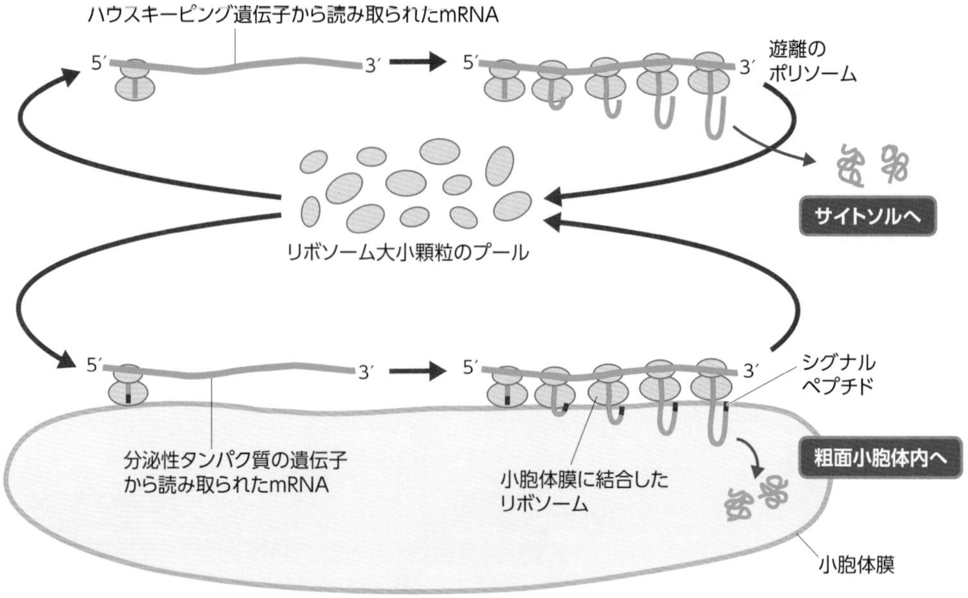
ハウスキーピング遺伝子から読み取られたmRNA
5′
3′
5′
3′
遊離の
ポリソーム
サイトソルへ
リボソーム大小顆粒のプール
5′
3′
5′
3′
シグナル
ペプチド
粗面小胞体内へ
分泌性タンパク質の遺伝子
から読み取られたmRNA
小胞体膜に結合した
リボソーム
小胞体膜

●図3-21　タンパク質の種類による翻訳後の行き先の違い

きや，タンパク質を特定の場所に移動するのを助けるはたらきがある．分子シャペロンという名前は，上述したような作用をもつ多くのタンパク質の総称で，このなかにはシャペロニンや**熱ショックタンパク質**（Hsp）などが含まれる．

3 合成されたタンパク質の行方

ハウスキーピング遺伝子から翻訳されるタンパク質は，そのままサイトソルへ供給されるが，消化酵素やホルモンのように細胞の外部へ分泌されるタンパク質あるいは膜タンパク質の場合は，これとは少し異なる過程をたどる（図3-21）．

分泌性タンパク質や膜タンパク質およびリソソームタンパク質の遺伝子の最初の部分には，特別な指令が書き込まれている．この部分が翻訳されると，メチオニンから始まる20～30個のアミノ酸からなる特別なペプチド，**シグナルペプチド**（signal peptide）とよばれる配列になる．このシグナルペプチドは，特別なやり方で小胞体の表面に開いた孔の縁に結合する．その結果，合成されたポリペプチド鎖は，孔を通って小胞体の腔所の内部へ入っていく（図3-21）．小胞体内に入ると，シグナルペプチド部分は切り離される．その後，シグナルペプチドが除かれたポリペプチドはゴルジ装置へ送られて成熟し，それぞれの行き先に輸送される（図3-22）．

細胞内でつくられたタンパク質は，小胞体へ入るものの他にも，その使用目的に応じた適切な場所に送り込まれるためにソートされる．例えば，リボソームの構成要素となるタンパク質は核へ向かい，核膜孔を通って核内に入り，そこでrRNAと複合体をつくる．また，ミトコンドリアに入ってエネルギー産生を担う酵素となるものもある．

3-5　タンパク質の構造と機能（形と機能の裏腹な関係）

生物学をあまり知らない人でも，ヘモグロビンという名前を聞いたことがあるだろう．赤血球中にある酸素を運搬するタンパク質である．血液を取ってきて赤血球を集めると，ほぼ純粋な形でヘモグロビンを集めることができるので，ヘモグロビンの研究は早くから盛んに行われた．

タンパク質の構造については2章で大まかなことを述べたが，ポリペプチド鎖の構造と機能の関係，

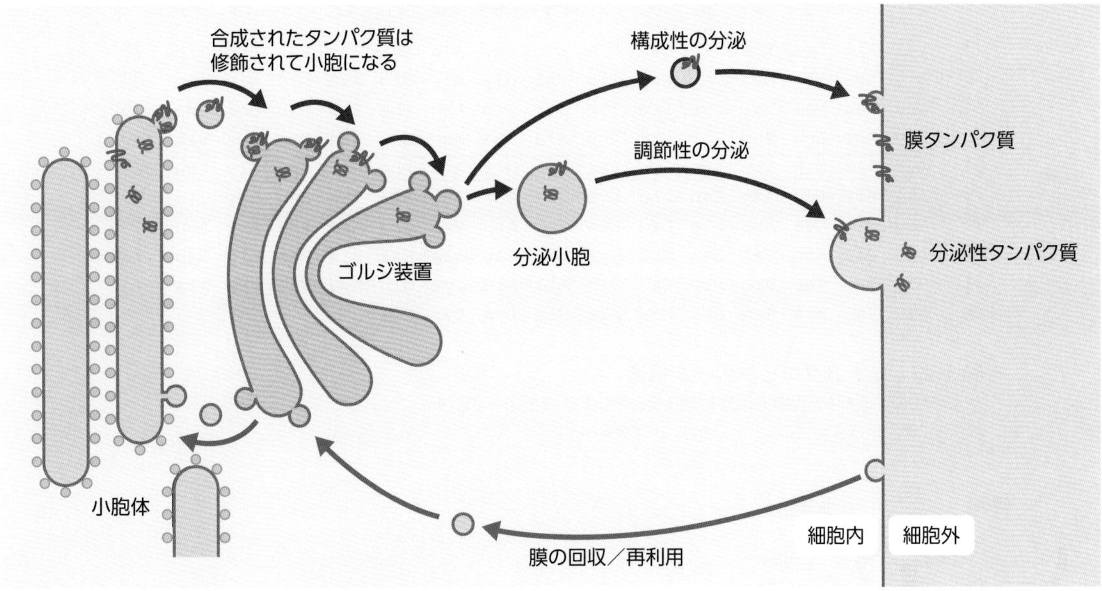

合成されたタンパク質は
修飾されて小胞になる
構成性の分泌
膜タンパク質
調節性の分泌
分泌小胞
分泌性タンパク質
ゴルジ装置
小胞体
細胞内
細胞外
膜の回収／再利用

図3-22　分泌されるタンパク質の運搬経路

ポリペプチド鎖とタンパク質の関係を，馴染み深いヘモグロビンを例にしてさらに調べてみよう．

1 ヘモグロビンの形

❶ヘモグロビンの一次構造

2章で述べたように，タンパク質はアミノ酸が直線状にペプチド結合によって連結したものである．タンパク質の構造を考えるうえでまず初めに必要なことは，そのタンパク質のアミノ酸配列である．多くの研究者の努力により，タンパク質のアミノ酸の配列が決定され，それがデータベース※6として公開されている（⇒p.74 Columnも参照）．

ヘモグロビンは，αグロビンとβグロビンというポリペプチドからできている．まずこれらのポリペプチドの一次構造はデータベースから探し出すことができる．こうして調べたヒトβグロビンの一次構造を図3-23に記す．βグロビンには，αヘリックス部分が11個あるが，βシート構造はない．

❷ヘモグロビンの二次構造

βグロビンの一次構造（アミノ酸配列）のうち，59～75を図3-23に四角で囲ってある．

この部分は図3-24のようにαヘリックス構造をつくる．ヘリックスの共通骨格から側鎖が外側に向かって突き出しているのがわかる．

❸ヘモグロビンの三次構造

βグロビンは，αヘリックス構造をとる複数の部分が，ループとターンとよぶ二次構造をとらない部分によってつなぎ合わされた構造である（図3-25）．

DNAの遺伝情報に従って並べられたアミノ酸配列の，どの部分がαヘリックスになるかあるいはβシートになるかは，側鎖の種類によって決まる．

こうして二次構造とループ，ターンが組合わされてつくられる構造を，タンパク質の三次構造という．三次構造がつくられることによって，アミノ酸配列では離れていたアミノ酸残基の側鎖が近づく．図3-26はβグロビンの表面構造を示したものである．真ん中やや右寄りに，深いポケットが存在し，そこに酸素を運ぶ役割をするヘムという分子が向かいあうHisとキレート結合して挟み込まれる．

※6 例えば次のサイト．UniProt（https://www.uniprot.org/）

	1	2	3	4	5	6	7	8	9	10	11	12	13	14	15	
1	Val	His	Leu	Thr	Pro	Glu	Glu	Lys	Ser	Ala	Val	Thr	Ala	Leu	Trp	15
16	Gly	Lys	Val	Asn	Val	Asp	Glu	Val	Gly	Gly	Glu	Ala	Leu	Gly	Arg	30
31	Leu	Leu	Val	Val	Tyr	Pro	Trp	Thr	Gln	Arg	Phe	Phe	Glu	Ser	Phe	45
46	Gly	Asp	Leu	Ser	Thr	Pro	Asp	Ala	Val	Met	Gly	Asn	Pro	Lys	Val	60
61	Lys	Ala	His	Gly	Lys	Lys	Val	Leu	Gly	Ala	Phe	Ser	Asp	Gly	Leu	75
76	Ala	His	Leu	Asp	Asn	Leu	Lys	Gly	Thr	Phe	Ala	Thr	Leu	Ser	Glu	90
91	Leu	His	Cys	Asp	Lys	Leu	His	Val	Asp	Pro	Glu	Asn	Phe	Arg	Leu	105
106	Leu	Gly	Asn	Val	Leu	Val	Cys	Val	Leu	Ala	His	His	Phe	Gly	Lys	120
121	Glu	Phe	Thr	Pro	Pro	Val	Gln	Ala	Ala	Tyr	Gln	Lys	Val	Val	Ala	135
136	Gly	Val	Ala	Asn	Ala	Leu	Ala	His	Lys	Tyr	His					

図3-23　ヒトβグロビンの一次構造
ヘムを結合するHisを青字で示す．図3-24に示す部分を囲みで示す．

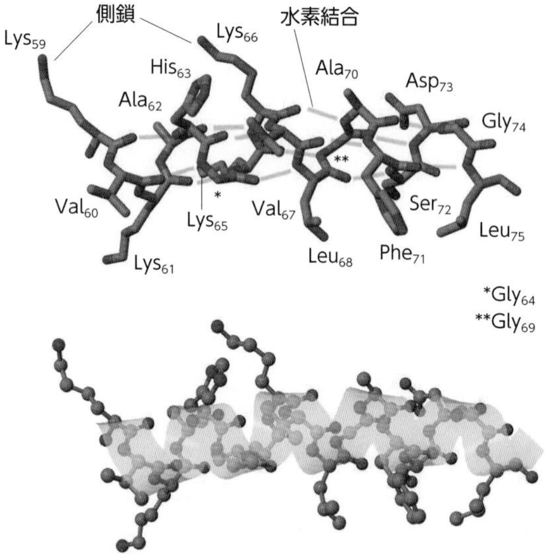

側鎖
水素結合
Lys$_{59}$
Lys$_{66}$
His$_{63}$
Ala$_{70}$
Asp$_{73}$
Ala$_{62}$
Gly$_{74}$
Val$_{60}$
Lys$_{65}$
Val$_{67}$
Ser$_{72}$
Leu$_{75}$
Lys$_{61}$
Leu$_{68}$
Phe$_{71}$
*Gly$_{64}$
**Gly$_{69}$

図3-24　ヒトβグロビン中のαヘリックス構造
[PDB：1BZ0]

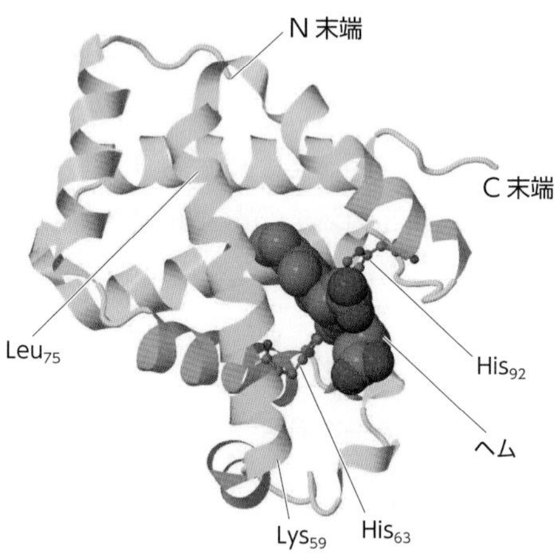

N末端
C末端
Leu$_{75}$
His$_{92}$
ヘム
Lys$_{59}$
His$_{63}$

図3-25　ヒトβグロビンの三次構造 [PDB：1BZ0]
αヘリックスをリボンで表示している．

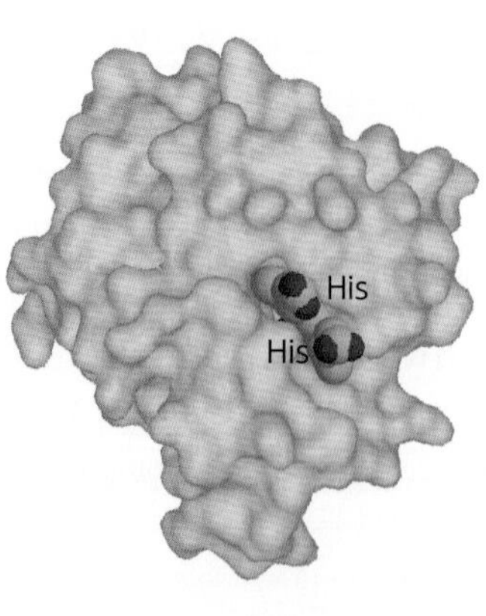

His
His

図3-26　βグロビンの表面構造 [PDB：1BZ1]
へこみにヘムが結合している．ヘムは63と92のヒスチジン残基の側鎖によって支えられる．

❹ヘモグロビンの四次構造

三次構造でできあがったポリペプチドが，複数組合わさって最終的に機能を現す場合がある．ヘモグロビンがこの例で，これまで述べてきたβグロビンと，これとよく似た構造をもつαグロビンが2つずつ，合計4つ組合わさってヘモグロビンはできている（図3-27）．1つ1つの単位を**サブユニット**（subunit）という．ヘモグロビンは，αグロビンとβグロビンが異なるポリペプチドなので，$\alpha_2\beta_2$のヘテロ四量体（heterotetramer）である．

2 ヘモグロビンのはたらき

ヘモグロビン（Hb）は酸素を運搬する．周囲に酸

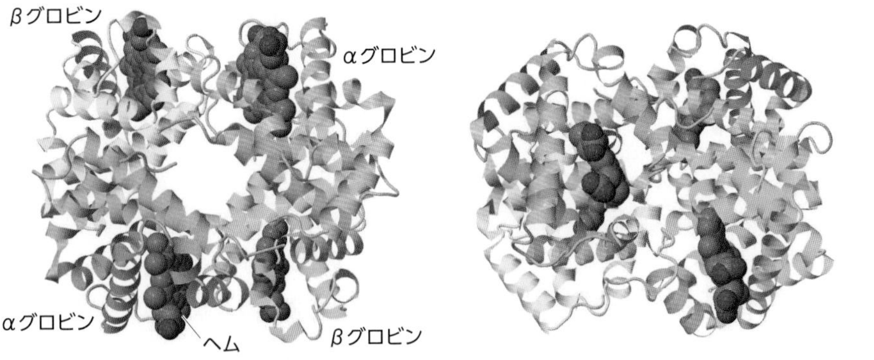
βグロビン
αグロビン
αグロビン
ヘム
βグロビン

図3-27　ヘモグロビンの四次構造［PDB：1BZ2］
図3-25のヘムが結合したβグロビンとαグロビンがそれぞれ2つずつの四量体．右は角度を変えて見たもの．

素分子の量が多いと，酸素分子はヘム分子のFeと結合する．ヘモグロビン1分子にはヘムが4つ含まれているので，4分子の酸素と結合することができる．周囲に酸素分子の量が少なくなると，酸素はヘムから離れやすくなる．この性質のおかげで，ヘモグロビンは酸素分圧の高い肺で酸素と結合して血液中を運ばれ，酸素を必要とする酸素分圧の低い末梢の組織に達して酸素を解離する．

酸素を運搬するというはたらきはヘモグロビンのヘム分子が担っていて，ポリペプチドはヘム分子を保持する役割をしている．そのために形（タンパク質の高次構造）が大事で，1つ1つのアミノ酸が正しい位置にあることで，形が保証される．

3 ヘモグロビンの変異

❶たくさんあるヘモグロビン変異

この項の初めに述べたように，ヘモグロビンを対象にした研究はたくさんあり，アミノ酸の配列が調べられている．その結果，400を超える変異体が見つかっている．

例えば，1番目のアミノ酸のバリンがアラニンに変わってしまった変異体がある．Hb Raleighと名づけられたこの変異体では，酸素との親和性が低下する．このアミノ酸の変化は遺伝子の第1コドンGTGがGCGに変わったために起こることがわかっている．

❷鎌形赤血球貧血症

ヘモグロビンの変異で最も有名なのは鎌形赤血球ではないだろうか．鎌形赤血球貧血症（sickle cell anemia）は，主として西アフリカの原住民に認められる病気で，腹痛や関節痛，あるいは骨の痛みを伴う貧血症である．

アメリカには，アフリカ原住民の移入によってこの変異遺伝子が持ち込まれ，患者も多かったので研究が盛んに行われた．

1910年にこの病気の患者の血液を調べて，赤血球の形が正常な場合にみられる平たい円形ではなく，鎌のような形をしていることが見つかり，この名がついた．

家系調査をした結果，この病気は劣性のホモのときに発病する遺伝性の疾患であるだろうと予想され，さらに詳細な調査によって1951年にはこの病気は，メンデル型の一遺伝子雑種の遺伝様式で遺伝することが確認された．ヘテロのときは保因者となるが症状は軽くてすむ．

a．ポーリングの実験

ヘモグロビンに興味があった**ポーリング**は，低酸素のときに赤血球が鎌形になるのはヘモグロビン分子の化学的な性質が異なるために違いないと推測した．そこで，正常なヘモグロビン（HbA）と鎌形赤血球貧血症患者のヘモグロビン（HbS）を電気泳動[※7]

※7 電気泳動法：電圧をかけて電場をつくることにより，複数の物質を分子の大きさや電荷の差によって分ける方法．普通は担体の中で行う．タンパク質や核酸分子は電荷をもつので，ポリアクリルアミドゲルやアガロースゲルを担体とした電気泳動法がよく使われる．

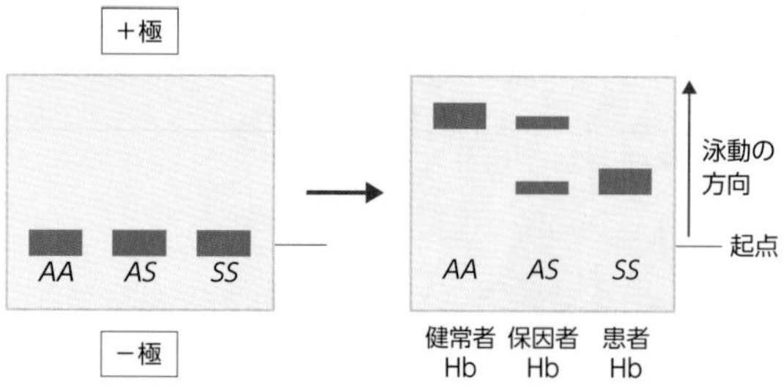
＋極
－極
AA
AS
SS
AA
AS
SS
泳動の
方向
起点
健常者
Hb
保因者
Hb
患者
Hb

図3-28　電気泳動法によるHbAとHbSの分離

にかける実験を1949年に行い，両者の泳動パターンが異なることを見つけた（図3-28）．＋極への移動が正常なHbAと比べて遅いので，HbSのほうが2ないし4個，正の電荷を多くもっているためと推測された．

こうして広範な症状をもつ鎌形赤血球貧血症という病気の病因が，ヘモグロビン分子のわずかな電荷の違いによるものであることがわかった．分子の違いによる病気ということで分子病（molecular disease）という言葉もでき，この分野の研究を大いに刺激した．

b. イングラムの実験

当時は，タンパク質のアミノ酸配列を調べるために，端から1つずつ決めていたのだが，分子量の大きなヘモグロビンでこの方法は時間がかかりすぎる．HbSのアミノ酸組成が正常なヘモグロビンとどこが違うかを明らかにする方法を考えていた**イングラム**は，ヘモグロビンをタンパク質分解酵素であるトリプシンで分解し，扱いやすい小さな断片に分けて分析するという素晴らしいアイデアを思いつく．トリプシンは側鎖に電荷をもったアミノ酸であるリシンあるいはアルギニンのカルボキシ末端側でペプチド結合を切断する．

HbAとHbSのトリプシン分解産物を電気泳動法あるいはペーパークロマトグラフ法※8で分離したが，パターンに差はなかった．

そこで両者を組合わせた二次元展開（最初に水平に電気泳動をして，これを垂直方向にペーパークロマトグラフにかける）を行い，ニンヒドリンで発色させた．こうするとトリプシン分解産物（10〜20前後のペプチド断片）が大きさと電荷によって分離して，スポットが現れる．このスポットの位置がHbAとHbSで1カ所だけ異なっていることが明らかになった（図3-29）．

ポーリングが示した電荷の違いは，たった1つのスポットにあることが明らかになったのである．このスポットを調べて，イングラムはβグロビン1〜8番目の断片の6番目のアミノ酸が，HbAではグルタミン酸なのにHbSではバリンであることを明らかにする．こうして鎌形赤血球貧血症の病因が，わずか1個のアミノ酸の違いに帰着したのである．

c. 貧血になるのは

HbSだとどうして貧血になるのだろうか．

体内の水環境の中に置かれたタンパク質は，電荷や極性の性質をもったアミノ酸をなるべく分子の表面に，疎水性（非極性）の側鎖をもったアミノ酸をなるべく分子の内部にしまいこむような構造をとって安定する（⇒2章-3）．

正常なβグロビンの6番目のアミノ酸はグルタミン酸で，このアミノ酸の側鎖にはカルボキシ基があり，サイトソル中ではマイナスの電荷をもつ．そのため，最初のαヘリックスは分子の表面にくるほうが安定している．

ところがバリンは電荷をもっておらず，非極性であるため分子の表面では落ち着かないことになる．そのため，水の中では他の疎水性のアミノ酸分子と会合しやすくなり，HbS分子は重合して繊維状になり，沈殿をつくってしまう．赤血球の中に繊維ができてしまうので，次に述べるように赤血球の性質を大きく変えてしまうのである．

1つは，赤血球の硬さを変えてしまうことである．正常な赤血球は扁平で，くねくねと容易に形を変えることができる．そのため細くなった末梢の毛細血管の中をすり抜けていくことができる．ところが硬くなった鎌形赤血球は毛細血管の中で形を変えられ

※8ペーパークロマトグラフ法：複数の物質を，展開液による担体上の移動度の差で分ける方法をクロマトグラフィーとよび，担体として濾紙を使う場合にこの名を使う．現在では，担体としてシリカゲル，樹脂などがよく使われる．担体をガラス管に詰めて使う場合は，カラムクロマトグラフィーとよぶ．

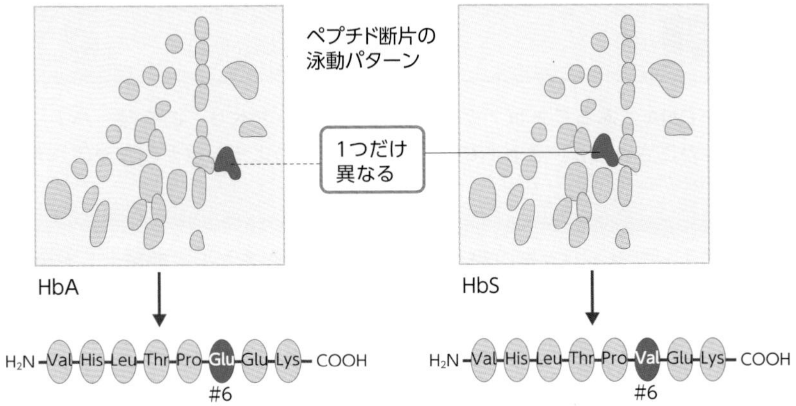
ペプチド断片の
泳動パターン
1つだけ
異なる
HbA
HbS
H₂N -Val-His-Leu-Thr-Pro-Glu-Glu-Lys- COOH
#6
H₂N -Val-His-Leu-Thr-Pro-Val-Glu-Lys- COOH
#6

図3-29　HbAとHbSのトリプシン分解産物の二次元展開図の比較
Ingram VM：Nature, 178：792-794, 1956より作成.

ず，その結果，血栓をつくって血管を詰まらせてしまう．

もう1つは赤血球が不安定になってしまい，壊れてしまうことである（溶血）．このため，発症した場合（すなわち劣性ホモだった場合），患者は貧血になり，いろいろな場所に痛みを起こし，多くの場合，長生きはできないことになる．

d. HbSの遺伝子

6番目のグルタミン酸がバリンに変わったのはなぜだろうか．これはもちろん，βグロビンをコードしている遺伝子に突然変異が起こったからである．調べた結果，グルタミン酸のコドンGAGがGTGに変わっていることがわかった．つまりわずか1塩基の変化で病気が起こっていたのである（図3-30）．

塩基の変更でアミノ酸が変化してしまう，このような突然変異をミスセンス突然変異という（⇒7章-4）．

これらの遺伝子はどこにあるのだろうか．αグロビン遺伝子は16p13.3（16番染色体のp腕の13領域の3），βグロビン遺伝子は11p15.5（11番染色体のp腕の15領域の5）にあることがわかっている．この例で，ヘモグロビンというタンパク質は，2種類4本のポリペプチド鎖からなり，それぞれのペプチド鎖は異なる染色体上の別の遺伝子にコードされていることがわかる．鎌形赤血球貧血症患者もしくは保因者は，それぞれ両方あるいは一方の11番染色体上にあるβグロビン遺伝子に変異があるので

```
1   2   3   4   5   6   7   8
ATG/GTG/CAC/CTG/ACT/CCT/GAG/GAG/AAG/
    Val - His - Leu - Thr - Pro - Glu - Glu - Lys
                                   ↓
ATG/GTG/CAC/CTG/ACT/CCT/GTG/GAG/AAG/
    Val - His - Leu - Thr - Pro - Val - Glu - Lys
```

図3-30　鎌形赤血球貧血症にみられるHb遺伝子の塩基の突然変異に伴うアミノ酸の変化

ある．しかも塩基が1つ異なるだけの変異なのだ．

❸アミノ酸の配列の重要性

ここにあげた2つのヘモグロビン変異体の例は，多くのことを示してくれている．タンパク質がその機能を発揮するためにいかに形が重要であるか，ということである．たった1つのアミノ酸が変わったことで，致命的な病気を生み出すようなタンパク質の機能の喪失が起こるのである．

Raleigh変異体でもアミノ酸が1つ異なっているが，こちらの変異体では酸素の運搬力の低下はみられるものの，重篤な障害とはならない．アミノ酸配列と一言でいっても，その変更が致命的になる場合とそうでもない場合が，アミノ酸の位置によってあることになる．

これ以降は，アミノ酸の配列をいちいち示さずにタンパク質の形を図で示すが，それぞれのタンパク質の図の裏には，具体的なアミノ酸の配列が隠されていることを，ぜひ頭に入れておいてほしい．

章末問題

解答 ➡

問1 遺伝子の本体がDNAであることは，グリフィスの実験，アベリーの実験，ハーシー-チェイスの実験によって明らかにされたが，これらの実験によってどのような点が明らかにされたのか，順を追って説明せよ．

問2 遺伝子の情報によってタンパク質（酵素）がつくられていることを明確にしたのは，ビードルとテイタムによるアカパンカビを用いた実験である．どのような方法で明らかにしたのかを説明せよ．

問3 DNA分子は遺伝情報を保持し，次の世代に伝える目的にとって，とても「よくできた」構造をしている．どんな点が，どのような理由で優れているか，説明せよ．

問4 DNAは逆平行な二本鎖であり，一方が鋳型鎖で反対側がコード鎖であるが，同じ鎖が常に鋳型鎖であるわけではない．どのようにして鋳型鎖とコード鎖が決まるのか，転写の過程の説明を加えて説明せよ．また，鋳型鎖のコドン3′-GTA-5′のコードするアミノ酸を本文の表3-1を参照して答えよ．

問5 翻訳の過程は，開始，伸長，終了の３つの過程に分けることができるが，開始の過程ではどのようなことが起こるか，順を追って説明せよ．

Column　リボソームの構造解明

2009年度のノーベル化学賞は，リボソームの構造とはたらきに関する研究で大きな成果をあげた3人の研究者に贈られた（http://nobelprize.org/nobel_prizes/chemistry/laureates/2009/illpres.html）．

分子の立体構造を明らかにする方法としてX線回折法がよく使われるが（⇒p.130脚注），X線回折を行うためには，その分子の結晶を得なければならない．リボソームは単一の分子ではなく，複数のタンパク質とrRNAから構成される分子量250万以上の複合体である．そのため，結晶を得ることは不可能だと考えられていたが，ホッキョクグマは冬眠中にリボソームを整然と詰め合わせた状態にしていることをヒントにして，今回の受賞者の一人であるアダ・ヨナットが低温下で結晶をつくることに成功し，これがきっかけになってX線回折による構造解析が進展した．こうして細菌のリボソームの小顆粒と大顆粒，最後に両者が組合わさったリボソーム全体の構造が明らかになった（図）．

構造が明らかになると，合成されたタンパク質が通るトンネルの存在，P部位とA部位に座ったペプチジルtRNAとアミノアシルtRNAの3′の位置がペプチド結合をつくりやすくなるように近づくことなどが明らかになった．また，抗生物質がリボソームのどこに結合してタンパク質合成を阻害するかが確認できるようになった．今回のノーベル化学賞は，構造生物学の成果に加えて，薬の開発への応用という面も評価の対象になっている．

なお，本文では明確に区別して記述していないが，リボソームには細菌型と真核生物型があり，両者は大きさなどに違いがある（哺乳類では分子量が460万）．今回，立体構造が明らかになったのは細菌型のリボソームである．ヒトを含む真核生物のリボソームの構造の決定は，まだ成功していない．

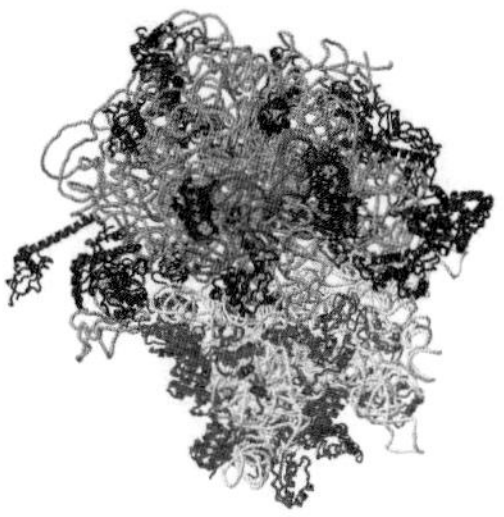

A）リボソーム全体

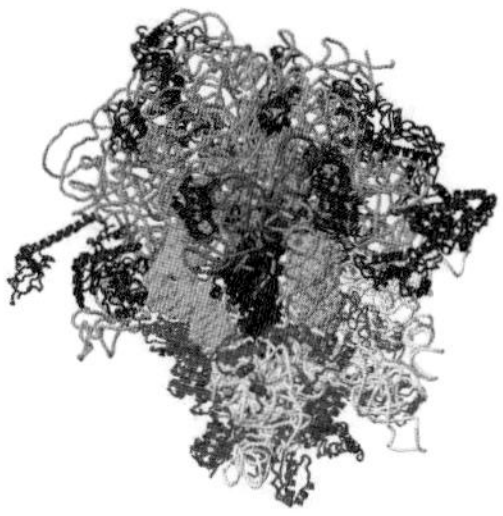

B）tRNAを右からA部位，P部位，E部位に座らせた図

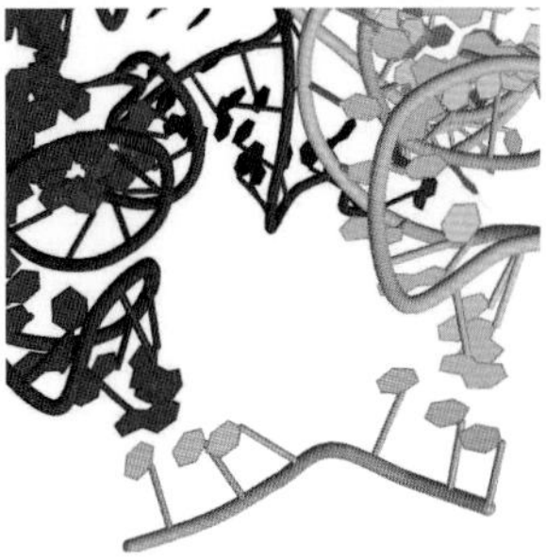

E）tRNAのアンチコドンとmRNAのコドンが水素結合の対をつくっている部分をやや下から見上げて拡大した図．このような位置関係になるので，P部位に座ったペプチジルtRNAとA部位に座ったアミノアシルtRNAの3′末端がD）のように近づき，rRNAの酵素作用によって（リボザイム），ペプチド鎖が隣のアミノ酸とペプチド結合をつくって転移される．

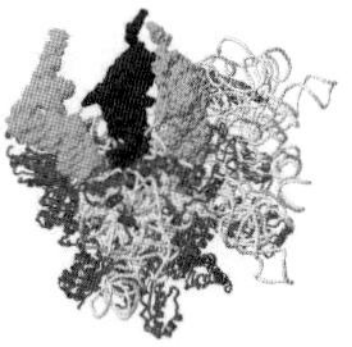

C）大顆粒を外して3種類のtRNAをよく見えるようにした図

D）小顆粒も外して足元のmRNAを見えるようにした図

●図　細菌型リボソームの構造

演習③ タンパク質の二次構造をつくってみよう

タンパク質の二次構造，特にαヘリックス構造は，図を見ただけでは理解しにくい．そこで，ちょっとした工作をして，理解を深めてみよう（図1，⇒**3章**図3-23～3-25）．

①まず，A4の白い紙を用意し，横に置いて，下端から3 cmのところに横に紙幅まで線を引く（切り取り線になる）．切り取り線から1 cm下のところに，やはり紙幅まで薄く横に線を引く．

②薄く引いた線上に右から1 cmごとに印をつけていく．

③この印のところに右から左に向かって，NCCNCC…と，左端まで書いていく．Nの左隣のCの下に，右から左に向かって小さく1, 2, 3と書いておく．これがN末端からのアミノ酸残基の番号である〔アミノ酸の配列は左から右に書くという約束が気になる人は，裏返して裏側にも左から右にNCCと書いておく（透かして見て同じ位置になるように）〕．

④すべてのNCCの2番目のCの下に，垂直に2本線を引き，その先にOと書く（Cの中心からおよそ7 mm位の位置にOが来るように）．

⑤すべてのNの上に垂直に1本線を引き，その先にHと書く（距離はCOと同じ）．

⑥切り取り線で切り離し，細くなった短冊を，下の余白を重ねて右回りに（上から見て時計回りに）巻いていく．アミノ酸残基1のOが5番目の残基のNHのHの上に来るようにして粘着テープで止める．

⑦巻いていくと，順にOがHの上に来るはずである．ほどけないようにテープで止める．

⑧OとHの間を，水素結合を表す太めの点線で結ぶ．

⑨これでαヘリックスを形成するアミノ酸残基10のペプチド鎖のできあがり！

⑩NCCの初めのCから側鎖が飛び出している．別の紙に側鎖を描いて，このCの位置に貼り付けると，より本物らしくなる．

βシートは，上の①～⑤までに従って作成した短冊を3，4本用意し，これを並べて平面をつくることで実現できる．並べるときに，隣り合う短冊のC=OとH-Nが向き合うように位置をずらして調整する（図2）．逆平行の場合は，短冊の向きを逆にしてC=OとH-Nが向き合うようにすればよい．

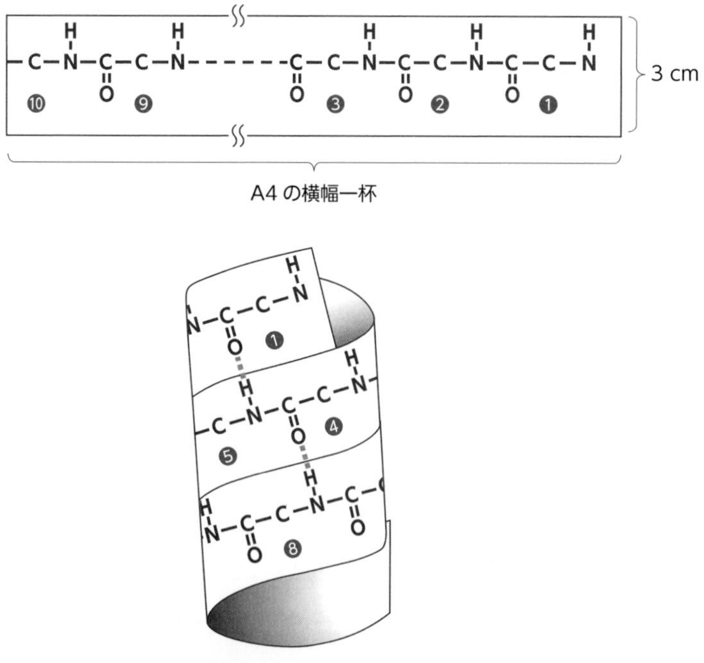
3 cm
A4 の横幅一杯

●図1　紙でαヘリックスをつくってみる

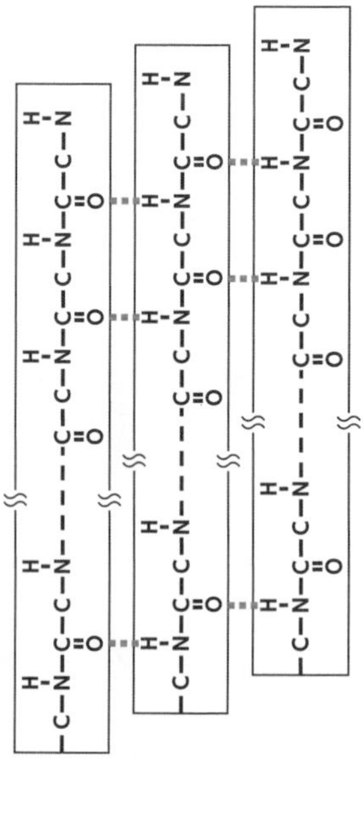

●図2　紙で平行βシートをつくってみる

4章 細胞が生きて活動していくために

生物が生きていくためには，食べなければならない．食物はモノマーにまで消化されて吸収され，細胞に配られる．細胞は，配られたグルコースを使ってATPを産生し，エネルギーが必要なさまざまな生命活動に使う．細胞はグルコースをまず解糖の過程によりピルビン酸にまで分解して，少量のATPを産生する．酸素が細胞へ供給されているときには，ピルビン酸はミトコンドリアに取り込まれ，マトリックスにあるTCA回路に入り，回路を回るうちに炭素は二酸化炭素の形で奪われ，水素と電子はNADによって奪われて，完全に分解される．NADは水素と電子をミトコンドリア内膜上のタンパク質に渡し，電子は複数のタンパク質に次々と受け渡されてエネルギーを放出し，最後に酸素に受け取られてH^+と反応して水になる（電子伝達系）．エネルギーをもらったタンパク質はH^+をマトリックスから膜間腔へ汲み出し，H^+の濃度差をつくり出す．内膜にあるATP合成酵素は，この濃度差を利用してATPを合成する（酸化的リン酸化）．

グルコースは植物の光合成によってつくられる．葉緑体のグラナにあるクロロフィルは，太陽光のエネルギーを使って電子を動かしてH^+の濃度差をつくり出し，NADPHの還元力を得る．グラナにあるATP合成酵素は，この濃度差を利用してATPを合成する（光電子伝達系）．ストロマではATPとNADPHを使って二酸化炭素からグルコースがつくられる（カルビン-ベンソン回路）．これらの反応はすべて，酵素により触媒される一連の過程で，代謝経路という．細胞はこのような代謝経路によって，エネルギーだけでなく必要な物質も産生している．

4-1 何をするにもエネルギー（ATPの産生）

1 ATPって何？

❶生物の活動とエネルギー

ヒトが生きていくためには食物が必要であり，食物からいろいろな栄養分を取り出して利用している．三大栄養素は，タンパク質，糖質（炭水化物），脂質であるが，いずれも消化器官系によって消化され，モノマーにまで分解されて吸収される（図4-1）．

歩いたり走ったりするためには体中の筋肉を収縮させたり弛緩させたりする必要がある．筋肉運動にエネルギーが必要なことは容易に想像できるが，目に見える筋肉運動だけではなく，生物が生きていくためにはあらゆる場面でエネルギーが必要である．

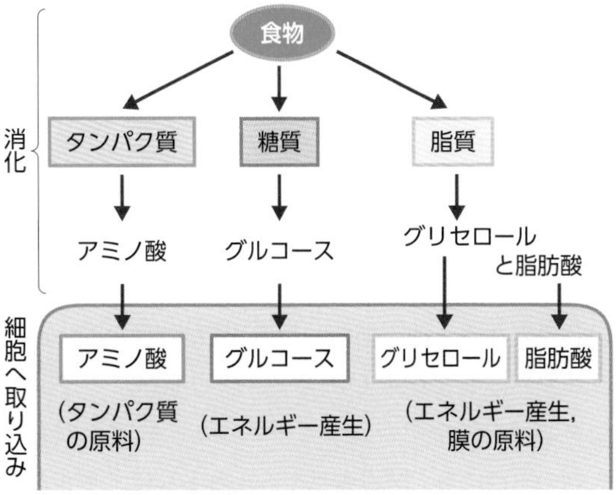
食物
消化
タンパク質
糖質
脂質
アミノ酸
グルコース
グリセロール
と脂肪酸
細胞へ取り込み
アミノ酸
グルコース
グリセロール
脂肪酸
（タンパク質
の原料）
（エネルギー産生）
（エネルギー産生，
膜の原料）

図4-1　三大栄養素の消化と吸収

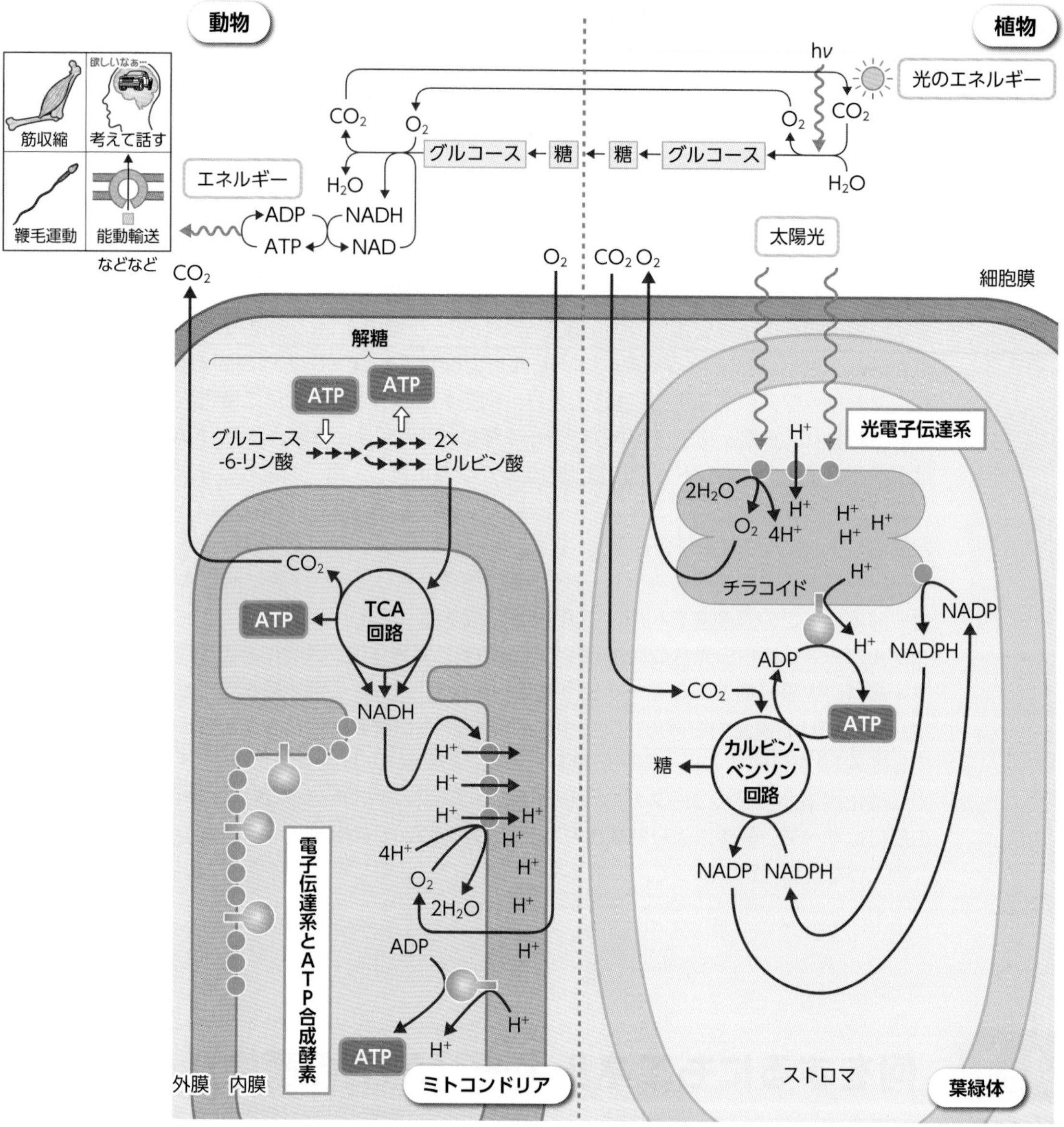

動物
植物
欲しいなぁ…
筋収縮
考えて話す
鞭毛運動
能動輸送
などなど
エネルギー
ADP
ATP
NADH
NAD
CO2
O2
H2O
グルコース
糖
hν
光のエネルギー
太陽光
細胞膜
解糖
ATP
グルコース
-6-リン酸
2×
ピルビン酸
TCA
回路
NADH
H+
4H+
2H2O
電子伝達系とATP合成酵素
外膜
内膜
ミトコンドリア
光電子伝達系
チラコイド
NADP
NADPH
カルビン-
ベンソン
回路
ストロマ
葉緑体

概略図●エネルギー産生の概要と細胞内代謝経路

例えば，筋肉が収縮して運動するためには，神経機構が指令を出す必要があり，そのためにもエネルギーが必要となる．神経細胞に特有な機能だけではなく，モノマーとして吸収したアミノ酸を原料にして必要なタンパク質を生合成するといった一般的な細胞の活動のためにも，酵素のはたらきとともにエネルギーが必要なのである（図4-2）.

加水分解の反応を考えてみよう．次の式のように，X（AB）という化合物が加水分解されてエネルギーを発生してY（AHとBOH）になるとする．エネルギーが発生するのだから，この反応は右に進むように思うかもしれないが，実際にはこのままでは反応は進まない．

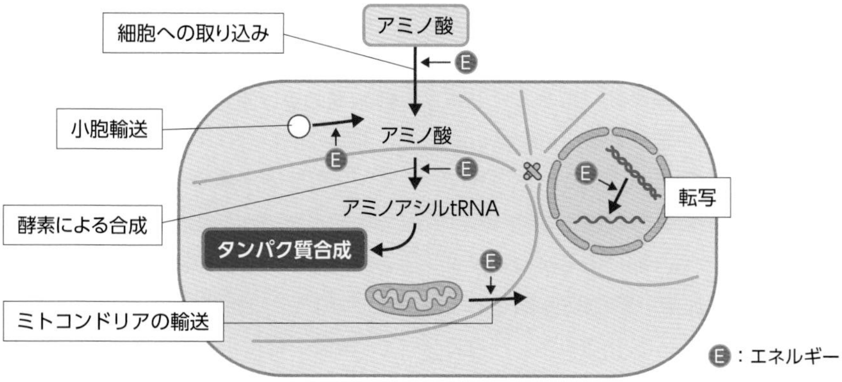
細胞への取り込み
アミノ酸
小胞輸送
アミノ酸
酵素による合成
アミノアシルtRNA
タンパク質合成
転写
ミトコンドリアの輸送
E：エネルギー

●図4-2　エネルギーは細胞内のさまざまな活動に必要

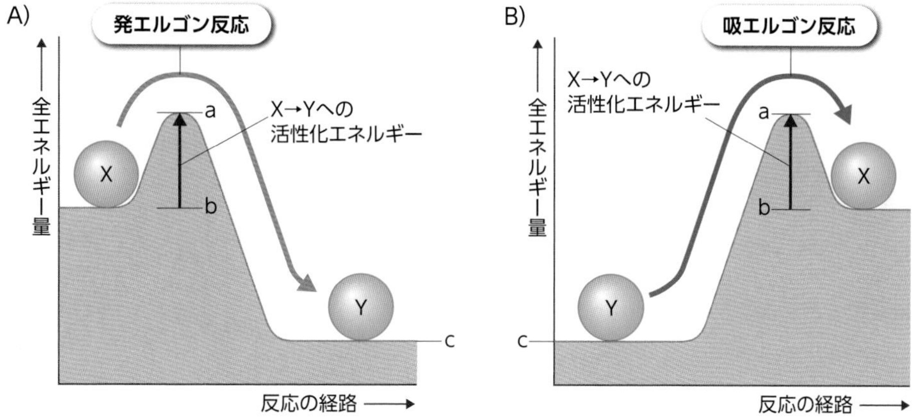
A)
発エルゴン反応
全エネルギー量
X→Yへの
活性化エネルギー
a
b
c
X
Y
反応の経路
B)
吸エルゴン反応
X→Yへの
活性化エネルギー
全エネルギー量
反応の経路

●図4-3　化学反応と活性化エネルギー
参考図書3をもとに作成.

$$AB + H_2O \rightarrow AH + BOH + エネルギー$$

図4-3Aのように，Xが谷底に落ちてYとなり，(b－c) に相当するエネルギーを発生するためには，手前にある落下防止の柵を越えなければならない．そうでなければ，あちこちで随時反応が進んで体の中は大変なことになるし，炭は自然に燃え出して世の中は大変なことになるだろう．炭を燃やすためにマッチで火をつけるのも，この柵を越えるための操作である．このような柵越えに必要な (a－b) を**活性化エネルギー**とよんでいる．試験管の中で加水分解反応を進めるためには，触媒を加えて加熱するが，細胞の中では**酵素**が触媒として作用する．しかしながら，酵素は活性化エネルギーを小さくして反応を進めやすくすることはできるが，ゼロにすることはできない．

図4-3Aのようなエネルギーを発生する反応を，**発エルゴン反応** (exergonic reaction) とよぶ．この反応の逆反応 (図4-3B) には当然，エネルギーが必要になり，これは**吸エルゴン反応** (endergonic reaction) という．この場合は，(b－c) に活性化エネルギー (a－b) を加えたエネルギー (a－c) を供給する必要がある．

❷エネルギーの受け渡し (共役反応)

細胞がタンパク質や核酸を合成する反応 (生合成，biosynthesis) は，すべて吸エルゴン反応である．そこで細胞内では，吸エルゴン反応と発エルゴン反応を組合わせて，反応がスムーズに進むようにしている．このような反応様式を，**共役反応** (coupling reaction) とよぶ．

この共役反応に使われる発エルゴン反応が**ATPの加水分解**である．**ATP**は，アデノシン一リン酸（⇒p.88 表3-2）に，さらにリン酸が2つ結合したリボヌクレオチドで，**アデノシン三リン酸**（adenosine triphosphate）が正式な名称だが，今や略称のATPという名前のほうが一般的である（図4-4）．

ATPの3つのリン酸のうち，端にある2つのリン酸は不安定で，1つだけ加水分解で切り離されてADPになるときにエネルギーが放出される．一度に2つのリン酸（これをピロリン酸とよぶ）が切り離されてエネルギーが放出されることもある．このような大きなエネルギーを発生するリン酸基同士の結合を**高エネルギーリン酸結合**（high energy phosphate bond）という．

ATP ＋ H_2O
→ ADP ＋ H_3PO_4（P_iと略記）＋エネルギー
ATP ＋ H_2O
→ AMP ＋ ピロリン酸（PP_iと略記）＋エネルギー

生合成の過程では，高エネルギーリン酸結合を有するリン酸基がATPから反応する分子に移され，その分子が活性化される．これをリン酸転移反応，あるいは単に**リン酸化**（phosphorylation）という．こうして活性化された分子が相手の分子と反応する．このような反応を触媒する酵素を**キナーゼ**（kinase）と総称する（図4-5）．

このように，ATPはエネルギーを蓄えて供給する“エネルギーの通貨”（energy currency）となる．日常生活では労働をすると給与が通貨の形でもらえ，この通貨を使って必要なものを買う．これと同じように，生体は食物を食べてそのエネルギーを使いやすい単位（ATP）に変え，必要に応じて使うのである．

❸水素の受け渡し

細胞の中のもう1つの重要な共役反応は，高エネルギー電子と水素原子を運ぶ反応である．日常生活でエネルギーが発生する最も普通の現象は燃焼で，これは酸素による急激な酸化反応だが，細胞の中ではこのような過激な反応を起こすことはできないので，酸素を付加する代わりに，水素を奪うことによって酸化する．この反応を担う分子が**NAD**（nicotinamide adenine dinucleotide，ニコチンアミドアデニンジヌクレオチド）である．

NADは2個の水素イオンと電子を奪って，自分はNADH（還元型ニコチンアミドアデニンジヌクレオチド）になる（図4-6）．この反応を触媒する酵素は脱水素酵素（dehydrogenase）であり，NADは酵素

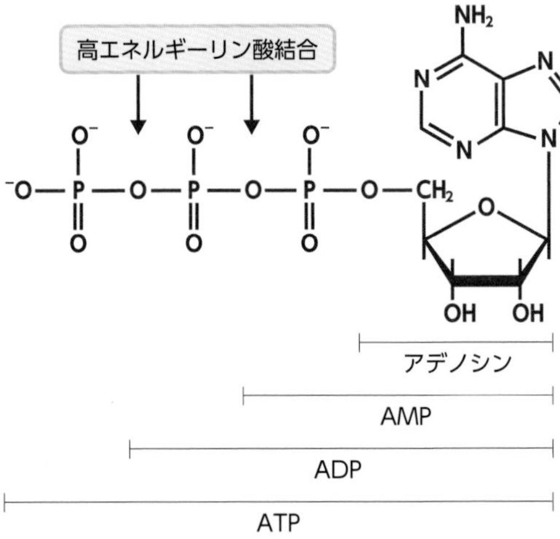
高エネルギーリン酸結合
NH_2
OH
OH
アデノシン
AMP
ADP
ATP

●図4-4　ATP（アデノシン三リン酸）の構造式

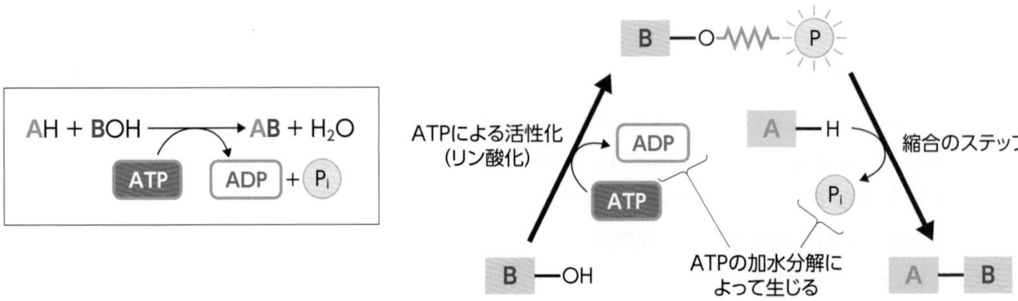
AH + BOH → AB + H_2O
ATP
ADP
P_i
ATPによる活性化
（リン酸化）
縮合のステップ
ATPの加水分解に
よって生じる
B —OH
A — B

●図4-5　脱水縮合とATPの共役反応
左のように1ステップで書く共役反応も，実際は右のように2ステップで進む．

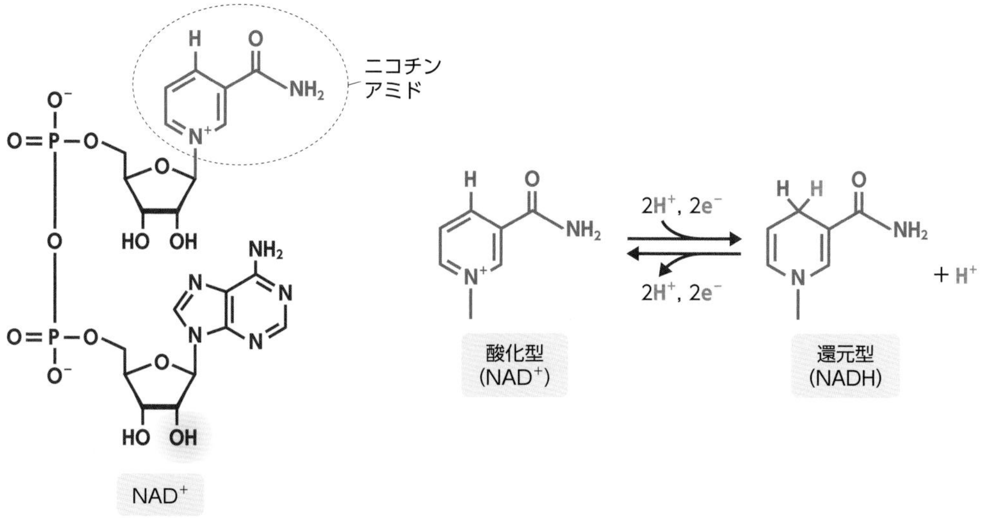
ニコチン
アミド
NAD⁺
2H⁺, 2e⁻
2H⁺, 2e⁻
+ H⁺
酸化型
(NAD⁺)
還元型
(NADH)

図4-6　NADの水素と電子の授受
NADの黄色で印をつけたヒドロキシ基にリン酸がエステル結合したものがNADPである.

を補助する分子（補酵素）として，重要な役割を担っている（⇒4章-3③）．**FAD**（flavin adenine dinucleotide，フラビンアデニンジヌクレオチド）も水素を運ぶ補酵素で，2個の水素を奪って$FADH_2$となる．

一方，NADにリン酸が1つ付加した**NADP**（nicotinamide adenine dinucleotide phosphate，ニコチンアミドアデニンジヌクレオチドリン酸）は，水素を奪うのではなく水素を与える反応に寄与する．

ATPとNADの共役反応を頭に入れて，細胞でATPがどのようにつくられているのかを見ていこう．なお以下の記述ではNADH＋H^+と書くべき場合でもH^+は省略している．

② エネルギー獲得の概観

ヒトの血液中にはおよそ80〜100 mg/100 mLのグルコースが存在する（血糖値）．グルコースは必要に応じて肝臓に貯蔵されているグリコーゲン（glycogen）を分解して放出される．血液中から細胞に取り込まれたグルコースは，①解糖，②TCA回路，③電子伝達系とATP合成酵素（酸化的リン酸化）の一連の過程を経て，最終的に二酸化炭素と水になり，エネルギーが取り出される（図4-7, 8）．

燃焼の場合とは異なり，細胞内では酸素による爆発的な酸化ではなく，脱水素により段階的に酸化が行われ，この水素が最終的に酸素に渡されて水ができる．水素と高エネルギー電子の運搬体となるのが，前述のNADである．

それぞれの過程をさらに詳しく見ていこう．

③ 解糖はサイトソルで

図4-8の①の**解糖**（glycolysis）は，酸素を必要としない無気（嫌気）呼吸でも，酸素を必要とする有気（好気）呼吸でも，必ずたどる最初の共通の過程で，サイトソル中に溶存する酵素の助けによりステップバイステップで進んでいく．

解糖の経路のイメージとして，サイトソルに生産工場のラインが設置されていると考えるといいかもしれない．原料のグルコースがベルトコンベアに供給されると，ラインの所定位置に控えていた図4-9**1**のステップを触媒するヘキソキナーゼという酵素がリン酸を付加して次のステップへ送る．次のステップには次の酵素が控えていて別の加工をする．こうして分子はラインを移動しながら次々と加工されていく，そんな風景である．ただし，実際には工場のラインのように，酵素が整然と並んでいるのではない．

解糖の過程は，**1**〜**4**の投資の過程と，**5**〜**9**の利益回収の過程に分けることができる（図4-9）．

解糖の過程をもう少し詳しく見ていこう（図4-10）．

燃焼

$C_6H_{12}O_6 + 6\,O_2 \rightarrow 6\,CO_2 + 6\,H_2O$

細胞内

$C_6H_{12}O_6 + 2\,NAD^+$
$\rightarrow 2$ピルビン酸$+ 2\,NADH + 2\,H^+$ ……… ①

2ピルビン酸$+ 8\,NAD^+ + 2\,FAD + 6\,H_2O$
$\rightarrow 6\,CO_2 + 8\,NADH + 8\,H^+ + 2\,FADH_2$ … ②

$10NADH + 10H^+ + 2\,FADH_2 + 6\,O_2$
$\rightarrow 10NAD^+ + 2\,FAD + 12\,H_2O$ ………… ③

$ADP + P_i \rightarrow ATP$　は省略

●図4-7　グルコースの酸化の化学反応式

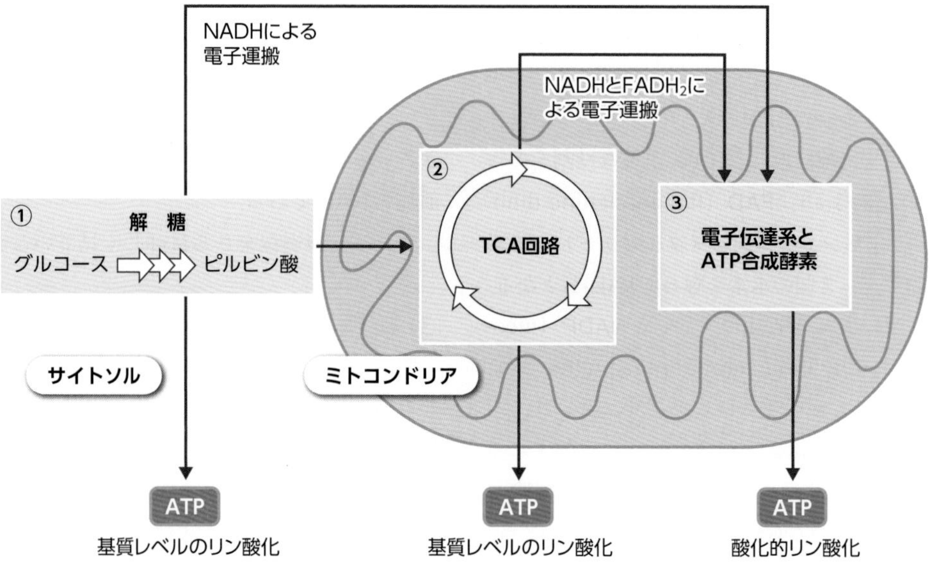
NADHによる
電子運搬
NADHと$FADH_2$に
よる電子運搬
①
解　糖
グルコース
ピルビン酸
②
TCA回路
③
電子伝達系と
ATP合成酵素
サイトソル
ミトコンドリア
ATP
基質レベルのリン酸化
ATP
基質レベルのリン酸化
ATP
酸化的リン酸化

●図4-8　細胞内でのグルコース代謝の全体像

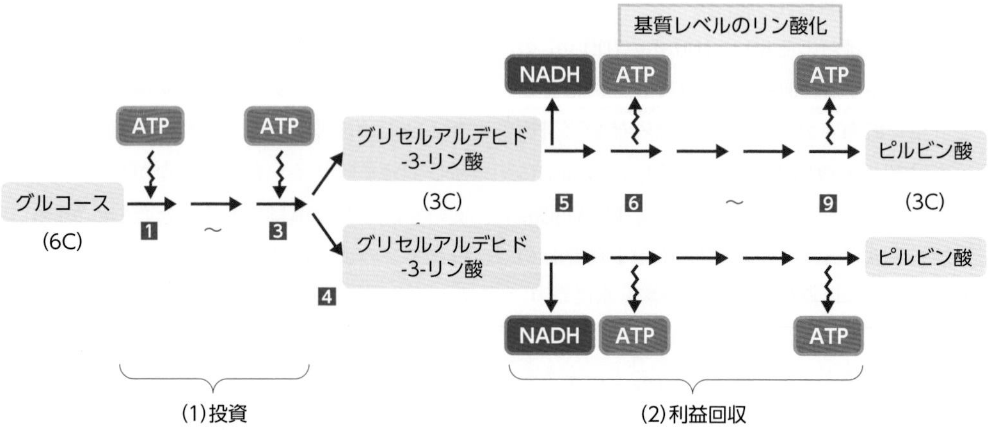
基質レベルのリン酸化
NADH
ATP
ATP
ATP
ATP
グリセルアルデヒド
-3-リン酸
(3C)
ピルビン酸
(3C)
グルコース
(6C)
1
~
3
5
6
~
9
グリセルアルデヒド
-3-リン酸
4
ピルビン酸
NADH
ATP
ATP
(1)投資
(2)利益回収

●図4-9　解糖の過程の概略図

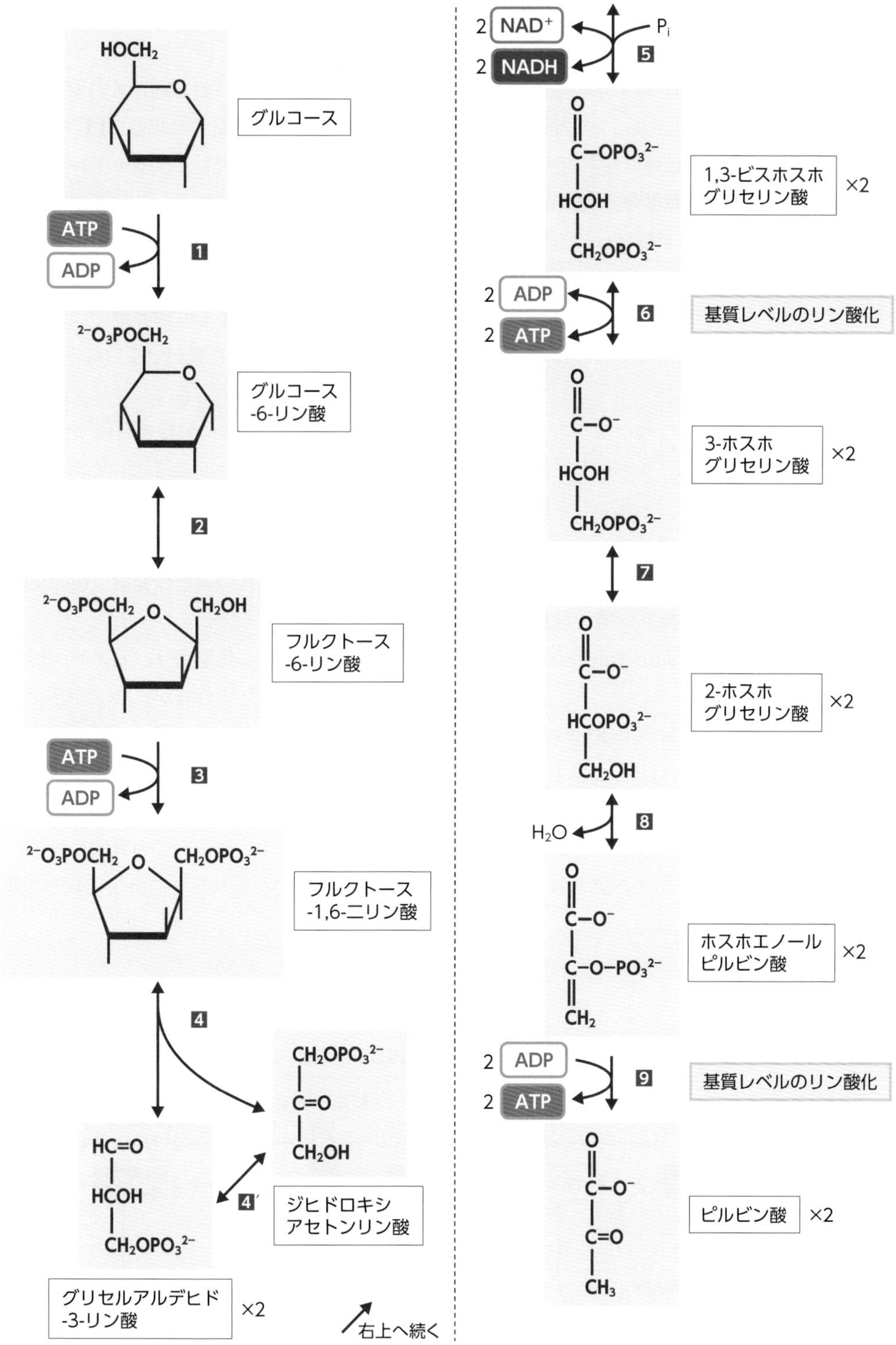

HOCH₂
O
グルコース
ATP
ADP
1
²⁻O₃POCH₂
O
グルコース
-6-リン酸
2
²⁻O₃POCH₂
O
CH₂OH
フルクトース
-6-リン酸
ATP
ADP
3
²⁻O₃POCH₂
O
CH₂OPO₃²⁻
フルクトース
-1,6-二リン酸
4
CH₂OPO₃²⁻
C=O
CH₂OH
HC=O
HCOH
CH₂OPO₃²⁻
4′
ジヒドロキシ
アセトンリン酸
グリセルアルデヒド
-3-リン酸
×2
右上へ続く
2 NAD⁺
2 NADH
Pi
5
O
C−OPO₃²⁻
HCOH
CH₂OPO₃²⁻
1,3-ビスホスホ
グリセリン酸
×2
2 ADP
2 ATP
6
基質レベルのリン酸化
O
C−O⁻
HCOH
CH₂OPO₃²⁻
3-ホスホ
グリセリン酸
×2
7
O
C−O⁻
HCOPO₃²⁻
CH₂OH
2-ホスホ
グリセリン酸
×2
H₂O
8
O
C−O⁻
C−O−PO₃²⁻
CH₂
ホスホエノール
ピルビン酸
×2
2 ADP
2 ATP
9
基質レベルのリン酸化
O
C−O⁻
C=O
CH₃
ピルビン酸
×2

●図4-10　解糖の経路

❶投資の過程

グルコースは1と3の段階でキナーゼのはたらきでリン酸化され，2つ分のATPのエネルギーが移されて活性化したフルクトース-1,6-二リン酸になる．フルクトース-1,6-二リン酸はほぼ左右対称なので，4の段階で半分に断ち割られてグリセルアルデヒド-3-リン酸が2つできる（正確には片方はもう1ステップを経る：図4-10の4′）．1個のグルコースから2個のグリセルアルデヒド-3-リン酸ができるので，これ以降はすべて2個ずつで進行する．

❷利益回収の過程

グリセルアルデヒド-3-リン酸は脱水素され，同時にリン酸が導入され，高エネルギーリン酸基となる．こうして2個のエネルギーの高いリン酸基が生まれるので，あとはこのリン酸基をエネルギーとともにADPへ移してATPをつくればよい．この過程では，基質であるADPに直接リン酸を付加するので，**基質レベルのリン酸化**（substrate-level phosphorylation）とよんでいる．

グルコースからグリセルアルデヒド-3-リン酸が2つできたので，6と9でのATPも2個ずつ，合計4個できることになる．投資の過程の1と3の段階で2個のATPを使っているので，差し引きの利益は2個のATPということになる．また5のステップでNADHが2個できる．

4 解糖の過程を動かし続けるために

解糖の過程を動かし続けるためには，5のステップで必要なNAD^+を供給し続ける必要がある．そこでNADHをもとのNAD^+に戻して5のステップに供給するために，脱水素した水素を受け取ってくれる分子が必要になる．無気的な条件下で水素を受け取る分子はピルビン酸やアセトアルデヒドで，その結果，それぞれ乳酸とエタノールが生じる．

例えば，乳酸菌による**乳酸発酵**では，ピルビン酸がNADHで還元され乳酸がつくられる（図4-11A）．酵母では，解糖の結果できたピルビン酸をアセトアルデヒドに変え，さらに解糖の過程で生じたNADHを使いアセトアルデヒドを還元してエタノールをつくっている（**アルコール発酵**）（図4-11B）．こうしてNADHは，NAD^+に再生される．ヒトに有用な有機物が生じるこれらの過程は**発酵**（fermentation）ともよばれる．

酸素の供給がある状態では，ピルビン酸はミトコンドリア内に取り込まれるが，酸素が不足すると無気呼吸を行うことがある．例えばヒトでも，激しい運動によって骨格筋への酸素の供給が十分でなくなると，ピルビン酸はNAD^+の再生のためにサイトソルで乳酸へと変えられる．この乳酸は肝臓へ送られてATPを使ってグルコースに再生される（糖新生）．

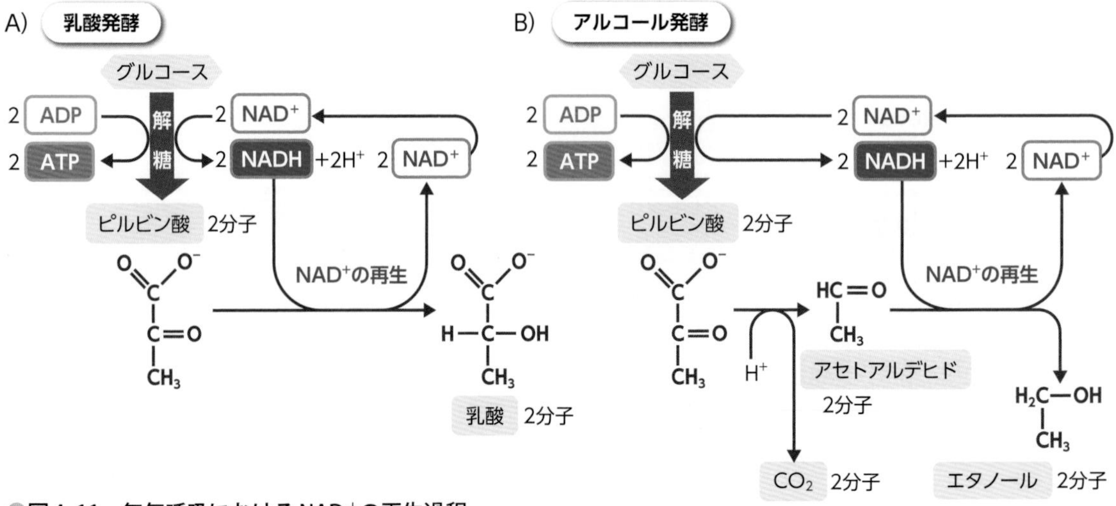
A) 乳酸発酵
グルコース
解糖
2 ADP
2 ATP
2 NAD⁺
2 NADH +2H⁺
2 NAD⁺
ピルビン酸 2分子
NAD⁺の再生
乳酸 2分子
B) アルコール発酵
グルコース
解糖
2 ADP
2 ATP
2 NAD⁺
2 NADH +2H⁺
2 NAD⁺
ピルビン酸 2分子
H⁺
アセトアルデヒド 2分子
NAD⁺の再生
CO₂ 2分子
エタノール 2分子

図4-11 無気呼吸におけるNAD^+の再生過程
参考図書3をもとに作成.

5 ミトコンドリア内で営まれる効率的なエネルギー生産

❶TCA回路※1

酸素の供給がある状態でミトコンドリアのマトリックスに取り込まれたピルビン酸は，すぐに脱炭酸されて二酸化炭素が放出され，次に脱水素され，最後に補酵素A（CoA）と結合してアセチルCoAになる．この過程は，3つのステップを触媒する3種類の酵素が複数個集まった大きな酵素複合体（ピルビン酸脱水素酵素複合体）によって効率よく触媒される．この過程で1分子のピルビン酸から，二酸化炭素が1つ，NADHが1つできる．

アセチルCoAは，**TCA回路**（tricarboxylic acid cycle）に入る．TCA回路は名前の示すとおり，複数の酵素反応がサイクルを形成している（図4-12）．

初めにアセチルCoAのアセチル基がオキザロ酢酸に渡されクエン酸になる．以後，7ステップの酵素反応で，最初に入ったアセチル基の炭素数に相当する2個の二酸化炭素が放出され，3個のNADH，1個の$FADH_2$，1個のGTPが生成し，再びオキザロ酢酸に戻る．この酵素反応はすべてミトコンドリアのマトリックスで進行する（図4-13）．

回路に入ったアセチル基の2個の炭素（図4-13中では*Cで示す）は，オキザロ酢酸の主鎖の“上”に付加され，回路を回るたびに別の炭素が“下”からトコロテン式に押し出されるので，炭素は最初の1回転目ではなく，次の回転以降に二酸化炭素となって回路から出ていく．これが呼気中の二酸化炭素となる．

❷電子伝達系・ATP合成酵素（酸化的リン酸化）

こうして生成されたNADHと$FADH_2$は，ミトコンドリア内膜に埋め込まれた酵素複合体に電子を渡し，この電子は，最終的に吸気によって取り込まれた酸素に渡され，まわりにあるH^+と結合して水を生成する．このときにNADHと$FADH_2$のもっていた高エネルギー電子がH^+をマトリックスから膜間腔に汲み出すために使われる．この一連の電子の流れ

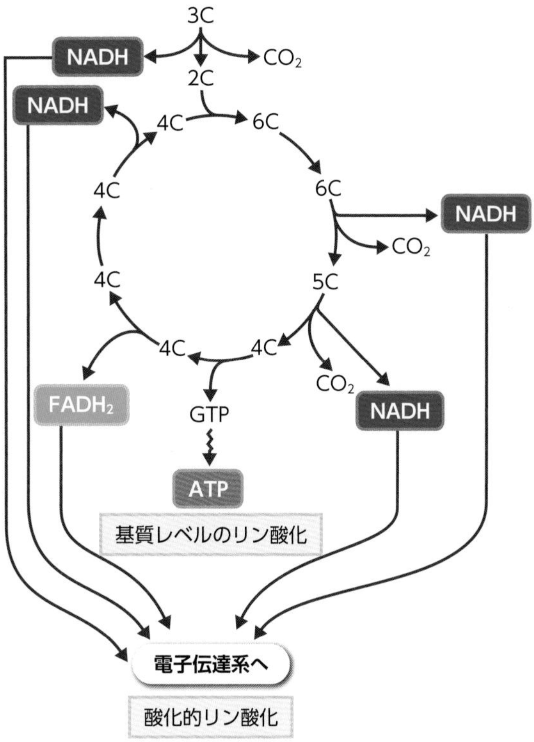

3C
NADH
CO2
2C
NADH
4C
6C
4C
6C
NADH
CO2
4C
5C
4C
4C
CO2
FADH2
GTP
NADH
ATP
基質レベルのリン酸化
電子伝達系へ
酸化的リン酸化

図4-12　TCA回路の概略図

に関与する複数の酵素群を**電子伝達系**（electron transfer system）とよんでいる（図4-14）．

電子伝達に関与する酵素は3種類あり，いずれも単一の酵素ではなく複合体（Ⅰ，Ⅲ，Ⅳ）である．NADHは2個の電子を最初の酵素に渡すと，この電子は酵素に含まれる鉄原子や銅原子をたどってゆきながらエネルギーを放出し，このエネルギーでミトコンドリアのマトリックス中のH^+がマトリックスから膜間腔に汲み出される．2個の電子が3種類の酵素複合体をたどって酸素に渡されるまでに，およそ10個のH^+がマトリックスから膜間腔に汲み出される．

こうしてH^+が次々と汲み出されると，マトリックスと膜間腔の間にH^+の濃度差が生じる．このH^+の濃度差※2が最終的なATPを合成する仕事を行うのである．H^+は濃度差に従ってミトコンドリアの内膜

※1 クエン酸回路（citric acid cycle），クレブス回路（Krebs cycle）ともいう．
※2 実際には，H^+の偏りによって生じる電気的なポテンシャル（膜電位）と合わさった電気化学的ポテンシャルによる．

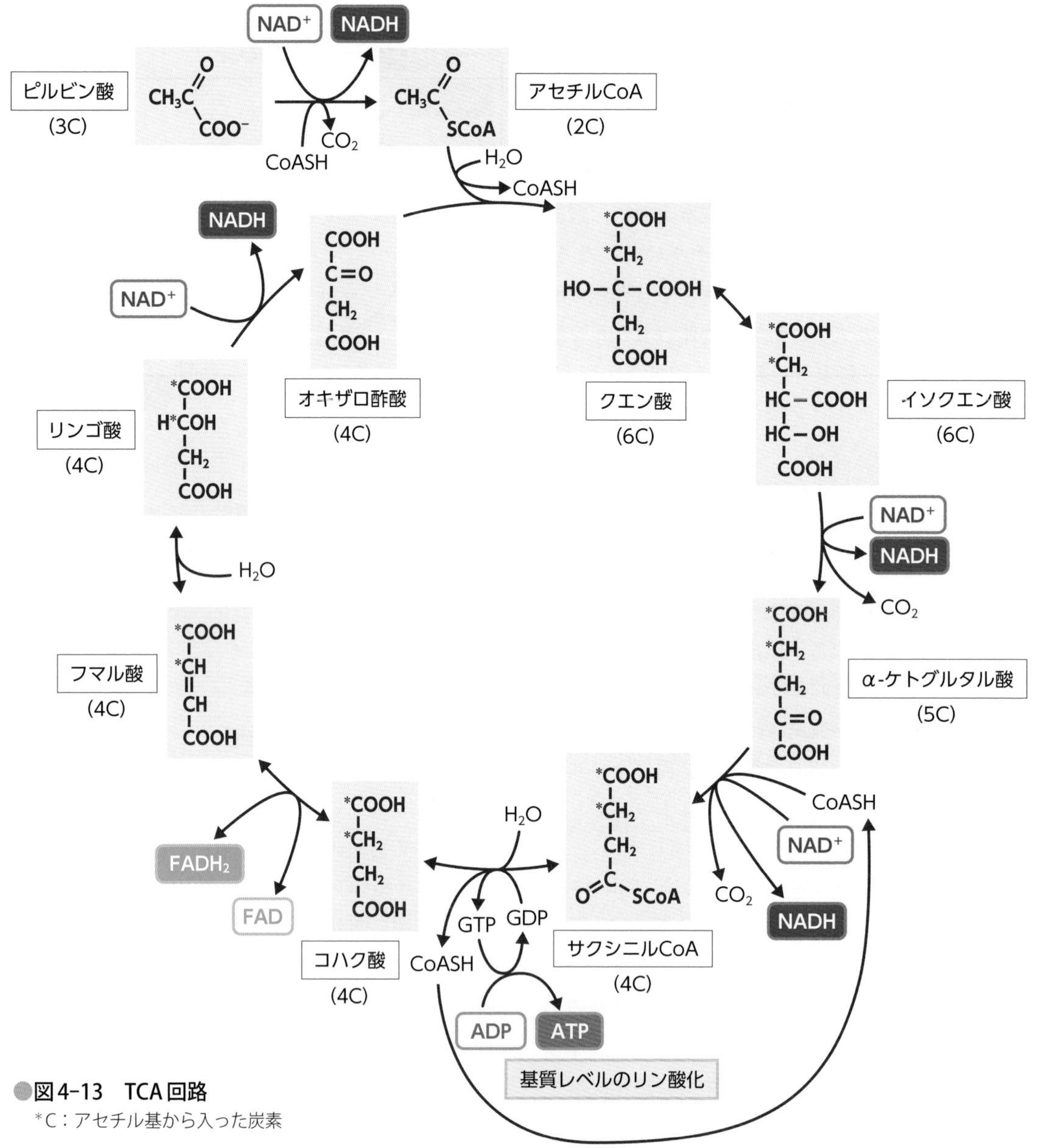
NAD+
NADH
ピルビン酸
(3C)
CH3C
O
COO−
CoASH
CO2
CH3C
O
SCoA
アセチルCoA
(2C)
H2O
CoASH
NADH
NAD+
COOH
C=O
CH2
COOH
オキザロ酢酸
(4C)
*COOH
*CH2
HO−C−COOH
CH2
COOH
クエン酸
(6C)
*COOH
*CH2
HC−COOH
HC−OH
COOH
イソクエン酸
(6C)
リンゴ酸
(4C)
*COOH
H*COH
CH2
COOH
H2O
NAD+
NADH
CO2
*COOH
*CH
CH
COOH
フマル酸
(4C)
*COOH
*CH2
CH2
C=O
COOH
α-ケトグルタル酸
(5C)
FADH2
FAD
*COOH
*CH2
CH2
COOH
コハク酸
(4C)
H2O
GTP
GDP
CoASH
*COOH
*CH2
CH2
O=C
SCoA
サクシニルCoA
(4C)
CoASH
NAD+
CO2
NADH
ADP
ATP
基質レベルのリン酸化

●図4-13　TCA回路

＊C：アセチル基から入った炭素

に埋め込まれた膜貫通タンパク質である**ATP合成酵素**（ATP synthase）の内部のトンネルを通って元のマトリックスに戻る．このときのH^+の動きによって，ADPとP_iからATPがつくられる．3個のH^+から1個のATPがつくられるので，NADH 1個からはおよそ3個のATPがつくられることになる．$FADH_2$の場合は，最初の複合体へ電子を渡せず2番目の複合体（II）へ電子を渡すので※3 H^+汲み出しは6個で，ATPをおよそ2個つくるのに寄与する．

このようにミトコンドリア内でのATPの合成の方式は，解糖における基質レベルのリン酸化とは全く異なっているので，この過程を**酸化的リン酸化**（oxidative phosphorylation）とよんでいる．

こうしてつくられたATPはミトコンドリアからサイトソルへ出ていき，そこで細胞の活動に使われる．

※3 FADは複合体II（コハク酸脱水素酵素）と強く結合している．実際のTCA回路内のコハク酸→フマル酸の反応は，ミトコンドリア内膜上に埋め込まれた複合体IIで起こる．

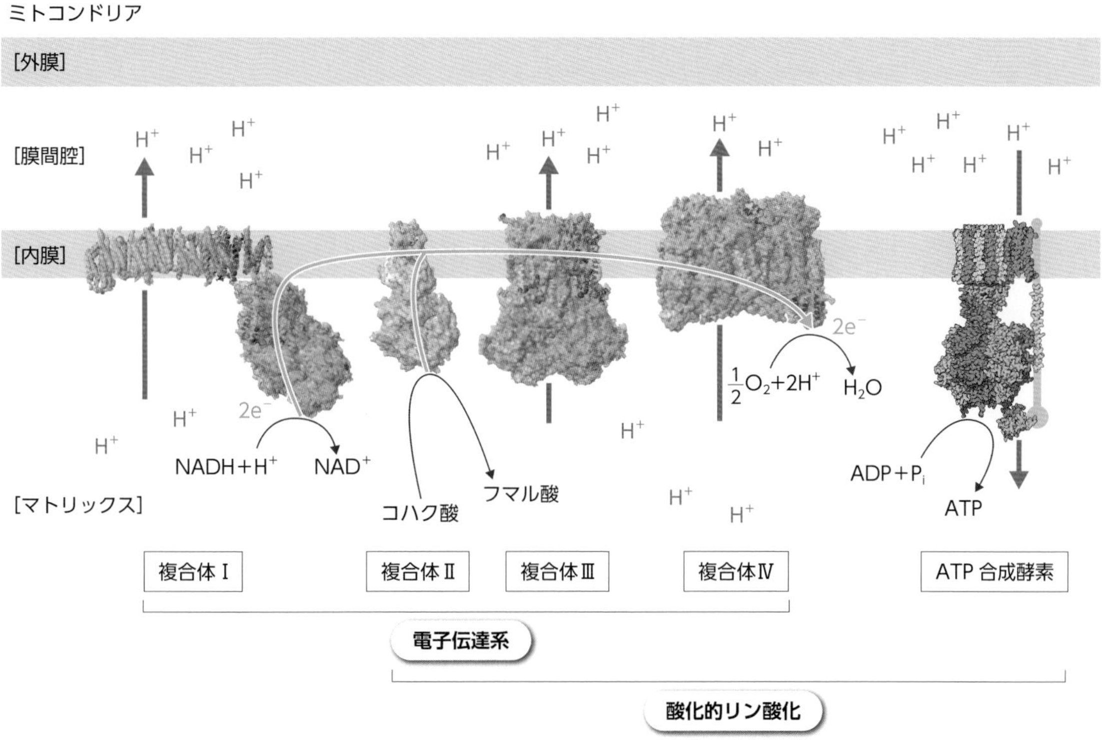
ミトコンドリア
[外膜]
[膜間腔]
[内膜]
[マトリックス]
H+
2e−
NADH＋H+
NAD+
コハク酸
フマル酸
$\frac{1}{2}O_2$+2H+
H_2O
ADP＋P_i
ATP
複合体Ⅰ
複合体Ⅱ
複合体Ⅲ
複合体Ⅳ
ATP 合成酵素
電子伝達系
酸化的リン酸化

●図4-14　ミトコンドリア内膜の電子伝達系とATP合成酵素
［PDB：3M9S，2WP9，3H1J，1OCCより構成，ATP合成酵素はDecember 2005 Molecule of the Month by David Goodsellより］

❸複合体とATP合成酵素の配置

図4-14では，複合体Ⅰ，Ⅲ，Ⅳは一列に並んでいるように描かれているが，最近の極低温電子顕微鏡（cryo-EM）やそれを利用した断層映像法（トモグラフィー）（Electron cryotomography：電子凍結トモグラフィー）によると，3つの複合体は1つのコンプレックスを形成して，ミトコンドリア内膜のクリステの平面部分にあり，ATP合成酵素は80°（ウシの心筋の場合）の角度で二量体を形成して，クリステの先端の強くカーブした部分に連続して配置されているという（図4-15）．効率的に電子の流れをつくるためには，ばらばらにあるのではなく，一定の構造をとったほうが効率的なのであろう．

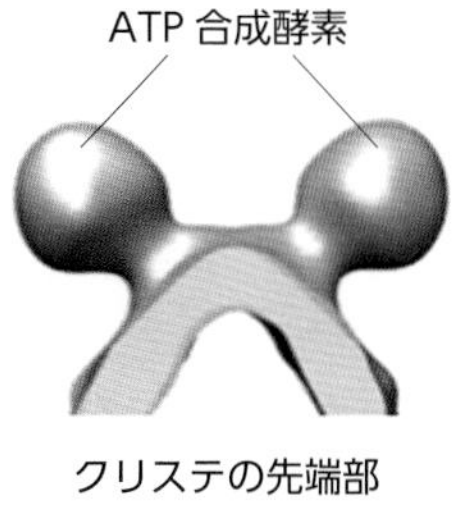
ATP 合成酵素
クリステの先端部

●図4-15　電子凍結トモグラフィーによる，ウシ心筋のATP合成酵素の配置
これがクリステ先端部に連続して並んでいる．

4-2　葉緑体による光エネルギーの固定

1 グルコース産生は燃焼の逆反応？

ヒトが生きていくために必要なエネルギーを取り出すための基本的な栄養素は糖質（炭水化物）だったが，この炭水化物は植物が**光合成**（photosynthesis）によってつくり出している．動物はいくらがんばっても，炭水化物をつくることはできず，すべて植物に依存している．

炭水化物を構成するモノマーはグルコースで，原

燃焼の逆反応

$6CO_2 + 6H_2O \rightarrow C_6H_{12}O_6 + 6O_2$

葉緑体内

$12H_2O$＋光のエネルギー＋$12NADP^+ \rightarrow 12NADPH + 12H^+ + 6O_2$… ①

$6CO_2 + 12NADPH + 12H^+$
→2グリセルアルデヒド-3-リン酸＋$12NADP^+ + 6H_2O$……… ②

2グリセルアルデヒド-3-リン酸 → $C_6H_{12}O_6$

$ADP + P_i \rightarrow ATP$　は省略

図4-16　グルコース生成の化学反応式

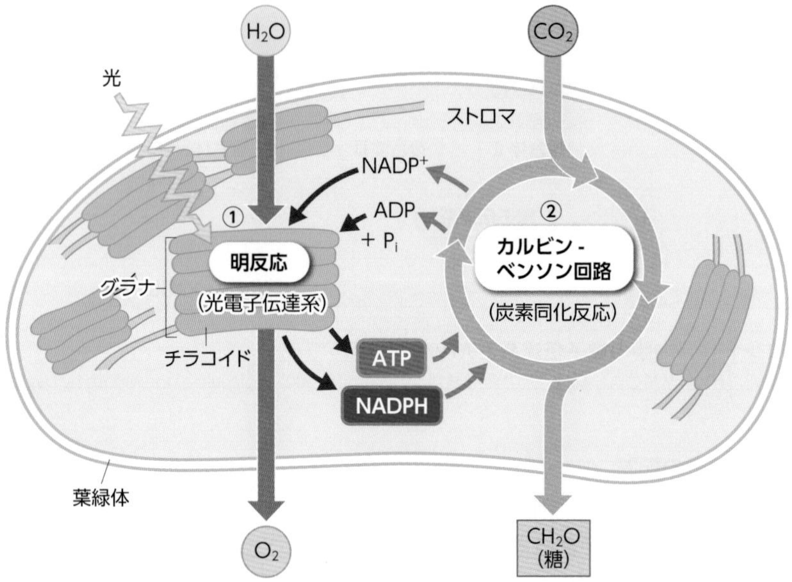

H_2O
CO_2
光
ストロマ
$NADP^+$
ADP
+ P_i
①
②
明反応
(光電子伝達系)
カルビン-ベンソン回路
(炭素同化反応)
グラナ
チラコイド
ATP
NADPH
葉緑体
O_2
CH_2O
(糖)

図4-17　葉緑体内で起こる光合成過程の全体像
参考図書1をもとに作成.

理的には燃焼の逆反応である図4-16の過程でつくることができる.

燃焼の逆反応はあくまで仮想的なもので，実際にこのような反応を進めることはできない．光合成の過程は**葉緑体**（chloroplast）の中で，ステップバイステップに反応が進んでいく．ミトコンドリア内での反応はTCA回路から電子伝達系へと進んだが，葉緑体の中では逆に電子伝達系からカルビン－ベンソン回路へ反応が進む．図4-16①は光による電子伝達反応で，明反応ともいい，図4-16②は二酸化炭素への水素付加反応（炭素同化反応）で，暗反応ともいう（図4-17）.

2 光電子伝達系

葉緑体では**チラコイド**膜上の電子伝達系により光のエネルギーを使ってH^+の汲み入れが行われる（図4-18）．光のエネルギーを集めるのは，チラコイド膜に埋め込まれた**光化学系Ⅱ**と**光化学系Ⅰ**とよぶ複合タンパク質内に含まれる**クロロフィル**である.

クロロフィルによって集められた光のエネルギーによって，光化学系Ⅱ複合タンパク質中の電子が活性化され，シトクロム複合体をはじめとする電子伝達系をたどって光化学系Ⅰに渡される．この過程でH^+が**ストロマ**からチラコイド内腔へ汲み入れられる．電子は光化学系Ⅰ複合タンパク質によって再び活性化され，この高エネルギー電子を使ってNADP

Column　ATP合成酵素は回転によってATPを生成する

H^+の濃度差がどのようにATPを合成するかは，ATP合成酵素の形が解明されて明らかになった．ATP合成酵素はいくつもの単位が組合わさった複雑な形をしていて，ミトコンドリア内膜に軸受けタンパク質とタービンタンパク質F_Oがあり，ここに合成酵素本体のタンパク質F_1が接続している（図1）．水力発電では落下する水が発電機のタービンを回して電気を起こすが，これと同じようにH$^+$の流れによってタービンタンパク質が図1を上から見て時計回りに回るとF_1も回転し，この回転によってADPとP_iからATPが合成される．

実際にF_1の軸（γ）が回転することが，実験で明らかにされた．ATP合成酵素を内膜から外し，蛍光色素で標識した短いアクチンフィラメントをF_Oにつけ，F_1の頭部（αとβ）部分をガラス板に張り付け，溶液にATPを加えると，アクチンフィラメントが回転することが顕微鏡で観察された．ATPの濃度を調節（薄く）すると回転は120°ずつ起きることも明らかになった．この場合は，ATPを加えてそのエネルギーで回転するので，回転方向は上とは逆に反時計回りになる（図2）．

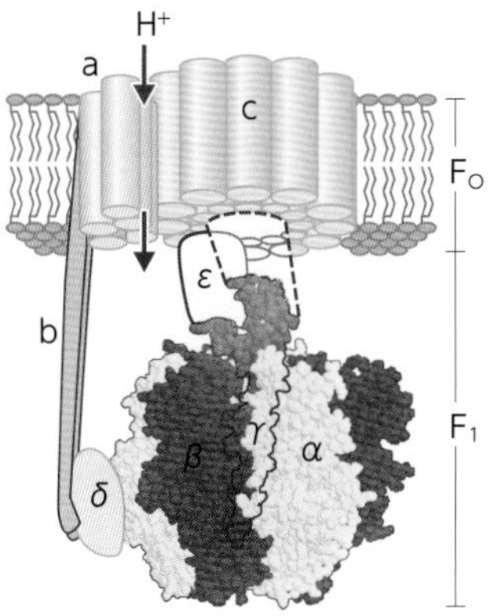
H+
a
c
FO
b
ε
γ
β
α
δ
F1

●図1　ATP合成酵素の構造

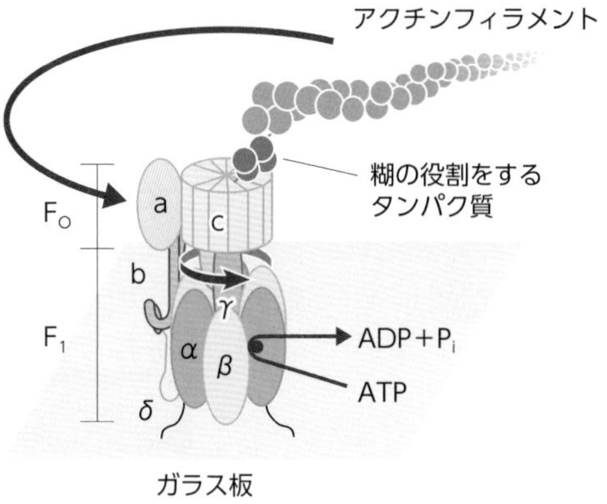
アクチンフィラメント
糊の役割をする
タンパク質
FO
a
c
b
F1
γ
α
β
δ
ADP＋Pi
ATP
ガラス板

●図2　ATP合成酵素が回転することを示した実験
http://www.jst.go.jp/pr/announce/19991126/をもとに作成．

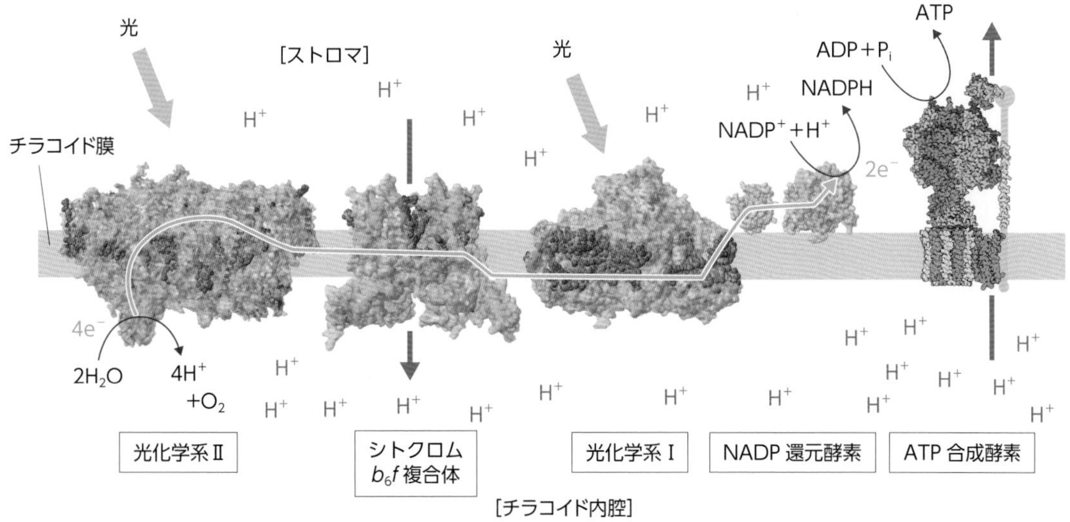
光
[ストロマ]
光
ATP
ADP＋Pi
NADPH
NADP+＋H+
H+
チラコイド膜
2e−
4e−
2H2O
4H+
+O2
光化学系Ⅱ
シトクロム
b6f複合体
光化学系Ⅰ
NADP還元酵素
ATP合成酵素
[チラコイド内腔]

●図4-18　光電子伝達系の反応過程
［PDB：1S5L，1VF5，1JB0，1A6L，1GJRより構成，ATP合成酵素はDecember 2005 Molecule of the Month by David Goodsellより］

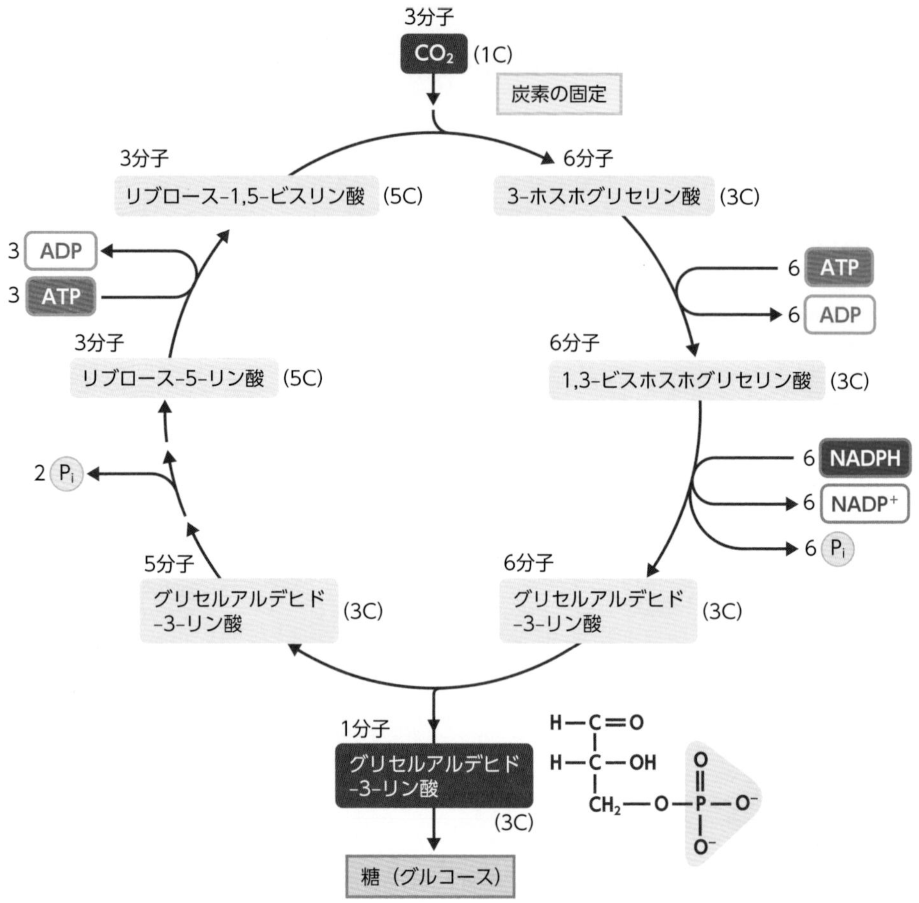
3分子
CO₂ (1C)
炭素の固定
3分子
リブロース-1,5-ビスリン酸 (5C)
6分子
3-ホスホグリセリン酸 (3C)
3 ADP
3 ATP
6 ATP
6 ADP
3分子
リブロース-5-リン酸 (5C)
6分子
1,3-ビスホスホグリセリン酸 (3C)
6 NADPH
6 NADP+
6 Pi
2 Pi
5分子
グリセルアルデヒド-3-リン酸 (3C)
6分子
グリセルアルデヒド-3-リン酸 (3C)
1分子
グリセルアルデヒド-3-リン酸 (3C)
糖（グルコース）

●図4-19　カルビン-ベンソン回路

還元酵素は$NADP^+$を還元してNADPHをつくる．使われてなくなった光化学系IIの電子は水を分解して補充され，この段階で酸素が発生する．

チラコイド膜を挟んで生じた濃度勾配に従って，H^+はチラコイド膜に埋め込まれたATP合成酵素を通ってストロマへ戻り，このH^+の動きによってATPが合成される（⇒p.115 Column）．

このように，太陽光のエネルギーを使ってグルコースをつくるための還元力（NADPH）とエネルギー（ATP）がつくられる．根から吸収した水は電子の供給源となり，その余りとして酸素が発生して放出される．われわれはこの酸素を吸気によって取り込んでいる．

3 炭素同化反応

ストロマには**カルビン-ベンソン回路**を構成する酵素が存在する．植物体へ取り込まれた3分子の二酸化炭素は，五炭糖であるリブロース-1,5-ビスリン酸3分子と反応してこの回路に入り，6分子の3-ホスホグリセリン酸（炭素数3）になる（図4-19）．

この過程を**炭素の固定**といい，リブロース-1,5-ビスリン酸カルボキシラーゼ/オキシゲナーゼ（略称ルビスコ，Rubisco）という酵素が触媒する．この酵素は，分子量の大きな複合タンパク質で，反応速度が遅いので葉緑体中に多量に存在する．この酵素のおかげで，気体である二酸化炭素が固定され，地球上のすべての動物の栄養のおおもとになるのである．

続く2つのステップで，明反応でつくられたATPとNADPHが使われる．3-ホスホグリセリン酸にATPのリン酸が移され，さらにNADPHからHが移され，6分子のグリセルアルデヒド-3-リン酸（炭

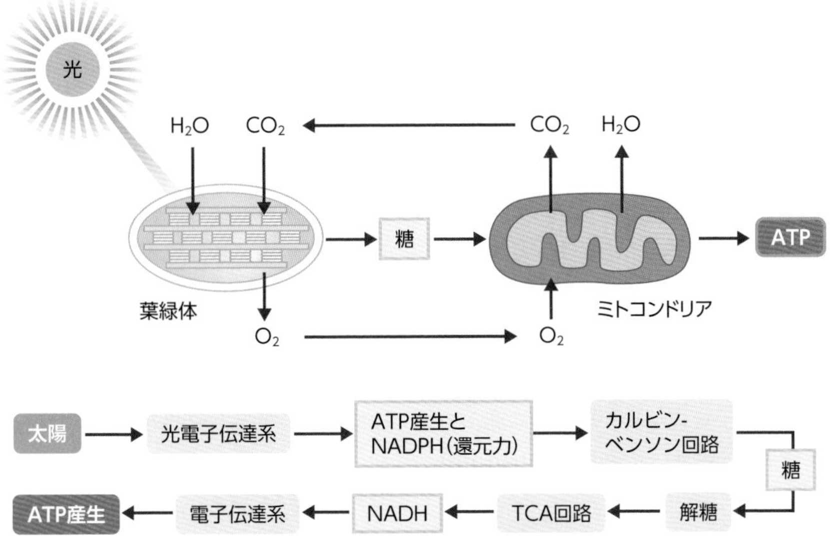
光
H2O
CO2
CO2
H2O
糖
ATP
葉緑体
ミトコンドリア
O2
O2
太陽
光電子伝達系
ATP産生と
NADPH(還元力)
カルビン-
ベンソン回路
糖
解糖
TCA回路
NADH
電子伝達系
ATP産生

●図4-20　植物の光合成と動物のエネルギー産生の関係

素数3）になる．6分子のうち，1分子のグリセルアルデヒド-3-リン酸は回路から出て，グルコースの原料となる．残った5分子のグリセルアルデヒド-3-リン酸は，リブロース-5-リン酸を経て3分子のリブロース-1,5-ビスリン酸（炭素数5）となって最初に戻る．

6分子の二酸化炭素を使ってこの回路を2回まわれば，2分子のグリセルアルデヒド-3-リン酸が生じ，これを使ってグルコースができることになる．この過程でATPが18個，NADPHは12個，使われる．

植物細胞の中では，ストロマでつくられたグリセルアルデヒド-3-リン酸はサイトソルへ運ばれ，解糖系に入ってピルビン酸に変えられてミトコンドリアでATP産生に使われる．また，必要に応じてスクロースに変えられ他の細胞へ運搬される（植物体内のこのような物質の移動を**転流**という）．さらに余ったものは，葉緑体に残ってデンプンとしてストロマに蓄えられる．

4 太陽の恵みと動物と植物の深い関係

話を簡単にするために肉食動物は除いて考えることにしよう．動物は植物体および植物のつくった果実を食物として摂取し，食物中のデンプンをグルコースに変え，グルコースからNADHをつくってミトコンドリア内膜上の電子伝達系とATP合成酵素でATPをつくり，生命活動に使っている．この過程で酸素を使い，二酸化炭素を発生する．

植物は葉緑体のチラコイド膜上の光化学系で太陽エネルギーを集め，水を分解して酸素と電子を発生させ，光電子伝達系とATP合成酵素を使ってATPとNADPHをつくり，これを使って二酸化炭素を還元してグルコースをつくり出している（図4-20）．

こうしてたどってみると，生命活動に使われるエネルギーのおおもとは太陽エネルギーであることがわかる．また，動物の呼吸する酸素は植物がつくり出し，植物が利用する二酸化炭素は動物（もちろん植物自身も）が呼吸で生み出す．動物と植物は密接に相互依存しているのである．

4-3 代謝経路のネットワーク

1 代謝経路とは

細胞内では，さまざまな分子がエネルギーを使って原料となる分子からつくられる．ATP産生と光合成の過程で見たように，分子はステップバイステップで少しずつ修飾を受けて目的の分子になる（図4-21）．これらのステップはすべて**酵素**（enzyme）のはたらきによって進められている．分子Aは酵素Aのはたらきによって分子Bになり，さらに酵素Bのはたらきによって分子Cになり，以下順に進んでいく．このとき分子Aを酵素Aの**基質**（substrate）という．

このような経路のことを，**代謝経路**（metabolic pathway）という．解糖のところで示したグルコースからピルビン酸までの流れは，最も基本的な代謝経路の1つである．

代謝経路は単純な直線状のものばかりではなく，途中で分岐したり合流したりして，全体として複雑に入り組んだネットワークをつくっている．ちょうど東京都内のJRと地下鉄の複雑な路線図のようなものである．

路線図にはいくつかの重要な乗換駅が存在するように，代謝経路にも代謝経路同士をつなぎ合わせる役割を果たす重要な分子が存在する．これまで述べた代謝経路のなかでは，グリセルアルデヒド-3-リン酸や，ピルビン酸，アセチルCoAなどがこれにあたる（⇒図4-10, 13）．

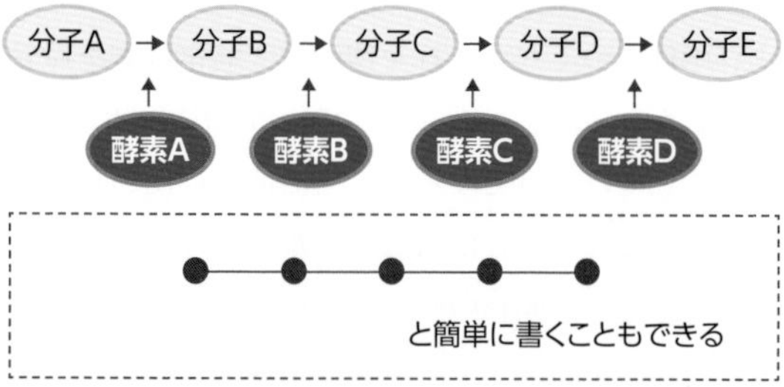
分子A
分子B
分子C
分子D
分子E
酵素A
酵素B
酵素C
酵素D
と簡単に書くこともできる

●図4-21　代謝経路の模式図

酵素の大部分はタンパク質である※4．酵素タンパク質は反応の前後で消費されることはなく，繰り返し反応を触媒する．酵素Aは分子Aだけにはたらくことができ，分子Bや分子Cにははたらきかけない．これを酵素の**基質特異性**（substrate specificity）という．基質特異性が生じるのは，タンパク質の表面にできたポケットや凹みのためである．

2 酵素タンパク質

酵素タンパク質の形とはたらきについて，リゾチームを例に考えてみよう．リゾチームは細胞外へ分泌される酵素で，細胞内の代謝とは直接関係ないが，よく研究されていて，最初にX線回折によって立体構造が解明された酵素なので，ここで取り上げることにする．

リゾチーム（lysozyme）は，細菌の細胞壁の多糖類の鎖を切断※5し，溶菌作用を示す．卵白には卵白リゾチームがたくさん含まれているし，ヒトでも涙や鼻水の成分としてリゾチームが含まれている．

卵白リゾチームは129のアミノ酸から構成されるが，ヒトリゾチームでは130のアミノ酸である．両者を比較してみると，アミノ酸配列が同じ部分と異なる部分がモザイクのように混じっているのがわかる（図4-22）．

糖鎖間を切断するはたらきを担うのは，35番目のグルタミン酸（E）と52番目（ヒトでは53番目）のアスパラギン酸（D）で，両者で違いがない（保存されている）．また，一次構造はずいぶんと異なっているが，三次構造を見てみると，大きく変わってはいないことがわかる（図4-23）．このような立体構造をとることによって，一次構造では離れていたグ

※4 触媒としてはたらくRNAが見つかっている（これをリボザイムとよぶ）．3章-4で述べたリボソームによる翻訳の過程では，P部位に座ったtRNAの運ぶメチオニンあるいはペプチドとA部位に座ったtRNAの運ぶアミノ酸の間でペプチド結合が形成されるが（図3-20⑤および⑧），実は，この過程を触媒しているのはリボソーム大顆粒を構成するrRNAである．この他にもリボザイムがRNAの切断やRNA同士の結合を触媒していると考えられている．
※5 *N*-アセチルムラミン酸と*N*-アセチルグルコサミン間のβ1,4結合を切断する．

```
     1           11          21          31          41
卵白 MRSLLILVLC  FLPLAALGKV  FGRCELAAAM  KRHGLDNYRG  YSLGNWVCAA
ヒト MKALIVLGLV  LLSVTVQGKV  FERCELARTL  KRLGMDGYRG  ISLANWMCLA
                      (1)

     51          61          71          81          91
卵白 KFESNFNTQA  TNRN-TDGST  DYGILQINSR  WWCNDGRTPG  SRNLCNIPCS
ヒト KWESGYNTRA  TNYNAGDRST  DYGIFQINSR  YWCNDGKTPG  AVNACHLSCS
      (35)                 (53)

     101         111         121         131         141
卵白 ALLSSDITAS  VNCAKKIVSD  GNGMNAWVAW  RNRCKGTDVQ  AWIRGCRL
ヒト ALLQDNIADA  VACAKRVVRD  PQGIRAWVAW  RNRCQNRDVR  QYVQGCGV
```

図4-22　翻訳直後の卵白リゾチームとヒトリゾチームのアミノ酸配列の比較
下線部一の18のアミノ酸からなるN末端の配列がシグナルペプチドで，小胞体で切り離される．ヒトリゾチームの65番目のAに対応するアミノ酸は卵白リゾチームにはないと考えられる（－で示してある）．青字のアミノ酸が両者で異なる．カッコ内の数字はシグナルペプチドを除いた際のアミノ酸の番号．

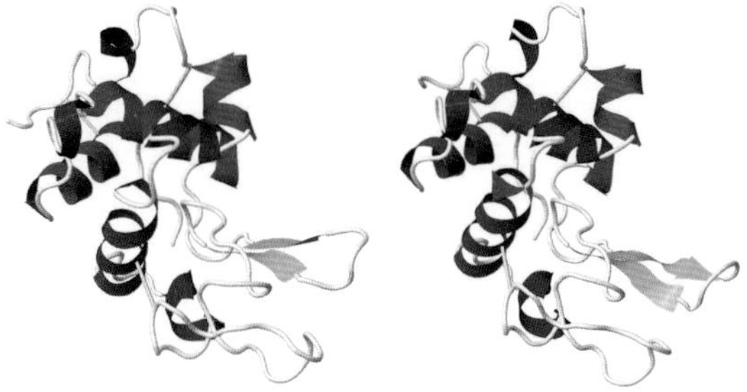

卵白リゾチーム　　ヒトリゾチーム

図4-23　卵白リゾチームとヒトリゾチームの三次構造の比較［PDB：194L，1B5U］

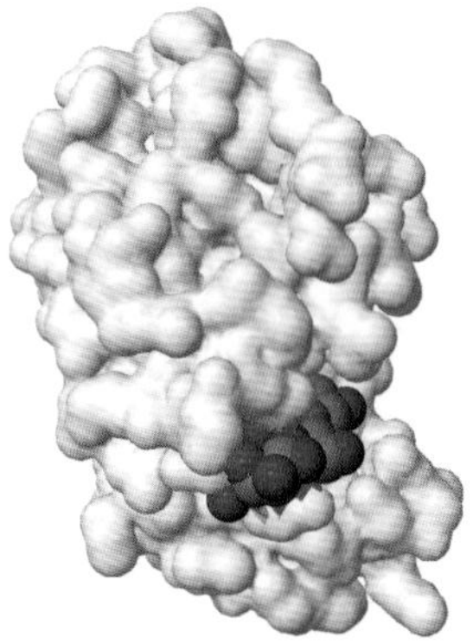

図4-24　ヒトリゾチームに，基質が挟み込まれたところ［PDB：1D6Q］
図4-23のモデルよりも少し上から見ている．実際の基質である多糖類は，もっと長い分子である．

ルタミン酸とアスパラギン酸は，右側にある大きな凹みの上と下に位置して近づくようになる．この凹みに基質が挟み込まれ（これが鍵と鍵穴にたとえられる基質特異性の実体である），グルタミン酸とアスパラギン酸の側鎖が鋏（はさみ）の上と下の刃のように基質にはたらきかけて，加水分解による切断が起こる（図4-24，⇒p.124 Column）．このように2つのアミノ酸がリゾチームの活性中心を形成している．立体構造を損なうようなアミノ酸の変異は卵白とヒトのリゾチームの間には生じていないのである．

このような立体構造の保持が妨げられると，酵素として機能できなくなる．これが，酵素の活性に最適温度，最適pHが存在する理由である．

3 補酵素の必要な酵素

リゾチームでは，タンパク質分子そのものが活性部位を形成している．多くの酵素はリゾチームのようにタンパク質そのものだが，酵素のなかには酵素活性を現すために，他の分子のはたらきが必要な場合がある．表4-1の解糖の代謝経路を触媒する酵素のなかで，5番目のグリセルアルデヒド-3-リン酸脱水素酵素（グリセルアルデヒド-3-リン酸デヒドロゲナーゼともいう）がその例である．

前述のとおり（⇒図4-9, 10），このステップにはNADが必要だが，NADは単独では水素と電子を奪う反応を行うことはできない．一方，グリセルアルデヒド-3-リン酸脱水素酵素のタンパク質部分（アポ酵素という）だけでも，触媒作用は示さない．NADという分子が**補酵素**としてアポ酵素と結合して初め

●表4-1　解糖系を触媒する酵素一覧

ステップ番号	触媒する酵素名
1	ヘキソキナーゼ
2	ホスホグルコイソメラーゼ
3	ホスホフルクトキナーゼ
4	アルドラーゼ
5	グリセルアルデヒド-3-リン酸脱水素酵素
6	ホスホグリセリン酸キナーゼ
7	ホスホグリセリン酸ムターゼ
8	エノラーゼ
9	ピルビン酸キナーゼ

ステップ番号は図4-10と対応している．

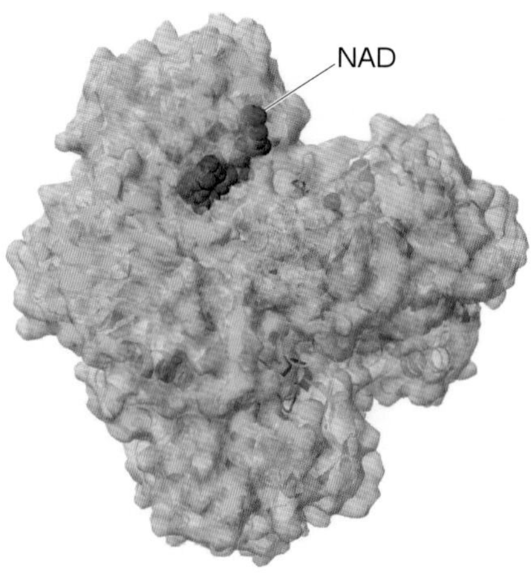
NAD

●図4-25　グリセルアルデヒド-3-リン酸脱水素酵素のモデル［PDB：1U8F］
この酵素は四量体で，図ではそのうちの1つと結合したNADのみが見える．

て，酵素活性を示す（図4-25）．脱水素酵素では，NADが基質から水素と電子を奪うのだが，NADと基質がちょうどいい位置に近づくようにアポ酵素が保持するのである．このような酵素をホロ（複合）酵素とよぶ．

TCA回路の中にあるNADが関与する反応もすべてこれと同じで，基質特異性が異なる脱水素酵素が作用している．これ以外にも，代謝経路のあらゆるところで脱水素酵素がはたらいている．NADはニコチン酸（ナイアシン）というビタミンB複合体の1つから生合成される．ちなみにニコチン酸はタバコのニコチンとは別物である．

TCA回路の中にFADという分子が出てきたが，FADも補酵素の名前で，NADの場合と同じようなはたらきをする．FADのFはリボフラビンの略で，ビタミンB_2のことである．このように，多くのビタミンは補酵素として酵素活性に必須な分子で，そのためにビタミン不足は病気（欠乏症）の原因となる（⇒10章-4）．

4 タンパク質以外の物質の合成

タンパク質は遺伝子の情報をもとにリボソームで合成されることはすでに学んだ．ちなみに，タンパク質の合成に必要なリボソームの構成成分であるrRNAや，アミノ酸を合成の場に運ぶtRNAは，遺伝子DNAの特定の領域から転写（⇒3章-3）によってつくられる．細胞が生きて活動していくためには，タンパク質以外にもさまざまな分子が必要である．細胞はこれらの分子をどのようにして手に入れているのだろうか．

ステロイドホルモン（⇒ホルモンについては6章-4参照）を例にとってみよう．ステロイドホルモンはすべて，コレステロールを出発分子とする代謝経路によって生合成される．原料となるコレステロールは，3分子のアセチルCoAから，主として肝臓の細胞でかなり複雑な（ステップの数の多い）代謝経路を経て生合成される．

こうしてつくられたコレステロールは輸送タンパク質と結合して血流によって各細胞に配られる．コレステロールは細胞膜の成分としても使われ，さらにステロイドホルモン生合成の代謝経路によって，プロゲステロンを経てテストステロン（主要な男性ホルモン）やエストラジオール（主要な女性ホルモン）がつくられる（図4-26）．

この代謝経路にも脱水素酵素が重要なはたらきをしている．17βヒドロキシステロイド脱水素酵素がその1つである．図4-26のアンドロステンジオンからテストステロンへのステップを触媒する．図4-27では，ステロイドホルモンがくぼみに結合しているのが見えるであろう．

細胞内で必要なタンパク質以外の分子すべては，このように酵素タンパク質のはたらきでつくられている．

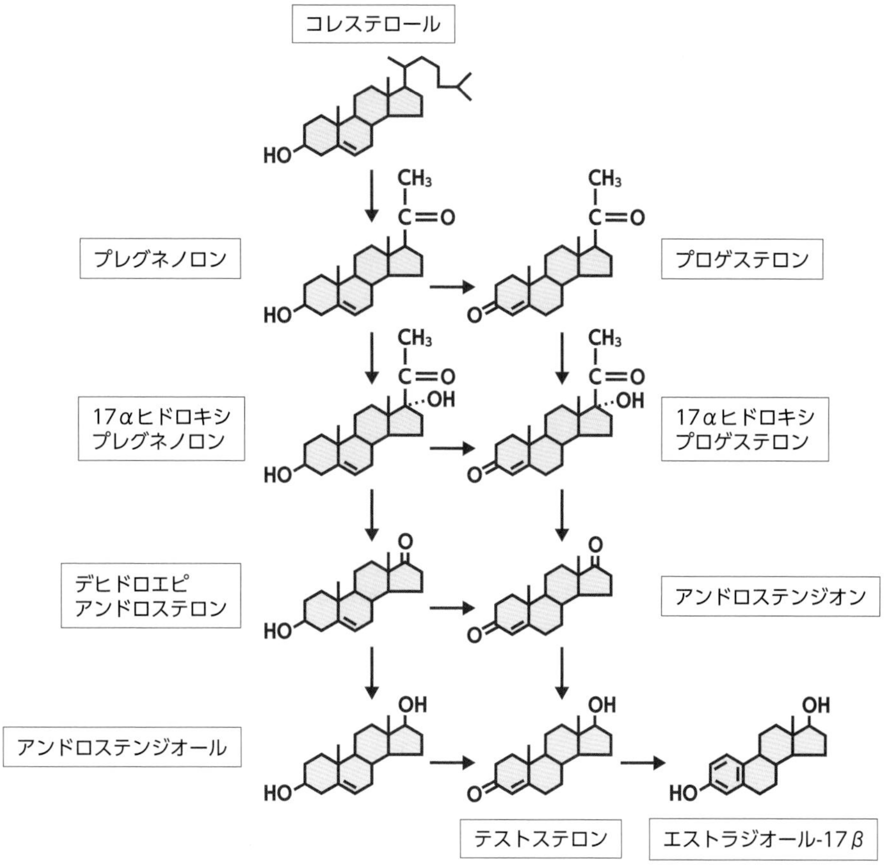
コレステロール
プレグネノロン
プロゲステロン
17αヒドロキシ
プレグネノロン
17αヒドロキシ
プロゲステロン
デヒドロエピ
アンドロステロン
アンドロステンジオン
アンドロステンジオール
テストステロン
エストラジオール-17β

●図4-26　ステロイドホルモンの代謝経路の一部

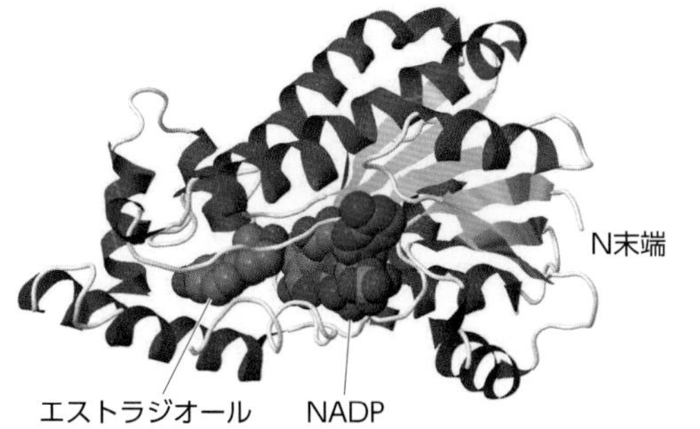
N末端
エストラジオール
NADP

●図4-27　17βヒドロキシステロイド脱水素酵素のモデル［PDB：1FDU］

5 代謝の調節

細胞の合成工場のベルトコンベアは，昼夜の区別なく常に動きつづけているのだろうか．現実の工場では原料の供給の調整をしたり，工員の勤務体制を調節したりして，ラインの稼動を調節している．細胞もこれと全く同じように，代謝経路の進み方を調節している．

まずは細胞が取り込むグルコースの量を調節して解糖系の進み方を調節する．さらに酵素の活性を調節して，ラインの動きを調節する．

解糖系の最初のステップは，ヘキソキナーゼがグルコースをリン酸化して，グルコース-6-リン酸にする反応である（⇒図4-10）．ヘキソキナーゼには深い切れ込みがあり，ここにグルコースが結合すると，切れ込みが閉じるように酵素の形が変形し，リン酸化が起こるようになっている．

酵素作用によって生成したグルコース-6-リン酸は，普通は次のステップを触媒する酵素によって次のフルクトース-6-リン酸になるが，何らかの理由で代謝経路が進まずにグルコース-6-リン酸が溜まると，酵素活性は抑制される．このような抑制のしかたを，代謝産物による**フィードバック抑制**とよんでいる．

解糖の代謝経路では，図4-10の❶❸❾の3つのステップ以外は可逆反応で，酵素は進む方向の反応ばかりでなく戻る方向の反応も進めることができる．どちらに進むかは，もっぱら基質の濃度によって決まる．一方，フルクトース-6-リン酸からフルクトース-1,6-二リン酸が生成されるステップ❸では，酵素は進む方向にしか触媒しない．そしてこのステップは進む速度が制御されている．このようなステップを**律速段階**（rate limiting step）という．

❸を進めるホスホフルクトキナーゼや❾を進めるピルビン酸キナーゼでは，代謝産物やその他の分子が活性中心とは別の部位に結合して，酵素の形を変えて酵素活性を抑制する．このような制御のしかたを，**アロステリック効果**による制御とよんでいる．

6 代謝経路のネットワーク

これまで述べた解糖の経路とTCA回路に，乗換駅ならぬ乗換え分子を介して，さまざまな分子が入ってくる（図4-28）．アミノ酸のあるものはピルビン酸を経て，あるいは直接，アセチルCoAになってTCA回路に合流する．別のアミノ酸は，αケトグルタル酸，コハク酸，フマル酸になってTCA回路に入ってくる．

脂肪が分解されて生じたグリセロールはグリセロール-3-リン酸になって解糖系に合流する．脂肪酸のほうは，β酸化によって端から順次アセチルCoAがつくられ，TCA回路へ入る．

細胞内ではこのように，すべての必要な物質は代謝経路のネットワークにより代謝されていく．ここでは触れなかったが，必要な物質を合成する過程も，同じように存在する．細胞は，分解と生産ラインが精妙に配置された，分子処理工場なのである．

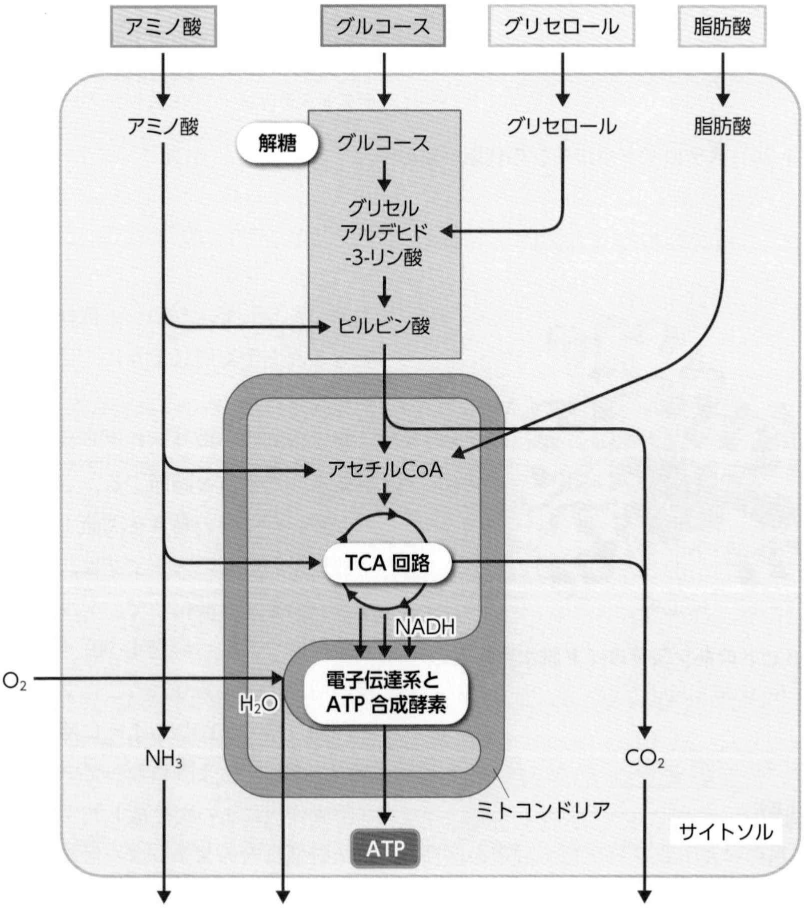

アミノ酸
グルコース
グリセロール
脂肪酸
アミノ酸
解糖
グルコース
グリセロール
脂肪酸
グリセル
アルデヒド
-3-リン酸
ピルビン酸
アセチルCoA
TCA 回路
NADH
O_2
電子伝達系と
ATP 合成酵素
H_2O
NH_3
CO_2
ミトコンドリア
サイトソル
ATP

●図4-28　代謝経路のネットワーク

章末問題

解答 ➡

問1 ATPはエネルギーの通貨であり，細胞の活動でエネルギーが必要な場面で必ず登場する．ATPがどのようにエネルギーの通貨の役割を果たしているか，述べよ．

問2 われわれは（外）呼吸によって酸素を取り込み，二酸化炭素を排出しているが，細胞まで送られた酸素はATP産生過程のどこでどのように使われ，二酸化炭素はどこでどのように生じるか（内呼吸），ATP産生の各過程と併せて述べよ．

問3 光合成の過程のうち明反応では，どのようにして太陽光のエネルギーが捕捉され，どのようにATPおよびNADPHが生成されるのか，述べよ．

問4 補酵素NADPとNADの役割に注目して，太陽→植物→動物→ATP産生→動物の活動というエネルギーの流れについて説明せよ．

問5 酵素のはたらきについて，次の語句を使用して説明せよ．
　語句：酵素タンパク質，基質特異性，アポ酵素，補酵素

Column　鋏で切るように，酵素が切断するとは？（p.74 Columnも参照）

リゾチームは，細菌の細胞壁を構成する糖鎖の*N*-アセチルムラミン酸と*N*-アセチルグルコサミンの間を加水分解して切断する（図1）．それでは，リゾチームはどのようにして加水分解反応を行っているのだろうか．ここでも重要なのは電子の流れなのである．

本文中に述べているように，活性中心にはグルタミン酸とアスパラギン酸がポケットを挟んで上と下で向かい合っている（図2）．どちらのアミノ酸残基も側鎖の端にはカルボキシ基があり（図3），卵白（ヒトの場合は涙や唾液）の水の多い環境では，アスパラギン酸のカルボキシ基のOHはH^+を解離してO^-になっている．

基質が活性部位のポケットに結合すると，左端から4番目の糖（D）の六員環の形がひずんで，右端の炭素（C1）がアスパラギン酸のO^-に近づくような配置になる．すると，O^-の電子2個がこの炭素に移動し，あとはバケツリレーで水を次々に隣の人に渡していくように，電子が図4①の赤い矢印で示したように

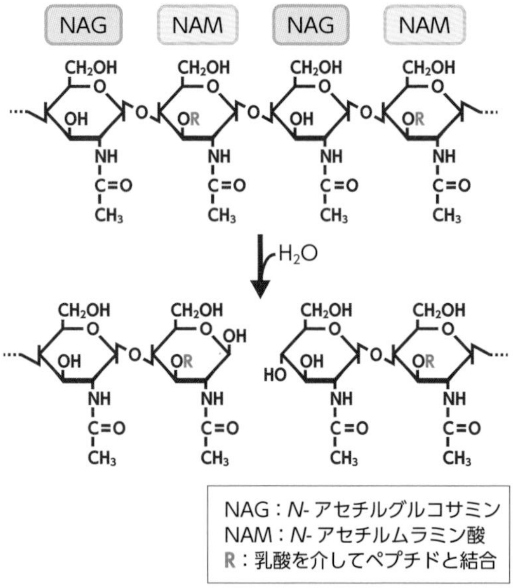

NAG
NAM
NAG
NAM
H2O
NAG：N-アセチルグルコサミン
NAM：N-アセチルムラミン酸
R：乳酸を介してペプチドと結合

●図1　リゾチームによる加水分解反応

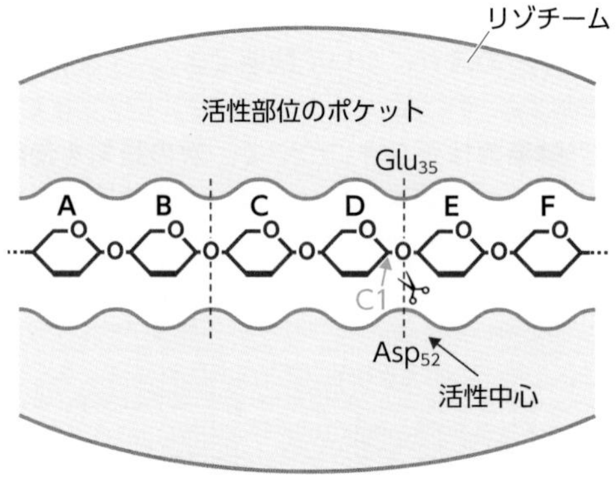

リゾチーム
活性部位のポケット
Glu35
A
B
C
D
E
F
C1
Asp52
活性中心

●図2　6つの糖からなる鎖が結合するポケットと切断部位

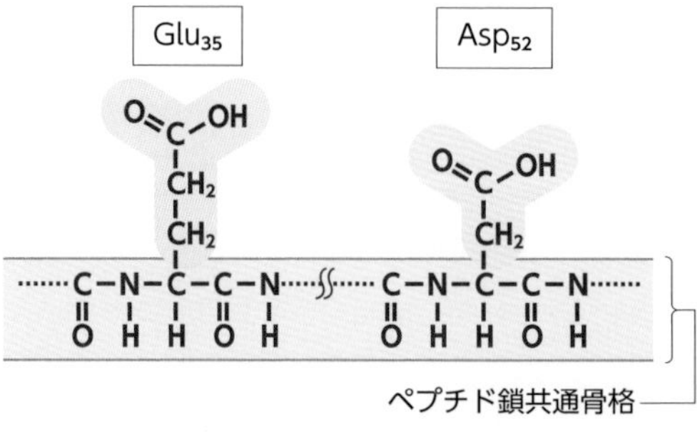

Glu35
Asp52
ペプチド鎖共通骨格

●図3　ペプチド鎖内のグルタミン酸とアスパラギン酸残基

移動していき，最後は向かい合うグルタミン酸のカルボキシ基に受け取られる．この移動によって，DとEの糖鎖の結合が切れ，Dはアスパラギン酸と一時的に結合する（図4②）．

次に周りにある水が，糖鎖が切れて生じた隙間に入った瞬間に，今度はグルタミン酸のO⁻の電子2個が，今来た道を逆戻りして，元のアスパラギン酸のカルボキシ基に帰ってくる（図4③）．この移動によって，水はHとOHに切断され，Hはグルタミン酸のカルボキシ基に，OHはDのC1に結合し，加水分解が完了する（図4④）．

本文中では鋏の刃で切ると述べているが，まさに電子2個の往復運動が，刃を開いて準備した鋏に切るべき紙が挟まると，刃を閉じて開くことに対応しているのである．生体の中では酵素による加水分解の例がたくさんあるが，基本的にはどの反応も，このような電子の移動によって起こっている．

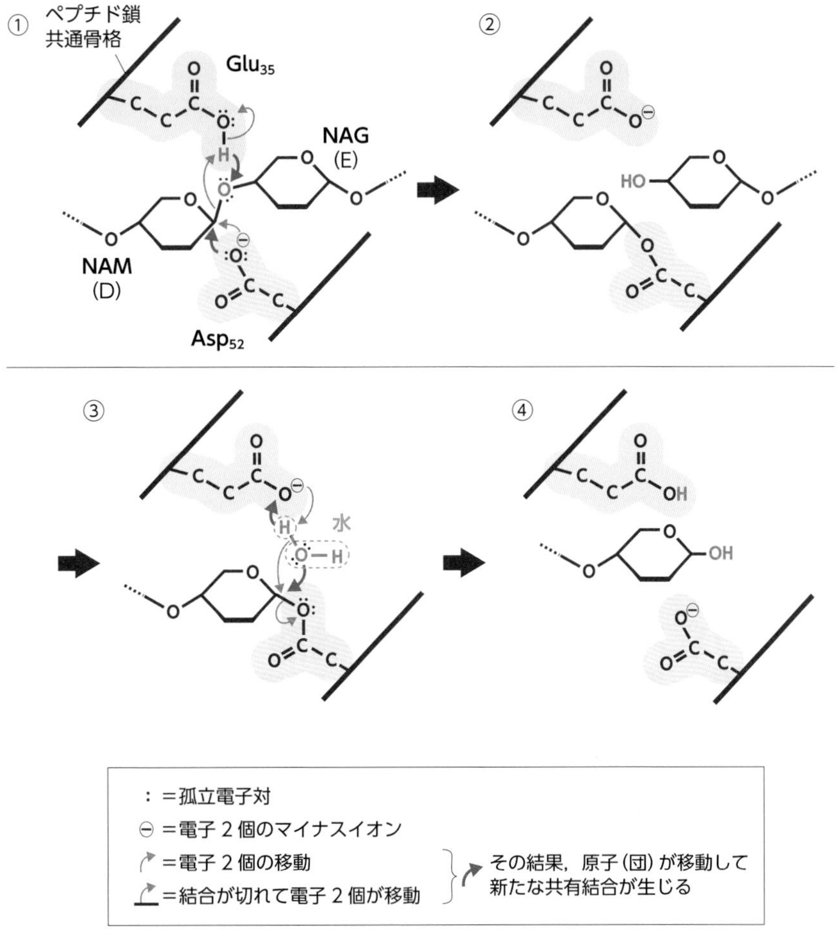

①
ペプチド鎖
共通骨格
Glu35
NAG
(E)
NAM
(D)
Asp52
②
HO
③
水
④
OH
：＝孤立電子対
⊖＝電子 2 個のマイナスイオン
＝電子 2 個の移動
＝結合が切れて電子 2 個が移動
その結果，原子（団）が移動して
新たな共有結合が生じる

●図4　活性中心における電子の移動による加水分解反応のメカニズム

5章 タンパク質が細胞のさまざまな活動を担う

細胞の内部では，たくさんの種類の酵素タンパク質が順序よくはたらいて，細胞の活動に必要なエネルギー源としてのATPを生産し，このATPを利用して，細胞が生きていくために必要なさまざまなタンパク質を生合成している．細胞のさまざまな活動を担っているのは，これらのタンパク質である．

すべてのタンパク質は，遺伝子に書き込まれた設計図に従って三次元の形が決まり，表面にできた凹凸とそれを構成するアミノ酸の種類によって，はたらきが決まる．酵素タンパク質は，基質に特異的にはたらきかけて必要な分子をつくり出し，花の色や眼の色といった形質を決めている．タンパク質は，この他，血液中にあって酸素を運んだり，細胞膜内にあってグルコースを運び込んだり，特定のイオンを通したりする．また，ホルモンとして細胞に信号を伝え，受容体としてこの信号を特異的に受け取る．細胞骨格タンパク質は，細胞の形を維持し，細胞小器官や顆粒の移動に寄与するばかりでなく，繊毛や鞭毛，筋収縮のように細胞運動や個体の運動にも重要なはたらきをしている．抗体タンパク質は生体の重要な防御体制の一員であり，異物は表札タンパク質で認識される．タンパク質はまた，rRNAとともにリボソームの構成要素となり，爪や髪の毛をつくり，お乳の中の栄養素となる．このように細胞あるいはその集合体である個体の形とはたらきはタンパク質によって規定されている．

5-1 タンパク質のさまざまな機能（酵素，運搬，ホルモン，受容体，細胞骨格）

タンパク質は20種類のアミノ酸の組合わせによってさまざまな形をとることができるので，いろいろな機能を担うことができる．タンパク質の主な機能を列挙すると表5-1のようになる．

酵素タンパク質についてはすでに4章で学んだので，ここでは，それ以外の機能的なタンパク質について調べてみよう．

1 膜輸送タンパク質

細胞膜は，半透膜である脂質の二重膜に，選択透過性が加わった機能的な膜である．この選択的な透過性は，膜に埋め込まれた膜輸送タンパク質を通して，決まった分子のみが通過できるために生じる．

膜輸送タンパク質（membrane transport protein）には，大きく分けて①チャネルタンパク質（channel protein）と②運搬体（輸送体，担体）タンパク質（carrier protein）がある（図5-1）．

❶チャネルタンパク質

チャネルタンパク質は，ゲートとよぶ機能をもった管のようなもので，ゲートが開くと濃度勾配に従って，特定のイオンがチャネルの中を通過できる．チャネルは，脂質の二重膜を貫通する何本かのαヘリックスの棒が束ねられたような構造をしている．内径や内側に配列しているアミノ酸の側鎖の性質によっ

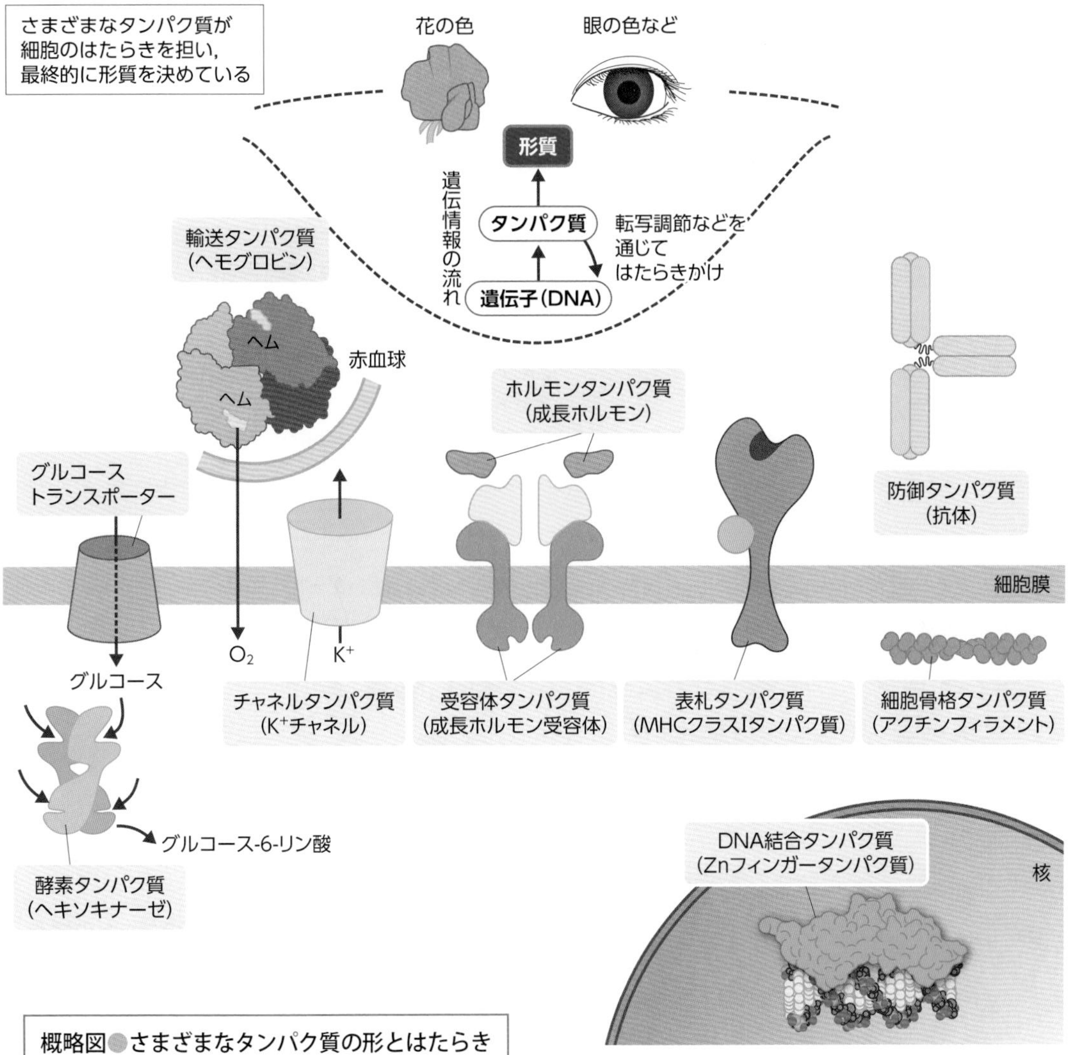

さまざまなタンパク質が
細胞のはたらきを担い，
最終的に形質を決めている
花の色
眼の色など
形質
遺伝情報の流れ
タンパク質
転写調節などを
通じて
はたらきかけ
遺伝子(DNA)
輸送タンパク質
(ヘモグロビン)
ヘム
ヘム
赤血球
ホルモンタンパク質
(成長ホルモン)
防御タンパク質
(抗体)
グルコース
トランスポーター
細胞膜
O_2
K^+
グルコース
チャネルタンパク質
(K^+チャネル)
受容体タンパク質
(成長ホルモン受容体)
表札タンパク質
(MHCクラスIタンパク質)
細胞骨格タンパク質
(アクチンフィラメント)
グルコース-6-リン酸
酵素タンパク質
(ヘキソキナーゼ)
DNA結合タンパク質
(Znフィンガータンパク質)
核

概略図●さまざまなタンパク質の形とはたらき

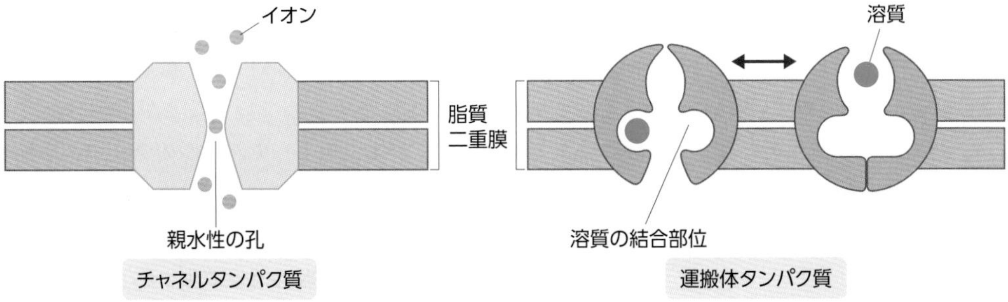

イオン
溶質
脂質
二重膜
親水性の孔
溶質の結合部位
チャネルタンパク質
運搬体タンパク質

●図5-1　膜輸送タンパク質の模式図

参考図書3をもとに作成.

●表5-1　主要なタンパク質の種類と役割

種類	役割	例
酵素タンパク質	化学反応を選択的に促進	細胞内のあらゆる化学反応を触媒する．消化酵素は細胞外で食物を分解する
輸送タンパク質	物質の輸送	ヘモグロビンは酸素を運搬．その他ステロイドホルモンや甲状腺ホルモンを運ぶタンパク質がある．膜輸送タンパク質によって細胞膜はさまざまな分子を通すことができる
ホルモンタンパク質	ホルモンとして生体の調節	成長ホルモンやインスリンのように，ホルモンとしてはたらく
受容体タンパク質	信号分子を受け取る	ホルモンなどの信号分子と結合して信号を細胞に伝える
細胞骨格タンパク質	細胞運動，細胞の形を維持	アクチンフィラメントや微小管を構成するタンパク質
防御タンパク質	病気から生体を防御	抗体は細菌やウイルスを攻撃する
貯蔵タンパク質	アミノ酸の貯蔵	卵白のオボアルブミンやミルクタンパク質カゼイン
DNA結合タンパク質	転写調節	Znフィンガータンパク質，ロイシンジッパータンパク質，ホメオドメインタンパク質など
構造タンパク質	生体組織を形づくる	コラーゲンやエラスチンのように組織の形を保つ．ケラチンのように毛髪や爪をつくる

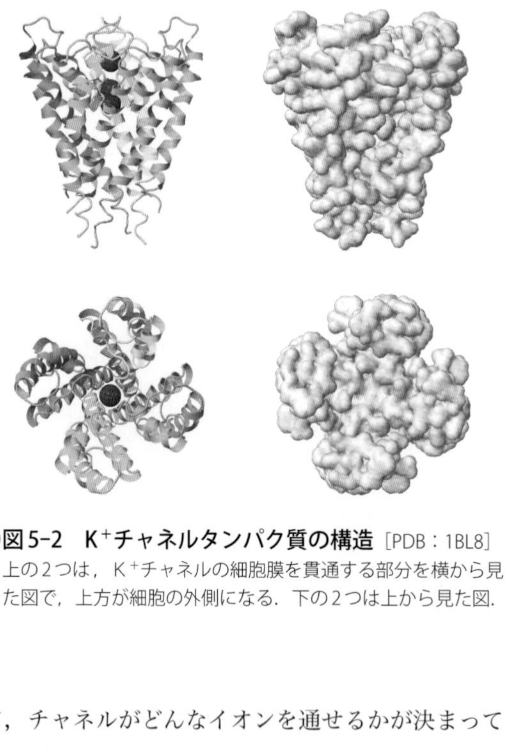

●図5-2　K^+チャネルタンパク質の構造［PDB：1BL8］
上の2つは，K^+チャネルの細胞膜を貫通する部分を横から見た図で，上方が細胞の外側になる．下の2つは上から見た図．

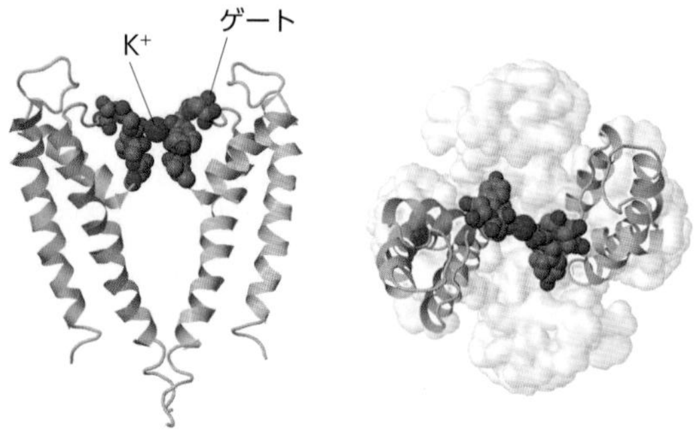
K+
ゲート

●図5-3　K^+チャネルタンパク質のゲートの構造
［PDB：1BL8］
カリウムだけを通すゲートのはたらきをする領域（Val-Gly-Tyr-Gly-Asp）も示した図．向かい合う2つのモノマーだけを示してある．紫の球はK^+．水和されたK^+から水が外れて穴の中に入り，ゲートを構成するアミノ酸側鎖によって捕捉される．Na^+は水が外れると直径が小さすぎてうまくゲートに捕捉されず，K^+だけがぴったりとゲートに捕捉され，次々と数珠状になって移動していく．

て，チャネルがどんなイオンを通せるかが決まってくる（チャネルフィルターの存在）．

最もよく構造が解析されている細菌のK^+チャネルの構造は，図5-2, 3のようなもので，平行に並ぶ2本のαヘリックス鎖からなるモノマーを4つ束ねて円錐をつくったような構造をしていて，中心にK^+が通る穴が開いている．

電位変化によって開く哺乳類のK^+チャネルの構造が明らかになり，6本のαヘリックスが1つのユニットを構成していて（図5-4左），5番目と6番目の間の二次構造をとらないアミノ酸配列のTVGYGDがK^+のゲートとなっていることがわかった．このユニットが4つ集まって，1つのチャネルを構成している（図5-4右）．

この2つのタンパク質，すなわち原核生物のK^+チャネルと哺乳類の電位変化に応じて開閉するイオンチャネルは，それぞれ別なタンパク質だが，カリウムが通る穴にあたる領域は，お互いによく似ているので生物の進化の過程であまり変わらずに伝えられてきたと考えられている．ゲートが開くメカニズムには，電位変化による方式以外に，情報分子が結合することによって起こる方式もある（⇒6章-3）．

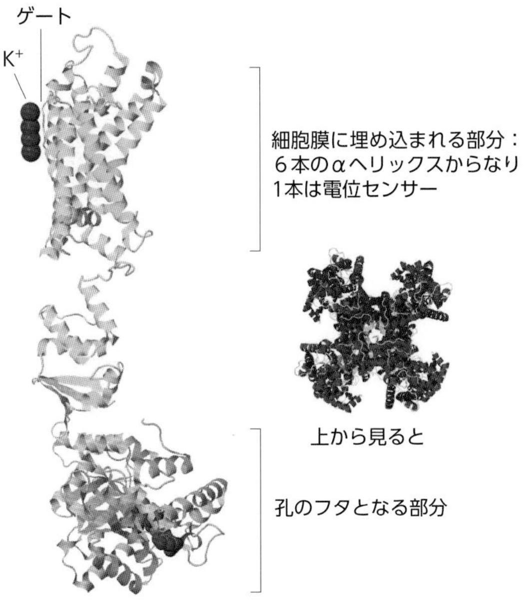
ゲート
K+
細胞膜に埋め込まれる部分：
６本のαヘリックスからなり
1本は電位センサー
上から見ると
孔のフタとなる部分

●図5-4　X線回折による哺乳類の電位依存型K+チャネルの構造［PDB：2R9R］
実際のチャネルはこれを4つ，K+の通る穴を中心にして束ねた形をしている（右図）．

❷運搬体タンパク質

細胞膜を通して溶質を運搬するタンパク質の分子内には，溶質が結合できる場所があり，この結合部位を介して溶質を通過させることができる（⇒5章-4②）．濃度勾配に従って溶質が通過する場合もあるが，ATPのエネルギーを使って濃度勾配に逆らって溶質を運搬する場合もある．

細胞外へNa^+を汲み出し，K^+を汲み入れるはたらきをする膜タンパク質は，Na^+-K^+ ATPaseあるいはナトリウムポンプとよばれる．エネルギーを使う，このような輸送を**能動輸送**（active transport）とよんでいる．

2 ホルモンタンパク質

タンパク質のなかには，ホルモンとしてはたらくものもある（⇒ホルモンについては6章-3参照）．成長ホルモン（growth hormone，somatotropin）を例にとってみよう．

ヒト成長ホルモンは，アミノ酸191個からなるタンパク質で，図5-5Aのような構造をしている．

ホルモンが特定の細胞にはたらきかけられるのは，細胞がもつ特異的な受容体にホルモンが結合するからである．ホルモンと受容体の関係も，基質と酵素の関係と同じように，鍵と鍵穴の関係にあるということができる．ホルモンの形が大事なのである．

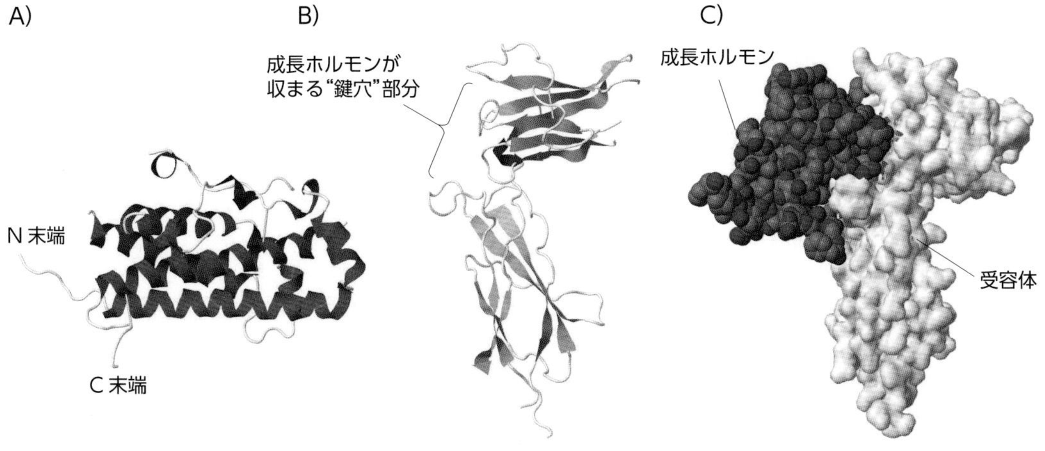
A)
N末端
C末端
B)
成長ホルモンが
収まる“鍵穴”部分
C)
成長ホルモン
受容体

●図5-5　ヒト成長ホルモンとその受容体の構造［PDB：1A22］
A）ヒト成長ホルモンタンパク質の構造，B）ヒト成長ホルモン受容体の細胞の外へ突き出た領域の模式図，C）受容体に成長ホルモンが結合したところを示す模式図．

3 受容体タンパク質

前述した成長ホルモンは，ステロイドホルモンのように細胞膜を通過することができないので，細胞表面にある**受容体**（receptor）と結合してその作用を現す．翻訳直後の成長ホルモン受容体はアミノ酸638個からなるが，先頭のシグナルペプチド18個が切り離されて，細胞膜に埋め込まれる．

現在，細胞外へ突き出た部分（ここで成長ホルモンと結合する）の構造がX線回折※1から推定されている（図5-5BC）．

成長ホルモン（やインスリン）の受容体は，ホルモンを結合したまま二量体になってはたらきを示す（図5-6，⇒図6-20）．

ホルモンや神経伝達物質が受容体と結合すると，次にトランスデューサーとしてはたらく別の膜タンパク質にその情報が伝わり，最後に細胞内情報伝達系に情報が伝えられる（図5-7）．信号分子と受容体については後で詳しく学ぶ（⇒6章-3）．

細胞表面の受容体には，放出された信号分子と結合する受容体ばかりでなく，細胞表面に突き出た表札の役割をするタンパク質を認識して結合する受容体もある．細胞同士は，このような表札タンパク質と受容体の結合によってお互いを認識し，細胞同士が接着するのである（⇒6章-1）．

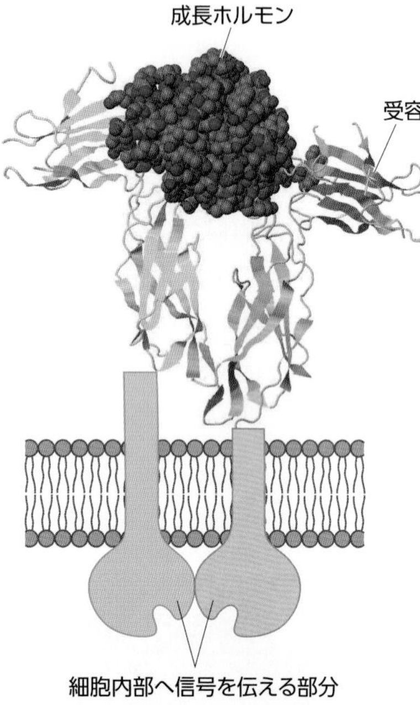
成長ホルモン
受容体
細胞内部へ信号を伝える部分

●図5-6　二量体を形成した成長ホルモン受容体の模式図［PDB：3HHR］

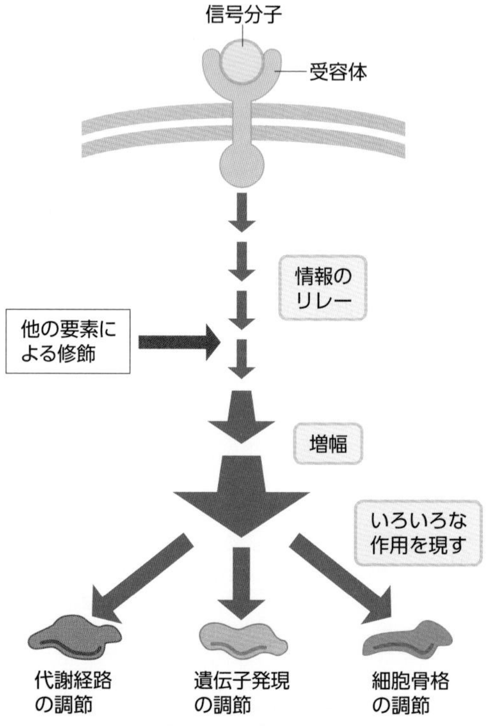
信号分子
受容体
情報の
リレー
他の要素に
よる修飾
増幅
いろいろな
作用を現す
代謝経路
の調節
遺伝子発現
の調節
細胞骨格
の調節

●図5-7　細胞内情報伝達経路の模式図
参考図書2をもとに作成.

※1 X線回折（X-ray diffraction）：タンパク質の結晶に単一波長のX線を当てると，X線が結晶格子によって回折される．これを利用して結晶内部の原子の配列を決めることができる．これをX線回折結晶構造解析あるいは単にX線回折法という．結晶のように決定はできないが，繊維構造でも配列を推定することができる．DNA分子はこの方法で構造が推定された．

5-2 細胞は動く

細胞はさまざまな形態をしていて，その形を保っているが，全く形を変えないわけではない．赤血球は形を変えて細い毛細血管の中を移動していくし，マクロファージは仮足を出して細胞間隙を移動していく．また，鞭毛や繊毛を動かして移動する細胞もあり，気管では上皮細胞の表面にある繊毛を動かして気管に紛れ込んだゴミを排出する．

こうした細胞の運動や筋肉運動を担っているのは，細胞骨格（⇒2章-4⑥）のうちのアクチンフィラメントと微小管である．

1 アクチンフィラメント

アクチンフィラメント（actin filament）は，球状タンパク質であるアクチン分子（G-アクチン）が連なってできた繊維（F-アクチン）が2本，撚（よ）り合わさった形をしている（図5-8）．

アクチン分子（G-アクチン）は，375個のアミノ酸からなる1本のポリペプチドである．真ん中の深い切れ込みの左右で，分子は2つのドメインに分かれる．G-アクチンはこの切れ込みに1個のATPを抱え込んで強く結合している（図5-9）．

G-アクチンの会合は，プラス端（下）と書いてある部分で強く起こり，反対のマイナス端（上）ではほとんど起こらない．会合と解離には，ATPとその加水分解によるADPへの変換が関与している．

G-アクチンモノマーは，ATPと結合して会合しやすくなり，会合するとATPはADPに加水分解され，今度は解離しやすくなる．ただしフィラメントの途

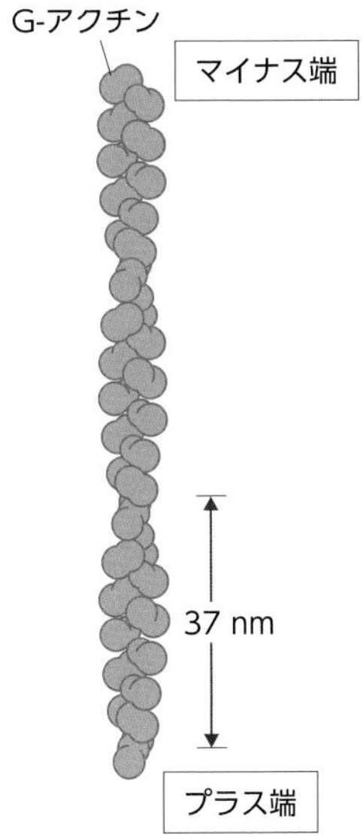
G-アクチン
マイナス端
37 nm
プラス端

●図5-8　アクチンフィラメント中のG-アクチンの並び方
参考図書3をもとに作成．

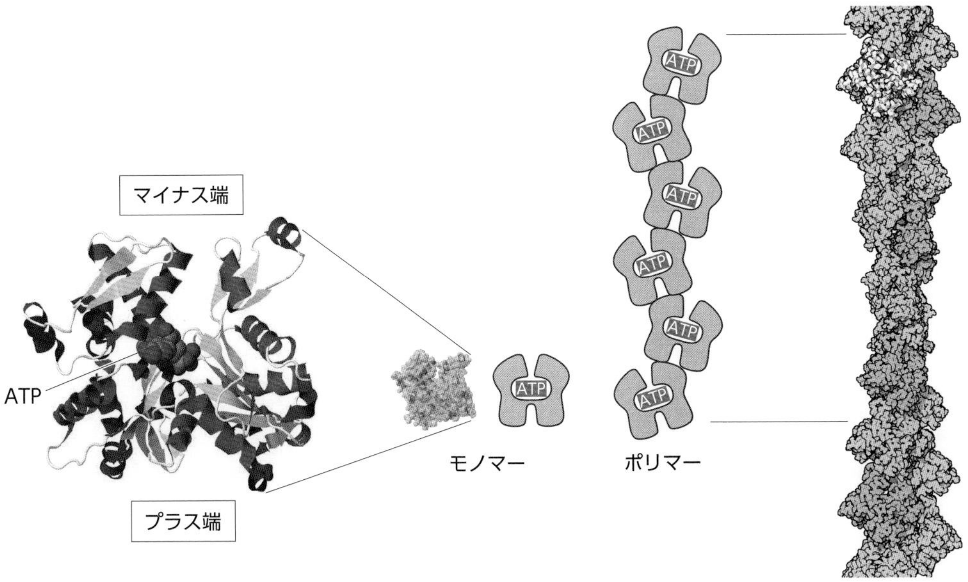
マイナス端
ATP
プラス端
ATP
モノマー
ポリマー

●図5-9　ATPを抱え込んだG-アクチン分子と会合を示す模式図［PDB：1J6Z］

中では解離できない．解離するとADPは切れ込みから解放され，ATPと置き換わって再び会合できるようになる（図5-10）．

このようなダイナミックな解離と会合が細胞表層のアクチンフィラメントの束で起こっているために，細胞が小突起を出したり引っ込めたりすることができるのである（図5-11）．

アクチンと結合することができるタンパク質がたくさん見つかっている．これらのタンパク質によって，アクチンフィラメントはお互いに結合しあったり，膜タンパク質と結合したり，向き合って滑り込んだりすることができる．アクチンフィラメントに結合できるタンパク質で重要なものは**ミオシン**（myosin）である．ミオシンはアクチン上をATPのエネルギーを使って動いていくモータータンパク質の1つである．

2 微小管

微小管（microtubule）は中心体（centrosome）から細胞内部にネットワークのように伸びた細胞骨格分子である※2（図5-12A）．細胞小器官は，後で述べるモータータンパク質を介してこの微小管と結合し，細胞内を移動する．また，魚類の色素細胞でみられるように，細胞内の顆粒の移動にも関与している．微小管は繊毛（cilium）や鞭毛（flagella）の中を貫いていて，その運動に関与する（図5-12B）．さらに，細胞分裂のときには，紡錘糸（spindle fiber）として染色体の移動に関与する（図5-12C）．

微小管は，αチューブリンとβチューブリンというよく似た2つの球状タンパク質の二量体（ダイマー）を，次々と積みあげてできた中空の繊維である．断面を見ると一回り13個の分子が管壁を構成しているので，ダイマーを交互につないだ13本の原繊

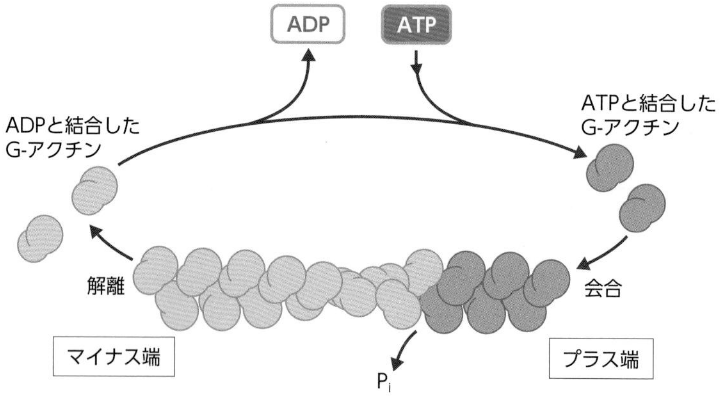
ADP
ATP
ADPと結合した
G-アクチン
ATPと結合した
G-アクチン
解離
会合
マイナス端
プラス端
P_i

●図5-10　G-アクチンの会合と解離
参考図書2をもとに作成．

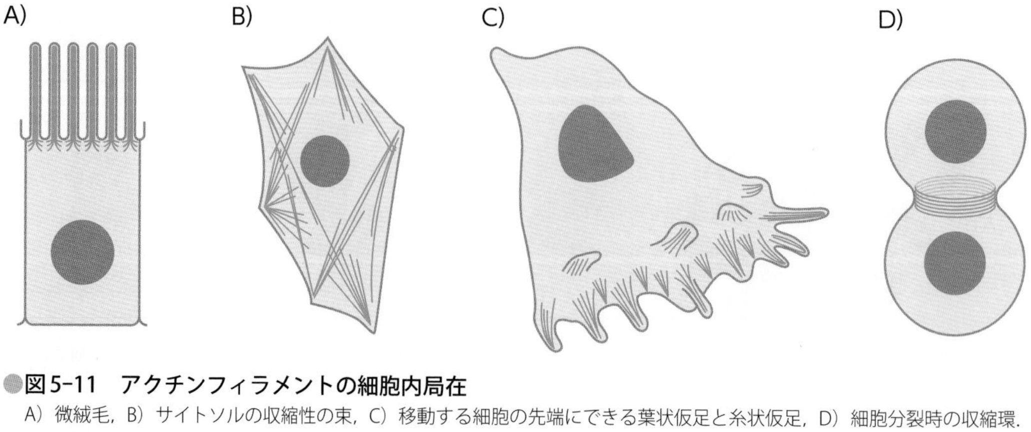
A)
B)
C)
D)

●図5-11　アクチンフィラメントの細胞内局在
A）微絨毛，B）サイトソルの収縮性の束，C）移動する細胞の先端にできる葉状仮足と糸状仮足，D）細胞分裂時の収縮環．
参考図書2をもとに作成．

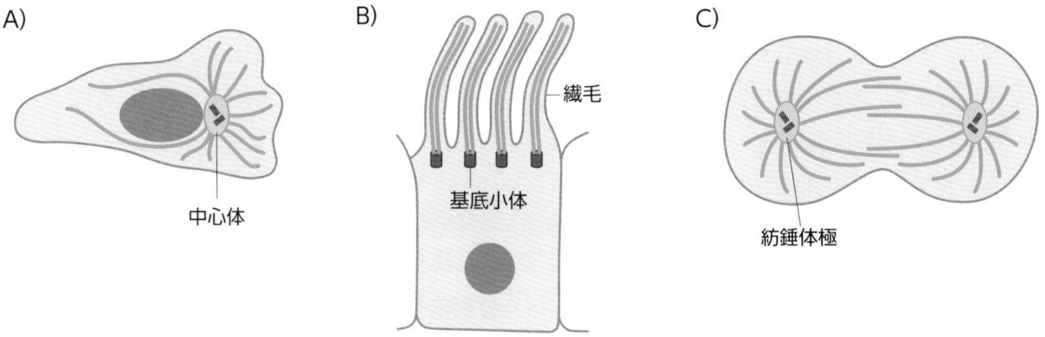
A)
中心体
B)
繊毛
基底小体
C)
紡錘体極

●図5-12　微小管の細胞内局在
A）分裂していない（間期の）細胞，B）繊毛をもつ細胞，C）分裂中の細胞．参考図書2をもとに作成．

維を束ねたとみることもできる（図5-13）．

アクチンフィラメントと同じように，微小管にもプラス端とマイナス端があり，会合と解離がそれぞれの端で起こっていて，その速度が違うので方向性がある．この会合と解離には，アクチンの場合のATPとは異なり，GTPが関与する．GTPはβチューブリンに結合して会合しやすくする．

チューブリンに結合するモータータンパク質も存在する．よく知られているのは，**ダイニン**（dynein）と**キネシン**（kinesin）である．図5-14のように，微小管の線路の上をトロッコのように荷物を積んで動いていく．両者の違いは走行方向で，ダイニンはマイナス端に向かって動き，キネシンはプラス端に向かって動く．もちろんこの動きにはATPのエネルギーが必要である．

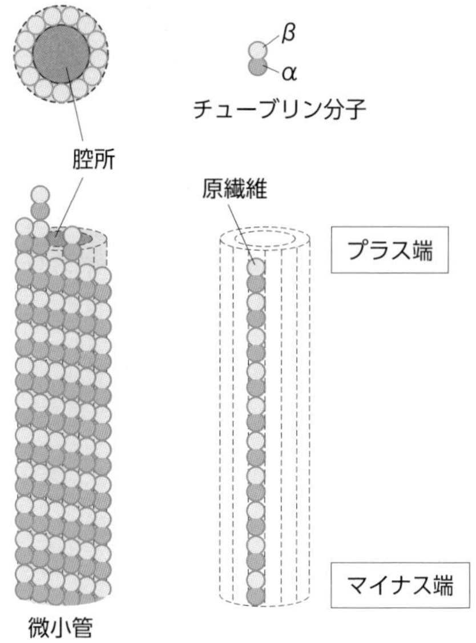
β
α
チューブリン分子
腔所
原繊維
プラス端
マイナス端
微小管

●図5-13　微小管の構造
参考図書2をもとに作成．

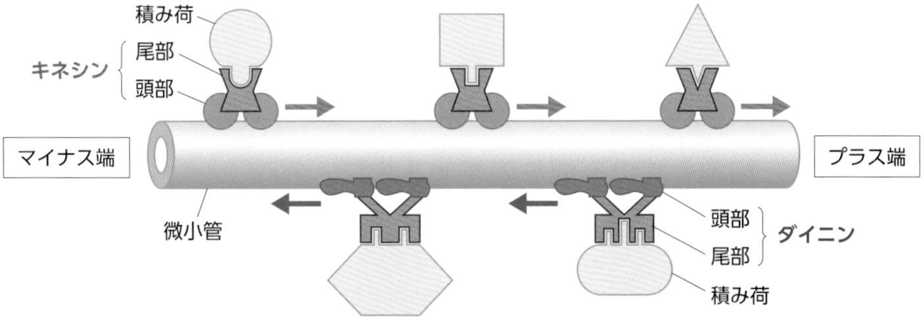
積み荷
尾部
頭部
キネシン
マイナス端
プラス端
微小管
頭部
尾部
ダイニン
積み荷

●図5-14　微小管上を走行するダイニンとキネシン
ニューロンの軸索の場合，プラス端が軸索末端側になる．参考図書2をもとに作成．

※2 植物には中心体はなく，微小管は細胞内の表層に散在する（⇒図2-4）．動物細胞でも微小管に結合する多数のタンパク質があり，中心体から伸びる微小管は途中で枝分かれをしてネットワークを形成している．

❶繊毛打

ゾウリムシの体表には繊毛が生えていて，これを使って水中を泳ぐ．ヒトでも気管の表面には無数の繊毛があって，規則的に繊毛打（ciliary movement）を繰り返して呼吸によって入ってしまった微粒子を捕捉して口へ押し戻している．

繊毛の断面を電子顕微鏡で観察すると図5-15のような構造をしている．

繊毛の屈曲は，微小管とダイニンの相互作用で起こる．繊毛ではダイニンアームがダブレット構造のうちのA小管と結合しており，突き出た腕の先端はB小管とATP依存的に結合している．ATPが加水分解されてエネルギーが発生すると，ダイニンはB小管上をマイナス端，すなわち基部のほうに動く．軸糸は束ねられているので軸糸間でずれが起こり，繊毛は屈曲する．

❷鞭毛モーター

真核生物の鞭毛の構造は，基本的には繊毛と同じ

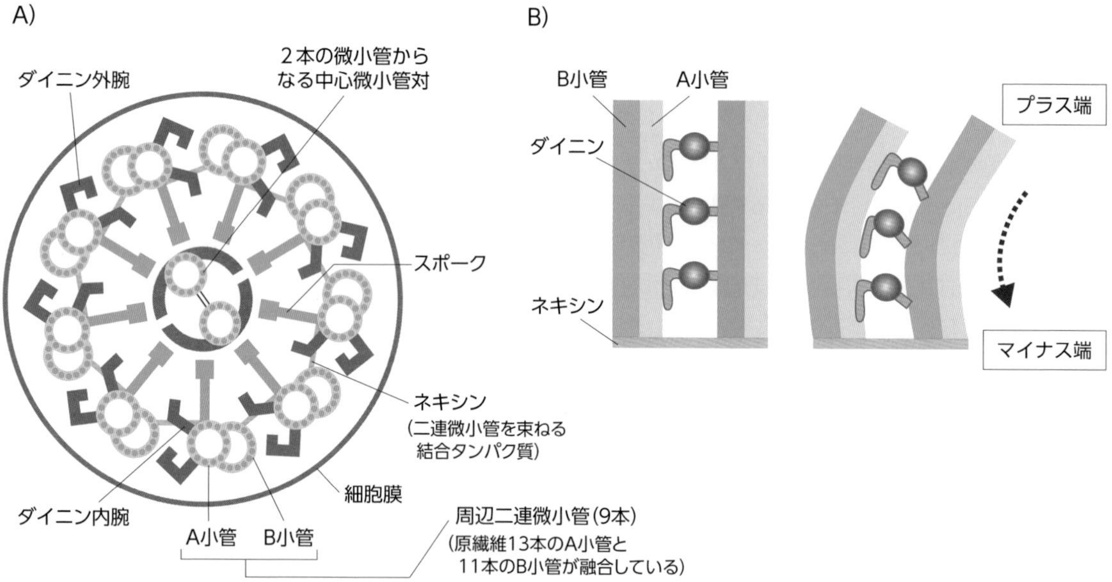

A)
2本の微小管から
なる中心微小管対
ダイニン外腕
スポーク
ネキシン
(二連微小管を束ねる
結合タンパク質)
細胞膜
ダイニン内腕
A小管
B小管
周辺二連微小管(9本)
(原繊維13本のA小管と
11本のB小管が融合している)
B)
B小管
A小管
ダイニン
ネキシン
プラス端
マイナス端

図5-15　繊毛断面の構造（A）と繊毛の屈曲（B）

A）中心に2本，周囲に9本の繊維（軸糸，axoneme）があり（9＋2構造），周囲の9本はダブレット構造をしている．周囲の9本の軸糸からは2本のダイニンアーム（内腕，外腕）が時計周り方向に突き出している．その他のタンパク質は，軸糸を束ねたり，繊毛打を望ましい波形にする機械的リレーシステムのために必要な結合タンパク質である．それぞれの軸糸は微小管からできている．中心の2本は微小管そのものだが，ダブレット構造をした周辺の9本の軸糸は，原繊維13本（A小管）と11本（B小管）の2本の微小管が融合している．B）ダイニンがB小管上をマイナス端側へ移動すると，ネキシンによって基部が束ねられているため，繊毛が屈曲する．参考図書2をもとに作成．

Column　細胞骨格の形成を阻害する物質

アクチンの会合を阻害する物質に，真菌の一種から単離されたサイトカラシンがあり，これを使って細胞運動の研究が行われている．サイトカラシンによって，細胞質分裂，卵割の進行，初期発生で起こる原腸陥入，神経の軸索の成長，白血球の食作用などが阻害される．したがって，これらの過程にはアクチンフィラメントの形成が深くかかわっている．

また，ユリ科植物のイヌサフランの種子・鱗茎から抽出されるアルカロイドであるコルヒチンが，チューブリンの会合を阻害する．この薬品で処理すると，紡錘糸の形成が阻害され，そのために染色体の分離が起こらない．タイヘイヨウイチイから抽出されたタキソールは，チューブリンの会合を安定化するために，紡錘糸の解離を阻害し，やはり細胞分裂を阻害する．

だが，繊毛よりはるかに長く，細胞全体を動かすのに適している．精子の尾部が典型的な鞭毛である（⇒図8-7）．

一方，原核生物の細菌の鞭毛は真核生物の鞭毛とは異なっていて，細胞膜に埋め込まれた軸受け部内でローターが回転することによりらせん構造をした鞭毛が回転して，推進力が生まれる．大腸菌では回転数は毎秒300回転ほどである．この回転のエネルギーはATPによってもたらされるものではなく，プロトン（H^+）の濃度勾配を利用していることがわかっている※3．真核生物ミトコンドリア内膜に存在する電子伝達系タンパク質（⇒図4-14）が，細菌では細胞膜に埋め込まれていて，この電子伝達系によってH^+の濃度差を細胞膜内外につくり，H^+の移動により鞭毛を回転させている．

3 筋収縮

❶骨格筋の構造

細胞内に一般的に存在する微小管が集まって繊毛を形成し，細胞運動の1つである繊毛打を起こしていたように，筋肉では細胞に一般的なアクチンフィラメントとその結合タンパク質の1つであるミオシンが，大量に集まり機能的な配列をもった筋原繊維を形成し，筋収縮を起こす．

骨格筋の筋細胞（＝筋繊維）内には，多数の**筋原繊維**（myofibril）が束になって詰まっている（図5-16）．この筋原繊維が収縮の単位で，細長い筋原繊維は両端をZ膜（Z板）で仕切られた**筋節**（sarcomere）という単位が多数，連なった構造をしている．筋節の長さは約2.5 μmで，筋原繊維の長さの0.01 %に過ぎないので，1つの筋原繊維は10,000ほどの筋節がつながった構造をしていることになる．筋原繊維は筋小胞体（sarcoplasmic reticulum）にすっぽり包まれている．さらにこの筋小胞体の上をZ膜のところで細いT管（transverse tubules）が取り囲んでいる．このT管は筋細胞の細胞膜が細くなって潜り込んだものである．

つまり筋小胞体はどんなに筋細胞表面から離れた内部にあっても，一定の間隔をおいて細胞膜（T管）と接しているのである．細胞表面で起こった電気的な変化は，このT管を通じて筋細胞を構成する筋原繊維全体に伝えられる．

電子顕微鏡で見ると筋節には多数のフィラメント構造が見える．筋節の中央部には電子顕微鏡で見て暗く見えるA帯（暗帯）が存在し，A帯とZ膜の間には明るいI帯（明帯）が存在する．A帯の中央にはやや明るいH帯が存在する．筋節の断面を電子顕微鏡で見ると，I帯は細いフィラメントのみ，A帯は細

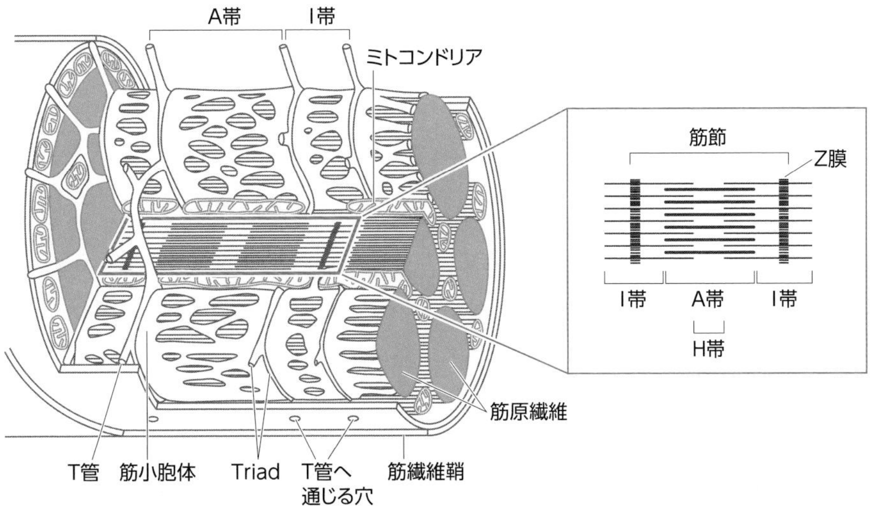
A帯
I帯
ミトコンドリア
筋節
Z膜
I帯
A帯
I帯
H帯
筋原繊維
T管
筋小胞体
Triad
T管へ
通じる穴
筋繊維鞘

●図5-16　骨格筋（筋繊維）の断面図

※3 海洋性ビブリオ菌ではナトリウムイオンの濃度勾配を利用している．

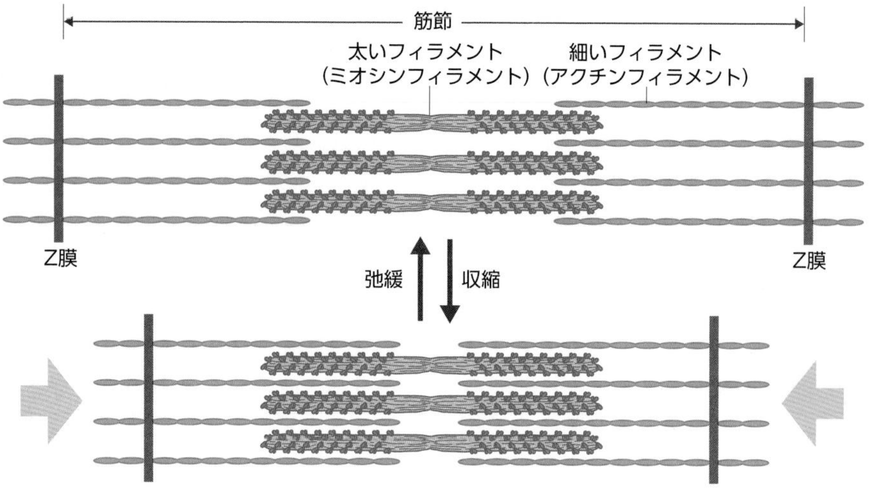
筋節
太いフィラメント
（ミオシンフィラメント）
細いフィラメント
（アクチンフィラメント）
Z膜
Z膜
弛緩
収縮

●図5-17　筋節の収縮と弛緩

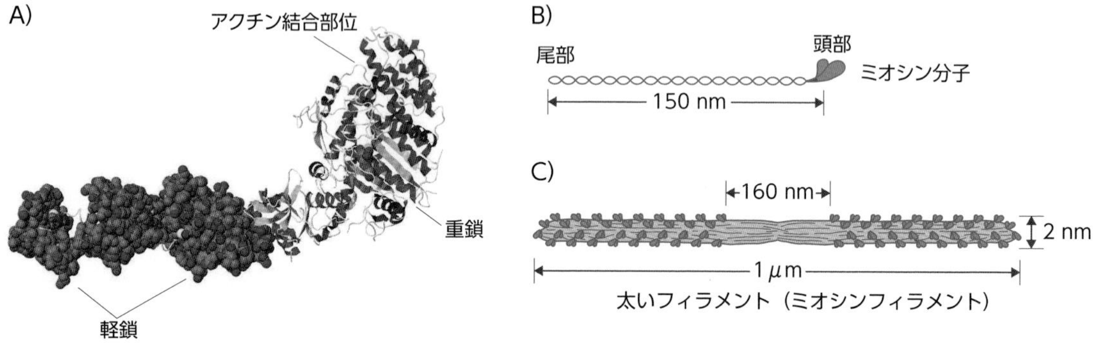
A)
アクチン結合部位
重鎖
軽鎖
B)
尾部
頭部
ミオシン分子
150 nm
C)
160 nm
2 nm
1 μm
太いフィラメント（ミオシンフィラメント）

●図5-18　ミオシン頭頸部（A）[PDB：1B7T]，ミオシン分子（B）およびミオシンフィラメント（C）の構造

いフィラメントと太いフィラメントが規則正しく交互に配列し，H帯は細いフィラメントがなく太いフィラメントだけであることがわかる．

骨格筋では，最大収縮時には筋細胞の長さの約40％分短くなる．このとき，すべての筋節の長さは一様に減少する．筋節の短縮により，Z膜間の距離は縮まるが，中央のA帯の長さは変わらない．しかしながらH帯はほとんど消失し，I帯も狭くなる．これは収縮に伴って細いフィラメントがA帯中に滑り込むことを意味する．完全収縮時には，細いフィラメントが中央でほとんど出会うところまで滑り込む（図5-17）．

細いフィラメントはアクチンフィラメントと同じもので，これがZ膜に強く結合している．太いフィラメントはミオシン分子からなる．ミオシン分子は，2本の相同な重鎖と2種類4つの軽鎖からなる大きな分子である．重鎖はアミノ酸1,941個からなる分子で，N末端のおよそ半分が頭部と頸部（図5-18A）で，残りの半分が長いαヘリックスである（図5-18Aでは描かれていない）．頭部にはアクチン結合部位があり，頭部から伸びた頸部に2種類の軽鎖が巻き付いている．2本の重鎖と軽鎖複合体は，重鎖の長いαヘリックス部でロープのように撚り合わさった構造をしている（図5-18B）．ミオシンフィラメントは，このミオシン分子が約500本，規則正しく集合してできている（図5-18C）．

ミオシン分子の尾部は平行に並び，アミノ酸残基の側鎖間の相互作用により側面同士で結合する．ミオシン分子の長さは，太いフィラメントの長さの一部に過ぎないが，分子は図5-18Cのように互い違い

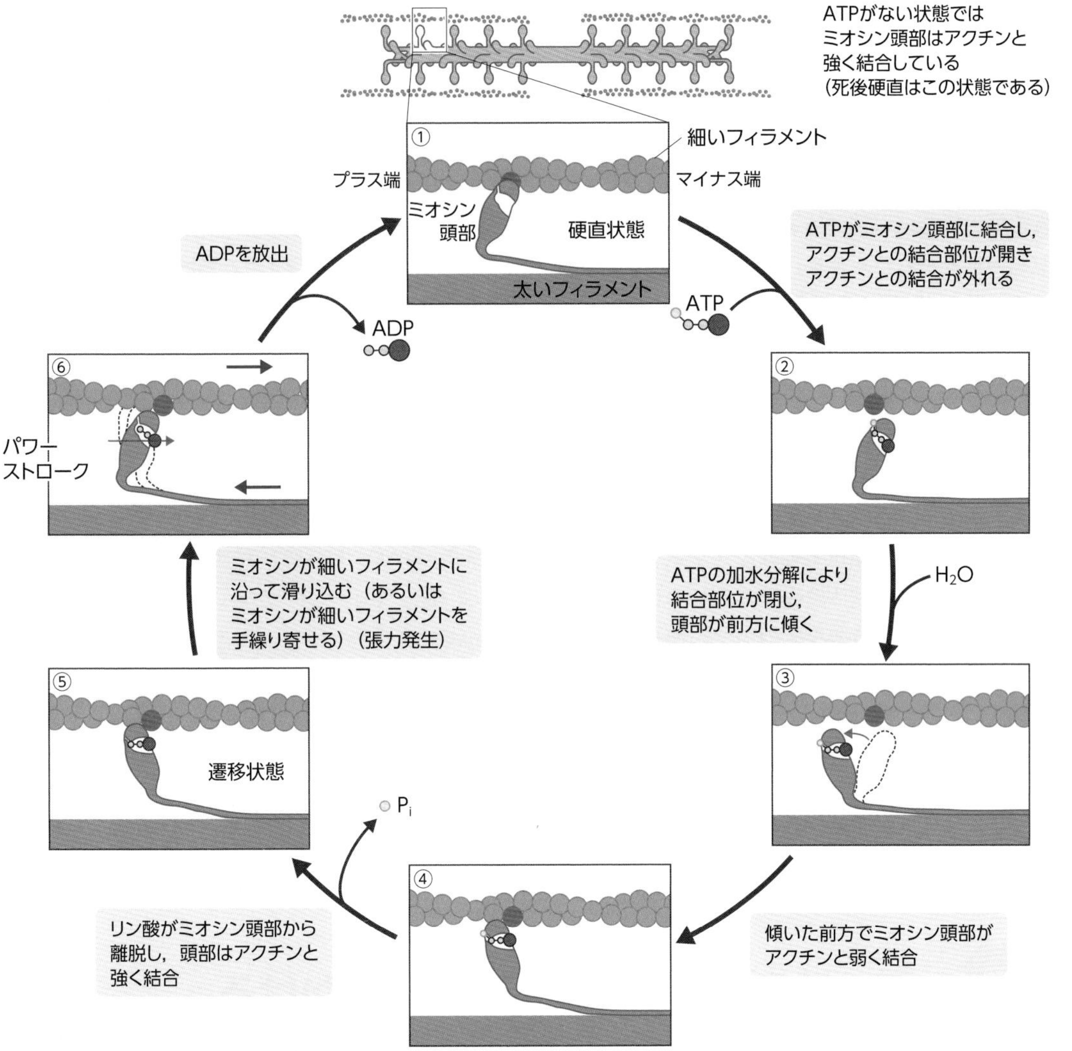
ATPがない状態では
ミオシン頭部はアクチンと
強く結合している
（死後硬直はこの状態である）
①
細いフィラメント
プラス端
マイナス端
ミオシン
頭部
硬直状態
太いフィラメント
ADPを放出
ATPがミオシン頭部に結合し，
アクチンとの結合部位が開き
アクチンとの結合が外れる
ATP
ADP
⑥
②
パワー
ストローク
ミオシンが細いフィラメントに
沿って滑り込む（あるいは
ミオシンが細いフィラメントを
手繰り寄せる）（張力発生）
ATPの加水分解により
結合部位が閉じ，
頭部が前方に傾く
H_2O
⑤
③
遷移状態
P_i
④
リン酸がミオシン頭部から
離脱し，頭部はアクチンと
強く結合
傾いた前方でミオシン頭部が
アクチンと弱く結合

図5-19　ミオシンのアクチンフィラメントへの滑り込みのサイクルを示す模式図
この滑り込みが一斉に起こることで，図5-17の上から下へのような筋収縮が生じる．http://163.178.103.176/Tema1G/Grupos1/GermanT1/GATP20/g2.htm より作成．

に少しずつ，ずれながら重合するので，尾部は太いフィラメントのコアを形成し，球状の頭部はコアの側面から規則的な間隔で突き出す形になる．

ミオシン分子の頭部は，ミオシンフィラメントの中央の左右でそれぞれ，フィラメントの両端に向いて配列される．したがって中央部はミオシン分子の頭部の突出がなく，電子顕微鏡で見るとH帯となって見える．

❷滑り込みによる収縮

それでは収縮はどのようにして起こるのだろうか．ミオシン頭部がアクチンと結合しているところから始めよう（図5-19①）．

ミオシン頭部にはアクチンと結合できる部位とともにATP分解酵素の活性が存在する．ATPがやってくると，ATPはミオシン頭部のATP分解酵素部位と結合する．するとミオシン頭部の立体構造が変わるため，アクチンとの結合が外れ（②），フィラメントに沿ってプラス端に向かって移動する（③）．移動のためのエネルギーは，結合したATPがATP分解酵素のはたらきでADPとリン酸に分解されることにより生じる．ミオシン頭部は移動した位置でアクチンと結合し（④），リン酸を放出してさらに強くアクチンと結合する（⑤）．ミオシン頭部がアクチンフィラメントを手繰り寄せ（パワーストローク，⑥），最後に，ミオシン頭部はADPを放出して元の姿勢に戻る．この運動を繰り返すことにより，アクチンフィラメントはA帯の中に滑り込んでゆき，筋節は短くなる，すなわち収縮が起こる．

❸収縮の引き金

骨格筋の場合，収縮が始まるのは運動神経によって収縮の指令がもたらされ，軸索末端から神経伝達物質であるアセチルコリンが放出されるためである．その結果，筋細胞膜が興奮し，この興奮が筋細胞内部に伝わる（⇒詳細は6章-5参照）．この興奮によって筋小胞体に貯蔵されていたCa^{2+}が筋細胞内に放出され，Ca^{2+}の濃度が上がる．これが刺激になって，前述したATPによるミオシンの運動が始まる．Ca^{2+}が，筋小胞体の膜に存在するカルシウムポンプのはたらきによって筋小胞体内へ汲み入れられると筋肉の弛緩が起こる．このように，Ca^{2+}が運動の開始にきわめて重要な役割を演じているのである．

筋細胞内のCa^{2+}の濃度が高くなると収縮が始まるのは，アクチン結合タンパク質が存在するためである．これまでは，筋肉のアクチンフィラメントは2本のF-アクチンが撚り合わさったものとしか説明してこなかったが，実際には，アクチンフィラメントに沿ってトロポミオシンという細長いタンパク質が巻きつき，さらに一定間隔ごとにトロポニン複合体（Tn-I，Tn-C，Tn-T）がトロポミオシンと結合している（図5-20）．Ca^{2+}がない状態ではトロポミオシンがアクチンのミオシン結合部位をふさいでいるのでミオシンとの相互作用は起こらない．筋小胞体から放出されたCa^{2+}がトロポニンと結合するとトロポニンの立体構造が変わり，梃子（てこ）の作用でトロポミオシンを動かし，ふさいでいたアクチンのミオシン結合部位を露出させる．その結果，ミオシンとアクチンの相互作用が起こるのである．

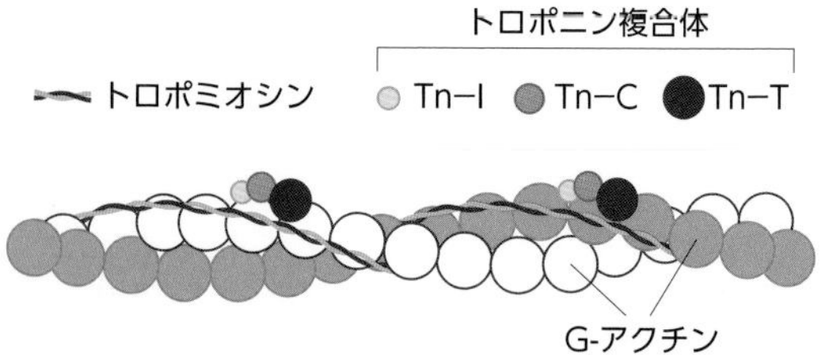

トロポニン複合体
トロポミオシン
Tn-I
Tn-C
Tn-T
G-アクチン

図5-20　アクチンフィラメントに巻きついたトロポミオシンとそれに結合したトロポニン複合体
この図ではわかりやすさのため，撚り合わさったF-アクチンのうちの1本を白色で示している．

5-3 タンパク質はDNAへはたらきかける

1 オペロン説

3章で転写について説明した際に，すべての細胞で同じように転写が起こっているのではなく，転写の調節が行われていることを述べた（⇒3章-3）．それではどのようにして転写の調節が行われているのだろうか．最初の手がかりは原核生物の大腸菌を使った実験で得られた．

原核生物のDNAは真核生物のDNAとは異なり環状に閉じている．また，イントロンに相当する部分はなく，遺伝子が連続して並んでいる．大腸菌は普段ラクトース（乳糖）を代謝してエネルギー源とすることができないが，ラクトースを栄養源にする必要に迫られると，ラクトースをグルコースとガラクトースに分解するβガラクトシダーゼという酵素が大腸菌内につくられるようになる．このような点を手がかりに実験を進めた結果，次のようなことがわかった．

大腸菌の遺伝子は，機能的に関係あるタンパク質をコードする領域が複数，連なっている．ジャコブとモノーは，このような単位を1つの操作単位という意味で**オペロン**（operon）と名づけた（図5-21）．ラクトースの代謝に関与する*lac*オペロンは，構造遺伝子※4としてラクトースを分解するβガラクトシダーゼをコードする遺伝子（*lacZ*）とその他2つの

※4 構造遺伝子と調節遺伝子（structural gene and regulatory gene）：遺伝子はタンパク質をコードしているが，細胞の構造やはたらきを担うタンパク質をコードするものを構造遺伝子といい，構造遺伝子の発現を調節するタンパク質をコードする遺伝子を調節遺伝子という．

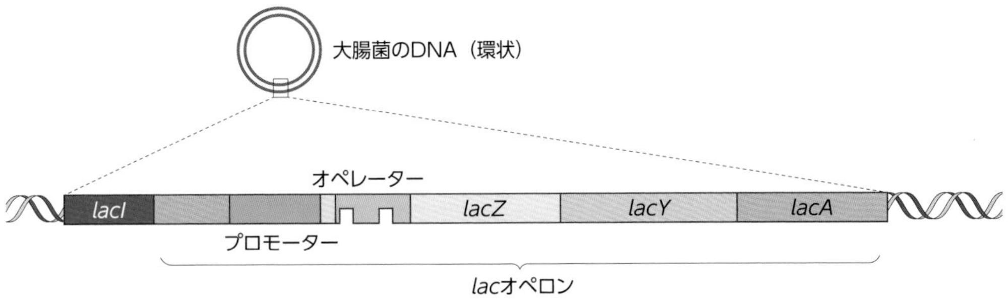
大腸菌のDNA（環状）
オペレーター
lacI
lacZ
lacY
lacA
プロモーター
lacオペロン

●図5-21　大腸菌*lac*オペロンの構造を示す模式図
参考図書1をもとに作成.

酵素タンパク質をコードする遺伝子（*lacY*，*lacA*）からなり，さらにその上流にオペレーター領域とプロモーター領域がある.

*lac*オペロンのプロモーター領域のさらに上流には，調節遺伝子（*lacI*）※4が存在する．この調節遺伝子は常に転写されてタンパク質がつくられている．このタンパク質はオペレーター領域に結合することができる構造をしているので，*lac*オペロンのオペレーター領域に結合する．そのためRNAポリメラーゼはプロモーター領域に結合することができなくなり，*lacZ*以下の3つの構造遺伝子の転写を行うことができない（図5-22）．調節遺伝子からつくられるこのようなタンパク質を**リプレッサー**とよぶ.

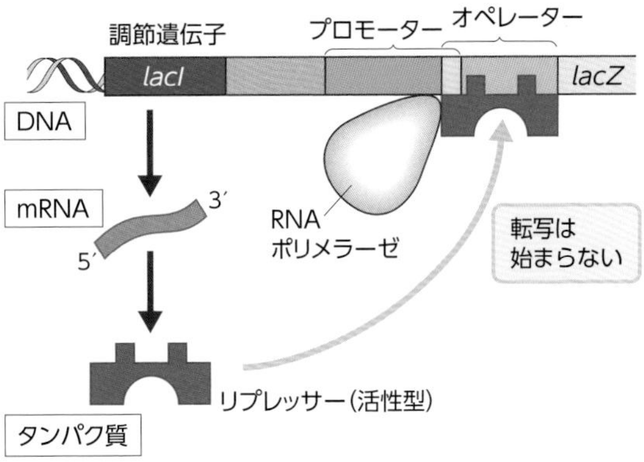
調節遺伝子
プロモーター
オペレーター
lacI
lacZ
DNA
mRNA
3´
5´
RNA
ポリメラーゼ
転写は
始まらない
リプレッサー(活性型)
タンパク質

●図5-22　転写スイッチオフの*lac*オペロン（通常の状態）
参考図書1をもとに作成.

ラクトースを利用せざるを得なくなると，大腸菌に取り込まれた少量のラクトース代謝産物※5がリプレッサーと結合して不活性型にしてしまう．その結果，リプレッサーはオペレーター領域に結合できなくなり，RNAポリメラーゼがプロモーター領域に結合できるようになる．こうして*lacZ*以下の3つの遺伝子が転写され，タンパク質に翻訳される（図5-23）.

この方式は，普段は転写スイッチをオフにしておき，必要に応じてオンにする方式である．ラクトースしかない環境では，ラクトースをグルコースに変える酵素が必要になり，転写のスイッチがオンになる.

これとは逆に，普段は調節遺伝子が不活性型のリプレッサーをつくり出して転写スイッチをオンにしておき，必要に応じてオフにする方式もある．大腸菌は必要なトリプトファン合成の代謝系を稼動させているが，最終産物であるトリプトファンがだぶつくと，不活性型**リプレッサー**に結合してこれを活性型にし，オペレーターに結合してスイッチをオフにする.

このように，タンパク質はDNAにはたらきかけて転写の調節を行っていることが明らかになり，真核生物でも同じように転写調節が行われていると考えられた.

※5 正確にはラクトースの位置異性体であるアロラクトース（1-6-*O*-β-galactopyranosyl-D-glucose）である.

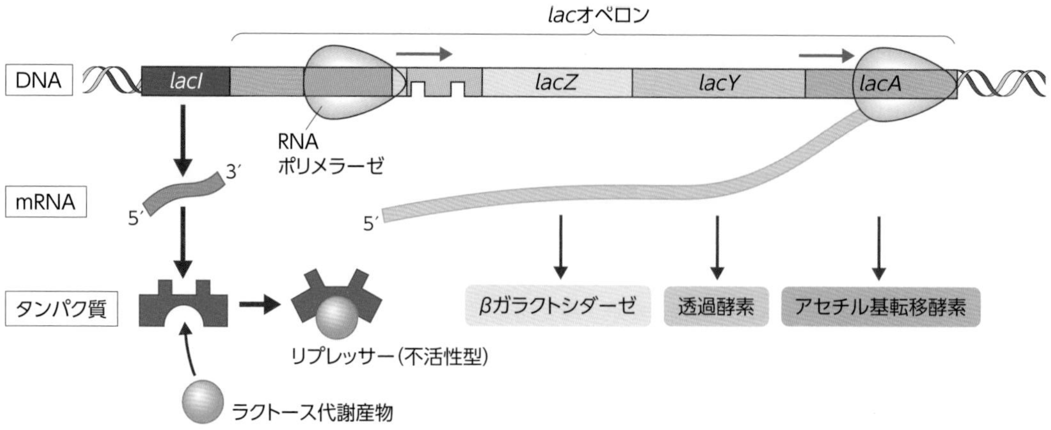
lacオペロン
DNA
lacI
lacZ
lacY
lacA
RNA
ポリメラーゼ
mRNA
3′
5′
5′
タンパク質
βガラクトシダーゼ
透過酵素
アセチル基転移酵素
リプレッサー(不活性型)
ラクトース代謝産物

●図5-23　転写スイッチがオンになったlacオペロン（ラクトース利用時）
参考図書1をもとに作成.

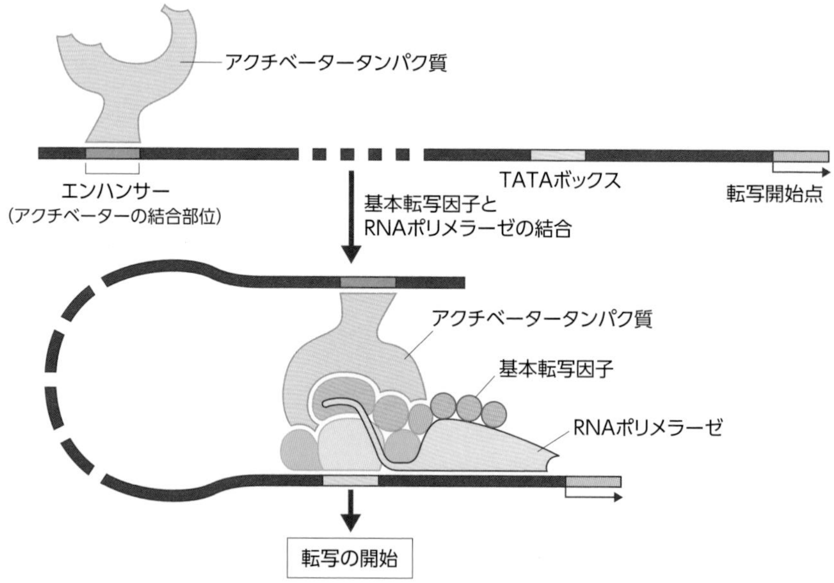
アクチベータータンパク質
エンハンサー
(アクチベーターの結合部位)
TATAボックス
転写開始点
基本転写因子と
RNAポリメラーゼの結合
アクチベータータンパク質
基本転写因子
RNAポリメラーゼ
転写の開始

●図5-24　真核生物の転写調節モデル
参考図書2をもとに作成.

2 真核生物の場合

真核生物の転写調節は，原核生物と比べるとはるかに複雑で，たくさんのタンパク質が関与している．原核生物ではすでに述べたように，RNAポリメラーゼがプロモーター領域を認識して結合し転写が始まるが，真核生物ではRNAポリメラーゼは直接，TATAボックスに結合するのではなく，基本転写因子とよぶタンパク質がプロモーター部に結合して複合体をつくると，これを認識してRNAポリメラーゼが結合できるようになる（図5-24）．基本転写因子として最低6つのタンパク質が見つかっている．

さらに，遺伝子調節タンパク質（エンハンサーに結合するアクチベーター）が，転写開始に影響を及ぼす．これらは本体の遺伝子とかなり離れた位置にある場合もある．

真核生物の転写については，まだまだ全容が解明されていない．

5-4 細胞膜に埋め込まれた膜タンパク質の重要な機能

1 細胞膜の構造

細胞膜の基本構造である脂質二重膜の構造を，もう一度，復習してみよう．細胞膜を構成する典型的なリン脂質として，ホスファチジルコリンを取り上げる（図5-25A，⇒図2-22も参照）．

細胞膜を構成するリン脂質は，このように親水性の頭部と疎水性の２本の尾部をもっている．水の中では頭部は水になるべく接するように，尾部はなるべく水に接しないような構造をとる．その結果，脂質の二重膜が形成される（図5-25B）．

2 グルコーストランスポーターとアクアポリン

図5-25Bに描いた脂質二重膜では，極性のない分子量の小さな分子しか通さないので，解糖の最初の原料となるグルコースを取り込むことはできない．そのため細胞膜は，5章-1で述べたK^+を通過させるタンパク質を備えていたのと同じように，グルコースを取り込むために**グルコーストランスポーター**とよぶ膜輸送タンパク質を備えている（図5-26）．また，水は細胞膜内をわずかに通過することができる

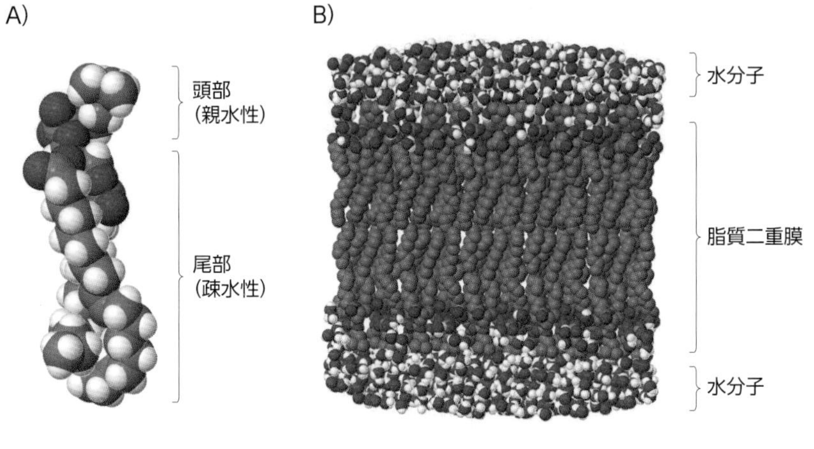

A)
B)
頭部
（親水性）
尾部
（疎水性）
水分子
脂質二重膜
水分子

図5-25　脂質二重膜の分子モデル
A）ホスファチジルコリンの分子模型，B）ホスファチジルコリン10個を2列に並べ，これを向かい合わせて二重膜にしたもの．実際には細胞外とサイトソルの水分子が，このサンドイッチ構造を上と下から押さえつけている．http://www.umass.edu/microbio/chime/javahelp.htm?img=an_bilw.gif&title=Lipid_Bilayers_and_Membrane_Channel&url=www2.uah.es/biomodel/en/model2/bilayer/inicio.htm&status=both&より作成．

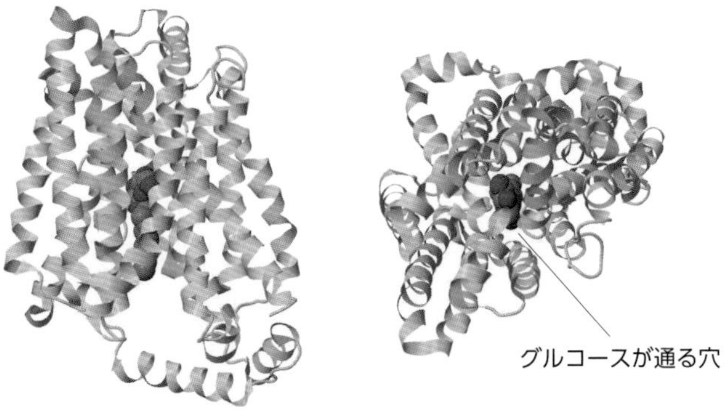

グルコースが通る穴

図5-26　グルコーストランスポーター ［PDB：4PYP］
12本のαヘリックス構造が束ねられた形をしている．

5章 タンパク質が細胞のさまざまな活動を担う

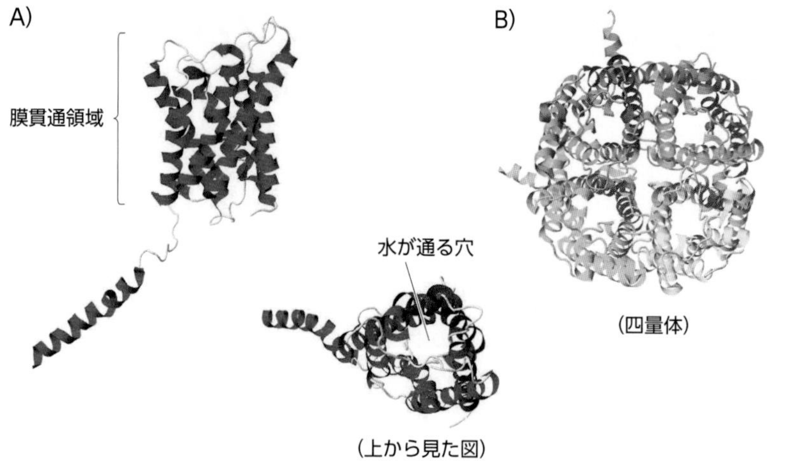

A)
膜貫通領域
水が通る穴
(上から見た図)
B)
(四量体)

図5-27　アクアポリンの模式図［PDB：4OJ2，4NEF］
6つの膜を貫通するαヘリックスに2つの短いαヘリックスが上下から入り込んでいる（A）．このモノマーだけで水を通すが，細胞膜には4つ固まって埋め込まれている（B）．

が，もっと大量に通すために**アクアポリン**という特別なタンパク質が用意されている（図5-27）．

このような膜タンパク質のおかげで，細胞は必要な分子を取り込むことができる．グルコーストランスポーターもアクアポリンも，それぞれグルコースと水だけを選択的に通過させるしくみが備わっている．

脂質二重膜には適度な流動性があるため，膜タンパク質も埋め込まれて固定されているのではなく，細胞膜に浮かんだ形で移動することもできる．細胞膜は膜タンパク質が一定の形を保って機能を果たすためにも重要な役割を果たしていると考えられる．

3 接着タンパク質

細胞膜から外へ突き出したタンパク質のなかには，細胞の接着（adhesion）に関与するタンパク質がある．カドヘリンがその1つである．

カドヘリンは，隣の細胞のカドヘリンと結合して，細胞同士が認識しあうために重要な役割を果たしている（図5-28）．図にあるように，カドヘリンはカルシウムイオン（Ca^{2+}）の存在下，先端部分（EC1）で同じ種類のカドヘリンと手を結ぶように結合する（homophilic adhesion）．カドヘリンは組織によって発現するタイプが異なり，同じ組織に属する細胞は同じカドヘリンを発現して結合する．後述する発生の初期の過程で神経管が分化してくる場面では，Eカドヘリンを発現する外胚葉の細胞群の中に，頭尾方向に脊索に沿ってNカドヘリンを発現する細胞群が生じ，これらの細胞はEカドヘリンを発現してい

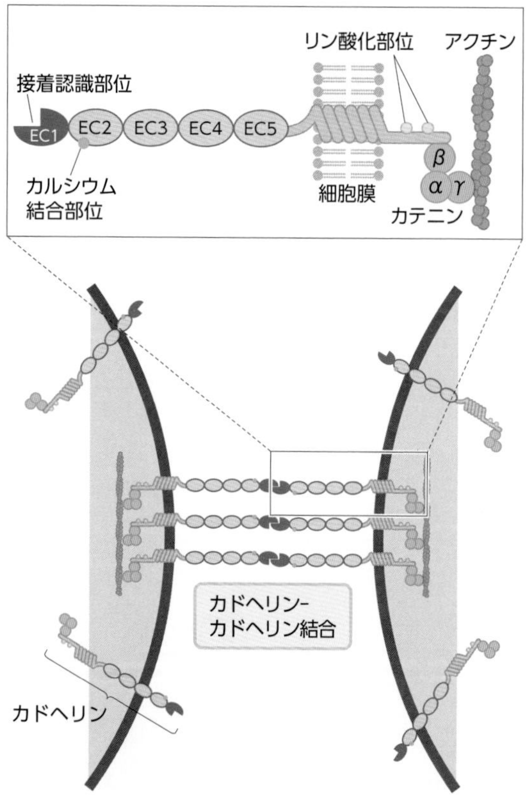

リン酸化部位
アクチン
接着認識部位
EC1
EC2
EC3
EC4
EC5
β
α
γ
カルシウム
結合部位
細胞膜
カテニン
カドヘリン-
カドヘリン結合
カドヘリン

図5-28　カドヘリンによる細胞同士の接着
参考図書4をもとに作成．

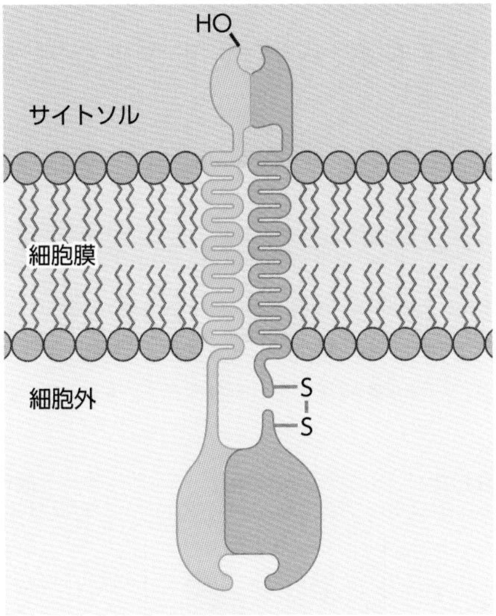
HO
サイトソル
細胞膜
細胞外
S
S

●図5-29　インテグリンという接着タンパク質
細胞外に突き出た領域の先端にある凹みでコラーゲンやフィブロネクチンと結合し，細胞内の凹みで最終的にアクチンフィラメントと結合する．参考図書5をもとに作成．

る表皮から分かれて神経板になり，やがてくびれて神経管になる．

カドヘリンは細胞内の領域でカテニンというタンパク質と結合し，カテニンは細胞骨格分子であるアクチンフィラメントと結合している（図5-28）．図には描かれていないが，ビンキュリンというタンパク質が細胞内部でカテニンとアクチンフィラメントを結合させている．この細胞膜を串刺しにするカドヘリン－カテニン－アクチンフィラメントの複合体が隣の細胞の複合体と結合することにより，細胞同士は接着しあっていることを認識する．

カドヘリン同士の接着が外れると，そのことがカテニンに伝わり，ビンキュリンが結合から外れて，さらにアクチンを介して細胞内シグナル伝達系に伝えられる．

接着タンパク質のなかには，インテグリンのように結合組織の細胞外マトリックスにあるコラーゲンやフィブロネクチンと結合するものがある（図5-29）．このタンパク質によって，上皮細胞は結合組織と結合することができ，さらに細胞内の領域によって最終的にはアクチンフィラメントと結合している．

接着に関するタンパク質にはこの他，免疫グロブリン（immunoglobulin：Ig）と似た構造をしている免疫グロブリンスーパーファミリーの一員である一群のタンパク質がある（⇒9章-9④）．これらの分子も膜を1回貫通するタンパク質で，カドヘリンとは異なりCa^{2+}には依存しない接着分子である．やはり隣の細胞の同種のタンパク質と接着する．

細胞膜には，これまで述べたものの他にもたくさんの膜タンパク質が埋め込まれていて，さまざまな機能を果たしている．

Column 細胞が分子を取り込むさまざまな方法

膜タンパク質によるものの他にも，特定の分子を選択的に取り込むしくみがいくつか存在する．

細胞膜表面にあるその分子に対する受容体が選択的に捕捉した後，細胞膜ごと細胞内に逆Ω型に取り込み，根元のところでくびれ切って細胞内に取り込む．これをエンドサイトーシス（endocytosis）という（図）．

白血球の１つであるマクロファージ（macrophage，大食細胞あるいは貪食細胞）は，異物を認識して囲み込み，細胞内へ取り込んで消化することができる（⇒9章-5③）．これをファゴサイトーシス（phagocytosis，食作用）という．

一方，小さな粒子や分子を，非特異的に周りの細胞外液と一緒に小胞として取り込むことをピノサイトーシス（pinocytosis，飲作用）という．

このようなことができるのは，脂質二重膜に適度な流動性があるためである．

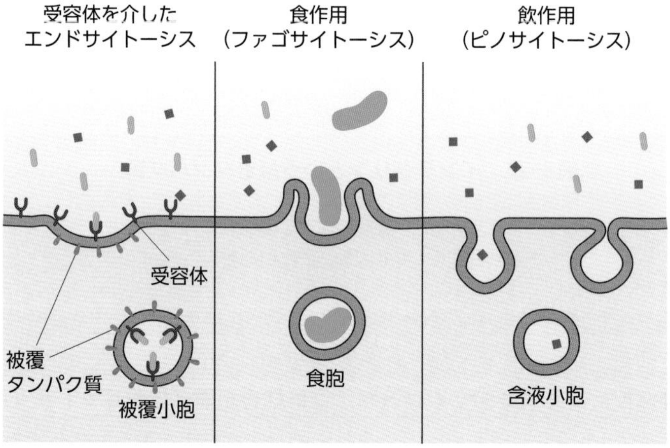
受容体を介した
エンドサイトーシス
食作用
（ファゴサイトーシス）
飲作用
（ピノサイトーシス）
受容体
被覆
タンパク質
被覆小胞
食胞
含液小胞

図　細胞が分子を取り込むしくみ

章末問題

解答 ➡

問1　細胞膜には，特定の分子を通すためのタンパク質が埋め込まれている．どのようなものがあるか，例をあげてその役割を述べよ．

問2　細胞骨格タンパク質の一種であるアクチンフィラメントとモータータンパク質ミオシンについて述べよ．

問3　タンパク質ホルモン受容体の特徴について述べよ．

問4　本文では区別していないが，細胞質ではたらくダイニン（cytoplasmic dynein）と軸糸に組込まれたダイニン（axonemal dynein）はよく似てはいるが別のタンパク質である．軸糸ダイニンをコードする遺伝子に突然変異が起こると（カルタゲナー症候群という稀な遺伝性の病気がある），どのような不都合が生じると考えられるか，また影響を受けない細胞の活動は何か，述べよ．

問5　タンパク質のなかにはDNAと結合するものもある．その例として大腸菌（K12）の*lac*オペロンのリプレッサーの構造を，２章演習②で述べたデータベースを使って調べて表示せよ．

演習④ ヒトとチンパンジーのタンパク質を比較してみよう

2章演習②でヒト成長ホルモンのアミノ酸配列を調べたが，他の動物の同じ作用をするホルモンは，ヒトと全く同じアミノ酸配列をしているのだろうか．ヒトとその他の動物の成長ホルモンを比較してみよう．

今度は，UniProtでsomatotropinだけをキーワードとして検索をかけてみよう．そうすると，ヒト以外のたくさんの動物の成長ホルモンの一覧ページが表示される．ヒトの場合と同じようにEntry番号をクリックすると，その動物の成長ホルモンの詳細ページにジャンプする．25種ずつ表示してあるとして，2ページ目の中ほどにチンパンジー（*Pan troglodytes*）があるので，このアクセッション番号であるP58756をクリックする．

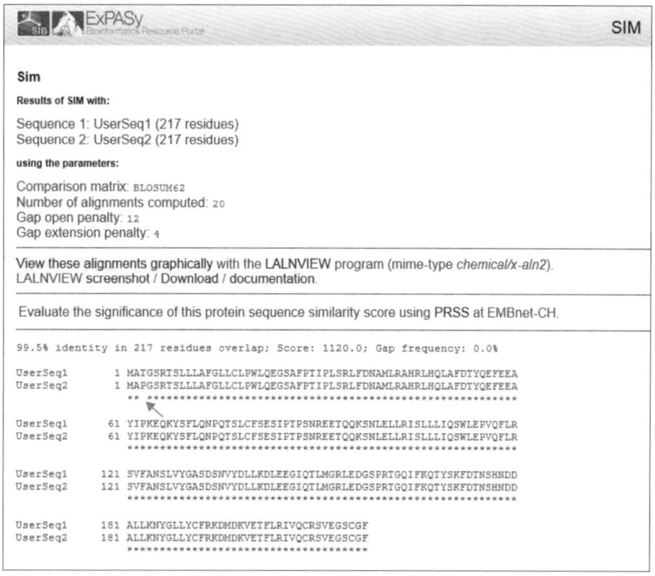

ExPASy
Bioinformatics Resource Portal
SIM
Sim
Results of SIM with:
Sequence 1: UserSeq1 (217 residues)
Sequence 2: UserSeq2 (217 residues)
using the parameters:
Comparison matrix: BLOSUM62
Number of alignments computed: 20
Gap open penalty: 12
Gap extension penalty: 4
View these alignments graphically with the LALNVIEW program (mime-type chemical/x-aln2).
LALNVIEW screenshot / Download / documentation.
Evaluate the significance of this protein sequence similarity score using PRSS at EMBnet-CH.
99.5% identity in 217 residues overlap; Score: 1120.0; Gap frequency: 0.0%
UserSeq1 1 MATGSRTSLLLAFGLLCLPWLQEGSAFPTIPLSRLFDNAMLRAHRLHQLAFDTYQEFEEA
UserSeq2 1 MAPGSRTSLLLAFGLLCLPWLQEGSAFPTIPLSRLFDNAMLRAHRLHQLAFDTYQEFEEA
UserSeq1 61 YIPKEQKYSFLQNPQTSLCFSESIPTPSNREETQQKSNLELLRISLLLIQSWLEPVQFLR
UserSeq2 61 YIPKEQKYSFLQNPQTSLCFSESIPTPSNREETQQKSNLELLRISLLLIQSWLEPVQFLR
UserSeq1 121 SVFANSLVYGASDSNVYDLLKDLEEGIQTLMGRLEDGSPRTGQIFKQTYSKFDTNSHNDD
UserSeq2 121 SVFANSLVYGASDSNVYDLLKDLEEGIQTLMGRLEDGSPRTGQIFKQTYSKFDTNSHNDD
UserSeq1 181 ALLKNYGLLYCFRKDMDKVETFLRIVQCRSVEGSCGF
UserSeq2 181 ALLKNYGLLYCFRKDMDKVETFLRIVQCRSVEGSCGF

●図 ヒトとチンパンジーの成長ホルモンのアミノ酸配列の比較結果の画面

アミノ酸は217個でヒトと同じだ．ヒトの場合と同じように，青い帯のSequenceからアミノ酸配列を表示して，これをマウスの左ボタンを押しながらドラッグして濃い黄緑色に反転させて範囲を決め，コピーする．これをMicrosoft Wordなどにペーストする．アミノ酸番号も一緒にコピーされているだろうから，これを削除して，1文字表記のアミノ酸だけの配列にする．1行が50文字なので，4行と17文字が，10アミノ酸ごとに空白が間に入った文字列になるはずである．ヒトも同じようにしてコピーをしておくのを忘れずに．

このヒトとチンパンジーの成長ホルモンのアミノ酸配列を比較するためには，両者を50アミノ酸ずつ上下に並べて，見比べて違いを見つけていけばよい（⇒**4章**図4-22）．

でもちょっと面倒なので，ネット上で動作する便利なソフトウェアを使うことにする．

まず，ExPASyのSIMというプログラム（https://web.expasy.org/sim/）にアクセスする．

次に，ヒト成長ホルモンのアミノ酸配列を先ほどのWordの文書からコピーして，「SEQUENCE 1」の四角い箱の中にペーストする．次にチンパンジーのアミノ酸配列を「SEQUENCE 2」の四角の中に同じようにコピペして入力する．User-entered sequenceのボタンを2カ所クリックして，下のほうにある「Submit」をクリックする．そうすると図のような結果が表示される（UserSeq1と2の代わりに，chimpとhumanという名前を入力することができる．チンパンジーとヒトのようにカタカナや漢字だと上下に比較する結果の表示にずれが起こるが，アルファベットだと大丈夫である）．

上下に並んだヒトとチンパンジーのアミノ酸配列の下に＊があるが，これは上下の対応するアミノ酸が同じであることを示している．したがってヒトとチンパンジーの比較では，3番目のアミノ酸だけが異なっている（図中の赤矢印）．両者の間の217アミノ酸の相同性は99.5％である．3番目のアミノ酸はシグナルペプチドのうちの1つなので切り離され，ホルモン本体はヒトとチンパンジーで同一である．

上の記述ではわざわざアミノ酸配列をコピーしてきて，再びペーストするという操作を行ったが，実はそんな操作は不要である．ペーストした四角い箱の右上にある「AC or ID：」という箱にタンパク質のアクセッション番号（P01241とP58756）を入力すれば，自動的にデータベースからアミノ酸配列を取得して，比較をしてくれるのだ（何という便利さ．ネット上で連携されていることのありがたみが実感できる）．

このようにして，データベースを使ってタンパク質のアミノ酸配列の比較をすることができる．

6章 多細胞生物への道①（細胞間の情報交換）

多細胞生物では，細胞は孤立しているのではなくまわりと接触して配列し，信号分子を使って周囲の細胞と情報交換を行っている．この細胞間の接触と情報交換によって，細胞はその場所にふさわしいはたらきをすることができる．

最も根源的な情報交換の方式は，細胞表面に存在する信号分子を受容体が認識する方式で，認識が成立すると密着結合や接着結合などが形成される．離れた細胞同士が情報を交換するために，信号分子は細胞から外へ分泌され，分泌された信号分子を受容体が受け取る方式が生まれた．この方式を傍分泌といい，信号分子を局所ホルモンとよぶ．これと並行して，細胞の一部を引き伸ばして配線する神経系による情報伝達の方式が生まれた．信号分子は引き伸ばされた部分（軸索）の先端から神経伝達物質として分泌され，直近の膜にある受容体と結合して信号を伝える．

さらに，もっと遠くまで信号分子を運ぶために，血流によって体内に信号分子を配送する内分泌という方式が生まれた．この方式の信号分子はホルモンとよばれ，ホルモンに対する受容体を備えた細胞だけにはたらきかける．ホルモンが受容体と結合するとアダプタータンパク質を介して細胞膜の内側にある酵素を活性化し，セカンドメッセンジャー分子を細胞内につくり出す．セカンドメッセンジャー分子は特定のタンパク質と結合して細胞内で化学反応を促進する．細胞内で起こるこのようなカスケード反応をシグナル伝達という．ホルモンが受容体に結合して直接DNAにはたらきかける場合もある．

6-1 細胞は集まって

1 細胞同士の付き合い方—多細胞生物の場合は

これまでは細胞1個に注目して，その構造とその中で起こるさまざまな事柄について述べてきたが，われわれヒトのような多細胞生物では，たくさんの細胞が集まって組織を形成し，組織は器官を構成し，器官は器官系をなし，複数の器官系から個体が構成されている（⇒1章-6）．個々の細胞がそれぞれの機能を発揮しつつ，集団の中で適切に機能していくためには，さまざまなしくみが必要である．この章では，細胞がどのように集まって組織化されるのか，どのようにお互いに連絡をとりあって適切に機能するのかについて学んでいこう．まずは，生物は単なる細胞の集合体でないことから話を始めよう．

多細胞生物では，細胞はお隣さん同士仲良く接して組織をつくり上げている．例えば上皮細胞なら，普通は上皮組織の中で周囲と協調しつつ，上皮組織の一員としてのはたらきをしている．

このような場合，細胞同士はただ隣り合っているのではなく，特定の構造で結合しあっている．その構造には大きく分けて4つのタイプがある（図6-1）．

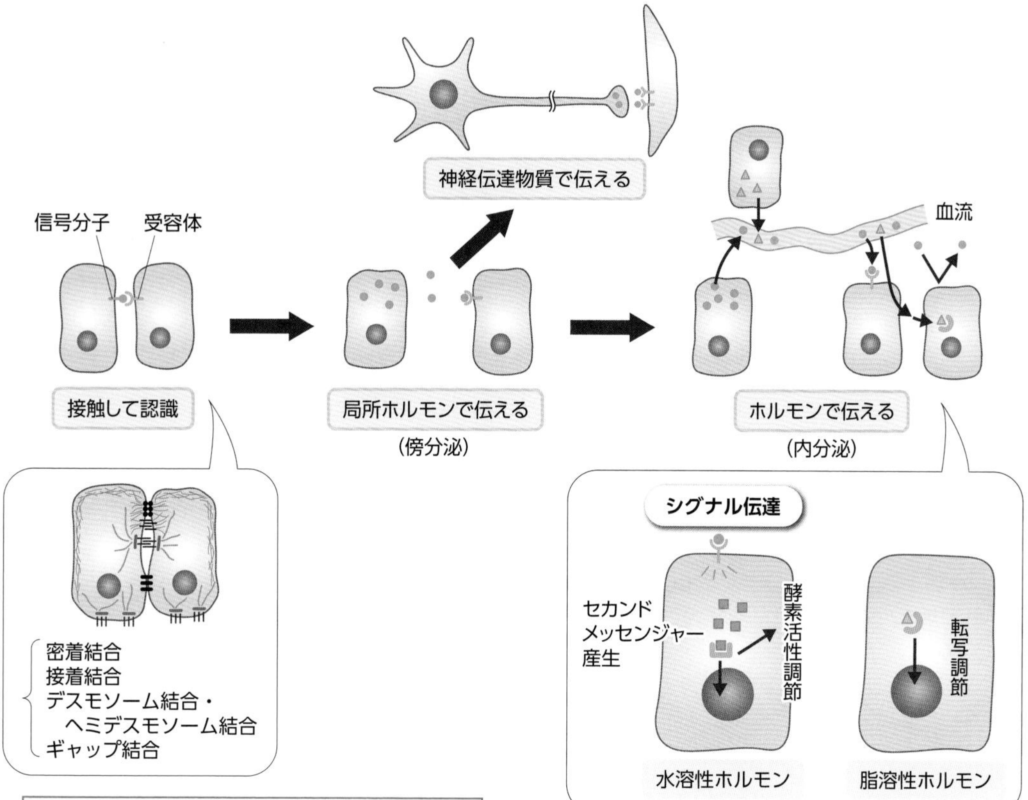
神経伝達物質で伝える
信号分子
受容体
血流
接触して認識
局所ホルモンで伝える
(傍分泌)
ホルモンで伝える
(内分泌)
密着結合
接着結合
デスモソーム結合・
ヘミデスモソーム結合
ギャップ結合
シグナル伝達
セカンド
メッセンジャー
産生
酵素活性調節
転写調節
水溶性ホルモン
脂溶性ホルモン

概略図●細胞間のコミュニケーションの方式

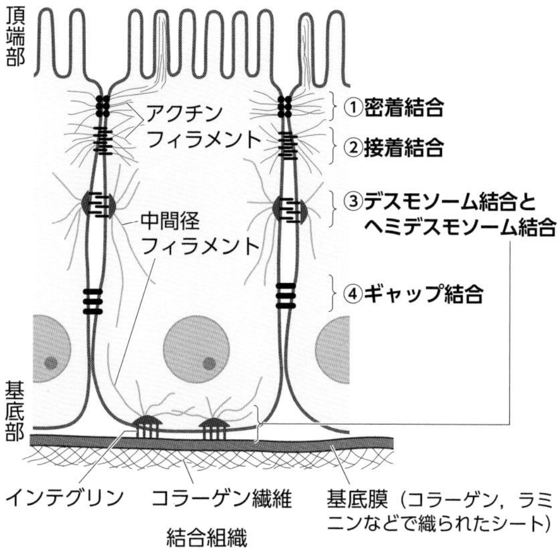
頂端部
アクチン
フィラメント
①密着結合
②接着結合
③デスモソーム結合と
ヘミデスモソーム結合
中間径
フィラメント
④ギャップ結合
基底部
インテグリン
コラーゲン繊維
結合組織
基底膜（コラーゲン，ラミニンなどで織られたシート）

●図6-1　上皮細胞にみられる４つの結合様式

参考図書２をもとに作成.

1）密着結合（tight junction）
2）接着結合（adherens junction）
3）デスモソーム結合（desmosome junction）と
ヘミデスモソーム結合
4）ギャップ結合（gap junction）

❶密着結合

密着結合は，名前が示すとおり細胞がお互いの細胞膜同士を密着させて，しっかりと結合する方式である．図6-2Cにあるように，密着結合タンパク質がリベットのようなはたらき方で隣り合った細胞の細胞膜をぐるりと連続的につなぎ合わせる．

そのために，細胞間隙（intercellular space）と細胞の自由表面は不連続になる．密着結合のために，上皮細胞のシートは外側と内側（小腸上皮組織の場合では管腔側と組織内）を分けるバリアーになり，溶質は組織の内側に自由に入ることができない（図6-2D）.

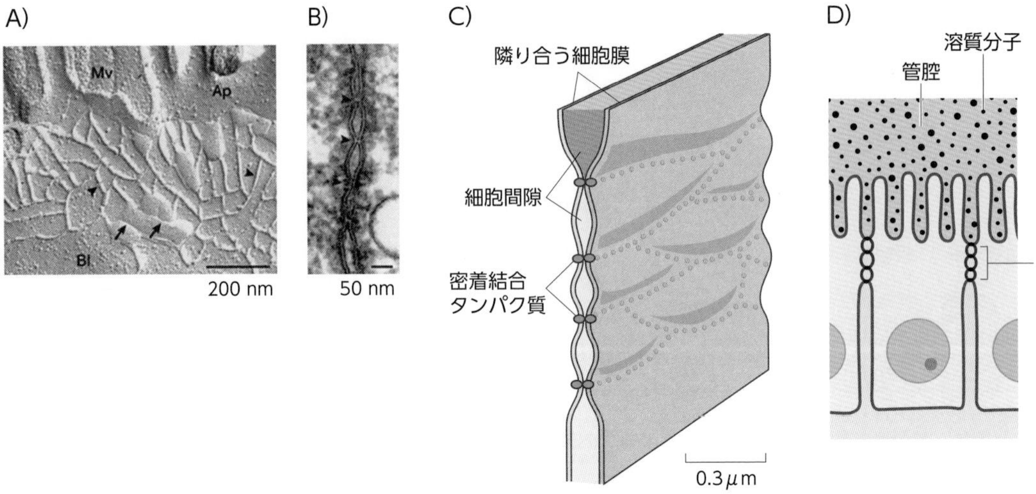
A)
Mv
Ap
Bl
200 nm
B)
50 nm
C)
隣り合う細胞膜
細胞間隙
密着結合
タンパク質
0.3 μm
D)
溶質分子
管腔
密着
結合

●図6-2　小腸上皮細胞の密着結合の電子顕微鏡像と構造の模式図

A）凍結割断法による走査型電子顕微鏡像．矢尻は密着結合タンパク質で構成される粒子の連なり（矢印は割断によって粒子が抜けた部位）．Mv：微絨毛，Ap：頂端細胞膜，Bl：基底側部細胞膜．B）透過型電子顕微鏡による密着結合タンパク質の連なり．矢尻は接着ポイント．C）密着結合の構造を示す模式図．D）密着結合によって溶質分子は上皮組織のシートを通過できない．A, B）はNat Rev Mol Cell Biol, 2：285-293, 2001より転載，C, D）は参考図書3をもとに作成．

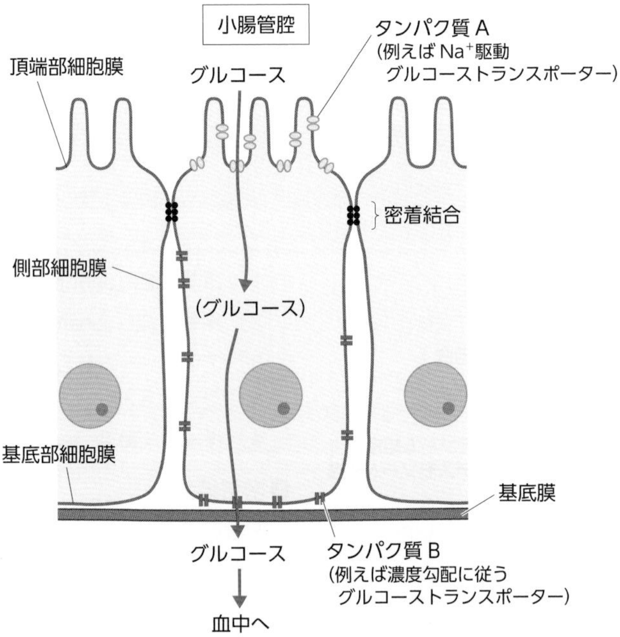
小腸管腔
タンパク質 A
（例えば Na⁺駆動
グルコーストランスポーター）
頂端部細胞膜
グルコース
密着結合
側部細胞膜
（グルコース）
基底部細胞膜
基底膜
グルコース
タンパク質 B
（例えば濃度勾配に従う
グルコーストランスポーター）
血中へ

●図6-3　密着結合によって区画化される膜タンパク質と，それにより生じる方向性

参考図書2をもとに作成．

密着結合は膜タンパク質の自由な拡散をも妨げるので，密着結合で分けられた2つのコンパートメント（細胞膜の区画）の膜タンパク質は混じり合うことができなくなる．図6-3は，細胞の頂端部（apical）細胞膜の膜タンパク質Aと基底部（basal）細胞膜の膜タンパク質Bが，密着結合によって自由に混じり合わないことを示す模式図である．このため，膜タンパク質AとBの性質が異なれば，溶質の細胞通過

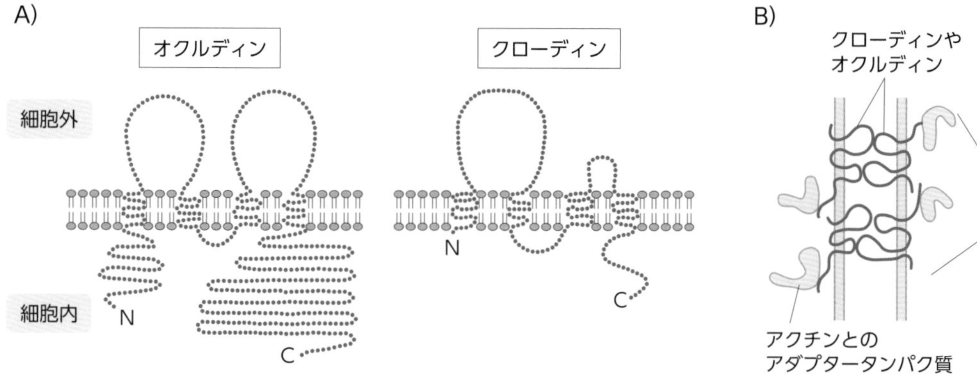

A)
オクルディン
クローディン
細胞外
細胞内
N
C
N
C
B)
クローディンや
オクルディン
アクチンとの
アダプタータンパク質

図6-4　密着結合タンパク質の構造（A）と密着する様子を示す模式図（B）

に方向性が生まれることになる．

密着結合タンパク質は複数あり（オクルディン，クローディンなど），それぞれは4回膜を貫通する膜タンパク質で，同じタンパク質の細胞外領域で結合する．細胞内領域は別のタンパク質を介してアクチンフィラメントと結合している．図6-4Aのような構造のタンパク質が細胞内で別のタンパク質と結合して複合体となったもの（図6-4B）が，図6-2の密着結合タンパク質の粒に相当する．

❷接着結合

接着結合は，密着結合の下に帯のように細胞周囲にあって接着帯を構成している（図6-5）．1回膜貫通型のカドヘリン（⇒5章-4③）という膜タンパク質同士がジッパーのように噛み合って接着し，細胞をつなぎ止めている．カドヘリンの細胞内の端は，別のタンパク質（カテニンとアクチニン）を介して細胞骨格の1つであるアクチンフィラメントの束と結合している．カドヘリンはCaと接着（adhere）からつくられた語であり，名前が示すとおりカルシウム依存性の接着分子で，Ca^{2+}の存在下に，隣り合った細胞のカドヘリン同士が，お互いに認識して接着する．

❸デスモソーム結合

デスモソームは，タンパク質（デスモプラキンとプラコグロビン）が集合してボタン状になった構造にカドヘリン（の仲間であるデスモグレインやデスモコリン）が結合している（図6-6）．ボタン状タンパク質は細胞膜のすぐ内側にあり，カドヘリンは細胞膜を貫通して細胞外に伸び，隣の細胞のカドヘリンと接着する．2枚の布を2個のボタンを介して糸で綴じ合わせたような構造を考えるといいかもしれない．ボタン状タンパク質には中間径フィラメントの1つであるケラチンフィラメントが結合している．

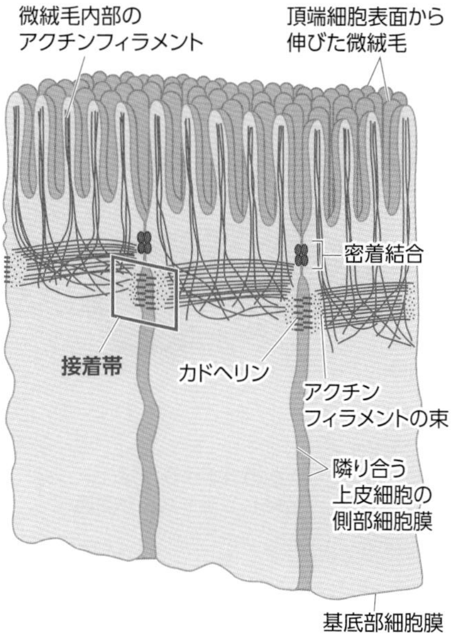

微絨毛内部の
アクチンフィラメント
頂端細胞表面から
伸びた微絨毛
密着結合
接着帯
カドヘリン
アクチン
フィラメントの束
隣り合う
上皮細胞の
側部細胞膜
基底部細胞膜

図6-5　接着帯を構成する接着結合
参考図書2をもとに作成.

上皮細胞の底にも同じ構造があるが，カドヘリンではなくインテグリン（⇒5章-4③）が，隣の細胞ではなく基底膜（basal lamina）と接着する．この構造を**ヘミデスモソーム**（hemi＝半分）とよぶ（図6-7）．

6章 多細胞生物への道①

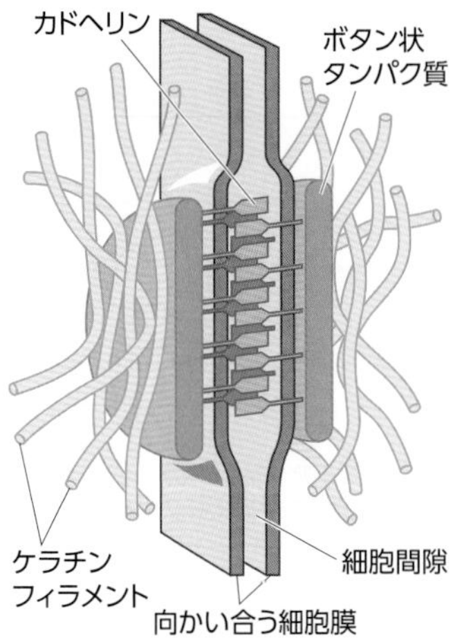
カドヘリン
ボタン状
タンパク質
ケラチン
フィラメント
細胞間隙
向かい合う細胞膜

●図6-6　デスモソーム結合の構造
参考図書2をもとに作成.

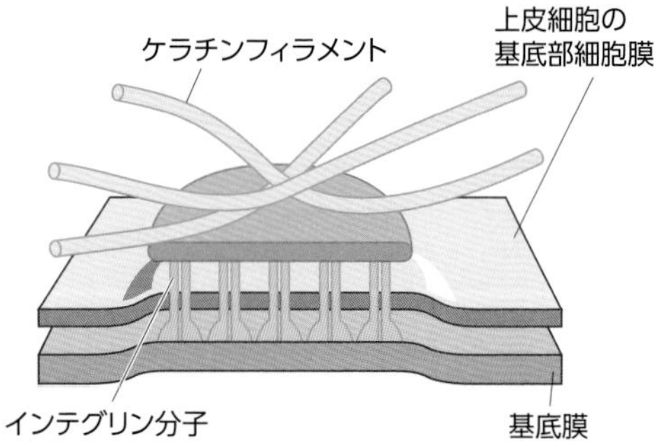
ケラチンフィラメント
上皮細胞の
基底部細胞膜
インテグリン分子
基底膜

●図6-7　ヘミデスモソーム結合の構造
参考図書2をもとに作成.

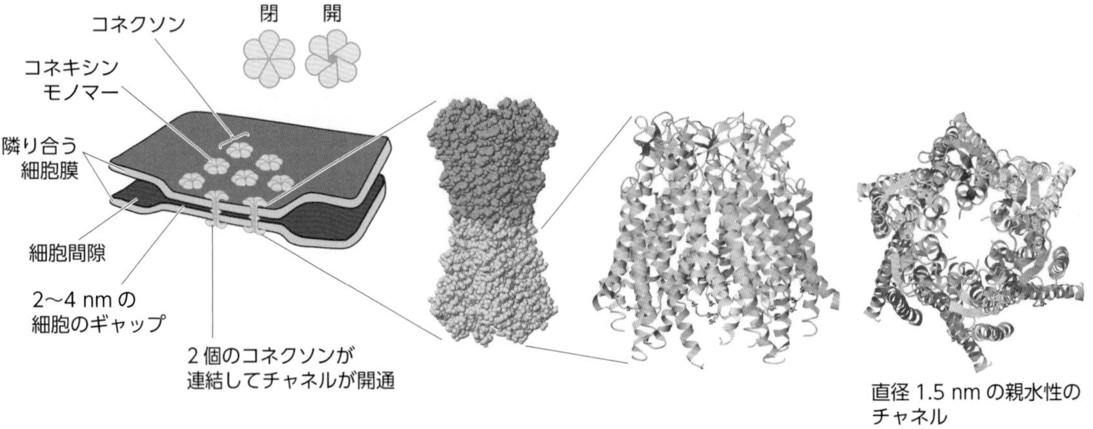
コネクソン
閉
開
コネキシン
モノマー
隣り合う
細胞膜
細胞間隙
2〜4 nm の
細胞のギャップ
2個のコネクソンが
連結してチャネルが開通
直径 1.5 nm の親水性の
チャネル

●図6-8　ギャップ結合とコネクソン分子の構造［PDB：2ZW3］
左端の図は http://cellbiology.med.unsw.edu.au/units/science/lecture0808.htm より作成.

❹ギャップ結合

ギャップ結合は，図6-8にあるように，6個のコネキシンが束になって管状をなす膜貫通タンパク質コネクソンが隣の細胞のものと結びついた構造をしている．このため，2つの細胞の細胞質はギャップ結合の穴（1.5 nm）を通して連続し，分子量およそ1,000以下の分子やイオンを通すことができる．ギャップ結合の穴はサイトソルの Ca^{2+} の濃度によって開閉する（低いと開き，高いと閉じる）．

ギャップ結合によって，細胞同士が電気的につながり，Ca^{2+} のような小さい分子を通過させることにより細胞間の同調が行われていると考えられている．

2 細胞間の結合の役割

小腸上皮組織は，これまで述べたような細胞間の結合によって単なる細胞の寄せ集めではなく1枚のシートを形成し，細胞膜に埋め込まれたタンパク質のはたらきによって物質の移動に方向性をつくり出している．

さらに，前述のように接着タンパク質は細胞内で細胞骨格系のタンパク質とつながっている．そのために，細胞内の情報によって結合や接着を外すことができる．また逆に結合や接着が細胞外からの力によって外されると，その情報が細胞内の情報伝達系へ伝えられ，細胞の活動に影響を与える．細胞同士の結合や接着は，単に細胞をつなぎ止めておくはたらきをしているだけではなく，次に述べる情報伝達系と密接に連絡しあっている．

6-2 細胞間の情報交換の方式

カドヘリンによる接着は，同じ分子で細胞が認識しあう最も原初的な情報交換の方式であり，接着タンパク質は受容体であると考えることもできる．この方式から，1片方が信号分子でこれをもう一方の細胞表面の受容体分子が直接，認識して情報交換する方式が生まれ，さらに2信号分子が細胞から分泌され，離れた細胞の受容体がこれを受け取って情報交換を行う方式が生まれた（図6-9）．

2の方式はさらに信号分子が効果を及ぼす範囲によって次の３つに分類することができる（図6-10）．

①信号分子は細胞の一部が特殊化した軸索の末端から放出され，ごく狭い範囲に効果を及ぼす．

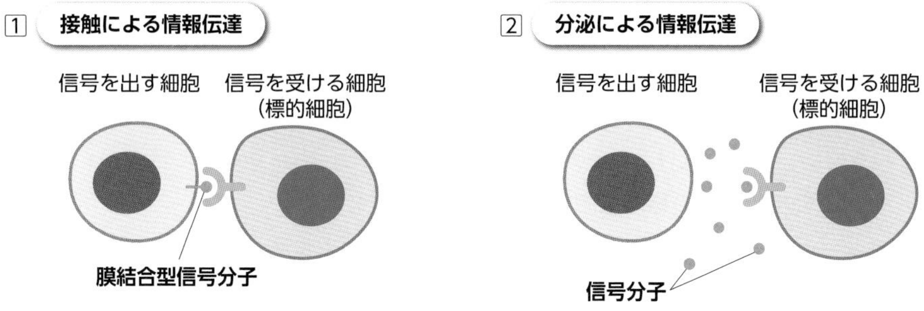

1 接触による情報伝達
信号を出す細胞
信号を受ける細胞
（標的細胞）
膜結合型信号分子
2 分泌による情報伝達
信号を出す細胞
信号を受ける細胞
（標的細胞）
信号分子

●図6-9　細胞間の情報伝達の方式
参考図書3をもとに作成.

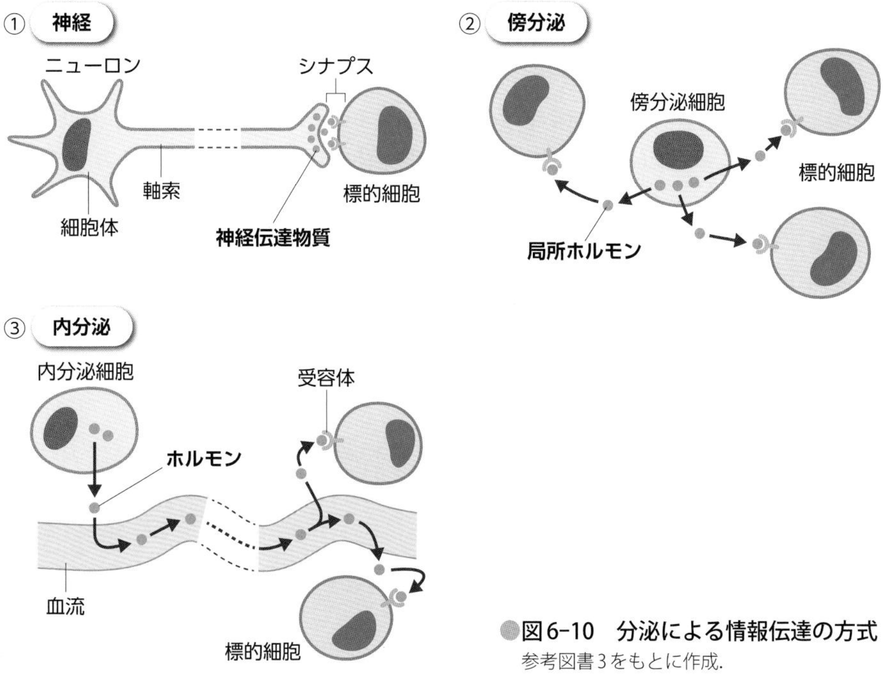

① 神経
ニューロン
シナプス
細胞体
軸索
神経伝達物質
標的細胞
② 傍分泌
傍分泌細胞
標的細胞
局所ホルモン
③ 内分泌
内分泌細胞
ホルモン
受容体
血流
標的細胞

●図6-10　分泌による情報伝達の方式
参考図書3をもとに作成.

この方式は神経による情報伝達で，信号分子を**神経伝達物質**（neurotransmitter）とよぶ．

②信号分子は細胞の周囲の体液中に分泌され，比較的狭い範囲に効果を及ぼす．この方式を**傍分泌**（paracrine）といい，信号分子を**局所ホルモン**（local mediator）とよぶ．

③信号分子は細胞から血管系に放出され，体中に効果を及ぼす．この方式を**内分泌**（endocrine）といい，信号分子を**ホルモン**（hormone）とよぶ．

それでは局所ホルモンやホルモンは，どのようにして信号の意味を相手に伝えるのだろうか．ホルモンを例にとって考えてみよう．

6-3 ホルモンと受容体で情報を伝える

1 信号分子としてのホルモン

ホルモンを分泌する内分泌細胞は，普通は集合して血液が豊富に供給される腺（gland）を形成する．ホルモン分子は，まず細胞周囲の細胞外液中へ分泌され，毛細血管の中へ入って血流に乗り，全身へ運ばれる．このようにホルモンは体中のすべての細胞に到達するのだが，ホルモンは特定の細胞（器官）でしか作用を現さない．作用を受けることができる細胞（器官）を，そのホルモンの**標的細胞（器官）**（target cell, target organ）とよぶ．細胞がホルモンの情報を受け取ることができるのは，そのホルモンに対する特異的な**受容体**（receptor）を備えているからである．ホルモンと標的細胞の受容体の間には，基質と酵素の例と同じように，鍵と鍵穴の関係が成り立つ．なお，受容体に特異的に結合できる分子を総称して**リガンド**（ligand）とよぶ．

標的器官では，ホルモン分子は毛細血管から出て細胞外液中へ入り，標的細胞の受容体に結合する．このようにホルモンは拡散と血流により標的細胞に運ばれるので，分泌されてからはたらきが現れるまで数分以上かかる．また分泌されたホルモンは血中で薄まるので（通常＜10^{-8}M（モーラー）），低い濃度でも効果を現す必要があるため，ホルモンとホルモン受容体は強く結合する〔親和性（affinity）が高いという〕．

ホルモン分子は，**水溶性**（親水性）の性質をもつものと**脂溶性**（疎水性）のものに分けられる．多くのホルモン（や局所ホルモン，神経伝達物質も）は水溶性である．例外はステロイドホルモンと甲状腺ホルモンで，これらは脂溶性の性質をもっている．そのため血中では特別な運搬体タンパク質（carrier protein）に結合して運ばれる．

ヒトを例にとると，さまざまなホルモンが，内分泌器官（腺）から血中に分泌されている．参考のために，主なホルモンの名前と水溶性か脂溶性かなどの性質を表6-1に，内分泌器官の位置を図6-11に掲げておく．くれぐれも暗記しようなどと思わずに，まずはこんなに多くの物質が身体をめぐって身体の機能を調節してくれているのだと思ってほしい．先に進むといやおうなしに覚えなくてはならなくなるだろうけれど．

水溶性ホルモンと脂溶性ホルモンの性質とふるまいには，図6-12のような違いがある．

2 水溶性ホルモン受容体の種類

水溶性の信号分子であるホルモン，神経伝達物質，成長因子のような局所ホルモンは，標的細胞の表面にある特異的な受容体と結合して，細胞内の信号に変換される．細胞膜に埋め込まれた受容体の数は，細胞1個あたり500～10万個の範囲で，膜タンパク質全体のおよそ0.1％以下である．信号分子が受容体と結合すると，膜タンパク質である受容体の立体構造が変わる（conformational changes）ことにより，次のステップへと信号が伝えられる（⇒5章-1③）．

細胞膜に埋め込まれた受容体には少なくとも3つのタイプがある（表6-2）．

アセチルコリンなどの神経伝達物質の受容体としては①が使われ，ホルモン，成長因子，ノルアドレナリンのような神経伝達物質の受容体としては②と③が使われる．①については神経伝達のところ（⇒6章-5）で述べることにし，ここでは血糖量の調節を例として③についてまず述べ，次に②について触れることにする．

●表6-1　ヒトの主な信号分子（ホルモン）

ホルモンの名前	性質	分泌する細胞，組織，器官	主な作用
生殖腺刺激ホルモン放出ホルモン	水溶性	視床下部	FSH，LHの放出刺激
副腎皮質刺激ホルモン放出ホルモン	〃	〃	ACTHの放出刺激
甲状腺刺激ホルモン放出ホルモン	〃	〃	TSHの放出刺激
黄体形成ホルモン（LH）	水溶性	脳下垂体前葉	排卵誘発，アンドロゲン産生促進
卵胞刺激ホルモン（FSH）	〃	〃	卵胞刺激，精巣刺激
甲状腺刺激ホルモン（TSH）	〃	〃	甲状腺からチロキシン分泌
副腎皮質刺激ホルモン（ACTH）	〃	〃	副腎皮質から糖質コルチコイド分泌
プロラクチン	〃	〃	乳腺刺激のほか多数
バソプレシン	〃	脳下垂体後葉	血管収縮，腎臓集合管での水再吸収
オキシトシン	〃	〃	乳汁射出
チロキシン	脂溶性	甲状腺	細胞の代謝制御
パラトルモン	水溶性	副甲状腺	血中カルシウムを下げる
インスリン	水溶性	膵臓B細胞	血糖値を下げる
グルカゴン	〃	膵臓A細胞	血糖値を上げる
コルチゾール	脂溶性	副腎皮質	血糖値を上げる，代謝調節
アルドステロン	〃	〃	腎臓でのNaイオン再吸収
アドレナリン・ノルアドレナリン	水溶性	副腎髄質	ストレス応答，血糖値を上げる
テストステロン	脂溶性	精巣ライディッヒ細胞	男らしさ
エストラジオール	〃	卵巣顆粒膜細胞，莢膜細胞	女らしさ

注）表に記した分泌器官以外のさまざまな組織・細胞から分泌される場合も多い．

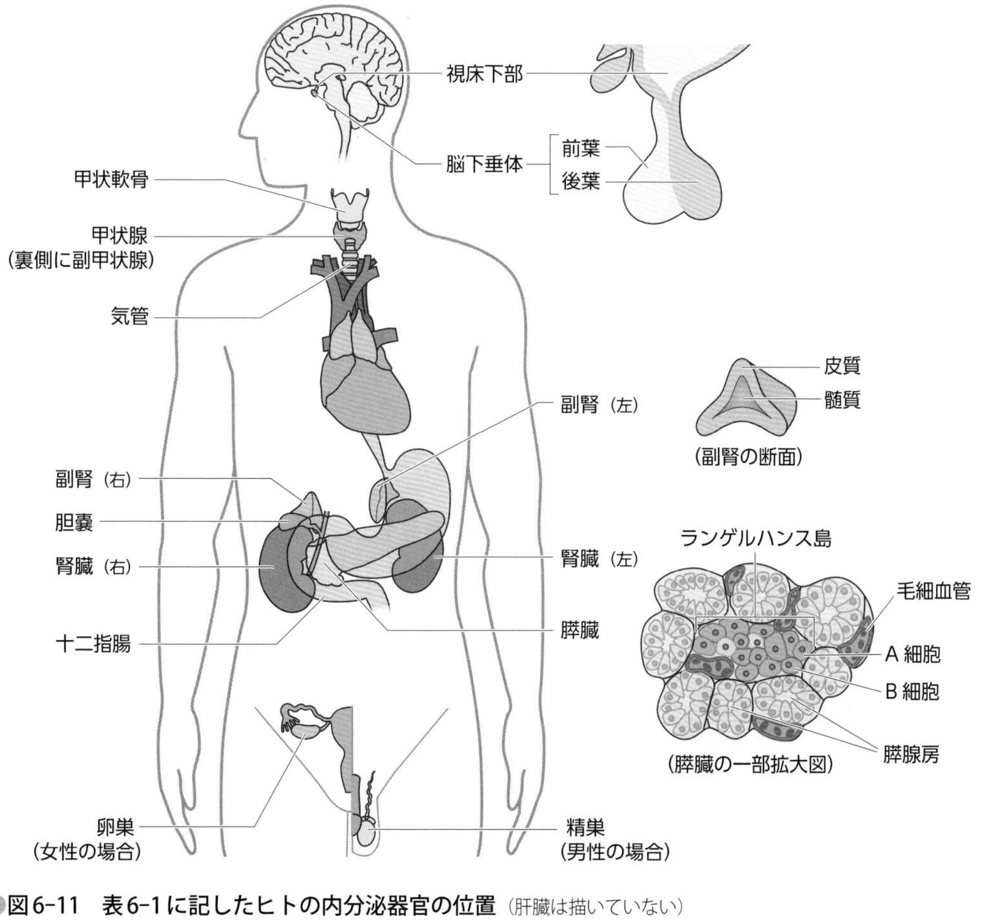

視床下部
脳下垂体
前葉
後葉
甲状軟骨
甲状腺
（裏側に副甲状腺）
気管
副腎（左）
皮質
髄質
（副腎の断面）
副腎（右）
胆嚢
腎臓（右）
腎臓（左）
膵臓
十二指腸
ランゲルハンス島
毛細血管
A 細胞
B 細胞
膵腺房
（膵臓の一部拡大図）
卵巣
（女性の場合）
精巣
（男性の場合）

●図6-11　表6-1に記したヒトの内分泌器官の位置（肝臓は描いていない）

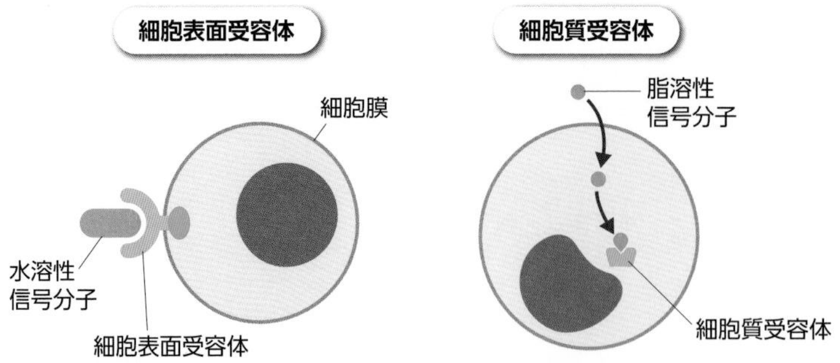
細胞表面受容体
細胞質受容体
細胞膜
脂溶性
信号分子
水溶性
信号分子
細胞表面受容体
細胞質受容体

	水溶性信号分子	脂溶性信号分子
受容体の位置	細胞膜を通らない →細胞膜表面	細胞膜を通る →細胞質または核内
血流にとどまる時間	すぐに壊される ・ホルモン…分のオーダー ・その他…ミリ秒〜秒のオーダー	比較的長い間血流にとどまる ・ステロイドホルモン…時間のオーダー ・甲状腺ホルモン…日のオーダー

●図6-12　信号分子に対する受容体の位置と性質の違い

●表6-2　水溶性信号分子受容体の種類と作用する信号分子※

受容体	信号分子の例
①イオンチャネル連結型受容体 (channel-linked receptors)	神経伝達物質（アセチルコリンなど）
②酵素共役型受容体 (enzyme-coupled receptors)	ホルモン（インスリン，成長ホルモンなど），成長因子
③Gタンパク質共役型受容体 (G protein-coupled receptors：GPCR)	ホルモン（上記以外）， 神経伝達物質（ノルアドレナリンなど）

※①をイオノトロピック受容体，②と③を合わせてメタボトロピック受容体という分け方もある.

3 Gタンパク質共役型受容体の場合 —グルカゴンが作用するしくみ

❶信号はまず受容体に結合する

血糖量の調節は個体全体にとって重要なので，厳密に制御されている．血液中のグルコース濃度（血糖値）が低くなると，膵臓のランゲルハンス島のA（α）細胞からグルカゴンが分泌され，血糖値を上昇させるようにはたらき，グルコース濃度が高くなると，ランゲルハンス島のB（β）細胞からインスリンが分泌され，血糖値を下げるようにはたらく．

それではグルカゴンはどのようにして血糖値を上昇させるのであろうか．肝細胞でのグルカゴンのはたらきを例に考えてみよう．グルカゴンはまず細胞に到達して細胞膜に埋め込まれたグルカゴン受容体と結合する．

ヒトグルカゴン受容体はアミノ酸452個からなるタンパク質で，アミノ酸配列中に疎水性の高い20〜25個ほどのアミノ酸が連続した配列が7回現われる（図6-13A）．この部分はαヘリックス構造をとって細胞膜を貫通する部分である．このように細胞膜を7回貫通する構造をもっていることが，この受容体の特徴である．このような7回膜貫通型の受容体の構造を模式的に表すと，図6-13Bのようになる．

❷信号は細胞内へ伝えられGタンパク質を活性化する

ホルモンが受容体と結合すると，その情報は細胞内へ突き出た領域へ伝えられ，この領域の立体構造が変化して，もう1つの膜タンパク質である**Gタンパク質**（GTP-binding regulatory protein）を活性化する．Gタンパク質は受容体とは別ユニットで，ホルモンと結合した受容体は周囲の複数のGタンパク質を活性化する（**第一段増幅**）．

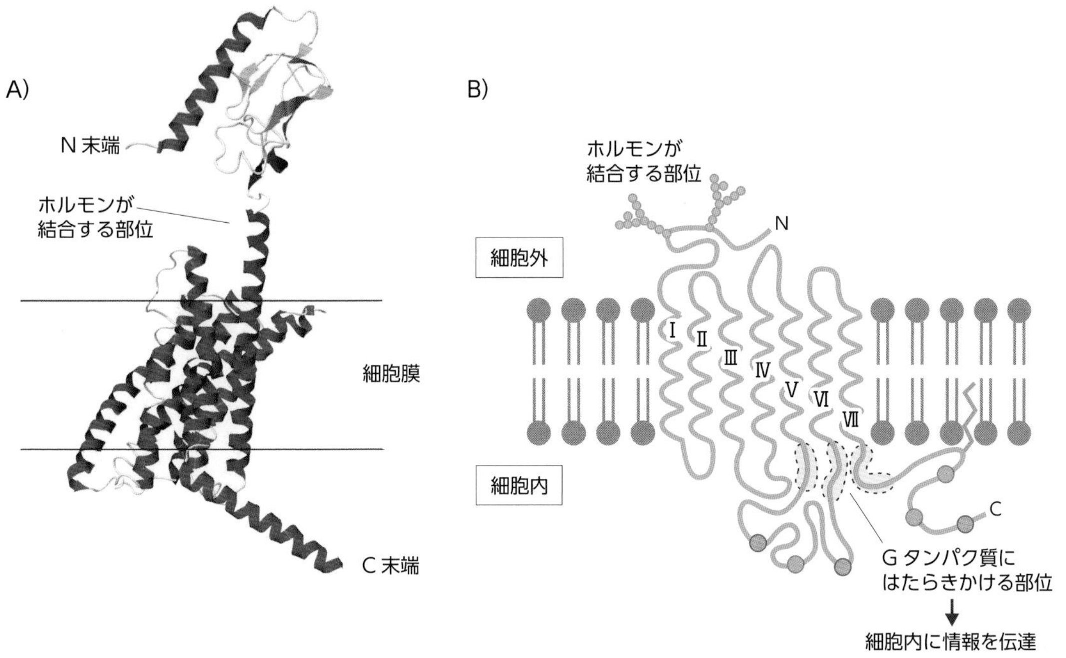
A)
N 末端
ホルモンが
結合する部位
細胞膜
C 末端
B)
ホルモンが
結合する部位
N
細胞外
Ⅰ
Ⅱ
Ⅲ
Ⅳ
Ⅴ
Ⅵ
Ⅶ
細胞内
C
G タンパク質に
はたらきかける部位
細胞内に情報を伝達

●図6-13　グルカゴン受容体の構造推定図（A）と7回膜貫通型受容体の模式図（B）［A）はPDB：4ERS，4L6Rより］

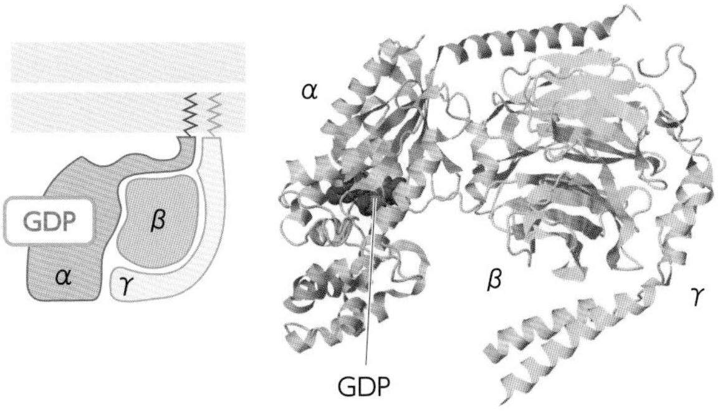
GDP
β
α
γ
α
β
γ
GDP

●図6-14　GDPを結合したGタンパク質の構造［PDB：1GG2］
膜貫通部分は示されていない．

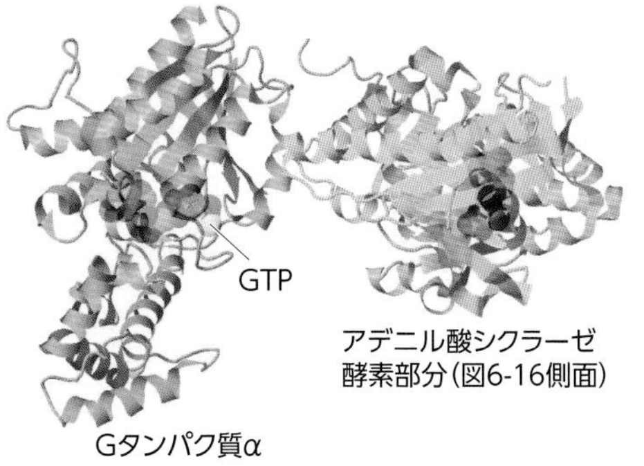
GTP
アデニル酸シクラーゼ
酵素部分（図6-16側面）
Gタンパク質α

●図6-15　GTPを結合したGタンパク質αがアデニル酸シクラーゼを活性化する様子［PDB：1CUL］

Gタンパク質は3つのタンパク質（α，β，γ）の複合体で，αとγは図6-14の上方にある突起がさらに伸びていて（図では切れている）細胞膜へ埋め込まれている．βとγは強く結合しているので，Gタンパク質はちょうど2本の紐で細胞膜の内側にぶら下がったような格好をしている．

この複合体が，ホルモンが結合した受容体によって活性化されると，αは結合していたGDPを放出して代わりにGTPと結合する．するとαからβγが分離し，どちらも受容体から離れる．GTPを結合した活性型αでは，肘にあたる部分が飛び出して周囲にある**アデニル酸シクラーゼ**（adenylate cyclase）に“肘鉄”を食らわして活性化できるようになる（図6-15）．αはGTPをGDPに変える酵素活性をもつので，GTPがGDPに変わるとαは再びβγと結合できるようになり最初の状態に戻る．

Gタンパク質にはいくつか種類があるが，グルカゴンが結合して活性化するのはG_s（stimulatory G

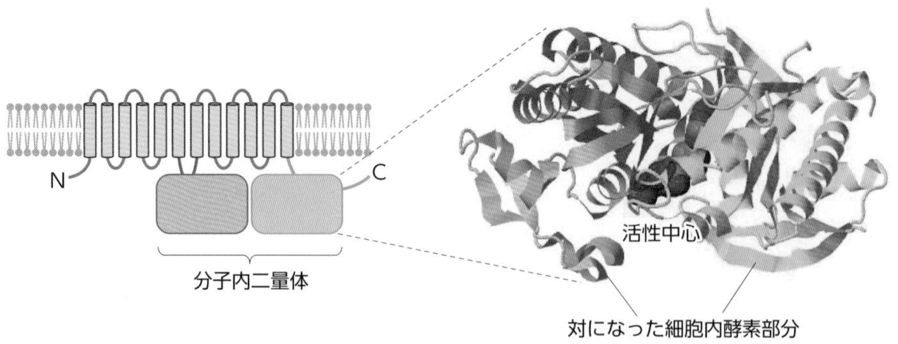
N
C
分子内二量体
活性中心
対になった細胞内酵素部分

●図6-16　アデニル酸シクラーゼの模式図と細胞内酵素部分の構造模型 ［PDB：1CUL］

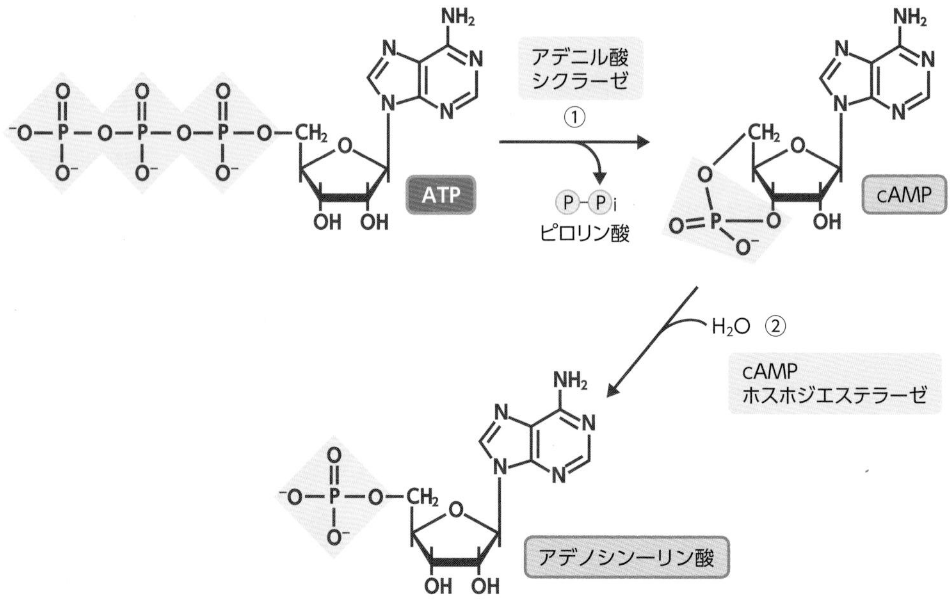
ATP
アデニル酸
シクラーゼ
①
P-Pi
ピロリン酸
cAMP
H_2O ②
cAMP
ホスホジエステラーゼ
アデノシン一リン酸

●図6-17　cAMPの合成と分解

protein）というGタンパク質である．

❸Gタンパク質はアデニル酸シクラーゼを活性化する

こうしてGタンパク質はアデニル酸シクラーゼを活性化するが，アデニル酸シクラーゼも細胞膜に埋め込まれた別ユニットのタンパク質なので，Gタンパク質は複数のアデニル酸シクラーゼを活性化することができる（**第二段増幅**）．

アデニル酸シクラーゼは大きな分子で，分子内に6回膜貫通部分が2カ所とそこから細胞内へ吊り下げられた領域が2つあり，これが対になって酵素部分をつくっている（図6-16）．

❹アデニル酸シクラーゼはcAMPを産生する

Gタンパク質によって活性化されたアデニル酸シクラーゼは，サイトソル中に豊富にあるATPにはたらきかけて，分子内のリン酸とヒドロキシ基の間でエステル結合をつくって環状アデノシン一リン酸（cyclic adenosine monophosphate：**cAMP**）を次々と生成する（図6-17①）（**第三段増幅**）．

こうしてサイトソル中にはcAMPの濃度が高まる．ホルモンを第一のメッセンジャーと考えて，細胞の中に産生されたcAMPを**セカンドメッセンジャー**（second messenger）とよんでいる．

つくられたcAMPはサイトソル中にいつまでも存

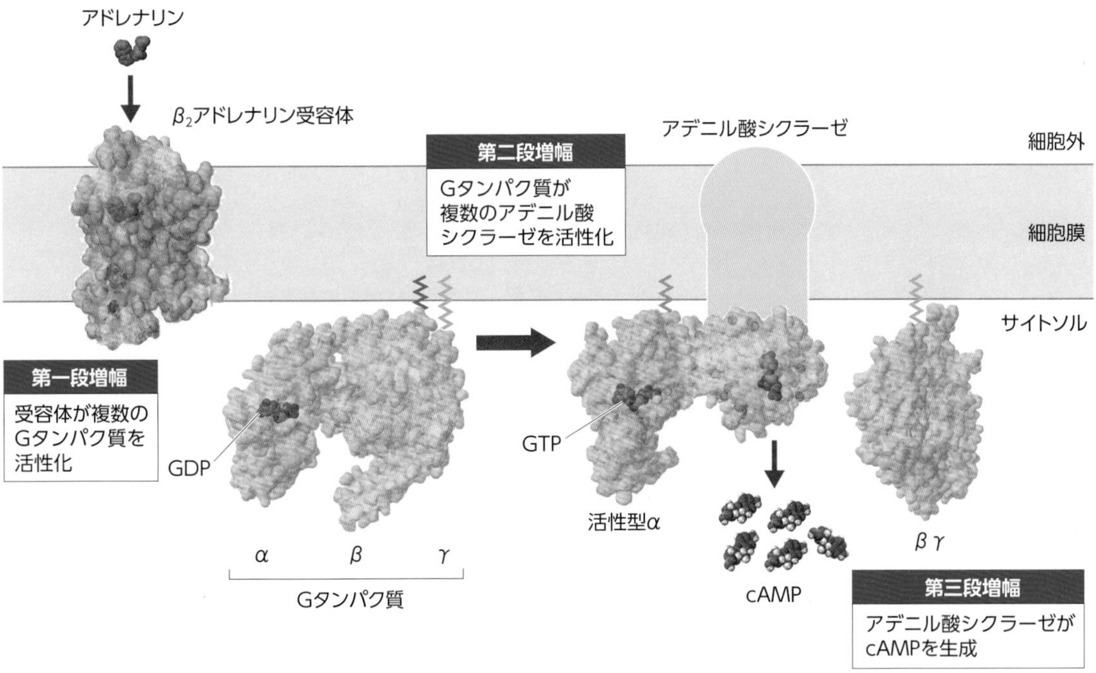
アドレナリン
β_2アドレナリン受容体
第二段増幅
Gタンパク質が
複数のアデニル酸
シクラーゼを活性化
アデニル酸シクラーゼ
細胞外
細胞膜
サイトソル
第一段増幅
受容体が複数の
Gタンパク質を
活性化
GDP
GTP
活性型α
α
β
γ
Gタンパク質
cAMP
βγ
第三段増幅
アデニル酸シクラーゼが
cAMPを生成

●図6-18　ホルモンが結合してからcAMPが生成するまでの情報の流れ ［PDB：2RH1，1GG2，1CUL，1TBG］

在しつづけるわけではない．cAMPホスホジエステラーゼによって分解されてアデノシン一リン酸になり，そのはたらきを失う（図6-17②）．アデニル酸シクラーゼが活性化されている間は次々とcAMPがつくられるが，不活性になると急速にcAMPはサイトソルから消去される．cAMPホスホジエステラーゼがスイッチを切るはたらきをしているのである．

Gタンパク質を介するようになったのは反応の増幅とコントロールレベルを増やすためだと考えられている．1つのホルモン分子が受容体に結合すると，前述したように三段階の増幅によって多数のcAMPがつくられることになる（図6-18）．このように，だんだんと下流に行くに従い増幅されるような反応を**カスケード反応**（cascade reaction）とよんでいる．池に石を投げ込むと波紋が広がっていくのと同じように，ホルモンが受容体に結合すると，まわりのGタンパク質を活性化し，Gタンパク質はさらにまわりのアデニル酸シクラーゼを活性化して，アデニル酸シクラーゼがcAMPをつくるというように，信号が細胞内に広がっていく．

❺cAMPはcAMP依存性タンパク質キナーゼを活性化する

cAMPは細胞質中にある**cAMP依存性タンパク質キナーゼ**（cAMP-dependent protein kinase：**PKA**）と結合して，この酵素を活性化する．活性化されたPKAは，次の標的タンパク質をリン酸化して活性を調節する．

グルカゴンによって調節を受ける酵素の1つがピルビン酸キナーゼで，この酵素の活性を下げて解糖系のラインの進み方を遅くする．また，この酵素をコードする遺伝子の転写を抑制して，酵素の量を減らすようにはたらく．これまで述べなかったが，解糖系と並行してグルコースをつくる**糖新生**（gluconeogenesis）※1のためのラインが肝細胞内にはある．PKAはこちらのラインのスイッチを入れて，グルコースの生産を進める．

※1 糖新生（gluconeogenesis）：ピルビン酸や乳酸などからグルコースを産生する経路をいう．ピルビン酸からグルコースへの経路の大部分は解糖と同じ経路を逆にたどるが，いくつかの経路は別の酵素がはたらく迂回路をとる．最後のグルコース-6-リン酸からグルコースへの反応を触媒するのは，普通の細胞にはなく肝細胞で発現しているグルコース-6-リン酸ホスファターゼである．

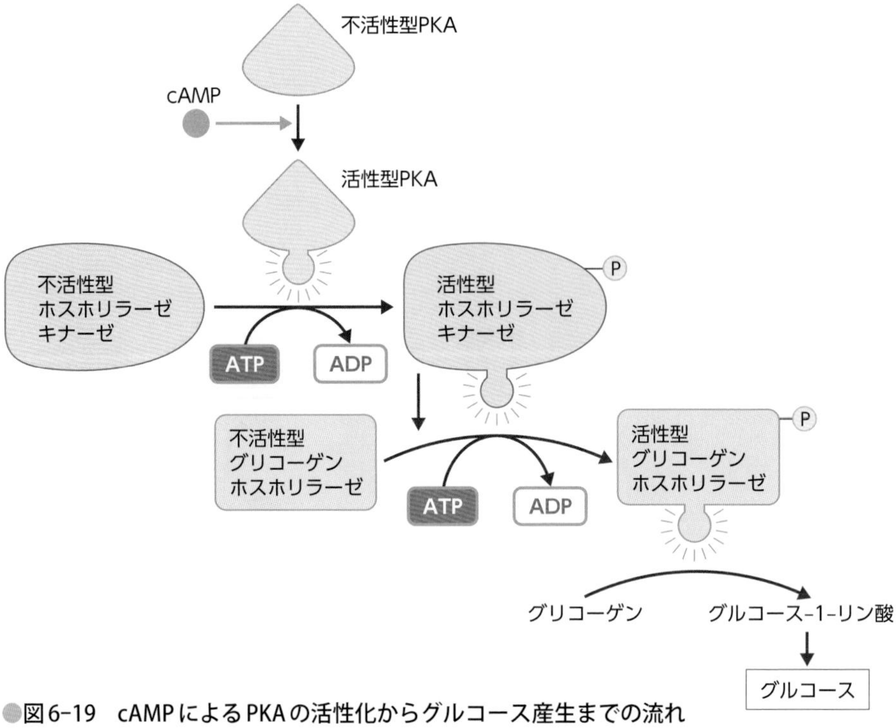
不活性型PKA
cAMP
活性型PKA
不活性型
ホスホリラーゼ
キナーゼ
ATP
ADP
活性型
ホスホリラーゼ
キナーゼ
P
不活性型
グリコーゲン
ホスホリラーゼ
ATP
ADP
活性型
グリコーゲン
ホスホリラーゼ
P
グリコーゲン
グルコース-1-リン酸
グルコース

図6-19　cAMPによるPKAの活性化からグルコース産生までの流れ
参考図書3をもとに作成.

一方，PKAはホスホリラーゼキナーゼを活性化し，ホスホリラーゼキナーゼはグリコーゲンホスホリラーゼを活性化する．最後にグリコーゲンホスホリラーゼは，肝細胞内に蓄えていたグリコーゲンの端から1つずつグルコースを切り離し，リン酸化してグルコース-1-リン酸にする．グルコース-1-リン酸はグルコース-6-リン酸に変換され，肝細胞に特有の（骨格筋にはない）グルコース-6-リン酸ホスファターゼによってグルコースに変換される（図6-19）．

肝細胞内では，こうしてグルコースの濃度が高まり※2，濃度勾配に従ってグルコーストランスポーター（⇒5章-4②）を通ってグルコースは血中へ出ていく．このグルコーストランスポーターは肝臓に特異的なタイプ2で，普通の細胞に備わっているタイプ1よりもグルコースを運搬する能力が高く，どんどん細胞外へ運び出す．

④ 酵素共役型受容体の場合—インスリンが作用するしくみ

一方，インスリンは5章で述べた成長ホルモンと似たタイプの，酵素共役型受容体と結合する．肝細胞表面の受容体に結合したという情報は，細胞内に突き出た領域に伝えられ，チロシンキナーゼ活性をもつ領域が自動的に活性化する．このチロシンキナーゼが細胞内へ突き出た部分のチロシン残基をリン酸化する．リン酸化された部位を標的とするシグナルタンパク質（一番有名なのは，インスリン受容体基質1）が認識して結合し，その結果，シグナルタンパク質は活性化される（図6-20）．

活性化されたシグナルタンパク質は，別のタンパク質にはたらきかけて，さまざまな機能を果たすようになる．肝細胞での糖の代謝に関しては，インスリンはグルカゴンと全く逆のはたらき方をする．ピルビン酸キナーゼの活性を上げ，この酵素の転写調

※2 肝細胞にはアドレナリン受容体もあって，グルカゴンと同じように G_s を介してアデニル酸シクラーゼを活性化し，同じようなはたらきをする．さらに副腎皮質から分泌される糖質コルチコイドも，別なやり方で血中のグルコースを上げるようにはたらく．

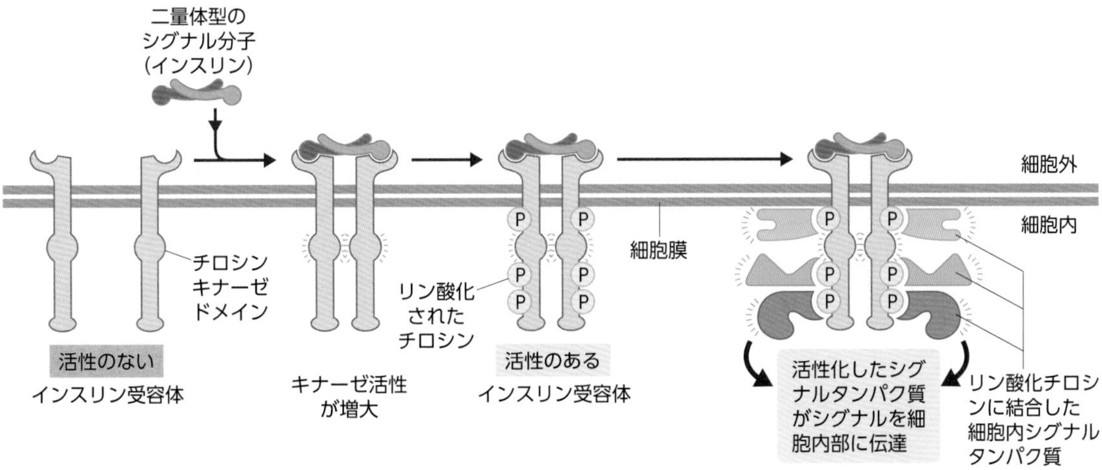
二量体型の
シグナル分子
(インスリン)
細胞外
細胞内
細胞膜
チロシン
キナーゼ
ドメイン
リン酸化
された
チロシン
活性のない
インスリン受容体
キナーゼ活性
が増大
活性のある
インスリン受容体
活性化したシグナルタンパク質がシグナルを細胞内部に伝達
リン酸化チロシンに結合した細胞内シグナルタンパク質

●図6-20　酵素共役型受容体を介した情報伝達の流れ
参考図書3をもとに作成.

節をして酵素の量を増やすようにはたらく．また糖新生は抑制される.

肝臓は自分で使うエネルギーは主に脂肪酸でまかなうので，グルコースはもっぱらグリコーゲンの合成に回されて蓄えられる．この過程を触媒する酵素（グリコーゲン合成酵素）もまた，シグナルタンパク質により活性化される．こうしてグルコースは最大限，貯蔵に回される.

5 骨格筋における代謝—受容体の有無による作用の違い

これまでは肝細胞に対するグルカゴンとインスリンのはたらき方について述べてきたが，ホルモンは受容体がなければはたらきを示さない．細胞内の信号伝達経路が異なると違った作用を現す例として，これらのホルモンの骨格筋へのはたらき方をみてみよう.

骨格筋にはグルカゴン受容体は存在しないので，グルカゴンは骨格筋に対して作用することはできない[※3]．一方，インスリン受容体は骨格筋の細胞膜にも埋め込まれていて，インスリンが受容体に結合すると，肝細胞で起こったのと同じように細胞内へ情報が伝わり，グリコーゲン合成が促進される．さらに，サイトソル中のグルコーストランスポーター（GLUT，小胞の膜に埋め込まれている）を細胞膜と融合させて，細胞膜のトランスポーターの数を増やす．こちらのグルコーストランスポーターはタイプ4といい，インスリンによってのみ膜に埋め込まれるタイプで，運搬能力も大きい．こうして，インスリンのはたらきによって血中のグルコースは次々と骨格筋細胞内に取り込まれるようになり，グリコーゲン合成に回され，血中のグルコースの濃度を下げるようにはたらく.

グルカゴンとインスリンの糖代謝に関係するはたらきを述べたが，整理して表6-3にまとめた.

インスリンは肝臓でタンパク質合成にも作用し，さらにグルカゴンとインスリンは脂肪組織での中性脂肪の代謝に作用しているが，ここでは複雑になるので触れないことにする.

※3 筋肉のグリコーゲンは，アドレナリン・ノルアドレナリンによって分解が促進される.

●表6-3　グルカゴンとインスリンによる血糖量の調節

	肝臓では	骨格筋では	その結果
グルカゴン ⇨	グリコーゲン分解↑ 解糖系↓ グルコース-6-リン酸脱リン酸化↑ グルコース放出↑ （タイプ2による）	はたらかない	血糖↑
インスリン ⇨	グリコーゲン合成↑ グルコース新生↓ 解糖系↑ グルコース取り込み↑ （タイプ2による）	グリコーゲン合成↑ グルコース取り込み↑ （タイプ4による）	血糖↓

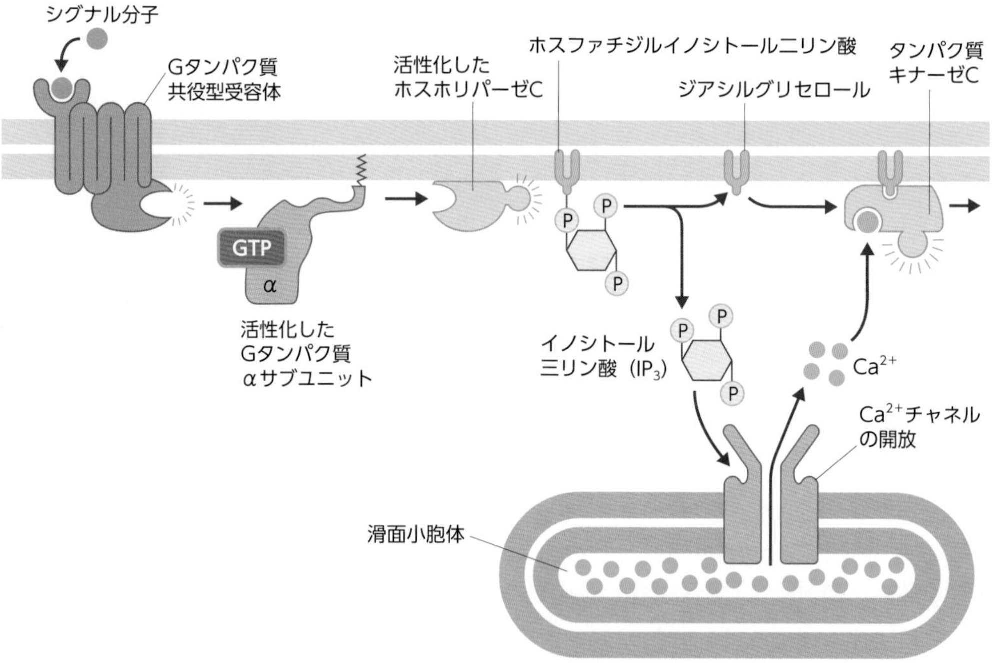

シグナル分子
Gタンパク質
共役型受容体
活性化した
ホスホリパーゼC
ホスファチジルイノシトール二リン酸
ジアシルグリセロール
タンパク質
キナーゼC
GTP
α
P
活性化した
Gタンパク質
αサブユニット
イノシトール
三リン酸（IP_3）
Ca^{2+}
Ca^{2+}チャネル
の開放
滑面小胞体

●図6-21　IP_3-Ca^{2+}系による細胞内情報伝達の流れ
参考図書3をもとに作成.

6 もう1つのGタンパク質共役型受容体（IP_3-Ca^{2+}系）

❶細胞内Ca^{2+}の重要性

細胞内のCa^{2+}の濃度は常に低い濃度に抑えられていて，細胞外では10^{-3}M以上あるが，細胞内では10^{-7}Mである．このように細胞内Ca^{2+}の濃度が低く保たれているのは，細胞が常に細胞膜の膜タンパク質イオンチャネルを使ってCa^{2+}を細胞外へ排出し，細胞内Ca^{2+}貯蔵部である滑面小胞体へ能動輸送によって取り込んでいるからである．

このように細胞内のCa^{2+}の濃度を低く抑えることにより，Ca^{2+}の濃度の変化を細胞内の情報伝達に使うことができる．Ca^{2+}はcAMPと同じくセカンドメッセンジャーなのである．ホルモンの受容体のなかにも，このCa^{2+}濃度の変化を引き起こして信号を細胞内へ伝える方式をとる場合がある（図6-21）．視床下部から分泌されるホルモンである生殖腺刺激ホルモン（ゴナドトロピン）放出ホルモン（gonadotropin-releasing hormone：GnRH）がこの方式を使っている．

❷イノシトール三リン酸の産生

GnRHが標的細胞の受容体に結合すると，G_sとは異なるGタンパク質（G_q）が活性化される．このGタンパク質は細胞膜に埋め込まれたホスホリパーゼC（phosphoinositide-specific phospholipase C）を活性化する．

ホスホリパーゼCは，細胞膜の成分であるホスファチジルイノシトール二リン酸に作用して，頭部の**イノシトール三リン酸**（inositol 1,4,5-trisphosphate：**IP_3**）を切り離し，細胞膜内に**ジアシルグリセロール**（diacylglycerol）を残す．

❸IP_3は貯蔵部からCa^{2+}を放出する

IP_3は，図6-21のようにCa^{2+}の貯蔵部である滑面小胞体のCa^{2+}チャネルに結合し，Ca^{2+}を細胞質内に放出させる．放出されたCa^{2+}の一部は，カルモジュリン（calmodulin）というCa^{2+}結合タンパク質と結合して情報を伝える．

カルモジュリンは1分子あたりCa^{2+}を4個結合し，他の酵素タンパク質と結合してその酵素を活性化する．よく知られているのはCa^{2+}/calmodulin-dependent protein kinase（CaMキナーゼ）で，この酵素は基質タンパク質中のセリンとトレオニンをリン酸化する．

❹ジアシルグリセロールはタンパク質キナーゼを活性化する

細胞膜に残ったジアシルグリセロールは，Ca^{2+}依存性のタンパク質キナーゼ（protein kinase C：**PKC**）を活性化する．この反応に必要なCa^{2+}はIP_3によってすでに放出されている．PKCは標的となるタンパク質をリン酸化して，活性化のスイッチを入れる．

こうしてCa^{2+}濃度の上昇によって，GnRHの標的細胞である脳下垂体の生殖腺刺激ホルモン産生細胞では，貯蔵されていた生殖腺刺激ホルモンの分泌が促されるとともに，PKCは細胞内の種々のリン酸化反応を触媒し，生殖腺刺激ホルモンの合成を誘導する．

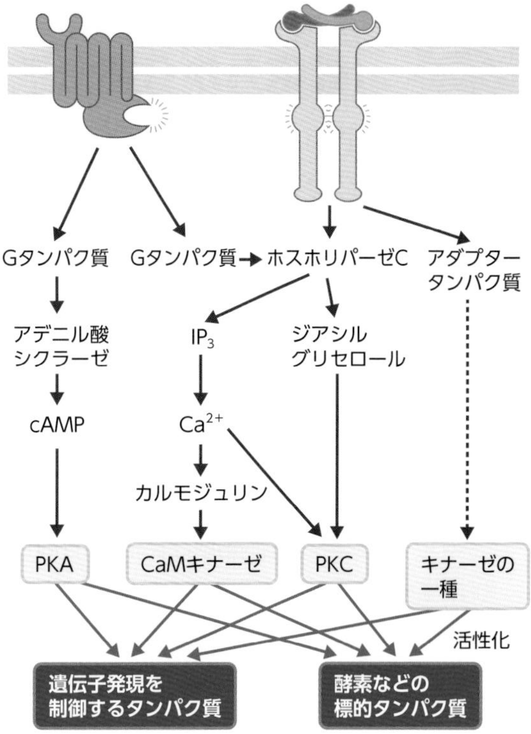

Gタンパク質
Gタンパク質
ホスホリパーゼC
アダプタータンパク質
アデニル酸シクラーゼ
IP_3
ジアシルグリセロール
cAMP
Ca^{2+}
カルモジュリン
PKA
CaMキナーゼ
PKC
キナーゼの一種
活性化
遺伝子発現を制御するタンパク質
酵素などの標的タンパク質

図6-22　シグナル伝達経路はネットワークを形成している

参考図書3をもとに作成.

❺cAMP系とIP_3-Ca^{2+}系は相互に関係しあう

ホルモンが受容体と結合した後に，細胞内で起こる一連の現象を細胞内**シグナル伝達**（signal transduction）とよんでいる．cAMPとIP_3-Ca^{2+}をセカンドメッセンジャーとする2つの系は，その一部である．この2つの系はそれぞれ独立しているのではなく，相互に関係しあっている（図6-22）．

この章で述べた2つの経路はシグナル伝達のごく一部で，細胞内にはシグナル伝達の経路がネットワークを形成して相互に関係しあいながら，標的タンパク質を活性化したり抑制したりしてさまざまな代謝経路を制御し，遺伝子の発現を調節してタンパク質合成を制御し，細胞のはたらきを調節している．

6-4 信号分子による転写の調節（細胞外から遺伝子への情報伝達）

1 ステロイドホルモンと受容体

ステロイドホルモンは菌類からヒトまでに広くみられる信号分子で，いずれもコレステロールから合成され（⇒4章-3 4），分子量はおよそ300以内である．小さく脂溶性のため細胞膜を拡散によって通過でき，細胞内で受容体としっかりと結合する．

ステロイドホルモンは，図6-23のようにほぼ平面の，ステロイド骨格とよぶ共通構造を有し，種類によってヒドロキシ基やメチル基の位置と向きが異なり，その結果，分子の形が異なる．

ステロイドホルモンの標的細胞はおよそ10,000個の受容体をもっており，受容体の親和性（affinity）は高い．ステロイドホルモン受容体は，細胞のタンパク質全体の0.01％にしかならないので単離が困難であったが，最近の遺伝子工学の手法により構造が明らかにされ，互いによく似ていることが判明した．

およそ800個内外のアミノ酸からなるステロイドホルモン受容体は，少なくとも3つのドメインから構成されている．N末端は転写調節ドメイン，中間部はDNA結合ドメイン，C末端はホルモン結合ドメインである．

テストステロン受容体およびエストラジオール受容体のホルモン結合ドメインを図6-24に示す．

結合するホルモンの形に応じたポケットを形成するために，ホルモン結合ドメインのアミノ酸の配列は受容体ごとにだいぶ異なっているが，DNA結合ドメインのアミノ酸配列はよく似ている．

このように，ステロイドホルモンであるテストステロン，エストラジオール，プロゲステロンの受容体と甲状腺ホルモン受容体，さらにレチノイン酸やビタミンD_3の受容体は，いずれもお互いによく似ている．これら一群の受容体を，**核ホルモン受容体**（nuclear hormone receptor）スーパーファミリーとよんでいる（図6-25）．

ステロイドホルモンがホルモン結合ドメインに結合すると，受容体の立体構造（conformation）が変わって，DNA結合ドメインがDNAと結合できるようになり，転写調節因子として特定の遺伝子の転写を活性化する※4（図6-26）．

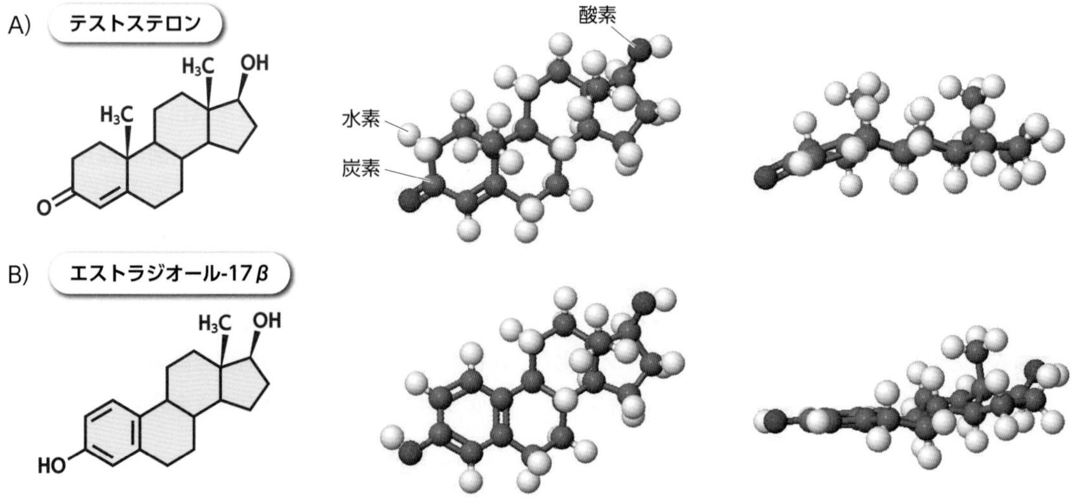
A) テストステロン
H_3C
OH
H_3C
O
酸素
水素
炭素
B) エストラジオール-17β
H_3C
OH
HO

●図6-23　テストステロンとエストラジオール分子
黄色の部分がステロイド骨格．

※4 図6-26にある抑制タンパク質は，3章で出てきた分子シャペロンの一種である．

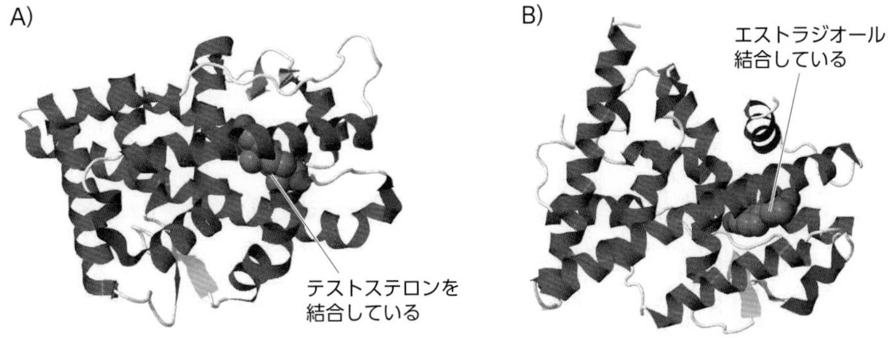
A)
B)
エストラジオールを
結合している
テストステロンを
結合している

図6-24　ステロイドホルモン受容体のホルモン結合ドメインの構造模型
A）ヒトテストステロン受容体のホルモン結合ドメインの構造模型［PDB：2Q7J］．B）ヒトエストラジオール受容体のホルモン結合ドメインの構造模型［PDB：1ERE］．

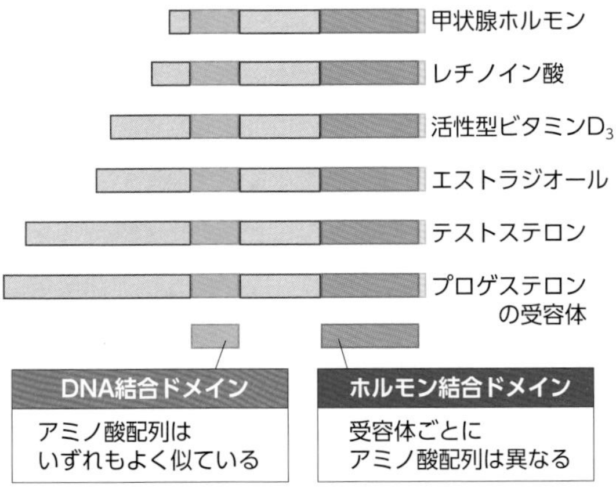
甲状腺ホルモン
レチノイン酸
活性型ビタミンD3
エストラジオール
テストステロン
プロゲステロン
の受容体
DNA結合ドメイン
アミノ酸配列は
いずれもよく似ている
ホルモン結合ドメイン
受容体ごとに
アミノ酸配列は異なる

図6-25　核ホルモン受容体スーパーファミリーの構造比較

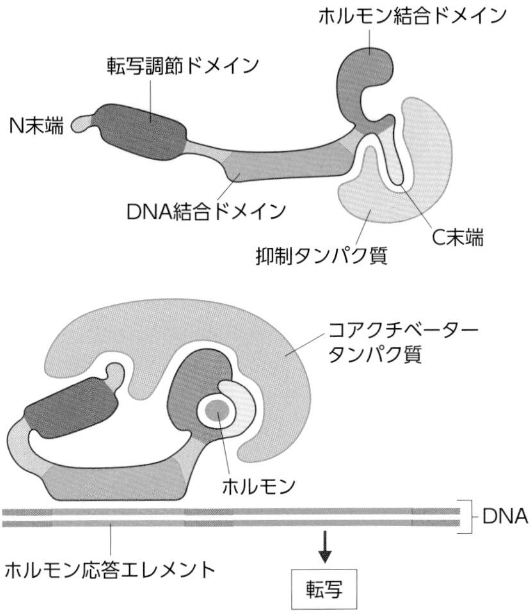
ホルモン結合ドメイン
転写調節ドメイン
N末端
DNA結合ドメイン
C末端
抑制タンパク質
コアクチベーター
タンパク質
ホルモン
DNA
ホルモン応答エレメント
転写

図6-26　ステロイドホルモン受容体の構造およびホルモンが結合してDNAに結合する模式図
参考図書3をもとに作成．

2 ステロイドホルモン受容体複合体は遺伝子の転写を制御

ステロイドホルモン受容体は細胞質にあるが，ホルモンが結合すると核の中に入って，二量体となる．DNA結合ドメインはモノマーあたり2つのZn^{2+}を結合して特定の形をとり，DNAの特定のヌクレオチド配列と結合して転写を開始させる．このような結合部位をZn（ジンク）フィンガーモチーフ※5とよんでいる．Znフィンガーが認識する特定のヌクレオチド配列を**ホルモン応答エレメント**（hormone response ele-

※5 ドメインというのは，タンパク質の三次構造中にみられる，機能をもった塊を指して言い，多くの場合，進化的に保存された領域である．モチーフは，ドメインの中で特徴的な形をした二次構造を指す．本書では機能的なモチーフのみを取り上げている．

ment：HRE）という（図6-27）．

この特定の配列（HRE）を除くと転写は起こらなくなるし，この配列を本来ホルモンとは関係ない遺伝子の上流に埋め込むとステロイドホルモンによって転写が起こるようになる．

受容体が結合する場所は多くの場合，遺伝子をコードする領域の上流にあり，何カ所か存在して転写を開始させるとともに，転写の促進が起こる（図6-28，⇒3章-3）．こうしてできたmRNAは核外に出て，タンパク質に翻訳される．このため，ステロイドホルモンは多くの遺伝子の転写調節を通してさまざまな形質の発現を起こすことができる（例えば春機発動期の変化）．

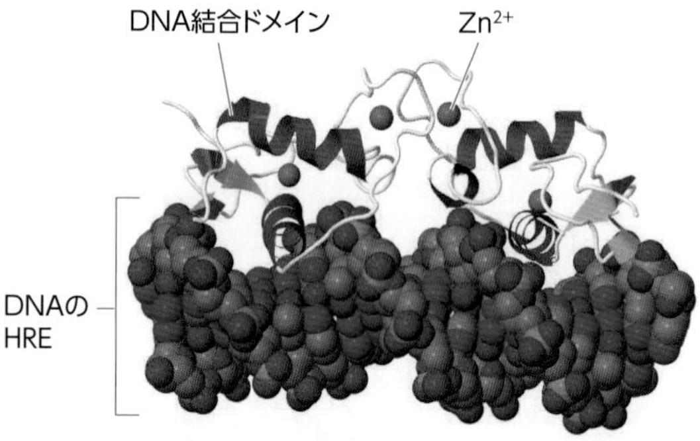
DNA結合ドメイン
Zn^{2+}
DNAの
HRE

図6-27　ホルモン応答エレメント（HRE）に結合したDNA結合ドメイン ［PDB：1HCQ］
エストラジオールのHREの場合は，5′-AGGTCAnnnTGACCT-3′（nは4種の塩基のどれでもいい）である．

3 ステロイドホルモンの作用のしかた

ステロイドホルモンの効果には，**一次反応**（primary response）によるものと**二次反応**（secondary response）によるものの２つに分けることができる．

一次反応は，ステロイドホルモン受容体が遺伝子にはたらいて，新しいタンパク質の転写と翻訳を起こし，このタンパク質が特定のはたらきを示す場合である．ホルモン量が減少すれば転写と翻訳は止まってホルモンの効果はなくなるので，この過程は可逆的である．

一方，二次反応は，ホルモンの作用で最初につくられたタンパク質が転写調節タンパク質で，これが再び別の遺伝子にはたらいて，二次的にタンパク質の転写と翻訳を促す場合である．ホルモン量が減少して転写と翻訳が止まっても，すでに翻訳された転写調節タンパク質が壊されずに転写を促進するので効果は持続する．発生に伴ってステロイドホルモンや甲状腺ホルモン，あるいはレチノイン酸による不

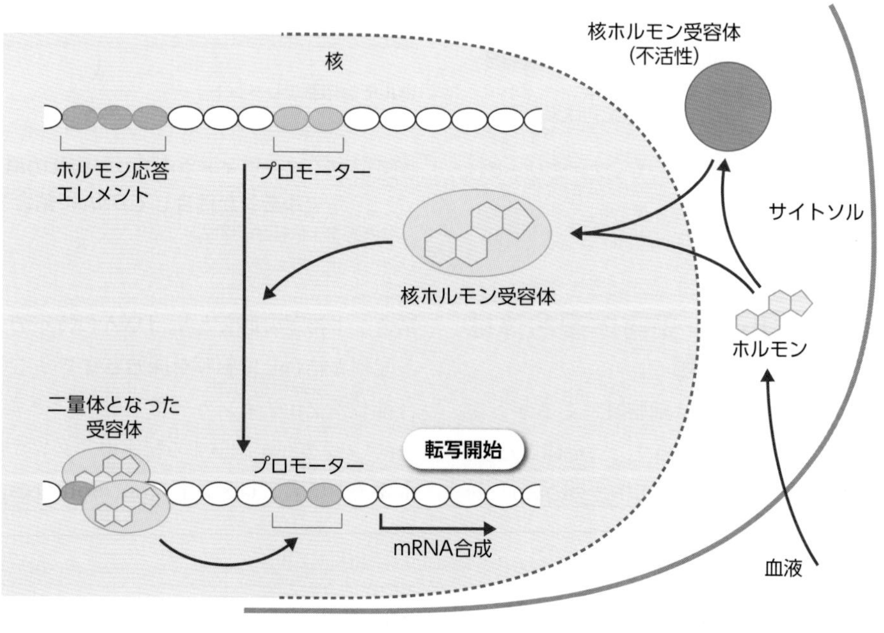
核
核ホルモン受容体
（不活性）
ホルモン応答
エレメント
プロモーター
サイトソル
核ホルモン受容体
ホルモン
二量体となった
受容体
転写開始
プロモーター
mRNA合成
血液

図6-28　ステロイドホルモンによる転写の調節

可逆的な形態の形成が起こるが，これは二次反応による不可逆的な過程である．

これまで述べたように，ステロイドホルモンは遺伝子にはたらきかけてその作用を現すので，これをgenomicな作用という．これに加えて，ステロイドホルモンには素早い反応もみられるので，遺伝子の転写調節を介さないnon-genomicな作用もあると推測されていた．最近になって実際に細胞膜にエストラジオールと結合するGタンパク質共役型受容体が存在することが明らかになった．エストラジオールが受容体と結合するとGタンパク質を介してアデニル酸シクラーゼが活性化され，その結果，細胞内にcAMPが生成し，図6-22のようなシグナル伝達のネットワークを介して細胞の増殖などにかかわっていると考えられている．この受容体は，細胞膜以外の小胞体やゴルジ装置の膜にも存在するので，non-genomicな機構にはまだ不明な部分が多いが，今後その全容が明らかになってくるだろう．

6-5 イオンチャネル連結型受容体を介した情報伝達

1 神経系による情報伝達

ホルモンによる細胞間の情報伝達方式は，血中に分泌された信号分子が体内をめぐって受容体のある細胞に結合して情報が伝わる方式で，ちょうど放送局が特定の周波数の電波を発射し，その電波の周波数に合わせたラジオでこれを受信して情報を得るのと同じである．これに対して，神経による情報伝達は，神経細胞から伸びた軸索が情報を伝える細胞（例えば骨格筋）に接していて，直接，情報を伝える方式で，ちょうど固定電話で情報を伝えるのと同じである．この接続部分は，軸索の末端が膨らんで次の細胞と接していて**シナプス**とよぶ（⇒11章-2）．軸索末端から放出された神経伝達物質は，シナプス間隙を拡散して向かい側にある神経伝達物質の受容体に結合して情報が伝わる．

さまざまな分子が神経伝達物質として働いている．表6-4にその一部を載せた．ほとんどのものがホルモンと比べると分子量がずっと小さな水溶性の分子である．化学的性質がペプチドとあるものは，ホルモンでもある．

以下に神経伝達物質の例として，①（詳しく言うとニコチン受容体）によるアセチルコリンのはたらきに関して記述してある．③による神経伝達物質のはたらきは，ホルモンのところで述べたGタンパク質共役型受容体によるものと本質的に同じである（⇒p.298も参照）．

●表6-4　ヒトの主な信号分子（神経伝達物質）

神経伝達物質の名前	化学的性質	主な作用部位と受容体		主な作用
アセチルコリン	コリンの酢酸エステル	脳，神経筋接合部	①	横紋筋収縮
		脳，副交感神経	③	平滑筋収縮
ドーパミン	モノアミン	脳	③	運動・認知機能調節
アドレナリン	モノアミン	脳，交感神経系	③	血管収縮など
ノルアドレナリン	モノアミン	脳，交感神経系	③	精神ストレス，同上
セロトニン	モノアミン	脳，腸管	①③	生体リズムなど
ヒスタミン	モノアミン	脳，肥満細胞	③	睡眠・覚醒調節
グルタミン酸	アミノ酸	脳	①③	興奮性
γアミノ酪酸（GABA）	アミノ酸	脳	①③	抑制性
アスパラギン酸	アミノ酸	脳	①	興奮性
グリシン	アミノ酸	脳	①	抑制性
ソマトスタチン	ペプチド	視床下部，腸管	③	成長ホルモン分泌
ガストリン	ペプチド	視床下部，腸管	③	摂食関連
エンドルフィン	ペプチド	脳	③	脳内報酬系
セクレチン	ペプチド	視床下部，腸管	③	摂食関連

注）上の表にあげたもの以外にも，神経伝達物質は多数存在する．
①はイオンチャネル連結型受容体，③はGタンパク質共役型受容体を示す（⇒p.154 表6-2参照）．

最初に同定されたこともあって，神経伝達物質というと真っ先に名前があがるのがアセチルコリンである．アセチルコリンは，骨格筋の収縮を制御する運動神経の神経伝達物質でもあるので，よく研究されている．

2 アセチルコリン受容体

アセチルコリンの受容体は，Na^+チャネルとなる膜タンパク質領域とアセチルコリン結合部位が融合したような構造をしている．シビレエイの電気器官は運動神経と筋肉の接合部が集まったもので，そこから遺伝子工学の手法を用いて受容体の構造を明らかにする最初のヒントが得られた．アセチルコリン受容体は，4回膜貫通型のタンパク質を5つ束ねたような構造をしている（五量体，$\alpha_2\beta\delta\gamma$）．4つの$\alpha$ヘリックス部分で膜に埋まり，主として$\beta$シート構造の組合わさったN末端側が細胞外へ張り出している（図6-29）．

2番目の膜貫通部分を内側にして単量体（モノマー）が5つ寄り集まって細胞膜を横切る穴（ポア）を形成し，この膜貫通部分によってイオンの選択性が決められている．この構造はシビレエイのものであるが，ヒトのアセチルコリン受容体も同じような構造をしていると考えられる．

受容体の穴の部分は普段は閉じている．受容体にはアセチルコリンが結合できるポケットが2つあり，2分子のアセチルコリンが結合できる．アセチルコリンが結合するとタンパク質の構造が変化して穴が開き，Na^+が細胞内に流入できるようになる（図6-30A）．

アセチルコリンの受容体を通ってNa^+が流入する様子は次のような方法で観察することができる．アセチルコリン受容体が埋め込まれた細胞膜に先の細いガラスピペットを押しつけて陰圧にすると，ピペットの先端に細胞膜が吸着し，ちぎり取ることができ，うまくやるとたった1個の受容体だけをピペットの先端に移すことができる（図6-30B）．

ピペット内にアセチルコリンの溶液を満たせば，ピペット内と外液の間に流れる電流を記録することができる．電流の値はわずかに数ピコアンペア（10^{-12}アンペア）で，アセチルコリンが結合して「開」状態になると電流が流れる（図6-30C）．ただし完全に「開」の状態で固定されているのではなく，ゆらぎが観察できる．2個のアセチルコリンが受容体に結合すると，チャネルは「開」状態をとる確率が高くなるからである．

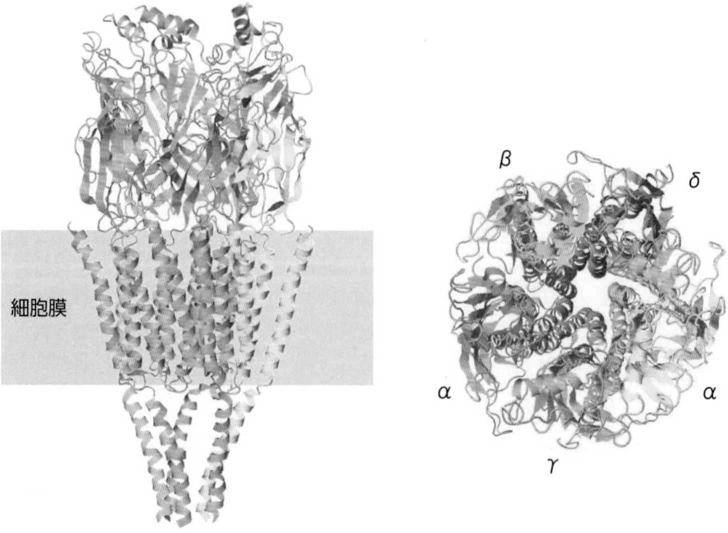
細胞膜
β
δ
α
α
γ

●図6-29 アセチルコリン受容体の構造模型［PDB：2BG9］

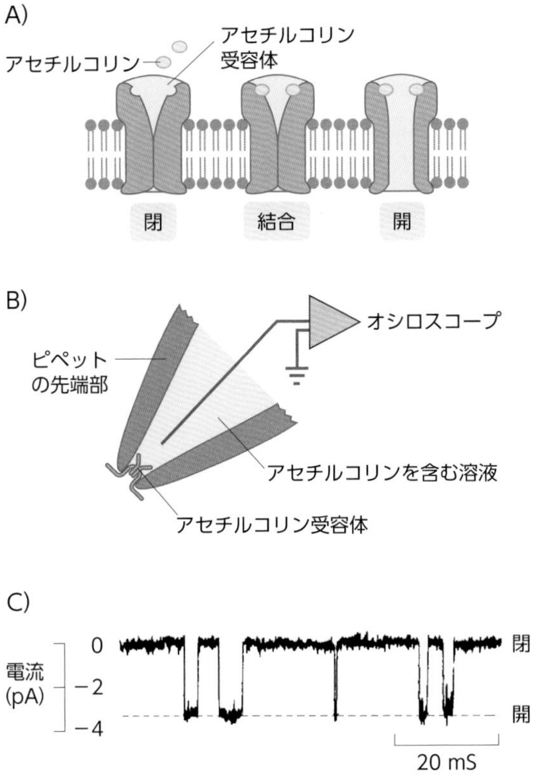
A)
アセチルコリン
アセチルコリン受容体
閉
結合
開
B)
オシロスコープ
ピペットの先端部
アセチルコリンを含む溶液
アセチルコリン受容体
C)
電流(pA)
0
−2
−4
閉
開
20 mS

図6-30　アセチルコリン受容体の開閉

A）アセチルコリンが結合し，受容体の穴が開く様子を示す模式図．B）このような方法（パッチクランプ法）により電極の内外に流れる電流を測定．C）測定結果より，チャネルが開いているか閉じているかを推定．C）はNobel Foundation 1991年ノーベル生理学・医学賞受賞講演（http://www.nobelprize.org/nobel_prizes/medicine/laureates/1991/sakmann-lecture.pdf）より作成．

章末問題

解答➡

問1　細胞間の接着様式にはどのようなものがあるか，その名称と関係するタンパク質をあげて述べよ．

問2　血液中を流れているホルモンの数はそれほど多くはないのに，細胞にはたらいて信号を伝えることができるのは，途中の過程で増幅されるからである．どのように増幅されるのか述べよ．

問3　ステロイドホルモンの細胞へのはたらき方を，タンパク質ホルモンとの違いを明確にしながら述べよ．

問4　神経伝達物質であるアセチルコリンによる情報伝達について，受容体の役割を明確にしながら述べよ．

演習⑤ インスリンと血糖値の変動をグラフ化してみよう

6章本文中に，グルカゴンとインスリンによる血糖値の調節について述べているが，実際にはどれぐらいの量のホルモンが血流によって運ばれているのだろうか．こうしたことを知るためには，採血をして血中のグルコースやホルモンを測定すればよい．

表は，論文[1]に記載されているグラフから読み取った数値を表にしたものである．

平均年齢25歳の，健康な男女8人（BMI＜25）から，午前8時から翌日朝6時まで，定期的に採血し（食事の後の2時間は30分おき，それ以外は1時間おき，深夜は2時間おき），その間，午前8時に朝食，午前12時に昼食，午後5時に夕食，午後8時に夜食をとってもらった．いずれの食事も栄養分を厳密に調整している．

採血した血液を使って，グルコースは酵素法で，インスリンはELISA（酵素免疫測定法）で，血中の濃度を測定した．単位はグルコースがmg/dL（原著論文のmmol/Lを換算），インスリンがpmol/Lである．

このデータを使って，グラフをExcelで表示してみよう．Timeは時刻を数値として扱うために30分を0.5とし，24時以降を連続した数値（26，28，30）で示している．Excelでは，表の横方向に並んだ数値を，縦方向に並べた表（A列だったらA1から下に向かって）として作成し，Time，Insulin，Glucoseの3列の数値を選択し，「挿入」，「グラフ」でグラフの種類は散布図（直線とマーカー）を選ぶ．最初に表示されたグラフでは，血糖値の縦軸がインスリンの数値と共通なために，変化の上下幅が小さすぎるので，グルコースのグラフ線をマウスでクリックした後，右クリックして「データ系列の書式設定」を選択し，「系列のオプション」から使用する軸を第2軸に変更し，次に「軸の書式設定」から「軸のオプション」で最小値を「60」，最大値を「120」とすれば，比較しやすいグラフになる．

こうすると，食事をするごとに消化，吸収されてグルコースの血中濃度が上昇し，それを追いかけるように，すぐにインスリンが膵臓ランゲルハンス島のB（β）細胞から分泌されて血中濃度が上がり，血糖値を下げるようにはたらいていることが見てとれる（⇒**11章**図11-6も参照）．

［文献］

1）Daly ME, et al：Am J Clin Nutr, 67：1186–1196, 1998

●表　ヒト血中のインスリンとグルコースの変動

Time	8	8.5	9	9.5	10	11	12	12.5	13	13.5	14	15	16	17
Insulin	30	280	240	125	130	60	50	230	100	90	110	120	115	100
Glucose	77.4	111.6	93.6	84.6	88.2	81	82.8	106.2	84.6	86.4	93.6	97.2	91.8	90

Time	17.5	18	18.5	19	20	20.5	21	21.5	22	24	26	28	30
Insulin	250	150	160	190	155	235	157	140	125	50	45	50	48
Glucose	108	93.6	96.3	102.6	99	106.2	97.2	95.4	98.1	90	84.6	86.4	85.5

Supplemental Data

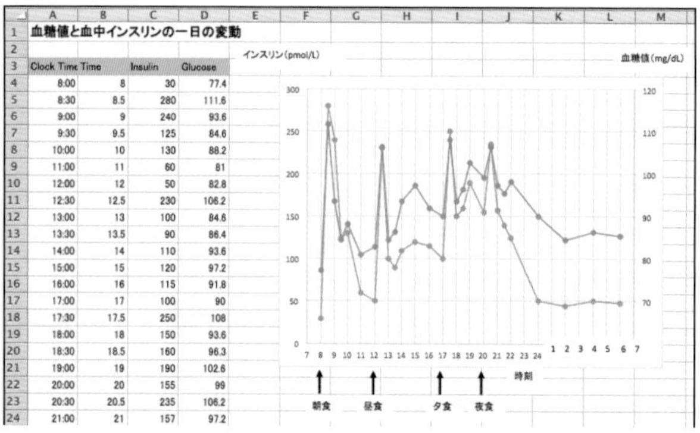

血糖値と血中インスリンの一日の変動
Clock Time　Time　Insulin　Glucose
インスリン（pmol/L）
血糖値（mg/dL）
時刻
朝食
昼食
夕食
夜食

本演習に連動したExcelファイルをダウンロードできます（⇒目次の次頁参照）．

7章 多細胞生物への道②（細胞の数を増やす）

多細胞生物は体細胞分裂によって細胞の数を増やして成長し，成長が終わった後も，上皮組織などでは分裂を続けて細胞を更新する．細胞分裂の前にはDNAの複製が必要であり，新しい鎖は，DNA二本鎖の一方を鋳型として合成され，全く同じ二本鎖のDNA分子ができる（半保存的複製）．複製は長いDNA分子の特定の場所（複製開始点）に複製装置が結合し，DNAの二本鎖をほどいて新しい鎖を合成していく複雑な過程である．

DNAの複製が完了すると（S期），染色体も複製されて２本の染色分体がX字状の形となり，中心体が複製されて分裂の準備が整う（G_2期）．ここからM期で，染色体は凝集して太くなり，中心体はそれぞれの極に移動し（前期），核膜が消失し染色体は移動して両極の中央にいったん並び（中期），やがて微小管のはたらきで染色分体が引き離されてそれぞれの極に移動をはじめ（後期），両極に達した染色体は再び核膜に包まれ（終期），細胞質分裂によって２つの細胞になる．それぞれの細胞は，次の細胞分裂のために半減した細胞小器官やさまざまな分子を増やして元の大きさに戻す（G_1期）．S→G_2→M→G_1の繰り返しを細胞周期とよび，M期以外の（G_1＋S＋G_2）を間期という．普通の細胞はG_1期から細胞周期を離脱してG_0期に移行して細胞本来の役割を果たす．

DNAが誤りなく複製されるのは，DNAポリメラーゼに誤りを訂正する校正機構が備わっており，そこで見逃された誤りを修復する機構もまた，細胞に備わっているからである．それでもわずかな確率で誤りが固定されてしまうことがある．これが突然変異である．

7-1 DNAの複製

1 細胞の数を増やす

細胞が数を増やしていくときには，遺伝情報を正しく次代の細胞に引き渡す必要がある．そのために，元の細胞（母細胞）が２つの新しい細胞（娘細胞）に分かれる現象は整然とした過程をたどって進行する．この過程を**細胞分裂**（cell division）というが，この過程を少し詳しくたどって，多細胞生物の成り立ちについて考えてみよう．

細胞分裂は，核の分裂と細胞質の分裂の２段階に分けられる．また，母細胞が自分と同じ２つの娘細胞をつくる**体細胞分裂**（mitosis）と，生殖細胞をつくる**減数分裂**（meiosis，次章で述べる）の，２種類が存在する[※1]．

※１真核生物では，核が分裂するときには染色質が糸状の染色体となって分裂が進行するので，有糸分裂（mitosis）とよび，体細胞の数を増やすために起こる体細胞有糸分裂（somatic mitosis）と生殖細胞をつくるときに染色体の数を半減させる減数有糸分裂（meiotic mitosis）に分ける．減数有糸分裂は単に減数分裂とよぶことが多い．ここでは，用語の混乱を避けるために，母細胞が自分と同じ２つの娘細胞をつくる過程を体細胞分裂（mitosis）とし，生殖細胞をつくる過程を減数分裂（meiosis）とよぶことにする．

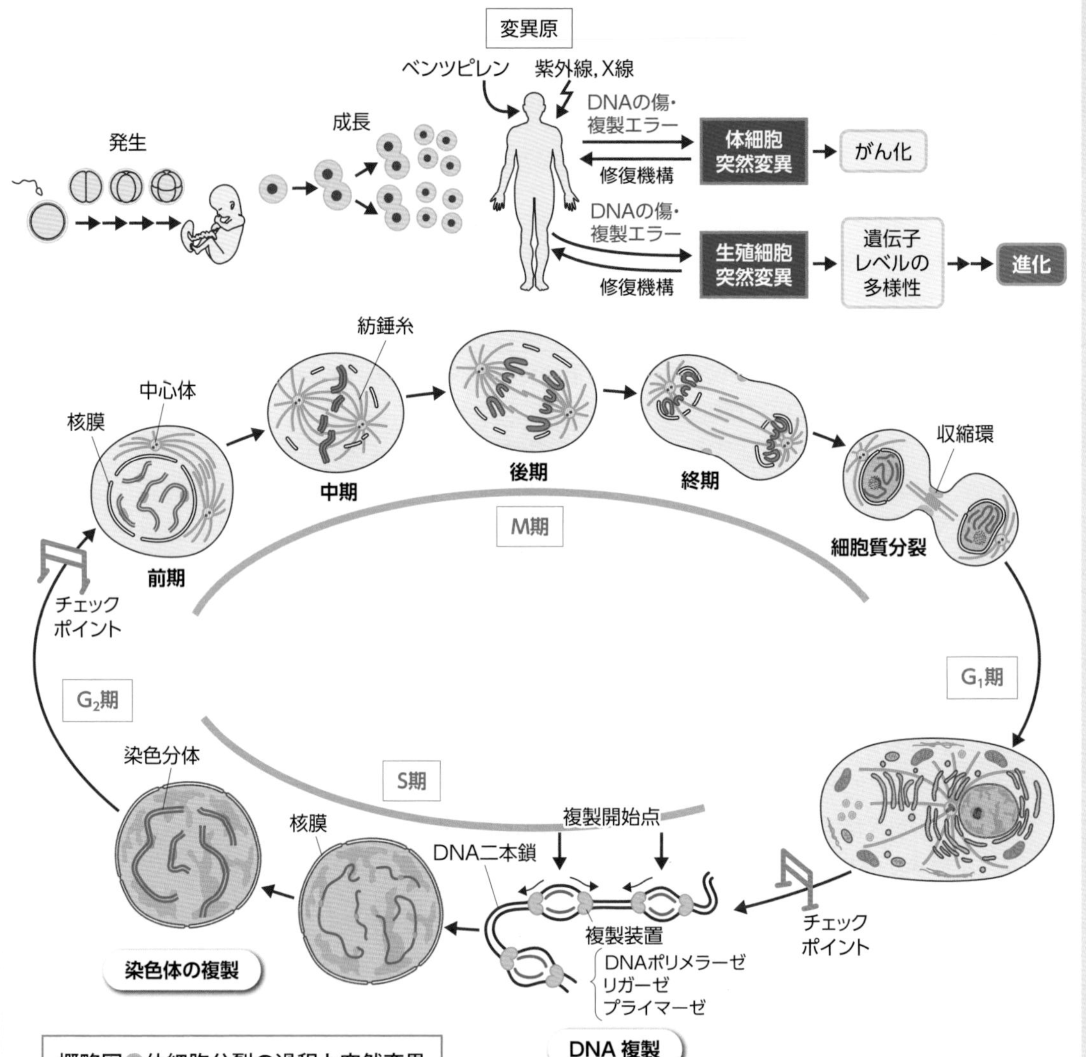
変異原
ベンツピレン
紫外線, X線
発生
成長
DNAの傷・
複製エラー
修復機構
体細胞
突然変異
がん化
DNAの傷・
複製エラー
修復機構
生殖細胞
突然変異
遺伝子
レベルの
多様性
進化
紡錘糸
中心体
核膜
中期
後期
終期
収縮環
細胞質分裂
前期
M期
チェック
ポイント
G₂期
G₁期
S期
染色分体
核膜
複製開始点
DNA二本鎖
複製装置
DNAポリメラーゼ
リガーゼ
プライマーゼ
染色体の複製
DNA 複製
チェック
ポイント
概略図●体細胞分裂の過程と突然変異

体細胞分裂の過程では，次の3つのことが起こる必要がある．

①染色体を構成するDNA分子を正確にコピーして2倍にする必要がある．この過程をDNAの複製とよぶ．それから染色体を複製する

②ミトコンドリアのような細胞小器官も，それぞれの娘細胞に十分な量を均等に分配する必要がある

③細胞質を2つの娘細胞に分離する必要がある

それぞれの過程がどのように進行していくか，順番に見ていこう．

2 DNAはどのように複製されるのか

1953年にDNAの構造のモデルを短い論文で提出したときに，ワトソンとクリックは染色体が複製されるときに必然的に起こるDNAの複製は，一方の鎖をそれぞれ鋳型にして新しい鎖が複製されて，2本の二本鎖DNAができるだろうと予想した．このような複製のしかたを**半保存的複製**（semi-conservative replication）とよんでいる．

この論文を見てメセルソンとスタールはすぐに，これが実際に起こっていることかどうか実証する必要があると考えた．複製の方法には，半保存的複製以外に，保存的複製（元の二本鎖DNAをそれぞれ鋳型にして，新しく二本鎖DNAが複製される）とランダム分断（二本鎖DNAを分断して複製し，再びつなぎ合わせる）が理論的にはありうると考えられるからである．

どれが正しいかを証明するために，メセルソンとスタールはうまい方法を考え出す．DNAの重さの差を利用する方法である．CsCl（塩化セシウム）の濃い溶液を沈降セル（円筒状の小さな容器）に入れて超遠心機を使って大きなG（140,000 G）をかけて遠心すると，セルの上から下にCsClの密度勾配ができる．溶液に重さ（密度）の異なる高分子を入れておくと，高分子は同じ密度のCsClのところに集まってくる．密度が異なる2つの高分子なら，2本のバンドができるはずである．彼らはまずこの方法で，実際にDNAが特定のバンドをつくるかどうかを確かめた．

遠心時間を長くすると，間違いなく特定の場所にバンドができるのを確認した後，次にDNAに重さの差を出すために，$^{14}NH_4Cl$の代わりに$^{15}NH_4Cl$を培地に入れて何代も大腸菌を飼育した．こうすると大腸菌は塩基の材料として重たい^{15}Nを使わざるを得ないのでDNAが重くなるのである．本当に重くなったかどうか，重さの差を解析できるかどうかも彼らは確かめる（図7-1）．

こうして重たい培地で飼育した大腸菌を，今度は普通の$^{14}NH_4Cl$で飼育し，最初の世代，次の世代，さらに次の世代と時間を追って大腸菌を集め，そこからDNAを抽出して同じように密度勾配遠心を行った．対照群は普通の培地と重たい培地でずっと飼育した大腸菌を使う．

重たい培地から普通の培地に移した第一世代の大腸菌から集めたDNAのバンドは1本だが，その密度は最初の世代のバンドよりも軽く，ちょうど重いDNAと軽いDNAの中間であった（図7-2）．第二世代になると，バンドは2本に分かれ，1本は第一世代と同じ中間の重さのもの，もう1本はずっと普通の培地で培養した対照群のものと同じ軽いバンドであった（図7-2）．

この実験は，明らかに第一世代で新しく複製された二本鎖DNAの1本は軽い^{14}Nの鎖，もう1本は元の重い^{15}Nの鎖であることを示している．こうして複製は予想どおり，半保存的な様式で行われることが実証された（図7-3）．

大腸菌は原核生物であるが，その後，真核生物のDNAの複製も半保存的に起こっていることが確かめられる．真核生物の場合は，1組の二本鎖DNAが

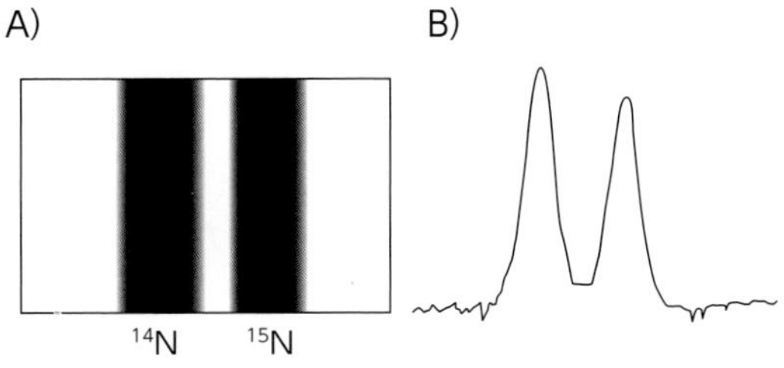
A)
B)
^{14}N
^{15}N

図7-1　軽いDNAと重いDNAを密度勾配法で分離
A）24時間遠心して写真に撮ったもの．B）濃度計で測定したトレース．Meselson and Stahl：Proc Natl Acad Sci USA, 44：671-682, 1958より作成．

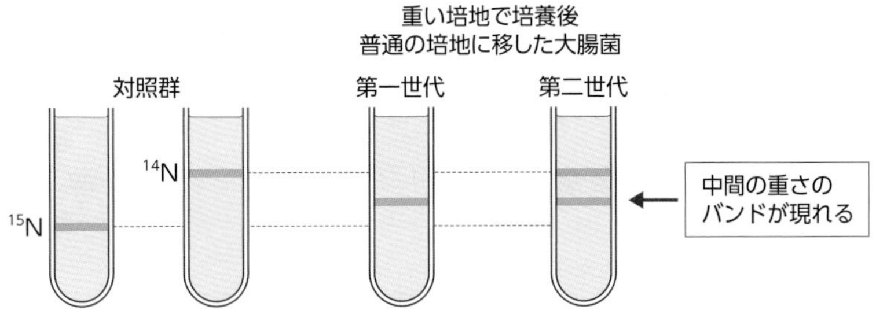
重い培地で培養後
普通の培地に移した大腸菌
対照群
第一世代
第二世代
^{14}N
^{15}N
中間の重さの
バンドが現れる

図7-2　密度勾配遠心法による半保存的複製の実証

1本の染色体の構成単位なので，染色体の複製も半保存的に起こることになる．

彼らの工夫した密度勾配遠心法は，分子生物学の標準的な手法として，しばらくは盛んに使われた．

3 DNA複製の過程

DNAの複製が半保存的に起こることが証明されたからといって，複製の詳しい過程が明らかになったわけではない．複製がどのように起こるかが明らかになるためには，さらに多くの研究者によるたくさんの研究が必要だった．複製の過程は生命現象の根幹部分なので，きわめて厳密に制御されている複雑な過程で，現在でも完全に解明されているわけではない．ここでは基本的な部分だけをおさえておこう．

DNAからRNAへの転写にはRNAポリメラーゼが必要だったように（⇒3章-3），DNAの複製には**DNAポリメラーゼ**（DNA polymerase）という酵素が必要である．ヌクレオチドの伸長は，原料となるヌクレオシド三リン酸のリン酸が2つ取れて，5′のリン酸基と3′のOH基との間にエステル結合をつくっていく過程である（図7-4）．

ところが事はそう簡単ではない．転写の場合は片方のDNA鎖を鋳型として，相補性の規則に従って一本鎖のRNAをつくればよかったが（⇒3章-3），DNAの場合は両方の鎖をそれぞれ鋳型として（半保存的に），2本のDNA鎖をつくらなければならない．ヌクレオチドを重合して核酸をつくるときには，必ず5′→3′の方向に合成が進むという制約があるので，二本鎖DNAの両方の鎖の末端にいっぺんにヌクレオチドを付加して，鎖を一方向に伸ばしていくことはできない．図7-4の左側の新しい鎖では鋳型鎖をもとに5′→3′である下向きに伸びていくことができるが，反対側（描かれていない）の鎖では反対方向（上向き）に伸びていかなければならない．

実際に複製が始まるためには，DNAは巻きついていたヒストンから離れて裸になり，さらにDNA二

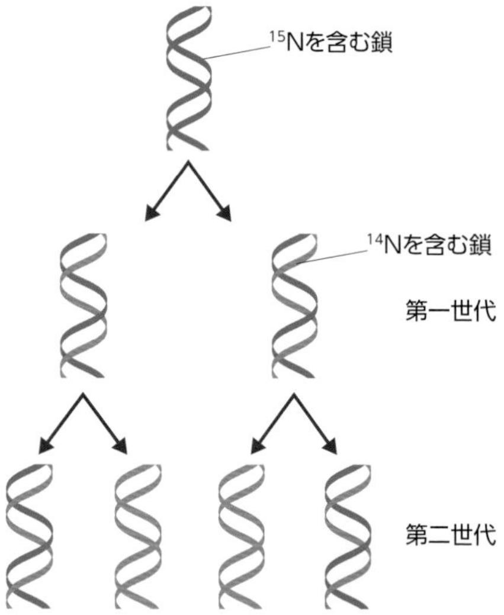

^{15}Nを含む鎖
^{14}Nを含む鎖
第一世代
第二世代

●図7-3　実験から考えられる複製の方式

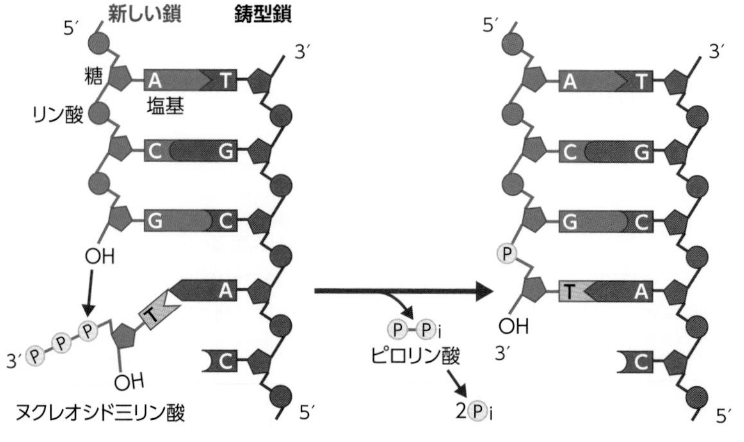

新しい鎖
鋳型鎖
5′
3′
糖
リン酸
塩基
A T
C G
G C
OH
T A
C
3′ P P P
OH
ヌクレオシド三リン酸
5′
P-Pi
ピロリン酸
2Pi
5′
3′
P
OH
3′
5′

●図7-4　DNAの鋳型鎖（右の鎖）に相補的な塩基をもつヌクレオチドが，新しい鎖に付加される反応

…複製が始まるこのよう
…製開始点でDNAが
…ーゼが付着しDNA
…進むために，ほ
…２つの別なポ
…押し広げな
…げた部
…を複製
…だ
けに… 方
向に…
リメラー…
ことがで…
この鎖を**リ**…
ところがもう…
型鎖は5′→3…
みながら合成す…
どうやって解決し…
治は，まずは短い…
合わせているのだろ…
実証するデータを得た…
成して後でつなぎ合わせる…
ラギング鎖（lagging strand…
で最初に合成される短い断片…**ラグメント**
（Okazaki fragment）とよばれるようになる．

現在では，図7-5のような機構で複製が起こると考えられている．Y字の上の方のリーディング鎖では，DNAポリメラーゼが鋳型鎖に相補的なヌクレオチドを連続的につないでいく．下の方のラギング鎖では，別のDNAポリメラーゼがまず断片①をつくり，ある長さ合成されると複製フォークの付け根のほうへ戻って断片②を合成し，また戻って断片③を合成するというように返し縫いのようなやり方でDNAの断片を合成し，この断片を**リガーゼ**（ligase）がつないでいく．こうして，元のDNAと全く同じ２本の娘DNAができあがる．

これまで，複製が始まるといきなりDNAポリメラーゼがDNAにとりついてDNAを合成すると書いてきたが（図7-5），実はDNAポリメラーゼは一本鎖になった鋳型鎖をもとにいきなりDNAヌクレオチド鎖を合成していくことができない．DNAポリメラーゼがヌクレオチドを付加するためには足がかりが必要なのである．そのため，最初はRNAヌクレオチドがプライマーゼという酵素によって数個付加されて**プライマー**（primer）となり，これを足がかりとしてDNAヌクレオチドが付加されて伸びていくことがわかっている．RNAプライマーは後で別のDNAポリメラーゼによってDNAに置き換えられる（図7-6）．

長い鎖であるDNA上には複製開始点が多数ある．複製が起こるときは，この複数の複製開始点から両方向に向かって複製が起こる（図7-7A）．

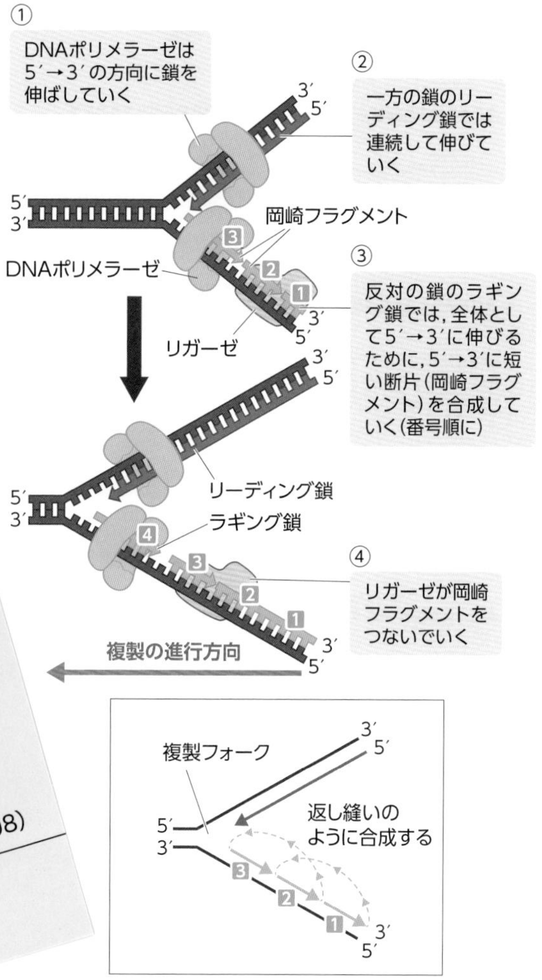

①
DNAポリメラーゼは5′→3′の方向に鎖を伸ばしていく
②
一方の鎖のリーディング鎖では連続して伸びていく
3′
5′
5′
3′
岡崎フラグメント
DNAポリメラーゼ
③
反対の鎖のラギング鎖では，全体として5′→3′に伸びるために，5′→3′に短い断片（岡崎フラグメント）を合成していく（番号順に）
リガーゼ
リーディング鎖
ラギング鎖
④
リガーゼが岡崎フラグメントをつないでいく
複製の進行方向
複製フォーク
返し縫いのように合成する

●図7-5　複製開始点から左に向かって複製が進む様子を示す模式図
参考図書1をもとに作成．

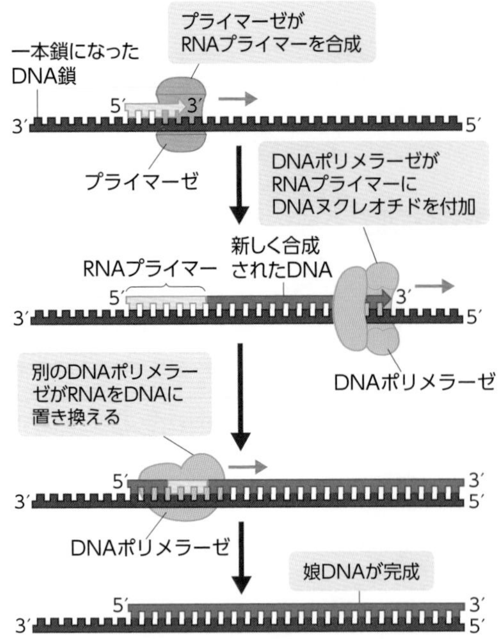

一本鎖になった
DNA鎖
プライマーゼが
RNAプライマーを合成
5′
3′
3′
5′
プライマーゼ
DNAポリメラーゼが
RNAプライマーに
DNAヌクレオチドを付加
RNAプライマー
新しく合成
されたDNA
DNAポリメラーゼ
別のDNAポリメラーゼがRNAをDNAに置き換える
DNAポリメラーゼ
娘DNAが完成

●図7-6　複製の最初にはRNAプライマーがつくられ，それを足がかりに合成が進む様子

参考図書1をもとに作成．

複製の過程は，これまで述べた複数のDNAポリメラーゼ，プライマーゼ，リガーゼの他に，DNA二本鎖をほどくヘリカーゼ，二本鎖のよじれを正すトポイソメラーゼ，一本鎖DNAを安定化するタンパク質が関与している複雑な過程である（図7-7B）．図中にはそれぞれのタンパク質がバラバラに描かれているが，DNA複製に関与するこれらの酵素群は，全体として1つにまとまった**複製装置**を形成していると考えられている．したがって図7-5にある返し縫いのようなことが実際に起こっているわけではない（⇒p.184 Columnも参照）．

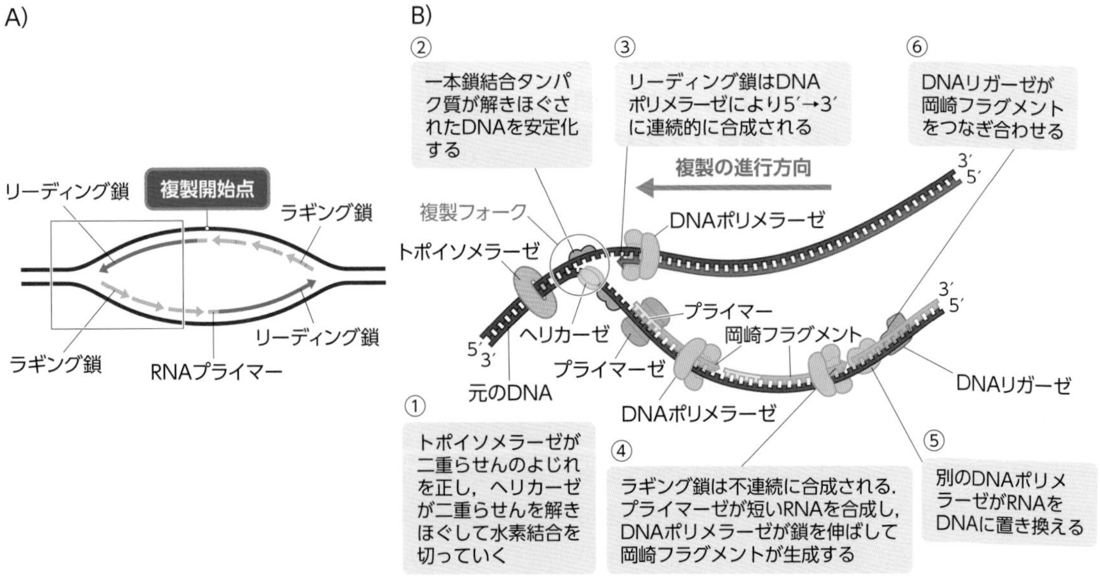

A)
リーディング鎖
複製開始点
ラギング鎖
ラギング鎖
リーディング鎖
RNAプライマー
B)
②
一本鎖結合タンパク質が解きほぐされたDNAを安定化する
③
リーディング鎖はDNAポリメラーゼにより5′→3′に連続的に合成される
⑥
DNAリガーゼが岡崎フラグメントをつなぎ合わせる
複製の進行方向
複製フォーク
DNAポリメラーゼ
トポイソメラーゼ
プライマー
岡崎フラグメント
ヘリカーゼ
プライマーゼ
DNAリガーゼ
元のDNA
DNAポリメラーゼ
①
トポイソメラーゼが二重らせんのよじれを正し，ヘリカーゼが二重らせんを解きほぐして水素結合を切っていく
④
ラギング鎖は不連続に合成される．プライマーゼが短いRNAを合成し，DNAポリメラーゼが鎖を伸ばして岡崎フラグメントが生成する
⑤
別のDNAポリメラーゼがRNAをDNAに置き換える

●図7-7　DNAの複製過程の全体像

A）複製開始点から左右に複製が進行する．B）Aの四角の拡大図．複製には多数の酵素などがかかわる．参考図書1をもとに作成．

7-2 細胞周期と体細胞分裂

1 細胞周期

DNAの複製はいつも起こっているわけではなく，細胞が数を増やす必要が生じたときに起こる．DNAの複製が起こる時期をS（synthesis）期といい，実際に染色体が目に見える形で現れて有糸分裂が起こる時期をM（mitosis）期という．M期とS期の間にあるギャップ期間をG_1期，S期とM期の間をG_2期という．細胞が数を増やしていくときに繰り返す，このような周期を**細胞周期**（cell cycle）という．M期以外の，G_1，S，G_2をまとめて間期（interphase）とよぶことがある（図7-8）．

植物の成長点※2や上皮組織の基底部にある細胞のように，常に細胞分裂を繰り返している細胞では，前述の細胞周期を繰り返しているが，多くの細胞では，G_1期で細胞周期の外へ出る．この状態をG_0という．G_0期の細胞でも，必要があると細胞周期に戻ることができる．例えば肝臓の細胞は普段はG_0の状態にいるが，肝臓の一部が切除されるとG_0から細胞周期へ復帰し，細胞分裂を繰り返して細胞の数を増やし，肝臓を元の大きさに戻す（肝再生）．G_0期の細胞を細胞周期に戻すようにはたらきかけるのは，成長因子やホルモンである．神経細胞のように細胞周期に戻れない細胞もある．

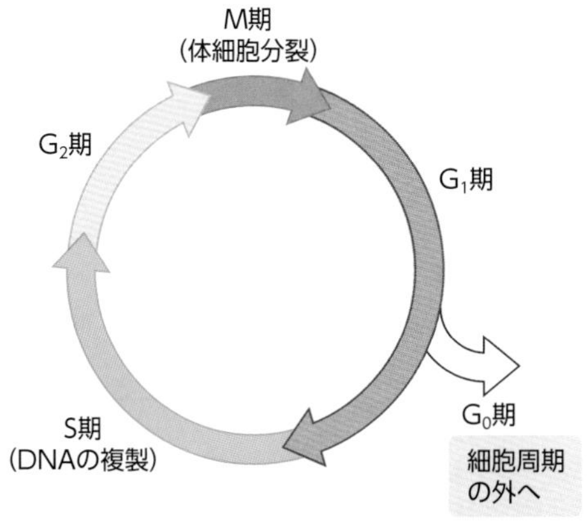
M期
（体細胞分裂）
G_2期
G_1期
G_0期
細胞周期
の外へ
S期
（DNAの複製）

●図7-8 真核生物の細胞周期

S期は2～4時間ほど続きG_2期へ移行する．G_2期も2～4時間続いた後，M期へ移行し，体細胞分裂（1～2時間）が起こる．G_1期は12時間～3日間続く．

2 体細胞分裂の過程

細胞周期のM期は，さらに前期（prophase），中期（metaphase），後期（anaphase），終期（telophase），細胞質分裂（cytokinesis）に分けることができる（図7-9）．もちろん本来は連続する動的な過程なので画然と区別できるわけではないが，便宜上このように分けて名前をつけている．

❶前期

M期に入ると，核小体が消滅しクロマチンが次第に凝集して光学顕微鏡で見える染色体の構造をとるようになる（図7-9A）．S期でDNAが複製されているので，染色体は2本の姉妹染色分体（sister chromatids）がセントロメア（⇒2章-4 1）で融合したX字型の中期染色体になる．中心体が2つに分かれて両極へ移動し，それぞれの中心体が微小管形成中心（紡錘体極）となり，微小管（紡錘糸）を形成する．

❷中期

核膜の消滅が，中期前半の始まりのしるしである．セントロメアに特殊なタンパク質が付着し動原体（キネトコア）を形成し，ここへ両極からの微小管（動原体微小管）が向かい合って結合する（図7-9B）．微小管のはたらきによって染色体が移動を始める．動原体と結合しなかった微小管（極微小管）同士は細胞の中央部でお互いに重なって結合し，全体として**紡錘体**（spindle）を形成する．紡錘体極（微小管形成中心）から伸びるもう1種類の微小管（星糸微小管）は，紡錘体の位置を保つはたらきをする．

微小管のはたらきによって，すべての染色体が細

※2 成長点（growing point）：植物の細胞は細胞壁で囲まれているので，伸長方向への成長は茎と根の先端部に限られる．茎頂と根端にあるこのような分裂組織を，点ではないが便宜的に成長点とよんでいる．

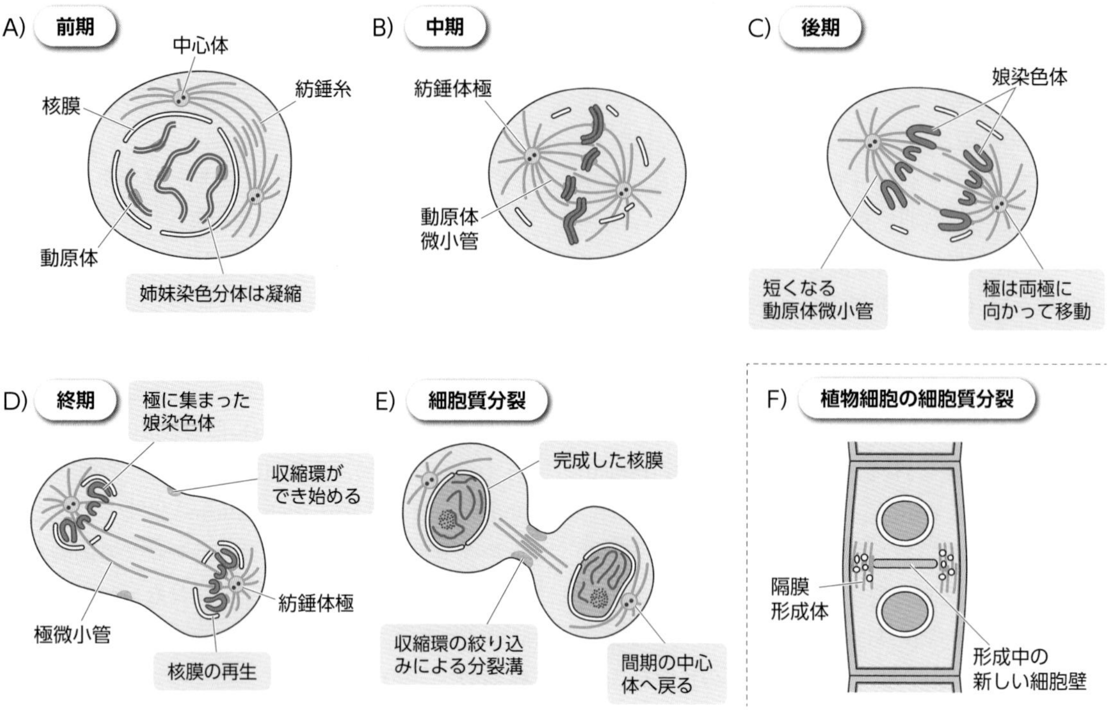
A) 前期
中心体
紡錘糸
核膜
動原体
姉妹染色分体は凝縮
B) 中期
紡錘体極
動原体
微小管
C) 後期
娘染色体
短くなる
動原体微小管
極は両極に
向かって移動
D) 終期
極に集まった
娘染色体
収縮環が
でき始める
紡錘体極
極微小管
核膜の再生
E) 細胞質分裂
完成した核膜
収縮環の絞り込
みによる分裂溝
間期の中心
体へ戻る
F) 植物細胞の細胞質分裂
隔膜
形成体
形成中の
新しい細胞壁

図7-9 体細胞分裂M期の各段階
A～E）は動物細胞の例．参考図書3をもとに作成．

胞中央部の1つの面（赤道面）に配列する（中期※3の後半の始まり：図7-10）．こうしてすべての染色体が赤道面に並ぶことにより，染色分体が両極に移動して平等に2つに分かれることが保証される．

❸後期

動原体微小管のはたらきによって，染色分体は2つに引き離されて両極に移動し始める（図7-9C）．両極から伸びる動原体微小管の短縮と，極微小管同士の相互作用による極を引き離す力によって，染色分体は次第に両極に移動する．

❹終期

染色体は両極に達し，染色体を囲むように，まわりに核膜が形成され始める（図7-9D）．染色体は染色質として核内に分散し始め，光学顕微鏡では見えなくなる．紡錘体が消失し，細胞質分裂が始まる．

❺細胞質分裂

動物細胞では，赤道面の細胞表面に帯状にアクチ

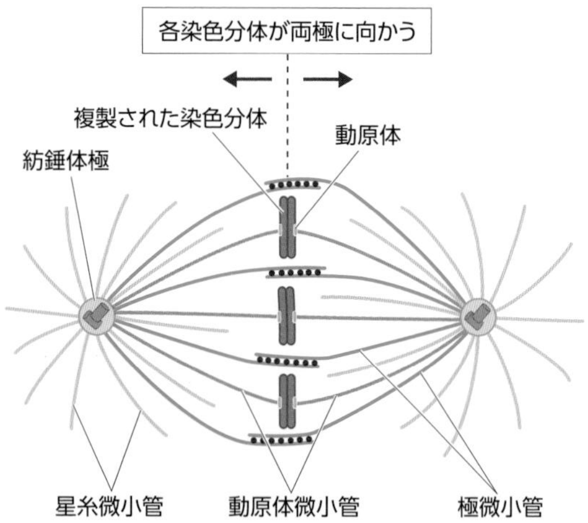
各染色分体が両極に向かう
複製された染色分体
動原体
紡錘体極
星糸微小管
動原体微小管
極微小管

図7-10 中期から後期へ移行するときの紡錘体の模式図
動原体微小管は動原体との結合部で短縮して染色分体を引き離し，極微小管が重なった部分を一定にしながら両方の微小管を伸長することによって，紡錘体極を押し離して細胞は細く伸びる．参考図書3をもとに作成．

※3 染色体が赤道面に並ぶまでを前中期（prometaphase）とよび，それ以降を中期とよぶ分け方もある．

ンフィラメントが集まってくる（収縮環）．やがて，このアクチンフィラメントは収縮して細胞質を絞り込み，２つの娘細胞にくびり切る（図7-9E）．この過程で細胞小器官は２つの娘細胞に分配される．植物細胞では細胞壁があるために絞り込むことはできず，細胞板が形成されて細胞が２つに分かれる（図7-9F）．

S期における正確なDNAの複製と，複製したDNAをもとに染色体を複製して正確に２つの娘細胞に分け，さらに細胞小器官を分配することによって，母細胞から全く同じ遺伝的組成をもった２つの娘細胞がつくられる．われわれの体は，このような過程によって，全く同じ遺伝的組成をもったたくさんの細胞を受精卵から増やして，個体を形成しているのである．

ちなみに，体細胞分裂に先立ってミトコンドリアも分裂をして数を増やす．ミトコンドリアを形づくる遺伝情報はミトコンドリアのDNAにも含まれているが，細胞核に大多数の遺伝情報が移されていて，ミトコンドリアのDNA複製は核のコントロール下にある．

7-3 細胞周期の調節

1 チェックポイント

これまで述べてきたように，細胞周期の回転はきわめて重要なので厳密に制御されている．例えば，G_1期からS期に移るときには，細胞の成長が十分であるか，複製に必要な原材料が十分あるか，などがチェックされる．またG_2期からM期に移るときは，DNAの複製は完了したか，複製の誤りはなかったか，などがチェックされる．もしもこれらの準備が十分でないと，未熟な細胞をつくってしまったり，うまく分裂が進まないからである．細胞周期内には，このようなチェックポイントが何カ所かあり，次の過程に進めるかどうかチェックされ，細胞周期の回転が制御されている（図7-11）．

最初に見つかったのはG_2期からM期への移行に関する制御機構だった．カエルとヒトデで，未受精卵の卵核胞崩壊を引き起こして卵成熟を促進する因子が見つかり，卵成熟促進因子（maturation promoting factor）と名づけられた．酵母を使った別な研究では，細胞周期に伴って細胞の中にM期を促進する因子が増減することが見つかった．これらは同じものであることがわかり，M期促進因子（M-phase promoting factor：MPF）という名が定着する．

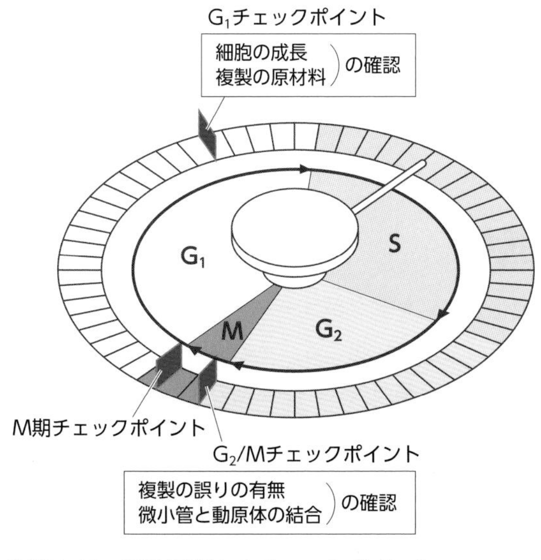

G₁チェックポイント
細胞の成長
複製の原材料
の確認
G₁
S
M
G₂
M期チェックポイント
G₂/Mチェックポイント
複製の誤りの有無
微小管と動原体の結合
の確認

●図7-11　細胞周期内のチェックポイント
参考図書1をもとに作成．

2 サイクリン依存性キナーゼとサイクリンの発見

MPFと名づけられた因子の実体を追求した結果，MPFは**サイクリン**（cyclin）というタンパク質と**サイクリン依存性キナーゼ**（Cdk）という酵素の複合体（図7-12）であることが明らかになる．サイクリンとCdkが結合すると，Cdkにキナーゼ活性が現れる．こうして細胞周期がどのように制御されているかが次第に明らかになった．

細胞内のCdkの濃度はほぼ一定だが，サイクリンの細胞内の濃度が細胞周期に伴って変動する．間期の間にサイクリン濃度がだんだんと高くなり，G_2期に入る頃ほぼ最大となる．その結果，Cdkの活性はM期に最大となる．細胞質分裂が始まる前までにサイクリンは急激に分解され，Cdk活性も急激に低

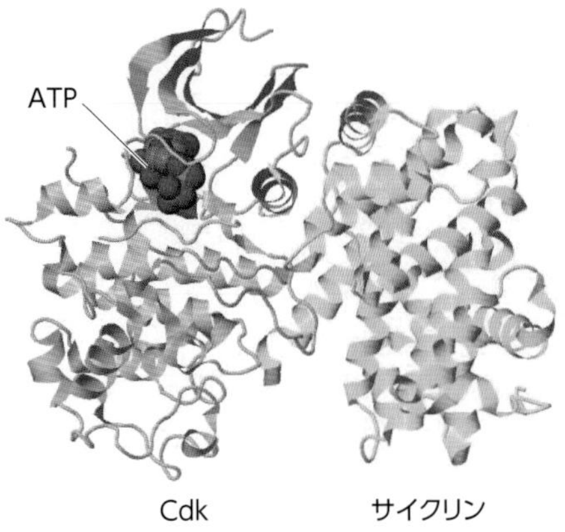
ATP
Cdk
サイクリン

●図7-12　Cdkとサイクリンの複合体［PDB：1QMZ］

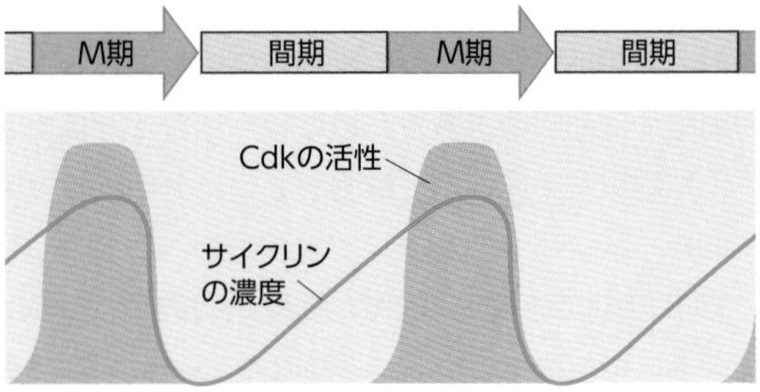
M期
間期
M期
間期
Cdkの活性
サイクリン
の濃度

●図7-13　細胞周期に伴うサイクリン濃度の変化と，Cdkの活性
参考図書2をもとに作成．

下する（図7-13）．このサイクリン－Cdk複合体の活性の変動が，細胞周期制御機構の本態だったのである．

サイクリン－Cdk複合体が活性化すると，そのキナーゼのはたらきによって，直接的あるいは間接的にM期のさまざまな現象，例えば紡錘体の形成，核膜の消失，染色体の凝集などを開始する引き金が引かれると考えられている．

この他，サイクリン－Cdk複合体あるいはCdk単体に結合して，タンパク質リン酸化活性を阻害するCdk阻害因子が見つかっている．

このように，まず誤りをチェックし，誤りがなければ次のステップへ進むといった具合に，細胞周期は順序よく進んでいくように制御されている．Cdkがエンジン，サイクリンがアクセル，Cdk阻害因子がブレーキのはたらきをしているとたとえることができる．

G_2期からM期へのチェックポイントでは，複製されたDNAに誤りがないかがまずチェックされ，次にM期チェックポイントで微小管が動原体に正しく結合しているかが調べられる．誤りがあれば，細胞周期はそれ以上には進まない．誤りを正す努力が払われるが，修復ができなければその細胞はアポトーシスの機構が動き出して死に至らしめられる（⇒10章-2）．

G_2期からM期以外のチェックポイントでも，別の種類のサイクリンとCdkが複合体をつくり，同じようなメカニズムがはたらいている．哺乳類ではサイクリンは20種類，Cdkも9種見つかっており，チェックポイントの制御機構はかなり複雑である．これは細胞周期の制御が生物にとってきわめて重要であることを示している．一方，がん化した細胞では，これらの細胞周期チェックポイントの機能がうまくはたらかなくなっている（⇒10章-4④）．

7-4　突然変異とDNA修復機構

① 突然変異

ダーウィンが考えた個体群にみられる変異の第一の要因（⇒1章-3）は突然変異（mutation）である．突然変異には，遺伝子（DNA）に生じた**遺伝子突然変異**（gene mutation）と，染色体に起こる**染色体突然変異**（chromosome mutation）がある．

❶遺伝子突然変異

遺伝子突然変異は，遺伝子であるDNAの塩基が変化して，コドンがコードするアミノ酸が変化してしまったために起こる．その原因として，①塩基の置換，②塩基の欠失，③塩基の挿入がある．

塩基の置換が起こってもコードするアミノ酸が変わらない場合もある．例えば，アミノ酸グリシンのコドンはGGT，GGC，GGA，GGGで，3番目の塩基は4つの塩基のどれでもよい．したがって3番目の塩基に置換が起こっても，コードするアミノ酸の

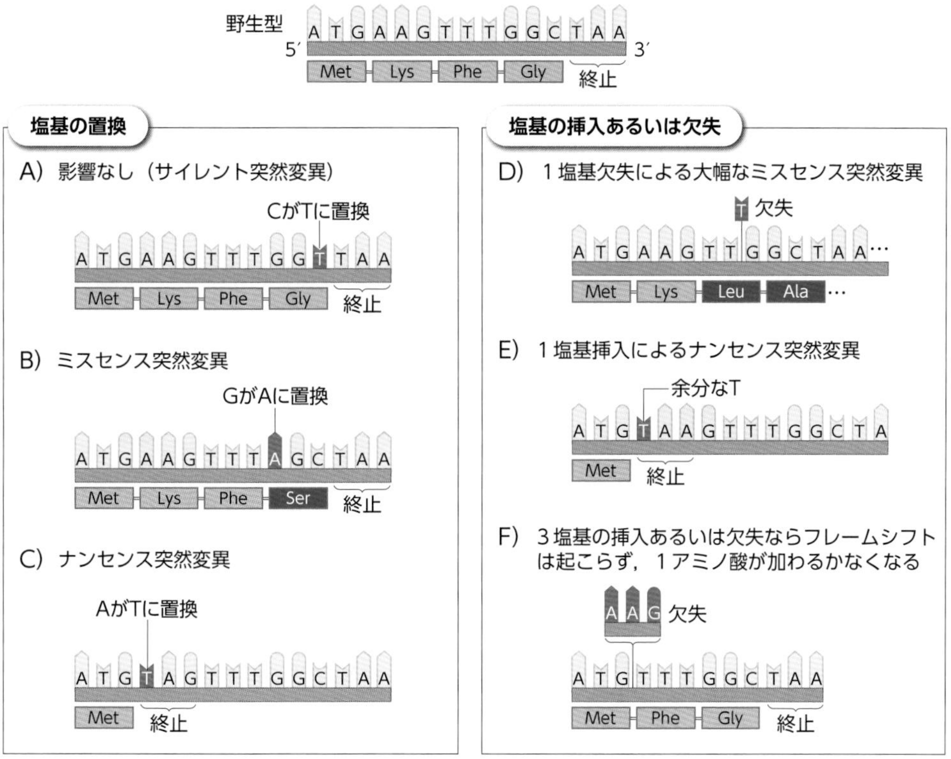

野生型
5′ ATGAAGTTTGGCTAA 3′
Met Lys Phe Gly 終止
塩基の置換
A）影響なし（サイレント突然変異）
CがTに置換
ATGAAGTTTGGTTAA
Met Lys Phe Gly 終止
B）ミスセンス突然変異
GがAに置換
ATGAAGTTTAGCTAA
Met Lys Phe Ser 終止
C）ナンセンス突然変異
AがTに置換
ATGTAGTTTGGCTAA
Met 終止
塩基の挿入あるいは欠失
D）1塩基欠失による大幅なミスセンス突然変異
T 欠失
ATGAAGTTGGCTAA…
Met Lys Leu Ala …
E）1塩基挿入によるナンセンス突然変異
余分なT
ATGTAAGTTTGGCTA
Met 終止
F）3塩基の挿入あるいは欠失ならフレームシフトは起こらず，1アミノ酸が加わるかなくなる
AAG 欠失
ATGTTTGGCTAA
Met Phe Gly 終止

図7-14　遺伝子突然変異
参考図書1をもとに作成.

変更は起こらない（**サイレント突然変異**：図7-14A）．ところがGGCの1番目の塩基GがAに変わると，このコドンはグリシンではなくセリンをコードするようになる（図7-14B）．したがってタンパク質の構造や機能に影響を及ぼす可能性が生じる（**ミスセンス突然変異**⇒3章-5）．コドンが1つしかないようなアミノ酸（トリプトファンとメチオニン）はコドンのどの位置に置換が起こってもコードするアミノ酸が変わってしまう．6つあるいは4つのコドンが同じアミノ酸をコードしている場合は，置換の影響が現れない場合が多くなる（⇒表3-1のコドン表参照）．

リシンをコードするAAGの先頭のAがTに置換すると終止コドンTAGに変わってしまい，ここで翻訳が終わってしまう．そのため，本来はもっと長いはずのポリペプチド鎖が途中で切れてしまった不完全なタンパク質ができてしまう（**ナンセンス突然変異**：図7-14C）．反対に終止コドンであるTAGの塩基に置換が起こり，アミノ酸をコードするようになると，本来のタンパク質よりもアミノ酸配列が長くなったタンパク質ができてしまうことも起こりうる．

塩基が1つ，欠失したり挿入されると，塩基3つずつの区切り方（読み取り枠）がずれてしまうため（**フレームシフト突然変異**），突然変異が起こった場所以降のコドンの意味が全く変わってしまい，翻訳されてもアミノ酸配列が正しくないタンパク質ができてしまう（図7-14DE）．

以上の例のように，1つの塩基の変化による突然変異を**点突然変異**（point mutation）という．一方，読み取り枠と読み取り枠の間に3つの塩基が挿入されたり，読み取り枠内で3つの塩基が欠失した場合は，それぞれアミノ酸が1つ増えるか失うだけで，タンパク質の構造に大きな影響を及ぼさない場合もある（図7-14F）．

真核生物の遺伝子は，タンパク質をコードしている領域（エキソン）がイントロンによって分断されている．遺伝子と遺伝子をつなぐ領域もある．さらに遺伝子の転写を調節する領域が存在する．タンパク質の構造に直接関係するのはエキソンなので，こ

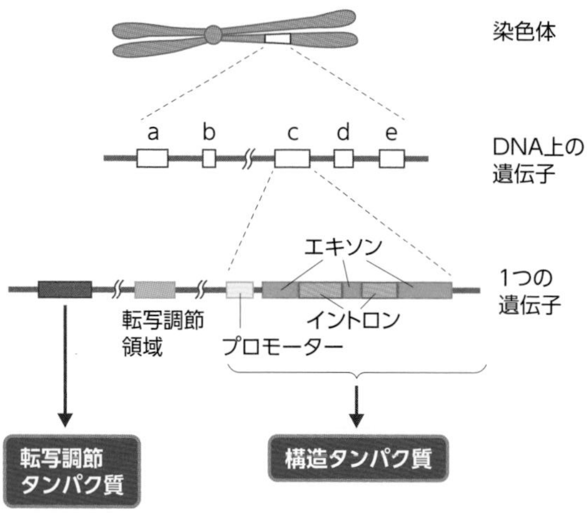
染色体
a
b
c
d
e
DNA上の遺伝子
エキソン
1つの遺伝子
転写調節領域
イントロン
プロモーター
転写調節タンパク質
構造タンパク質

●図7-15　染色体，遺伝子，DNAの関係

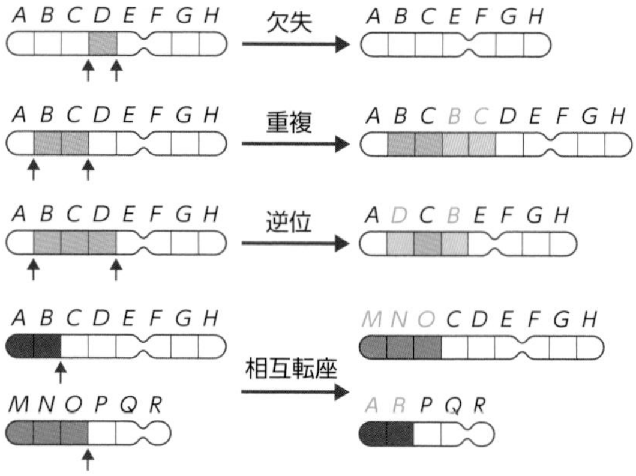
A B C D E F G H
欠失
A B C E F G H
A B C D E F G H
重複
A B C B C D E F G H
A B C D E F G H
逆位
A D C B E F G H
A B C D E F G H
M N O C D E F G H
相互転座
M N O P Q R
A B P Q R

●図7-16　染色体突然変異
参考図書1をもとに作成.

れ以外の領域に突然変異が起こってもタンパク質への影響は現れない.

ただし，DNAの転写調節領域に突然変異が起こったために，転写調節タンパク質が結合できなくなったり，転写調節タンパク質をコードする遺伝子に突然変異が起こって翻訳されたタンパク質が転写調節領域に結合できなくなると，構造遺伝子が正常でも転写が起こらず大きな影響が現れる（図7-15）.

❷染色体突然変異

染色体突然変異は，染色体のレベルで起こる突然変異である．医学の見地からは染色体異常とよぶ．染色体の切断，染色体の一部の欠失，染色体のある部分が逆転する逆位，染色体の一部が別の場所に移る転座，染色体の一部の重複などがある（図7-16）．また染色体の数が変化することもある．ヒトの場合でも21番染色体が3本になってしまうと，ダウン症候群を発症する（trisomy 21）.

欠失によって複数の遺伝子が失われると大きな影響がみられるが，重複や逆位では影響がみられないこともある.

❸体細胞突然変異と生殖細胞突然変異

生物の体を構成する体細胞に突然変異が起こった場合を**体細胞突然変異**（somatic cell mutation）といい，がん化の初期段階になったり，いろいろな奇形や疾病の原因になったりするが，子孫に伝わることはない．ところが突然変異が生殖細胞（⇒8章-2）に起こると（**生殖細胞突然変異**，germ cell mutation），その個体には影響が現れないが，突然変異は子孫に伝わり，次の代に影響が現れることがある.

ところで，突然変異は全くランダムに起こるので，その個体の生存にとって有利な突然変異も起こりうるし，不利な突然変異も起こる．これは全くの偶然である．これを，「突然変異には方向性はない」という．環境が変化したからそれに合わせて突然変異が起こり，その結果，個体が環境に適応したのではない．偶然に起こった方向性のない突然変異がすでにあって，それが個体群中にある程度固定され，その結果，環境が変化したときに，それに合った個体群が子を多く残して優位となり，結果的にその環境に適応したのである.

2 突然変異が起こる原因

突然変異が起こるのは，複製の過程でのエラーによる場合と，外因性あるいは内因性の有害物質による場合がある．後者の有害物質を**変異原**（mutagen）という.

外部からの変異原には紫外線があり，内部からの変異原には細胞の呼吸の際に生じる活性酸素がある．この2つは太陽の光の降り注ぐ地球上で呼吸をして生きている生物にとって避けられない変異原である.

これ以外に人工的な変異原がたくさんある．初めて研究のために使われた変異原はX線で，マラーは

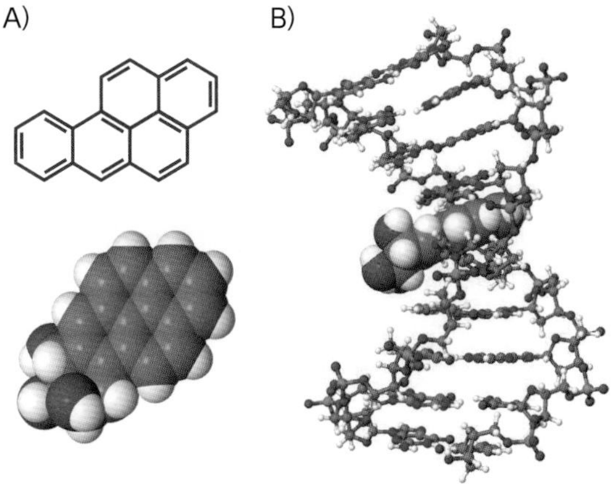
A)
B)

●図7-17　変異原性のあるベンツピレン分子（A）とその代謝物がDNAに結合しているところ（B）
［PDB：1DXA］

ショウジョウバエにX線を照射して突然変異が起こることを観察し，多数の突然変異体（mutant）をつくり出した．このように人為的に突然変異を起こすことが可能になり，遺伝学の研究は大いに進んだ．

放射線以外にもさまざまな化学物質が変異原となりうる．例えばタバコの煙に含まれるベンツピレン（ベンゾピレン）は肝臓で代謝されて強力な変異原になる（図7-17）．化学物質が変異原性（mutagenicity）を示すのは，化学物質が直接，DNA分子，主として塩基にはたらきかける場合と，複製の過程や次に述べる修復機構の過程を何らかの形で阻害する場合とがある．

3 DNAの誤りを正す

❶DNA複製の過程での誤りを修復する

体細胞分裂では2つの娘細胞に正確に同じ遺伝情報が伝えられなければならない．ミトコンドリアなども分配されるが，数が多いので大まかに2つに分ければ問題は起こらない．しかし，遺伝情報は2組しかないので，DNAの複製の過程で誤りが生じると影響が現れる確率は高くなる．

実際にDNA複製の際に誤りの起こる確率は非常に低く抑えられている．DNAポリメラーゼによる複製を試験管の中で行うと10万回のヌクレオチド付加反応あたり1回ほどの複製エラーが起こるが，細胞の中では100億回に1回のエラーしか起こらない．これは，生きた細胞の中ではさまざまな形でエラーが元に戻されているからである．その1つにDNAポリメラーゼの校正機能がある．

実は，これまであえて述べなかったがDNAポリメラーゼは1種類ではなく，いくつかの種類がある．リーディング鎖とラギング鎖には別のDNAポリメラーゼがはたらいていると書いたが，これは同じ酵素タンパク質ではなく別なタイプのDNAポリメラーゼがはたらいていたのである．DNAポリメラーゼは複製という1つの役をダブルいやトリプルキャストにするようなもので，舞台上で役者が次々と入れ替わって1つの役をこなしていく．この役者の中にジキル博士とハイド氏のように2つの顔をもったDNAポリメラーゼがあって，複製の誤りを正すのに重要な役割を演じる．

2つの顔をもつDNAポリメラーゼは，DNAポリメラーゼのはたらきをするとともに裏の顔としてDNAの3′の末端を切り出すというはたらきをする．DNAポリメラーゼはGに対してはC，Aに対してはTというように，鋳型鎖の塩基と正しく対応する塩基をもつヌクレオチドを捕捉して付加していくが，正しくない対応のヌクレオチドを付加してしまうことがある．するとDNAポリメラーゼは誤りを認識して，少し戻って誤ったヌクレオチドを切り離し，再び正しいヌクレオチドを付加する．この過程を**校正機構**（DNA proofreading mechanism）とよんでいる（図7-18）．ちょうど，ワープロソフトで文章を目で追いながら入力している過程で，日本語の誤変換を見つけたらすぐにカーソルを戻して正しい語を入力し直すのと同じである．DNAポリメラーゼのこのような性質によって，複製の誤りは大幅に低くなる．

校正機構が見逃してしまい，エラーが正されずに誤った塩基対が生じてしまう場合がまれにある．すると，塩基対が正しくないために生じるDNAのゆがみ（水素結合による二本鎖が正しく形成されないためにできる「こぶ」のようなもの）を認識して「こぶ」に付着するタンパク質が現れる．このタンパク質はゆがみの部分を認識してエラーのある鎖の切れ目を手繰り寄せ，別の酵素がDNAの誤りを含む部分のヌクレオチドを切り出し，さらに別のDNAポ

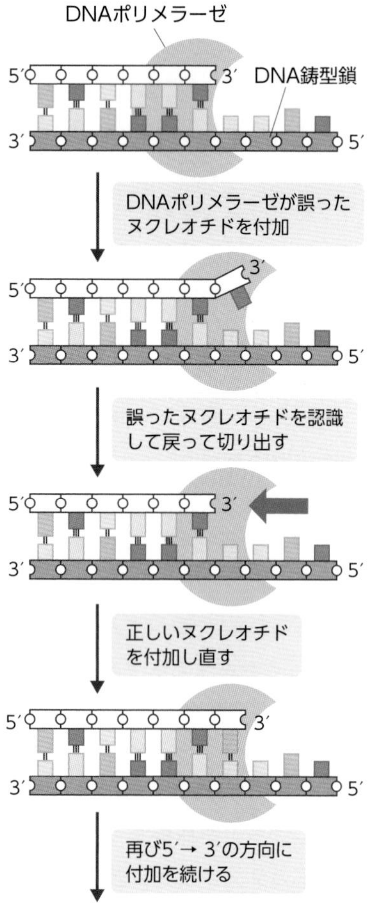
DNAポリメラーゼ
5′
3′
DNA鋳型鎖
3′
5′
DNAポリメラーゼが誤った
ヌクレオチドを付加
5′
3′
3′
5′
誤ったヌクレオチドを認識
して戻って切り出す
5′
3′
3′
5′
正しいヌクレオチド
を付加し直す
5′
3′
3′
5′
再び5′→ 3′の方向に
付加を続ける

●図7-18　DNAポリメラーゼの校正機構
参考図書2をもとに作成.

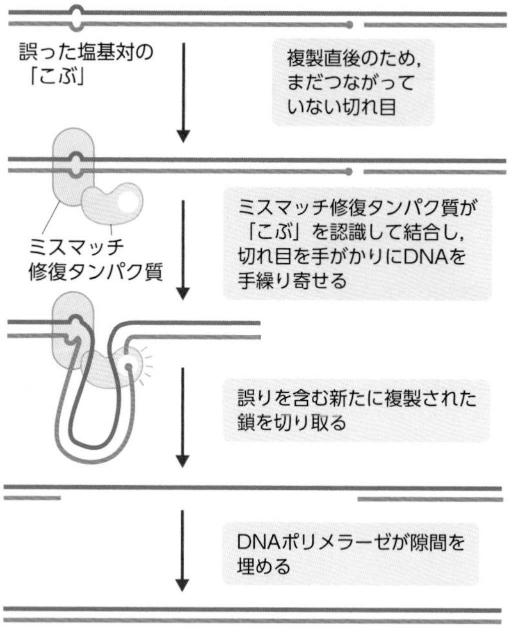
誤った塩基対の
「こぶ」
複製直後のため,
まだつながって
いない切れ目
ミスマッチ
修復タンパク質
ミスマッチ修復タンパク質が
「こぶ」を認識して結合し,
切れ目を手がかりにDNAを
手繰り寄せる
誤りを含む新たに複製された
鎖を切り取る
DNAポリメラーゼが隙間を
埋める

●図7-19　ミスマッチ修復の過程

リメラーゼが正しいヌクレオチドで間を埋めて，最後にリガーゼが結合をつくる．このような機構を**ミスマッチ修復**とよんでいる（図7-19）.

❷DNAの傷を修復する

校正機構に加えて，紫外線や活性酸素による避けがたいDNAの傷を修復する機構（DNA repair mechanism）があることがわかった．

色素性乾皮症という遺伝性の病気が見つかった．この病気の人は紫外線の感受性が高く皮膚がんにかかりやすい．そこで原因を調べてみるとDNAポリメラーゼの1つがつくられないことがわかった．

紫外線によるDNAの傷の例として，チミンダイマーの形成がある．DNAの鎖の中にチミンが2つ並んでいる個所があり，ここに紫外線が当たると，本来水素結合をつくるべきアデニンと結合せずに，並んだチミン同士が架橋によって結合してしまう．これをチミンダイマーとよんでいる．チミンダイマーが放置されると，複製の過程でTの相手としてAが入るべきところをGやCが入ってしまう確率が高くなる．その結果，次の複製のときにGあるいはCの相手としてCあるいはGになり，結果的にTTだったところがCTあるいはGTとなってしまう（つまり突然変異が起こる⇒図7-14）．そのためコードするアミノ酸が変わってしまう．

健常者ではチミンダイマーはDNAポリメラーゼが切り出して正しいものに置き換えてくれる（除去修復）が，色素性乾皮症の人はこの過程を正常に行えないので紫外線の当たる皮膚で突然変異が起こり，皮膚がんになってしまう確率がきわめて高くなる．健常者ではこのような危険が酵素のはたらきで抑えられているのである（図7-20）.

酸素呼吸に伴って発生する活性酸素によってもDNAにエラーが生じることがある．生体には発生する活性酸素を除く機構が存在するが，これらのDNAのエラーを修復する機構も存在する．修復がうまくいかずに修復不能になるとアポトーシスが起こって細胞を除去する（⇒10章-2）.

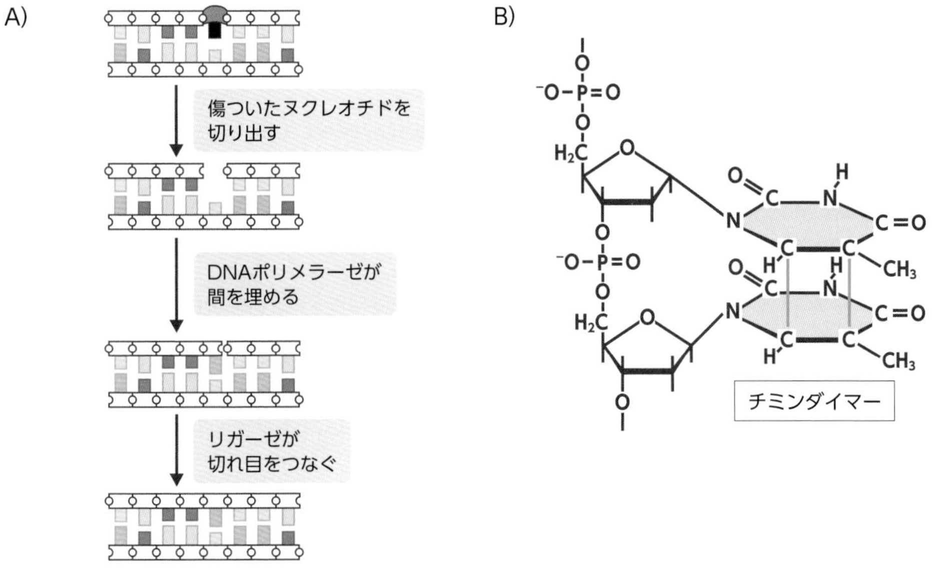
A)
傷ついたヌクレオチドを切り出す
DNAポリメラーゼが間を埋める
リガーゼが切れ目をつなぐ
B)
チミンダイマー

図7-20 修復機構（除去修復）の模式図（A）と典型的なDNAの傷であるチミンダイマー（B）
参考図書2をもとに作成.

章末問題

解答 ➡

問1 DNAの複製は半保存的だといわれるが，これはどのようなことを意味しているか．また，複製の過程で必ずラギング鎖とリーディング鎖とよぶ鎖が生じる理由を含めて複製の過程の概略を説明せよ．

問2 細胞周期の4つの段階（期）とチェックポイントについて説明せよ．

問3 $2n=4$として，体細胞分裂の過程（間期，前期，中期，後期，終期，細胞質分裂）を示す模式図を描き，主な構造には引き出し線をつけて名称を書け．

問4 体細胞分裂の過程では，細胞骨格タンパク質が重要な役割を演じているが，それはどのようなものか，述べよ．

問5 日に焼けると皮膚の色が黒くなるのは，上皮組織の基底部にあるメラニン細胞が黒い色素顆粒（メラノソーム）を上皮細胞に送り込むからであり，髪の毛や眉毛が黒いのも，毛根にあるメラニン細胞がメラノソームを毛の中に送り込むからである．虹彩や脈絡膜（⇒図11-39）が黒いのも同じである．メラニンはアミノ酸のチロシンを出発物質として，チロシナーゼという酵素によって代謝過程が2段階進み，さらに別な複数の酵素による複数の段階を経て合成される（⇒図3-2，図4-21）．ヒトのチロシナーゼは529個のアミノ酸からなり，先頭のアミノ酸18個はシグナルペプチドである．チロシナーゼに突然変異が起こって機能を失ったら，どのような現象が起こると考えられるか．また，これは3章-5③のヘモグロビンの変異とどの点が異なると考えられるか，述べよ．

Column　明らかになりつつある複製装置の全貌

複製装置は，これまで本文と図7-7で述べたように，DNAポリメラーゼ，ヘリカーゼ，トポイソメラーゼ（DNAを切断してらせん構造をほどく），プライマーゼ，DNAリガーゼに加えて，一本鎖になったDNAを安定化するための一本鎖結合タンパク質，DNAクランプ，DNAギラーゼ（DNAジャイレース）といった複数の酵素からなる大きな構造である．そのため，実際の構造の全体像はなかなか明らかにならなかったが，最近の極低温電子顕微鏡の発達で，その姿が見えてきた（図1）．この複製装置は，T7ファージのもので，機能は同じだが真核生物のものよりシンプルな構成になっている．

複製装置では，ヘリカーゼが中心的役割を果たしていて，一対のDNAポリメラーゼと結合している．ヘリカーゼは六量体でDNAの周りを取り囲み，がけから下ろしたロープを手繰って上っていくように，各モノマーが順番にDNAのヌクレオチド2つ分ずつ移動しながら二重らせんをほどいていく．ヘリカーゼに隣接するプライマーゼがRNAプライマーを合成し，引き続きDNAポリメラーゼが相補的なヌクレオチドを付加していく．

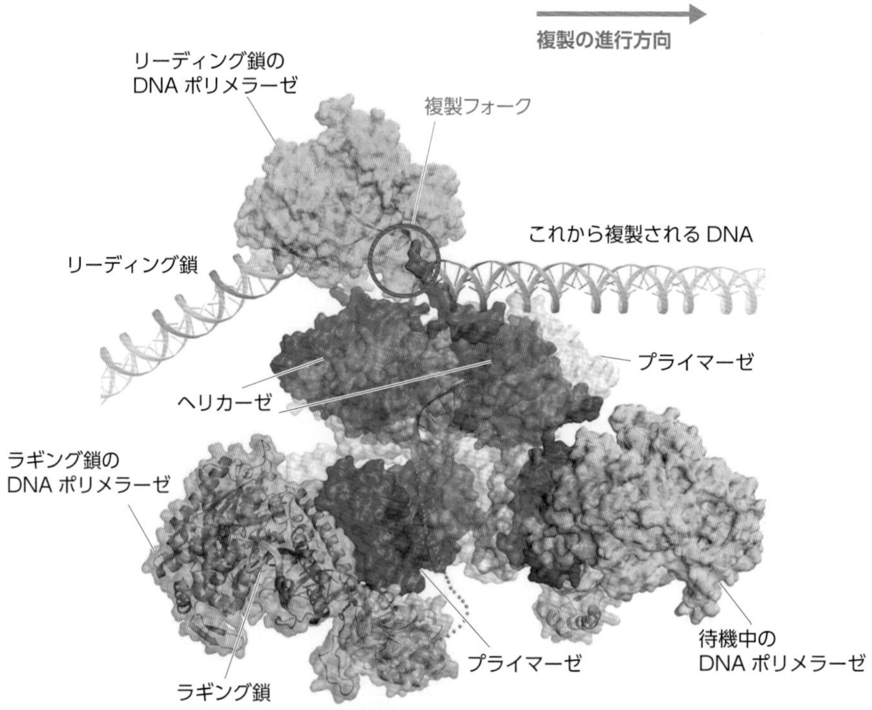
複製の進行方向
リーディング鎖のDNAポリメラーゼ
複製フォーク
これから複製されるDNA
リーディング鎖
プライマーゼ
ヘリカーゼ
ラギング鎖のDNAポリメラーゼ
待機中のDNAポリメラーゼ
プライマーゼ
ラギング鎖

●図1　T7ファージのDNA複製装置の模式図
極低温電子顕微鏡とタンパク質の構造解析の結果から再構成したもの．Gao Y, et al：Science, 363：835, 2019をもとに作成．

図1からわかるように，ラギング鎖では，ほどけた一方の鎖はループ状に張り出し，複製フォークから離れた位置にDNAポリメラーゼがRNAプライマーに続けて相補的なヌクレオチドを付加していく．複製のスピードをリーディング鎖と合わせるために，複製フォークに近い位置に次のDNAポリメラーゼが待機している．

このようにして，複製装置が逆平行のDNA上を滑っていくと，合成の方向が反対向きであるにもかかわらず，同時に2本のDNA二本鎖が完成する．

真核生物の複製装置は，クランプや一本鎖を安定化するはたらきをするタンパク質など，さらに多くのタンパク質で構成されている．また，真核生物の酵母では，複製装置のヘリカーゼはラギング鎖ではなくリーディング鎖を囲んでいる（図2）．

DNAの多数の複製開始点に，2つの複製装置が取り付き，そこからそれぞれが反対方向に向かって動いていくに従ってDNAが複製される様子を想像すると，何か壮大な工事を見るような気がしてくる．

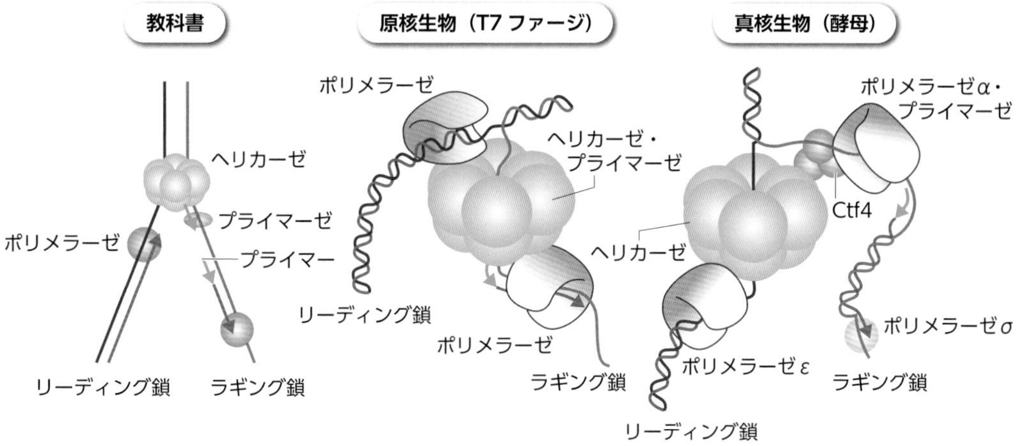
教科書
原核生物（T7 ファージ）
真核生物（酵母）
ヘリカーゼ
プライマーゼ
ポリメラーゼ
プライマー
リーディング鎖
ラギング鎖
ポリメラーゼ
ヘリカーゼ・
プライマーゼ
リーディング鎖
ポリメラーゼ
ラギング鎖
ポリメラーゼα・
プライマーゼ
Ctf4
ヘリカーゼ
ポリメラーゼε
ポリメラーゼσ
ラギング鎖
リーディング鎖

図2　教科書の図と比較した，原核生物と真核生物の複製装置の違い
Li H & O'Donnell ME：Science, 363：815, 2019をもとに作成.

8章 多細胞生物への道③（個体の数を増やす・発生と分化）

多細胞生物は有性生殖によって個体の数を増やしていく．大型で栄養分を蓄えた卵と運動性をもつ精子が合体して受精卵となり，卵割（＝体細胞分裂）を繰り返して細胞の数を増やし，新しい個体が生まれる．受精によって精子の染色体が卵の中に導入されるので，あらかじめ卵と精子の染色体数を半減しておかないと，染色体の数が増えていってしまう．そのため，卵と精子をつくるときに，2本一対の相同染色体を1本ずつランダムに2つに分けて染色体数を半減させる減数分裂という特殊な分裂を行う．しかも，それぞれの相同染色体は，複製された後に対合して染色分体が4本の二価染色体を形成し，このとき染色分体の一部が乗り換える．このため遺伝子の組換えが起こり，新しくつくられる生殖細胞は，新しい組合わせとなって遺伝的な多様性が生まれる．

精子によって賦活化された受精卵は発生を開始して細胞の数を増やしていくが，全く同じ遺伝子セットをもった細胞が，さまざまな形とはたらきをもった細胞に分化していく．この分化のしくみがようやく明らかになってきた．発生の過程は，主として転写調節タンパク質と信号分子をコードする遺伝子が，発生の時間軸に沿って次々と発現し，細胞同士がお互いに信号のやりとりを通して情報を交換し，それぞれの細胞の運命が次第に規定されていく過程である．

8-1 減数分裂（次の世代をつくるために）

1 生殖と繁殖

単細胞生物の場合は，体細胞分裂がその生物の数の増加を意味するが，多細胞生物では体細胞分裂は個体の成長あるいは維持のために細胞の数を増やす過程であって，個体数を増やすことにはつながらない．そこで多細胞生物は，次の世代を増やすための活動（**生殖**，reproduction）を行う．

植物では，匍匐茎（ほふくけい）やむかごによって個体の数を増やすことがある．動物でもミズクラゲのストロビラからエフィラへの断裂や，ヒドラの出芽などのように体の一部から新しい個体が生じることがある．このような方式を**無性生殖**（asexual reproduction）とよぶ（図8-1）．動物では，無性生殖は生活史の1ステージとして現れることが多く，ずっと無性生殖だけで個体の数を増やし続けることはほとんどない．無性生殖で増えた個体間には遺伝的な差は全くない．

これに対し，特別な生殖細胞をつくり，それを合体させて新しい個体を数多くつくる方式を**有性生殖**（sexual reproduction）とよぶ．普通は別の個体がつくった生殖にかかわる細胞（**配偶子**，gamete）の合体が起こるので，両方の遺伝子が混ぜ合わされる．

配偶子には形と大きさが同じ同形配偶子をつくる生物と，配偶子の大きさに差がある異形配偶子をつくる生物がいる（図8-2）．異形配偶子の形や大きさに大きな差がみられるとき，大きくて運動性を欠くものを**卵**（ovum），小さくて運動性のあるものを**精子**（spermatozoon）といい，卵をつくるほうを雌，精子をつくるほうを雄とよぶ．配偶子同士の合体を接

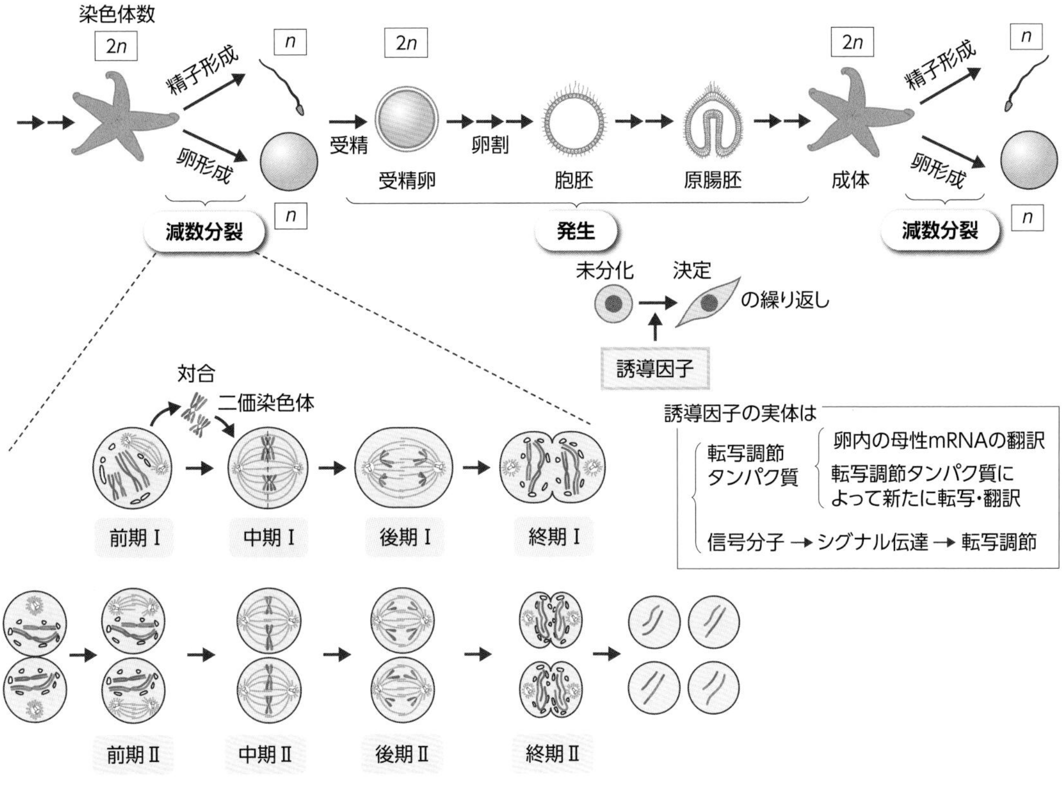
染色体数
2n
n
精子形成
卵形成
n
減数分裂
2n
受精
受精卵
卵割
胞胚
原腸胚
発生
2n
成体
n
精子形成
卵形成
n
減数分裂
未分化
決定
の繰り返し
誘導因子
誘導因子の実体は
転写調節
タンパク質
卵内の母性mRNAの翻訳
転写調節タンパク質に
よって新たに転写・翻訳
信号分子 → シグナル伝達 → 転写調節
対合
二価染色体
前期Ⅰ
中期Ⅰ
後期Ⅰ
終期Ⅰ
前期Ⅱ
中期Ⅱ
後期Ⅱ
終期Ⅱ

概略図●減数分裂の過程と発生

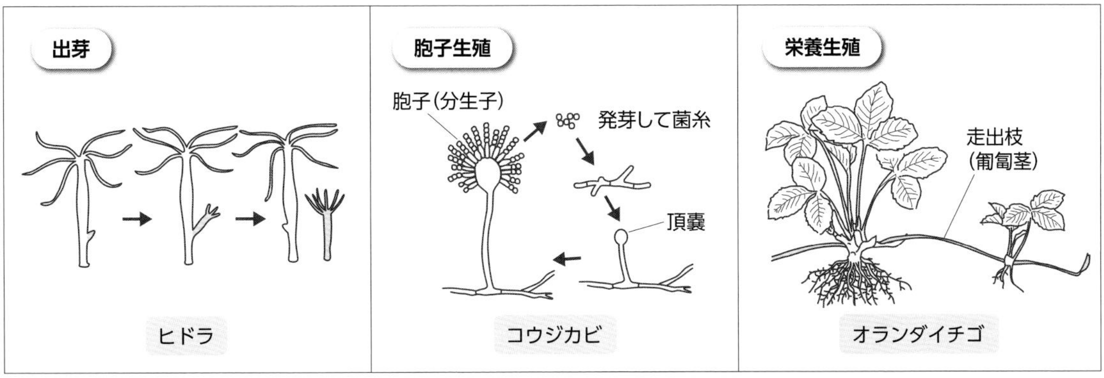
出芽
ヒドラ
胞子生殖
胞子(分生子)
発芽して菌糸
頂嚢
コウジカビ
栄養生殖
走出枝
(匍匐茎)
オランダイチゴ

●図8-1　無性生殖

注：コウジカビの胞子は，分生子形成といって頂嚢の分生子形成細胞が次々に細胞分裂して形成されるので無性生殖である．一方，マツタケのようなキノコの胞子（真正胞子）は，接合して2核になった菌糸細胞の2つの核が融合し，ついで減数分裂をして形成されるので有性生殖である．以前は，胞子生殖として両者を区別しなかったが，現在では遺伝子の混ぜ合わせがあるかどうかによって，両者を区別している．

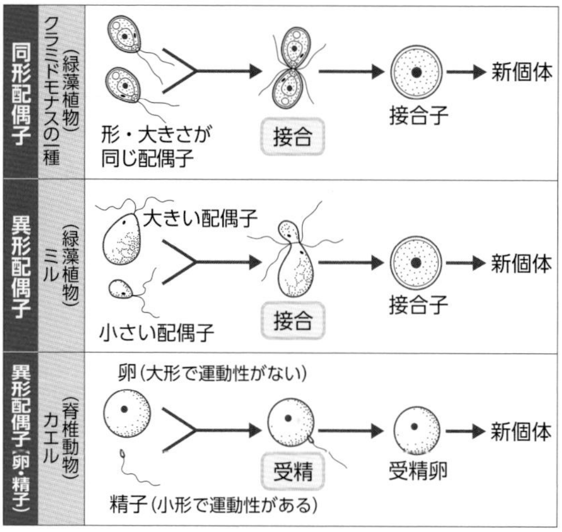

同形配偶子
クラミドモナスの一種（緑藻植物）
形・大きさが
同じ配偶子
接合
接合子
新個体
異形配偶子
ミル（緑藻植物）
大きい配偶子
小さい配偶子
接合
接合子
新個体
異形配偶子（卵・精子）
カエル（脊椎動物）
卵（大形で運動性がない）
精子（小形で運動性がある）
受精
受精卵
新個体

●図8-2　同形配偶子と異形配偶子
参考図書6をもとに作成.

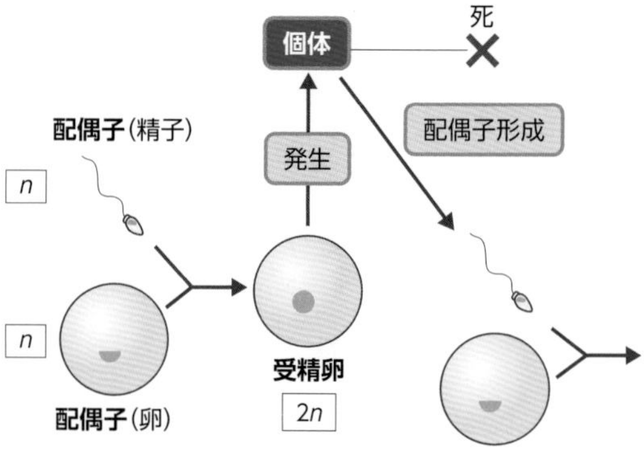

個体
死
配偶子形成
発生
配偶子（精子）
n
n
配偶子（卵）
受精卵
2n

●図8-3　配偶子，発生，配偶子形成の関係

合（gamete conjugation）というが，特に精子と卵の合体を**受精**（fertilization）といい，受精が雌の体内で起こる場合を体内受精（internal fertilization），体外で起こる場合を体外受精（external fertilization）という．

２つの配偶子が合体するのだから，染色体の数は配偶子の数の倍になる．配偶子をつくるときに染色体の数を半減させておかなければ，配偶子の合体によって染色体の数が２倍になってしまう．そこで配偶子を形成するために，体細胞分裂とは異なる，染色体を半減させる特別な分裂方式，**減数分裂**（meiosis）の出番となる．減数分裂によって染色体の数が半分になるので，配偶子は**一倍体**あるいは**半数体**（haploid，nと表記）とよび，合体して染色体の数が元に戻った接合子を**二倍体**（diploid，$2n$と表記）とよぶ（図8-3）．われわれヒトは二倍体であり，卵や精子は一倍体である．

2 減数分裂とは

減数分裂の過程（図8-4）は，体細胞分裂の過程とは次に述べる４つの点で大きく異なる．

①減数分裂では，連続した２回の核および細胞質の分裂が起こり，合計４つの細胞が生じる
②核の分裂は２回連続して起こるが，DNA（と他の染色体の成分）は，減数分裂の始まる前の間期に，一度だけ複製される
③減数分裂により生じた４つの細胞は，一倍体の染色体，すなわち相同染色体の一方のみを１セットもつ
④減数分裂では，両親の遺伝情報が混ぜ合わされるので，それによって生じる一倍体の細胞は，それぞれ，たった１個しかない遺伝子の組合わせをもつようになる

3 減数分裂の過程

前述したように，減数分裂は，二度の核分裂と細胞質分裂からなるので，それぞれの過程を減数分裂Ⅰ，減数分裂Ⅱのように書いて区別する．

❶前期Ⅰ（減数分裂Ⅰの前期，以下同じ）

体細胞分裂と同じように，減数分裂が始まる前のS期にDNAは複製され，染色体はセントロメアで融合した２本の姉妹染色分体からなる（図8-4A）．

前期Ⅰで相同染色体同士が縦に寄り添って並び（対合，synapsis），４本の姉妹染色分体が一束になる（図8-4B）．このときの染色体を，**二価染色体**（bivalent または tetrad）とよぶ[※1]．

対合によって染色分体同士が近づくので，姉妹染

※1 なお，相同染色体同士が相手を見つけて対合するメカニズムは，いまだ明らかになっていない．

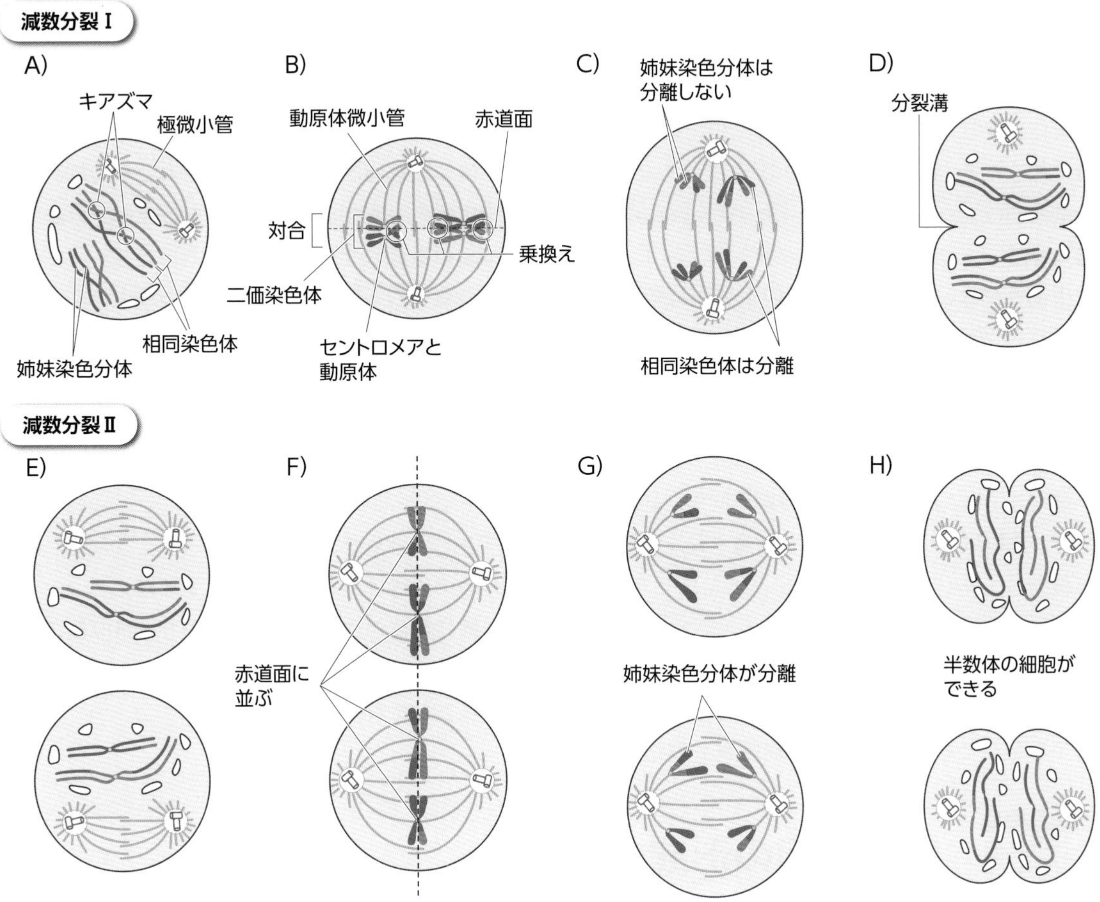
減数分裂 I
A)
キアズマ
極微小管
相同染色体
姉妹染色分体
B)
動原体微小管
赤道面
対合
二価染色体
乗換え
セントロメアと
動原体
C)
姉妹染色分体は
分離しない
相同染色体は分離
D)
分裂溝
減数分裂 II
E)
F)
赤道面に
並ぶ
G)
姉妹染色分体が分離
H)
半数体の細胞が
できる

図8-4 減数分裂の過程

A，B）前期Ⅰ〜中期Ⅰ，C）後期Ⅰ，D）終期Ⅰ・細胞質分裂，E）前期Ⅱ，F）中期Ⅱ，G）後期Ⅱ，H）終期Ⅱ・細胞質分裂．参考図書1をもとに作成．

色分体の間で交叉して**染色体の乗換え**（crossing over）が起こり（交叉点をキアズマという），染色体がつなぎかえられる．その結果，**遺伝子の組換え**（genetic recombination）が起こる．交叉が起こるかどうか，染色体のどの位置で起こるかは全く偶然に決まるが，セントロメアから遠いほうが乗換えが起こる確率は高くなる．組換えも遺伝子間の距離が遠いほど起こる確率が高くなる（⇒3章-1）．

対合や交叉以外は，体細胞分裂前期の過程と同じである（⇒7章-2）．

❷中期Ⅰ

前期Ⅰは二価染色体が赤道面に並んだところで終わり，細胞は中期Ⅰに入る．2本一対の相同染色体の動原体は，動原体微小管によって一方の極だけに結び付けられ，2本の相同染色体はそれぞれ別の極に移動することになる（体細胞分裂では姉妹染色分体の動原体が別の極に結び付けられて染色分体が分離する）．

❸後期Ⅰ

後期Ⅰでは，姉妹染色分体は分離せずに2本の相同染色体が別の極へ移動していく（図8-4C）．そのため，各極は父親由来と母親由来の相同染色体のどちらか1本だけをランダムに組合わされたものを受け取る．姉妹染色分体はまだセントロメアでつながっている．

❹終期Ⅰと細胞質分裂

終期Ⅰでは，染色分体はいくらか脱凝縮して核膜が形成され，細胞質分裂が起きる（図8-4D）．インターキネシスとよばれる間期に似た期間には，S期は存在せず，染色体の複製は行われない．

❺前期Ⅱ

染色体は分裂の間も部分的に凝縮したままなので，二度目の減数分裂の前期は短い．前期Ⅱは，多くの点で体細胞分裂の前期に似ていて，相同染色体の対合は起こらず（相手がいないので），交叉もない（図8-4E）．

❻中期Ⅱ

中期Ⅱでは，染色体は細胞の赤道面に並ぶ（図8-4F）．中期Ⅰと中期Ⅱは簡単に区別することができる．中期Ⅰでは，染色分体は4本（二価染色体）に束ねられているが，中期Ⅱでは2本である．

❼後期Ⅱ

後期Ⅱでは，体細胞分裂の後期と同様に姉妹染色分体が動原体微小管によって引き離され，反対の極へ移動していく（図8-4G）．

❽終期Ⅱと細胞質分裂

終期Ⅱでは各極に各相同染色体の対の一方のみが分配されることになり，核膜が形成され，染色体は次第に伸びて染色質となり，細胞質分裂が起きる（図8-4H）．

4 減数分裂による遺伝的多様性

連続2回の分裂によって，染色体数が半分になった一倍体の細胞が4つできる．それぞれの細胞は相同染色体のいずれかの1本をもち，それぞれ異なる遺伝子の組合わせをもつ．

この遺伝的多様性は，次の2つの理由による．

①前期Ⅰで父方と母方の相同染色体が交叉によって混ぜ合わされ，全く新しい組合わせが生じる
②後期Ⅰで父方と母方の相同染色体のどちらかが，2つの細胞のどちらかに分配される

①と②は全くランダムに起こる．こうして，両親からの染色体は混ぜ合わされて生殖細胞がつくられる．同じ個体がつくる生殖細胞でも，100個あれば100通りの異なる遺伝的組成（違いの大小はあるが）をもつことになる．

8-2 生殖細胞の形成

1 性とは

脊椎動物では，卵をつくる雌と，精子をつくる雄の区別ができる．**性**（sex）とは，一般的には同種の生物に雄と雌の区別があることをいうが，生物学的にみた最も根源的な性の意味は，雌雄の染色体を混ぜ合わせて（英語ではトランプのカードを切るという意味のshuffleという），染色体（遺伝子）の新しい組合わせをもった個体をつくることである．日常会話では，この混ぜ合わせに必要な多くの現象（形態や行動の違いを含めて）を性ということが多い．

有性生殖を行うための器官を生殖器官といい，配偶子を形成する生殖巣（生殖腺）とそれを体外へ排出するための生殖輸管，さらに生殖輸管に付属する腺に分けられる．

雄の生殖腺は**精巣**（testis）であり，生殖輸管を輸精管（vas deferens）とよぶ．雌の生殖腺は**卵巣**（ovary），生殖輸管は輸卵管（oviduct）と子宮（uterus）である．

生殖輸管の体外への出口を生殖口というが，体内受精を行う動物ではこの部位が交尾器（雄の陰茎など）として発達している．このような雌雄の違いが生じることを**性分化**（sex differentiation）とよんでいる．

前節の最後に述べたように，減数分裂によって**生殖細胞**（germ cell）がつくられる．生殖細胞は生殖に関与する細胞群，すなわち無性生殖をする植物の胞子，有性生殖を行う同形・異形の配偶子，異形配偶子のうちでも極端に大きさに差が生じた精子と卵，さらにこれらの配偶子のもとになる細胞群を合わせた言葉である（⇒8章-5の生殖細胞系列も参照）．もとになる生殖細胞から，配偶子がつくられる過程を**配偶子形成**とよぶが，ヒトなどの哺乳類で雌雄の配偶子がつくられる過程は，前節で述べた減数分裂の過程よりもう少し複雑でそれぞれ特徴があるので，精子と卵がつくられる過程をそれぞれ**精子形成**（spermatogenesis）と**卵形成**（oogenesis）とよんでいる．

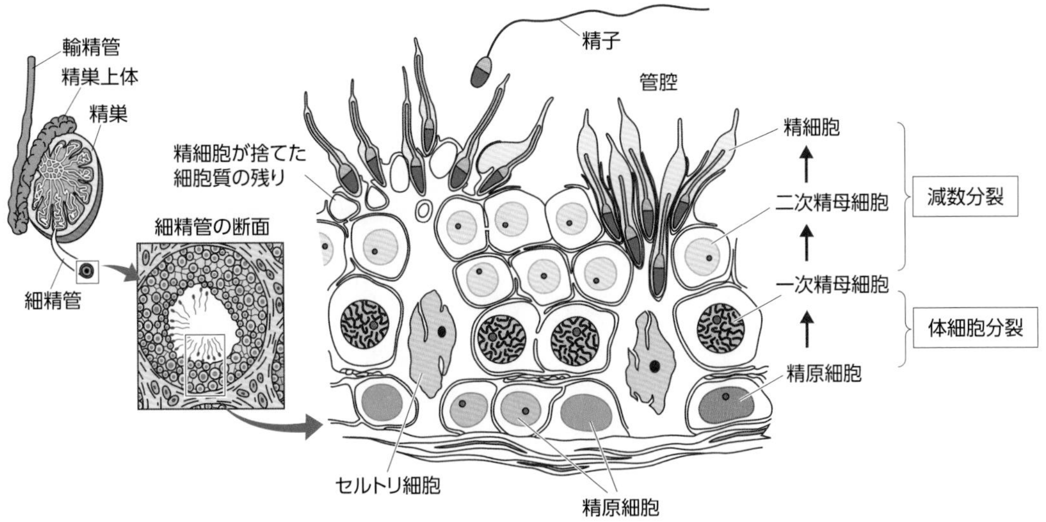
輸精管
精巣上体
精巣
細精管
細精管の断面
精細胞が捨てた
細胞質の残り
精子
管腔
精細胞
二次精母細胞
一次精母細胞
精原細胞
減数分裂
体細胞分裂
セルトリ細胞
精原細胞

図8-5　哺乳類の精巣内での精子形成の過程
参考図書4をもとに作成.

2 精子形成

成熟した精巣の断面を顕微鏡で観察すると，たくさんの丸い管の断面が見える（図8-5）．これは**細精管**（seminiferous tubule）で，この管は精巣の中をうねりながら最後は精巣網につながり，さらに精巣上体（epididymis）へとつながる．

精子は精巣上体から輸精管を経て生殖口へ出される．細精管同士の間は結合組織で満たされ，毛細血管が分布し，間細胞（ライディッヒ細胞）とよばれる細胞が散在する．

細精管の断面はいろいろな大きさの細胞が詰まっていて，管腔に近いほうには精子が存在する．細精管には2種類の細胞がある．1つは生殖細胞で，精子になるべき細胞であり，もう1つは**セルトリ細胞**で，生殖細胞に栄養を補給し精子の停泊場となる．

細精管の一番外側からは，管腔に向かってセルトリ細胞が立ち上がるように配列している．基底膜に近いところには精子形成の出発点となる**精原細胞**（spermatogonium）が並んでいる．精原細胞は絶えず分裂して，精原細胞のストックをつくるとともに，次の段階へ移行する精原細胞となっていく．この過程は典型的な幹細胞による増殖と分化である（⇒10章-1）．

精原細胞はさらに分裂して**一次精母細胞**（primary spermatocyte）になる．ここまでは体細胞分裂の過程である．初めは核も細胞質も小さいが，時間をかけて成熟し，核が大きくなる．

ここから先が減数分裂の過程である．一次精母細胞は減数分裂Ⅰによって2個の**二次精母細胞**になり，続いて起こる減数分裂Ⅱで4個の**精細胞**（spermatid）になる．

続いて，精子に変態する過程が起こる．精細胞は核も細胞質も小さく，セルトリ細胞の細胞質内に頭を突っ込んでいる．やがて精細胞は変態を始めて細胞質を失い**精子**（sperm）となる．この過程で，精子が必要とする機能，すなわち卵へ侵入するための装置，遺伝情報，運動性だけを残してあとは捨て去り，セルトリ細胞に吸収されてしまう（図8-5）．

電子顕微鏡での観察によると，精子形成の過程を進んでいく運命にある精原細胞は，分裂しても細胞質が完全には分離せず，細胞間橋によりつながっており，このつながりは以後，精細胞になるまで保たれる．そのため多数の細胞が同調的に分裂して一つながりの精子をつくることになる．

3 卵形成

卵巣の形態は動物によってだいぶ異なるので，ここではヒトの卵巣を例にとろう．

成熟した卵巣内には，発達の程度の異なる多数の**卵胞**（ovarian follicles）が存在する．一番小さいも

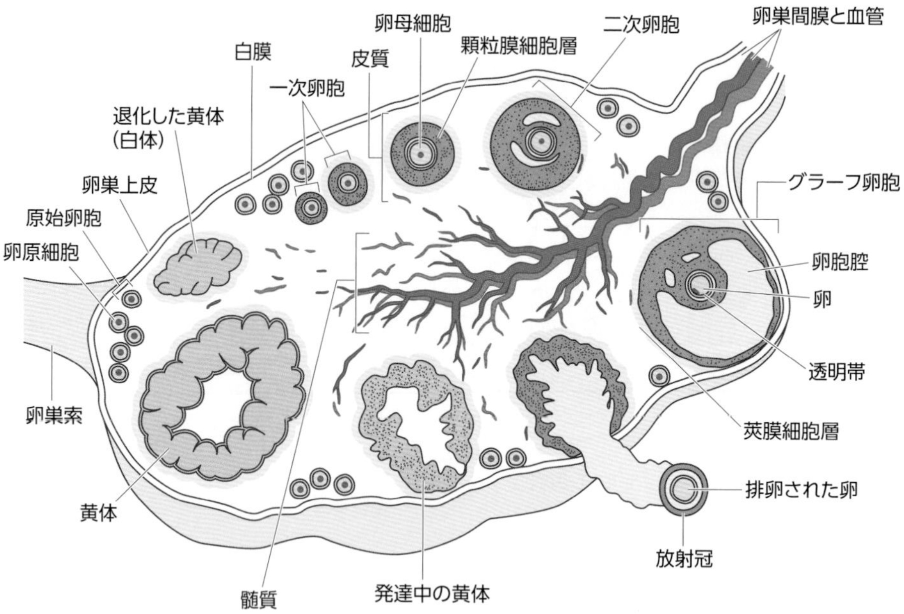
卵母細胞
二次卵胞
卵巣間膜と血管
白膜
皮質
顆粒膜細胞層
一次卵胞
退化した黄体
(白体)
卵巣上皮
原始卵胞
卵原細胞
グラーフ卵胞
卵胞腔
卵
透明帯
莢膜細胞層
卵巣索
黄体
排卵された卵
放射冠
髄質
発達中の黄体

図8-6　ヒトの卵巣内で起こる卵形成の模式図

この図では，卵胞の発達を示すために，原始卵胞からグラーフ卵胞を経て排卵までの過程を時計回りで描いているが，一次卵胞以降の実際の過程は卵胞がおかれた皮質と隣接する髄質で進行する．http://www.pathologyoutlines.com/topic/ovarynontumornormalhistology.htmlより作成．

のを原始卵胞とよび，一番発達した卵胞をグラーフ卵胞とよぶ．原始卵胞では，卵形成の出発点となる**卵原細胞**（oogonium）の周りを1層の卵胞上皮細胞が包んでいる．卵胞が発達を始めると卵胞上皮細胞が増殖して卵胞は大きくなり，やがて卵胞腔ができてそこに卵胞液が貯留してさらに大きくなり，グラーフ卵胞となる（図8-6）．

グラーフ卵胞は，排卵の刺激によって卵細胞を卵巣の外に排卵する（ovulation）．ヒトでは，春機発動期（思春期）から閉経まで，排卵はおよそ一月に一度起こる（図8-6）．排卵された卵は生殖輸管である輸卵管を通って子宮に達する．

減数分裂の過程と合わせて，もう少し詳しく卵胞と卵細胞の変化について述べよう．卵巣が形づくられる胎生期には，生殖細胞は盛んに体細胞分裂をして，多数の卵原細胞がつくられ，薄い上皮細胞層で包まれた**原始卵胞**となる．卵原細胞はさらに体細胞分裂をして**一次卵母細胞**となる．ここからが減数分裂の過程で，一次卵母細胞は減数分裂を開始するが，減数分裂の進行は前期Ⅰですぐに停止してしまう．生まれた直後のヒトの卵巣には，このような状態の原始卵胞がストックとして50万～200万個あるといわれる．この後，思春期になるまで卵巣の中では一次卵母細胞を抱えた卵胞は，長い休止期に入るとともに数を減らしていく．

思春期になる頃には，卵胞の数はおよそ30万個になっている．性成熟に伴うホルモン環境の変化によって，毎月ストックの中から数十個の原始卵胞が選ばれ，周りを囲む扁平な上皮細胞が立方体に変化して**一次卵胞**になる．この後，後述するように卵胞は発達して，月経周期あたり数十個の卵胞のうちの1個のみが排卵され，残りは退化する．結局，一生のうち（正確には閉経までの間に）400個足らずの卵が排卵されるのみで，他の大部分は十分成熟せず排卵もされず退化する．次の世代をつくるための厳しい選択が行われていると考えられている．

発達を始めた1個の卵胞に注目すると，減数分裂前期Ⅰで停止した一次卵母細胞を抱えた一次卵胞は，上皮細胞（顆粒膜細胞）の数を増やして多層化し，**二次卵胞**となる．一次卵母細胞もしだいに大きくなり，顆粒膜細胞の数が増えると隙間が広がり卵胞腔となって卵胞液が貯留する．卵胞腔が拡大して十分

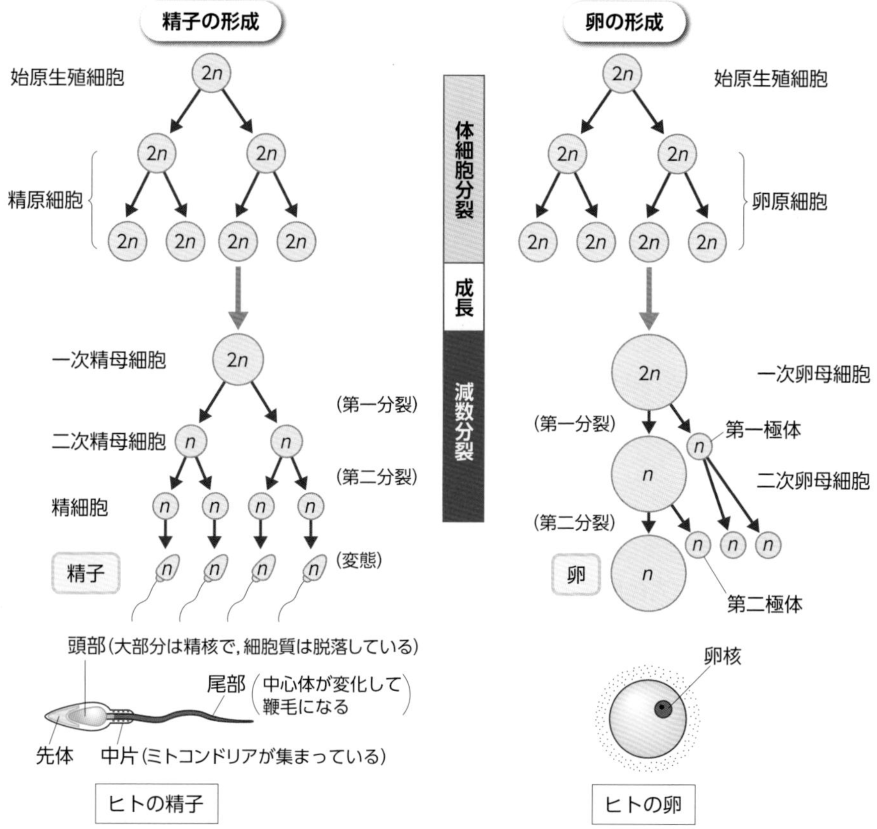
精子の形成
卵の形成
始原生殖細胞
精原細胞
卵原細胞
体細胞分裂
成長
減数分裂
一次精母細胞
(第一分裂)
二次精母細胞
(第二分裂)
精細胞
精子
(変態)
一次卵母細胞
第一極体
二次卵母細胞
卵
第二極体
頭部(大部分は精核で，細胞質は脱落している)
尾部(中心体が変化して鞭毛になる)
先体
中片(ミトコンドリアが集まっている)
ヒトの精子
卵核
ヒトの卵

図8-7　精子形成と卵形成の比較
参考図書7をもとに作成.

発達した**グラーフ卵胞**になる頃，脳下垂体から排卵の刺激となる黄体形成ホルモン（LH）の大量分泌が起こり，この刺激によって一次卵母細胞の減数分裂の過程が再開され，減数分裂中期Ⅱの過程まで進んだところで再び停止して，排卵される．ちなみに，減数分裂の過程が完了するのは，排卵された卵に精子が侵入した後である．一連の過程は200日以上かかり，波状的に次々に起こるので，冒頭に述べたように成熟した卵巣には発達の程度の異なる多数の卵胞が存在することになる．

卵形成における減数分裂の細胞質分裂は，精子のように細胞質を均等に分けるようなことはせず，片方が細胞質を独占して，著しく細胞質の少ない**極体**（polar body）を放出する．受精によって精子が卵に侵入すると，減数分裂はもう一度再開し，再び極体を放出して染色体数の半減した卵となる．このとき，最初の極体も分裂する（分裂しない動物もある）．したがって最終的に，1つの卵と3つの極体がつくられることになるが，極体は退化してしまう（図8-7）.

卵の場合は，精子とは異なり，発生の過程に必要な栄養分とエネルギー源を蓄えておく必要がある．卵黄には卵黄タンパク質と中性脂肪が多量に蓄えられているが，これらはエストロゲンの作用によって肝臓でつくられ，血液中を運ばれて卵巣に達する．哺乳類では胎生の進化により卵黄量は少ないが，鳥類や爬虫類では卵黄量の多い卵をつくる．卵にはこの他，リボソームとtRNA，mRNA，分化促進因子群など多くの分子があらかじめ用意されている．

8-3 受精

受精によって個体の一生が始まる．精子から持ち込まれた父方の遺伝情報と卵にある母方の遺伝情報が一緒になり，これまで地球上に存在しなかった新しい組合わせが生まれる．一方，受精は最初の細胞間の認識でもある．

受精が引き金になって，発生が始まる．精子の中心体が卵内に持ち込まれて分裂装置がつくられ，受精卵は**卵割**（cleavage）を始め，次第に細胞の数を増やしていく．

1 先体反応

精子は卵に誘引され，卵に近づき受精する．受精の過程で一番初めに起こるのは**先体反応**（acrosome reaction）である．先体反応によって先体突起が伸び，先体膜に埋め込まれたタンパク質（ウニの場合はバインディン）と卵細胞膜にある受容体との結合が起こる．こうして同種の精子と卵が認識しあって，精子と卵の細胞膜が融合し，精子の頭部に納められていた核（正しくは雄性前核）と中心体が卵の中に送り込まれる（図8-8）．

ウニの場合は先体反応によって先体突起が飛び出すが，哺乳類の場合は先体反応によって酵素が放出され，これが透明帯を溶かして精子が卵細胞膜へ到達するのを助ける．

2 多精拒否機構

1つの卵には最初に到達した精子が1つだけ入り，遅れた精子は入ってもらっては困る．複数の精子が卵に入る現象を**多精**というが，こうなると発生は正常には進まない．そのため，卵には**多精拒否機構**（rejection of polyspermy）が備わっている（図8-9）．多精拒否機構には，早い機構と遅い機構の2つがある．

早い多精拒否機構は，精子が融合した後，1～3秒以内に完了する機構である（図8-9A）．未受精卵にガラス電極を刺入して電位を測ると，内側が－70 mVほどの電位が測定できる．精子が融合すると，すぐに＋20 mVほどに電位が上昇する．この電位は，活動電位（⇒11章-2）と同じようにNa⁺が関係している．つまりニューロンのように，卵は精子と融合すると活動電位が発生するのである．この電位によって次の3に述べる受容体の立体構造が変化して，精子が結合できなくなると考えられている．

遅い多精拒否機構は，受精膜が上がることによる（図8-9B）．ウニを観察していると，精子が侵入したところから徐々に受精膜が上がり，やがて卵全体を包むようになる．この受精膜は，卵細胞膜のすぐ下に分布していた表層顆粒が細胞膜と融合し，顆粒内に含まれていた内容物を卵膜と卵細胞膜の間に放出

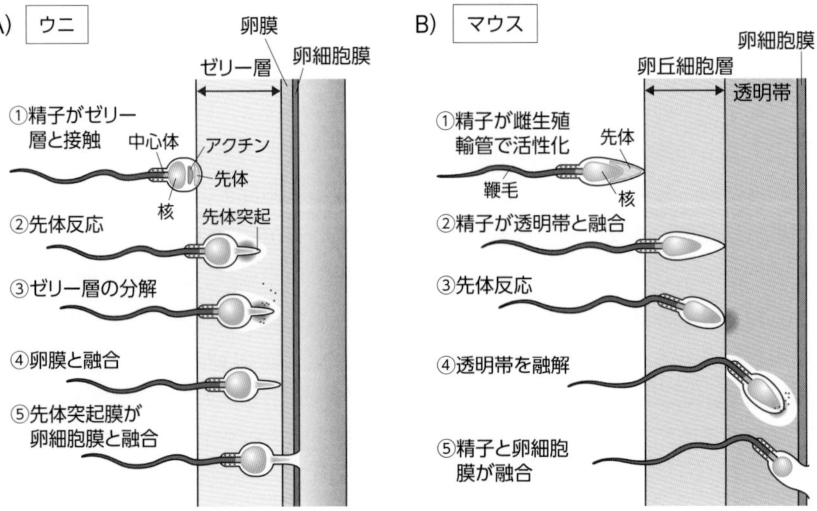

A) ウニ
卵膜
ゼリー層
卵細胞膜
①精子がゼリー層と接触
中心体
アクチン
先体
核
②先体反応
先体突起
③ゼリー層の分解
④卵膜と融合
⑤先体突起膜が卵細胞膜と融合
B) マウス
卵細胞膜
卵丘細胞層
透明帯
①精子が雌生殖輸管で活性化
先体
鞭毛
核
②精子が透明帯と融合
③先体反応
④透明帯を融解
⑤精子と卵細胞膜が融合

●図8-8 ウニとマウスの先体反応
参考図書4をもとに作成．

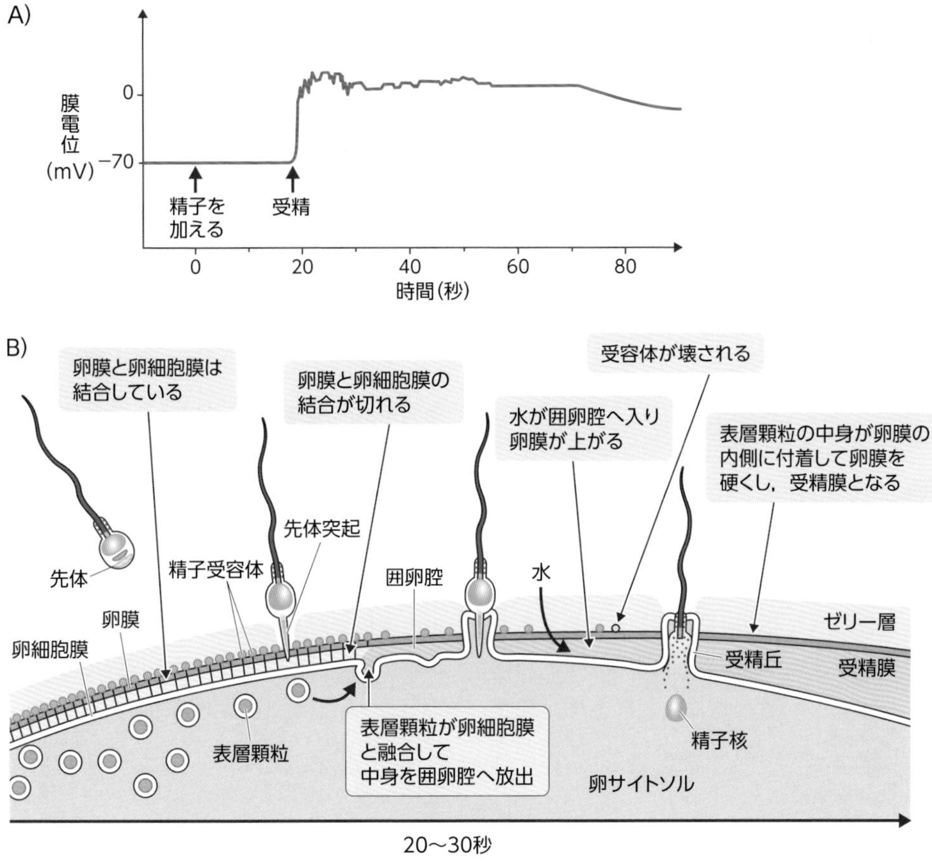
A)
膜電位 (mV)
0
−70
精子を加える
受精
0
20
40
60
80
時間(秒)
B)
卵膜と卵細胞膜は結合している
卵膜と卵細胞膜の結合が切れる
受容体が壊される
水が囲卵腔へ入り卵膜が上がる
表層顆粒の中身が卵膜の内側に付着して卵膜を硬くし，受精膜となる
先体突起
先体
精子受容体
囲卵腔
水
卵膜
ゼリー層
卵細胞膜
受精丘
受精膜
表層顆粒
表層顆粒が卵細胞膜と融合して中身を囲卵腔へ放出
精子核
卵サイトソル
20〜30秒

●図8-9　早い多精拒否（A）と，遅い多精拒否（B）の機構
参考図書8をもとに作成.

することによってつくられる．表層顆粒の内容物は卵膜と卵細胞膜の間に水を引き込み，隙間を押し広げるとともに，裏打ち構造を卵膜に付加して，卵膜を固い受精膜に変える．

以上は海産動物の場合である．体内受精をする哺乳類では，卵細胞膜とそれを取り囲む透明帯が多精拒否に関与している．ウニの場合と同じように，表層顆粒の内容物が透明層（zona pellucida）の性質を変えて硬くすると考えられているが，多精拒否機構の全体像はまだ不明な点も多い．卵に到達する精子の数が海産動物に比べればそれほど多くはないので，厳密な機構は必要ないのかもしれない．

3 卵の賦活（活性化）

父方の遺伝情報を卵に送り込むのが精子の重要な役目であるが，もう1つ重要な役目がある．それは精子による卵の**賦活**（ふかつ）である．精子が卵と融合して初めて発生の過程が動き出す．

受精のとき，精子の侵入点から卵の表面を伝わって何かが伝播するという考えが以前からあって，これを受精波とよんでいた．カルシウムが結合すると光るタンパク質が見つかり（⇒p.253 Column），これを卵内にあらかじめ注射をしておいて受精させると，精子の侵入点から光が卵全体に広がっていくことが観察された（図8-10）．受精波はカルシウムの波だったのである．

精子が侵入してからカルシウム波が卵全体に広がっていくまでに，およそ30秒かかる．つまり受精によって，卵内のCa^{2+}が一過的に高まるのである．現在までの研究で，バインディンが受容体に結合すると，ホスホリパーゼCが活性化され，イノシトール三リン酸がつくられ，これがカルシウム貯蔵部位に作用しCa^{2+}を放出させることがわかってきた（⇒6章-3）．ホルモンと受容体の関係によく似ていることに驚くばかりである．

Ca^{2+}が細胞分裂のためのさまざまな機構の開始の引き金を引く．その1つが精子の持ち込んだ中心体から分裂装置がつくられることである．ヒトでは二度目の減数分裂停止を解除する（⇒p.193）．こうして卵割が始まる．

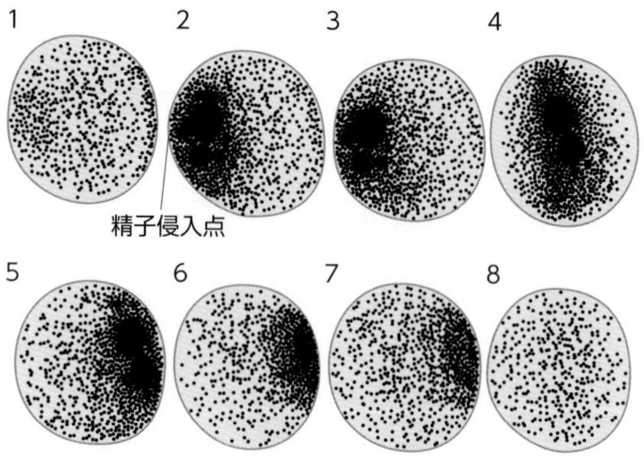
1
2
3
4
精子侵入点
5
6
7
8

●図8-10　受精に伴う卵内カルシウム濃度の変化
参考図書4をもとに作成．

8-4 初期発生と器官形成

1 発生とは

均一に見える卵が大人の複雑な体制に発生するのを見て，昔の人はきっと卵か精子に小さな大人の体制がしまい込まれているのだろうと考えた．**発生**（development）という語は，隠れていたものが表に現れてくることを意味している．

顕微鏡を使って精液を観察したレーウェンフックは，精子は種で，卵の畑に植え付けられると考え，精子の中に大人の入れ子を見出そうとした．実際に子どもが精子の中に座っている図まで想像して描く人も現れた（図8-11）．しかし，卵のほうが重要だと考える人が多かった．

受精という現象が，正しく理解されるようになったのは，19世紀の後半になってからである．その後，無脊椎動物を使って，発生中の胚に対してさまざまな実験的な操作を加えることによって，受精卵が発生の過程でだんだんと大人の体制になっていくことが確かめられていった．その過程で，動物の種類によって，早くから発生の運命が決まっている卵（モザイク卵）と，周囲の影響によってだんだんと決まっていく卵（調節卵）があることがわかった．

●図8-11　子どもがしまい込まれた精子の想像図

やがて，遺伝子DNAが明らかになり，DNAの転写とタンパク質への翻訳の過程が明らかになり，すべての細胞にはその生物のすべての情報がDNA分子に納められていることが明確になった．身体の各部を構成する細胞の形や機能が異なるのは，核にある全情報のうちの必要な部分だけが転写・翻訳されている（発現，expression）からである．

したがって，1個の受精卵から複雑な多細胞の個体になるのは，この発現が時間的，空間的に異なっている結果である．発生開始のスイッチが入ったあと，最初は卵細胞内に蓄えられた母性mRNAの翻訳が起こり，さらに不活性だったタンパク質が活性化され，発生の過程が進んでいく．その後は，核内の遺伝子が発現し，その遺伝情報によってつくられたタンパク質が，次の遺伝子の発現を引き起こしていく，といった連鎖反応が起こるのだろうと考えられるようになった．

短くまとめれば，発生という現象は，細胞の数を増やして身体を決まった大きさにするとともに，時間軸に沿ってさまざまな遺伝子が発現してタンパク質がつくられ，それぞれの部域の運命が決められて

表8-1　卵黄量による卵の分類と卵割の種類

	卵黄量と分布	卵割の型	卵割の様式	代表的な動物
少黄卵 等黄卵	少量の卵黄が均等に分布	全割（等割）	放射卵割 相称卵割 らせん卵割 回転卵割	ウニ ホヤ 軟体動物，環形動物 哺乳類
中黄卵 端黄卵	卵黄量は中程度，植物極側により多く分布	全割（不等割）	放射卵割	両生類
多黄卵 端黄卵	多量の卵黄が動物極の一部を除いて卵細胞全体に分布	部分割	盤状卵割 （盤割）	多くの魚類，爬虫類，鳥類
中黄卵 心黄卵	卵黄が卵細胞の中心に集まる	部分割	表層卵割 （表割）	節足動物

いく一連の過程であり，全能性をもった受精卵が，部域によって次第に特定の機能だけをもつように運命づけられる過程である．

と，さらりと書いたが，実際には動物の体のつくりがさまざまであるのに応じ，また発生がどこで進むか（体外であるか，卵内であるか，母体内であるか）によって，初期発生はともかく，発生の過程はずいぶんと異なっている．また，卵には発生に必要な栄養として卵黄が含まれているが，卵黄は区画がつくられることに対して抵抗するので，卵黄が多いと区画ができない．そのため，卵に含まれる卵黄の量と分布によって，卵割のパターンに違いが生じる（表8-1）．

そのことを理解して，代表的な動物の初期発生をみていこう．

2 ウニの初期発生

初期発生は，**卵割**によって進んでいく．ウニを例に簡単に記すと，**受精卵→2細胞期→4細胞期→8細胞期→16細胞期→桑実胚期→胞胚期→原腸胚（嚢胚）期**と進む．卵割は体細胞分裂と同じ過程だが，卵には体細胞分裂に必要なものがすでに蓄積されているので，G_1期をスキップして，次々と分裂をしていく（図8-12）．

胞胚から原腸胚になるときに**陥入**が起こり，1層だった細胞層が二重になり，細胞層の相互作用が可能となる．陥入を起こした部分を**原口**（blastopore）とよび，陥入した部分を**原腸**という．原腸の先端は後に口をつくり，原口は肛門となる．

陥入に前後して，胞胚内部（胞胚腔）に細胞群が落ち込む．これを一次間充織（primary mesenchyme）という．一次間充織は後に骨片をつくる．陥入が進み，原腸が胞胚腔の上端（陥入した場所の反対側）に達する頃に，原腸の先端から別の細胞群が胞胚腔に落ち込む．これを二次間充織（secondary mesenchyme）という．これらの間充織は中胚葉である．こうして胚は，外側の**外胚葉**（ectoderm），原腸の**内胚葉**（endoderm），間充織の**中胚葉**（mesoderm）という，3つの胚葉から構成されるようになる．

ウニでは発生が進むにつれて各胚葉から器官が形成され，胚の形が変化してプルテウス幼生になる．プルテウスはプランクトン生活を続けたあと，変態してウニの成体となって，着生生活を送るようになる．

3 カエルの初期発生

脊椎動物のカエルの卵は中黄卵で，卵割様式は全割であるが，ウニの場合のように等割ではなく，動物極※2では割球が小さく，植物極※2では大きい不等割である．胞胚まではウニの場合とだいたい同じだ

※2 動物極と植物極（animal pole and vegetal pole）：卵に背腹軸を想定した場合，背側と腹側の端をそれぞれ，動物極および植物極といい，赤道面を想定して動物極側を動物半球，植物極側を植物半球とよぶ．動物極は極体が放出される場所であり，普通は細胞質が多く卵黄が少ないので重力場では上になり，植物極は卵黄が多いので下になる．

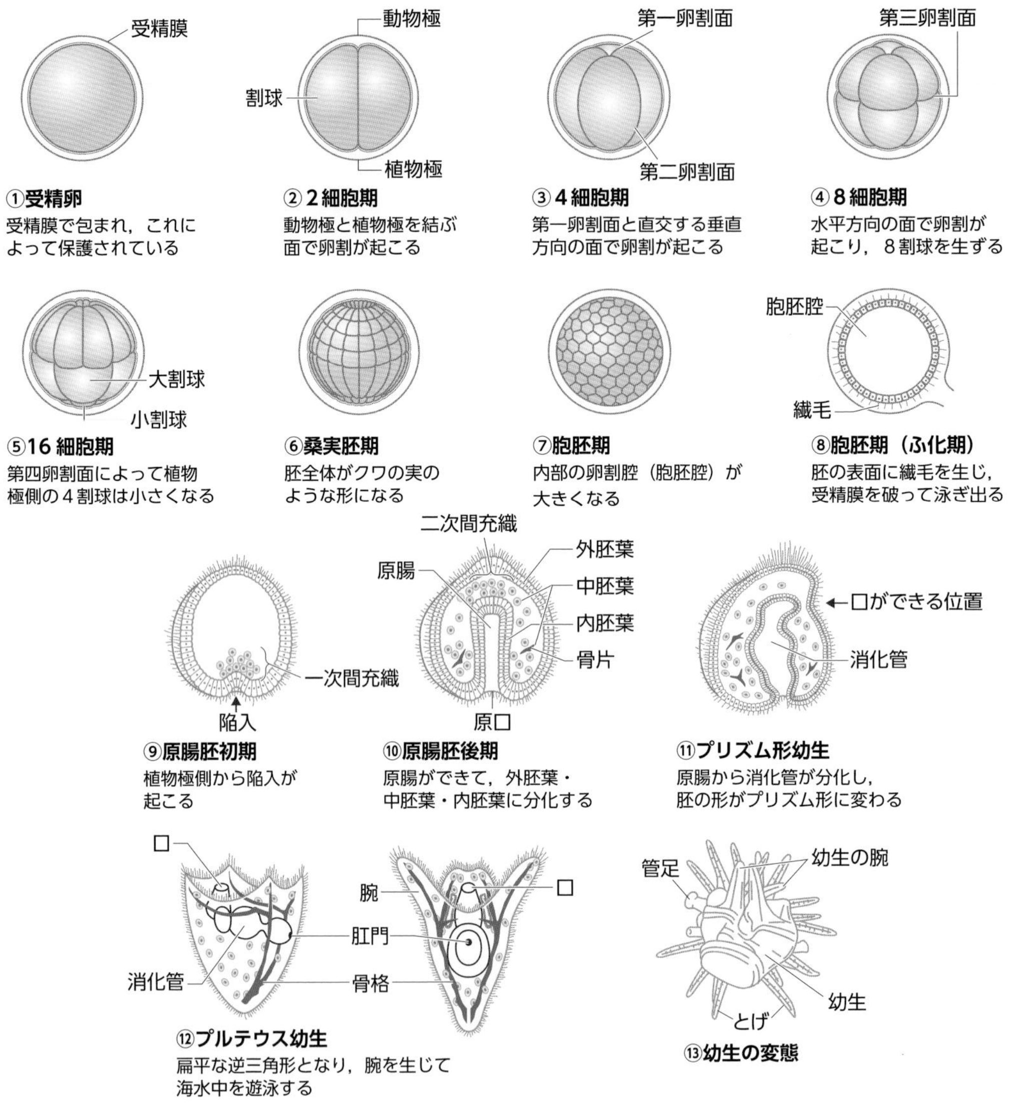
受精膜
①受精卵
受精膜で包まれ，これによって保護されている
動物極
割球
植物極
②２細胞期
動物極と植物極を結ぶ面で卵割が起こる
第一卵割面
第二卵割面
③４細胞期
第一卵割面と直交する垂直方向の面で卵割が起こる
第三卵割面
④８細胞期
水平方向の面で卵割が起こり，８割球を生ずる
大割球
小割球
⑤16 細胞期
第四卵割面によって植物極側の４割球は小さくなる
⑥桑実胚期
胚全体がクワの実のような形になる
⑦胞胚期
内部の卵割腔（胞胚腔）が大きくなる
胞胚腔
繊毛
⑧胞胚期（ふ化期）
胚の表面に繊毛を生じ，受精膜を破って泳ぎ出る
一次間充織
陥入
⑨原腸胚初期
植物極側から陥入が起こる
二次間充織
原腸
外胚葉
中胚葉
内胚葉
骨片
原口
⑩原腸胚後期
原腸ができて，外胚葉・中胚葉・内胚葉に分化する
口ができる位置
消化管
⑪プリズム形幼生
原腸から消化管が分化し，胚の形がプリズム形に変わる
口
腕
肛門
骨格
消化管
⑫プルテウス幼生
扁平な逆三角形となり，腕を生じて海水中を遊泳する
管足
幼生の腕
幼生
とげ
⑬幼生の変態

図 8-12　ウニの初期発生
参考図書６をもとに作成.

が，胞胚後期になると，黒色の動物極側の細胞が増えて，赤道面の下まで広がり，胞胚腔は卵黄の少ない動物極側に偏った位置に生じる（図 8-13）.

やがて植物極側の赤道面に寄ったところに半月状の切り込みができ，この溝を通って外側の細胞が内部へ侵入して陥入が始まる．この溝が原口である．原口の動物極側（原口背唇）の細胞群は増殖しながら内部へ陥入を続けるとともに，動物極側へも移動し，動物極を覆い，さらに赤道面を越えて植物極側をも覆うようになる.

こうして外側を覆う細胞群は外胚葉となり，内部に包み込まれた卵黄を含む細胞群は内胚葉となり，陥入した細胞群は中胚葉となる.

発生がさらに進むと，外胚葉は胚の表面を覆う表皮と背側を前後に走る神経管に分化する．中胚葉は，神経管の下側に沿って走る脊索と，脊索の両側の部分に分化し，この部分は背側から順に，体節，腎節，側板に分化する.

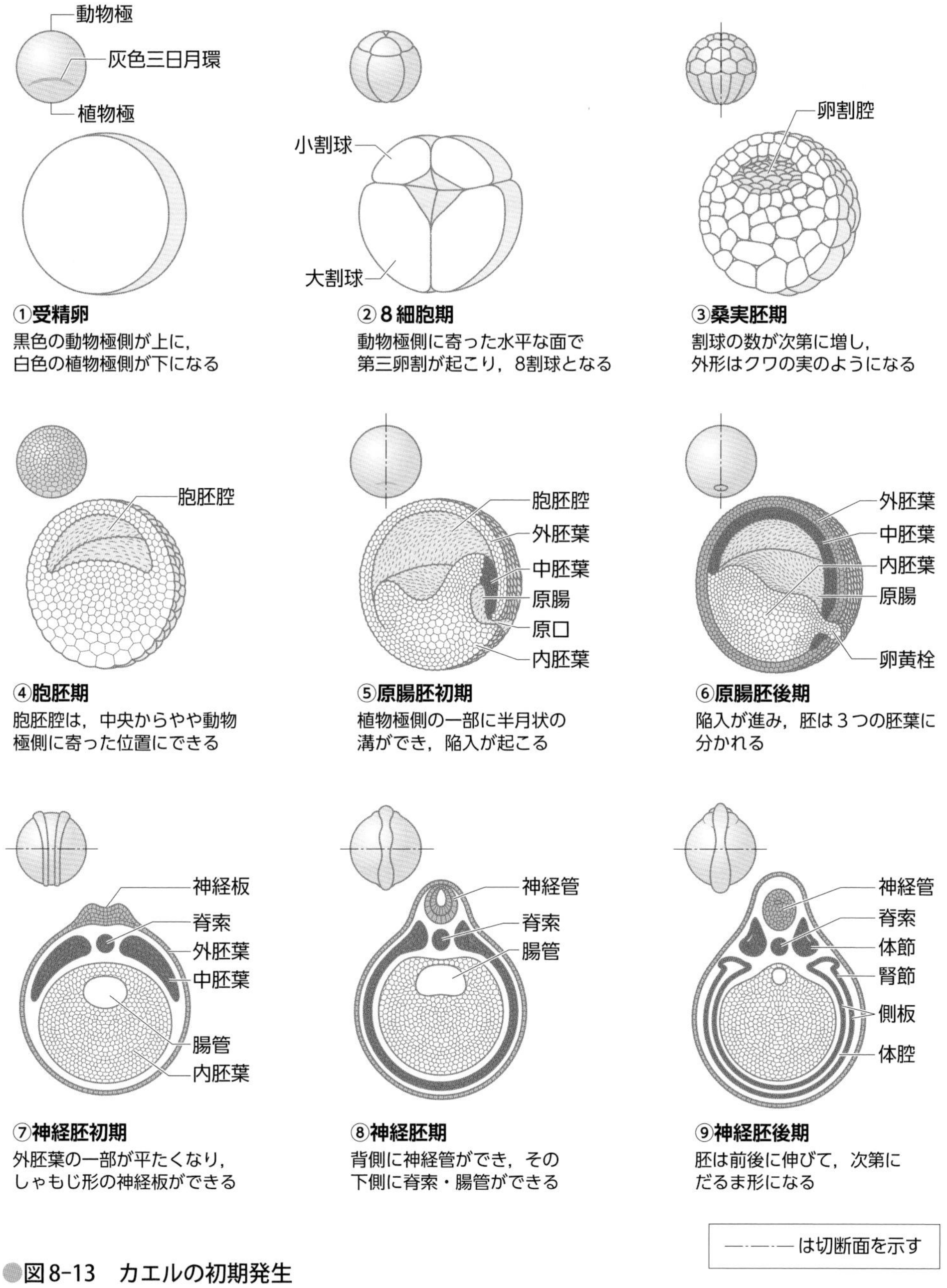
動物極
灰色三日月環
植物極
①受精卵
黒色の動物極側が上に，
白色の植物極側が下になる
小割球
大割球
② 8 細胞期
動物極側に寄った水平な面で
第三卵割が起こり，8割球となる
卵割腔
③桑実胚期
割球の数が次第に増し，
外形はクワの実のようになる
胞胚腔
④胞胚期
胞胚腔は，中央からやや動物
極側に寄った位置にできる
胞胚腔
外胚葉
中胚葉
原腸
原口
内胚葉
⑤原腸胚初期
植物極側の一部に半月状の
溝ができ，陥入が起こる
外胚葉
中胚葉
内胚葉
原腸
卵黄栓
⑥原腸胚後期
陥入が進み，胚は３つの胚葉に
分かれる
神経板
脊索
外胚葉
中胚葉
腸管
内胚葉
⑦神経胚初期
外胚葉の一部が平たくなり，
しゃもじ形の神経板ができる
神経管
脊索
腸管
⑧神経胚期
背側に神経管ができ，その
下側に脊索・腸管ができる
神経管
脊索
体節
腎節
側板
体腔
⑨神経胚後期
胚は前後に伸びて，次第に
だるま形になる
—·—·— は切断面を示す

●図 8-13　カエルの初期発生

参考図書 6 をもとに作成.

4 鳥類の初期発生

卵黄がきわめて多量に含まれている鳥類の場合，卵割は細胞質が偏在するごく狭い部域で起こる（盤割）．鶏卵を割って器に移したとき，卵黄の表面の真ん中に見える白い部分（いわゆる目※3）がそれで，**胚盤**（blastodisc，germinal disc）とよぶ．

※ 3 卵の目を，卵黄の両側にある白いひも状の部分を指すとする書き込みを見かけるが，これはカラザで，胚盤が常に上を向くように卵黄と卵殻をつなぐスプリングの役割をするタンパク質である．ちなみにカラザは chalaza の読みをカタカナ表記したもので，殻座ではない．日本語では卵帯と訳す.

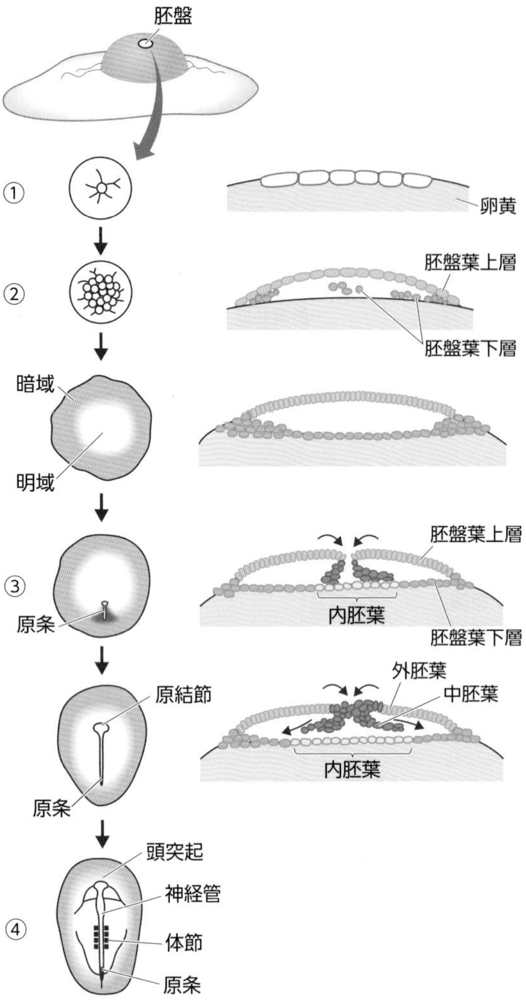
胚盤
①
卵黄
②
胚盤葉上層
胚盤葉下層
暗域
明域
③
原条
胚盤葉上層
内胚葉
胚盤葉下層
原結節
原条
外胚葉
中胚葉
内胚葉
④
頭突起
神経管
体節
原条

図8-14　鳥類の初期発生

受精すると，この胚盤で卵割が始まるが割れ目は卵全体に及ぶことはなく，胚盤領域のみで起こり，やがて1層の**胚盤葉上層**（epiblast，外胚葉に相当）を形成する（図8-14①）．さらに発生が進んで細胞の数が増えると，胚盤葉上層の一部の細胞が内部に落ち込み，島状の塊を形成する．ついで胚盤の後端の細胞塊からシート状の細胞層が前方に伸び，島状の細胞塊を取り込んで**胚盤葉下層**（hypoblast）を形成する（図8-14②）．こうして円盤状のシートが2層，重なった**胚盤葉**（blastoderm）ができあがる．

やがて胚盤葉の後方の胚盤葉上層の中央部分が，両側の細胞群の移動によって厚くなり，ついで縦に割れ目が生じ，やがて1本のスリットになる．これを**原条**（primitive streak，原口に相当）とよぶ．胚盤葉上層の細胞の移動はさらに続き，原条の割れ目を通って内部へ潜り込み，原条のスリットは前へ前へと伸びていく．そのため，胚盤葉も全体が縦に長い楕円になる．原条の先端は厚くなるので，これを**原結節**（primitive node）あるいは**ヘンゼン結節**（Hensen's node）とよび，カエルの原口背唇部に相当する．潜り込みが続くとこれらの細胞群は2層に分かれ，下側の細胞群は胚盤葉下層の細胞と置き換わって内胚葉になり，上側の細胞群は中胚葉になる．こうして三胚葉が出そろうことになる（図8-14③）．ちなみに胚盤葉下層は体づくりには参加せず，この後，卵黄を包み込んで**卵黄嚢**（yolk sac）になる．

原結節の位置が胚盤葉の長さの3分の2を越えたあたりで，局面が転換する．原条は退化して後退し始める．原結節の前方（頭突起）には中胚葉から脊索が形成され，神経管から脳が誘導され，外胚葉の膜が盛り上がって頭部を覆い始める．こうして頭部から器官形成が始まり，後方になるほど遅れて神経管があたかもジッパーを閉じるように形成されていく．と同時に神経管の両側に**体節**（somite）が，やはり前方から順に後方に向かって形成されていく（図8-14④）．

卵黄嚢以外に，鳥類は漿膜（しょうまく），羊膜，尿膜の3つの胚膜を備えている．いずれも水を離れて陸上で発生する胚を守るための装置である．漿膜と羊膜は外胚葉と中胚葉から，尿膜は内胚葉と中胚葉からつくられる．尿膜と漿膜は後に重なって尿漿膜となり，間に分布した血管を通して呼吸を行う．

5 哺乳類の初期発生

受精卵は発生が進むと着床して母体と胎盤で結ばれるために，哺乳類の初期発生は他の脊椎動物とはだいぶ異なった過程をたどる．

哺乳類の卵は卵黄が少ないので全割する．ところがウニのように整然と同調して卵割せず，卵割の周期もかなり長い．一方，母性mRNAに頼る割合が低く，早い時期に自分の遺伝子の転写によるタンパク質が使われ始める．

もう1つの特徴は**コンパクション**（compaction，緊密化）である（図8-15B）．8細胞期までは割球は

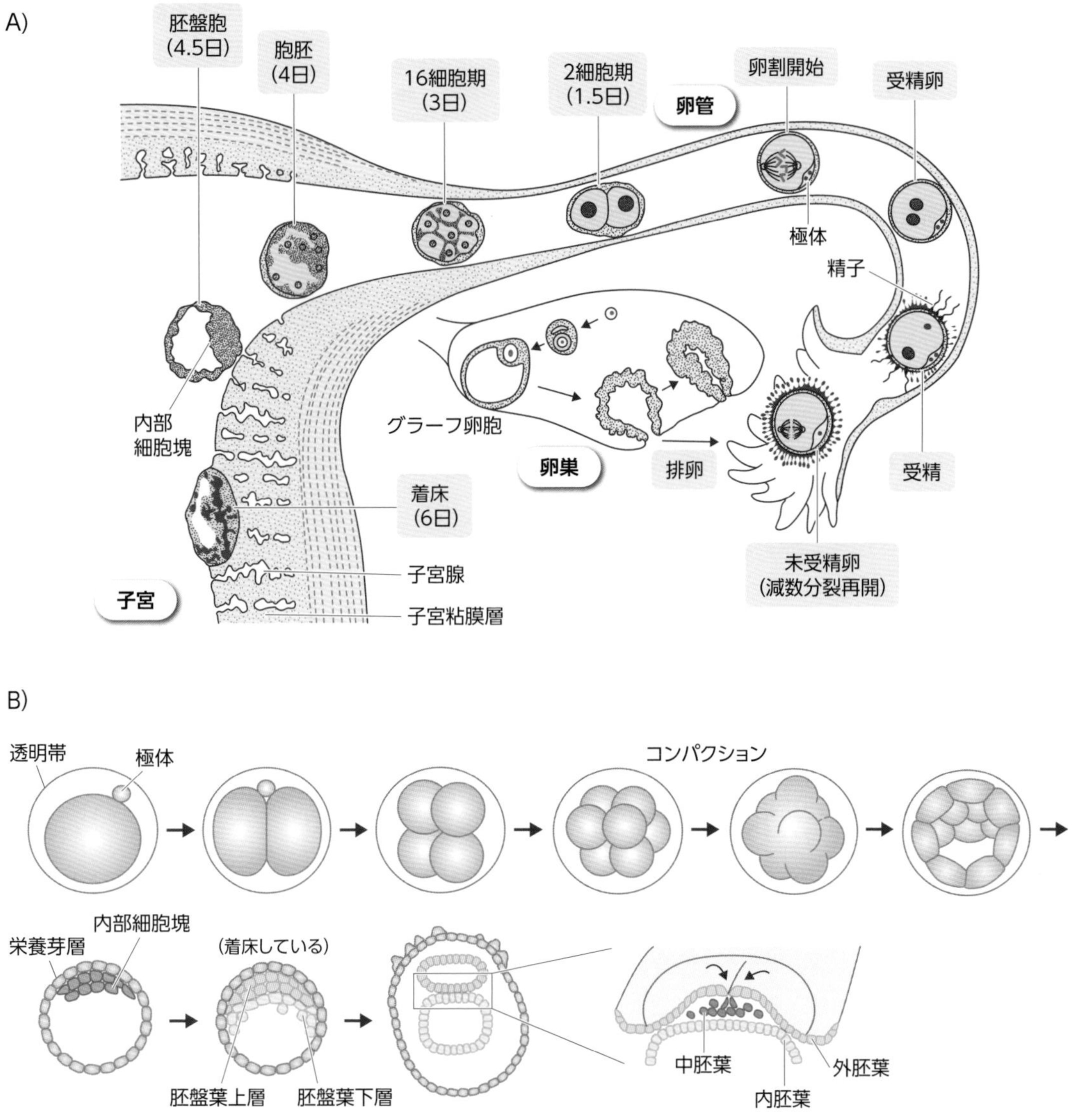
A)
胚盤胞
(4.5日)
胞胚
(4日)
16細胞期
(3日)
2細胞期
(1.5日)
卵管
卵割開始
受精卵
極体
精子
内部
細胞塊
グラーフ卵胞
卵巣
排卵
受精
着床
(6日)
子宮腺
子宮
子宮粘膜層
未受精卵
(減数分裂再開)
B)
透明帯
極体
コンパクション
内部細胞塊
栄養芽層
(着床している)
胚盤葉上層
胚盤葉下層
中胚葉
外胚葉
内胚葉

図8-15　哺乳類の初期発生
A）排卵から着床まで，B）卵割と三胚葉形成の概略．

単なる寄り集まりであったのが，次の分裂で1個1個の割球はぴったりと寄り合い，外側の割球は密着結合で結合し，コンパクトなボールになる．一方，内部の割球はギャップ結合で結合する．

こうして16細胞期には外側の緊密化した細胞層と内側のギャップ結合で結合した細胞塊に分かれる．外側の細胞層を**栄養芽層**（trophoblast）とよび，将来，胎盤の一部になる．一方の**内部細胞塊**（inner cell mass）は，胚の本体と鳥類のところで述べた4つの胚膜になる．受精からここまでは卵管の中を子宮に向かう過程で起こることで，ここから胚は子宮に入る．

子宮に入ると，さらに卵割が進み胞胚となり，卵を覆っていた透明帯を脱ぎ捨てる．やがて栄養芽層は薄くなり，内部細胞塊はその片側に付着した形となる．この時期の胚を**胚盤胞**（blastocyst）とよぶ．やがて胚盤胞は内部細胞塊が付着した面で子宮の表面に付着し，**着床**（implantation）が成立する（図8-15A）．

子宮内に潜り込んだ胚盤胞は栄養芽層の細胞群が子宮内膜の細胞群で包まれ，両者の合わさった胎盤

(placenta) が形成される．一方の内部細胞塊は数を増やして2層になる．ここでも上層を胚盤葉上層，下層を胚盤葉下層とよぶ．この後の過程は鳥類と同じである．栄養芽層で包まれた2層の細胞層は，あたかも多量の卵黄の上に乗っているようにふるまい，原条ができ，陥入が起こり…と進行していく．鳥類と異なる点は，卵黄がないので卵黄嚢は形ばかりで，その代わりに尿漿膜に由来するへその緒で胎盤とつながることである．

6 器官形成

発生がさらに進むと，各胚葉からはいろいろの器官が分化する．カエルの場合は，外胚葉からは神経管が分化すると書いたが，神経管は後に脳と脊髄になる．この他の胚葉がどのような器官に分化するかを表8-2にまとめた．

3種類の胚葉とそれからできる器官は脊椎動物に共通している．各胚葉はそれぞれが置かれた場所によって，いろいろな器官に分化していく．このような過程を**器官形成**（organogenesis）という．心臓の形成や腎臓の形成など興味深い過程であるが，本書では省略する．

●表8-2　3つの胚葉から分化する器官

外胚葉からできる器官		
表皮	➡	皮膚の表皮（毛，つめ，汗腺など），眼の水晶体，角膜，口腔上皮，嗅上皮
神経管	➡	脳，脊髄，脳神経，眼の網膜
内胚葉からできる器官		
		消化管（食道・胃・小腸・大腸の内面の上皮），えら，中耳，肺，気管
中胚葉からできる器官		
脊索		（自らは器官をつくらないが，脊椎骨や筋肉の分化に関与する）
体節	➡	脊椎骨，骨格，骨格筋（横紋筋），皮膚の真皮
腎節	➡	腎臓，輸尿管，生殖腺，生殖輸管（輸精管，輸卵管）
側板	➡	腹膜，腸管膜，内臓筋（平滑筋），心臓，血管，結合組織

8-5 始原生殖細胞と性分化

有性生殖を行う生物では発生が進んで成熟すると，雌では卵巣，雄では精巣が発達し，その中に卵と精子がそれぞれつくられ，次の受精へとつながっていく．このように生殖細胞は，連綿として連なっていると考えることができる．生殖細胞を中心に考えれば，われわれの体は生殖細胞を過去から未来へ受け渡す運び屋に過ぎないと言うこともできる．

体を構成する器官は，すでに述べた三胚葉から分化するが，三胚葉が分化する前に，これらの細胞群とは別に，将来，生殖細胞になる細胞群が分化する．そこでこれらの細胞の系譜を**生殖細胞系列**（germ cell line）とよび，**体細胞系列**（somatic cell line）とは区別することがある．

表8-2に示したさまざまな器官のうちでも，生殖腺のでき方はやや特殊である．生殖腺は中胚葉からできる器官だが，生殖細胞である精子や卵のもとになる細胞の起源は別なのである．

1 極細胞，始原生殖細胞

ショウジョウバエのような昆虫の仲間の卵割は，**表割**という形式をとる．卵細胞質の分裂が起こらず，核だけが分裂して数を増やしてゆく（図8-16）．産卵からおよそ80分後，核が256個になった頃，核は表面に移動し始める．

さらに産卵後130分，核が512個になる頃には300ほどの核が卵の表面に並び，後端には細胞質に包まれた細胞群が現れてくる．この細胞群は**極細胞**（pole cell）とよばれ，後に生殖細胞となる．表面に

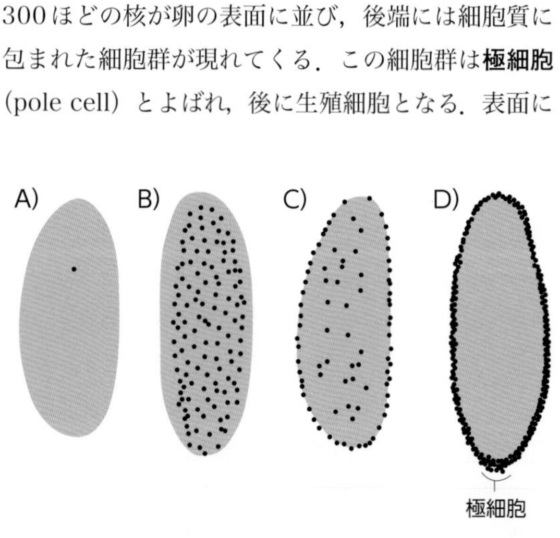

A)
B)
C)
D)
極細胞

●図8-16　ショウジョウバエの卵割と極細胞の形成
A）卵割開始前，B）産卵後80分（核256個），C）産卵後130分（核512個），D）14回目の分裂後．参考図書4をもとに作成．

並んだ核の間に仕切りが生じて，1層の細胞層になるのはさらにずっと後の14回目の分裂のときである．

このように，将来生殖細胞になる細胞は発生の比較的早い時期に，体細胞系列とは別の道をたどり始める．どうしてこのようなことが起こるのだろうか．

ショウジョウバエ卵の後端の細胞質を調べてみると，極顆粒とよばれる明瞭な顆粒が細胞質に存在する．後端の細胞質は他とは違っているのである（極細胞質）．この顆粒はミトコンドリア由来のRNAとタンパク質の複合体で，そこにやってきた核にはたらきかけて将来の運命を左右するらしい．さらに後述するナノスタンパク質が，極細胞のアポトーシスを阻止し，体細胞への分化を抑制することにより，生殖細胞への分化の道筋をつける．

卵細胞におけるこのような不均質性（あるいは極性とも勾配ともよべる）が，割球の性質を規定し，後の発生に大きな影響を及ぼす例は両生類においても認められる．カエルの卵は卵割が進むと，卵黄を多く含む植物極の割球と，少ない動物極の割球に分かれる．このとき，卵細胞質に存在した極性はそれぞれの割球へと区画化されることになる．植物極側の特定の割球に，ショウジョウバエのときと同じく生殖細胞質[※4]が分配され，その細胞はやがて**始原生殖細胞**（primordial germ cell）になる（図8-17）．

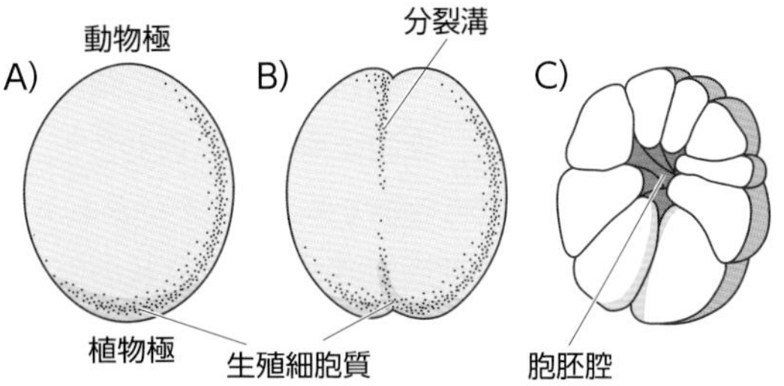

動物極
分裂溝
A)
B)
C)
植物極
生殖細胞質
胞胚腔

●図8-17　カエルの卵の卵割による区画化と生殖細胞質の分配

参考図書4をもとに作成．

2 生殖腺へ

脊椎動物の場合，こうして体細胞とは別に早い時期に分化した始原生殖細胞は，やがて移動して中胚葉起源の**生殖隆起**（genital ridge）の凹みの中へ落ち着く．

このように，脊椎動物では「中身」の生殖細胞と「器」の生殖隆起とでは起源が異なっている．生殖隆起の凹みは閉じて，生殖腺原基となる．この時点では，雄も雌も同じような生殖腺原基をもつが，発生に伴って生殖腺原基は精巣と卵巣に分化していく．さらに生殖輸管も性分化をして，雄と雌の生殖器官系ができあがる．

こうして，この章の始めに戻って，精子と卵がつくられることになる．

8-6 細胞間のコミュニケーションによる分化のしくみ

前節で主な動物の初期発生の過程を概観したが，各動物によって配置や形は異なるものの，最初は細胞が平面状に並んだシート（動物によって球面の場合も平面の場合もある）が形成され，陥入によって外胚葉，内胚葉，中胚葉が重なった構造をとるようになることがわかる．最初の1層になるまでの過程で母性mRNAが各細胞へ分配されて発現し，その細胞の運命が決まり，胚葉が重なって裏打ち構造がつくられると，裏側の細胞から表側の細胞へのはたらきかけが始まる．これは6章のホルモンのところで述べたのと基本的に同じで，信号分子が受容体と結合して細胞内に情報を送るやり方である．ただし血流に乗るのではなく（血管系がまだないので当たり前だが），信号分子は細胞間隙を拡散して伝わり，その移動距離は短い．

ここからは細胞間のコミュニケーションによる分化のしくみを見ていくことにしよう．ただし，発生のすべての過程で，どのような分子が関与しているかが明らかになっているわけではない．これまで明らかにされた特定の局面での説明になる．ここで述べるよりもっと多くの信号分子が明らかになっているが，紙数の関係で主なものだけを述べる．

※4 哺乳類には生殖細胞質はない．

1 誘導・分化・拘束

脊椎動物の眼のうち，水晶体（レンズ），角膜は外胚葉のうち表皮から，網膜は神経管から生じる．

神経管の前端に膨らみができ，脳胞ができあがり，3つにくびれる頃，前脳胞の両側から袋状の眼胞がせり出し，やがて前端がややくぼんだ杯状の構造，眼杯となる．眼杯は，厚くなった表皮，水晶体板をくびり取り，表皮は水晶体になる．眼杯の凹みは大きくなり，外側が色素細胞層となり，内側が網膜となる（図8-18）．

水晶体が形成されるとき，表皮外胚葉が水晶体板になり，やがて水晶体胞になるが，これは眼杯が表皮にはたらきかけるためで，このようなはたらきかけのことを**誘導**（induction）とよんでいる．誘導の起こる前に眼杯を取り除いてしまうと，表皮から水晶体ができてこないことから，眼杯からのはたらきかけがあることがわかる．

一方，表皮のほうもこの誘導を受け入れる能力をもっているため，誘導に反応して水晶体に変わることができる．眼杯を頭部ではない部域の表皮の下に移植しても，水晶体は誘導されない．このような受け手の能力のことを**反応能**（competence）とよんでいる．

こうして反応能がある表皮は，眼杯の誘導によって水晶体に**分化**（differentiation）する．分化というのは，表現型として目に見える形に変化したことをいう．

目に見える形に分化が起こる前に，目には見えないが分化への方向づけが起こっていると考えられる．このような方向づけが起こったことを**拘束**（コミットメント，commitment）とよんでいる．拘束はさらに2つの段階に分けることができる．

水晶体の分化を例にとれば，第一の段階は，中立的な環境におけば水晶体に分化するが，他の誘導のもとではその影響を受けてしまうような段階で，これを**指定**（specification）を受けたという．第二の段階は，どんな条件のもとでも必ず水晶体に分化するような段階で，これを**決定**（determination）されたという．

2 種によって異なる卵での指定の時期

モザイク卵と調節卵という語を8章-4 1 で述べたが，動物の種によってその卵の各部分が指定を受ける時期は異なっていて，表8-3の3つの型に分類することができる．しかしながら，モザイク卵と調節卵の違いは本質的なものではない．

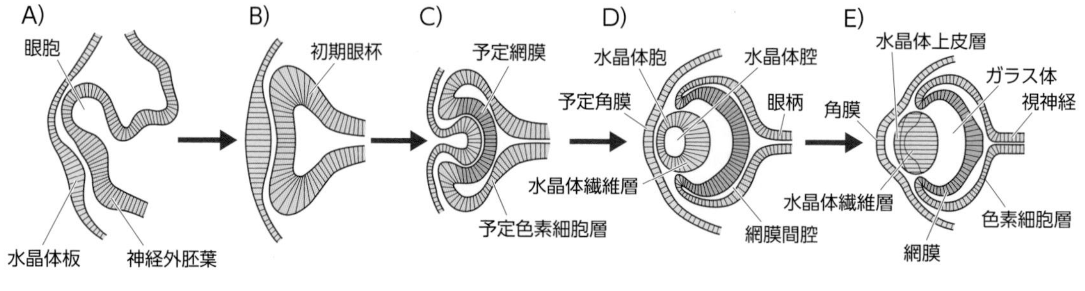

A)
眼胞
水晶体板
神経外胚葉
B)
初期眼杯
C)
予定網膜
予定色素細胞層
D)
水晶体胞
水晶体腔
予定角膜
眼柄
水晶体繊維層
網膜間腔
E)
水晶体上皮層
ガラス体
視神経
角膜
水晶体繊維層
色素細胞層
網膜

●図8-18　脊椎動物の眼の形成過程
参考図書4をもとに作成．

●表8-3　種による指定を受ける時期の違い

初めから指定されている (autonomous specification)	多くの無脊椎動物	卵細胞の細胞質に存在する特定の分子の不均一性により指定が起こり，周囲の細胞の影響を受けない（モザイク卵）
条件によって次第に指定される (conditional specification)	脊椎動物と一部の無脊椎動物	細胞間の相互作用により決まり，相対的な位置関係が重要（調節卵）
シンシチウムによる指定 (syncytial specification)	昆虫	初めは核だけが分裂して移動し，移動した先の細胞質によって指定が起こる

誘導（指定や決定）を行う何らかの因子があるはずだと考え，これらの因子のことを**誘導物質**（inducer）とか**モルフォゲン**（morphogen）と言い習わしてきた．これらの因子は，当然何らかの物質的な基盤があると考えることができる．したがって，指定や決定の時期が異なるのは，これらの物質が最初から用意されているか，後から発現するかの違いに帰着する．

それでは，誘導，指定，決定，分化はどのようなメカニズムによって起こるのだろうか．

3 体軸の決定

発生を考えるうえで，**軸**という概念はきわめて重要である．われわれの体にはいくつかの軸がある．

- 前後軸（anterior-posterior axis）
  ＝頭尾軸（cephalic-caudal axis）
- 背腹軸（dorsal-ventral axis）
- 左右軸（left-right axis）
- 先端基部軸（proximal-distal axis）

何にも特別な差がない均一にみえる卵に，どうして体の前後軸や背腹軸が生じるのだろうか．

❶ショウジョウバエの体軸の決定

ショウジョウバエ（fruit fly, *Drosophila melanogaster*）（図8-19）は1世代の長さが短い（9日，受精してから幼虫として孵化するまでは1日）ので，遺伝の実験には好都合である．染色体の数が少ない（$2n=8$）のも都合がよい．すでに染色体地図ができているし，多数の突然変異体が維持されている．そこで発生の実験にも盛んに使われるようになった．

すでに述べたように，ショウジョウバエの卵割は表割とよばれる形式で，最初は核だけが分裂し，それが表面に並び，やがて細胞膜が区画をつくって胞胚ができあがる．このとき，極細胞が生じたほうが後部になるので，この時期には体の前後軸ができていることになる．

やがて細胞の運動性が増して嚢胚形成が始まり，予定内胚葉，中胚葉，外胚葉が分離し，頭部，胸部3節，腹部8節が明瞭になる（図8-20）．それぞれの体節は，体節ごとに発生の運命が異なり，例えば，胸部第1節は腹側に肢のみ，第2節は背側に羽根と腹側に肢，第3節は背側に平均棍（こん）と腹側に肢が生じる．

繰り返し構造であって，しかも運命が異なる体節がどのようにして分化するかについて，分子遺伝学的な手法を駆使してそのメカニズムが明らかになってきた．

❷母親由来のmRNA

最初の前後軸形成は母親の影響が大きい．卵が形成されるとき，生殖細胞が4回分裂して16個の細胞になるが，お互いに細胞質の橋でつながっている．そのうちの1個が**卵母細胞**に，残りは**哺育細胞**になる（図8-21）．

哺育細胞は多くの成分を合成して卵母細胞に送り，卵母細胞を取り囲む濾胞細胞が末端シグナルを卵母細胞に送り込む．卵母細胞に送り込まれるのは**mRNA**で，ビコイドmRNAが卵の前端に，ナノス

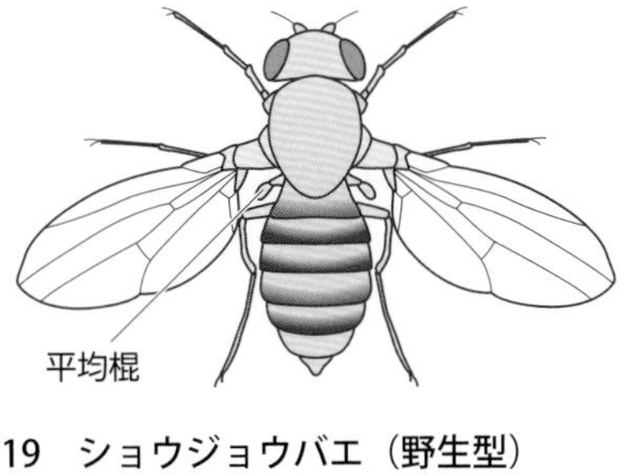
平均棍

●図8-19　ショウジョウバエ（野生型）

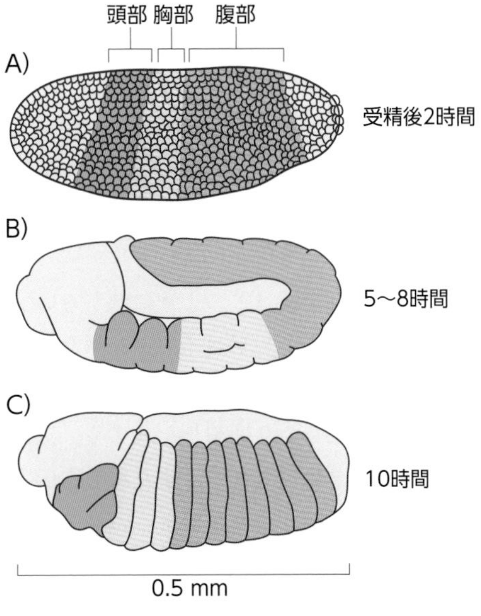
頭部
胸部
腹部
A)
受精後2時間
B)
5〜8時間
C)
10時間
0.5 mm

●図8-20　ショウジョウバエの初期発生

頭部，胸部，腹部に分かれ，胸部は3節，腹部は8節に分かれる．参考図書3をもとに作成．

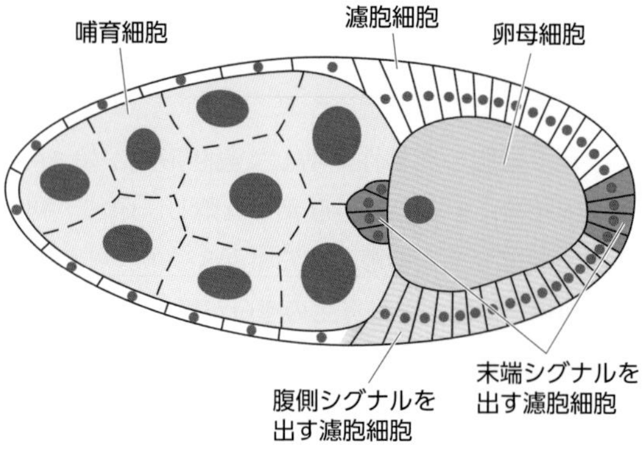
哺育細胞
濾胞細胞
卵母細胞
末端シグナルを
出す濾胞細胞
腹側シグナルを
出す濾胞細胞

●図8-21　濾胞細胞が卵母細胞に末端シグナルを送り込むしくみ
参考図書4をもとに作成.

mRNAが後側に局在する．これらのmRNAは，タンパク質でその場所に係留されていて，拡散しないようになっている．

発生が開始すると，これらのmRNAが翻訳されてタンパク質がつくられ，タンパク質に濃度の勾配が生まれる．ビコイドタンパク質は前端が一番濃度が高く後端へ向かうに従って次第に薄くなるような勾配が，反対にナノスタンパク質は後端が一番濃くて前端へ向かうに従って薄くなるような勾配である．この濃度勾配が前後軸の形成に大きな影響を与える．

母親のビコイド遺伝子が突然変異で機能しなくなると，卵にmRNAが供給されない．したがってビコイドタンパク質の濃度勾配ができないので，この母親から生まれた卵からかえった胚には頭がなく，両端に尾部があるようになる．胚の大まかな前後軸の形成に関係する，このような遺伝子は，およそ20ほどが知られている．

ビコイドタンパク質はどのようにはたらいて頭部を形成するのだろうか．ビコイドタンパク質は転写調節タンパク質として，核の中に入り別のタンパク質の転写を活性化したり抑制したりする．次の遺伝子の産物であるタンパク質が，また次の遺伝子の転写を調節する，という連鎖が始まるのである．

❸分節遺伝子

大まかに前後軸（触れなかったが，実際は背腹軸も）が決まると，次にこれをもとにして体節構造を形成する遺伝子がはたらく．胚に体節構造をつくらせる遺伝子群を**分節遺伝子**（segmentation genes）とよび，これには次の３つのグループがある．

①ギャップ遺伝子（gap genes）
②ペアルール遺伝子（pair-rule genes）
③セグメントポラリティー遺伝子（segment-polarity genes）

これらの遺伝子のはたらきは，突然変異を詳細に分析することにより明らかになった．**ギャップ遺伝子**は，胚を大まかに前，中，後部に区分けし，**ペアルール遺伝子**は，ギャップ遺伝子群のはたらきによって大まかに分けられた各部域に体節構造をつくり上げ，**セグメントポラリティー遺伝子**は，それぞれの体節の極性を決めている（図8-22）．

それぞれの遺伝子のmRNAの発現場所や，発現したタンパク質の局在を調べてみると，①～③の順に発現している．まず母親由来のmRNAの局在によってギャップ遺伝子が発現して大まかな区画がつくられ，ついでペアルール遺伝子が発現して体節をつく

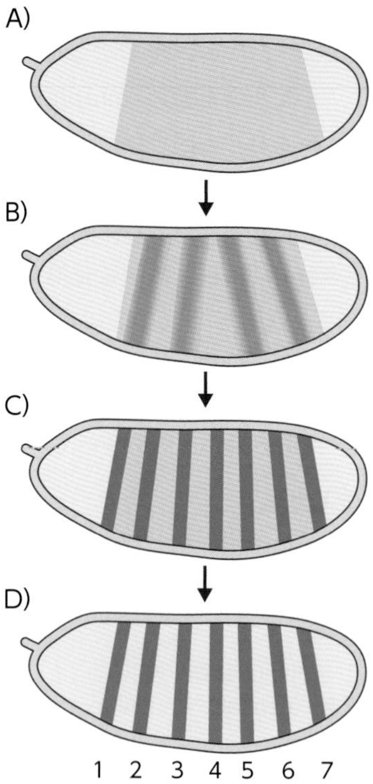
A)
B)
C)
D)
1 2 3 4 5 6 7

●図8-22　ペアルール遺伝子の発現が次第に限局されていくことを示す模式図
こうして体節構造ができる．参考図書4をもとに作成.

り，さらにセグメントポラリティー遺伝子が発現して，生じた体節構造を細かく規定していく．

4 ホメオボックス

❶ホメオティック突然変異

ザリガニの眼柄を除去すると，普通は眼柄が再生するが，まれに触角が再生することがある．また，ショウジョウバエの突然変異で，触角の位置に肢が生えることがある．眼柄，触角，肢はいずれもそれぞれの体節に固有の付属構造である．相同の付属構造が場所を変えて生じる，このような現象は**ホメオーシス**（homeosis，相同異質形成）と名づけられた．ホメオーシスを起こすような突然変異を**ホメオティック突然変異**（homeotic mutation，相同異質形成突然変異）とよぶ．

❷ホメオボックス，ホメオドメイン

3で述べたようにショウジョウバエの胚で体節構造が決まると，それぞれの体節に固有な組織構造がつくられることになるが，これを制御している遺伝子があることが明らかになった．

ショウジョウバエでは，このような遺伝子は3番染色体上に2つある．1つは**アンテナペディア遺伝子群**（Antennapedia complex）で，もう1つは**双胸遺伝子群**（Bithorax complex）である．群とあるように，それぞれ複数の遺伝子が近い位置に並んでいる（連鎖，linkage）．

体節に固有の構造を支配するので，この遺伝子に突然変異が起こると体の構造が大きく狂ってしまう．例えば，アンテナペディア遺伝子の突然変異によって，触角の位置に肢が生えてくる（図8-23）．

双胸遺伝子に突然変異が起こると，胸部が2つできる（図8-24）．ショウジョウバエは双翅類というように普通は胸部第2節に一対の翅が生え，第3節には翅が変化した平均棍が生える（⇒図8-19）．それがこの突然変異によって平均棍ではなく，ちゃんとした翅が生えた胸が2つできてしまうのである．

これらの遺伝子が解析され，その塩基配列がわかってくるとおもしろいことが明らかになった．いずれの遺伝子にも180塩基の非常に相同性の高い部分が含まれていたのである．そこでこの領域を**ホメオボックス**（homeobox）とよんだ．180塩基だからアミノ酸だと60個に相当し，翻訳されたタンパク質のこの領域を**ホメオドメイン**（homeodomain）とよんだ．

ホメオドメインは，ヘリックス－ターン－ヘリックスという構造でDNAにはたらきかけるタンパク質の領域であることが明らかになる（図8-25）．つ

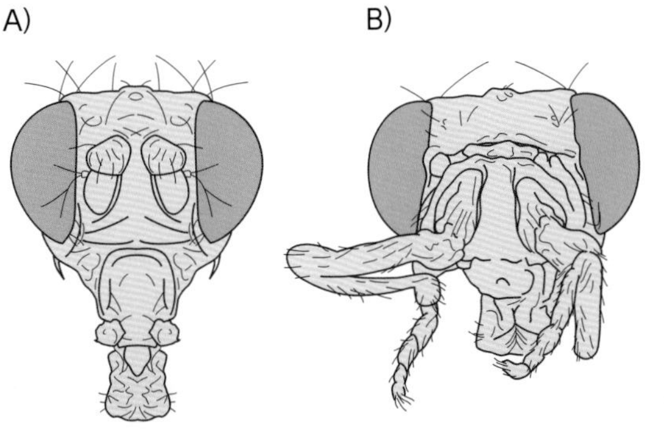
A)
B)

●図8-23　ショウジョウバエの触角のホメオティック突然変異（B）．A）が野生型

B）は，Turner FR & Mahowald AP：Dev Biol, 68：96-109, 1979より作成．

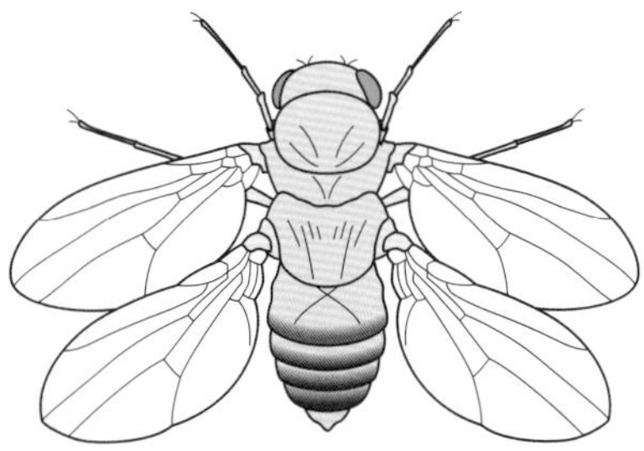

●図8-24　双胸遺伝子のホメオティック突然変異

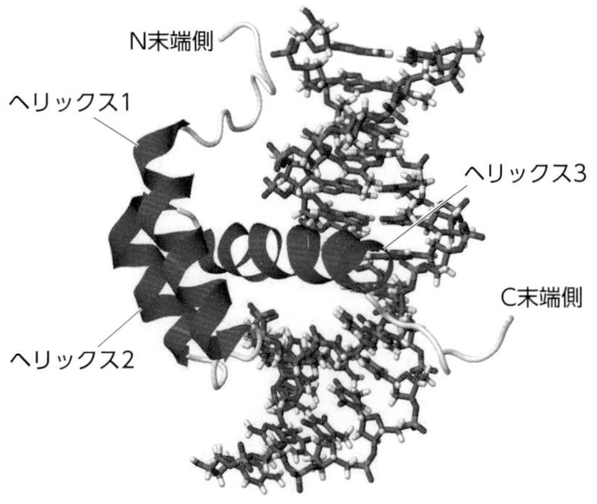
N末端側
ヘリックス1
ヘリックス3
C末端側
ヘリックス2

●図8-25　ホメオドメインタンパク質がDNAに結合している模式図［PDB：1AHD］

まり，ホメオドメインをもつアンテナペディア遺伝子群と双胸遺伝子群は，転写調節タンパク質だったのである．特定の体節で発現した調節タンパク質が，その体節固有の構造を支配する遺伝子を活性化するのである．

図8-26に示すように，ホメオドメインを含むこれらのタンパク質は，DNAに結合して転写を調節する重要な分子で，長い進化の歴史で保存されてきた．現在では，ホメオティック遺伝子（あるいはホメオドメインタンパク質）という言葉には，最初の相同異質形成（ホメオーシス）という意味は薄れ，ホメオボックスを含む遺伝子（あるいはホメオドメインを含むタンパク質）という意味合いが強くなっている．ショウジョウバエのホメオティック遺伝子群は，図8-26上に示すように，染色体上に前のほうから順に*lab*，　，*Dfd*，　，*Antp*，　，　，*Abd-B*（空白は名前を省略した灰色のボックス）がクラスターとなって並んでいる．*lab*（labial）は頭部前端，*Dfd*（Deformed）は頭部後端，*Antp*（Antennapedia）は胸部第2節，*Abd-B*（Abdominal-B）は腹部体節の分化に関与していて，この並び方は胚の前後（頭尾）軸に沿った発現領域の並び方と一致している．そのため，これをコリニアリティー（colinearity）とよんでいる．

驚くべきことに，その後，哺乳類にもホメオボックス（Homeobox）を含む遺伝子が見つかった．哺乳類ではHomeoboxを省略したHox遺伝子とよんでいて，マウスとヒトでは39個あり，4つのクラスターを形成していて（図8-26下），それぞれ別々の染色体上に乗っている．図の色付き四角で示したよ

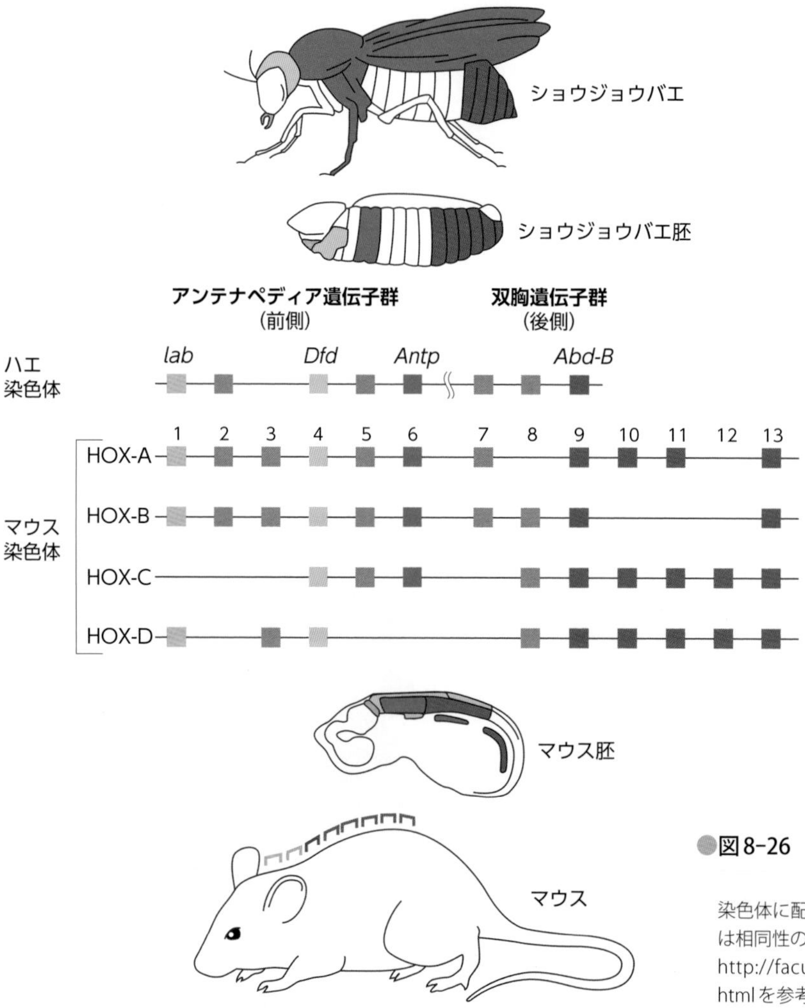

ショウジョウバエ
ショウジョウバエ胚
アンテナペディア遺伝子群
（前側）
双胸遺伝子群
（後側）
ハエ
染色体
lab
Dfd
Antp
Abd-B
1 2 3 4 5 6 7 8 9 10 11 12 13
HOX-A
HOX-B
HOX-C
HOX-D
マウス
染色体
マウス胚
マウス

●図8-26　種を越えて保存されているホメオボックス

染色体に配列されている様子．同じ色のものは相同性の高いホメオティック遺伝子を示す．http://faculty.pnc.edu/pwilkin/homeobox.htmlを参考に作成．

うに，ショウジョウバエのホメオティック遺伝子と対応するマウスのHox遺伝子の間の相同性が高く，これらの遺伝子が進化の過程によってもよく保存されていることを示している．4つのクラスターがあることから，脊椎動物への進化の過程で2回の全ゲノム重複をしたことの証拠であると考えられている（⇒12章-2⑦）．哺乳類でも，それぞれのクラスター内でのHox遺伝子の並び方と，胚の前後（頭尾）軸に沿った発現領域の並び方は一致している．

このようにHox遺伝子群は，発生の過程で身体の構成を順序立てて形成する重要なはたらきをしている．

❸ニワトリ前肢の発生にみるホメオティック遺伝子

脊椎動物の場合は，発生する細胞の運命は，これまで述べた昆虫の場合ほど初めから厳密に決まっていない．始原生殖細胞は例外的に早い時期に決まるが，その他の細胞の場合は，他の細胞から影響を受けて運命が決まる．したがって発生がある程度進んだ場合でも，例えば胚を半分にしても両方から完全な個体が発生する場合がある．これは細胞の運命を，後になってもある程度変更できるためである．

このような卵を調節卵とよぶことはすでに述べた．それでは細胞の運命はどのように決まるのだろうか．シュペーマンの二次胚の実験[※5]が示すように，他の細胞からの誘導の結果，細胞の運命は徐々に決まっていく．

そこで重要になるのが，細胞間の位置関係である．原腸胚形成（gastrulation）が最初の細胞構築にとって重要であることがこれで理解できる．まず胞胚（blastula）になることで，卵細胞質の分配が行われ，胞胚の各細胞の運命がある程度決まる．ついでこれが原腸胚（gastrula）になり，細胞の層が二重になることで裏と表の関係ができる．裏側の細胞がすぐ上に来た表の細胞にはたらきかけて，その運命を決定する．

脊椎動物でも，こうした誘導と決定の連鎖が進んでいくことになる．ここではニワトリを使った肢の発生を，ごく簡単に見てみよう．肢には前述の軸がすべてそろっているからである．

ニワトリの前肢（後に翼となる）は図8-27Cのような構造をしている．指は2本退化して欠いている．

心臓ができて少し経った頃，身体の両側，心臓の位置よりかなり下のほうと後端に近い部分に膨らみが現れてくる．これが将来，肢になる肢芽（しが）（limb bud）である（図8-27AB）．

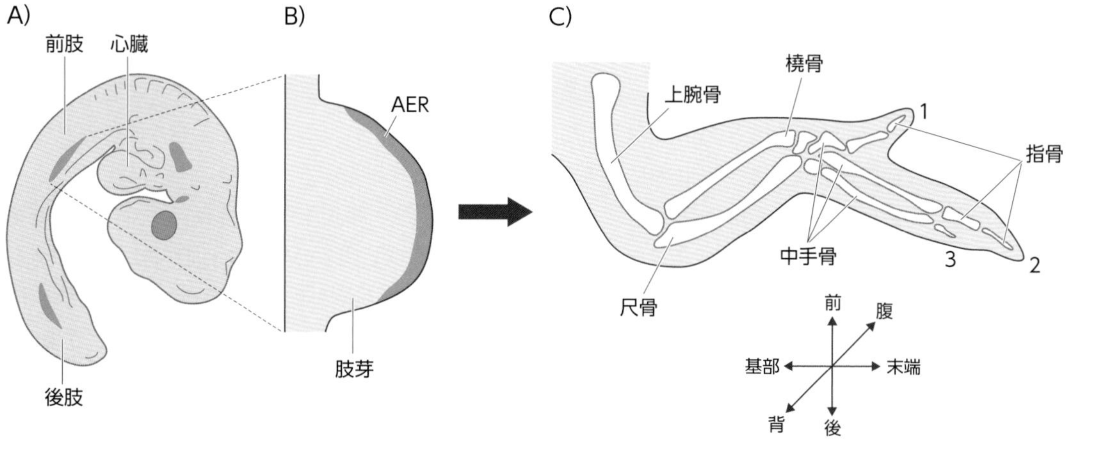
A)
前肢
心臓
後肢
B)
AER
肢芽
C)
橈骨
上腕骨
指骨
中手骨
尺骨
1
2
3
前
腹
基部
末端
背
後

●図8-27　肢芽とニワトリの前肢の構造[※6]
参考図書4をもとに作成．

※5 シュペーマンの二次胚の実験（Spemann's experiments on secondary embryo）：シュペーマンは，イモリ原腸胚初期の原口背唇部の細胞塊を別の胚に移植すると，移植部位に宿主の胚とは別に神経管，脊索，体節を備えた二次胚が誘導されることを見つけ，形成体（オーガナイザー）と名づけた．この発見は，その後の発生学の研究を方向づけた．

※6 鳥類の指骨は退化して3本しかない．この指骨に番号を付する場合，これまで形態学では1，2，3とし，発生学では2，3，4としていたが，最近の研究で，BからCの発生過程で，指骨原基が上方へずれるため，2，3，4に見えるということが明らかになった．

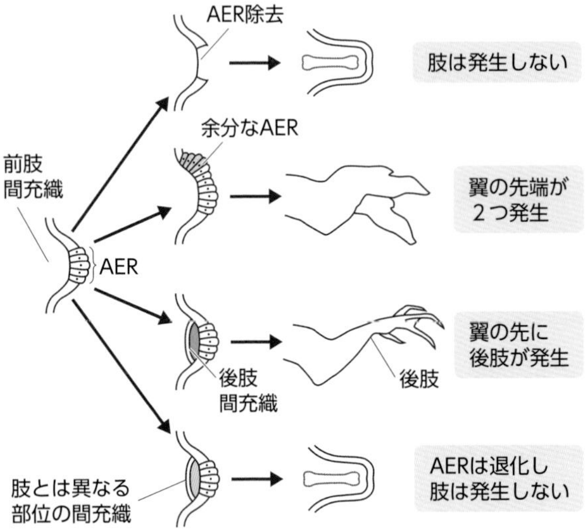
AER除去
肢は発生しない
余分なAER
前肢
間充織
翼の先端が
2つ発生
AER
翼の先に
後肢が発生
後肢
間充織
後肢
AERは退化し
肢は発生しない
肢とは異なる
部位の間充織

図8-28 AERが肢をつくる
参考図書4をもとに作成.

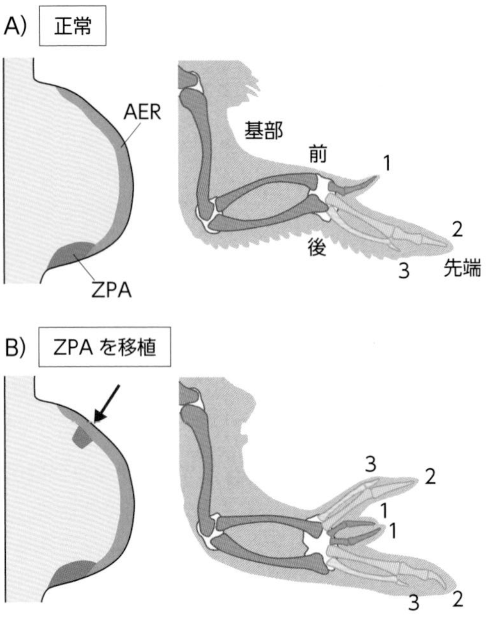
A) 正常
AER
基部
前
1
2
後
3
先端
ZPA
B) ZPAを移植
3
2
1
1
3
2

図8-29 ZPAが肢の前後軸をつくる
参考図書4をもとに作成.

この肢芽は，移動してきた中胚葉性の間充織細胞群が分泌するFGF（fibroblast growth factor，繊維芽細胞増殖因子）の1つによって誘導される．さらに別の転写調節因子が間充織にはたらいて，前肢になるか後肢になるかの方向づけを行う．こうして間充織と表皮からなる肢芽ができ，その先端の表皮は厚くなってAER（apical ectodermal ridge，外胚葉性頂堤）を形成する．前肢間充織とAERの相互作用によって，正常な前肢が発生する．AERの量が多いと手羽先が2つできてしまう（図8-28）．

AERは別のFGFを分泌して肢芽の成長を促すとともに，肢芽の後部の間充織にはたらきかけてZPA※7（zone of polarizing activity，極性化活性帯）をつくる．ZPAでは*shh*（sonic hedgehog）という遺伝子からSHHタンパク質がつくられ，肢の前後軸決定にかかわる（図8-29）．これとは別の遺伝子（*Wnt7a*）からのタンパク質がもう1つの軸，背腹軸をつくる．さらに，これらの過程と並行してホメオティック遺伝子が順番に発現して，肩甲骨から肢指までの骨を正しい順番に形成していく．

FGFは，受容体に結合して細胞内に信号を伝える．SHHタンパク質もWNTタンパク質も周囲の細胞の受容体に結合して，細胞内へ信号を伝える．細胞内部へ伝えられた信号は，最終的にはDNAにはたらきかけて，転写の調節をする．すでに述べた細胞間の信号分子による情報の伝達と全く同じ方式である（⇒6章-3）．

こうして，誘導因子の多くは，すでに成体で見つかっていた成長因子の仲間で，同じ誘導因子が発生の過程で繰り返し使われていることが明らかになった．誘導因子を受ける側の反応能が現れるという現象は，受容体が一過的に発現することだったのである．

このように，発生の過程は，さまざまな誘導因子と受容体分子（さらに細胞内の転写調節因子）が時間軸に沿って次々と発現していく過程なのである．

※7 ZPAを別の個体の肢芽の前端に移植すると，真ん中から鏡像関係をもった指が生じ（図8-29B），この部位が肢芽の前後の極性をつくっていることがわかったのでこのような名がつけられた．

章末問題

解答 ➡

問1 $2n = 4$として，減数分裂の過程を示す模式図を，減数分裂Ⅰと減数分裂Ⅱに分け，さらにそれぞれを前期，中期，後期，終期に分けて描き，主な構造には引き出し線をつけて名称を書け．また，相同染色体のふるまいが体細胞分裂と最も異なる点を２つ，述べよ．

問2 減数分裂によって遺伝的多様性が増加することを，裏の模様の色が異なる（青と赤）２組のトランプ（枚数は23枚ずつ）をヒトの相同染色体にたとえて説明せよ．

問3 生殖細胞である卵形成の過程は，問１で答えた模式的な減数分裂の過程と全く同じ時間経過で進むわけではない．どのような違いがあるかを明確にしてヒトの卵形成の過程を説明せよ．

問4 受精は精子の一番乗り競争である．二番ではだめなのである．どのような機構でそうなるのか，また受精によってどのようなことが起こって発生が開始するか，述べよ．

問5 昆虫の眼は複眼であり，脊椎動物の眼はカメラ眼で，両者の構造は大きく異なっている．しかしながら驚いたことに，最近の研究によれば次のようなことが明らかになってきた．ショウジョウバエの*eyeless*という遺伝子は複眼を誘導し，この遺伝子を肢の成虫原基に移植すると肢に完全な複眼を誘導することができる．この遺伝子とマウスの*PAX6*という遺伝子の塩基配列の相同性は高く，マウスの*PAX6*を*eyeless*の代わりに移植しても複眼を誘導できる．ヒトでは相同な遺伝子の突然変異により，ヘテロで無虹彩症（aniridia）となり，ホモでは眼の欠損を招き，脳の発生にも大きな影響があり出生前に死んでしまう．この遺伝子がコードしているタンパク質はどのような役割をしていると考えられるか，述べよ．

Column　ES細胞とiPS細胞

哺乳類の初期発生の過程では，卵割が進むと1層の細胞の袋（栄養芽層）に数十個の細胞（内部細胞塊）が包まれた状態（胚盤胞）になる（⇒図8-15）．栄養芽層は胎盤を形成して胚の発生とは直接，関係がなくなり，胚として発生するのは内部細胞塊である．そのため，この段階では，内部細胞塊の細胞は，あらゆる組織に分化できる能力を有しているので，胚性幹細胞（embryonic stem cell：ES細胞）とよび，体外へ取り出して培養することができる（⇒**10章-1**）．

しかしながらES細胞は本来生まれるべき胚の命を奪って得るために，倫理上の問題が生じる．そのため，別の方法が模索された結果，山中伸弥はマウスの繊維芽細胞に4種類の遺伝子をウイルスベクターによって導入すれば，ES細胞と同じような分化能力を付与できることを発見した．遺伝子導入によって人工的につくられた細胞なので人工多能性幹細胞（induced pluripotent stem cell：iPS細胞）とよぶ．

その後，ヒトでもiPS細胞の作製に成功し，ベクターを安全なものにする，導入する遺伝子を発がん関連遺伝子ではないものにする，あるいは使わないなど，改良が行われている．現在までのところ，分化誘導因子により特定の組織に分化させられることはわかっているが，完全な器官を形成させるためには，分化誘導因子による誘導の連鎖を明らかにしなければならない．

今後は，iPS細胞を使って拒絶反応のない再生医療を目指すだけでなく，むしろiPS細胞を使った薬の開発や，難病の患者からiPS細胞を作製して難病の原因解明や治療法の開発を行う取り組みが進められるであろう．

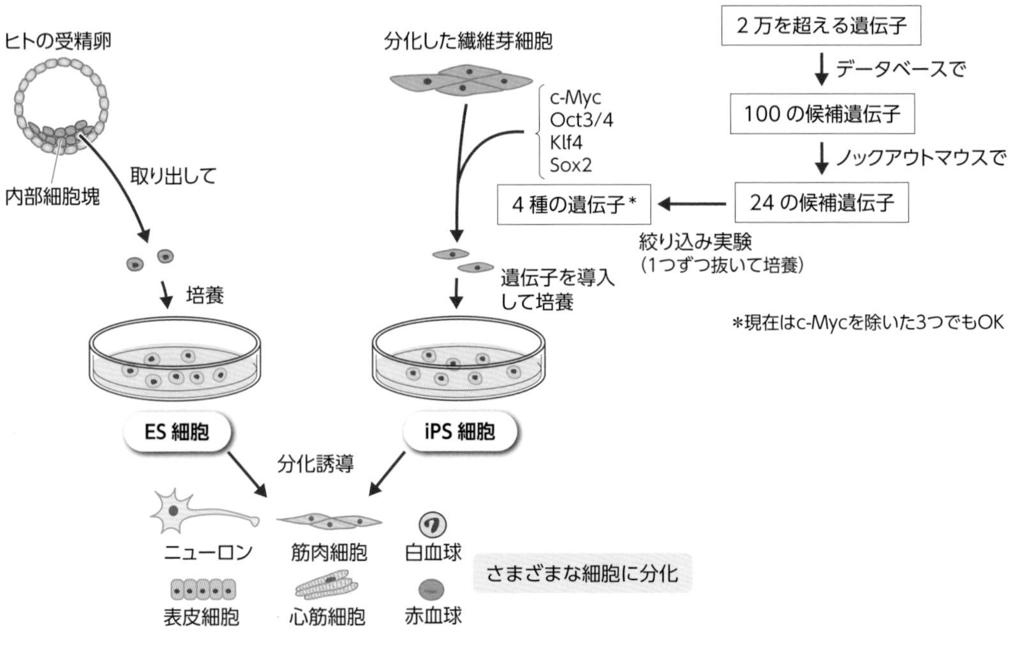
ヒトの受精卵
内部細胞塊
取り出して
培養
ES細胞
分化した繊維芽細胞
c-Myc
Oct3/4
Klf4
Sox2
遺伝子を導入して培養
iPS細胞
2万を超える遺伝子
データベースで
100の候補遺伝子
ノックアウトマウスで
24の候補遺伝子
絞り込み実験
(1つずつ抜いて培養)
4種の遺伝子＊
＊現在はc-Mycを除いた3つでもOK
分化誘導
ニューロン
筋肉細胞
白血球
表皮細胞
心筋細胞
赤血球
さまざまな細胞に分化

●図　ES細胞とiPS細胞

演習⑥ 体細胞分裂と減数分裂を体感してみよう

7, 8章本文中に，体細胞分裂と減数分裂が図入りで説明されているが，「どうもピンとこない」とか，「いまいちわかりづらい」という読者のために，実際に体感する方法を考えてみた．体感するといっても，分裂の過程を念力により体で感じるのではなく，実際に操作してみて納得してもらおうというのである．

まず，夫婦箸2膳一組のものを2組用意する（なければ普通の箸で色が異なるものでよい）．新しく買ったときには真ん中を紙テープで留めてあっただろう．もしも新品でなかったら，真ん中を紙テープで留めておこう．またカラーラベルの青と赤を使って，図1のように印を付けておく．青いマーカーの付いたほうは父親由来，赤いマーカーの付いたものは母親由来を表す．これで $2n = 4$ で，S期を通過しているので姉妹染色分体が対合している中期直前の染色体が用意できたことになる（図1）．

1）体細胞分裂の場合

前期から中期になると，染色体は赤道面に並ぶ（⇒**7章**図7-9）．図1のお箸染色体4膳を，白い紙の上に（白くなくても構わないし，紙の上でなくても構わないが）図2のように配列しよう．

紡錘体の代わりにここは両手を使って，まずは真ん中の紙のシールを破り，両手で1膳のペアになった箸を1本ずつ，それぞれ上下に移動させていこう．本当は4膳，いっぺんにできるといいのだが（体細胞分裂のときは紡錘体がこれを行っている），それはかなわないので4膳，順に行う．こうして上下に4本ずつに分かれたお箸を丸で囲めば，体細胞分裂により生じた2つの娘細胞（$2n = 4$）になる（この段階では，S期を経過していないので染色分体にはなっていない）．

2）減数分裂の場合

減数分裂のⅠの中期には，同じ大きさの染色体（相同染色体）は対合して二価染色体となり，赤道面に並ぶ（⇒**8章**図8-4）．これを表現するために，図3のように配置しよう．ここでは交叉による染色体の乗換えは考えないことにする．

対合しているお箸染色体を1膳ずつ，上下に移動させる．十分離して2膳ずつをそれぞれ丸で囲めば減数分裂Ⅰは終了である．この段階でお箸染色体の数は半分になっている．

ここからは減数分裂Ⅱに入る．真ん中の紙シールを破って，ペアになった箸を1本ずつに分けて移動させていく．こうして長さの異なるお箸染色体が2本入った4つの生殖細胞（$n = 2$）が生じる．

ちなみに，図3の配置では，青いマーカーの付いた2膳の箸は下側，赤いのは上側にあるので，青－青の組合わせが2つ，赤－赤の組合わせが2つできるが，対合させて配置するときに短いほうの2番染色体の置き方を上下逆にすると，青－赤が2つと赤－青が2つできることになり，組合わせの数は4つになる（2^2）．これが染色体のシャッフルである．23対46本のヒトの染色体の場合は，$2^{23} = 8{,}388{,}608$ 通りの組合わせになる．さらに実際の減数分裂では交叉による染色体の乗換えが起こって遺伝子の組換えが生じるので，その多様性はさらに大きくなる．

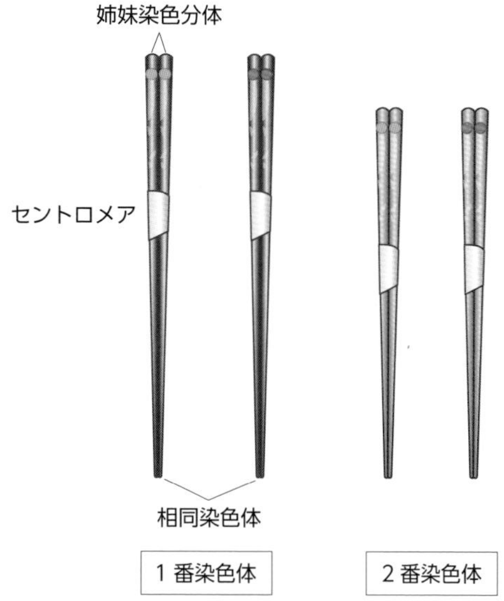
姉妹染色分体
セントロメア
相同染色体
1番染色体
2番染色体

●図1　お箸染色体を用意する

●図2　体細胞分裂中期のお箸染色体

●図3　減数分裂Ⅰ中期のお箸染色体

9章 個体を守る免疫のシステム

ウイルスや細菌などの病原体から身を守るために，われわれの体は何重もの防衛ラインに囲まれている．最初の防衛ラインは，体の表面を覆う皮膚で，上皮細胞の密着結合によって病原体の体内への侵入を物理的に防いでいる．口や肛門など，体内への開口部には粘液があって，病原体を捕捉し，殺菌する．最初の防衛ラインを越えて侵入した病原体は，好中球やマクロファージによって食べられ，消化される．これが第二の防衛ライン（自然免疫）である．この２つの防衛ラインは，生まれつき備わった非特異的および半特異的な生体防御機構である．

ヒトでは，これに加えて第三の防衛ラインとして病原体の目印となる特定の抗原を認識して攻撃する特異的な生体防御機構（獲得免疫）がよく発達している．獲得免疫には，体内に侵入した抗原に特異的に結合する抗体で異物を撃退する体液性免疫と，ウイルスなどに感染した細胞の異常を見つけて攻撃する細胞性免疫がある．リンパ球のうちＢ細胞が前者を，細胞傷害性Ｔ細胞が後者を担当する．Ｂ細胞はマクロファージや樹状細胞が提示する抗原に呼応して特異的な抗体をつくるようになる．ヘルパーＴ細胞が細胞表面にあるＴ細胞受容体とサイトカインを使って，抗原提示に呼応したＢ細胞を活性化するためである．一方，細胞傷害性Ｔ細胞は，ウイルスに感染して「汚れた」自己を示す表面タンパク質（MHCタンパク質）をＴ細胞受容体で認識して攻撃を加える．

9-1 病原体から身を守る

生物の最大の目標は，生き延びて子孫を残すことである．生き延びるためには（死なないためには），外敵である**病原体**（pathogen）から身を守る必要がある．どんな生物もこれまで地球上で生き延びてきたのだから，外敵から身を守る術を備えているはずである．この章では，主として脊椎動物，それもヒトを含む哺乳類の免疫について書くのだが，最初に，あらゆる生物に備わっている生体防御機構について触れてからヒトに移っていくことにする．

生体防御機構（host defense mechanism）という用語は，幅広い意味をもつため，使う人によって少しずつ意味合いが異なることがある．ここでは，関連する用語を表9-1のように定義することにする．

免疫（immunity）という用語は，もともとは一度，病気にかかると，その病気には二度とかからないというところからつくられたのだが，現在では二度とかからないための獲得免疫に加えて，生まれつき備わっている自然免疫も含めて，**免疫システム**（immune system）とよぶことが多い．後で述べるように，両者は深く絡み合っていることが明らかになっているからである．

本書ではそのことを認識したうえで，表9-1の1)，2)，3）の数字に従って，第一防衛ライン，第二防衛ライン，第三防衛ラインという言い方で説明をしていく．なお，2）の半特異的生体防御機構という用語を導入したのは，以下に述べるように，貪食（どんしょく）する相手を見分ける機構は，3）のように厳密ではないが，パターンを認識する緩やかな特異性をもっているからである．

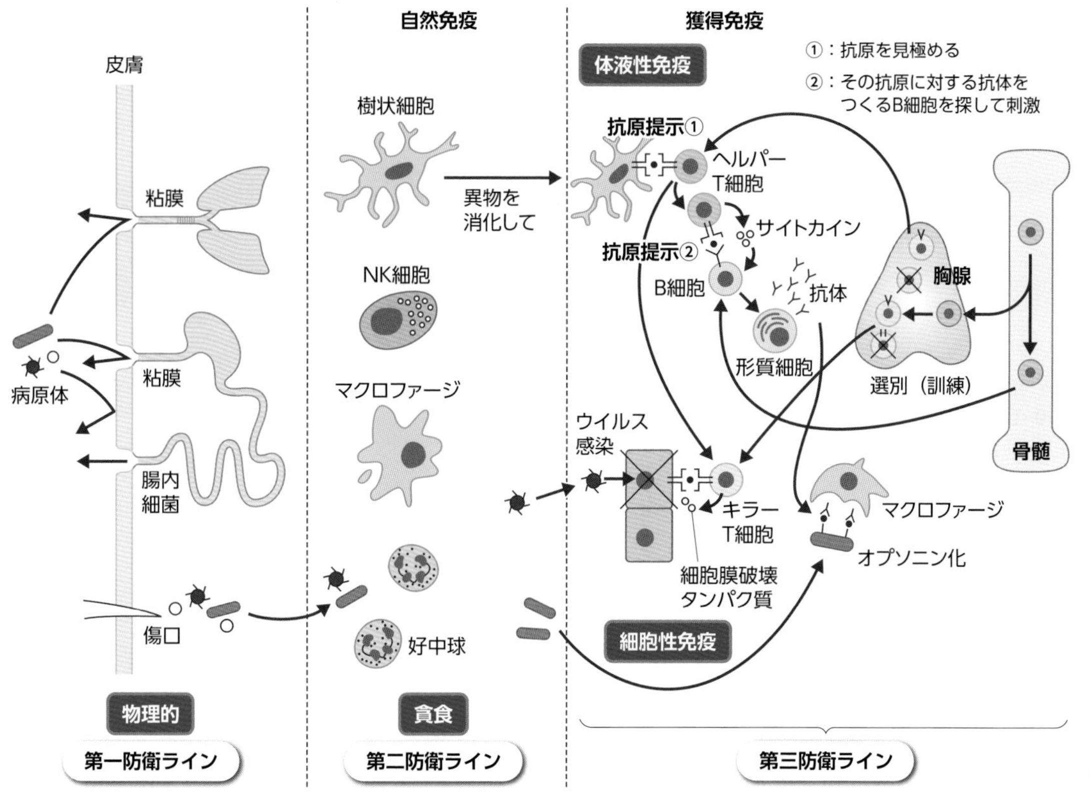
自然免疫
獲得免疫
①：抗原を見極める
②：その抗原に対する抗体を
つくるB細胞を探して刺激
皮膚
体液性免疫
樹状細胞
抗原提示①
ヘルパー
T細胞
粘膜
異物を
消化して
サイトカイン
抗原提示②
胸腺
NK細胞
B細胞
抗体
病原体
粘膜
形質細胞
選別（訓練）
マクロファージ
ウイルス
感染
骨髄
腸内
細菌
キラー
T細胞
マクロファージ
オプソニン化
細胞膜破壊
タンパク質
傷口
好中球
細胞性免疫
物理的
貪食
第一防衛ライン
第二防衛ライン
第三防衛ライン

概略図●体を守る防衛ライン

●表9-1　本書における生体防御機構の分類

1）非特異的生体防御機構（non-specific host defense mechanism） 物理的障壁による防御（受動的非特異的防御機構）		
2）半特異的生体防御機構（semi-specific host defense mechanism） 貪食と抗菌分子による除去（能動的半特異的防御機構）	自然免疫（innate）	免疫
3）特異的生体防御機構（specific host defense mechanism） 抗原特異的な防御機構	獲得免疫（acquired）	

9-2 植物の生体防御機構

植物にも当然のことながら，生体防御機構が備わっている．ただし，植物には動物のような血液循環のしくみがないので，植物体全体として連携してはたらくということがなく，病原体の侵入に対して主として局所的な反応によって植物体全体を守るのが基本である．

1 植物の第一防衛ライン

植物細胞は動物の細胞と違って，セルロースを主体とする細胞壁で囲まれている（図9-1，図2-4も参照）．成長が止まると，一次細胞壁の内側に二次細胞壁がつくられ，リグニンが加わってさらに強度が増す．このような物理的な障壁により，病原体は植物

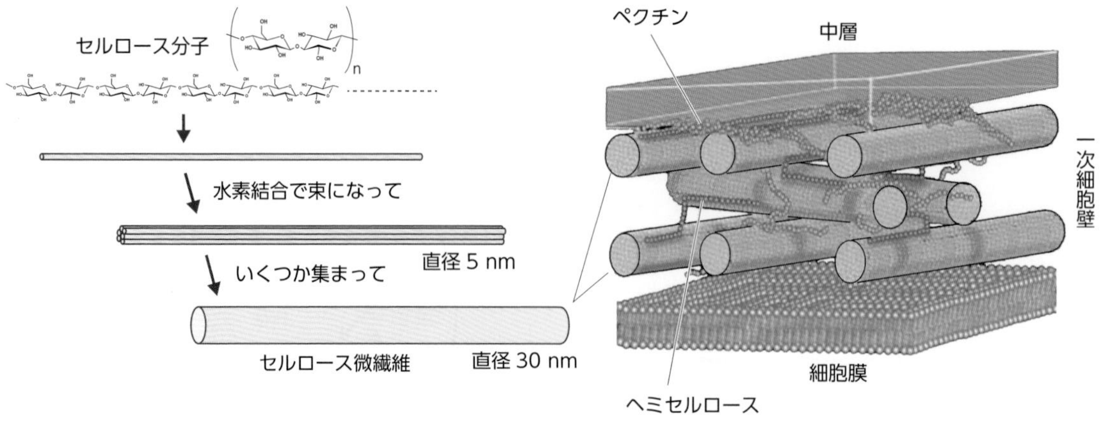

セルロース分子
水素結合で束になって
直径 5 nm
いくつか集まって
セルロース微繊維
直径 30 nm
ペクチン
中層
一次細胞壁
細胞膜
ヘミセルロース

図9-1　植物細胞の細胞壁

中層（中葉とも）はペクチンを多く含み，隣の細胞との糊の役目をしている．ここには描かれていないが，細胞壁の隙間には酵素などのタンパク質も存在する．

細胞に侵入しづらくなっている．さらに植物体の表面積の大部分を占める葉は，ワックスを主成分とするクチクラ※1で覆われていて（ツバキの葉を思い出して），外部からの水滴をはじいて葉を守り，内部の水の漏出を防ぐとともに，病原体が取り付きにくい強固な物理的な障壁となっている．これが植物の第一防衛ラインである．

細胞壁というと石が積まれた城壁のように，セルロースが隙間なく積み重なっていると思うかもしれないが，そんなことはない．セルロース分子はβグルコースがおよそ5,000個つながったポリマーで，このポリマーがおよそ40本，水素結合でまとまり，さらにこれが数個集まって微細な繊維をつくる．この微繊維がペクチンやヘミセルロース（セルロース以外の多糖類の総称）などでつなぎ合わされて積み重なって細胞壁をつくる．したがって，微繊維の間には隙間がたくさんある（図9-1）．

病原体は物理的な防衛ラインを突破するため，昆虫などによって傷つけられた場所から内部に侵入する．またウイルスなどは，昆虫が口器を刺しこんだ際に昆虫の唾液に交じって侵入する．病原菌類は付着器という構造をつくって葉に取り付き，小さな穴をあけて侵入しようとしたり，葉の中で唯一の開口部である気孔から侵入しようとする．

2 植物の第二防衛ライン

❶感染を検知する

植物は，病原体が侵入したことを，どのようにして知るのだろうか．

一例をあげると，葉の内部に侵入した病原菌（⇒図2-5）が，細胞壁の隙間を通って細胞に近づくと，細胞表面にあるパターン認識受容体の1つであるFLS2（flagellin-sensitive 2）が，病原菌の特異なタンパク質である細菌鞭毛タンパク質フラジェリンの部分的な（22の）アミノ酸配列（flg22）を認識するのである（図9-2）．これを**病原体関連分子パターン誘導免疫**（pathogen-associated molecular pattern-triggered immunity：PTI）とよび，植物の自然免疫である．これは後で述べる動物のToll様受容体による病原体の認識と驚くほどよく似ている．パターン認識受容体には，FLS2以外にも病原菌細胞壁のキチンを認識するものなど，たくさんある．

上に述べたパターン認識受容体による病原体の排除に対抗するために，病原体のほうでもその対応策として，感染を有利にするためにエフェクターとよぶタンパク質を植物細胞内に送り込む．エフェクターは図9-2にある細胞内のカスケード反応を阻害するようにはたらく．そこで植物はこれに対応するために，さらに新しい武器として特別なR遺伝子（Resis-

※1 クチクラ（cuticle）とは，表層の細胞層が分泌する強固な層構造を指すが，生物によって構成成分は異なる．植物の場合は，表皮細胞が分泌するクチンとワックスからなるが，p.220の昆虫などのクチクラはキチンを主成分とする．

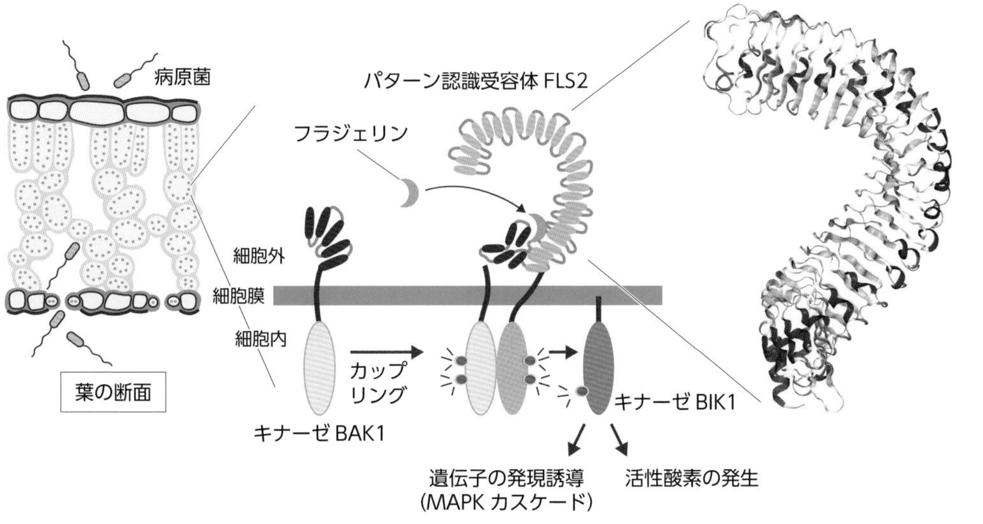
病原菌
葉の断面
パターン認識受容体 FLS2
フラジェリン
細胞外
細胞膜
細胞内
カップリング
キナーゼ BAK1
キナーゼ BIK1
遺伝子の発現誘導
(MAPK カスケード)
活性酸素の発生

●図9-2　植物のパターン認識受容体（FLS2）が，細菌鞭毛タンパク質フラジェリンを認識して細胞内に感染を伝える経路の模式図

FLS2は細胞内ドメイン，細胞膜貫通ドメイン，細胞外ドメイン，の3つの部分からなり，立体構造がわかっているのは細胞外ドメインだけである［PDB：4MNA］．左の図中の病原菌は大きく描かれている．

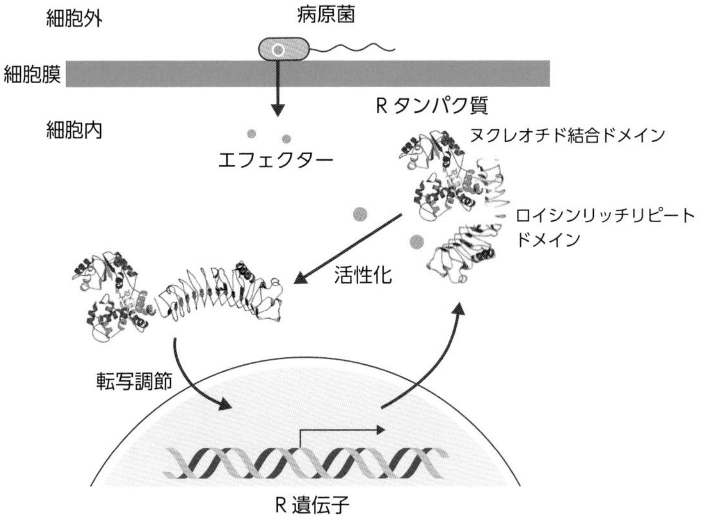
細胞外
病原菌
細胞膜
細胞内
Rタンパク質
エフェクター
ヌクレオチド結合ドメイン
ロイシンリッチリピート
ドメイン
活性化
転写調節
R遺伝子

●図9-3　エフェクターに対抗するR遺伝子の産物とその反応

tance genes）を進化させた．R遺伝子がコードする受容体でエフェクターを認識して無効にするようにはたらくのである（図9-3）．したがって，これを**エフェクター誘導免疫**（effector-triggered immunity：ETI）とよんでいる．

❷感染に対応する

それでは，病原体に侵入された植物はどのように対応するのだろうか．

最初の反応は細胞表面にあるパターン認識受容体によるもので（図9-2），上で述べたように，フラジェリンがパターン認識受容体に結合すると，受容体はキナーゼBAK1（BRI1-associated receptor kinase 1）という別の受容体とカップリングして，お互いに細胞内ドメインをリン酸化しあって活性化し，その結果，別の膜タンパク質であるキナーゼBIK1をリン酸化して活性化する．活性化したキナーゼBIK1は，細胞内のさまざまなカスケード反応を活性化する．

次に起こる反応は，病原菌によって細胞内に送り込まれたエフェクターに対するもので，R遺伝子から転写・翻訳されたRタンパク質が活躍する（図9-3）．R遺伝子はクラスターとなってゲノム内に多数あるので，産生されるRタンパク質も多数ある．多数ある理由は，基本構造であるヌクレオチド結合ドメインとロイシンリッチリピートドメインのN末端側とC末端側に付け加わる構造にいろいろな種類があるからである．そのため，Rタンパク質のエフェクターに対する反応のしかたもいろいろとあり，エフェクターを感知すると，結果として多くの種類の遺伝子の発現を引き起こすことになる．

❶と❷の二段階の対応によって起こる反応は，次のようなものである．

①細胞内にカルシウムイオンの流入を誘導し，

②細胞膜にある酵素（NADPH酸化酵素の1つ）を活性化して活性酸素を産生する．活性酸素は病原菌と細胞自身に害を及ぼすとともに，防御遺伝子の活性化に関与するといわれる．活性酸素の産生に伴って急激に細胞内の酸素が消費されて低下するので，これをオキシダティブバーストとよんでいる．

③また，気孔を閉じるように作用して，病原菌のさらなる侵入を食い止めようとする．

④誘導された遺伝子発現により，細胞内に抗菌作用のあるファイトアレキシンが生産される（図9-4）．ファイトアレキシンは，侵入した病原菌の代謝などを阻害して，菌の増殖を阻害する．

侵入に反応してつくられるのではなく，あらかじめ植物内に抗菌作用をもつ分子が用意されている場合もあり，これをファイトアンティシピンと総称している．お茶などに含まれるカテキンがそれである．また，ウメ，アンズなどのバラ科植物の未熟な果実や葉に含まれるアミグダリンという配糖体は，加水分解されてシアン化水素（青酸）を発生するので，抗菌作用が現れると考えられている．「青い梅の実を食べちゃダメよ」と子どものころ親から言われたのはこのためだったのだ．ちなみに熟すとアミグダリン濃度は低下するので心配ない．

⑤また，細胞壁ではリグニンによる硬化反応が誘導され，感染部位を囲んで肥厚する．こうして感染部位を閉じ込め，感染の拡大を防いでいる．

⑥さらに，細胞内の情報伝達経路としてよく使われ

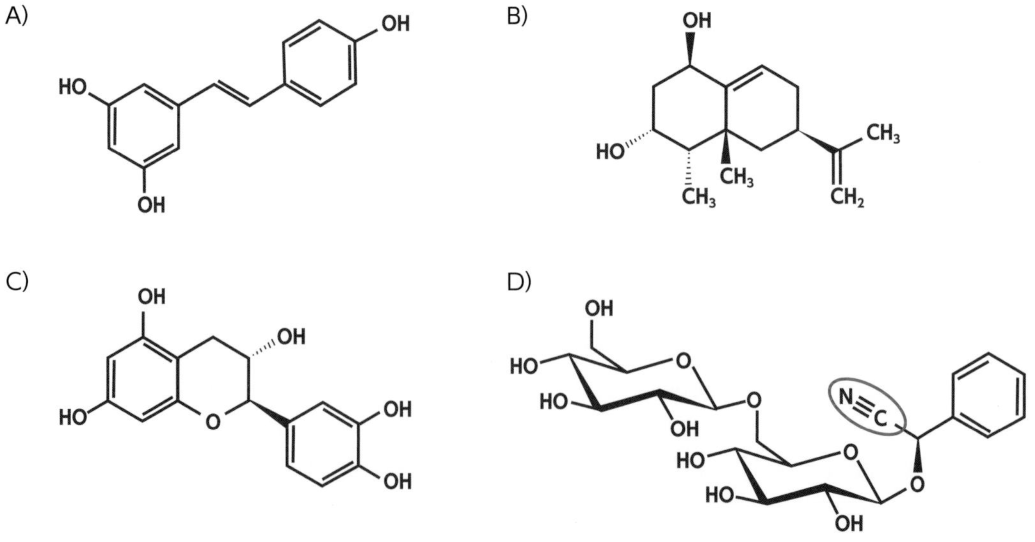
A)
OH
HO
OH
B)
OH
HO
CH3
CH3
CH3
CH2
C)
OH
OH
HO
O
OH
OH
D)
OH
HO
O
HO
OH
O
N
C
HO
O
HO
OH
O

●図9-4　数あるファイトアレキシンのなかの1つであるレスベラトロール（A）とカプシジオール（B）およびファイトアンティシピンであるカテキン（C）とアミグダリン（D）

アミグダリンの赤丸で囲った部分が加水分解でシアン化水素になる．

るMAPKカスケードを活性化する．その結果，転写調節因子が活性化され，多数の遺伝子の発現が促される．

⑦こうした反応が積み重なって，最終的に感染した細胞で過敏感反応（後述）が誘導される．

❸感染部位の拡大を防ぐ

病原菌に感染した細胞では，上で述べたような反応が起こるが，最終的にはその細胞は過敏感反応により，動物細胞のアポトーシスと似た反応が誘導されて細胞死が起こる．また，感染部位の周囲の細胞でも同様な反応が起こって細胞が死に，病原体を封じ込めることにより感染の拡大を防ぐ．葉の一部が茶色に変色し，その周囲がちょっと固くなっているのを観察することがあるだろう（図9-5）．これが過敏感反応による細胞死である．

植物細胞のプログラム細胞死が動物細胞のアポトーシス（⇒10章-2）と異なる点は，カスパーゼの関与がないこと，アポトーシス小体が生じないことである．植物のプログラム細胞死では，カスパーゼに代わって液胞プロセシング酵素というプロテアーゼが関与していることが見つかっている．

液胞中の酵素は小胞体でつくられたのち液胞に運ばれ，不活性の状態で蓄えられている．過敏感反応によってプロセシング酵素が液胞内に移行すると，自ら活性化して液胞内の不活性だったタンパク質分解酵素を次々と活性化する．その結果，液胞膜が破壊され分解酵素が一気に液胞から細胞質に出て，細胞質のタンパク質群を分解する．その結果，細胞死が起こる．これが，過敏感細胞死である．

●図9-5　アサガオの葉にみられる過敏感細胞死による瘢痕

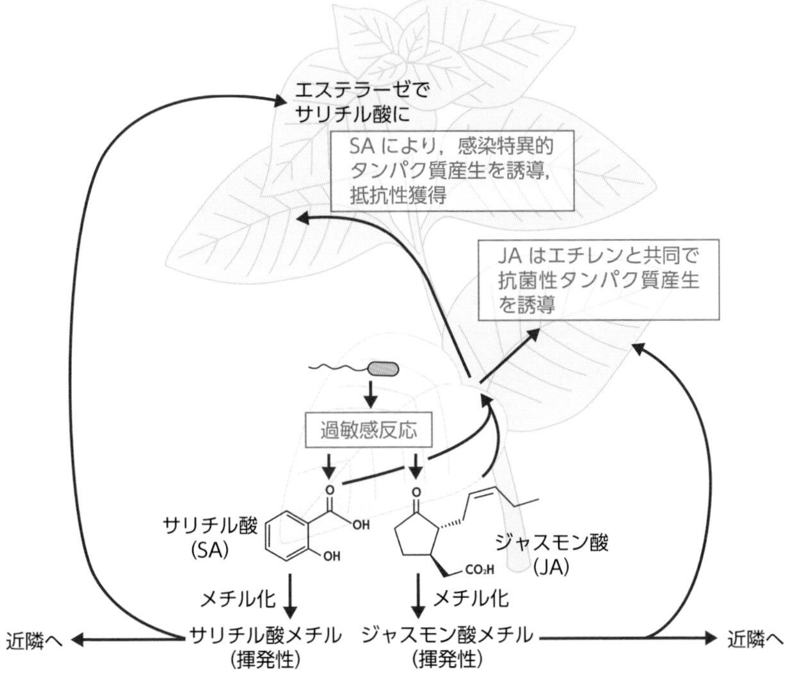
エステラーゼで
サリチル酸に
SA により，感染特異的
タンパク質産生を誘導，
抵抗性獲得
JA はエチレンと共同で
抗菌性タンパク質産生
を誘導
過敏感反応
サリチル酸
(SA)
OH
OH
O
O
ジャスモン酸
(JA)
CO2H
メチル化
メチル化
近隣へ
サリチル酸メチル
(揮発性)
ジャスモン酸メチル
(揮発性)
近隣へ

●図9-6　過敏感反応により全身獲得抵抗性が生じる経路を示す模式図

❹ 植物体の他の部位でも抵抗性が誘導される（全身獲得抵抗性）

これまで述べてきたような病原体による感染が，植物体の一部に起こると，その部位から植物ホルモンであるサリチル酸やジャスモン酸が放出され，これがふるい管（篩管（しかん））を通って植物体の各部に送られ，感染部位以外の細胞も，エフェクター誘導免疫によるものと同じ抵抗性を獲得する．血液循環がなくても植物体内に情報が伝わるのである（図9-6）．

サリチル酸やジャスモン酸はメチル化されて揮発性となり，過敏感反応を起こした部位から放出されて他の離れた部位に送られる．行った先では，サリチル酸メチルはエステラーゼのはたらきにより元のサリチル酸になって蓄積し，種々のタンパク質の合成を誘導して抵抗性を獲得させる．また，サリチル酸メチルは同じ植物体だけでなく，近隣の植物にもはたらきかけて抵抗性を獲得させている．ジャスモン酸も同じようにメチル化されて作用するが，こちらは，すでに述べたファイトアレキシンの合成や，ディフェンシンのような抗菌ペプチドの合成を誘導する（図9-6）．

植物には，これまで述べたもの以外にも，ウイルスをターゲットにしたRNAサイレンシングなど，さまざまな生体防御機構が備わっているが，これ以上の詳細は専門的すぎるので割愛する．

9-3 無脊椎動物の生体防御機構

無脊椎動物というのは分類学的には適切な分け方ではないが，脊椎動物以外の動物群をひとまとめにする便利な用語なので使うことにして，ここでは無脊椎動物の生体防御機構について概観しておく．

無脊椎動物には，名前のとおり脊椎がないので獲得免疫で活躍する抗体産生細胞などの細胞群が存在しない．したがって第三防衛ラインをもたず，第一と第二防衛ラインで身を守っている．これらの防衛戦略は，その動物の生息場所（海か陸か）や繁殖戦略とも大いに関係している．個体の寿命が短く，たくさんの子を残す種では，それほど個体の寿命を全うするのに資源を使わずに繁殖に使う傾向がある一方で，例えばカブトガニのような個体の寿命が長い種では，第一，第二防衛ラインが高度になっている．

無脊椎動物にはさまざまな種類の動物が含まれるが，ここではそのなかで最も大きなグループである軟体動物と節足動物，特に昆虫に限って述べていくことにする．

1 無脊椎動物の第一防衛ライン

陸生のマイマイ（いわゆるカタツムリ）には石灰質の殻の表面をキチン質の殻皮が覆っていて，身体を乾燥から守るとともに病原体の侵入を防いでいる．陸に上がった節足動物も，やはり硬い外骨格で乾燥を防ぐとともに，第一防衛ラインとしての役割を果たしている．

甲殻類や昆虫のクチクラ（外骨格）は，繊維状のキチンとそれを取り囲むタンパク質からなっている．キチンは，グルコースの2位のヒドロキシ基がアミノ基に置き換わってグルコサミンとなり，さらにアミノ基がアセチル化された*N*-アセチルグルコサミンが，セルロースと同じようにβ1,4結合でつながったポリマーである．

セルロースと同様に，キチン分子は逆平行で束になって分子内と分子間で水素結合をつくり，強固な繊維になる．この繊維を包むように架橋により硬化したタンパク質が巻き付き，さらにこれが炭酸カルシウムで硬化したタンパク質の基質に埋まり，キチン・タンパク質繊維となる（図9-7左）．このキチン・タンパク質繊維が寄り集まって板状になり，この板が回転してずれながら積み上がった構造がクチクラである（図9-7右）．内層と外層では，繊維の走り方が異なっている．

昆虫では，表層クチクラの上にさらにワックス層があり，水の蒸発を防いでいる．クチクラ層の部分は水を含み，病原体が侵入すると表皮細胞が抗菌ペプチド・抗カビペプチドを分泌して，病原体の増殖を防いでいる．外骨格は，盾としてはたらく単なる固い殻というだけではなく，積極的に病原体に対応していることが明らかになってきている．

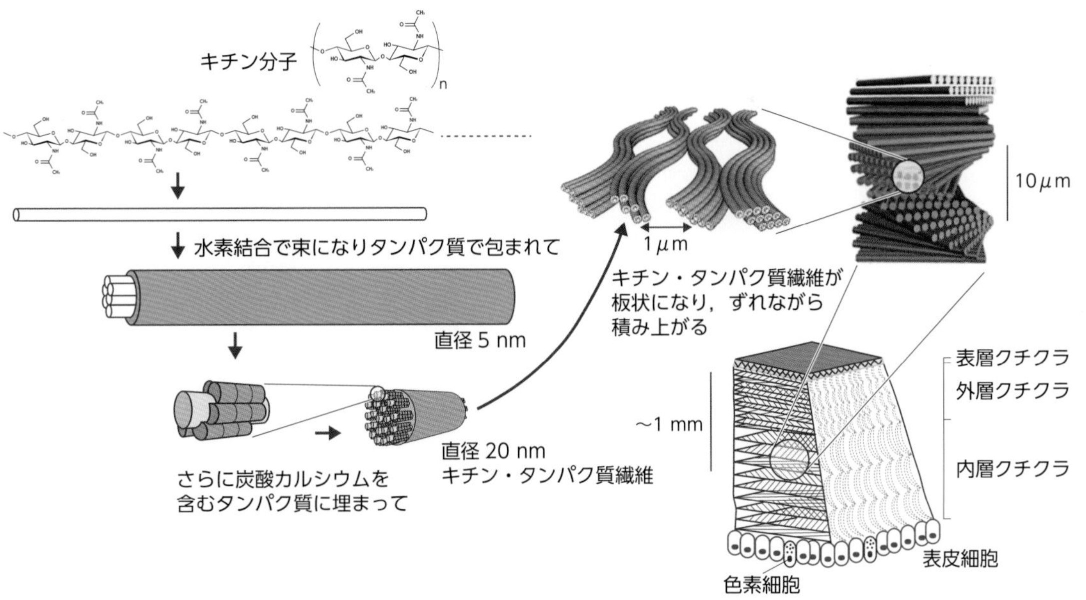

キチン分子
水素結合で束になりタンパク質で包まれて
直径 5 nm
さらに炭酸カルシウムを
含むタンパク質に埋まって
直径 20 nm
キチン・タンパク質繊維
1 μm
キチン・タンパク質繊維が
板状になり，ずれながら
積み上がる
10 μm
〜1 mm
表層クチクラ
外層クチクラ
内層クチクラ
表皮細胞
色素細胞

図9-7　甲殻類の外骨格（クチクラ）の構造
Nikolov S, et al：J Mech Behav Biomed Mater, 4：129-145, 2011 の Fig. 1 をもとに作成.

イカやタコなどの軟体動物は，このような構造をもたないが，これらの水生動物の体表は粘膜で覆われていて，この粘膜中にやはり抗菌ペプチドが分泌され，病原体の侵入を防いでいる.

第一防衛ラインで防ぎきれず体腔内に侵入した病原体は，次に述べる第二防衛ラインで撃退される.

2 無脊椎動物の第二防衛ライン

❶細胞性反応

ロシア生まれの生物学者であるメチニコフは，海産無脊椎動物の発生の研究をしていたが，ある時，ヒトデの幼生をバラのとげで刺すと，遊走性の細胞がとげの周りに集まることを顕微鏡で観察した．その後，さまざまな動物を観察して，マクロファージとミクロファージ（今でいう好中球）が病原体を貪食して除くことを発見した．彼は，顕微鏡を駆使して，今，見ても正確な，貪食したマクロファージと好中球のスケッチを残している（図9-8）．メチニコフは，1908年にエールリッヒとともにノーベル生理学・医学賞を授与されている.

マクロファージもしくはそれと同等なはたらきをする血球細胞の名前は，動物によってそれぞれ異なるが，ここではすべてマクロファージという名前でよぶことにする.

外骨格と表皮細胞層を潜り抜けた病原体は，昆虫では開放血管系なので血リンパで満たされた体腔内に侵入する．体腔内には図9-8に描かれたようなマクロファージが待ち構えており，マクロファージの貪食作用により病原体が除去される.

それでは無脊椎動物は，病原体が体内に侵入したことを，どうやって知るのだろうか.

ショウジョウバエの発生の研究の過程で背腹軸を決める分子として発見された**Toll受容体**が，自然免疫に重要な役割をしていることが1996年に見つかった．Toll受容体の遺伝子に突然変異が起こりはたらかなくなると，体中にカビが生えてショウジョウバエは死んでしまったのだ．Toll受容体は発生だけでなく，生体防御にも関与していたのである.

その後，ショウジョウバエではToll受容体が病原菌を直接，認識するパターン認識受容体ではないことが明らかになる．侵入した病原菌の細胞壁成分であるペプチドグリカンは，体腔内でペプチドグリカン認識タンパク質（PGRPのShort form）によって認識され，処理されてSpätzleが生じる．Toll受容

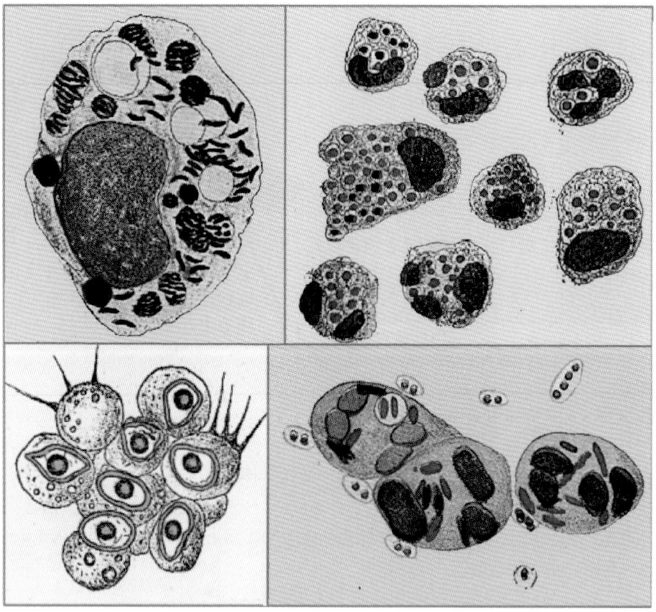

●図9-8　メチニコフによる貪食している白血球の図
Cavaillon JM：J Leukoc Biol, 90：413-424, 2011のFig. 3（Metchnikoff E：L'immunité dans les maladies infectieuses. Paris, Masson, 1901）より転載.

体は，このSpätzleという分子を検知して，その情報を細胞内に伝える受容体であることが明らかになった（図9-9左）.

その後，Tollとは別に，上に述べたペプチドグリカン認識タンパク質のLong form（PGRP-LC）が受容体としてマクロファージの細胞膜に植え込まれていて，これが病原菌のペプチドグリカンを直接感知して，病原菌の侵入を検知していることが明らかになる（図9-9右）.

❷液性反応

病原体が侵入すると，貪食と並んですぐに起こる反応はメラニン化反応である．体腔内でフェノール酸化酵素が活性化され，最終的にメラニンが生成する．この過程で活性酸素やキノン類が発生して，これらの分子の殺菌作用により病原体を殺すとともに，生成されたメラニンが病原体を取り囲んで隔離する．

遅れて，抗菌ペプチドの生産が始まる．話の都合上，上で述べてしまったが，ショウジョウバエではToll受容体とペプチドグリカン認識タンパク質受容体（PGRP-LC）が，体腔内にある脂肪体の細胞膜上にある．この2つの受容体で病原菌の侵入を感知すると，細胞内ではそれぞれ別の情報伝達システム（Toll経路とImd経路）が発動されて情報が核内に伝えられ，抗菌ペプチド遺伝子の転写のスイッチが入る（図9-9）.

昆虫では植物のような有機化合物分子ではなく，抗菌性のペプチドが産生され，これが病原菌を攻撃する．抗菌ペプチドは多数あり，その数は140以上にのぼるが，いずれもアミノ酸残基数がおよそ30～80の（例外的に200前後のものもあるが），比較的小さなペプチドである（図9-10）．種によって異なるが，セクロピンでアミノ酸残基数が34～39，ディフェンシンでアミノ酸残基数が21～51である．ちなみにヒトでもディフェンシンという同様なペプチドが粘膜内に存在する（後述）.

抗菌ペプチドは，2本のαヘリックスあるいはαヘリックスと2枚の逆平行βシート構造が，ヘアピンのように折れ曲がった構造をしているものが多く，片側に親水性アミノ酸残基が並び，反対側に疎水性アミノ酸残基が並ぶ．この構造を使って病原菌の細胞膜に張り付き，束になって細胞膜に潜り込み樽型の構造を形成して細菌細胞膜に穴をあけ，細菌を死に追いやる．

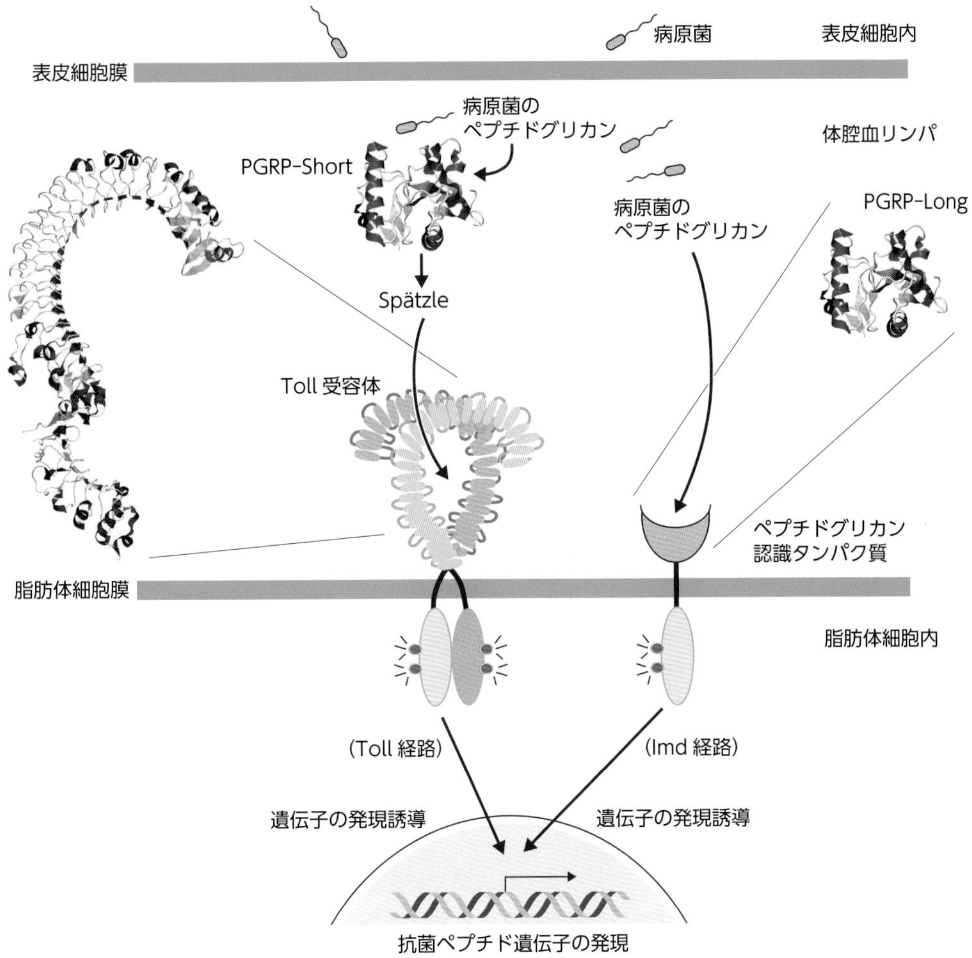

病原菌
表皮細胞内
表皮細胞膜
病原菌の
ペプチドグリカン
PGRP-Short
体腔血リンパ
病原菌の
ペプチドグリカン
PGRP-Long
Spätzle
Toll 受容体
ペプチドグリカン
認識タンパク質
脂肪体細胞膜
脂肪体細胞内
(Toll 経路)
(Imd 経路)
遺伝子の発現誘導
遺伝子の発現誘導
抗菌ペプチド遺伝子の発現

図9-9　病原菌がクチクラ層を越えて体腔内に入ったときのショウジョウバエ脂肪体細胞での反応

病原菌の種類に応じてToll受容体［PDB：4LXR］とペプチドグリカン認識タンパク質LC［PDB：2F2L］が認識し，それぞれ多段階のToll経路とImd経路を経て抗菌ペプチド産生が誘導され，体腔内に分泌される．

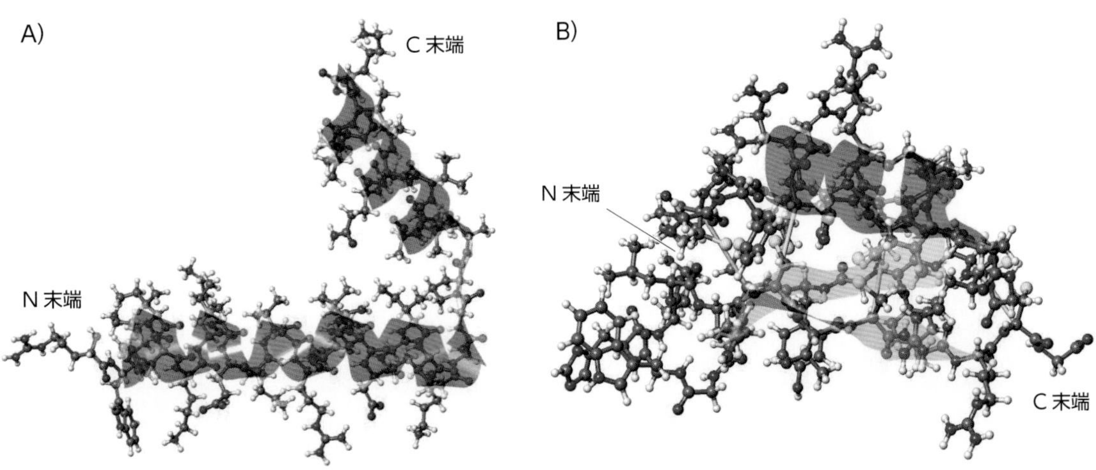

A)
C 末端
N 末端
B)
N 末端
C 末端

図9-10　抗菌ペプチドの例

アゲハチョウのセクロピン（A）［PDB：2LA2］とイガイの一種のディフェンシン（B）［PDB：1FJN］

9-4 ヒトの生体防御機構（第一防衛ライン）

ここからは一足飛びだが，哺乳類，特にヒトの生体防御機構に絞って話を進めていく．この分野は，ヒトの健康を守る医学の分野で盛んに研究が行われてきたからである．

言うまでもないが，われわれが住んでいる環境は外敵であふれている．ウイルス，細菌，原生動物などの微生物で病気の原因となる病原体が常に体内への侵入の機会をうかがっている．われわれの体を防衛する機能が停止したらすぐに死んでしまうだろう．その最初の防衛ラインは，体の内部に病原体が侵入するのを防ぐ体表の構造物で，ヒトの場合は皮膚になる（図9-11）．病原体の体内への侵入を防ぐ最も有効な手段は，外界との接触を完全に閉じてしまうことであるが，そうすると呼吸もできないし，食物を食べることもできない．生きていくためにはどうしても酸素や食物や情報を取り入れる穴（開口部）と，不要なものを外に出す穴が必要になる．そこで必要な穴には病原体が入らないような工夫をして，それ以外の体表面はしっかりと閉じるようにする．これが皮膚の役割である（図9-11）．

ヒトの皮膚は病原体の侵入を防ぐ強固なバリアーとなっているので，普通は傷口がなければ病原体が皮膚から侵入することはない．皮膚の表面は乾いているし，pHが酸性側に偏っているので，細菌が繁殖しにくい環境になっている．皮膚の表面の細胞はケラチンを含む死んだ細胞で，常に新しいものと交代していく（⇒10章-1）．また，皮膚にある汗腺からは汗が，皮脂腺からは分泌物が皮膚の表面に供給され，病原体が取り付きにくくなっているし，皮脂腺から分泌される脂肪酸のなかには細菌に対する殺菌作用を示すものがある．

どうしても必要な穴には，病原体が侵入しないようにさまざまな工夫が凝らされている（図9-12）．

食物と空気の入り口である口と鼻の内側は粘膜になっているし，酸素を肺へ送る気管の表面も粘膜で覆われている．粘膜細胞が分泌する粘液で捕捉された病原体は，リゾチーム（⇒4章-3②）によって壊され，トランスフェリン※2によって増殖が阻害される．すでに述べた抗菌ペプチドも殺菌作用を発揮する．表面に病原体が載った微粒子が気管に入ると粘膜で捕捉され，繊毛運動によって口へ戻されて痰になって排出される．

眼の表面は涙で常に洗浄されているし，涙に含まれるリゾチームで細菌を破壊している．肛門からの病原体の侵入は，腸内細菌のおかげで防がれている．

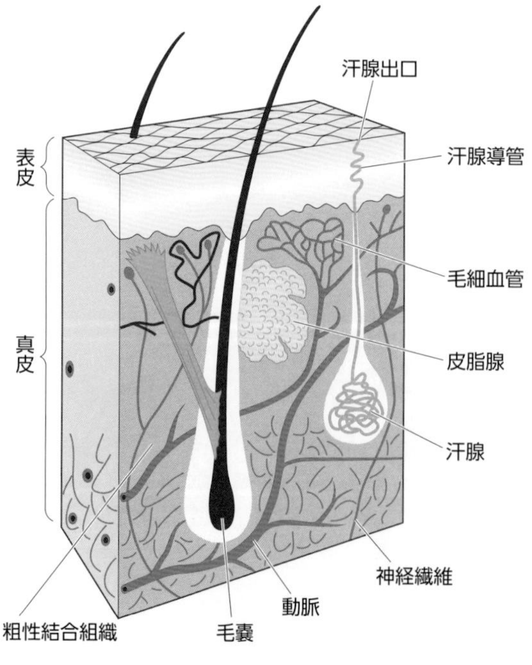

汗腺出口
表皮
汗腺導管
真皮
毛細血管
皮脂腺
汗腺
神経繊維
動脈
粗性結合組織
毛嚢

●図9-11　ヒトの皮膚の構造

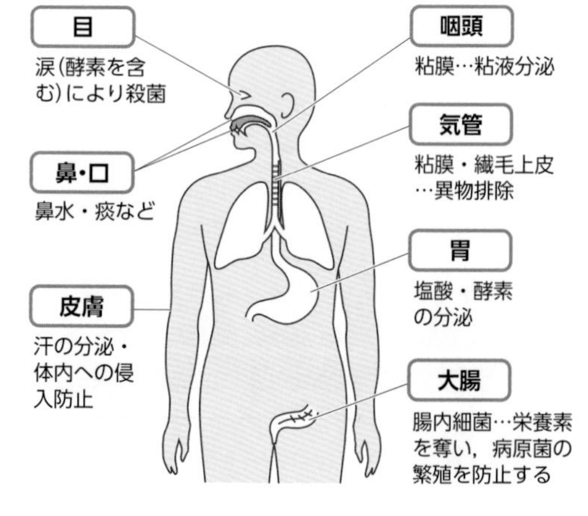

目
涙（酵素を含む）により殺菌
鼻・口
鼻水・痰など
皮膚
汗の分泌・体内への侵入防止
咽頭
粘膜…粘液分泌
気管
粘膜・繊毛上皮…異物排除
胃
塩酸・酵素の分泌
大腸
腸内細菌…栄養素を奪い，病原菌の繁殖を防止する

●図9-12　体の開口部に備わった病原体侵入阻止の機構

9-5 ヒトの第二防衛ライン（自然免疫）

前節で述べたように，第一防衛ラインの堅い守りが病原体の侵入を防いでいるが，万が一フロントラインが突破されて病原体の体内への侵入を許してしまうと，第二の防衛ラインが病原体の体内深くへの侵入を食い止めるべく，すばやい反応ではたらき始める．これが生まれつき備わっている**自然免疫**（innate immunity）であり，血中に存在する好中球や組織中に待機していたマクロファージによる貪食作用がその1つである．

ここで，これから登場する血球細胞について予備的な知識を述べておこうと思う．免疫では，いろいろな血球細胞が重要な役割を演じる役者たちで，これらの役者が使うのは膜タンパク質という武器とサイトカインという飛び道具である（ゲームのキャラクターと手に入れた武器というほうがピンと来る人もいるかもしれないけれど）．実際の各役者の役割と使う武器の詳細は後でまた述べるので，まずは顔見世ということで始めよう．

6章で細胞同士の情報交換について述べた際に，主として取り上げたのは「分泌による情報伝達」であったが（⇒図6-9②），図6-9には①として「接触による情報伝達」という方式が示されている．こちらのほうはどうなったんだろうと思っている読者もいるだろう．図6-9①を見ると，膜に結合した分子と，それを受容する，やはり膜に結合した分子が描かれている．免疫の場では，各種の血球細胞が武器を使い，この方式によって細胞間の情報交換を行っている．

1 血球細胞の種類

血中を流れている血球細胞には表9-2にあるように，さまざまな種類がある．これらの血球細胞は，形や機能は異なるが，もとをただせばすべて同じ種類の細胞から分化して生じる．骨髄には血球細胞のもとになる造血幹細胞（hematopoietic stem cell）が存在し，細胞分裂によって常に数を増やし，血球細胞として供給している（⇒図10-4）．そのため，強いX線や放射線を照射すると幹細胞は死滅してしまい，個体は死に至る．

●表9-2　ヒトの血球細胞の種類（図10-4も参照）

細胞の種類	はたらき	大きさ（μm）	血液中の数（/μL）
赤血球（red blood cell, erythrocyte）	酸素と二酸化炭素を運搬	7～8	370万～570万
白血球（white blood cell, leucocyte）			4,000～9,000
顆粒白血球（granulocyte）＝多型核白血球（polymorphonuclear leucocyte）			
・好中球（neutrophil）	食作用が強い，細菌などを貪食する	10～12	2,500～7,500
・好酸球（acidophil, eosinophil）	大型の寄生生物を攻撃，アレルギー性炎症に関与	10～12	40～400
・好塩基球（basophil）	ヒスタミンを放出	10～12	10～100
単球（monocyte）	食作用が強い，組織へ入りマクロファージ，樹状細胞になる	12～15	200～800
リンパ球（lymphocyte）			1,500～3,500
・B細胞（B cell）	抗体を産生	7～8	
・T細胞（T cell）	他の白血球の活動を調節（ヘルパーT細胞） ウイルスに感染した細胞を殺す（キラーT細胞）	7～8	
・ナチュラルキラー（NK）細胞	ウイルスに感染した細胞や腫瘍細胞を殺す	12～15	
血小板（platelet）	血液凝固	1～4	10万～35万

注：大きさと数はおよその値を示す．

※2 トランスフェリン（transferrin）：βグロブリンの一種で，血清中のFe^{3+}を結合して細胞に運ぶとともに，細胞の増殖因子としてもはたらく．ここでは病原菌の増殖に必要な鉄を結合して，増殖を阻害する．

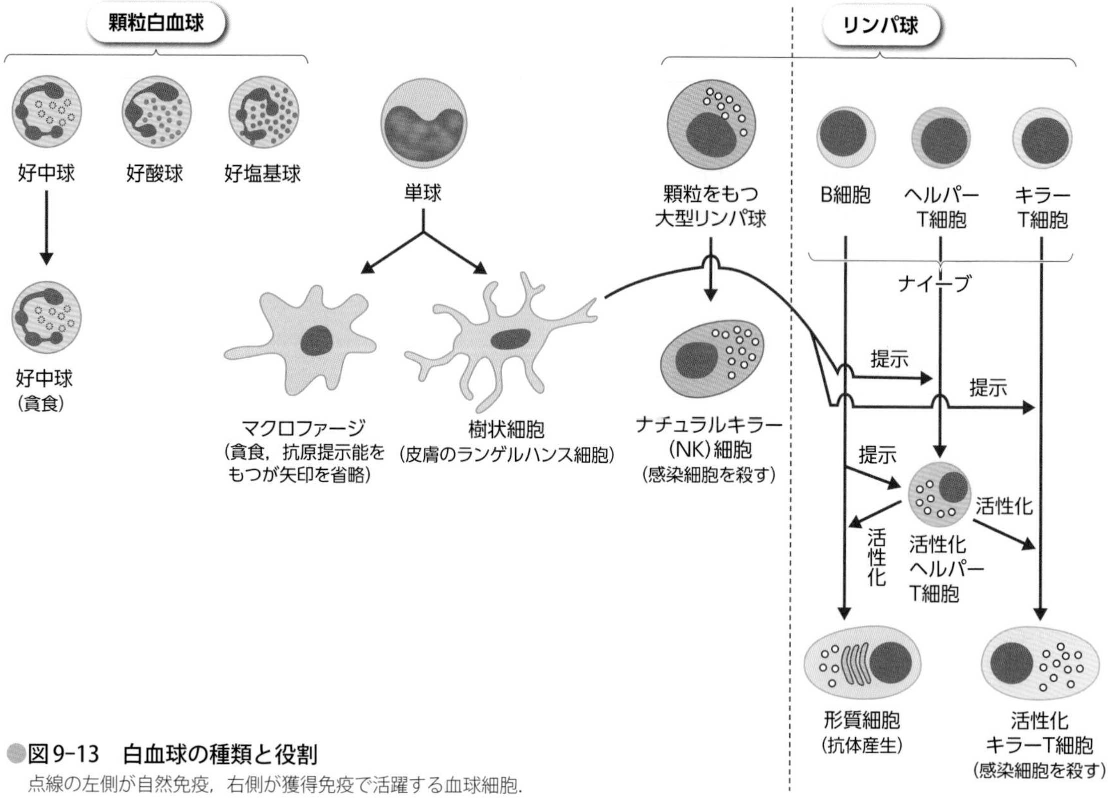

顆粒白血球
リンパ球
好中球
好酸球
好塩基球
単球
顆粒をもつ
大型リンパ球
B細胞
ヘルパー
T細胞
キラー
T細胞
ナイーブ
好中球
（貪食）
マクロファージ
（貪食，抗原提示能を
もつが矢印を省略）
樹状細胞
（皮膚のランゲルハンス細胞）
ナチュラルキラー
（NK）細胞
（感染細胞を殺す）
提示
提示
提示
活性化
活性化
活性化
ヘルパー
T細胞
活性化
形質細胞
（抗体産生）
活性化
キラーT細胞
（感染細胞を殺す）

●図9-13　白血球の種類と役割

点線の左側が自然免疫，右側が獲得免疫で活躍する血球細胞．

赤血球は酸素の運搬，血小板は血液凝固に関与し，多くの種類がある白血球が，これからお話しする生体防御に深く関与している．白血球は，細胞内に顆粒を有する顆粒球（好中球，好酸球，好塩基球），顆粒をもたない大型の単球，顆粒をもつ大型のリンパ球と顆粒をもたない小型のリンパ球に分けられる（図9-13）が，このうちこれからお話しする免疫の舞台で活躍するのは，好中球，単球が組織中に移行したマクロファージと樹状細胞，それとリンパ球である．

リンパ球のうち，顆粒をもつ大型のものはナチュラルキラー細胞（NK細胞）になり，顆粒をもたない小型のものはBリンパ球（B細胞）とTリンパ球（T細胞）に分けられ，T細胞はさらに，ヘルパーT細胞とキラーT細胞に分けることができる（図9-13）．

2 免疫にかかわる膜タンパク質（図9-14）

1で述べたそれぞれの細胞は，武器となる何種類かの免疫にかかわる膜タンパク質を備えている．それについても述べておく．

❶Toll様受容体（Toll-like receptor）

樹状細胞の細胞表面に発現している膜タンパク質で，リポタンパク質やリポ多糖類，あるいは鞭毛タンパク質であるフラジェリンなど，病原体に共通してみられる分子群を見分けることができる．ピンポイントで見分けるわけではないので，Toll様受容体はパターン認識受容体とよばれる．この受容体がToll様受容体（TLR）とよばれる理由は，9章-3 2❶で述べたショウジョウバエのToll受容体と同様なタンパク質が哺乳類にも見つかったからである．

Toll様受容体は，ロイシンリッチリピート（leucine-rich repeat：LRR）というタンパク質モチーフをもっている（もちろんToll受容体も）．LRRは，二次構造として疎水性のアミノ酸ロイシンを多数含む20から30ほどの配列の繰り返しで，繰り返し単位の三次構造はαヘリックスとβシート構造がターンでつながった形をしている．そのため，Toll様受容体の細胞外部分は馬蹄形（？マークの方がわかりやすいかも）のような形をとる（図9-14, 17，また図9-2, 9, 49も参照）．

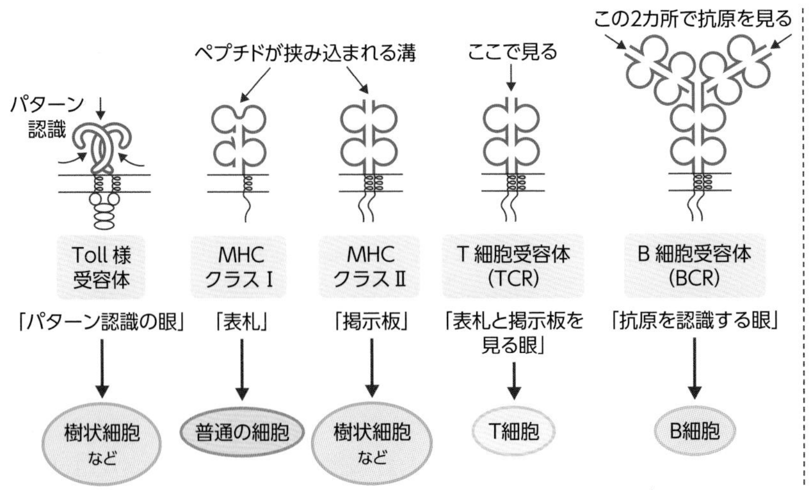
パターン
認識
ペプチドが挟み込まれる溝
ここで見る
この2カ所で抗原を見る
Toll様
受容体
MHC
クラスⅠ
MHC
クラスⅡ
T細胞受容体
(TCR)
B細胞受容体
(BCR)
CD4
CD8
「パターン認識の眼」
「表札」
「掲示板」
「表札と掲示板を
見る眼」
「抗原を認識する眼」
ヘルパー
T細胞に
力を貸す
(結合を強める)
キラー
T細胞に
力を貸す
(結合を強める)
樹状細胞
など
普通の細胞
樹状細胞
など
T細胞
B細胞

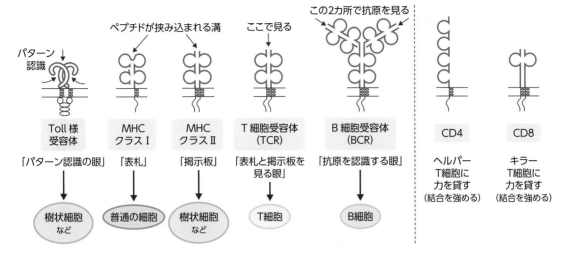

図9-14　免疫にかかわる膜タンパク質

ヒトではToll様受容体は10種類あり，見分けるパターンが異なっている．上述したタンパク質だけでなく，細菌由来のDNAやRNAを見分けるToll様受容体も存在し，これらは細胞膜上ではなく，サイトソル内にある小胞体などの細胞小器官の膜に発現している．

Toll様受容体は，樹状細胞だけでなく，マクロファージ，好中球，B細胞にも発現している．

❷MHCクラスⅠタンパク質

MHC（major histocompatibility complex）クラスⅠタンパク質は，すべての細胞表面に発現している膜タンパク質であるが，便宜上，ここで述べておくことにする．この分子の細胞膜から突き出た部分の表面には溝があって，この溝に細胞内で分解したタンパク質の断片を挟み込んでいる．人によって表面の溝の形が少しずつ異なっているので，MHCクラスⅠタンパク質は細胞表面に掲げられた自分の住所名前を記載した「表札」にたとえることができる．

❸MHCクラスⅡタンパク質

MHCクラスⅡタンパク質は，樹状細胞，マクロファージ，B細胞の細胞表面に発現している膜タンパク質で，抗原提示に使われる．樹状細胞は分解された病原体の断片を取り込み，これをMHCクラスⅡタンパク質表面の溝に挟み込んで細胞表面に出して，病原体が侵入したことを知らせる．これを**抗原提示**といい，このような役割をもつ細胞を，**抗原提示細胞**（antigen presenting cells）とよんでいる．「こんな病原体が侵入しましたよ」と，周りに向けて知らせる小さな「掲示板」にたとえることができる．

❹T細胞受容体（T cell receptor：TCR）

表札や掲示板を「見る」のが，T細胞受容体である．T細胞の細胞表面に発現しているタンパク質で，この受容体タンパク質でMHCタンパク質とそこに挟み込まれた病原体の断片に結合して認識する（これが見るに相当する）．

ヘルパーT細胞では，異物の侵入を宣伝している掲示板（MHCクラスⅡタンパク質と断片）を見分ける眼の役割をする．一方，キラーT細胞では，表札（MHCクラスⅠタンパク質と断片）を見分ける眼の役割をする．

❺B細胞受容体（B cell receptor：BCR）

B細胞の細胞表面に発現しているタンパク質で，抗原を含む分子がこの受容体タンパク質に結合すると，B細胞はエンドサイトーシスによってB細胞受容体と分子を一緒にして細胞内に取り込み，今度は抗原だけをMHCクラスⅡタンパク質に挟み込んで細胞表面に提示する．それと同時にB細胞は活性化されて形質細胞となり，B細胞受容体と同一の抗原結合部位をもつ抗体を産生するようになる．

❻CD4とCD8

T細胞受容体以外に，ヘルパーT細胞にはCD4が，キラーT細胞にはCD8が備わっている．CDは

Cluster of differentiationの略で，多くの種類があり，それぞれに番号が付けられているが，そのなかでもCD4とCD8は特に重要で，T細胞がTCRでMHCクラスⅠあるいはクラスⅡタンパク質と挟み込まれたペプチド断片を認識して結合した後，これらのタンパク質（CD4とCD8）が，それぞれMHCタンパク質の横っ腹に結合して，結合を強化する．

顔見世だけでは，役者と武器とが錯綜して混乱してしまうかもしれないが，これから実際の免疫現象の説明のなかで，再び本格的に登場してもらうので，安心して読み進めてほしい．

3 貪食細胞の活躍

さあ，準備が整ったので，9章-5の冒頭に戻ろう．血中に存在する好中球や組織中にいるマクロファージによる**貪食**（どんしょく）である．皮膚に傷がついて，そこから病原体が体内に侵入すると，傷ついた組織はヒスタミンやプロスタグランジンなどを分泌する（図9-15A）．ヒスタミンは毛細血管にはたらいて内皮細胞同士の結合をゆるめ，**好中球**が血管から組織へ出ていけるようにする．血管から出た好中球は病原体を取り込み，活性酸素のシャワーを浴びせて殺し，顆粒中に含まれるリゾチームなどの分解酵素で分解し，トランスフェリンと同じはたらきをするラクトフェリンで殺菌する．好中球はさらに，仲間を呼び寄せる信号を発し，炎症を引き起こす因子を分泌する（図9-15B）．

続いて近くにいた**マクロファージ**が現場に到着し，名前のとおり病原体をどんどん細胞内に取り込んで消化し，除去していく．壊れた組織の破片や死んだ好中球をも取り込んで処理をする（図9-15C）．マクロファージが取り込んだ異物は，食胞（phagosome）とよばれる小胞となり，マクロファージ中にあるリソソームと融合して，加水分解酵素で分解される．

マクロファージが病原体を認識できるのは，Toll様受容体のおかげである（図9-14）．病原体の外周には特有なリポ多糖類やリポタンパク質が存在する．また細菌の鞭毛タンパク質であるフラジェリンは，真核生物のものとは異なるタンパク質である．マクロファージは，細胞膜に埋め込まれているToll様受容体でこれらの分子と結合して認識し，細菌を丸ごと飲み込むとともに，細胞内へ情報を伝えてサイトカインと総称される信号分子の分泌を起こす．

血小板は血管内で壊れて繊維状タンパク質生成を誘導して出血を止め，やがて傷口は細胞が増殖して修復される（⇒10章-4 2）．

4 貪食と並行して起こること

無脊椎動物の場合と同じように，細胞性の反応と並行して液性反応である抗菌ペプチドの分泌も起こっている．抗菌ペプチドは多数の種類があって，ここでは書ききれないので，無脊椎動物でも述べたディフェンシンについてだけ述べる．

ヒトのディフェンシンはαとβのサブグループがあり，それぞれに複数の，30前後のアミノ酸残基で構成されるペプチドが属している（図9-16）．いずれもβシートが主なコンポーネントで，6つのシス

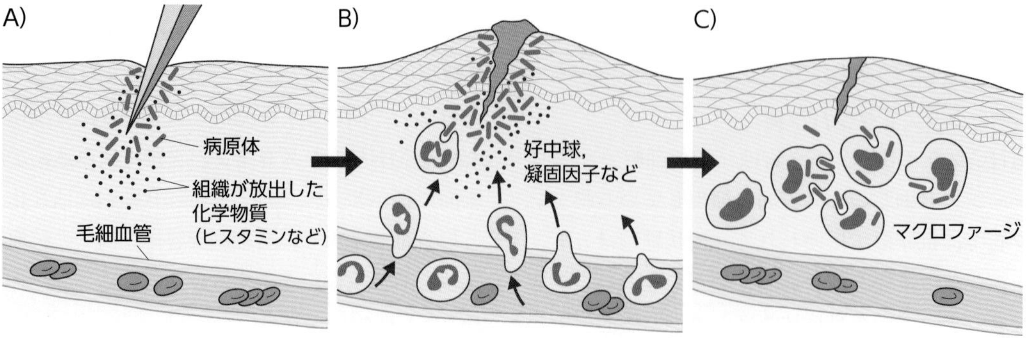
A)
病原体
組織が放出した
化学物質
（ヒスタミンなど）
毛細血管
B)
好中球，
凝固因子など
C)
マクロファージ

●図9-15　皮膚に傷がついて病原体が侵入したときに起こる反応
参考図書1をもとに作成．

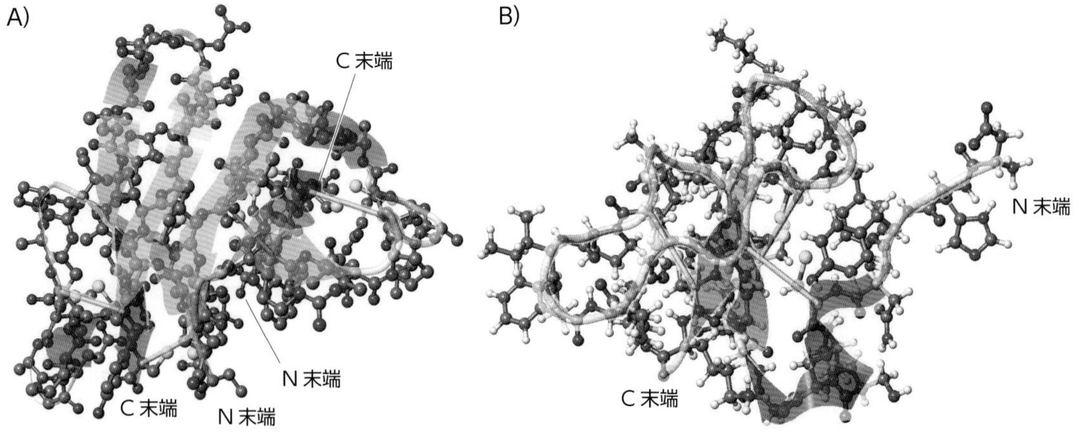
A)
C 末端
N 末端
C 末端
N 末端
B)
N 末端
C 末端

図9-16　ヒトのディフェンシンα3（A）［PDB：1DFN］**とディフェンシンβ1（B）**［PDB：1E4S］
ディフェンシンα3は二量体になっている．

テイン残基があり，3対のS–S（ジスルフィド）結合をつくっている．アミノ酸配列はさまざまだが，立体構造は無脊椎動物のものも含めて，お互いによく似ている．

ディフェンシンは主に好中球の顆粒中に含まれていて，細菌を殺すのに使われる．病原体に対する作用のしかたは無脊椎動物と同じで，細菌細胞膜に穴をあけると考えられている．

αディフェンシンは，小腸の陰窩の一番底にあるパネート細胞からも分泌され，小腸内に侵入した病原菌を殺すのに使われる．βディフェンシンは，病原菌の侵入の有無にかかわらず，皮膚や，舌，角膜，食道や気道で常に上皮細胞が産生して分泌していて，抗菌作用を発揮している．

ディフェンシンはまた，母乳に含まれていて，まだ免疫システムが発達していない乳児の生体防御に一役買っている．

さらに貪食と並行して，血液中にある補体タンパク質が一連の反応を起こし，補体タンパク質の一部が病原体に付着し（補体による**オプソニン化**という），好中球，さらにはマクロファージに食べられる目印となる．補体の一連の反応は複雑なので，ここでは省略する．

これらのさまざまな分子が飛び交うために，病原体が侵入した部位では，赤くなり（発赤），温度が高くなり（熱感），膨らみ（腫脹），痛みを感じる（疼痛）．**炎症反応**（inflammation）である．

また，マクロファージが分泌するインターロイキンは，視床下部にはたらいて体温を上げるように作用する．体温を上げることによって白血球の代謝を活性化し，病原体の増殖を抑制する．インターロイキンというのは白血球が情報交換をするために分泌するサイトカインの一種でたくさんの種類がある．

こうした多数の信号分子による情報交換が行われているが，ヒスタミンやインターロイキンを含むサイトカインによる情報交換は，ホルモンと同じように細胞膜に埋め込まれた受容体によって細胞内に伝えられる（⇒6章-3）．ヒスタミン受容体はGタンパク質共役型受容体であり，サイトカイン受容体には，その種類によってGタンパク質共役型受容体と酵素共役型受容体がある．

これまでは皮膚に存在するマクロファージについて述べてきたが，ほかにも病原体に接触する可能性の高い組織に定着しているマクロファージがあり，それぞれ特有な名前がついている．肝臓のクッパー細胞，肺胞マクロファージがその例である．また，骨にある破骨細胞，脳にあるミクログリアもマクロファージ由来の細胞で，それぞれの役割を果たしている．

5 ナチュラルキラー細胞の活躍

ウイルスに感染した細胞や腫瘍細胞は，全身をパトロールする**ナチュラルキラー細胞**（以下NK細胞）によって攻撃され，殺される．NK細胞は，後述するキラーT細胞のように，活性化されて初めてはたらき始めるのではなく，生まれつき（natural）細胞傷害性の性質をもっていることから，このようによばれる．

NK細胞はサイトソルに顆粒をもつ大型のリンパ球で，この顆粒にはパーフォリン（細胞膜に穴をあける）やグランザイム（あいた穴から細胞内に入ってアポトーシスを誘導する）が含まれている．これらの飛び道具を使って，ウイルスに感染した細胞やがん化した細胞を攻撃する．

それでは，NK細胞はどうやってウイルスに感染した細胞を見分けているのだろうか．NK細胞は図9-14で述べた受容体とは異なる複数の受容体を細胞膜にもっている．MHCクラスⅠタンパク質が発現している正常な細胞は，この受容体によって認知され，攻撃を受けない（攻撃は抑制される）．そのため，NK細胞に発現しているこれらの受容体を抑制型受容体とよぶ．一方，NK細胞にはこれとは対照的に攻撃を促進する受容体も備わっていて，感染した細胞に特異的に発現する膜タンパク質を認識して攻撃することができる．NK細胞は，このように抑制型受容体と促進型受容体をもち，両方の受容体で腫瘍細胞からの情報を正しく感知して腫瘍細胞を攻撃するとともに，2種類の受容体を使い分け，正常な自己の細胞は攻撃しないようになっている．

9-6 ヒトの第三防衛ライン（獲得免疫）

ここまで述べてきた第二防衛ラインは即時的な反応で，植物にも無脊椎動物にも備わった防御機構である．ヒトを含む哺乳類などでは，少し遅れて病原体にピンポイントな（特異的な）反応が起こり，感染の記憶が保持されるようになる．これが第三防衛ラインであり，**獲得免疫**（acquired immunity）である．そして，第二防衛ラインから第三防衛ラインへの橋渡しをするのが，**樹状細胞**（dendritic cell）などの監視・伝令細胞である．幾重もの防衛ラインを機能させるためには，連絡・相談が欠かせない．報告・連絡・相談（ホウレンソウ）が欠かせないのは，日常生活でもよく経験することである．

1 第二防衛ラインから第三防衛ラインへの橋渡し

樹状細胞は，生体が外界と接する皮膚だけでなく，気管や肺，胃や腸管，肝臓などに存在する．皮膚にある樹状細胞は，発見者にちなみランゲルハンス細胞[※3]とよばれ，長い間機能は不明とされてきたが，抗原提示をする細胞であることが明らかになった．図9-15にはランゲルハンス細胞は描かれていないが，このような状況下ではたらくのである．以下では，ランゲルハンス細胞を例に，図9-15の場面以降，樹状細胞がどのようなはたらきをするか見ていくことにしよう．

マクロファージと同様に，（皮膚の）樹状細胞はToll様受容体で病原体の表面の病原菌特有のパターンを認識すると（図9-17），これを食べて自ら活性化し，すぐさま今までいた場所（皮膚）を離れてリンパ節へ向かう．リンパ管は末梢から心臓近くの静脈への合流点へ向かう一方向の流れのみで，途中に関所としてのリンパ節があるので，必ず途中でリンパ節に行き当たる（⇒図9-22）．ここで樹状細胞は抗原提示細胞としての役割を発揮する．

樹状細胞はリンパ節でリンフォカインを分泌してナイーブな（未感作＝抗原提示を受けたことがない）ヘルパーT細胞を呼び寄せながら，MHCクラスⅡタンパク質（⇒図9-38B）に抗原の断片を挟み込んで

※3 ドイツの病理学者パウル・ランゲルハンス（1847-1888）が，21歳の医学生のときに発見し，記載した．彼自身はこの細胞を神経細胞の一種とみていた．ちなみに彼は翌年の大学院生のときに膵臓のランゲルハンス島を発見して記載している．

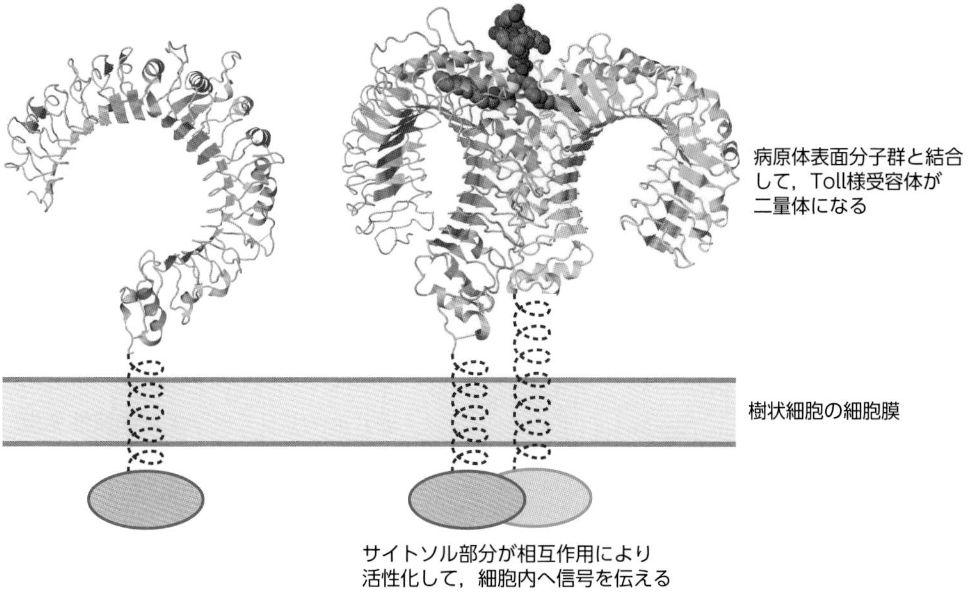
Toll様受容体
単量体
病原体表面分子群と結合
して，Toll様受容体が
二量体になる
樹状細胞の細胞膜
サイトソル部分が相互作用により
活性化して，細胞内へ信号を伝える

図9-17　Toll様受容体単量体（左）は病原体表面の分子と結合して二量体になる（右）［PDB：2Z7X］

見せて回る（これまでの例を使うと，小さな掲示板を掲げて呼び寄せたヘルパーT細胞の目の前に突き出して，こんな異物が侵入したと触れ回る感じ）．ヘルパーT細胞はT細胞受容体で掲示板を確認する．あとでお話しするように，ナイーブなヘルパーT細胞は，それぞれが異なる形の溝のT細胞受容体をもっているので，正しく判断できる眼をもったヘルパーT細胞に行き当たるまで樹状細胞は提示の動作を繰り返す．リンパ節には多数のヘルパーT細胞がいるので，いつかは正しい眼（ピッタリ合うT細胞受容体）をもったヘルパーT細胞と遭遇できる（図9-18）．

正しい眼をもったヘルパーT細胞と出会うと，①樹状細胞のMHCクラスⅡタンパク質とT細胞受容体は結合し，②CD4が結合を強化する（図9-19）．さらに③樹状細胞はサイトカインを放出してヘルパーT細胞を刺激する．こうして3点セットがそろうと，ヘルパーT細胞は活性化されて，ヘルパーの役割を果たせるようになる．抗原提示細胞である樹状細胞からヘルパーT細胞へ，役割が移譲されたのである．

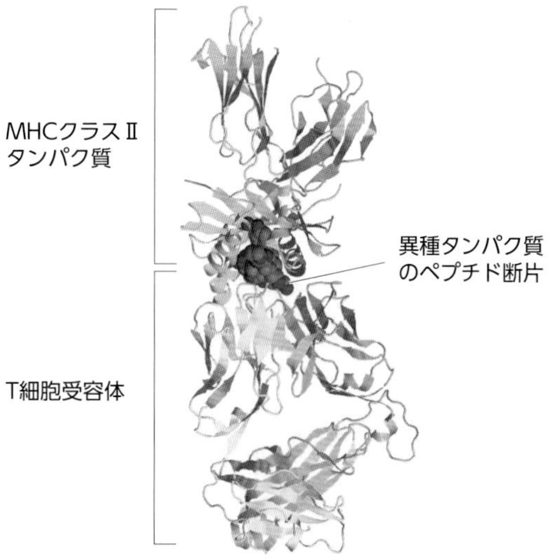
MHCクラスⅡ
タンパク質
異種タンパク質
のペプチド断片
T細胞受容体

図9-18　T細胞受容体が異種タンパク質のペプチド断片を結合したMHCクラスⅡタンパク質を「見ている」ところ［PDB：1FYT］

活性化した樹状細胞の寿命は短く，役割を終えると静かに舞台から去っていく．

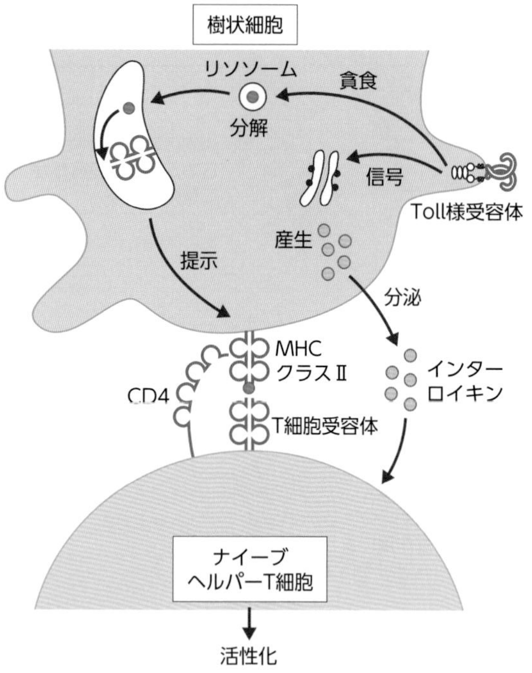
樹状細胞
リソソーム
貪食
分解
信号
Toll様受容体
産生
提示
分泌
MHC
クラスⅡ
CD4
インター
ロイキン
T細胞受容体
ナイーブ
ヘルパーT細胞
活性化

●図9-19　樹状細胞によるナイーブヘルパーT細胞の活性化

赤丸が異種ペプチド．Toll様受容体により認識して貪食する場所と抗原提示する場所は異なっているが，ここでは一緒に描いている．また，インターロイキン受容体は省略している．

2 獲得免疫の概要

こうして引き継がれた第三防衛ライン，すなわち獲得免疫とはどのような現象なのかを見ていこう．獲得免疫は防衛ラインというよりは，第一，第二の防衛ラインを潜り抜けて侵入してしまった病原体を見つけ出して1つずつ潰していく，パトロールをする警察官のような機能である．

潰していく方法には，病原体の表面のタンパク質や多糖類を**抗原**（antigen）として認識し，B細胞がこれに対する特異的な**抗体**（antibody）という飛び道具をつくって攻撃する**体液性免疫**（antibody-mediated immunity）と，T細胞がウイルスに感染した細胞をしらみつぶしに探して見つけ出し，細胞ごと破壊してしまう**細胞性免疫**（cell-mediated immunity）がある（図9-20）．

9章-4の最初に述べたように，免疫の研究は応用面の利益が大きいことから，主として医学的な面からこの獲得免疫に関する研究が盛んに行われてきた．伝染病にかかって治癒すると，その伝染病には感染しにくくなり，かかっても軽く済むことがすでに古代ギリシャ時代に記載されているように，免疫とい

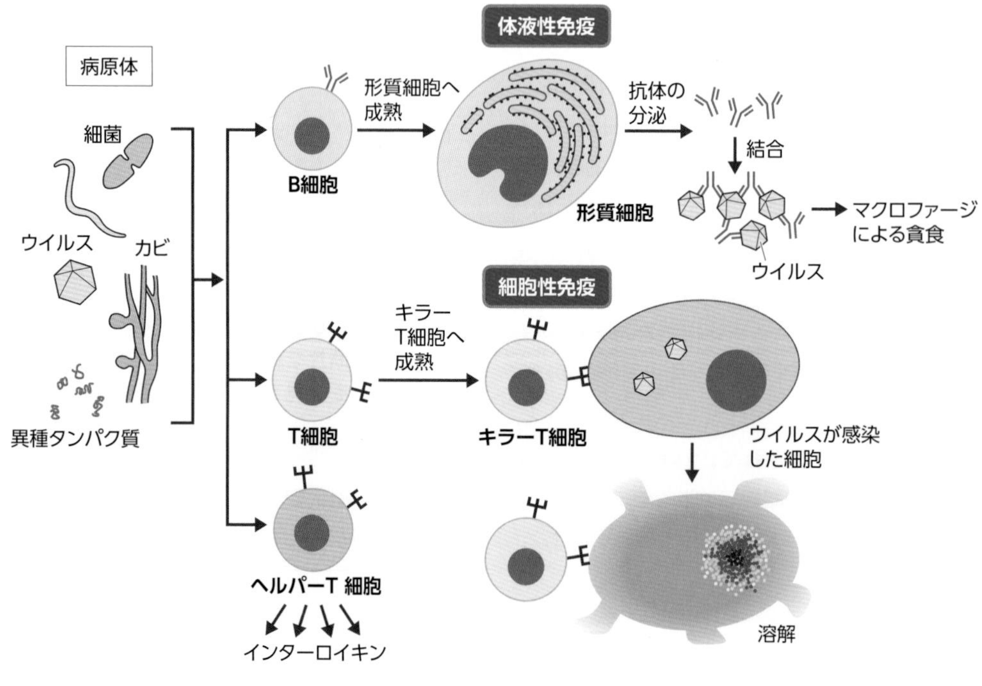
病原体
細菌
ウイルス
カビ
異種タンパク質
体液性免疫
形質細胞へ
成熟
B細胞
形質細胞
抗体の
分泌
結合
マクロファージ
による貪食
ウイルス
細胞性免疫
キラー
T細胞へ
成熟
T細胞
キラーT細胞
ウイルスが感染
した細胞
溶解
ヘルパーT 細胞
インターロイキン

●図9-20　獲得免疫の概要

う用語も，納税や兵役を免除されることを意味する語からつくられた．

18世紀も終わりに近い頃になって，ジェンナーは牛痘（天然痘に似たウシの軽い病気）に感染したことのある乳搾りの人が天然痘（疱瘡）にかからないことに着目して，牛痘の水疱から内容液を採取して少年の腕に接種した．少年は牛痘に感染したが，天然痘を接種しても発病しないことを確認し，牛痘によって天然痘に対する免疫ができることを実証した．

この発見によって免疫という現象があることはわかったが，そのメカニズムについて明らかになり始めるのは20世紀の後半になってからである．

3 獲得免疫にはリンパ球が関与する

まず免疫には**リンパ球**が関与することが，次のような実験で確かめられた（図9-21）．

- 正常なマウスに抗原を注射すると，抗体がつくられる
- マウスにX線を照射し，リンパ球を含む白血球を殺してしまうと，抗原を注射しても抗体はつくられなくなる
- X線を照射したマウスに，同腹のマウスからリンパ球を選び出して移植すると，抗体産生が回復する．リンパ球以外の細胞では回復しない

4 リンパ系器官

リンパ球の産生を含め，免疫に関与するのはリンパ系器官である．リンパ球は他の血球細胞と同じように**骨髄**（bone marrow）でつくられるが，リンパ球が成熟して機能するためには，この他，多くの器官が必要となる（図9-22）．

哺乳類では**胸腺**（thymus）を生まれたての動物で除去すると，抗体産生への影響は少ないが，細胞性免疫が損なわれることが明らかになった．鳥類ではヒヨコのうちに**ファブリキウス嚢**（bursa of Fabricius）を除去すると，胸腺除去とは逆に細胞性免疫は損なわれないが，抗体産生が低下することが示された．

図9-23のようにリンパ球へ分化する共通前駆細胞は骨髄を離れ，それぞれの器官へ移行して**T細胞**と**B細胞**に分化する．T細胞，B細胞という名は，それぞれの臓器の頭文字を取ってつけられた．ただし哺乳類にはファブリキウス嚢がなく，B細胞は骨髄（bone marrow）で分化・成熟する．

成熟したリンパ球は，二次リンパ器官（末梢リンパ器官）へ到達し，そこへ常駐し，体内を循環する．活性化していないT細胞，B細胞を形態的に区別することは，電子顕微鏡でもできないが，B細胞は抗体をつくるようになると，粗面小胞体が発達した**形質細胞**（plasma cell）になり，電子顕微鏡で区別できるようになる．

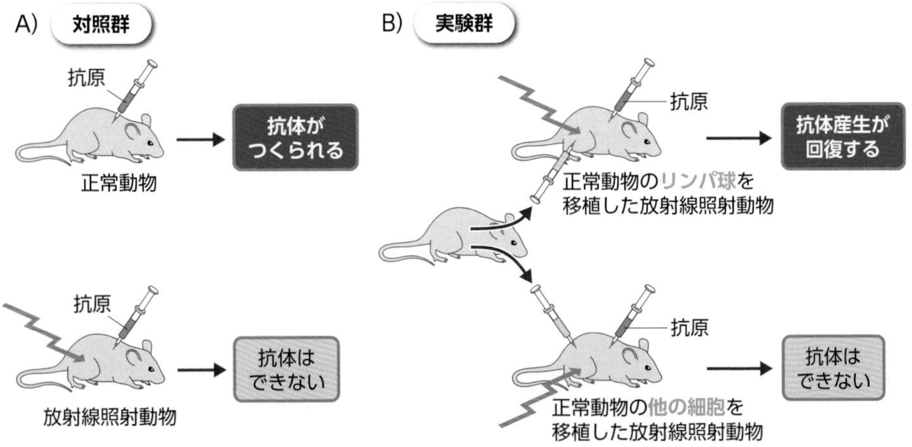
A） 対照群
抗原
抗体がつくられる
正常動物
抗原
抗体はできない
放射線照射動物
B） 実験群
抗原
抗体産生が回復する
正常動物のリンパ球を移植した放射線照射動物
抗原
抗体はできない
正常動物の他の細胞を移植した放射線照射動物

図9-21 リンパ球が免疫に関与することを示す実験

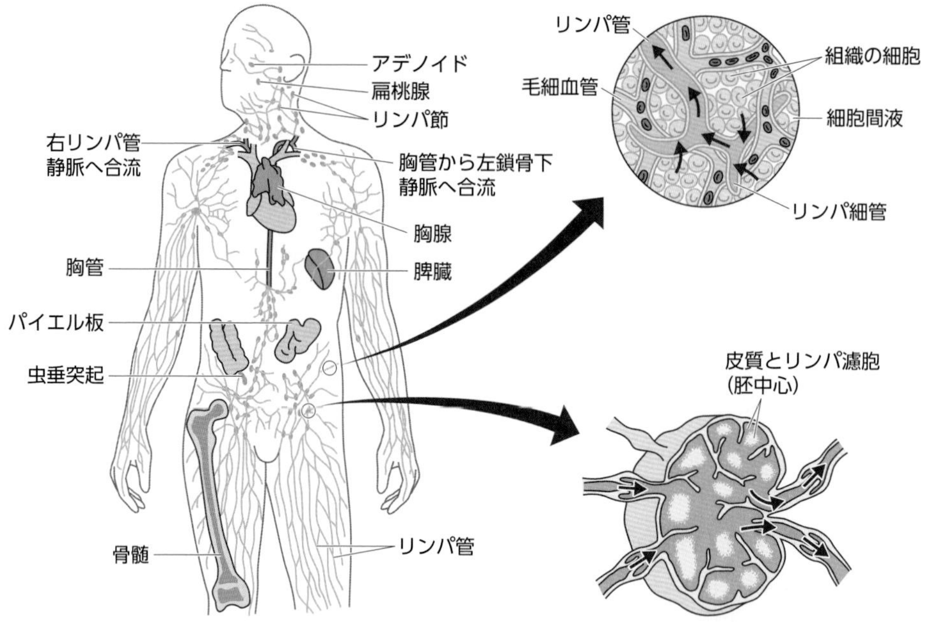
アデノイド
扁桃腺
リンパ節
右リンパ管
静脈へ合流
胸管から左鎖骨下
静脈へ合流
胸腺
胸管
脾臓
パイエル板
虫垂突起
骨髄
リンパ管
リンパ管
組織の細胞
毛細血管
細胞間液
リンパ細管
皮質とリンパ濾胞
(胚中心)
リンパ節

●図9-22　ヒト体内のリンパ系器官
参考図書1をもとに作成.

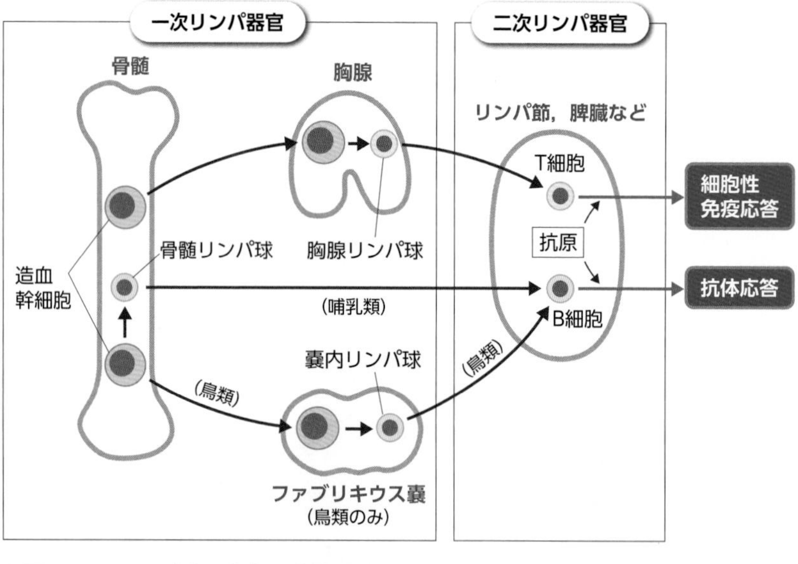
一次リンパ器官
二次リンパ器官
骨髄
胸腺
リンパ節，脾臓など
T細胞
細胞性
免疫応答
抗原
造血
幹細胞
骨髄リンパ球
胸腺リンパ球
(哺乳類)
抗体応答
B細胞
嚢内リンパ球
(鳥類)
(鳥類)
ファブリキウス嚢
(鳥類のみ)

●図9-23　リンパ球の産生と成熟
参考図書3をもとに作成.

5 免疫応答

体内に侵入した抗原に対して抗体がつくられる反応全体を**免疫応答**（immune response）というが，病原体の表面のタンパク質や多糖類を抗原として認識する免疫応答は，どのような機構によっているのだろうか．初めは，特異的に反応する抗体は，抗原を鋳型として後天的につくられるという考えが一般的だった（司令説，鋳型説）．

1957年にバーネットは**クローン選択説**（clonal selection theory）という理論を提出して，この考え

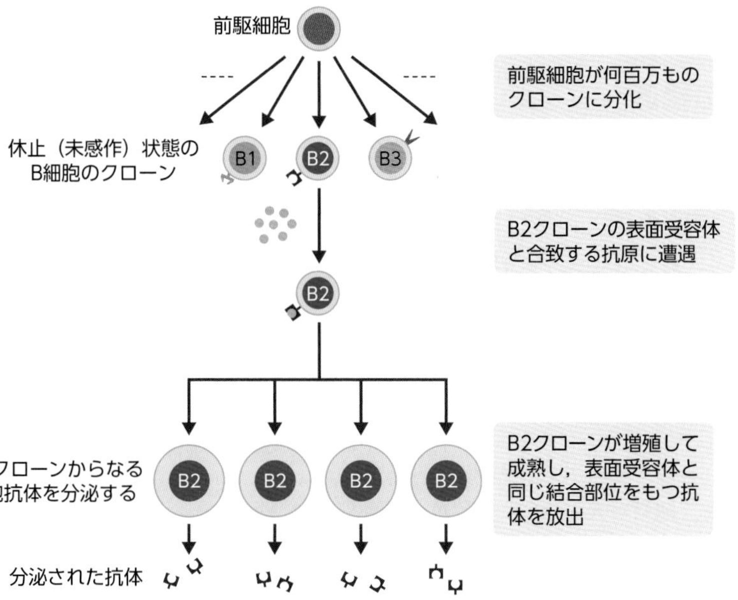
前駆細胞
前駆細胞が何百万もの
クローンに分化
休止（未感作）状態の
B細胞のクローン
B1
B2
B3
B2クローンの表面受容体
と合致する抗原に遭遇
B2
単一クローンからなる
B細胞抗体を分泌する
B2
B2
B2
B2
B2クローンが増殖して
成熟し，表面受容体と
同じ結合部位をもつ抗
体を放出
分泌された抗体

●図9-24　クローン選択説の考え方
参考図書3をもとに作成.

を覆した．クローン選択説では，あらゆる抗原に対して特異的に反応する抗体をつくることができるB細胞が，あらかじめ用意されていると考える．骨髄のB細胞前駆細胞は，分化の過程で，さまざまな抗原結合部位をもつ抗体を表面受容体として備えたB細胞のクローンに分化する．ある抗原が生体内に侵入すると，多数のクローンの中から抗原が結合できる表面受容体をもったB細胞のクローンが選択され，急激に増殖して抗体をつくる形質細胞になるという考え方である（図9-24）．

クローン選択説が正しいことは，図9-25のような実験によって示すことができる．この実験は，あらかじめ正常マウスのリンパ球集団の中に，抗原Aに対する抗体が表面受容体として存在していることを示している．

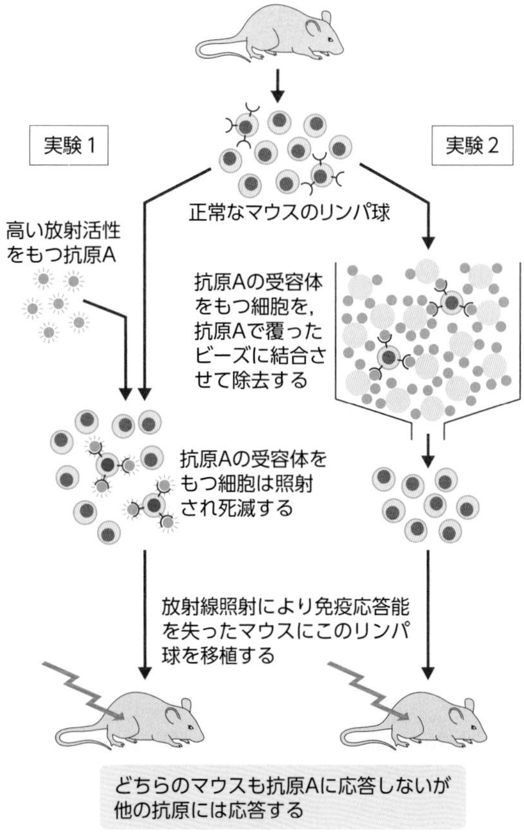
実験1
実験2
正常なマウスのリンパ球
高い放射活性
をもつ抗原A
抗原Aの受容体
をもつ細胞を，
抗原Aで覆った
ビーズに結合さ
せて除去する
抗原Aの受容体を
もつ細胞は照射
され死滅する
放射線照射により免疫応答能
を失ったマウスにこのリンパ
球を移植する
どちらのマウスも抗原Aに応答しないが
他の抗原には応答する

●図9-25　あらかじめ抗原Aに対する抗体をつくる
B細胞クローンがあることを示す実験

9-7 抗体による攻撃（体液性免疫）

1 抗体分子の構造

抗体が異物を見分けるのはどのような機構によるのだろうか．一体，抗体はどんな分子で，どのような構造をしているのだろうか．

血清中のタンパク質を電気泳動で分離すると，図9-26のような泳動パターンが得られる．抗体はγグロブリン分画およびβグロブリン分画の一部に見出されるので，**免疫グロブリン**（immunoglobulin：Ig）とよばれる．

IgのなかでIgGが最も多いのはIgG（⇒9章-7 2）で，全体の75％を占める．健常な人のIgGには多数の抗原と結合することができる抗体が含まれるので，当然のことながら不均一で，抗体の単離と構造の推定は困難だった．

多発性骨髄腫という病気があり，これは形質細胞のがんである．普通，1人の患者の骨髄腫細胞は1個の細胞ががん化して増殖するので，同じ患者のどの骨髄腫細胞も同じ免疫グロブリンをつくって放出する〔病気がつくったモノクローナル抗体（⇒p.243）である〕．そのため，図9-26の電気泳動パターンを骨髄腫患者で調べると，γ分画のところに1本鋭いピークを検出できる．この均一な血清タンパク質を骨髄腫タンパク質といい，これを用いて，免疫グロブリンタンパク質の一次構造の解析が行われた．

いろいろな研究から次のことがわかった．

- 抗原と結合する部位は抗体1分子中に2カ所ある（二価）
- S-S結合と非共有結合を外すと，2本ずつ同じ4本のポリペプチド鎖になる（図9-27）．
  分子量の大きなほうをH鎖（重鎖，heavy chain），小さなほうをL鎖（軽鎖，light chain）とよぶ
- H鎖，L鎖とも，N末端側は多様性が大きく，C末端側はほぼ一定である．
  N末端側を可変領域（variable region）といい，続くC末端側を定常領域（constant region）という．
  可変領域はどちらもアミノ酸110個で，定常領域は，L鎖でアミノ酸110個，H鎖で330個からなる

これらの性質を説明する抗体分子のモデルとして，次のようなものが考えられた（図9-28, 29）．

アミノ酸110個が1つの単位（ドメイン）をつくっているが，それぞれのドメインには1個のS-S結合が存在する．したがって，抗体は12個のドメインの繰り返し構造をしている．ドメインの間の相同性は高い．H鎖の中ほどにヒンジ領域がある．それぞれのドメインに1つのS-S結合があるので，抗体は図9-28のような棒状の構造ではなく，図9-29のような構造のほうが実際に近い．

H鎖，L鎖とも，可変領域のアミノ酸110個のう

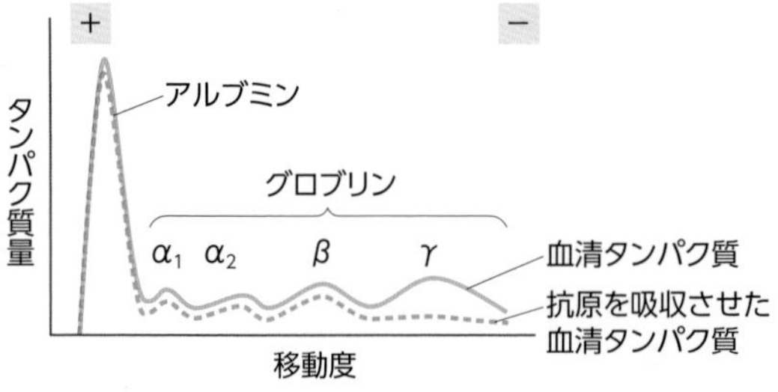

+
−
タンパク質量
アルブミン
グロブリン
α_1 α_2 β γ
血清タンパク質
抗原を吸収させた血清タンパク質
移動度

●図9-26　血清タンパク質を電気泳動で分離した泳動パターン

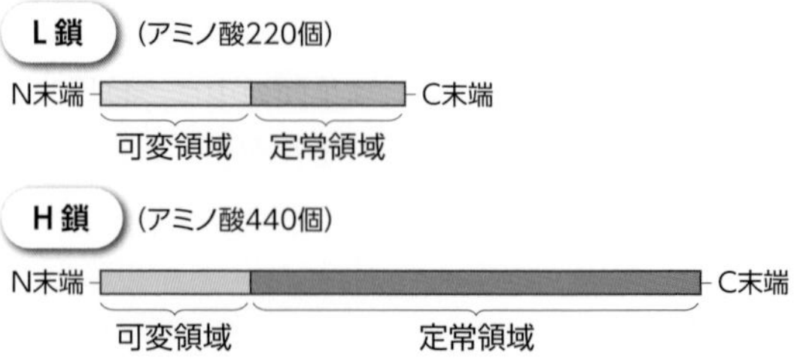

L鎖
（アミノ酸220個）
N末端
C末端
可変領域
定常領域
H鎖
（アミノ酸440個）
N末端
C末端
可変領域
定常領域

●図9-27　抗体タンパク質は2種類のペプチド鎖からできている

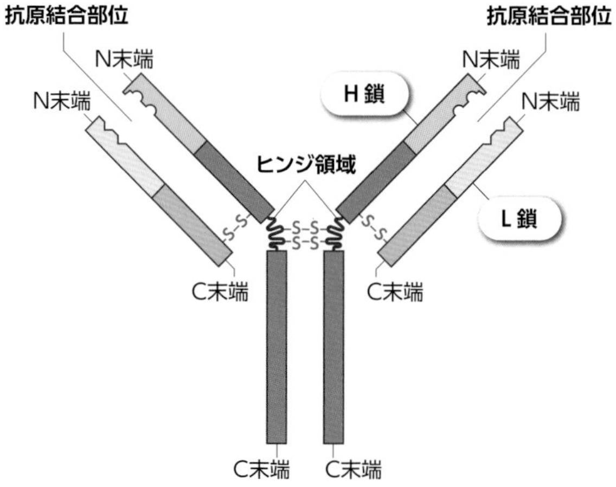
抗原結合部位
抗原結合部位
N末端
N末端
N末端
N末端
H鎖
ヒンジ領域
L鎖
C末端
C末端
C末端
C末端

●図9-28　抗体タンパク質のモデル

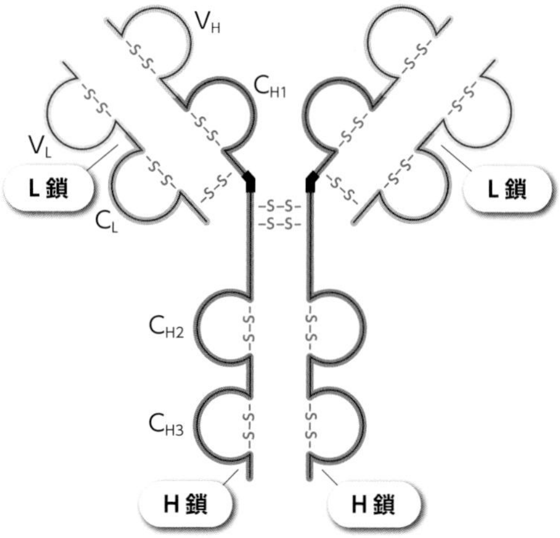
L鎖
L鎖
H鎖
H鎖

●図9-29　ドメイン構造を強調した抗体タンパク質のモデル

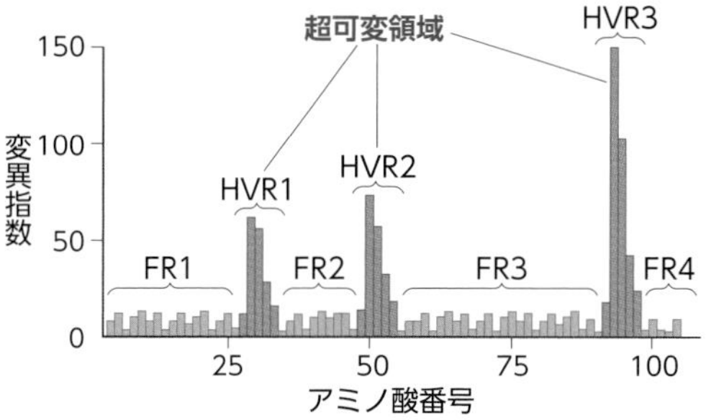
超可変領域
HVR1
HVR2
HVR3
FR1
FR2
FR3
FR4
変異指数
アミノ酸番号

●図9-30　可変領域にはアミノ酸の変異が大きな箇所が3つある

http://www.microbiologybook.org/mayer/IgStruct2000.htm より作成.

ち，特にアミノ酸の変異が高い部分が3カ所あることが，多数の骨髄腫タンパク質のアミノ酸の変異を調べてわかった（図9-30）．そこでこの領域を**超可変領域**（hypervariable region）とよんだ．抗原との結合領域ということで，**相補性決定領域**（complementarity determining region：CDR）ともよぶ．

L鎖の超可変領域は，N末端から数えて，およそ24〜34番目，50〜56番目，89〜97番目のアミノ酸の部分である．これらの3つの領域は一次構造ではお互いに離れているが，三次構造をとった実際の分子では近寄っている．

さらにH鎖とL鎖が重合することによって，3つずつの超可変領域は互いに寄り合い，ポケットを形成する．このポケットが抗原を認識して結合する部位になる（図9-31）．

図9-32は，X線回折によるデータから作成したマウスIgG分子のリボンモデルの図である．抗原結合部位は，超可変領域を含むH鎖の3本のループとL鎖の3本のループ，合わせて6本のループから構成され，図の左右の端に見える．ちょうど薬指を加えた3本指でじゃんけんのチョキをつくって，左（H鎖）右（L鎖）の手を寄り添わせた形である．6本の指がつくる凹みが抗原を認識するポケットになる（図9-33）．このポケットに結合できるのは，せいぜいアミノ酸数個の配列であることがわかる．

Column タンパク質分解酵素によって抗体分子の構造を調べる

タンパク質分解酵素によって抗体分子を分解することで，以下のようなことが判明した．

- ●タンパク質分解酵素パパインで処理すると，一価のフラグメント2個と，抗体価のないフラグメントになる（図A）．
- ●タンパク質分解酵素ペプシンで処理すると，二価のフラグメントと，多数の断片になる（図B）．

このうち，抗体価をもつ断片を抗原結合フラグメント（antigen binding fragment：Fab），もたない断片を結晶可能フラグメント（crystallizable fragment：Fc）とよぶ．

- ●タンパク質分解酵素の結果が示しているように，H鎖の中ほどに切れやすい部分（ヒンジ領域）がある．

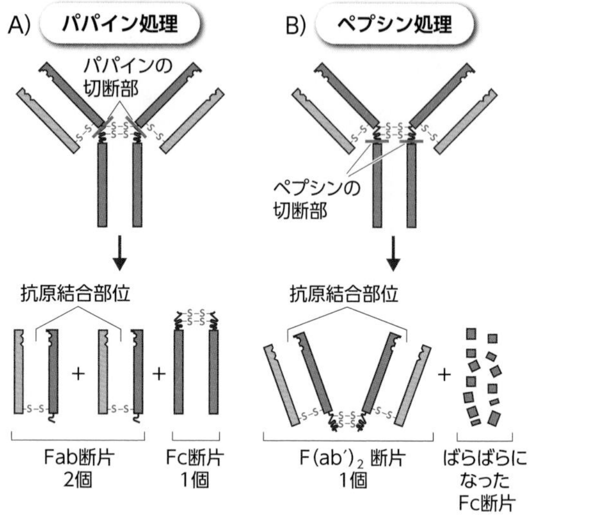

A) パパイン処理
パパインの
切断部
抗原結合部位
Fab断片
2個
Fc断片
1個
B) ペプシン処理
ペプシンの
切断部
抗原結合部位
F(ab′)₂ 断片
1個
ばらばらに
なった
Fc断片

●図　タンパク質分解酵素パパインとペプシンで分解した生成物

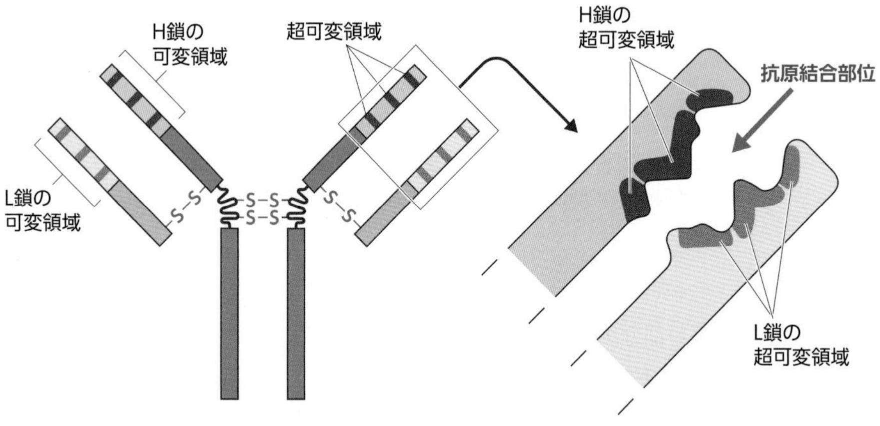

H鎖の
可変領域
超可変領域
L鎖の
可変領域
H鎖の
超可変領域
抗原結合部位
L鎖の
超可変領域

●図9-31　H鎖とL鎖の超可変領域が抗原結合部位を形成する
参考図書3をもとに作成.

2 抗体には種類がある

これまで主としてIgGについて述べてきたが，抗体にはこの他にIgM，IgD，IgA，IgEがある（表9-3）．この違いはH鎖の違いによる．L鎖にはκとλしかないが，H鎖にはμ，δ，γ，α，εの5種類がある．

L鎖とは重合していないH鎖の定常領域（C_{H2}からC_{H3}）の性質によって，貪食細胞や肥満細胞への結合の違い，補体活性化の違いが生ずる．

IgMは，免疫応答の最初に出現する抗体で，補体系を活性化する．次にIgGが現れる．IgGは貪食細胞への結合が＋となっている．IgGが病原体に結合すると，IgGの定常領域をマクロファージが認識するので，貪食されやすくなる（もう1つのオプソニ

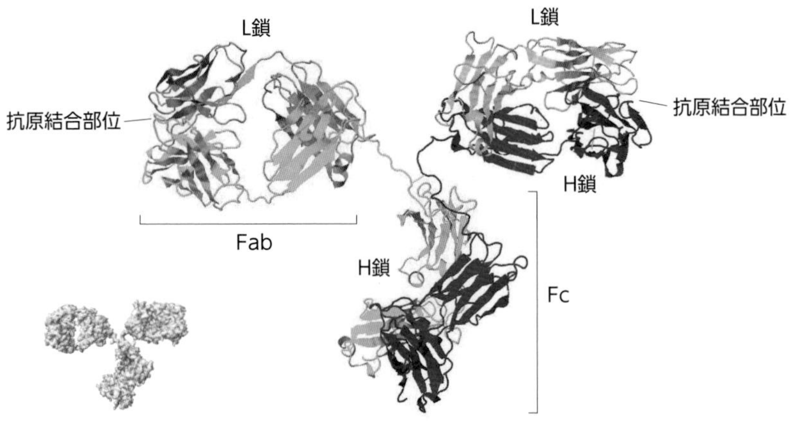
L鎖
L鎖
抗原結合部位
抗原結合部位
H鎖
Fab
H鎖
Fc

●図9-32　X線回折像から得られたマウスIgGのモデル［PDB：1IGT］

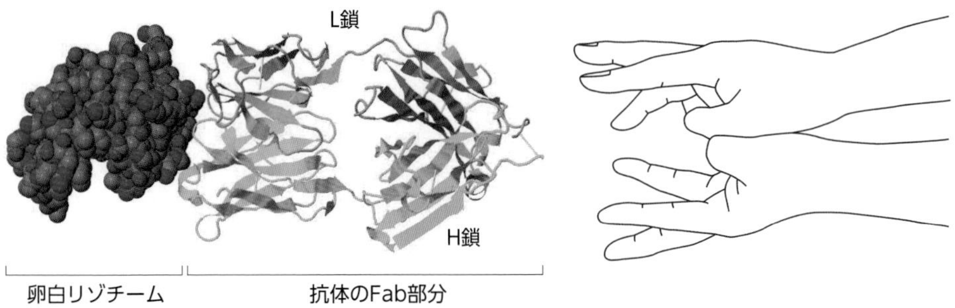
L鎖
H鎖
卵白リゾチーム
抗体のFab部分

●図9-33　卵白リゾチームを抗原として認識して結合したマウス抗体のFab［PDB：1FDL］

●表9-3　免疫グロブリンの種類

	IgM	IgD	IgG	IgA	IgE
H鎖	μ	δ	γ	α	ε
L鎖	すべてκかλ				
二量体を1とした単位数	5	1	1	1か2	1
全Ig中の割合（%）	10	<1	75	15	<1
半減期（日）	5	3	25	2	6
補体活性化	+++	−	++	−	−
貪食細胞との結合	−	−	+	−	−
肥満細胞との結合	−	−	−	−	+

ン化⇒p.229）．IgAは血中にも存在するが，外分泌液中の主要な免疫グロブリンで，粘膜表面の感染防御に役立っている．IgEは主に腸管や気管のリンパ組織でつくられ，肥満細胞に結合してアレルギーに関与する．

3 抗原とは

抗原という言葉は，免疫応答を起こすことができる物質の総称として用いられる．自然界では，分子量が1,000以上のタンパク質，多糖類，それらの複合体，脂質との複合体などが抗原となりうる．

しかしながら，抗原として抗体に認識されるのは必ずしも分子全体ではなく，その表面の特定の部位

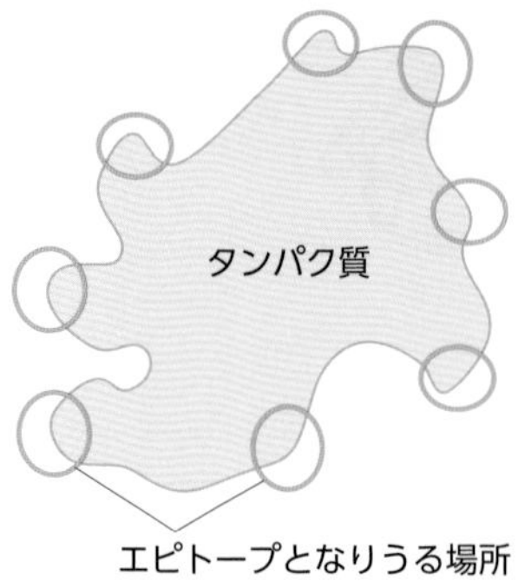
タンパク質
エピトープとなりうる場所

●図9-34　タンパク質表面のエピトープを示す模式図

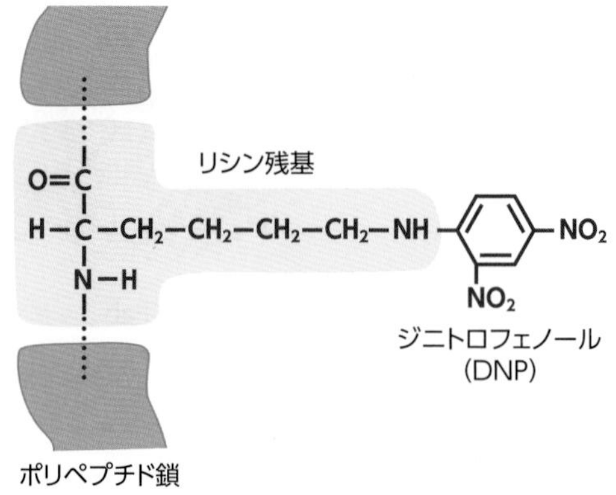
リシン残基
O=C
H−C−CH₂−CH₂−CH₂−CH₂−NH
N−H
NO₂
NO₂
ジニトロフェノール
(DNP)
ポリペプチド鎖

●図9-35　ジニトロフェノール（DNP）をタンパク質に導入すると，DNPはその前後数個のアミノ酸配列とともにエピトープとなる

だけである（図9-34）．そこで抗体に認識される部位を，**抗原決定基**（antigenic determinant）あるいは**エピトープ**（epitope）とよぶ．分子量が大きいタンパク質などは，その表面に複数のエピトープをもつのが普通である．

一方，抗体と結合はできるが，それ自身では免疫応答を引き起こす能力がない物質を**ハプテン**（hapten）とよぶ．

ランドシュタイナーは芳香族化合物（有名なのはジニトロフェノール）や糖類などの本来抗原となり得ない低分子物質をタンパク質に結合させたものを抗原として用いると，前者の低分子物質に対する抗体が，後者のタンパク質に対する抗体とは独立につくられることを明らかにした（図9-35）．このことから，大きな分子であっても，抗体と結合するのは抗原分子全体ではなく，特定のエピトープであることが確定したのである．

したがって，免疫応答を起こすこと，すなわち①抗原によって抗体の生産が刺激されることと，②抗原と抗体が結合することとは，別の過程として切り離せることになった．そのため，抗体を分離して，試験管の中で抗原と反応させて抗体の性質などを調べることができるのである．

現在では，低分子のため本来抗体をつくらせる能力のない生物活性分子（例えばテストステロン）をウシ血清アルブミン（bovine serum albumin：BSA）などに結合して抗原とし，ウサギに抗体をつくらせ，できた抗体を利用したラジオイムノアッセイ※4（radioimmunoassay）や免疫組織化学法※5（immunohistochemistry）などの手法が盛んに使われている．

大きな分子には，前述のように分子表面にエピトープが複数あるので，抗原として用いると，それぞれのエピトープに対して独立に特異的な抗体ができてしまう．これを多クローン（polyclonal）の免疫応答という．機能的に重要なエピトープやハプテンを含むエピトープなど，特定のエピトープだけを認識する抗体（モノクローナル抗体，monoclonal antibody）が得られれば，治療や研究に役立てることができる（⇒p.243 Column）．

※4 ラジオイムノアッセイ：放射性同位元素で標識した一定量の抗原が一定量の抗体に競合的に結合する量は，非標識抗原の濃度の関数になることを利用して検量線を描き，これを利用して試料中の抗原量を測定する検定法．抗体を利用するので測定の特異性と感度が高く，血液中の微量なホルモン量を測定できる．

※5 免疫組織化学：抗体が特異的に組織切片中の抗原と結合することを利用して，試料中の抗原の分布を顕微鏡下で見えるようにする方法．抗体に酵素を結合して酵素反応により発色させたり，抗体に蛍光を結合して光らせて抗原を可視化する．

4 抗体の多様性はどうして生ずるか

❶抗体の遺伝子は組換えを起こす

免疫系が備えていなければならない性質に，抗体の「特異性」と「多様性」に加えて，「記憶する能力」と「自己と非自己を見分ける能力」がある．あとの2点については後述することにして，抗体の特異性と多様性がどうして保証されているかについて考えてみよう．

抗体はタンパク質なのだから，遺伝子にその情報が書き込まれているはずである．だとすると，多数の抗原に対応できるクローンを，あらかじめつくっておく遺伝のメカニズムはどうなっているのだろうか．例えば100万種類の抗体に対応する100万個の遺伝子を考えなければならないのだろうか．これは長い間免疫学者を悩ませた謎だった．

100万種類の抗体をコードする遺伝子を考えることは，どう考えても難しい．抗体の構造が明らかになり，抗体には定常領域と可変領域があることがわかると，定常領域をコードする遺伝子は1つでよく，可変領域をコードする複数の遺伝子が組換えを起こせばいいことに気がつく．これだと遺伝子の数が少なくて済む．

それでも，遺伝子が組換えを起こして変わるという考えは，遺伝子は突然変異でしか変わらない安定したものだという考えに反するものだったので，なかなか受け入れられなかった．

この問題に解決の道をつけたのが利根川進だった．利根川は正常マウスの胎仔と成体のマウスの骨髄腫細胞から採取したDNAを使い，当時の新しい手法（⇒p.254 Column）をいろいろ組合わせて，抗体の遺伝子が胎仔のDNAから成体のDNAになる間に，組換えを起こしていることを示したのである．その実験は図9-36のようなものであった．

実験には，制限酵素によるDNAの切断，ゲル電気泳動法，ハイブリッド形成（hybridization）などの手法が使われた．ハイブリッド形成とは，一本鎖DNAやRNAの間で，互いに相補的な塩基配列を利用して人工的に二本鎖の雑種核酸分子を形成させることをいう．最初の方法では，ゲル電気泳動後，ゲルの放射能を直接，測定していたが，すぐにサザンブロット法が使われるようになったので，図9-36ではこちらの方法を加えて説明している．

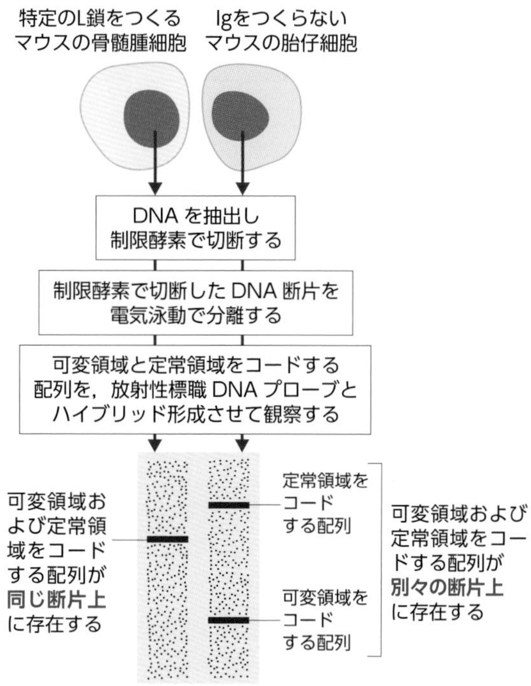

特定のL鎖をつくる
マウスの骨髄腫細胞
Igをつくらない
マウスの胎仔細胞
DNAを抽出し
制限酵素で切断する
制限酵素で切断したDNA断片を
電気泳動で分離する
可変領域と定常領域をコードする
配列を，放射性標職DNAプローブと
ハイブリッド形成させて観察する
可変領域および定常領域をコードする配列が同じ断片上に存在する
定常領域をコードする配列
可変領域をコードする配列
可変領域および定常領域をコードする配列が別々の断片上に存在する

●図9-36　B細胞の分化の過程で組換えが起こっていることを示す実験

こうして，B細胞の分化の過程で，L鎖をコードするDNAは組換えにより再編成を起こすことが明らかになった．多細胞生物では，遺伝子DNAは受精卵から分化成熟する過程で常に一定不変に保たれているという考えが，少なくともB細胞の分化では成り立たないことが明らかになった．

❷抗体遺伝子の再編成のしくみ

マウスの未分化B細胞では，L鎖をコードする遺伝子は，定常領域をコードする単一な領域，可変領域をコードしている2つの領域（1つは5つのJセグメントが連なった領域，もう1つは多数のVセグメントが連なった領域）から構成されている．

分化の過程でこれらの領域の組換えが起こり，再編成されて成熟したB細胞のL鎖遺伝子となる（図9-37）．

図9-37のように，抗体タンパク質がつくられるときには，転写の後でスプライシングによって不要な部分が取り除かれ，V，J，Cセグメントがつながったタンパク質に翻訳される．

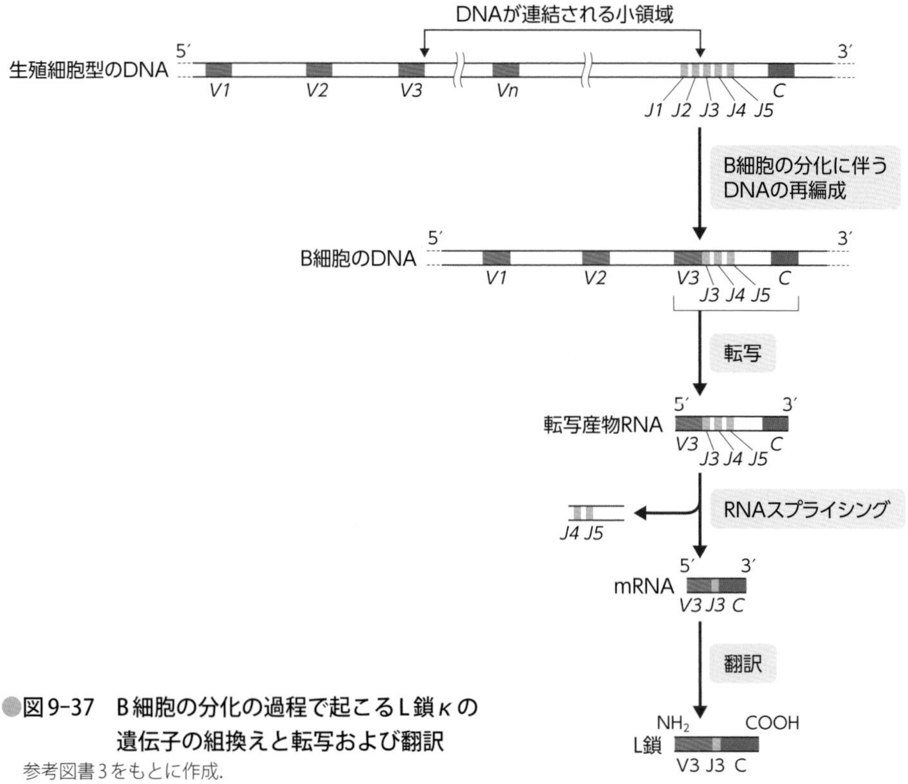

DNAが連結される小領域
5′
3′
生殖細胞型のDNA
V1
V2
V3
Vn
J1 J2 J3 J4 J5
C
B細胞の分化に伴うDNAの再編成
B細胞のDNA
V1
V2
V3
J3 J4 J5
C
転写
転写産物RNA
V3
J3 J4 J5
C
RNAスプライシング
J4 J5
mRNA
V3 J3 C
翻訳
NH2
COOH
L鎖
V3 J3 C

●図9-37　B細胞の分化の過程で起こるL鎖 κ の遺伝子の組換えと転写および翻訳
参考図書3をもとに作成.

H鎖遺伝子は，L鎖のV，J，Cセグメントに加えて，少なくとも12のDセグメントが存在する．さらに，Cセグメントは単一ではなく，μ，δ，γ，α，ε に対応したセグメントがこの順に連なっている(⇒9章-7②).

大まかな計算をしてみよう．L鎖にはVセグメントが300あるとすると，Jセグメントが5だから1,500種類のL鎖ができる．H鎖のほうはVセグメントを500とすると，$500 \times 12 \times 5$ で30,000の組合わせができ，L鎖とH鎖が重合して完成した抗体になると，$1,500 \times 30,000$ で，4.5×10^7 のオーダーになる．Vセグメントと Jセグメントの接合部の多様化によってこの数はもっと増え，マウスのB細胞の全数 5×10^8 を十分カバーできる数になる.

H鎖では，VDJの組合わせができたあと，それぞれ5つのCセグメントをつなぎ換えて再編成することによって，生物学的活性が異なるクラスのH鎖をもったIg（例えばIgMからIgGへ）をつくる．これを**クラススイッチ**とよんでいる.

9-8　細胞傷害性T細胞による攻撃（細胞性免疫）

① MHCタンパク質

これまでは，体液性免疫とB細胞のかかわりについて話をしてきたので，細胞性免疫とT細胞のかかわりについて話を移そう.

やけどをして皮膚が損傷されたので，それを補うために他人の皮膚を移植したとする．しかし，移植された皮膚はやがてはげ落ちてしまう．**拒絶反応**（rejection）である.

拒絶反応がなぜ起こるのかを調べることによって，ある個人の細胞には，その個人であることを示す「表札」のようなものがかかっていることがわかってきた．同じ個体内の細胞にはすべて同じ表札がかかっ

Column ハイブリドーマを用いたモノクローナル抗体の作製

クローン選択説で述べたように，1種類の抗体は1個のB細胞からしかつくられない．このことを利用して，図のようなモノクローナル抗体を作製する方法が開発された．

まず，B細胞を1個ずつバラバラにして，それぞれを骨髄腫細胞（ミエローマ細胞）と融合させてハイブリドーマ※をつくり，特別な培養液中で増殖させる．B細胞は培養液中で増殖することはできないが，ハイブリドーマはがん細胞の性質をもつようになるので，増殖することができる．

ハイブリドーマを含む培養液を96穴のウェル（くぼみ）をもったプレートに分注し，どのウェル中に目的とする抗原に反応する抗体がつくられたかを抗原抗体反応が起こるかどうかで調べる．

抗原抗体反応が起こったウェル内のハイブリドーマを増やして，再びプレートに分注し，どのウェルで抗原抗体反応が起こるかを調べる．この操作を繰り返せば，ついには目的とするエピトープを認識する抗体を産生する，たった1個のB細胞由来のクローンを選ぶことができる．

こうして得られたモノクローナル抗体をつくるハイブリドーマは，凍結して保存できるので，必要に応じて保存しておいたものを取り出して利用できる．

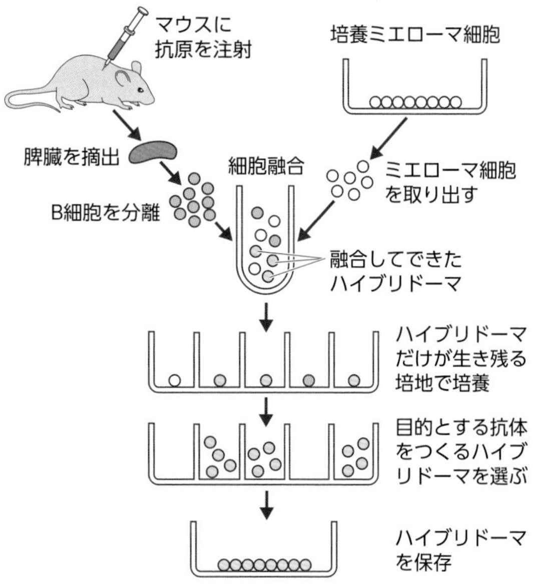
マウスに
抗原を注射
培養ミエローマ細胞
脾臓を摘出
細胞融合
ミエローマ細胞
を取り出す
B細胞を分離
融合してできた
ハイブリドーマ
ハイブリドーマ
だけが生き残る
培地で培養
目的とする抗体
をつくるハイブ
リドーマを選ぶ
ハイブリドーマ
を保存

●図 モノクローナル抗体のつくり方

※ハイブリドーマ（hybridoma）：一般的には，種類の異なる細胞を人工的に融合した細胞をいうが，特にモノクローナル抗体をつくるために，B細胞と骨髄腫細胞を融合して自律増殖能をもたせた細胞を指すことが多い．細胞融合のために初めはセンダイウイルスが使われたが，現在ではポリエチレングリコールが使われることが多い．

ているが，他人のものとは異なっている．人それぞれ別々の表札を掲げているのである．

この「表札」の本体は膜タンパク質で，組織同士の適合性に関するということから**主要組織適合性複合体**（major histocompatibility complex：MHC）タンパク質と名づけられた※6．これには後述するもう1種類の似たようなタンパク質があるので，区別するためにMHCクラスⅠタンパク質という．

他人の皮膚を移植すると，このMHCクラスⅠタンパク質が異なるので，これを手がかりにしてT細胞が攻撃を加えて殺してしまう．全く同じつくりの集合住宅での玄関で，表札が異なっているので自分の家ではないと認識するようなものである．その後の研究で，MHCクラスⅠタンパク質は，図9-38Aのような構造であることが明らかになった．

MHCタンパク質をコードする遺伝子はいくつかの領域に分かれていて，これが再編成されてつくられる．このため図9-39Aに描かれているように，膜タンパク質の上端の凹みの形が，それぞれの個人で異なるのである．MHCクラスⅠタンパク質の上端の凹みを上から見たのが図9-39Bである．βシート構造を底にして2本のαヘリックス鎖が平行して土手をつくっている．

ヒトではMHCタンパク質をコードする遺伝子は，6番染色体の短腕上のセントロメア近くにまとまって存在し，A，C，B（以上クラスⅠ），DR，DQ，DP

※6 ヒトではMHCタンパク質をHLA（human leukocyte antigen）とよぶことも多い．これは，最初は白血球上の抗原として発見されたためである．いろいろな動物で同じような抗原が存在し，移植片拒絶反応に関与していることがわかったのでMHCとよばれるようになった．

（以上はクラスII）の順に並んでいる．複合体といわれるのはこのためである．それぞれが多型を示し，上述したように再編成されるので，非血縁の人が同一の組合わせをもつことはほとんどない．

2 細胞傷害性T細胞（キラーT細胞）

移植片の拒絶にはたらくT細胞を**細胞傷害性T細胞**（cytotoxic T cell）というが，ここでは単に**キラーT細胞**とよぶことにしよう．このリンパ球は異種細胞を拒絶するためだけにはたらくのではない．移植手術というのは自然の状態では起こらないことである．それではどんなときに，キラーT細胞ははたらくのであろうか．

感染したウイルスが細胞に入り込むと，ウイルスは外皮を脱ぎ捨てる．この外皮のタンパク質の断片が，合成中のMHCクラスIタンパク質と結合して図9-40のように細胞表面に現れると，ちょうど「表札」に泥が塗られた状態になる．

キラーT細胞は，この泥が塗られた「表札」，つまり異種タンパク質断片が挟まった自分のMHCクラスIタンパク質を見て，自己ではない（非自己）と認識して攻撃するのである．

図9-40のCD8と書いてあるのは，別の膜タンパク質群の一種で（⇒図9-14），キラーT細胞に特異的なのでキラーT細胞のことをCD8^{+}T細胞とよぶこともある．この膜タンパク質は図にあるように結合を強化するようにはたらく．

こうしてキラーT細胞が非自己だと認識して，CD8によって結合が強固になると，キラーT細胞は特殊なタンパク質（パーフォリンやグランザイム）を出してウイルスに感染した細胞を殺すのである．

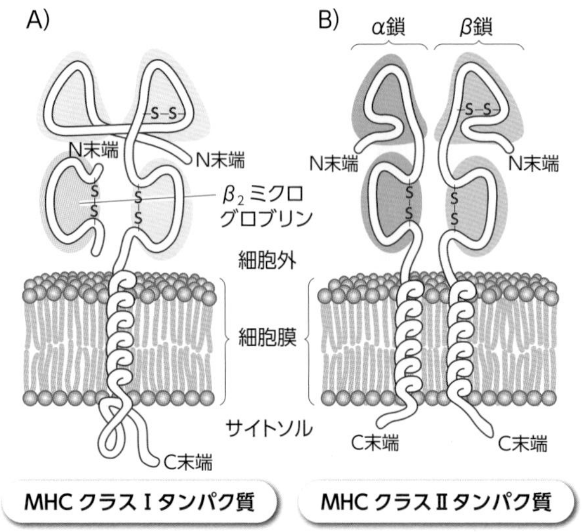
A)
B)
α鎖
β鎖
S–S
S–S
N末端
N末端
N末端
N末端
S
S
S
S
S
S
S
S
β_2ミクロ
グロブリン
細胞外
細胞膜
サイトソル
C末端
C末端
C末端
MHC クラスIタンパク質
MHC クラスIIタンパク質

●図9-38　MHCタンパク質
参考図書3をもとに作成．

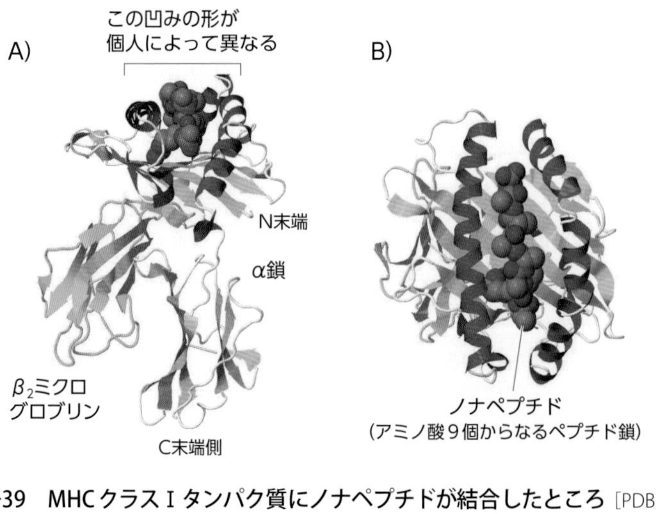
A)
この凹みの形が
個人によって異なる
B)
N末端
α鎖
β_2ミクロ
グロブリン
C末端側
ノナペプチド
（アミノ酸9個からなるペプチド鎖）

●図9-39　MHCクラスIタンパク質にノナペプチドが結合したところ［PDB：1HSA］
A）図9-38Aの細胞膜から出た部分で，見る方向を合わせている．B）上から溝を見たところ．

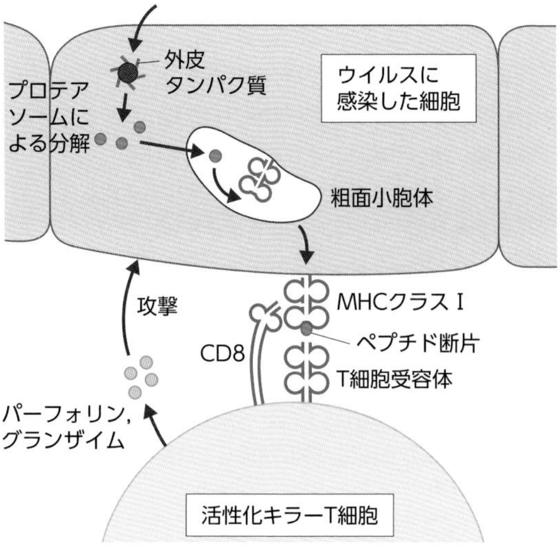
外皮
タンパク質
プロテア
ソームに
よる分解
ウイルスに
感染した細胞
粗面小胞体
攻撃
MHCクラスⅠ
CD8
ペプチド断片
T細胞受容体
パーフォリン,
グランザイム
活性化キラーT細胞

●図9-40　キラーT細胞がウイルスに感染した細胞を見つけてCD8で見極めたところ

3 T細胞受容体

いままでキラーT細胞は表札を見て，自己の細胞か非自己の細胞かを区別したり，自己の細胞であってもウイルスに感染したために自己ではないと認識していると説明してきた．

キラーT細胞はどうやって自己と非自己を認識するのだろうか．長い追求の結果，1985年になってT細胞の表面には図9-41のような**T細胞受容体**という膜タンパク質があることが明らかになった．

T細胞受容体はα鎖とβ鎖からなる．どちらも分子量4万〜5万のタンパク質で，Igと同じようにそれぞれ1個ずつの可変領域と定常領域からなっている．可変領域は，やはりIgと同じようにV，D，Jの遺伝子断片の再編成でつくられ，α鎖とβ鎖の組合わせにより複雑な立体構造がつくられる．T細胞の受容体は，MHCタンパク質と結合した異物のみを認識する．

T細胞にも，B細胞と全く同じようにクローンがあって，それぞれのクローンのT細胞受容体結合部位（図9-41の上端の部分）は少しずつ形が異なっている．可変領域の多様化は，抗体の多様性で述べたのと同じような方式で遺伝子の再編成が起こり，図9-41Bの上端に抗体と同様のポケットがつくられている．

図9-42は，T細胞受容体がペプチド断片の挟まったMHCクラスⅠタンパク質と結合している（「見ている」）模式図である．

これまでキラーT細胞は「眼」をもっていて，これで自己と非自己を見て区別しているといったが，それぞれのT細胞は見え方の異なる「眼」をそれぞれもっていることになる．

ここで，B細胞受容体とT細胞受容体の共通点と異なる点をまとめておこう（表9-4, 5）．

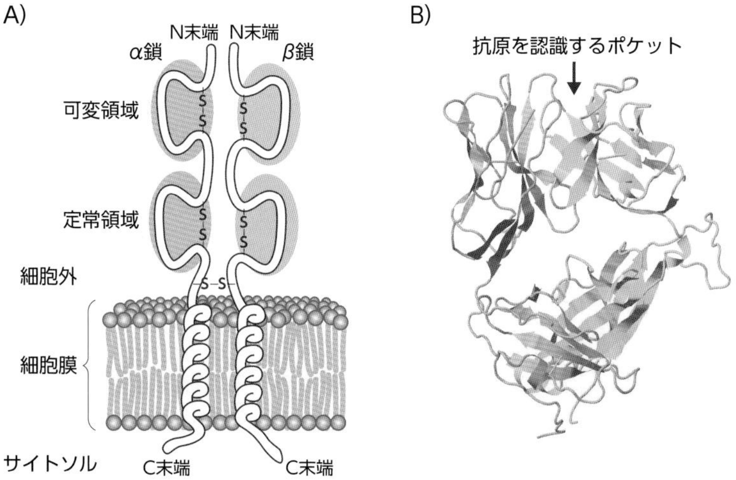
A)
N末端
N末端
α鎖
β鎖
可変領域
定常領域
細胞外
細胞膜
サイトソル
C末端
C末端
B)
抗原を認識するポケット

●図9-41　T細胞受容体［PDB：1TCR］
A）全体の模式図（参考図書3をもとに作成），B）細胞膜から突き出た部分の模型．

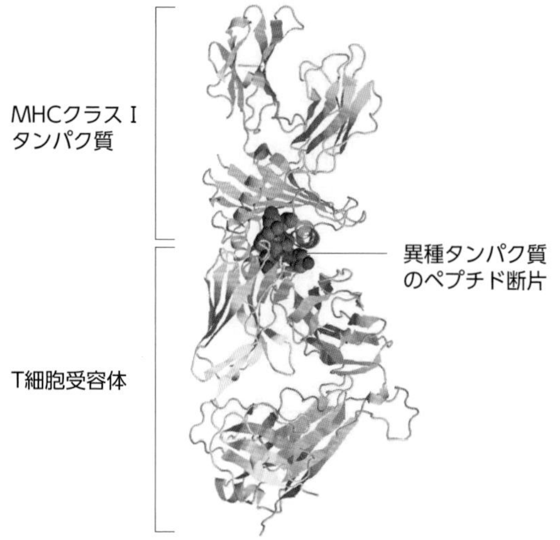
MHCクラスI
タンパク質
異種タンパク質
のペプチド断片
T細胞受容体

●図9-42　T細胞受容体が異種タンパク質のペプチド断片を結合したMHCクラスIタンパク質を「見ている」ところ［PDB：1BD2］

●表9-4　B細胞受容体とT細胞受容体の共通点

①膜に埋め込まれたタンパク質である
②細胞表面に何千もの同一のタンパク質が埋まっている
③抗原に出会う前に，すでにつくられている
④コードする遺伝子は組換えによってつくられる
⑤特異性の高いユニークな結合部位をもつ
⑥この結合部位で抗原のエピトープと結合する
⑦結合部位とエピトープの関係は「鍵と鍵穴」の関係である
⑧結合は非共有結合である
⑨うまく結合が成立し，いくつかの刺激因子があると，細胞はG_0から細胞周期に復帰して分裂を繰り返して数を増やす

●表9-5　B細胞受容体とT細胞受容体の異なる点

①構造が異なる膜タンパク質である
②コードしている遺伝子は当然別である
③結合するポリペプチド断片が異なる（B細胞では抗原表面のエピトープ，T細胞ではMHCクラスIタンパク質と挟まった断片）

9-9　免疫機能の制御と記憶，訓練など

B細胞による体液性免疫と細胞傷害性T細胞による細胞性免疫について説明してきたが，これらは勝手に発動されるわけではない．すでに述べたように，樹状細胞から情報を引き継いだヘルパーT細胞が発動をコントロールしている．

1　ヘルパーT細胞は獲得免疫の司令塔

p.231で述べた3点セットがそろって活性化したヘルパーT細胞は，体細胞分裂によってその数を増やしていく．数を増やしたら，手分けをする．あるものはリンパ節に残り，あるものは血流によって末梢へ移動する．傷口ではすでに好中球やマクロファージが臨戦態勢に入っていて，誘引するサイトカインを出しているので場所は特定できる．こうして活性化ヘルパーT細胞は3つのことを行う．①マクロファージのさらなる活性化，②キラーT細胞の活性化，③B細胞の活性化，である．

❶マクロファージのさらなる活性化

マクロファージはすでにToll様受容体で病原体を認識して貪食をしているのだが，ちょっと疲れが出てきている．そこにカツを入れるのがヘルパーT細胞である．ここでマクロファージも抗原提示をできることが活きてくる．マクロファージがMHCクラスIIタンパク質で抗原提示を行っているので，活性化ヘルパーT細胞はT細胞受容体でこれと結合し，さらにCD4で結合を強化する．その結果，ヘルパーT細胞はインターロイキンを放出してマクロファージにカツを入れる．再び強く活性化したマクロファージは，頑張って貪食を続けられるようになるのである（図9-43）．

❷キラーT細胞の活性化

キラーT細胞がMHCクラスIタンパク質とそこに挟み込まれた異物を認識して，その細胞を殺すことはすでに9章-8で説明したが，このときはキラーT細胞がどのようにして活性化するかについては触れなかった．

ナイーブなキラーT細胞は，樹状細胞によって活性化される．樹状細胞にもMHCクラスⅠタンパク質が発現しており，ウイルスの脱ぎ捨てた外皮タンパク質はプロテアソームで分解され，断片となってこのタンパク質に挟み込まれて細胞表面に提示される．キラーT細胞はこれをT細胞受容体によって認識して結合し，CD8によって結合が強化され，さらに樹状細胞によって活性化されたヘルパーT細胞が放出するインターロイキンを浴びて，活性化する（図9-44）．

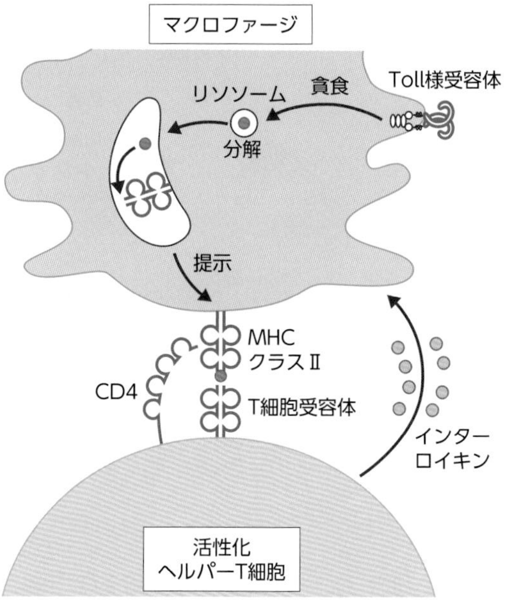
マクロファージ
リソソーム
貪食
Toll様受容体
分解
提示
MHC
クラスⅡ
CD4
T細胞受容体
インター
ロイキン
活性化
ヘルパーT細胞

●図9-43　ヘルパーT細胞によるマクロファージの再活性化

❸B細胞の活性化

B細胞が形質細胞になって抗体を分泌することは，すでに9章-7で述べたが，このときは，どのようにしてB細胞が活性化するかについては触れなかった．

9章-6で説明したように，それぞれ異なる超可変領域を備えたB細胞受容体を細胞膜に発現したB細胞は，リンパ節に移動して，成熟ナイーブB細胞として待機することになる．リンパ節に流れ着いた病原体やその破片がこれらのナイーブなB細胞と接触して，ぴったりとB細胞受容体と結合すると，B細胞はB細胞受容体ごと細胞内に取り込み（食細胞運動によるインターナリゼーション），リソソームで分解し，抗原の破片だけをMHCクラスⅡタンパク質に挟み込んで細胞表面に提示する（図9-45）．

この頃には，すでに樹状細胞によって活性化したヘルパーT細胞がリンパ節には存在するので，ヘルパーT細胞とナイーブB細胞は必ず出会うことができる．こうして活性化ヘルパーT細胞は，T細胞受容体でMHCクラスⅡタンパク質と挟み込まれた抗原断片を認識してB細胞と結合し，さらにCD4によって結合が強化されると，インターロイキンを放

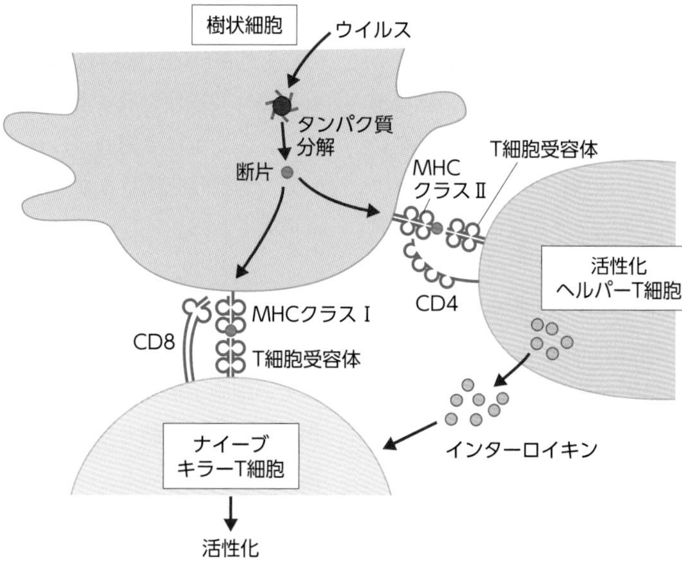
樹状細胞
ウイルス
タンパク質
分解
断片
MHC
クラスⅡ
T細胞受容体
活性化
ヘルパーT細胞
CD4
MHCクラスⅠ
CD8
T細胞受容体
ナイーブ
キラーT細胞
インターロイキン
活性化

●図9-44　ヘルパーT細胞によるナイーブキラーT細胞の活性化

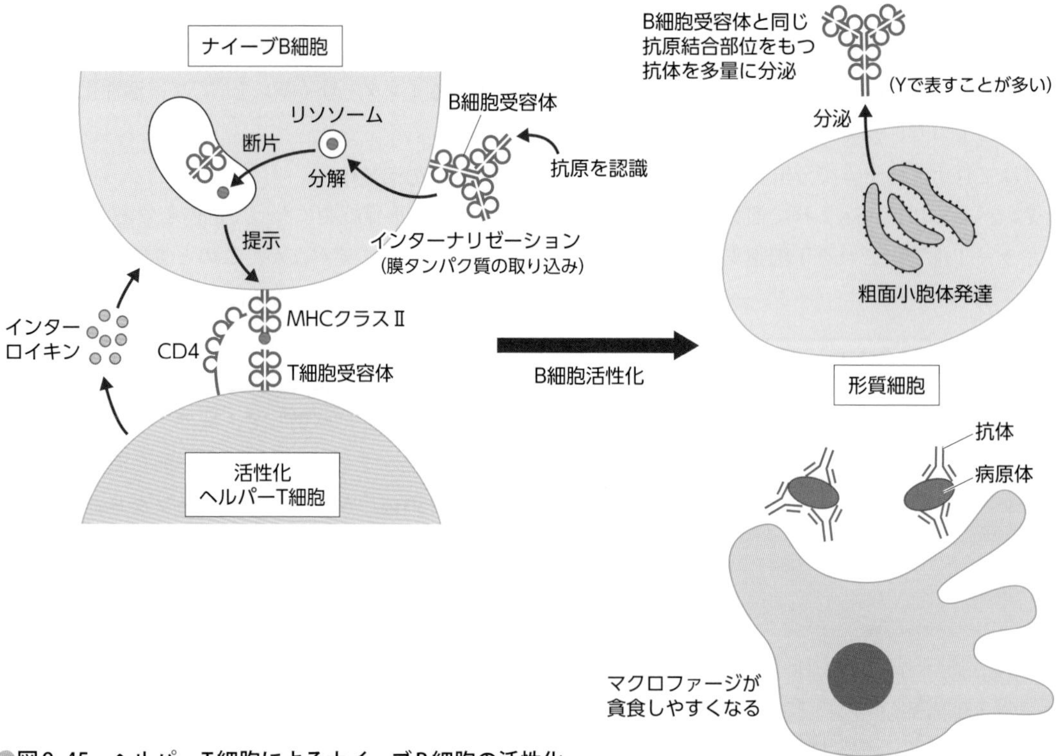
ナイーブB細胞
リソソーム
断片
分解
B細胞受容体
抗原を認識
提示
インターナリゼーション
(膜タンパク質の取り込み)
インター
ロイキン
CD4
MHCクラスⅡ
T細胞受容体
活性化
ヘルパーT細胞
B細胞活性化
B細胞受容体と同じ
抗原結合部位をもつ
抗体を多量に分泌
(Yで表すことが多い)
分泌
粗面小胞体発達
形質細胞
抗体
病原体
マクロファージが
貪食しやすくなる

●図9-45　ヘルパーT細胞によるナイーブB細胞の活性化

出する．インターロイキンはB細胞の細胞膜に発現している受容体と結合して，細胞内にセカンドメッセンジャーをつくり出し，G_0期にあったB細胞を細胞周期へと復帰させる．こうして細胞周期の一連の回転が動き出し，B細胞は増殖して分化し，形質細胞になり，自身のB細胞受容体と全く同じ超可変領域をもった抗体を分泌するようになる（図9-45）．

抗体は血流によって全身に運ばれ，最初の感染部位に到着すると，そこにある病原体と特異的に結合する（オプソニン化）．その結果，Fcフラグメントに対する受容体をもつマクロファージに選択的に貪食されるようになる．

❷と❸で樹状細胞がナイーブなT細胞やB細胞と出会うのは，リンパ節や脾臓である（⇒図9-22）．リンパ節では，これまでに述べたよりもさらに多数のサイトカイン（インターロイキンや成長因子）と膜タンパク質同士の接触による複雑な情報交換を行っているが，詳しいことは専門書に譲ることにする．

このように，ヘルパーT細胞は，獲得免疫の司令塔のような役割をしている．それに加えて強調したいのは，第二防衛ラインと第三防衛ライン（自然免疫と獲得免疫）は，樹状細胞という伝令役によって切れ目なくつながっていることである．自然免疫は決して獲得免疫の下に位置するものではなく，むしろ免疫全体にかかわる重要なステップなのである．

また，ショウジョウバエのToll経路とImd経路は，それぞれ哺乳動物自然免疫のTLR経路とTNF-α経路に共通性を示すように，長い進化の歴史のなかで，生まれつき備わった自然免疫の機構は，細かい点での変化を受けながら連綿と受け継がれてきたと考えられる．

2 記憶細胞

B細胞が増殖分化をして形質細胞になるとき，すべての細胞が形質細胞になるのではない．一部は分化していない細胞としてとっておかれる．これを**記憶細胞**とよんでいる．

この記憶細胞があるから，次に同じ抗原が侵入したときに記憶細胞はすばやく反応して抗体を多量につくることができる．これを**二次反応**（secondary

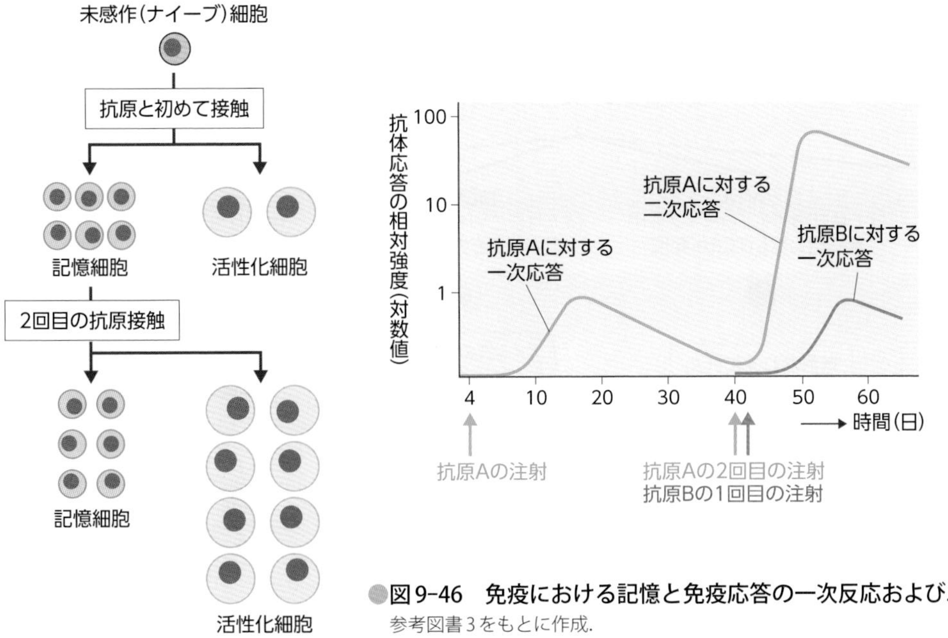

未感作(ナイーブ)細胞
抗原と初めて接触
記憶細胞
活性化細胞
2回目の抗原接触
記憶細胞
活性化細胞
抗体応答の相対強度(対数値)
100
10
1
抗原Aに対する
一次応答
抗原Aに対する
二次応答
抗原Bに対する
一次応答
4
10
20
30
40
50
60
時間(日)
抗原Aの注射
抗原Aの2回目の注射
抗原Bの1回目の注射

図9-46 免疫における記憶と免疫応答の一次反応および二次反応の違い
参考図書3をもとに作成.

response）といっている．それぞれの抗原に対しては，それぞれ独立した**一次反応**（primary response）が起こる（図9-46）．

T細胞も樹状細胞の刺激で活性化して増殖をするが，全部が実働部隊となるのではなく，一部の細胞は記憶細胞としてとっておかれる．上に述べた二次反応には，これらの記憶細胞も二次反応のすばやい立ち上がりに関与すると考えられている．

3 胸腺での訓練

骨髄の造血幹細胞がT細胞になるためには胸腺で訓練を受けると概略図にあるが，それはどんな訓練なのだろうか．

骨髄でつくられたばかりの幹細胞が胸腺まで移動して中に入るまでに，T細胞受容体の遺伝子は，B細胞の多様化のところ（⇒9章-7④）で説明したのと同じようにつなぎ合わされ，多様な細胞群ができる．そのため，偶然の組合わせでつくられた，必要のないT細胞受容体をもったものまでできてしまう．これらの細胞は，メッシュのように発達した胸腺の上皮細胞の上を移動していくうちに選別される（図9-47）．

まずT細胞受容体の発現していない細胞は選択されずに死ぬ．次にMHCタンパク質を認識できるかどうかが試される．認識できないT細胞受容体をもった細胞は生き延びられずに死ぬ．さらに自己のMHC（あるいはMHCと自己のペプチドの結合したもの）に強く反応するT細胞受容体をもった細胞はアポトーシス（⇒10章-2）を起こして死んでしまう（負の選択）．

こうして，自己が侵害されたときのみそれを認識し，自己そのものを破壊することがないことを保証されたT細胞のみが成熟し，胸腺から出て末梢のリンパ組織へ行くことを許される（正の選択）．選択は厳しく，およそ5％の細胞のみが生き残り，95％の細胞は死んでしまう運命にあるという．

胸腺ではさらに，キラーT細胞とヘルパーT細胞の機能を分担するために細胞表面分子であるCD8分子とCD4分子がそれぞれ発現する．ちなみにエイズウイルスはこのCD4分子に結合し，ヘルパーT細胞に侵入する．

このように，自己に対しては免疫機能がはたらかないように，自己のMHCを強く認識するリンパ球は除去されている．このことを**免疫学的自己寛容**（immunological self tolerance）という．

ところが，これが破れて自己抗原を非自己と認識して，攻撃を加えるようになることがある．このようにして起こる疾患を**自己免疫疾患**（autoimmune

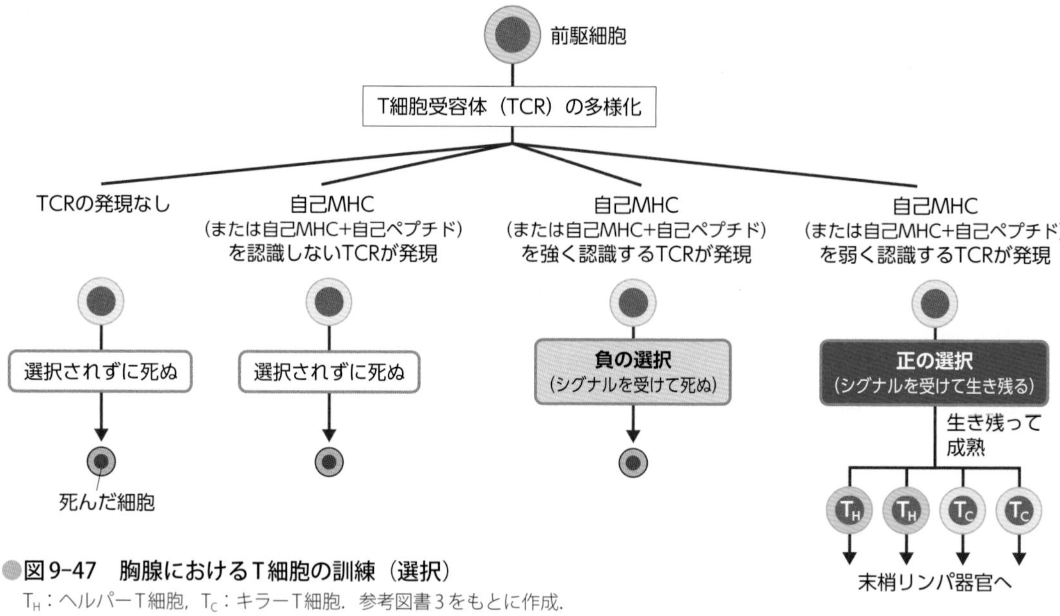
前駆細胞
T細胞受容体（TCR）の多様化
TCRの発現なし
自己MHC
（または自己MHC+自己ペプチド）
を認識しないTCRが発現
自己MHC
（または自己MHC+自己ペプチド）
を強く認識するTCRが発現
自己MHC
（または自己MHC+自己ペプチド）
を弱く認識するTCRが発現
選択されずに死ぬ
選択されずに死ぬ
負の選択
（シグナルを受けて死ぬ）
正の選択
（シグナルを受けて生き残る）
生き残って
成熟
死んだ細胞
末梢リンパ器官へ

●図9-47　胸腺におけるT細胞の訓練（選択）
T_H：ヘルパーT細胞，T_C：キラーT細胞．参考図書3をもとに作成．

disease）という．

自己免疫疾患には臓器特異性なものと全身性のものがある．主なものをあげてみよう（表9-6）．

免疫系にとって完全な自己抗原とは，胎児のうちから一生を通して自分の身体の中に十分に存在し，かつ免疫にかかわる細胞と常に接触することのできる抗原である．そのために甲状腺のチログロブリン（甲状腺濾胞の中に閉じ込められていて接触できない）や精子（精巣が成熟する思春期になって初めて現れ，しかもリンパ系から隔離されている）などは，自己として認識されない．

そこで何らかの理由で，これらがリンパ系と接触すると，異物として認識されてしまう．臓器特異性の自己免疫疾患は，かなりのものがこのような発症メカニズムによって理解できる．しかしながら全身性自己免疫疾患については，まだまだ不明な点が多い．

●表9-6　自己免疫疾患の例

臓器特異性	
血液	貧血，白血球減少症，血小板減少症
中枢神経系	アレルギー性脳炎，脱髄疾患
内分泌腺	慢性甲状腺炎（チログロブリン），バセドウ病（TSH受容体），アジソン病（副腎細胞），糖尿病（インスリン受容体），若年性糖尿病（膵臓ランゲルハンス島B細胞）
消化管	悪性貧血，潰瘍性大腸炎，クローン病
肝臓	慢性肝障害
腎臓	グッドパスチャー型腎炎（腎糸球体基底膜），連鎖球菌感染後腎炎
筋肉	重症筋無力症（アセチルコリン受容体）
眼球	ぶどう膜炎，交感性眼炎（水晶体）
皮膚	疱疹状皮膚炎，紅斑性狼瘡，水疱性類天疱瘡
全身性	
	全身性エリテマトーデス，シェーグレン症候群，ベーチェット病，リウマチ性関節炎　など

注：（ ）内のタンパク質に対する抗体ができてしまい発症する．

4 免疫グロブリンスーパーファミリー

抗体，T細胞受容体，MHCタンパク質，CD4，CD8などはいずれも似た構造をしている（図9-48）．どの分子もアミノ酸70～110個からなるドメインを1個または複数個もっている．ドメインは2つの逆平行のβシート構造がサンドイッチのように向き合い，S-S結合で安定化されている．多くの分子は二量体（ダイマー）かオリゴマーで，1つの鎖のドメインは他の鎖のドメインと相互作用をもつ．

これほど構造が似ているのは，おそらくIg様ドメインの1つから，長い進化の間に遺伝子重複により多種類のファミリーメンバーが生じたためであろうと考えられている．

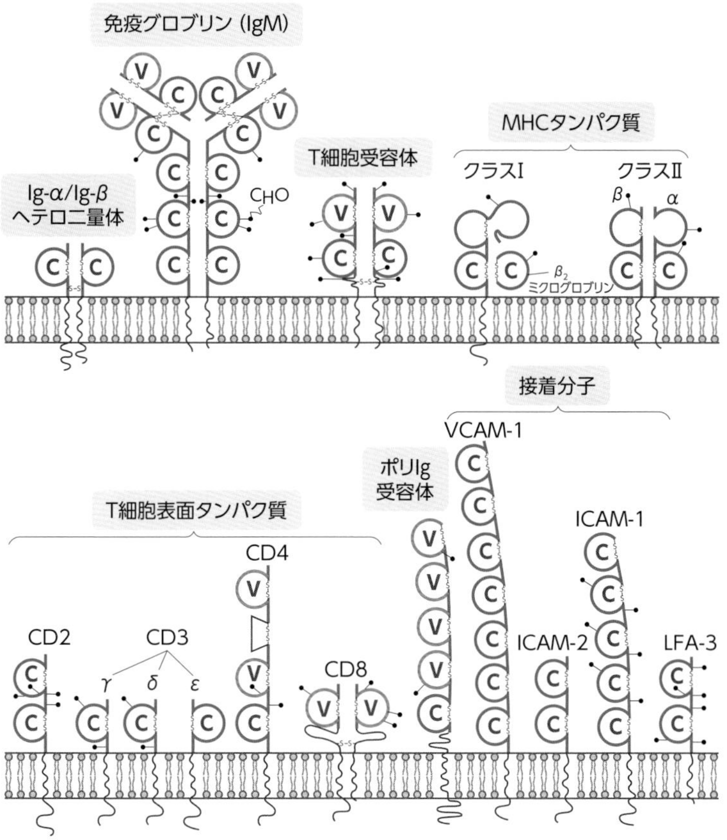

免疫グロブリン（IgM）
Ig-α/Ig-β
ヘテロ二量体
CHO
T細胞受容体
MHCタンパク質
クラスI
クラスII
β_2
ミクログロブリン
接着分子
VCAM-1
ポリIg
受容体
T細胞表面タンパク質
ICAM-1
CD4
CD2
CD3
ICAM-2
LFA-3
CD8

●図9-48　免疫に関与する膜タンパク質と細胞接着タンパク質はお互いによく似た構造である
C：定常領域，V：可変領域

9-10　もう１つの獲得免疫

獲得免疫の説明に際して，無脊椎動物から一気にヒトを中心とした哺乳類にジャンプしてしまったが，その間はどうなっているのか疑問に思われたことだろう．基本的には，脊椎動物のうち，軟骨魚類より分類学的に上位の，顎をもった動物群（顎口類）では，免疫グロブリン（Ig），T細胞受容体，MHCを中心とした獲得免疫の機構は同じである．

ところが脊椎動物のうち，分類学上で一番下位に位置するヌタウナギやヤツメウナギのような円口類（無顎類）の研究がこの10年で進み，獲得免疫と言っても，これまで述べてきたものとは全く異なる免疫機構を有していることが明らかになってきた．

これらの動物では，リンパ球はIgをもたず，代わりにVariable Lymphocyte Receptor（VLR）とよぶ受容体をもっている（図9-49左端）．興味深いことに，VLRの構造は，ロイシンリッチリピート（LRR）とよぶタンパク質のモチーフ構造を有し，これはToll様受容体のところ（⇒p.226）で説明した構造と同じである．

Igは上端の凹みで抗原を認識するが，VLRではこれとは異なり馬蹄形のポケットで抗原を認識する．この部分は，ロイシンリッチリピートの名前が示すように，β鎖とループの繰り返し構造をしている（図9-49右）．遺伝子を調べると，N末端側の定常部とC末端側の定常部に挟まれて，10個ほどの可変モジュールがあることがわかった．この可変モジュールは，リンパ球の分化の過程で遺伝子上にちらばって存在する何百もの可変モジュールをカセットのように集めてつなぎ合わせて，多様な抗原認識部位を生み出しているのである．

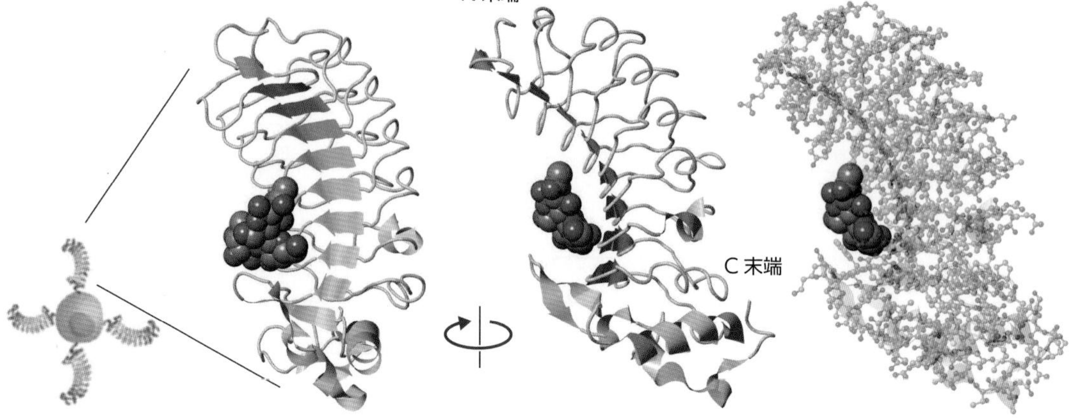
N 末端
C 末端
ヤツメウナギの
リンパ球
VLR

●図9-49　ヤツメウナギのVariable Lymphocyte Receptor（VLR）[PDB：5UFC]
空間充填模型で示した分子は，三炭糖の抗原．左端の図は，リンパ球に対してVLRを強調して大きく描いている．右端の図はリボン構造（緑色）と棒球モデルを重ねて，凹みが抗原を認識する様子を強調している．

さらに，抗原を認識すると，このリンパ球はこのVLR部分を増産して分泌するようになる．まさに，B細胞が形質細胞となって抗体を分泌するようになるのと同じようにふるまうのだ．

詳しくは書かないが，VLRには3種類あり，T細胞と同じようなはたらきをするものも存在する．無顎類は，Igドメインを使わずに，顎口類の獲得免疫システムと全く同じような獲得免疫のシステムをもっているのである．

無顎類は自然免疫で使っていたロイシンリッチリピートというタンパク質モチーフを利用して，進化の過程で獲得免疫システムを構築した．一方の顎口類はこの方式を捨てて，細胞接着などで使われていたIgドメイン（図9-48）を利用した獲得免疫システムを，全ゲノム重複（WGD）により新たに構築したと考えられている．

章末問題

解答➡

問1　体内への病原体の侵入を防ぐヒトの第一防衛ラインについて，整理して述べよ．

問2　貪食作用をもつマクロファージは，どのようにして病原体を認識しているのか，本文に書いてあることを手がかりに，さらに調べてみよ．

問3　主要な抗体分子であるIgGについて，抗体としての役割がわかるように，その構造について述べよ．

問4　細胞性免疫において，キラーT細胞はどのようにしてウイルスに感染した細胞を攻撃するのか，述べよ．

問5　骨髄の造血幹細胞からつくられたばかりのT細胞は胸腺に送られ，「訓練」を受けて一人前になる．なぜ訓練を受ける必要があるのか，また訓練の内容はどのようなものか，述べよ．

Column　GFPの発見とその応用

2008年度のノーベル化学賞は，GFP（green fluorescent protein，緑色蛍光タンパク質）の発見とその応用への展開の功績により，日本人下村脩を含む3人の研究者に贈られた（http://nobelprize.org/nobel_prizes/chemistry/laureates/2008/illpres.html）.

GFPは，1962年に下村脩によって，オワンクラゲからイクオリンとともに発見された．イクオリンはカルシウムイオンと反応して青色の光を発するが，オワンクラゲは緑色の光を発する．イクオリンの青色の光がGFPによって緑色の光に変えられるからである．含有量が少なかったために，何年もかかって分離・精製され，明らかにされたGFPの構造はきわめて異色のものだった．GFPは238個のアミノ酸からなる1本のポリペプチド鎖で，65番目のセリンと67番目のグリシンが翻訳後に自動的に縮合し，66番目のチロシンが修飾され，これらが発色団となっていたのである（図1）．つまりポリペプチド鎖の中に発色団が組込まれていたのだ．ホタルなどでは別の分子である基質ルシフェリンを酵素ルシフェラーゼが酸化することで発光するが，GFPは紫外線を当てると単体で光を発し，基質を必要としないのである．

立体構造もユニークで，βシートでぐるりと囲まれたコップの中に，1本のαヘリックス部分が入り込み，その真ん中が発色団になっている（図2）.

1992年になってオワンクラゲGFPの遺伝子が同定され，その後，遺伝子はベクターに組込まれて遺伝子導入できるようになり，リポーター遺伝子としてきわめて有効であることが明らかになる．さらに発色団のアミノ酸を修飾して，緑色だけでなく赤や黄色など，虹と同じ7色の色が出せるようになった．

GFP遺伝子を発現を検知したい遺伝子のプロモーター部分と読み始めの間に遺伝子導入すれば，タンパク質合成のスイッチが入るとGFPも一緒に発現するので，紫外線を当ててその細胞を緑色に光らせ，目的の遺伝子が発現していることを検知できる．こうして発光を手がかりに，細胞のいろいろな機能を調べることができるようになった．導入したGFP遺伝子は生殖細胞を通じて次の世代に遺伝していくので，導入した生物を系統として維持できる．

生きたまま細胞を観察して発光を検知できるので，神経科学の分野では，ニューロンに特異的なタンパク質に遺伝子導入して神経細胞を追跡したり，機能を調べたりするためにきわめて有効で，広く使われている．例えば樹状突起に特異的なタンパク質へGFP遺伝子を導入することで，樹状突起にある他のニューロンからのシナプスの受け口（これをスパインとよぶ）が，刺激によってダイナミックに生成したり消失したりすることが明らかになった（シナプスの可塑性）．

イクオリンはカルシウムイオンの存在を検知するために使われる．イクオリンを使って，ウニの受精の際に精子の侵入点からカルシウムイオンの波が広がっていくことが示された（⇒図8-10）．

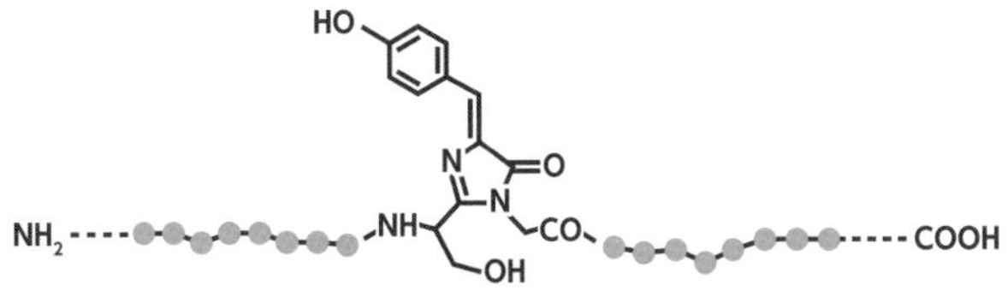

HO
N
O
N
NH_2
NH
CO
OH
COOH

●図1　GFPの構造式

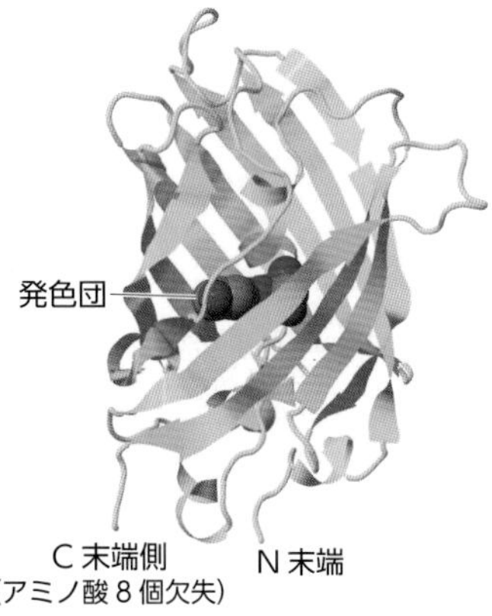

発色団
C末端側
（アミノ酸8個欠失）
N末端

●図2　GFPの立体構造［PDB：1GFL］

Column バイオテクノロジー

1970年代の中頃から始まった組換えDNA技術（recombinant DNA technology）は，応用技術までを含めて遺伝子工学（genetic engineering）に発展し，生物学の研究に欠かせないツールの1つになった．組換えDNA法によるDNA塩基配列の決定とDNAの導入技術などが医療や畜産，農業へ応用され，いまやバイオテクノロジーという大きな研究分野となっている．

1. DNAクローニング

DNAは化学的には安定な分子だが，そのままでは大きすぎるので，適当な大きさに制限酵素（restriction enzyme）で分断する．*Hind* Ⅲという制限酵素は，5′-AAGCTT-3′という回文構造を認識してDNAを切断し，両端にのりしろができる．こののりしろ同士をつなげるのが，DNAリガーゼである．このようなはさみとのりを使ってDNAを大腸菌のプラスミドに組換えて大腸菌に導入し，大腸菌を増殖すれば，組換えたDNAを増幅することができる（これを分子生物学ではクローニングとよんでいる）．

増幅すれば，DNAシークエンサーを使って塩基配列を決定できる．具体的には，プライマーを4種の蛍光色素で標識し，キャピラリーを泳動槽にして高電圧をかけて高速で泳動を行い，レーザーによって蛍光を検出し，泳動しながら塩基の種類を連続的に同定していく，といった手法がある．

2. PCR法

DNAの塩基の配列がわかれば，塩基領域の両端を挟むプライマーを設計して合成し，これを使って挟まれた領域のDNAをPCR（polymerase chain reaction）法により増幅することができる．PCR法は，DNA二本鎖の水素結合を加熱して解離し，次に温度を下げて両端を挟むプライマーを加えて相補的な結合を起こさせ，熱変性しない*Taq* DNAポリメラーゼでDNA合成を行う．こうして最初のサイクルで二本鎖DNAが2本できる．温度を上げて二本鎖DNAを一本鎖にし，温度を下げてDNAの合成を起こすというサイクルをn回繰り返せば，原理的には2^n本の二本鎖DNAが得られる（図1）．

3. DNAの比較

DNAの塩基配列中には，5～30塩基対の単位が数十回繰り返されて500～20,000塩基対にわたって連続した領域（ミニサテライト）が，多くの場合，染色体の末端近くにあり，繰り返しの数に多型（個人差）が存在する．GTのような2塩基が繰り返す領域（マイクロサテライト）もあり，やはり繰り返しの数に多型が存在する．

繰り返し数の個人差を比較して，個人識別や親子判定をすることができる．図2のようにサテライト領域の両端を制限酵素で切断して電気泳動にかければ，2つのバンドが現れる．子は，両親の2本のバンドのどちらかを1本ずつもつ．現在ではサテライト領域を挟むプライマーを設計し，PCR法でDNAを増幅して電気泳動にかけてバンドの分析を行う．

4. 遺伝子導入

発現ベクターに有用遺伝子を導入して大腸菌に組込み，タンパク質を合成させることができるので，手に入りにくかったヒトのインスリン，血友病の第Ⅷ，Ⅸ因子，成長ホルモン，エリスロポエチンなどがつくられている．

また，他の生物へ遺伝子を導入して品種の改良が行われている．ヒトでもウイ

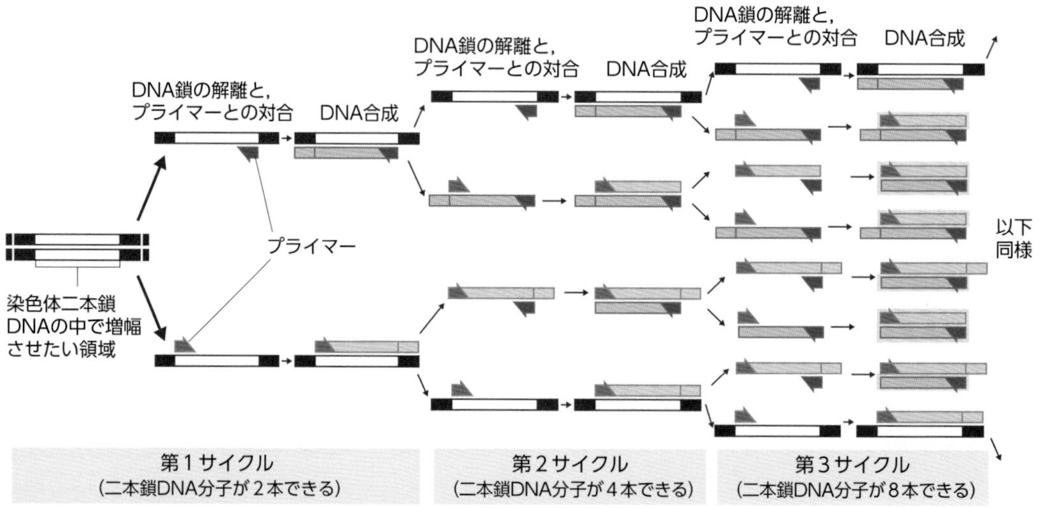

DNA鎖の解離と，プライマーとの対合
DNA合成
DNA鎖の解離と，プライマーとの対合
DNA合成
DNA鎖の解離と，プライマーとの対合
DNA合成
プライマー
染色体二本鎖DNAの中で増幅させたい領域
以下同様
第1サイクル（二本鎖DNA分子が2本できる）
第2サイクル（二本鎖DNA分子が4本できる）
第3サイクル（二本鎖DNA分子が8本できる）

●図1　PCR法の原理

ルスをベクターとして遺伝子を導入し，病気の治療に使う方法が検討され，実施されている．

さらにマウスの受精卵に遺伝子を導入して発現させた遺伝子導入マウス（transgenic mouse）がある．成長ホルモン遺伝子を導入することに初めて成功した．

これとは逆に，目的とする遺伝子をマウスから取り出して発現しないように修飾し，これを胚性幹細胞に挿入して正常遺伝子と相同組換えを起こさせると，遺伝子がはたらかないノックアウトマウスが得られる．こうしてその遺伝子の生体でのはたらきを調べることができる．

5．ゲノム編集

ベクターを用いた遺伝子導入では，狙ったところに遺伝子を導入することができず，イチかバチかで多数回，試みて結果を見る他なかった．その後，部位特異的なヌクレアーゼを使って，狙った遺伝子を改変する方法が開発され，ゲノム編集とよばれるようになる．現在，最もよく使われているのは，クリスパー・キャスナイン（CRISPR/Cas9）という方法である．

CRISPR/Cas9は，細菌で見つかったCRISPR（Clustered Regularly Interspaced Short Palindromic Repeats）という塩基配列と，この配列を認識して結合しDNAの二重らせんを切断するCas9という酵素を利用する．細菌は，この2つの分子を，ウイルスの感染によって侵入した外来のDNAを切断して対抗する手段に使っている．この系が，細菌以外の哺乳類を含む生物の細胞内でも使えることがわかり，応用が急速に進んだ．化膿レンサ球菌から得たCas9がよく使われている．

ゲノム上の狙った塩基配列を切断するためには，この塩基配列と同じ塩基数20の短いRNAとCRISPRを結合した短鎖のガイドRNA（sgRNA）を作製する．このsgRNAとCas9を細胞に導入すると，Cas9とsgRNAの複合体が，導入された細胞のゲノム中の狙った塩基配列を見つけ出し，その部分の水素結合を開いて結合し，DNAの両方の鎖を切断する（図3左）．

切断を受けたDNAは細胞に備わった修復酵素により修復が行われるが，その際，塩基の欠失や挿入が起こる．欠失が起こった場合は，狙った塩基配列を含む遺伝子が機能を失う（ノックアウト）．一方の挿入の場合は，同時に挿入したい遺伝子を含む断片を導入しておくと，これが切断部位に取り込まれて，遺伝子導入（ノックイン）が成立する．

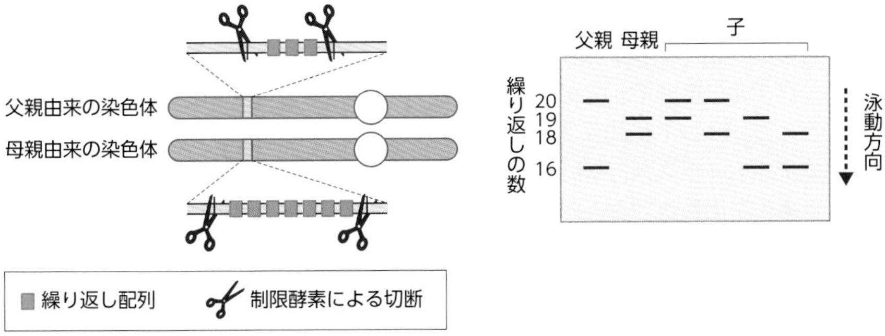

父親由来の染色体
母親由来の染色体
父親 母親
子
繰り返しの数
20
19
18
16
泳動方向
繰り返し配列
制限酵素による切断

●図2　サテライト領域を比較して親子判定をする

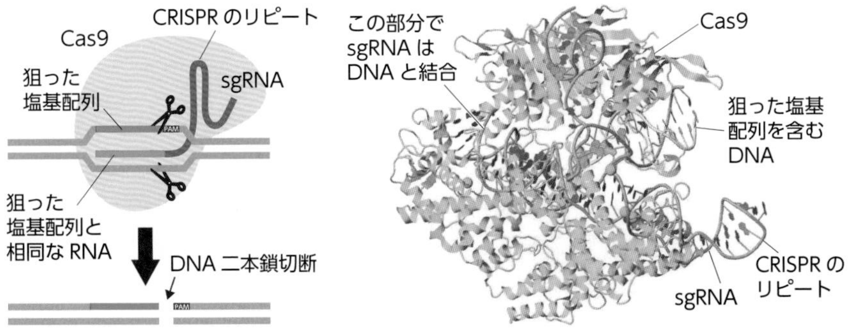

Cas9
CRISPR のリピート
狙った塩基配列
sgRNA
PAM
狙った塩基配列と相同な RNA
DNA 二本鎖切断
この部分で sgRNA は DNA と結合
Cas9
狙った塩基配列を含む DNA
CRISPR のリピート
sgRNA

●図3　クリスパー・キャスナインのはたらきを示す模式図と実際の分子群［PDB：4UN3］

10章 生きること，死ぬこと（細胞の再生と死，個体の死）

細胞は無限の分裂能力を備えてはいない．DNAを複製する過程で，ラギング鎖ではRNAプライマーを除いたあとの短い領域が，複製の進む前方の端で必ず残ってしまい，3′側の鎖が短くなる．そのためDNAの両端には，遺伝情報をもたないテロメア領域があって体細胞分裂ごとに短くなり，分裂回数を計測するカウンターの役割を担っていると考えられている．テロメア領域の長さは有限なので，体細胞ではカウンターが一定の数に達すると分裂能力を失う．ところが生殖細胞ではテロメラーゼという酵素が発現していて，短くなったテロメア領域を元の長さに戻すので，無限に細胞分裂を続けられる．皮膚上皮細胞や小腸上皮細胞を供給し続ける幹細胞にも，テロメラーゼが発現している．

まだ分裂能力を残していても，傷がつけば細胞はネクローシスを起こして死ぬ．このような外傷による死とは異なり，細胞が自ら死ぬ場合がある．これをアポトーシスといい，特徴的な過程をたどって断片化し，マクロファージに処理される．アポトーシスは，DNAの複製エラーや突然変異によるDNAの損傷が起こると誘導され，細胞のがん化を防ぐ．また，発生の過程で不要な細胞を取り除く重要な役割を担っている．

機能タンパク質をコードする遺伝子に突然変異が起こってタンパク質の機能が失われると，重大な影響が出て病気になることがある．一方，細胞の増殖に関与するシグナル伝達分子が突然変異を起こし，さらにDNAの修復機構や細胞周期のチェックポイントに関係するタンパク質をコードする遺伝子に突然変異が起こってアポトーシスが正常に起こらなくなると，細胞はがん化することがある．がんは遺伝子の病気である．老化も，遺伝子の突然変異の集積によって起こると考えられる．

10-1 細胞の再生

1 細胞再生の違いによる細胞の分類

新しい個体は受精によって誕生し，卵割とよぶ体細胞分裂によって細胞の数を増やして成体の形に成長する．成体になってしまうと，多くの細胞は細胞周期の外に退いてG_0期の状態になる（⇒7章-2）．それではもう体細胞分裂は起こらなくなるかというと必ずしもそうではない．成体になっても，膨大な数の細胞が毎日失われ，それに見合った数の細胞が体細胞分裂によってつくられている．これを**細胞再生**（cell renewal）という．

体内にはいろいろな器官があり，それを構成する組織があり，さらに組織を構成する細胞があるが，細胞を細胞再生というキーワードでみると次の三群に分類できる．

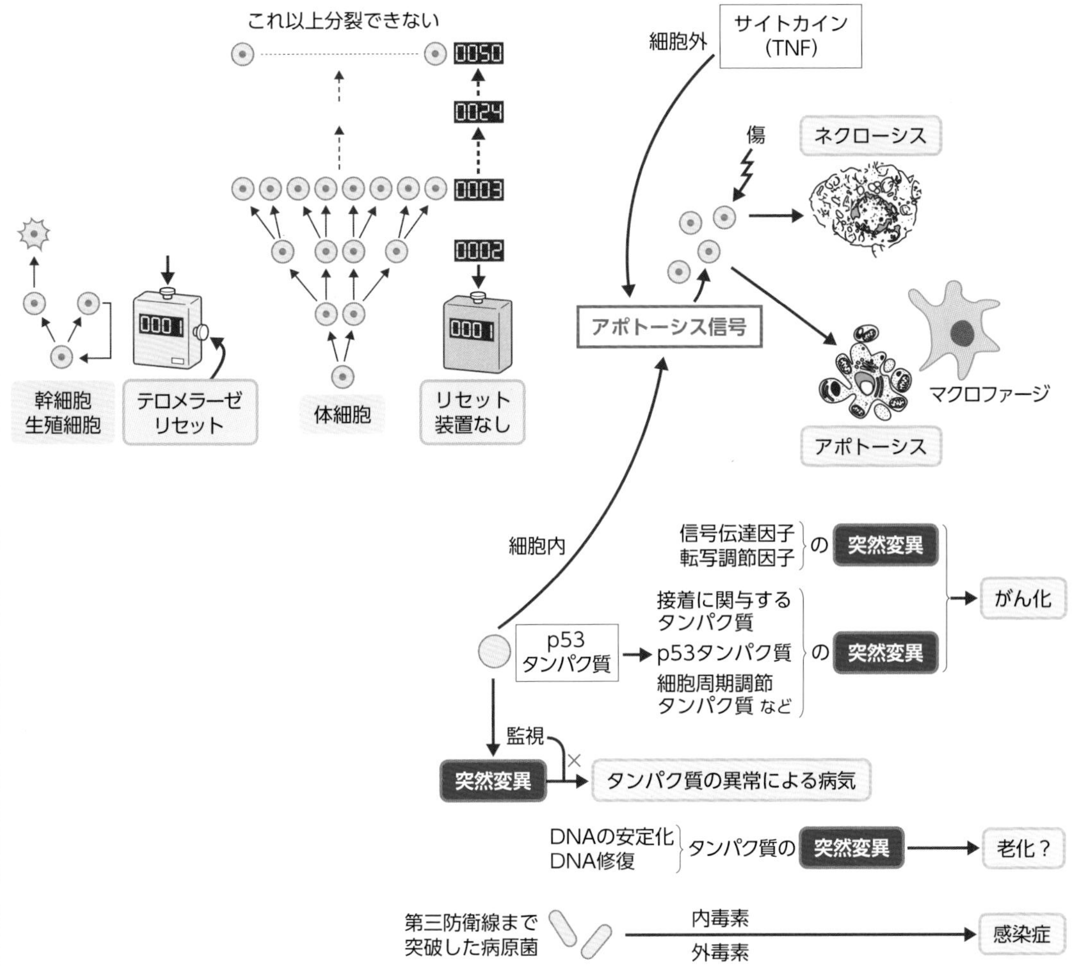

これ以上分裂できない
0050
0024
0003
0002
0001
0001
幹細胞
生殖細胞
テロメラーゼ
リセット
体細胞
リセット
装置なし
細胞外
サイトカイン
(TNF)
傷
ネクローシス
アポトーシス信号
マクロファージ
アポトーシス
細胞内
信号伝達因子
転写調節因子
の
突然変異
がん化
接着に関与する
タンパク質
p53
タンパク質
p53タンパク質
細胞周期調節
タンパク質 など
の
突然変異
監視
×
突然変異
タンパク質の異常による病気
DNAの安定化
DNA修復
タンパク質の
突然変異
老化？
第三防衛線まで
突破した病原菌
内毒素
外毒素
感染症

概略図●細胞の生と死，個体の病気と死

●幹細胞（stem cell）による細胞再生系
…皮膚，消化管，造血組織，乳腺，精巣など
●分化した細胞で，通常は1年か2年に1回，分裂して娘細胞をつくるような条件的細胞再生系
…肝臓，腎臓など（これらの細胞は，信号分子のはたらきによってG_0から細胞周期へ復帰する）
●分化した細胞で，細胞再生を行わない細胞
…神経細胞※1，心筋，目や耳の感覚細胞

2 幹細胞による細胞再生系

腸の上皮細胞は栄養の吸収を行うために傷つきやすく常に新生され，古くなったものは絨毛の先端から剥離してゆく．腸上皮細胞が新生できるのは，上皮組織の中に**幹細胞**が存在するからである．この細胞は，小腸の絨毛の間にある，陰窩（いんか）とよぶくぼみの底のほうにある（図10-1）．

皮膚の表面にある上皮細胞は，外部からの物理的

※1 一部の部位（側脳室の両側部直下，海馬の歯状回）には神経幹細胞がある．後者は学習・記憶に関係すると考えられている．前者は鼻粘膜の嗅覚細胞の再生に関係するらしい．

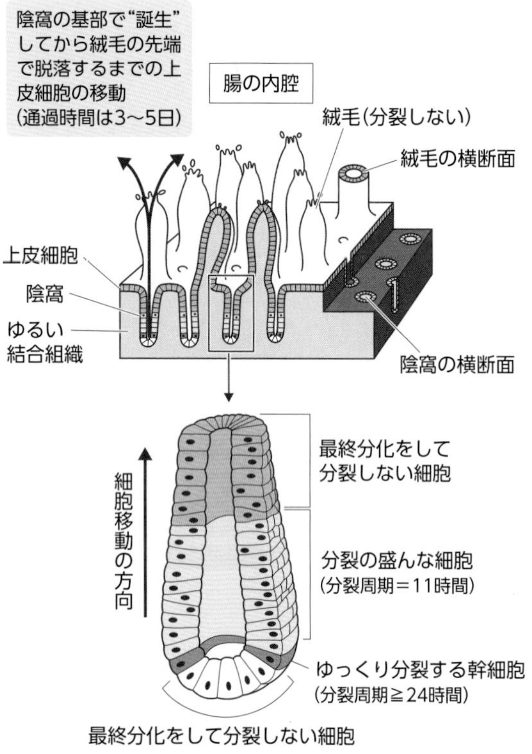
陰窩の基部で"誕生"
してから絨毛の先端
で脱落するまでの上
皮細胞の移動
（通過時間は3〜5日）
腸の内腔
絨毛（分裂しない）
絨毛の横断面
上皮細胞
陰窩
ゆるい
結合組織
陰窩の横断面
細胞移動の方向
最終分化をして
分裂しない細胞
分裂の盛んな細胞
（分裂周期＝11時間）
ゆっくり分裂する幹細胞
（分裂周期≧24時間）
最終分化をして分裂しない細胞

●図10-1　小腸の表面と陰窩の模式図
参考図書3をもとに作成.

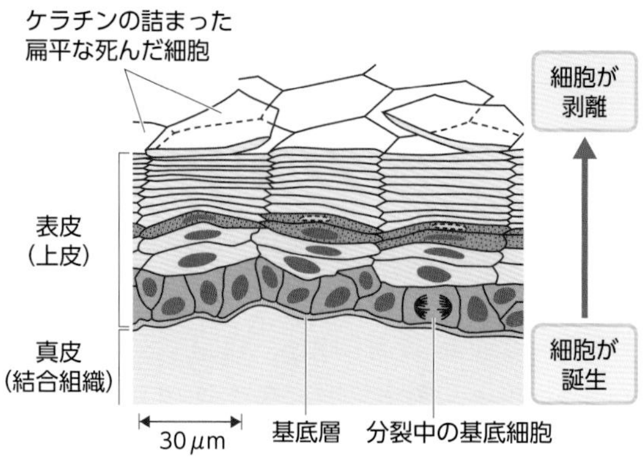
ケラチンの詰まった
扁平な死んだ細胞
細胞が
剥離
表皮
（上皮）
真皮
（結合組織）
細胞が
誕生
30 μm
基底層
分裂中の基底細胞

●図10-2　皮膚の上皮組織の模式図
参考図書3をもとに作成.

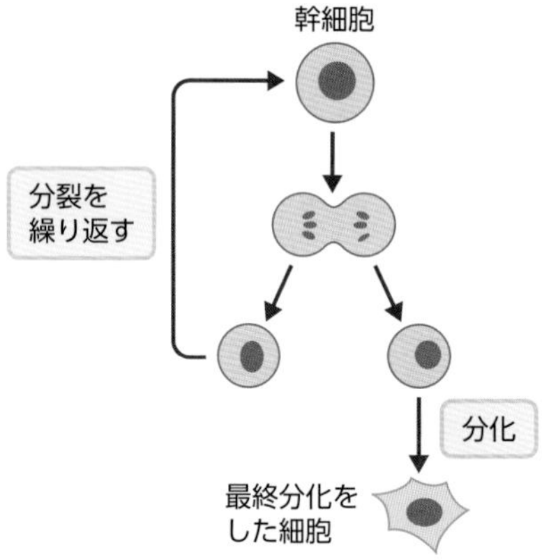
幹細胞
分裂を
繰り返す
分化
最終分化を
した細胞

●図10-3　幹細胞による細胞の新生のモデル

障害などに対抗するためにケラチンをたくさん詰め込んで扁平になり，比較的固い構造となる．表面の扁平な細胞は核を失い死んだ細胞で，やがて剥離して垢となる．そのため，皮膚上皮細胞も常に下から供給されなければならない．皮膚の上皮組織の一番下，結合組織との境に幹細胞がある（図10-2）．

このように，体を覆う上皮細胞は幹細胞による細胞再生系によって常に新しい細胞と置き換わっている．幹細胞は完全に分化した細胞ではなく，細胞分裂をして２個できた娘細胞の一方は分化して機能を現すようになるが，もう一方は幹細胞にとどまる（図10-3）．こうして個体が生きている限りは分裂を繰り返し，分化した細胞を供給し続けるのである．

腸上皮幹細胞，皮膚上皮幹細胞，精巣上皮幹細胞（⇒8章-2 2）は，それぞれ１種類の機能的細胞を生み出すが，造血幹細胞は，多種類の細胞をつくることができる．血球細胞の場合は，分化多能造血幹細胞がリンパ系幹細胞と骨髄系幹細胞に方向づけられ，さらに骨髄系幹細胞は赤血球，白血球，単球になるよう拘束を受けた幹細胞になり，その後，種類の異なるサイトカインによって，それぞれの血球細胞に分化していくと考えられている（図10-4）．

幹細胞にみられる非対称の体細胞分裂はどうして起こるのだろうか．１つは環境の非対称のため，もう１つは分裂の非対称のためである．

環境の非対称は，信号分子との結合の違いによって生じる．幹細胞の細胞表面の受容体に支持細胞の細胞表面の信号分子が結合していると幹細胞であるように指令が伝えられているが，分裂によって娘細胞の一方は支持細胞の信号分子と結合できなくなり，

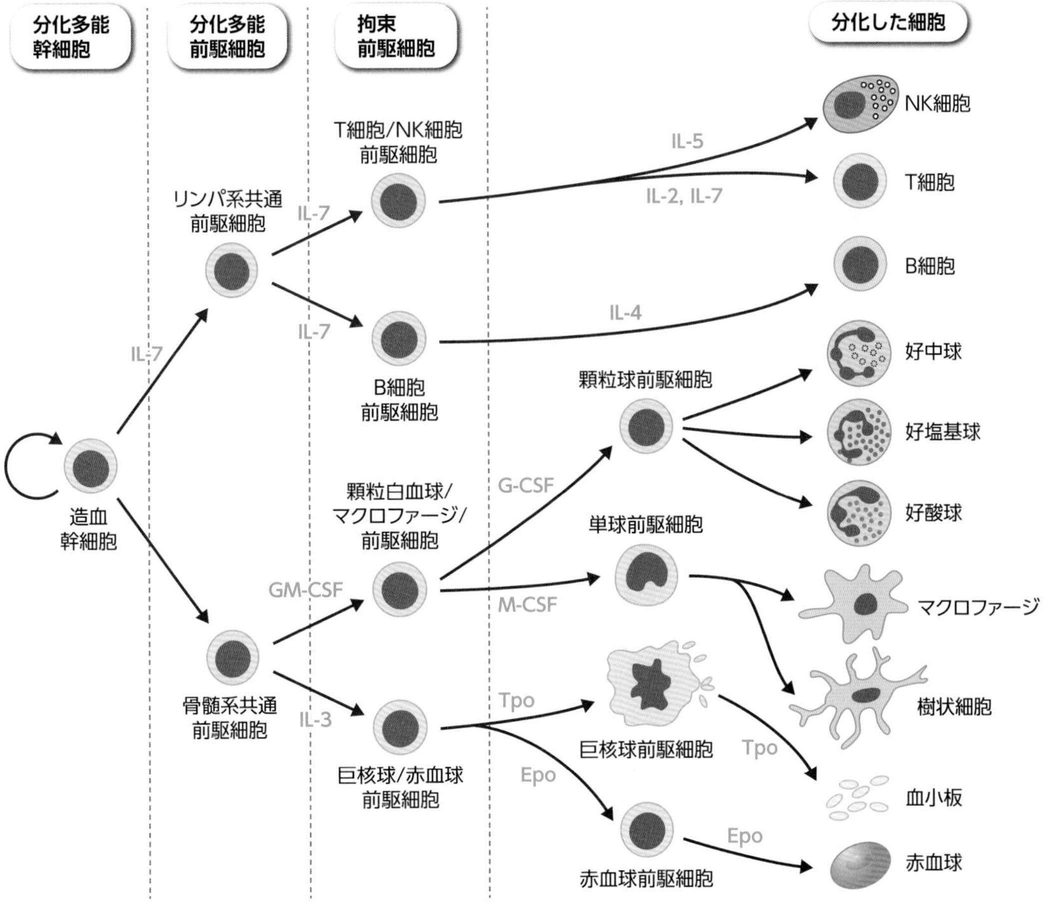
分化多能
幹細胞
分化多能
前駆細胞
拘束
前駆細胞
分化した細胞
NK細胞
T細胞
B細胞
好中球
好塩基球
好酸球
マクロファージ
樹状細胞
血小板
赤血球
T細胞/NK細胞
前駆細胞
リンパ系共通
前駆細胞
B細胞
前駆細胞
顆粒球前駆細胞
単球前駆細胞
顆粒白血球/
マクロファージ/
前駆細胞
造血
幹細胞
骨髄系共通
前駆細胞
巨核球前駆細胞
巨核球/赤血球
前駆細胞
赤血球前駆細胞
IL-5
IL-2, IL-7
IL-7
IL-7
IL-7
IL-4
G-CSF
GM-CSF
M-CSF
Tpo
Tpo
Epo
Epo
IL-3

●図10-4　造血幹細胞から血球細胞への分化
青字は主なサイトカインを示す.

その結果，分化した細胞になる．もう一方は結合が維持されるために幹細胞であり続ける．

分裂の非対称は，細胞質に存在するタンパク質やRNAが局在していて非対称なために体細胞分裂によって片方の細胞に配分されることで起こり，分配された娘細胞が分化した細胞になる．

このように組織・器官に分化したあとでも，その組織・器官に特徴的な細胞を供給し続けることができる幹細胞を，**成体幹細胞**（adult stem cell）あるいは**体性幹細胞**（somatic stem cell）とよぶ．これに対して，初期段階の胚から取り出され，まだ何の拘束も受けておらず，どのような細胞にも分化することができる幹細胞を，**胚性幹細胞**（ES細胞，embryonic stem cell）とよぶ（⇒8章p.212 Column）．

3 分化した細胞

例えば肝臓を部分切除すると数日でまた元の大きさにまで細胞が増殖する．腎臓は片方取ると残ったほうが大きくなる（**代償性肥大**という）．これは細胞分裂を停止してG_0期に退いていた細胞が，再び細胞周期へ復帰させられるためである（⇒7章-2①）．

各種の成長因子がG_0期から細胞周期へ復帰させるようにはたらく．成長因子は細胞表面の受容体に結合して細胞内に信号を送り，シグナル伝達経路を作動させて再び細胞分裂を引き起こす．

神経細胞や心筋細胞，眼や耳の感覚細胞は完全に分化し，細胞分裂を再開することはできないので，これらの細胞が失われると個体にとっては大きな影響が生じる．

骨格筋細胞は完全に分化した細胞で，幹細胞はないと考えられていたが，数は少ないが衛星細胞（satellite cell）という幹細胞があることがわかった．骨格筋が傷ついて失われると衛星細胞は筋細胞に分化して筋繊維となり，すでにある筋繊維と融合する．最近の研究によると，完全に分化してしまったと考えられていた脳にも神経幹細胞が見つかり，肝臓や膵臓にもそれぞれ幹細胞が見つかっている．さらに骨髄や脂肪組織には多能性の間葉性幹細胞が見つかり，歯にも多能性幹細胞が見つかったという報告があり，今後の研究によっては，細胞再生系の分類も見直さなければならないかもしれない．

4 細胞分裂に限りはあるのか

こうして，成体でも体細胞分裂によって細胞の数を増やして個体を維持しているが，細胞は無限に分裂を繰り返して増殖していくことができるのだろうか．

繊維芽細胞を継代培養すると，およそ50回の細胞分裂後に分裂能力を失うという観察から，ヘイフリックは「ヒト繊維芽細胞は無限に増殖できず，有限の分裂回数の後，分裂能力を失う」という仮説を提唱した．細胞分裂に限度があることを「ヘイフリック限界」とよんでいる．どうやら細胞には，細胞分裂を数えているカウンターが備わっているらしい．

❶テロメア

細胞分裂のカウンターとして注目されたのが**テロメア**（telomere）だった．テロメアは初め染色体の両方の端を保護する領域があるはずだということから名づけられたが，その後，遺伝情報を担うのがDNAであり，DNAの複製のメカニズムが明らかになると，DNAの末端問題として注目された．

原核生物のDNAは環状なので端がない．そのため問題が起きないのだが，真核生物になってDNAが線状になると，DNAを複製する場合に問題が生じることになった．線状のDNAを複製する場合，複製開始点から両方向にDNAポリメラーゼがDNAを複製していくが，どちらの方向に複製装置が進んでも必ずリーディング鎖とラギング鎖ができる（⇒7章-1）．

DNAポリメラーゼがDNAの合成を開始するためには足がかりが必要で，そのため短いRNAの断片（RNAプライマーとよぶ）が，プライマーゼによって一本鎖になったDNAに相補的に合成される．リーディング鎖では，複製開始点で1回だけRNAプライマーがつくられれば，あとはそのまま合成が進んでいくが，ラギング鎖ではDNAポリメラーゼが5′→3′方向にしか合成できないために，岡崎フラグメントを合成したら，次の岡崎フラグメントを返し縫いで合成するために，3′側の少し間をあけた先のほうにRNAプライマーを合成する必要がある（⇒7章-1③）．そのため，一番端まで来たときには，3′にRNAプライマーを置く余地がなくなってしまう．その結果，ラギング鎖では端まで完全に複製することはできず，DNAの両端で3′側が短くなってしまう．

このDNAの末端問題は，遺伝情報とは直接関係のない領域がDNAの両端にあって，細胞分裂のたびにDNAが短縮しても影響を受けないようになっていることがわかり解決された．この領域がテロメアである．ヒトのテロメアはTTAGGGが10,000塩基ほど繰り返され，この繰り返し部分の一番端は対応する相補鎖がなく，折り返されてループをつくっていて，さらにテロメア結合タンパク質によって安定化されている（図10-5）．体細胞では，細胞分裂のたびにテロメアが50～100塩基ずつ短くなることが確認され，テロメアが細胞分裂のカウンターとして機能しているだろうと考えられている．

ヒト以外の多細胞生物でもテロメアは存在するが，繰り返しの長さや単位となる塩基配列は少しずつ異なっている．

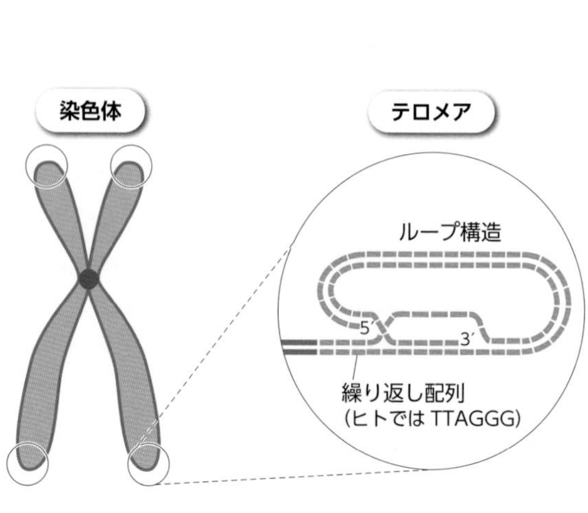
染色体
テロメア
ループ構造
5′
3′
繰り返し配列
（ヒトでは TTAGGG）

●図10-5　テロメアの構造

❷テロメラーゼ

細胞分裂を繰り返す細胞では，テロメアが短縮してしまうと困ったことになる．この点を解決するため，幹細胞ではテロメアが短縮しても元に戻す**テロメラーゼ**という酵素があることがわかった．テロメラーゼは発生の初期には発現しているが，成体になると体細胞では発現しなくなる．幹細胞による細胞再生系では発現する時期があり，これによって幹細胞は何回でも分裂ができるものと考えられている．特に，生殖細胞系列の細胞ではテロメラーゼが強く発現していて，生殖細胞が若々しいままでいることが保証されていると考えられている．

テロメラーゼがない体細胞では，体細胞分裂のたびにテロメアが短縮しても回復されず，次第に短くなり，テロメアの長さがある限界（元の半分ほど）まで来ると細胞は分裂できなくなる．これを**細胞老化**といい，個体の老化の1つの要因ではないかと考えられている．

10-2 細胞が死ぬとき

単細胞生物では細胞の死はそのまま個体の死を意味するが，多細胞生物では細胞の死と個体の死は必ずしもイコールではない．多細胞生物では，むしろ積極的に細胞の生死をコントロールして個体をつくり上げている場合がある．積極的に細胞を死に至らしめる現象をアポトーシスという．

1 ネクローシスとアポトーシスの違い

細胞がなんらかの損傷を受けたり，酸素の供給が不足したりすると，死んでしまう．そのような細胞は，まず徐々に膨らみ，ミトコンドリアも膨らんでやがて崩壊し，細胞膜が破れて中身が流れ出してしまい，周囲に炎症を起こす（図10-6）．このような細胞あるいは組織の死を壊死（えし）（**ネクローシス**，necrosis）という．

これに対して，細胞が自ら死んでいく過程を，**アポトーシス**（apoptosis）といってネクローシスとは区別している．いわば細胞の自殺である．

アポトーシスの過程はネクローシスとは異なり，細胞は縮み，核が凝縮し，細胞表面の微絨毛は消え，やがて核が断片化し，続いて細胞も断片化して大小の小胞（アポトーシス小体）になる．この過程は急速に進み，アポトーシス小体はマクロファージに取り込まれて除去されてしまい，炎症は起こらない（図10-6）．

アポトーシスの過程では，クロマチンが180～200塩基対のDNAとヒストンからなる単位に分解されるので，これをアガロースゲル電気泳動によって泳

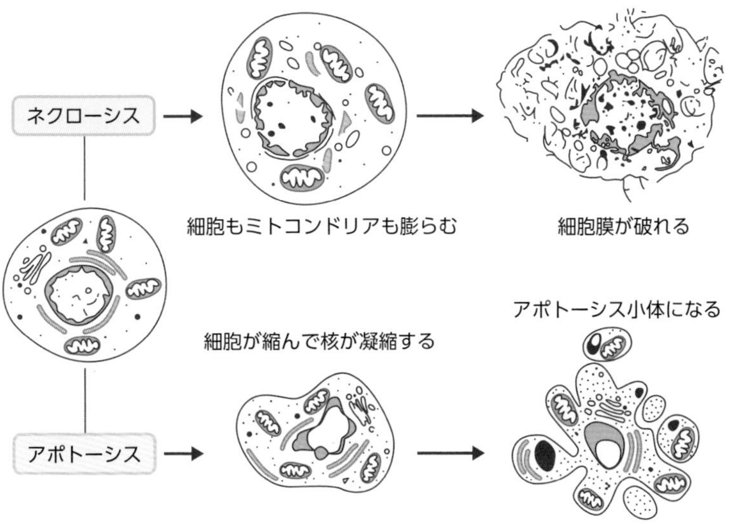
ネクローシス
細胞もミトコンドリアも膨らむ
細胞膜が破れる
アポトーシス
細胞が縮んで核が凝縮する
アポトーシス小体になる

●図10-6　ネクローシスとアポトーシスの形態的な違い

動すると，前述の単位の整数倍の位置が染まって梯子状に見える泳動パターンが得られる（DNAラダー，図10-7）．これがアポトーシスの重要な指標の1つとなる．

2 アポトーシスの起こるとき

アポトーシスは次のような場面で起こる．

①細胞の総数を調節するために余分な細胞を除く
②発生の過程で，ノミで削り落とすように余分な部分を除く
③突然変異が起こってがん化する可能性のある細胞，ウイルスに感染した細胞，自己を認識して攻撃する可能性のある免疫担当細胞を除く

肝臓切除後の再生肝では，元の肝臓の細胞数よりも多いところまで増殖が起こり，アポトーシスによって元の肝臓の大きさにまで戻される．多少，多めにつくって間引くやり方である．

これと似たような過程は，発生の各段階では頻繁に起こっている．有名な例は，鳥類の後肢の肢指の形成である．図10-8のように，ニワトリでもアヒルでも，まず大まかな肢の形がつくられる．ついでニワトリでは指の間の細胞がアポトーシスによって死んでゆく．ところが，アヒルではアポトーシスがあまり起こらないので，肢指の間には水かきが残る．ヒトの指の形成もこれと同じ過程をたどり，大まかな団扇（うちわ）状の掌から指の間の細胞がアポトーシスによって削られて，5本指がつくられる．

このような細胞死は発生のある決まった時期に起こるので，**プログラム細胞死**（programmed cell death）ということもある．

神経細胞も多めにつくられ，正しく結線されなかったものはアポトーシスによって除かれてゆく（図10-9）．標的細胞から放出される生存因子を十分に受容できなかった細胞がアポトーシスを起こす．

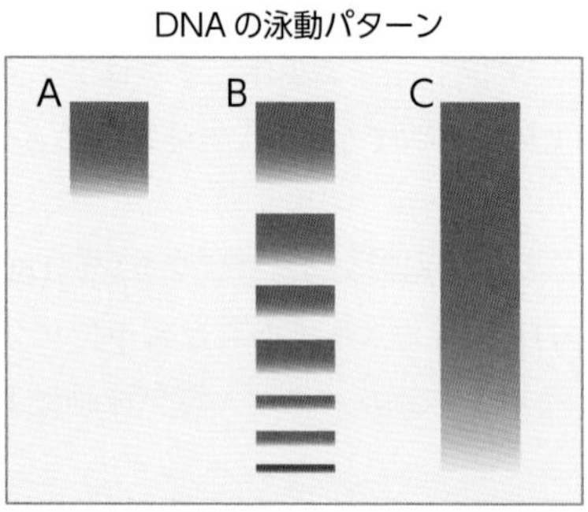
DNAの泳動パターン
A
B
C

●図10-7　アポトーシスによるDNAラダーの泳動図
A）正常な細胞，B）アポトーシスを起こした細胞，C）ネクローシスを起こした細胞

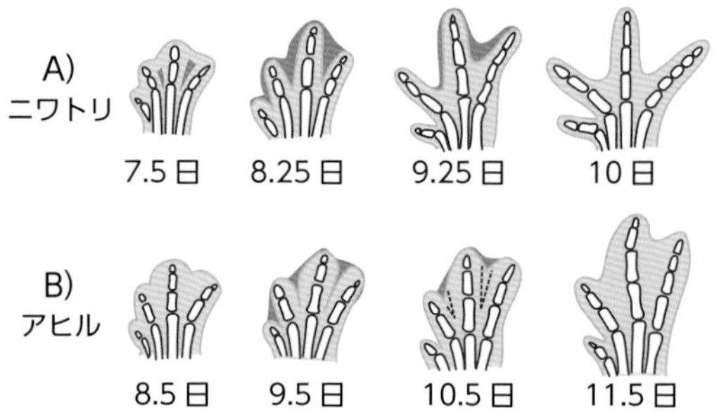
A）
ニワトリ
7.5日
8.25日
9.25日
10日
B）
アヒル
8.5日
9.5日
10.5日
11.5日

●図10-8　ニワトリとアヒルの後肢の発生

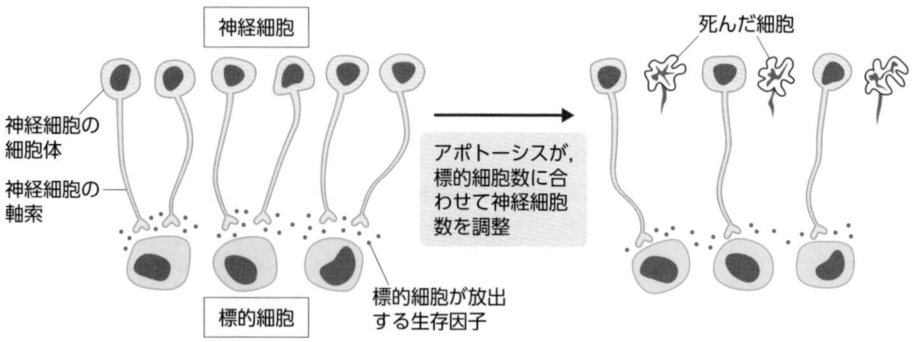
神経細胞
神経細胞の細胞体
神経細胞の軸索
標的細胞
標的細胞が放出する生存因子
アポトーシスが，標的細胞数に合わせて神経細胞数を調整
死んだ細胞

●図10-9　神経細胞は標的細胞と多めに結線し，アポトーシスによって間引く
参考図書3をもとに作成．

[3] アポトーシスの共通経路

アポトーシスの過程では，新たな転写・翻訳は起こらない．細胞内にすでにある機構を活性化して，アポトーシスを起こしている．

さまざまな場面でアポトーシスが起こるが，最終的には同じ形態学的な変化を起こし，決まった大きさのDNA断片化が起こるので，共通の経路があるに違いない．この共通経路の中で重要な位置を占める要素は，**カスパーゼ**（caspase）※2という名前で総称される複数のタンパク質分解酵素のカスケード反応であることが明らかになった．

カスパーゼには，中継型（誘導型，initiator）カスパーゼと実行型（effector）カスパーゼがある．アポトーシスの引き金が引かれると，情報は中継型カスパーゼに伝えられ，中継型カスパーゼが活性化されて実行型カスパーゼを活性化する．すると実行型カスパーゼは，DNAを分解する酵素（caspase activated DNase）を活性化してDNAを断片化するとともに，さまざまな標的タンパク質を分解してアポトーシスの過程を進行させる．このように，アポトーシス反応はカスパーゼのカスケード経路によって細胞内に急速に広がっていく（図10-10）．

[4] アポトーシスの引き金

それではアポトーシスを誘導する引き金はどのようなものだろうか．細胞の立場から見ると，①アポトーシスの引き金が細胞の外からやってくる場合と，②細胞内部に生じた不具合から引き金が引かれる場合の２つに大きく分けることができる（図10-10）．

❶細胞外から引き金が引かれる場合

①はさらに具体的な引き金分子が存在する場合と，細胞同士の接着が外れることが引き金になる場合に

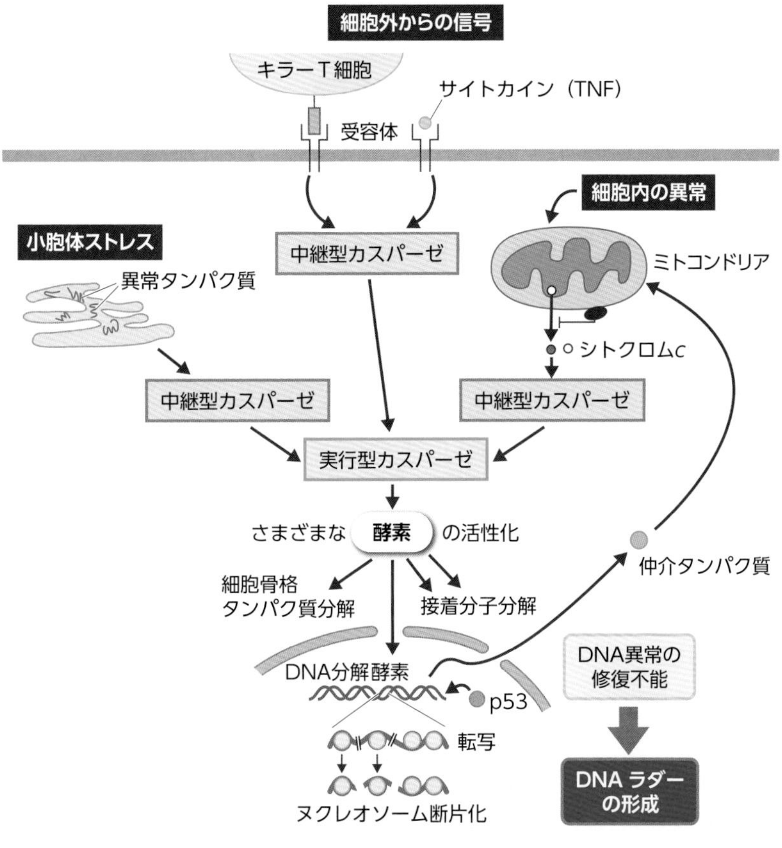

細胞外からの信号
キラーT細胞
サイトカイン（TNF）
受容体
細胞内の異常
小胞体ストレス
中継型カスパーゼ
ミトコンドリア
異常タンパク質
シトクロムc
中継型カスパーゼ
中継型カスパーゼ
実行型カスパーゼ
さまざまな
酵素
の活性化
仲介タンパク質
細胞骨格
タンパク質分解
接着分子分解
DNA異常の
修復不能
DNA分解酵素
p53
転写
DNA ラダー
の形成
ヌクレオソーム断片化

●図10-10　カスパーゼのカスケード経路

※2 カスパーゼという名前は，cysteine-aspartic acid protease を略したもので，活性中心であるシステインが，基質となるタンパク質のアスパラギン酸残基の後ろを切断する．酵素自身も切断されて２つの断片になることにより活性化される．

分けることができる.

前者は，サイトカインの一種である腫瘍壊死因子（tumor necrosis factor：TNF）やキラーT細胞の細胞表面にあるFasリガンドなどが細胞外部からの信号としてはたらき，細胞表面にある特異的な受容体に結合する場合である．結合したという情報は受容体分子を介して細胞内へ入り，中継型カスパーゼへ伝えられる．成長因子や生存因子のような細胞を生かす信号が欠如したという情報が中継型カスパーゼへ伝えられる場合もある.

後者は，隣の細胞との接触信号あるいは細胞と細胞間物質との接触信号が欠如した結果，アポトーシスが起こる場合である．細胞接着分子は細胞内でタンパク質とつながっている（⇒6章-1）．接着が解除されると，その情報が細胞内のタンパク質に伝えられ，さらにその情報が中継型カスパーゼに伝えられると考えられている.

❷細胞内で引き金が引かれる場合

②はDNAに誤りが生じて修復不能になった場合（⇒7章-4）と合成されたタンパク質に異常が生じた場合である.

前者では，DNA損傷がp53（分子量53,000のタンパク質⇒10章-4④）に検知され，ミトコンドリアに伝えられ，ミトコンドリアからシトクロム*c*が漏れ出し，これが中継型カスパーゼへ伝えられる．直接，ミトコンドリアが傷ついてシトクロム*c*が流出する場合もある.

後者は，小胞体で異常なタンパク質がつくられてしまった場合で，まず翻訳のスピードを下げ，次に小胞体シャペロンで異常タンパク質を正常に戻し，最後に異常タンパク質をユビキチン－プロテアソームで分解し，何とか解決しようとする（小胞体ストレスとよぶ）．それでもダメな場合，この情報が中継型カスパーゼへ伝えられる.

10-3 老化・寿命と遺伝子の関係

1 ヒトの老化は規格外？

生物学的にみれば真核生物の個体は必ず死ぬ．真核生物では，生殖細胞系列と体細胞系列が役割分担をした結果，体細胞系列から構成される個体は必ず死ぬのである．その代わり生殖細胞がその個体のDNAを次の代に引き継ぐ.

多くの動物は，生殖によって次代へDNAを引き継ぐと死ぬ．昆虫がその典型的な例で，セミは長い幼虫生活を送った後，最後の脱皮をして成虫になると，雄は交尾の機会を求めて鳴き尽くし，交尾した後に死に，雌も産卵して死ぬ．脊椎動物のサケも産卵のために母川に回帰し，交尾産卵後は死ぬ．こうした動物には**老化**（aging）という現象はないが，胎生が進化した哺乳類では子を哺育する必要が生じ，哺育に必要な時間が長くなったために，生殖が終わってからも長く生きることになり，運がよければ老化現象が現れるまで生きられるようになった．ヒトではこれが顕著で，老化が現れる年齢を超えて生きられるようになった．社会生活を営むようになったヒトでは，年齢の進んだ人の知恵や保育の手助けが集団にとって適応的であったので，自然選択によって寿命が延びたと考える研究者もいる（図10-11）.

それでも無限に生きられるわけではない．ヒトの寿命は最大100～120歳くらいではないかと考えられている．老化が進むと，皮膚をはじめ体内各器官の代謝の低下がみられ，免疫力が低下するために病気にかかりやすくなる．外見的には髪の毛に白髪が

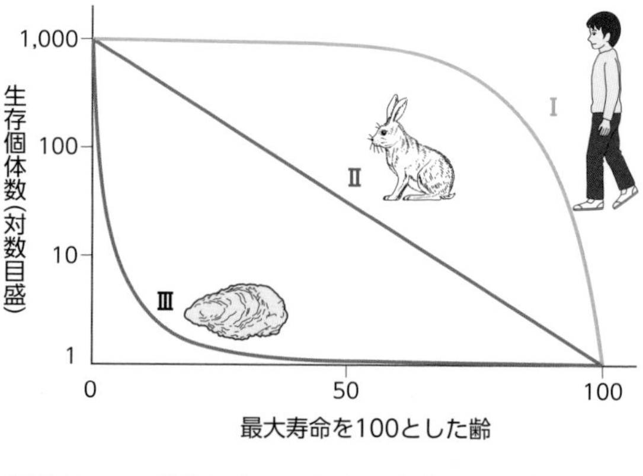

1,000
100
10
1
生存個体数（対数目盛）
Ⅰ
Ⅱ
Ⅲ
0
50
100
最大寿命を100とした齢

●図10-11　動物によって異なる寿命と個体数の関係
Ⅰ：死亡率は齢が進んでも低い（ヒトなど）
Ⅱ：死亡率がほぼ一定（一般の哺乳類など）
Ⅲ：死亡率は齢の初めにきわめて高い（カキなど）
参考図書1をもとに作成.

混じり薄くなり，皮膚は若い頃の弾力を失い，顔つきも変化する．

老化がなぜ起こるかに関しては，さまざまな考え方が提出されているが，多くの要因が絡み合った現象であると考えられる．そんな中で，早く老いの様相を見せる遺伝的早期老化症候群（**早老症**，progeria）が老化の原因のヒントとなる可能性がある．

2 早老症

主なものは，**ハッチンソン-ギルフォード症候群**（Hutchinson-Gilford syndrome）と**ウェルナー症候群**（Werner syndrome）である．

❶ハッチンソン-ギルフォード症候群

ハッチンソン-ギルフォード症候群の患者は，生まれたときは正常に見えるが，生後1年半ごろから成長速度が鈍り，身長は1 mを超えず，体重も15 kg程度で性成熟をしない．顔つきも変化して老人顔になり，4歳までに頭髪を失い皮膚は老人のものになる．その他，動脈硬化症や心臓血管疾患になることが多く，平均寿命は13歳強で，ほとんどの患者が心臓発作や脳卒中で命を失う．きわめてまれな病気だが，地域や人種による差はない．

この病気の原因遺伝子が2003年に特定された．1q21.2-21.3にある，中間径フィラメントの1つである**ラミンA遺伝子**がその遺伝子だった．ラミンAタンパク質は664のアミノ酸からなりDNA上では12のエキソンに分断されている．二重の核膜の内膜と細胞核内部との間にあって網目構造を形成している核ラミナ※3の重要な構成要素である（⇒図2-24，2章-4）．

遺伝子の解析を行った結果，20症例のうち18例でラミンAタンパク質に同一の点突然変異が起こっていることが示された．場所はエキソン11の608番目のアミノ酸のコドンで，GGC→GGTの置換が起こっていた．どちらのコドンもグリシンをコードするので，サイレント突然変異である．

サイレント突然変異なのにどうして影響が出るの

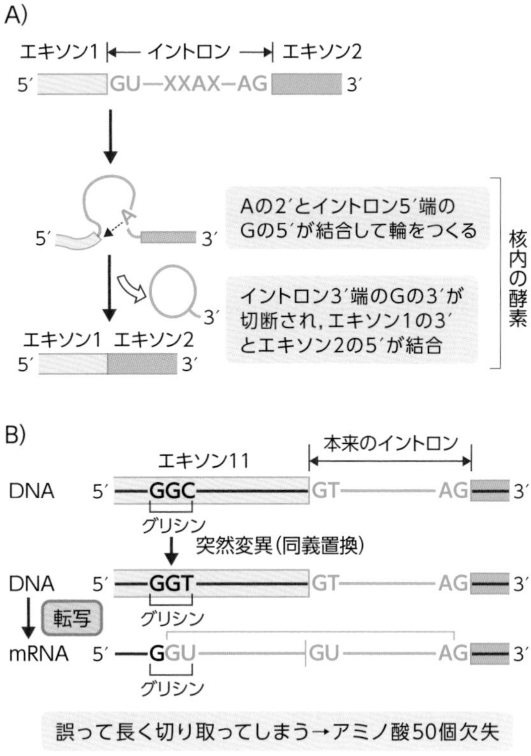

A)
エキソン1
イントロン
エキソン2
5′
GU—XXAX—AG
3′
5′
3′
Aの2′とイントロン5′端のGの5′が結合して輪をつくる
3′
イントロン3′端のGの3′が切断され，エキソン1の3′とエキソン2の5′が結合
エキソン1 エキソン2
5′
3′
核内の酵素
B)
本来のイントロン
エキソン11
DNA
5′
GGC
GT
AG
3′
グリシン
突然変異（同義置換）
DNA
5′
GGT
GT
AG
3′
転写
グリシン
mRNA
5′
GGU
GU
AG
3′
グリシン
誤って長く切り取ってしまう→アミノ酸50個欠失

図10-12 イントロンの切り取り方（A），グリシンをコードするGGCのサイレント突然変異が欠失を引き起こす（B）

だろうか．実はこの突然変異により，この位置がスプライシング部位として誤って認識されて，C末端側に近い50アミノ酸をコードする領域の欠失したmRNAができてしまうことがわかった（図10-12）．

ラミンA遺伝子の突然変異によってつくられた短いタンパク質は，核ラミナ複合体形成に影響を与え，あるいは複合体の形成を阻害して，核膜の物理的な強度を下げるばかりでなく，DNAの安定化にも悪い影響を与え，早い老化を起こしているらしい．

2006年になって，正常に老化したヒトでも同じ変異が起こっているという報告がなされた．正常な老化は，ハッチンソン-ギルフォード症候群のようにスプライシングの誤りが恒常的に起こっているのではなく，散発的に起こった変異の集積によることを示唆している．

※3 核ラミナは，核膜の内膜と外膜，核膜孔複合体と一緒になって核膜を形成して細胞核をサイトソルから区分けをしている構造に過ぎないと考えられていたが，細胞核と細胞質の間での分子の輸送やシグナル伝達，さらにクロマチンのアンカーポイントとして核の高次構造を決定するうえでも重要な機能的な役割を果たしている可能性が考えられるようになってきた．

❷ウェルナー症候群

ウェルナー症候群は，幼児のときからではなく15～30歳を過ぎた頃から発症し，40～50歳で死に至ることが多い，常染色体劣性遺伝病である．1904年にウェルナーによって最初の症例が報告され，1996年に，原因遺伝子は8p12-11.2にあるアミノ酸1,432個からなるヘリカーゼの一種をコードしていると同定された．DNA上では35のエキソンに分断されている．

発症した後は老化が進み，普通の年齢よりも20歳以上も年取って見えるだけでなく，普通の老化に伴って起こる疾患や異常が生じる（早期白髪，両側性白内障，高脂血症，動脈硬化症など）．患者は老人顔で白髪になり，髪の量も少なくなり最後には失われる．コラーゲンの産生が亢進するために皮膚硬化症が起こり，潰瘍ができやすくなる．体内でも種々の器官でコラーゲンが多くなり，インスリンの分泌量の低下により糖尿病を発症し，黒色腫や甲状腺腫も起こりやすくなる．

正常な遺伝子のコードするタンパク質は，ヘリカーゼ活性とともにエキソヌクレアーゼの活性をN末端側にもっており，誤りを含んだDNAをほどいて誤った部分を切り出して修復をして，遺伝情報の安定化に寄与していると考えられる．

ナンセンス突然変異，欠失や挿入によるフレームシフト，スプライシング部位の変異によるフレームシフトなど，35の突然変異が見つかっている．正常なタンパク質のC末端には，サイトソルでつくられて核へ移行させるシグナルとなる領域があるが，突然変異で短くなったタンパク質はこの部分を欠いており，核へ移行できなくなって核内で機能を果たせなくなるらしい．そのためにDNAの安定性が著しく低下すると考えられる．実際，病気のヒトの繊維芽細胞を培養すると，ヘイフリックの限界は20回にまで減少している．

3 再び老化とは

2つの遺伝的な疾患だけから老化を一般化するのは困難だが，いずれの症候群も**DNAの安定化**が乱されたために，さまざまな部位でDNAに突然変異が集積して，老化に伴ってみられる疾患や異常が頻発したためであるように見える．今後さらに研究が進むことを期待したい．

10-4 がんを含むさまざまな病気とその原因

ヒトの寿命は最大100～120歳くらいではないかと考えられているが，多くの場合，寿命を全うする前に死を迎えることが多い．事故による不慮の死はともかくとして，さまざまな病気が原因で個体は死を迎える．

1 病気の定義

病気（あるいは**疾病**）とは，心身が健康な状態から著しく外れていることを，本人あるいは周囲が認めた状態と定義することができる．英語ではillnessに該当する．ほとんど同じ意味で**疾患**という語も使われるが，こちらは特定の病因によって生じる健康でない状態を指す場合が多い．英語ではdiseaseにあたる．

『国際疾病分類（第10版）』では病因，疾患の部位で細かく分類されているが，生物学的に見れば病気は次の5つに分類できるだろう．

①遺伝あるいは突然変異により正常なタンパク質がつくられなかったために起こる病気
②必要な栄養素の不足によりタンパク質が正常に機能しないために起こる病気
③病原体による病気
（1）病原体の侵入・増殖による病気
（2）病原体の分泌する毒素による病気
④がん
⑤人間の活動から生じた物質あるいは状況によって起こる病気

2 遺伝子の変異による病気

これまで繰り返し述べてきたように，細胞がその機能を果たすためには，さまざまなタンパク質がは

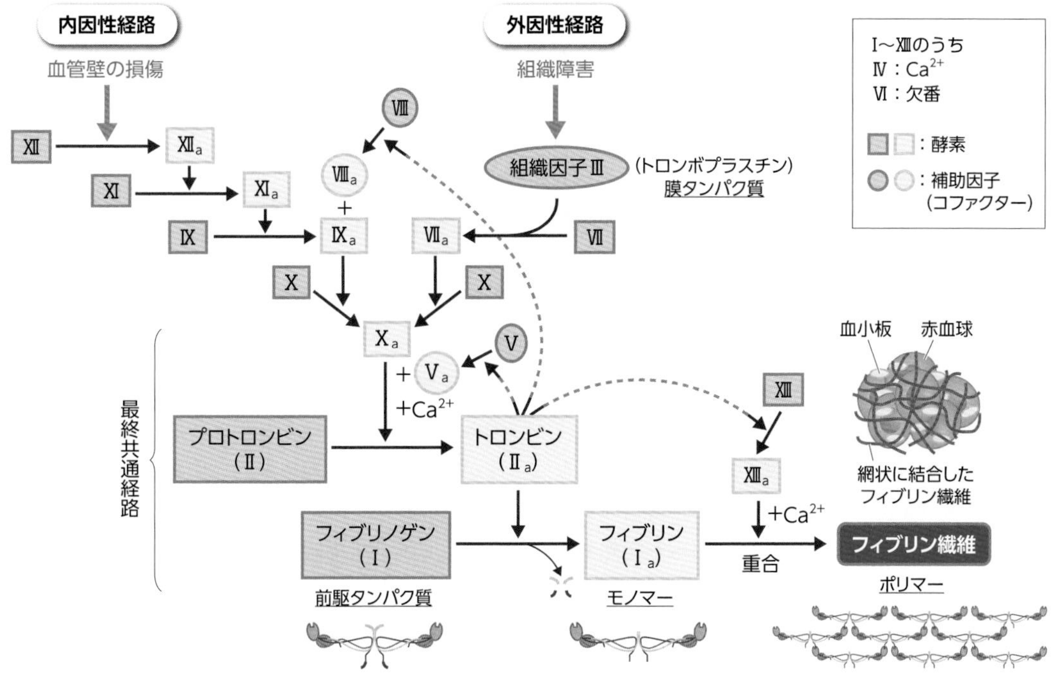
内因性経路
血管壁の損傷
外因性経路
組織障害
Ⅰ〜ⅩⅢのうち
Ⅳ：Ca2+
Ⅵ：欠番
：酵素
：補助因子
（コファクター）
ⅩⅡ
ⅩⅡa
ⅩⅠ
ⅩⅠa
Ⅸ
Ⅸa
Ⅷ
Ⅷa
+
組織因子Ⅲ
（トロンボプラスチン）
膜タンパク質
Ⅶa
Ⅶ
Ⅹ
Ⅹ
Ⅹa
Ⅴ
+ Ⅴa
+Ca2+
最終共通経路
プロトロンビン
（Ⅱ）
トロンビン
（Ⅱa）
ⅩⅢ
ⅩⅢa
+Ca2+
血小板
赤血球
網状に結合した
フィブリン繊維
フィブリノゲン
（Ⅰ）
前駆タンパク質
フィブリン
（Ⅰa）
モノマー
重合
フィブリン繊維
ポリマー

●図10-13　血液凝固のカスケード反応経路
ローマ数字は凝固因子の番号を示し，添字aは活性型を意味する．

たらく必要がある．これらのタンパク質，あるいはその転写を調節するタンパク質をコードする遺伝子が突然変異によって変化してアミノ酸の置換が起これば，正常な機能を営めなくなる．その例として鎌形赤血球貧血症についてすでに述べた（⇒3章-5）が，ここでは**血友病**（hemophilia）について考えてみよう．

❶ 血友病

血友病は正常に血液凝固反応が起こらないために出血が止まらなくなる病気であり，原因となる遺伝子はX染色体上にあるので伴性遺伝をする（⇒1章-5，p.43 Column）．

血管に傷ができると，普段は滑らかな表面をした血小板は，細胞骨格の変化により多数の突起をもった形となり，さらに表面に細胞接着分子が発現して，お互いに絡み合いながら血管内皮細胞にできた傷口に接着して傷口を塞ぐ（**一次止血栓**）．

同時に血小板は**血液凝固因子**を放出して血液中のさまざまな分子が関与する複雑なカスケード反応（図10-13）を起こし，最終的にフィブリンという繊維状タンパク質の塊をつくり出して**二次止血栓**をつくる．二次止血栓は応急的な一次止血栓を強固なものにして止血が完了する．血液凝固カスケードを構成する因子は，補助因子であるⅢ（組織因子）とⅤとⅧを除き，いずれもタンパク質分解酵素（セリンプロテアーゼ）で，酵素的切断によって非活性型因子が活性型になる．

血友病には，図10-13の第Ⅷ因子に変異があるA型と，第Ⅸ因子に変異があるB型があり，遺伝子はいずれもX染色体長腕の端のほうにある（第Ⅷ因子の遺伝子はXq28で一番端のテロメアの近く，第Ⅸ因子の遺伝子はXq27.1-27.2）．ここではA型に注目してみよう．

第Ⅷ因子タンパク質をコードする遺伝子は186,000塩基の大きさで，コード領域は26のエキソンに分断されている．この遺伝子からつくられるタンパク質はアミノ酸2,351個からなる分子量267,000の大きな分子で，主に肝臓でつくられて血中へ出される．

表現型としては同じ血友病だが，第Ⅷ因子遺伝子の変異にはさまざまなものがあり，それによって症状も重篤なものから比較的軽いものまでさまざまである．主な変異には，染色体の逆位，点突然変異によるミスセンス突然変異とナンセンス突然変異，欠失，挿入がある．

600を超える点突然変異のうち，エキソン1の初めのほうに起こったミスセンス突然変異を例としてあげてみよう．N末端から数えて7番目のアミノ酸（シグナルペプチド19を加えて数えると26番目，以下同じ）がロイシンからアルギニンに変わった突然変異が3例報告されている．これはDNAのCTGがCGGに変異している．これによって重篤な症状を呈する．同じ位置でCTGがCCGに変わると，アミノ酸はロイシンからプロリンに変わり，これも重篤な症状を呈する（1例）．また，11（30）番目のアミノ酸がグルタミン酸からバリンに変わった突然変異が1例報告されており，こちらはDNAのGAAがGTAに変異している．このミスセンス突然変異では血友病としては中程度の症状を呈する．

点突然変異だけでも，この他にたくさんの変異があり，変異の起こった場所によって症状の現れ方に差が生じる．

❷遺伝子の変異と病気

機能タンパク質をコードする遺伝子に変異が生じれば，奇形になったり病気になったりする可能性があるが，変異がすべて病気の原因となるわけではない．本人あるいは周囲が病気と認識しない場合がたくさんありうるからである．ヘモグロビンの変異のところでも述べたが，ヘモグロビンタンパク質の形に大きな変更を加えないようなアミノ酸の置換が起こっていても正常なタンパク質との機能の違いはわからないだろう．これまで報告されている以外の置換が血液凝固第Ⅷ因子の遺伝子であったとしても，血液凝固能が90％あれば，血の止まりが少し遅いと感じるかもしれないが見過ごされるだろう．

血友病A型は，1つの表現型（病気）に対して1つの遺伝子がコードするタンパク質が関与している例であるが，前述したさまざまな突然変異により多くの遺伝的な**多型**が存在する．身長や髪の毛の色といった，多くの遺伝子が関与する表現型には，さらに多くの多型，すなわち**個体による差**があるに違いない．もともと生物の集団はこのような変異を内包した存在なのである（⇒1章-3）．

3 病原体による病気

寄生虫，細菌，ウイルスなどの病原体が体に侵入するのを防御する機構についてはすでに9章で述べたが，それでも防衛ラインを突破して体内に病原体が侵入することはありうる．特に第三の防衛ラインである免疫機能が低下したときには突破される可能性が高くなる．その典型的な例が後天性免疫不全症候群（いわゆるエイズ）で，原因となるHIVウイルスはヘルパーT細胞に感染してその機能を奪うために免疫力が低下し，他のさまざまな病気に感染しやすくなる．

病原体の立場からすると，病原体は宿主の中で増殖して子孫を残そうとし，そのため，宿主に影響が出て病気になる．病原体による病気には，病原体が侵入・増殖した結果，病気になる場合と，病原体が分泌する毒素によって病気になる場合がある．

❶外毒素による病気

ここでは，**コレラ**※4を例にとって病原体の毒素による病気について考えてみよう．

コレラに罹患するとコレラ菌の出す毒素**コレラトキシン**（図10-14A）によって，腸の上皮組織の電解質輸送機構が異常になるため，嘔吐と下痢を起こして激しい脱水症状をきたし，死に至ることもある．

コレラ菌が放出したコレラトキシンの5つのBサブユニットそれぞれが細胞表面の糖鎖に結合すると，立体構造が変わってBサブユニットに囲まれていたA1サブユニットとA2サブユニットが飛び出し，細胞膜内に押し込まれる（図10-14B）．A1サブユニットとA2サブユニットのS-S結合は細胞膜内で切れてA1サブユニットが活性化し，NADのADPリボシル部をG_sタンパク質のαサブユニットに転移する（ADPリボシル化）酵素としてはたらく（図10-15）．

※4 コレラはコレラ菌の体内への侵入によって起こる病気である．江戸時代後期，1822年に初めて長崎に入り，たちまち大阪まで広がった．大阪では毎日300～400人の死者が出たといわれ，「ころり」と恐れられた．二度目の流行は1858年で，長崎に上陸し，九州，大阪，京都，江戸に広がり，江戸では50日間で40,000人以上が死んだと記録されている．

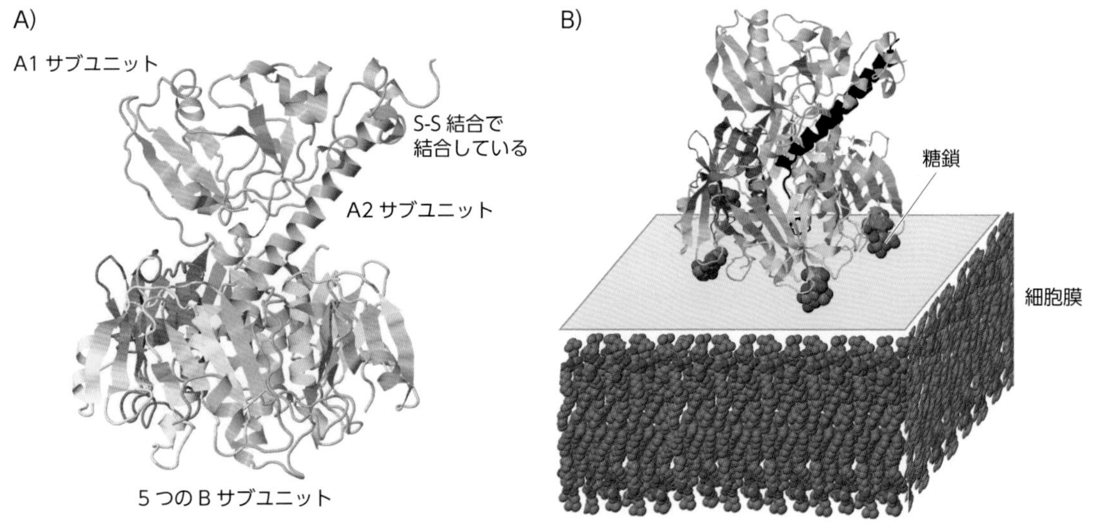
A)
A1 サブユニット
S-S 結合で
結合している
A2 サブユニット
5 つの B サブユニット
B)
糖鎖
細胞膜

●図10-14　コレラトキシン［PDB：1XTC，1LTT］
A）全体の構造，B）5 つの B サブユニットが細胞膜の糖鎖に結合したところ．

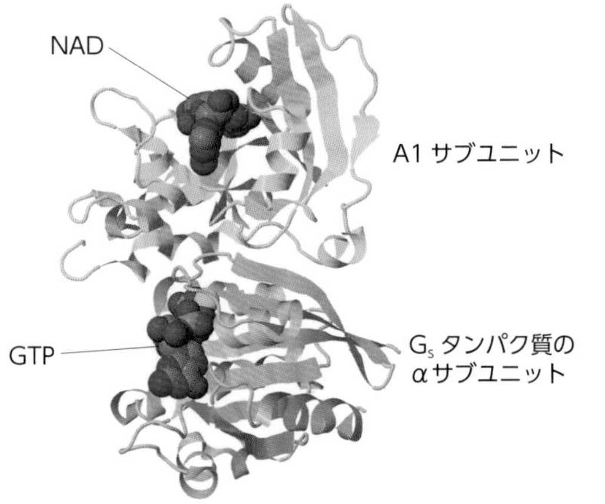
NAD
A1 サブユニット
GTP
G_s タンパク質の
αサブユニット

●図10-15　コレラトキシンのA1サブユニットがG_sタンパク質αサブユニットと結合しているところ［PDB：2A5F］

ADPリボシル化されたG_sタンパク質は，GTPをGDPにする活性を失い，そのためG_sタンパク質はずっとスイッチがオンになった状態を維持して，周囲のアデニル酸シクラーゼを活性化し続ける（⇒6章-3）．

こうして，コレラトキシンは腸の粘膜上皮細胞のアデニル酸シクラーゼを活性化し続けて，細胞内にcAMP濃度を高め，cAMPはCl^-ポンプを駆動してCl^-を小腸内腔側に排出する．これに引きずられて，水，Na^+，K^+，炭酸イオンも排出され，水分の多い下痢が起こる．足りなくなった水とイオンは血液から供給されるために脱水症状が起こる．また，増殖したコレラ菌は下痢を起こすことによって保菌者から排出され，感染を広げることができる．

同じようなはたらきをする毒素に，百日咳毒素がある．百日咳菌は飛沫感染をして気管の繊毛に付着して増殖し，百日咳毒素を排出する．百日咳毒素は細胞膜に結合し，毒素の活性部分が細胞内に入り，G_iタンパク質のαサブユニット（$G_i\alpha$）をADPリボシル化する．その結果，$G_i\alpha$はアデニル酸シクラーゼを不活性化できなくなり，cAMPをつくり続ける．そのため気管上皮細胞では繊毛運動が阻害され，菌の排出が妨げられる．菌は十分に増殖した後で咳によって排出され，感染を広げる．

2つの毒素タンパク質の活性をもつサブユニットは，基質特異性の異なるADPリボシル化酵素だったのである．病原菌の出す**外毒素**は，多くの場合**酵素タンパク質**である．

❷内毒素による病気

外毒素に対して，病原菌の構成成分の分解物が宿主に対して毒としてはたらくものを**内毒素**とよぶ．多くの場合，細胞壁を構成するリポ多糖で，外毒素と異なり熱に強く，病原菌の種類によらず生物学的活性はほとんど同じである．マクロファージのToll様受容体と結合して種々のサイトカインの放出を促進し，このサイトカインが発熱や炎症反応などを引き起こす．

4 がん

がん細胞は，組織の中に納まっていられずに組織から抜け出し，周りの組織に浸潤し，離れた場所へ転移して，そこで増殖する．しかもがん細胞は細胞分裂を続けても死なななくなっている．

がんも遺伝子の病気であるが，2で述べた病気と異なるのは，がん細胞の場合は，細胞の成長や細胞周期の制御やアポトーシスに関係する遺伝子がそろって変異を起こした病気である点である．普通，がんに関係する遺伝子を2種類に分ける．1つは**がん遺伝子**（oncogene），もう1つは**がん抑制遺伝子**（tumor-suppressor gene）で，がん遺伝子ががん化のアクセルに，がん抑制遺伝子がブレーキにたとえられる．がん遺伝子によってアクセルが踏み込まれた状態になり，がん抑制遺伝子の異常によってブレーキが効かなくなるとがんになると考えられる．

がん遺伝子の多くは，細胞の成長や細胞周期のような正常な活動に必要なタンパク質をコードしている遺伝子であり，これを**がん原遺伝子**（proto-oncogene）という．がん研究から明らかになったためにこのような名前がついたが，本当は話が逆で，がん原遺伝子は正常な細胞増殖の調節に必要な増殖因子・転写因子・増殖因子受容体など，細胞内シグナル伝達に関連するタンパク質の遺伝子であり，これが突然変異によって異常になったものががん遺伝子である．

がん抑制遺伝子のほうは，細胞周期を制御するタンパク質やDNAを修復するタンパク質，あるいは細胞に異常が起こったときにアポトーシスによって取り除くようにはたらくタンパク質をコードしている遺伝子である．

この節では，がん遺伝子とがん抑制遺伝子という語を使うことにする．

❶がん遺伝子

がん遺伝子として初めに明らかになったものが ***v-src***（サーク）で，ニワトリの肉腫を起こすレトロウイルス※5内に同定されたが，その後，相同の遺伝子が正常なニワトリにもあることが見つかり，さらにニワトリだけでなく他の動物にもあることが明らかになった．後者の正常な動物がもつ遺伝子を前者から区別するために ***c-src*** とよぶ（図10-16）．*c-src* はチロシンキナーゼの一種で，個体の発生，細胞の分化・増殖にかかわる重要なシグナル伝達分子としても機能し

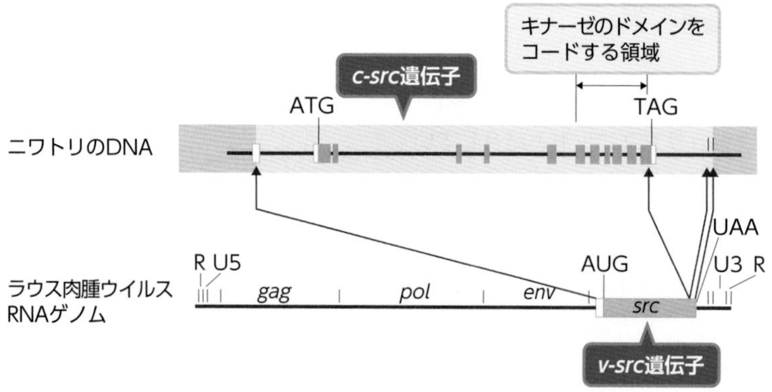

キナーゼのドメインをコードする領域
c-src遺伝子
ATG
TAG
ニワトリのDNA
UAA
R U5
AUG
U3 R
ラウス肉腫ウイルスRNAゲノム
gag
pol
env
src
v-src遺伝子

●図10-16　*c-src* と *v-src* の比較

※5 レトロウイルス（retrovirus）：RNAと逆転写酵素をもつウイルスで，外皮で宿主細胞膜に結合してRNAと逆転写酵素を細胞内へ送り込む．逆転写酵素はRNAから一本鎖DNAを合成し，これを鋳型として二本鎖DNAがつくられ，宿主DNAへ組込まれる（プロウイルス）．組込まれたDNAは元のRNAと外皮タンパク質および逆転写酵素をコードするmRNAを転写し，宿主細胞のタンパク質合成装置を使って翻訳し，新しいウイルスとなって細胞から出ていく．

ているが，突然変異によってがん遺伝子となると，細胞の接着に異常を起こし，運動性を亢進させて，がん細胞の浸潤や転移に関与すると考えられている．*v-src*は，もともと正常細胞で発現していた*c-src*のmRNAがウイルスに組込まれてしまったと考えられる．

Rasタンパク質は低分子量Gタンパク質の1つで，Gタンパク質共役型受容体のところで述べたGタンパク質の三量体のうちαサブユニット（⇒6章-3③）と似たタンパク質である．細胞膜とは結合せずにサイトソル中に存在し，GTPと結合して活性を現し，自己のGTPase活性によってGTPをGDPに変えて活性を失う．酵素共役型受容体にリガンドが結合すると細胞内へ情報が伝えられるが（⇒6章-3④），その基点となる分子が実はこの低分子量Gタンパク質であった．このように，シグナル伝達経路で重要な位置を占めているタンパク質である．

ras GTPaseは189個のアミノ酸からなり，10〜17番目の領域を含む3カ所でGTPと結合する．このうち特に12あるいは13番目のアミノ酸が突然変異を起こすと（がん遺伝子になると）（図10-17），GTPと結合はするがGDPへ変換する能力が失われ，そのためずっと活性がオンになった状態を維持して核へシグナルを送り続けることになり，増殖に異常が起こる．

点突然変異の他に，転座によって遺伝子が発現量の高い遺伝子のプロモーターのすぐ下流に入ってしまい，遺伝子の転写が通常よりも増幅されてしまう場合（*myc*遺伝子）もある．がん遺伝子はこれ以外にも多数見つかっている．

❷がん抑制遺伝子

がん抑制遺伝子として最も重要なものが***p53*遺伝子**である（図10-18）．ヒトの*p53*遺伝子は，17番染色体短腕上（17p13.1）に位置する．この遺伝子と同じはたらきをする遺伝子は，無脊椎動物にもあり，進化的によく保存されている．*p53*のpはタンパク質，53は分子量53,000を表し，393個のアミノ酸からできている．

p53タンパク質は，普段は別のタンパク質（Mdm2）と結合してすぐに分解されるが，DNAに異常が生じ

GTP結合部位の1つ

```
         1          11         21         31         41         51
  1  MTEYKLVVVG AGGVGKSALT IQLIQNHFVD EYDPTIEDSY RKQVVIDGET CLLDILDTAG   60
 61  QEEYSAMRDQ YMRTGEGFLC VFAINNTKSF EDIHHYREQI KRVKDSEDVP MVLVGNKCDL  120
121  PSRTVDTKQA QDLARSYGIP FIETSAKTRQ RVEDAFYTLV REIRQYRLKK ISKEEKTPGC  180
181  VKIKKCIIM
```

12番目	G→C	肺がんで見つかる
	G→D	膵臓がん，胃がん，肺がん
	G→R	肺がん，膀胱がん
	G→S	肺がん，胃がん，
	G→V	肺がん，胃がん，結腸がん，胃がん
13番目	G→D	乳がん

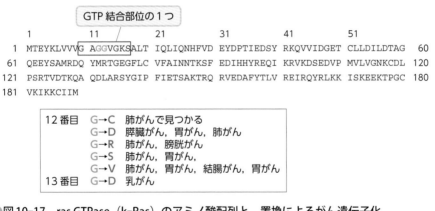

●図10-17　ras GTPase（k-Ras）のアミノ酸配列と，置換によるがん遺伝子化

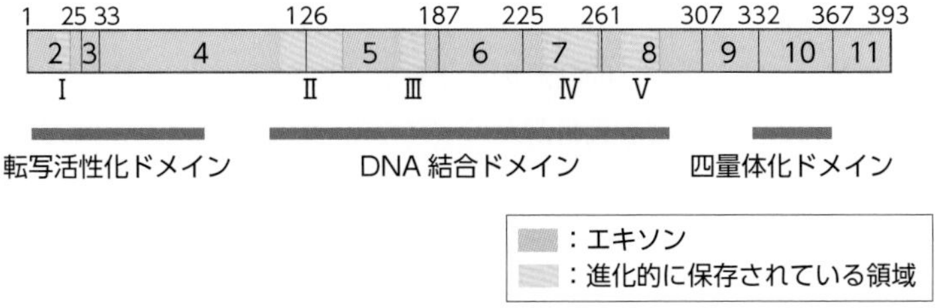

1 25 33 126 187 225 261 307 332 367 393
2 3 4 5 6 7 8 9 10 11
I II III IV V
転写活性化ドメイン
DNA結合ドメイン
四量体化ドメイン
：エキソン
：進化的に保存されている領域

●図10-18　p53タンパク質の構造の概要

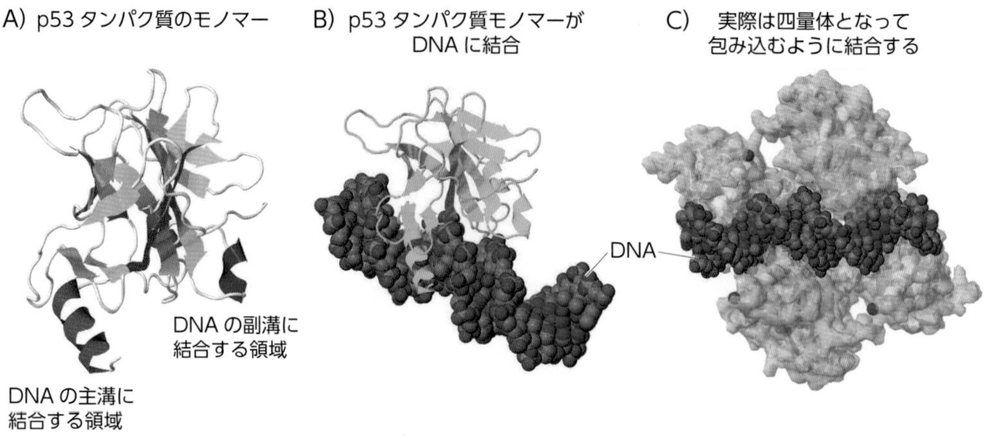
A）p53 タンパク質のモノマー
B）p53 タンパク質モノマーが DNA に結合
C） 実際は四量体となって 包み込むように結合する
DNA の副溝に 結合する領域
DNA の主溝に 結合する領域
DNA

●図 10-19　p53 タンパク質と DNA との結合を示す模式図 ［PDB：1TUP，2ATA］

ると別のタンパク質（ATM）によってリン酸化されて安定になり，転写因子としてはたらく（図 10-19）．転写産物の1つに**p21**がある．p21は細胞周期のチェックポイントのところで出てきたサイクリン－Cdk複合体（⇒7章-3）に結合して，複合体のはたらきを抑制するタンパク質である．DNAに異常が見つかるとp53はp21を使って細胞周期の回転を一時的にG_1期で止めて時間を稼ぎ，その間にDNA修復を行うタンパク質を誘導して修復を行う．DNAの異常が修復不可能だと判断されると，p53は別な遺伝子（BaxやFas）の転写に切り換えてアポトーシス（⇒10章-2④）を誘導する．

したがって*p53*遺伝子に異常があると細胞周期を止めることができずに，誤りを含んだDNAを残したまま細胞分裂が起こってしまい，がんになりやすくなる．多くのヒトのがんで*p53*遺伝子の突然変異が見つかっている．突然変異は主としてDNAに結合する領域で起こっており，その結果，DNAに結合できなくなって機能を発揮できなくなると考えられている．

p53はすべてのがん化に関係するが，この他個々の器官のがんには，それぞれに特有ながん抑制遺伝子が関与していると考えられる．例えば，大腸がんや胃がんに関係する*APC*（Adenomatous polyposis coli）という遺伝子がある．この遺伝子はβカテニン（⇒図5-28）を分解するタンパク質をコードしているが，突然変異が起こって分解活性が失われると，βカテニンが細胞内に増えすぎて，細胞の増殖を誘導してしまう．この他，多くの種類のがん抑制遺伝子が見つかっており，いずれも細胞の機能に必要なタンパク質をコードしている遺伝子である．

❸がん化へのステップ

がん化した細胞には以下のような特徴がある．

①持続的増殖（細胞周期の調節機構の異常による）
②不死化（テロメラーゼ活性をもち，アポトーシスからも逃れているため）
③社会性喪失（細胞接着機構の異常による）

がんは，シグナル伝達に関与する遺伝子が突然変異によりがん遺伝子となり，がん抑制遺伝子が突然変異によりそのはたらきを失ったために起こる遺伝子の病気である．がん遺伝子は2つある対立遺伝子のうち片方が変異を起こせば（ヘテロで）がんになる可能性が高くなるが，がん抑制遺伝子は両方が変異を起こさなければ（ホモでないと）がんになる可能性はない．

突然変異についてはすでに説明したが（⇒p.178），変異が遺伝子DNAのどこに起こるかは予測不能である．したがって，がん遺伝子とがん抑制遺伝子のどの部位にどのような変異が起こって細胞ががん化したのかはそれぞれのがんによって千差万別で，同じ臓器のがんといっても，人によってその病態はさまざまである（⇒p.267の血友病の第Ⅷ因子タンパク質に関する記述を参照のこと）．がんが一筋縄ではいかない難しい病気なのはそのためである．

がんの治療には腫瘍部分の外科的除去，腫瘍部への放射線照射による退縮誘導，薬物によるがん細胞への攻撃，がある．近年になって，がん化のメカニズムが明らかになるに従い，薬物によって狙った分子を阻害する方法が格段の進歩を遂げた．分子標的薬とよばれるものである．がん細胞の変異したタンパク質のみを抑制する方法や，T細胞の活性化を阻害しているがん細胞の免疫チェックポイント※6分子を抗体によって不活性化する方法などがその例である．

前述のようにがん遺伝子では，一対ある相同のどちらかに変異が生ずれば発症する可能性が高くなるが，がん抑制遺伝子では，両方に変異が生じない限り，影響はない．そのため，がん抑制遺伝子の変異によるがんでは，生まれつき片方のがん抑制遺伝子の変異を遺伝的に引き継いでいると，もう片方に変異が起こったときに発症が促されるので，変異のない場合と比べて発症する確率が高くなる．例えば，乳がんの原因となる*BRCA1*と*BRCA2*はDNA修復に関係するがん抑制遺伝子で，両方の遺伝子に変異があると80％の確率で乳がんが発症するといわれている（家族性乳がん）．そのため，家族や親族で発症しているかを調べることが重要になる．

がん化には，もっと多くの遺伝子が関係するが，本書の範囲を超えるのでここでは割愛する．

5 その他の病気

現代では感染症はほぼ克服され，栄養状態もよくなったので，必要なビタミンやホルモンの不足により不可逆的な影響を受けて病気になることもほぼなくなった．代わって人間が突然変異を誘発するような環境（オゾン層の破壊）や化学物質（ベンツピレンなど）をつくり出している．DNAに損傷を与えるような環境はなるべくつくらず，細胞間の情報交換を干渉するような化学物質はつくらず，使わないようにする必要があるだろう．そのためには，生物学の知識を誰もが十分にもつ必要がある．

※6 免疫チェックポイントとは，免疫機構のなかで，T細胞の過度の活性化を抑制するシステムのことで，細胞表面に発現している分子がT細胞の受容体と結合して，T細胞の活性を抑制するしくみである．がん細胞にはこの分子が発現していてT細胞の攻撃を逃れている．細胞周期チェックポイントとは全く異なるので注意が必要．

章末問題

解答 ➡

問1 ヒトの一生は受精から始まり，分化して成熟し，死をもって終わる．発生に伴って細胞は分化する能力を失っていくが，どのような細胞がどのような分化能をもっているか，関連づけて記述せよ．

問2 アポトーシスはネクローシス（壊死）とどのように異なるか，述べよ．

問3 細胞分裂の限界（ヘイフリックの限界）とは何か，どうしてこのようなことが起こるのか説明せよ．

問4 がんは遺伝子の病気であるといわれる理由を述べよ．

問5 遺伝子の突然変異による病気だった場合は考えないことにして，健康を維持して与えられた寿命まで達するにはどうしたらよいだろうか，生物学的な見地から考えを述べよ．

11章 個体としてのまとまり（外部環境を認識し，内部環境を調節する）

多細胞生物では，細胞は，組織－器官－器官系と次第にまとめあげられていき，細胞同士はさまざまな信号分子で情報を交換する．しかしながら，個体が環境の変化に適切に対応し，統一のとれた行動をとるためには，細胞同士の情報交換をまとめあげるシステムが必要である．このシステムが神経系と内分泌系で，それぞれ神経伝達物質とホルモンを使って個々のサブシステムを動かすとともに，上位では両者は密接に連携している．外部環境が大きく変動しても，体の内部環境は一定の変動幅に収まるように調節されていることをホメオスタシスとよぶ．体温調節と浸透圧調節でそれぞれの例をみることができる．さらに，血糖量の調節では上位中枢である視床下部が重要な役割を果たしている．

神経系はニューロンとグリア細胞から構成され，ニューロンが電気的な信号，活動電位を発生して，遠くまで伸びた軸索末端まで伝導し，神経伝達物質の放出を引き起こして次のニューロンに情報を伝達する．外界の情報を取得する感覚ニューロンと筋肉運動へ出力する運動ニューロンの間を取り持つ介在ニューロンの数が増えると，中枢として神経系の統御を行うようになり，特定の行動パターンを制御する神経回路がつくられる．さらに複数の神経回路を上位の中枢が統御するようになる．運動の方向性が生まれると，外界の情報の受容器は運動方向前方に集中して脳が発達する．外界の情報の受容器は感覚器となり，刺激に応じた受容機構が生まれるが，多くは受容体と細胞内シグナル伝達機構を使っている．

11-1 内部環境を一定に

1 外部環境と内部環境

個体は細胞の単なる寄せ集めではなく，細胞は組織をつくり，組織は器官をつくり，器官が集まって器官系を構成し，全体としてまとまりのある体制をとっている（⇒1章-6）．この個体は外皮系で包まれて外部から仕切られ，生息環境（⇒12章-1）の中で生きている．

ベルナールは，生息環境を**外部環境**とし，外皮系で包まれた体内を**内部環境**と名づけて区別をした．のちにキャノンは，この内部環境が一定に保たれていることを**ホメオスタシス**（恒常性，homeostasis）と名づけた．

個体は，外部環境から侵入してくる病原体から内部環境を守りつつ，内部環境が必要とする酸素を取り込んで二酸化炭素を排出し，エネルギー産生と細胞をつくる素材のために必要な食物を摂取し未消化物を排出し，体内の水と塩分環境を維持するために水と塩を摂取して廃棄物と余分な塩を水とともに排出する（図11-1）．

外部環境の要素には，温度や日の長さなどの物理的環境，酸素量（水中では溶存酸素量）や塩濃度などの化学的な環境がある．個体を取り巻くこれらの外部環境は，時々刻々変動しているとともに，1日や1年の周期性がみられる．外部環境の大きな変動に対抗して，内部環境の変動を小さな幅に収めて，細胞が安定した機能を営めるようにする機能は，脊椎動物で特に発達している（図11-2）．

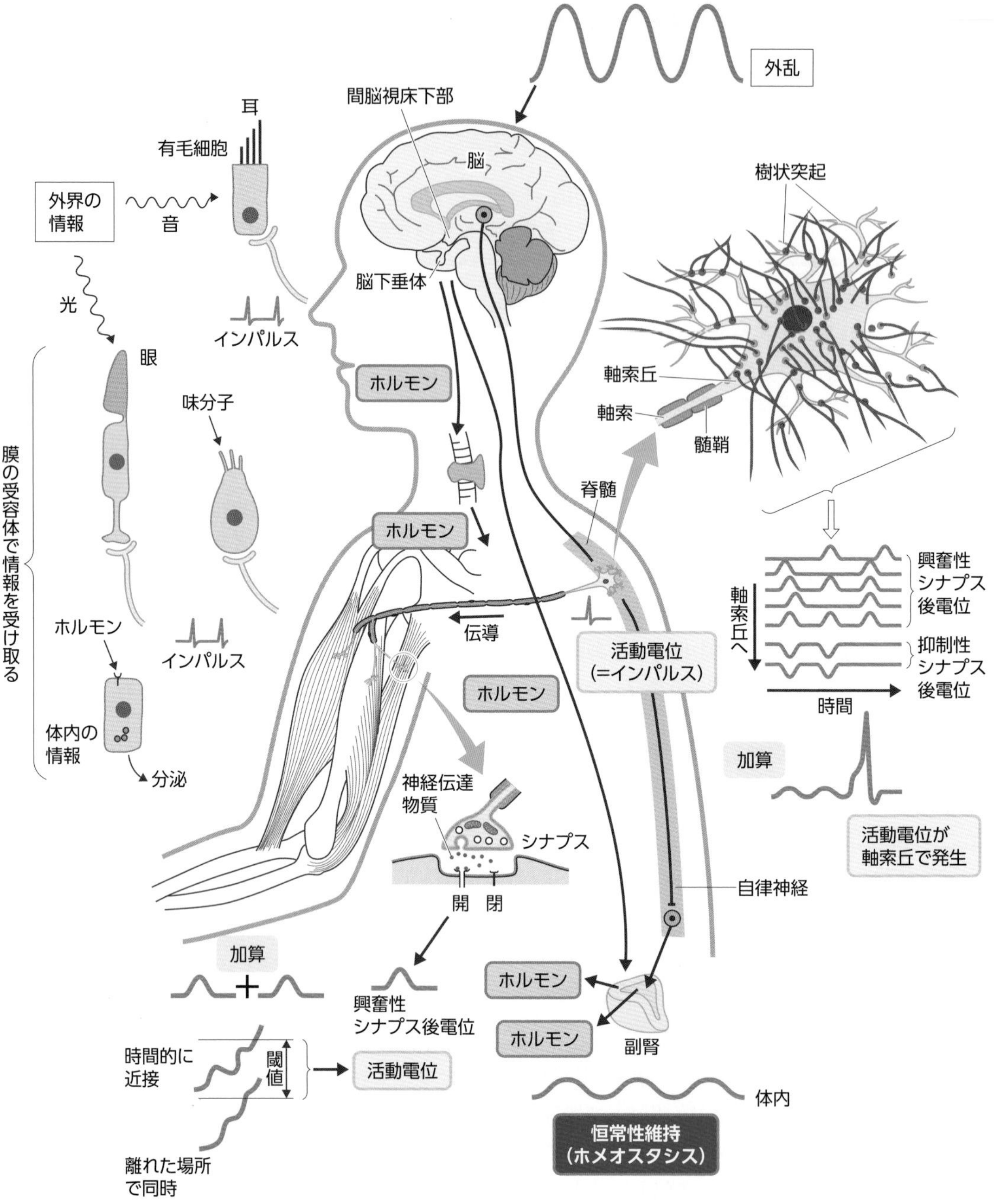
外乱
間脳視床下部
耳
有毛細胞
脳
外界の
情報
音
脳下垂体
光
インパルス
眼
ホルモン
味分子
膜の受容体で情報を受け取る
ホルモン
インパルス
体内の
情報
分泌
樹状突起
軸索丘
軸索
髄鞘
脊髄
ホルモン
伝導
活動電位
(=インパルス)
ホルモン
興奮性
シナプス
後電位
軸索丘へ
抑制性
シナプス
後電位
時間
加算
活動電位が
軸索丘で発生
神経伝達
物質
シナプス
開　閉
自律神経
加算
興奮性
シナプス後電位
ホルモン
ホルモン
副腎
時間的に
近接
閾値
活動電位
体内
恒常性維持
(ホメオスタシス)
離れた場所
で同時

概略図●個体がまとまりのある反応をするしくみ

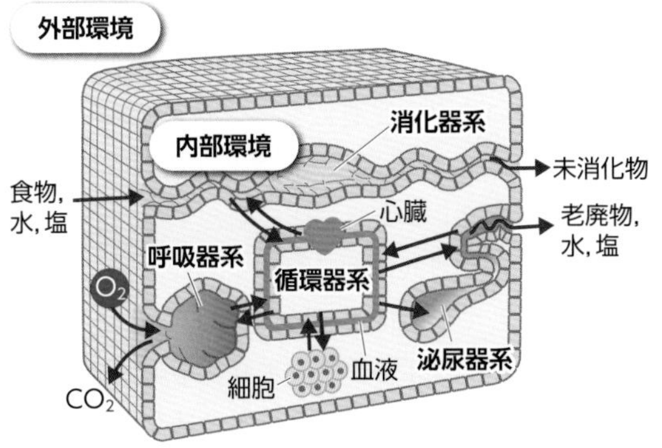
外部環境
内部環境
消化器系
未消化物
食物,
水, 塩
心臓
老廃物,
水, 塩
呼吸器系
循環器系
O_2
CO_2
細胞
血液
泌尿器系

●図11-1　外部環境と内部環境

http://bioserv.fiu.edu/~walterm/B/homeostasis/lecture.htm より作成.

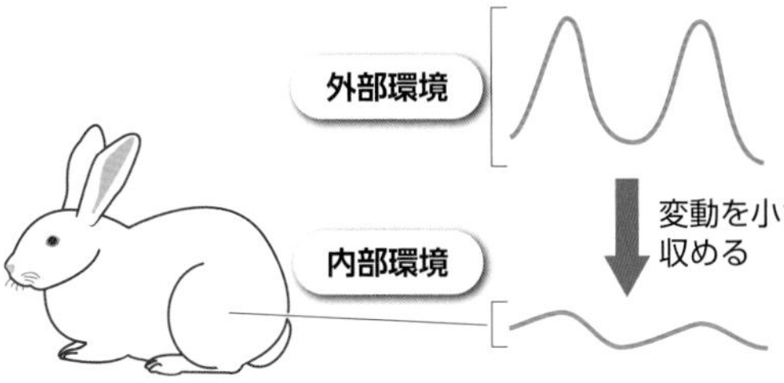
外部環境
内部環境
変動を小さく
収める

●図11-2　ホメオスタシス

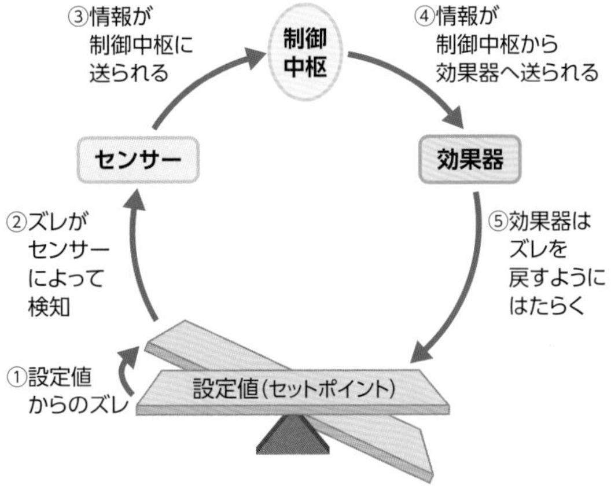
③情報が
制御中枢に
送られる
制御
中枢
④情報が
制御中枢から
効果器へ送られる
センサー
効果器
②ズレが
センサー
によって
検知
⑤効果器は
ズレを
戻すように
はたらく
①設定値
からのズレ
設定値(セットポイント)

●図11-3　ホメオスタシス機構の概念図

2 ホメオスタシスの機構

体液成分，浸透圧，pH，体温など，内部環境を構成する個々の要素の変動を小さな幅に収める調節機構は，自律神経系と内分泌系にあって，そのはたらきが意識に上ることはない（⇒11章-2④）.

外部環境からの負荷により，これらの要素の値が設定値（セットポイント）から＋の方向にズレると，センサーがズレを検知して制御中枢に伝え，制御中枢は－方向へはたらく効果器に情報を送り，効果器はズレを設定値に戻すようにはたらいてズレを補正する．－方向へのはたらきが行きすぎて設定値を超えると，再び＋方向への反応がはたらく．こうして，内部環境の変動は，設定値を中心に一定の幅の中に収まる（図11-3）.

❶体温調節のしくみ

例としてヒトの体温調節について考えてみよう．

体温は，骨格筋の収縮による発熱や，細胞が行うさまざまな活動に伴って発生する熱（特に肝臓の寄与が大きい）などから，輻射，伝導，対流によって体表から失われる熱や呼気によって失う熱を差し引いた量で決まる．体内の熱は，血液によって体中に分配されている．

設定値（およそ37℃）より体温が上がると，この情報が脳の視床下部に伝えられ，皮下の血管を拡張して体表から熱を逃がし，発汗を促して蒸発熱により体表の温度を下げるようにはたらく．一方，体温が下がると，皮下の血管を収縮させ，血液が表面よりも深い位置を循環するようにして熱が失われないようにする．また，骨格筋を小刻みに収縮させ（震え）熱を発生させる（図11-4）.

寒さが続くと，さらに代謝に関係するホルモンである甲状腺ホルモンやアドレナリンの分泌を調節して代謝を高めて体温を上げる．これも視床下部が制御中枢となっている．

このような生理学的な体温調節に加えて，暑いときには日陰に入り，寒いときには日向に出たりセーターを1枚多く着るなど，行動による体温調節も行う．

ヒト以外の動物も体温調節を行うが，種によってどの方式をとるかはさまざまである．例えば，鳥類には汗腺がなく体は羽毛で覆われているので，体表からの放熱は少なく，呼気による放熱の割合が大きい．爬虫類などは，日向に出て体をウォーミングアップしてから行動を起こす．さらに，季節的な変動には，毛を抜け変わらせたり換羽をしたり，脂肪を蓄積したり，ホルモンの分泌量を調節したりして対応する．

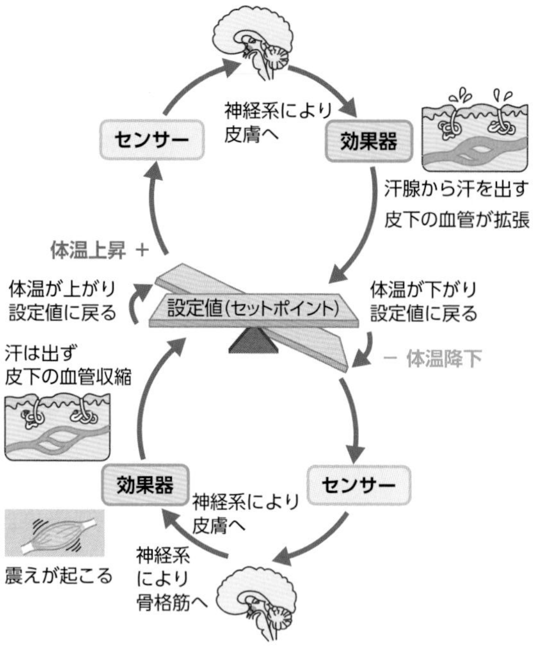
センサー
神経系により
皮膚へ
効果器
汗腺から汗を出す
皮下の血管が拡張
体温上昇 ＋
体温が上がり
設定値に戻る
設定値(セットポイント)
体温が下がり
設定値に戻る
− 体温降下
汗は出ず
皮下の血管収縮
効果器
センサー
神経系により
皮膚へ
震えが起こる
神経系
により
骨格筋へ

●図11-4　生理学的な体温調節
参考図書1をもとに作成.

❷水代謝のしくみ

水は小さな分子なので，細胞膜を通過することができるが，その速度はゆっくりしたものなので，涙を流したり，尿を排出するために必要な水の動きには遅すぎる．そのため，細胞は水を通すチャネルを備えている．水チャネルは，アクアポリンという細胞膜を貫通する膜タンパク質である（⇒5章-4）．アクアポリンは水分子しか通さず，イオンなどが通ることはできない．

アクアポリンは腎臓における水の排出に重要な役割を担っている．ヒトの場合，腎臓の糸球体で血液から血球細胞や分子量の大きなタンパク質以外は濾過されて，後で必要な塩類，アミノ酸，グルコース，水を再吸収して，体液の**浸透圧**の調節をしている（図11-5）．水の再吸収に関与するホルモンが脳下垂体から分泌される**バソプレシン**というペプチドホルモンで，尿量を減らすようにはたらくので，抗利尿ホルモンともよばれる．腎臓の水代謝にとって必須のホルモンである．

視床下部にある浸透圧受容器が体内の水分が設定値よりも低いと検知すると，脳下垂体後葉からのバソプレシンの分泌を促進する．バソプレシンは血液によって腎臓まで運ばれ，集合管の上皮細胞の細胞膜にあるバソプレシン受容体に結合する．この受容体はGタンパク質共役型受容体で，セカンドメッセンジャーとしてcAMPを細胞内につくる．cAMPは最終的にサイトソルのアクアポリンを膜に埋め込んだ小胞を細胞膜に融合させて，水の通り道を細胞膜にたくさんつくる（図11-5，⇒5章-4も参照）．

そのため水は集合管を流れる尿中から血液のほうへ移動して，水分の少ない（濃縮された）尿が排出される．バソプレシンの濃度が下がれば，受容体に結合するバソプレシンが減り，アクアポリンは細胞膜からエンドサイトーシスによって細胞内へ取り込まれ，水の通り道が減るので，水は集合管から血液へ移動せず，薄い尿が排出される．

カエルの腹側の皮膚にもアクアポリンがある．カエルは腹側を水につけていることが多いが，これはお腹から水を飲んでいるのである．

アクアポリンは腎臓だけでなく，いろいろな組織を構成する細胞に備わっているが，これらはバソプレシンによる調節を受けない．

3 制御中枢の必要性

図11-1には，呼吸器系，消化器系，循環器系，泌尿器系が書き込まれている．これらの器官系を構成する器官の組織や細胞では，それぞれ信号分子によりお互いに情報交換をしながら機能を果たしているが，体温調節と水代謝のところで述べたように，個体が全体としてうまく機能するためには，それぞれの系の状態を監視しながら，適切に対応できるように制御する機構が必要である．また，必要に応じて内部環境の情報を検知する必要があり，外部環境の情報を受容して設定値を変える必要もある．図11-1に欠けているのは，**神経系**と**内分泌系**である．

このようなはたらきをする**制御中枢**として，脳（特に視床下部）と脳下垂体が重要な役割を果たしている．6章-3では，ホルモンによる血糖の調節について詳しく述べたが，これらのローカルな調節に加え

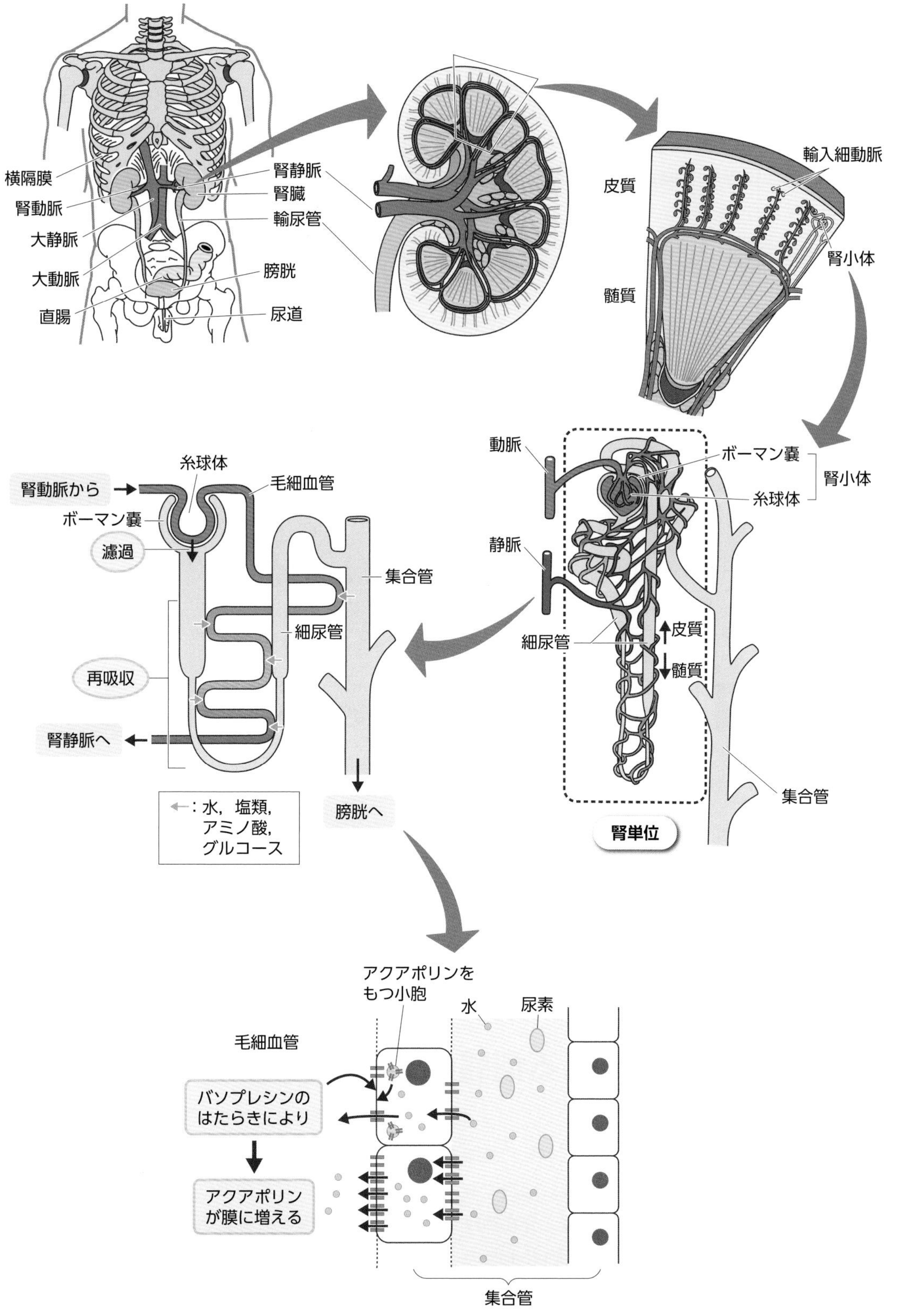
横隔膜
腎動脈
大静脈
大動脈
直腸
腎静脈
腎臓
輸尿管
膀胱
尿道
皮質
髄質
輸入細動脈
腎小体
動脈
静脈
ボーマン嚢
糸球体
腎小体
細尿管
皮質
髄質
集合管
腎単位
糸球体
腎動脈から
毛細血管
ボーマン嚢
濾過
集合管
細尿管
再吸収
腎静脈へ
←：水，塩類，
アミノ酸，
グルコース
膀胱へ
アクアポリンを
もつ小胞
水
尿素
毛細血管
バソプレシンの
はたらきにより
アクアポリン
が膜に増える
集合管

図 11-5　腎臓の構造と腎単位の模式図

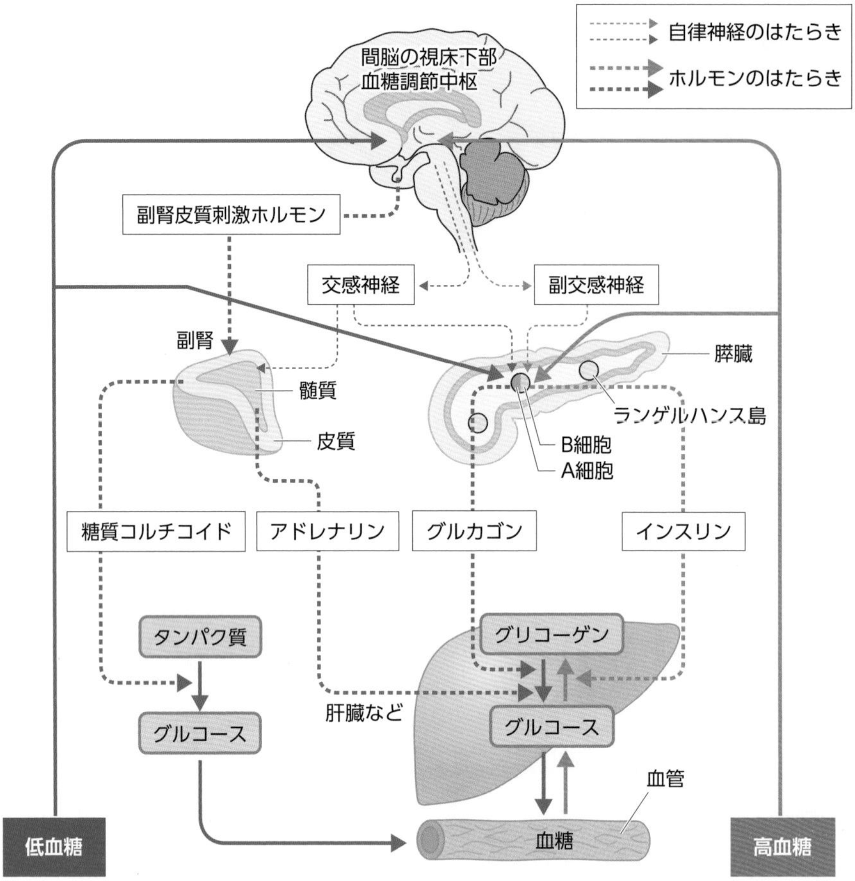
自律神経のはたらき
ホルモンのはたらき
間脳の視床下部
血糖調節中枢
副腎皮質刺激ホルモン
交感神経
副交感神経
副腎
髄質
皮質
膵臓
ランゲルハンス島
B細胞
A細胞
糖質コルチコイド
アドレナリン
グルカゴン
インスリン
タンパク質
グルコース
肝臓など
グリコーゲン
グルコース
血管
血糖
低血糖
高血糖

●図11-6　血糖の調節の全体像
赤線は血糖値を下げる，青線は上げる．参考図書9をもとに作成．

て，制御中枢による制御が加わっている．血糖の調節の全体像を図11-6に描いた．

このようなはたらきによって内部環境の恒常性が維持されているおかげで，内部環境に浸っている細胞は，次に述べるようなさまざまな機能を果たすことができるのである．

11-2 制御中枢による情報の処理と調節

1 ニューロン

制御中枢の中心となって，情報の受容から効果器への伝達までの役割を担っているのが**神経細胞**である．神経細胞には，**感覚神経**，**運動神経**，**介在神経**があるが（図11-7），いずれの神経細胞も1つの機能的な単位（素子）と考えることができるので，**ニューロン**（neuron）とよんでそのことを強調することが多い．ここでもこれ以降はニューロンとよぶことにする（図11-8）．

ニューロンのはたらきは，樹状突起で受け取った情報を細胞体部で統合し，軸索丘（軸索起始部）から軸索初節にかけての部位で活動電位に変換し，**軸索**を通って軸索の末端まで伝え，次のニューロン（あるいは効果器）に伝えることである．軸索末端はボタン状になっていて，次のニューロン（あるいは効果器）と接している．この部分を**シナプス**（synapse）とよび，信号分子である**神経伝達物質**は，シナプスの隙間に放出され，次のニューロン（あるいは効果

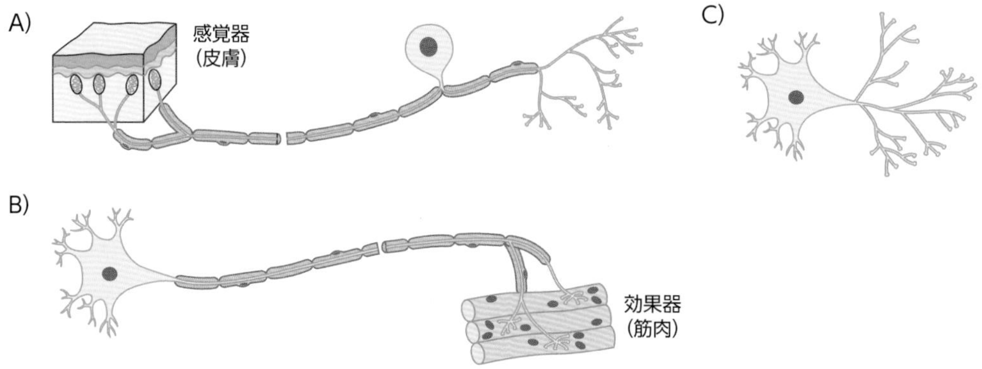
A)
感覚器
(皮膚)
C)
B)
効果器
(筋肉)

●図11-7　感覚ニューロン（A），運動ニューロン（B），介在ニューロン（C）の形態
介在ニューロンはさまざまな形態のバリエーションがあり，有髄のものもある．

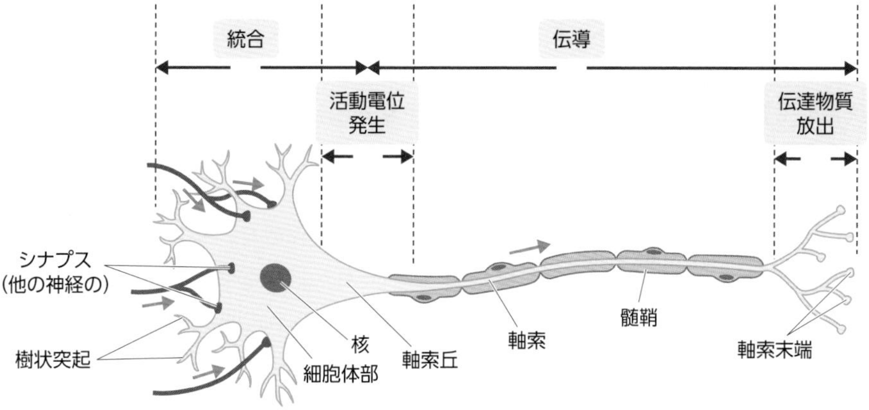
統合
伝導
活動電位
発生
伝達物質
放出
シナプス
（他の神経の）
樹状突起
核
細胞体部
軸索丘
軸索
髄鞘
軸索末端

●図11-8　ニューロンの形態とはたらきを示す模式図

器）の受容体と結合する（図11-9）．軸索を信号が伝わることを**伝導**（conduction）といい，神経伝達物質によって次のニューロンへ信号を伝えることを**伝達**（transmission）とよんでいる．ニューロンはこれらの仕事をすべて，ニューロン細胞膜の電気的な性質を利用して行っている．

ニューロン細胞膜の電気的な性質は，主に4つの膜タンパク質のはたらきによって生じる（⇒5章-1, 6章-5）．①K^+チャネルタンパク質，②電位依存型Na^+チャネルタンパク質，③電位依存型K^+チャネルタンパク質，④Na^+–K^+ ATPase（ナトリウムポンプ）である．

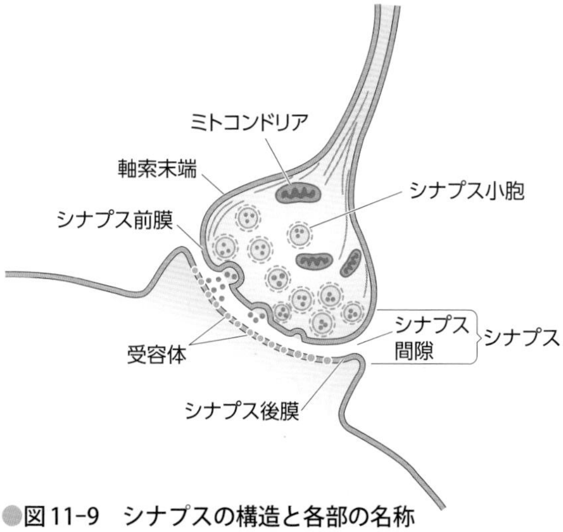
ミトコンドリア
軸索末端
シナプス小胞
シナプス前膜
シナプス
間隙
シナプス
受容体
シナプス後膜

●図11-9　シナプスの構造と各部の名称

11章　個体としてのまとまり

2 ニューロンのはたらき

ニューロンには2つの状態がある．1つは情報の伝導・伝達を行っていない静止した状態，もう1つは信号を伝導・伝達している活動状態である．この2つの状態が前述の膜タンパク質の性質によって規定されている．

❶静止した状態

ニューロンはNa^+–K^+ ATPaseのはたらきで常にエネルギーを使ってNa^+を細胞の外に汲み出し，K^+を細胞の中に汲み入れている．そのため，細胞の内側ではK^+の濃度が高くてNa^+の濃度が低く，細胞の外側では反対にK^+の濃度が低くてNa^+の濃度が高く，細胞膜を挟んで電気的な二重層を形成している．

ニューロンが静止した状態のときは，K^+チャネルが開いているので，K^+の濃度差に起因する起電力が細胞膜を挟んで生じ，これを**静止電位**（resting potential，Vr）という．

$$Vr = \frac{RT}{Fz} \times \ln \frac{[K^+]_o}{[K^+]_i} = 0.058 \times \log \frac{[K^+]_o}{[K^+]_i}$$

（ただし18℃で）

$[K^+]_i$，$[K^+]_o$はそれぞれK^+のニューロン内外の濃度，Rは気体定数，Tは絶対温度，Fはファラデー定数，zはイオン価数

K^+の濃度はニューロン内のほうが高いので，logの後の式は分数となりニューロンの外部を基準とすると静止電位は負の値になる．多くのニューロンでこの値はおよそ－70 mVほどである．

❷活動状態

ニューロンが活動状態になると，それまで閉じていた電位依存型Na^+チャネルが開いて，K^+チャネルによるK^+の流失は無視できるようになる．そのため，今度はNa^+の濃度差に起因する起電力が細胞膜を挟んで生じ，その値は上の式でK^+をNa^+に変えた式で求めることができる．これを**活動電位**（action potential）という．

Na^+の濃度はニューロン外のほうが高いので，logの後の式は分数とはならずニューロンの外部を基準とすると正の値になる．多くのニューロンでこの値は30～60 mVほどである．

電位依存型Na^+チャネルは，閉じた状態，開いた状態，閉じて反応できなくなった状態の3つの状態をとる．ニューロンが静止した状態から活動状態になると，電位依存型Na^+チャネルはごく短い間，開いた状態になり，すぐに閉じて不活性な状態になり，しばらくはこの状態が保たれる（図11-10）．

電位依存型Na^+チャネルが閉じるのと並行して，反応性の遅い電位依存型K^+チャネルがNa^+チャネルよりも遅れて開き始め，K^+の通り道がたくさんできるので電位は急速に静止電位まで戻され，やがて電位依存型K^+チャネルは閉じるので，元の静止電位で安定する．したがって活動電位は一過的な電位の変化を示す（図11-11）．そのため，この電位変化をインパルス（impulse）あるいはスパイク（spike）とよぶことがある．電位依存型チャネルは，一過的な活動電位を発生すると，しばらくは不活性な状態を維持して開くことができない．このような状態を**不応期**（refractory period）という．

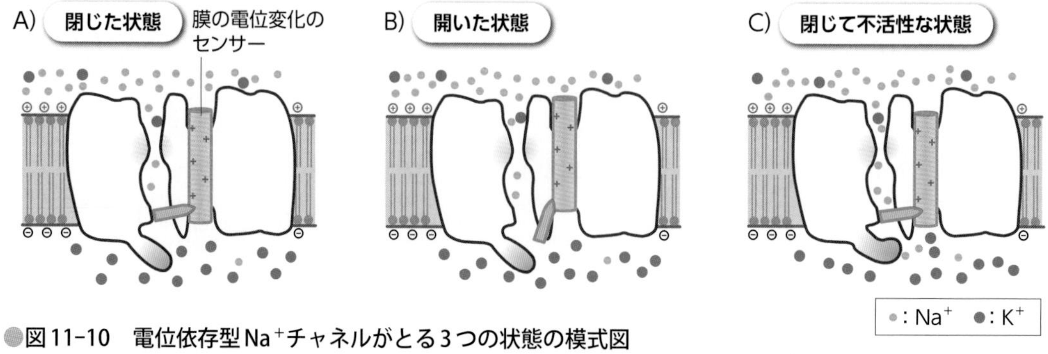
A) 閉じた状態
膜の電位変化のセンサー
B) 開いた状態
C) 閉じて不活性な状態
●: Na^+ ●: K^+

図11-10　電位依存型Na^+チャネルがとる3つの状態の模式図

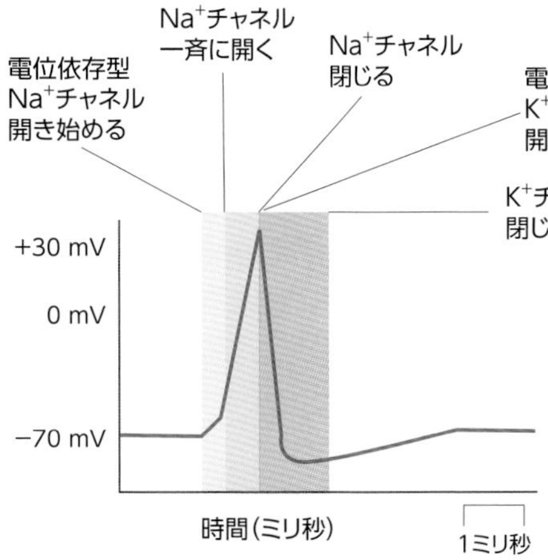
Na+チャネル
一斉に開く
Na+チャネル
閉じる
電位依存型
Na+チャネル
開き始める
電位依存型
K+チャネル
開き始める
K+チャネル
閉じる
+30 mV
0 mV
−70 mV
時間(ミリ秒)
1ミリ秒

●図11-11　活動電位の波形と電位依存型イオンチャネルの開閉状態を示す模式図

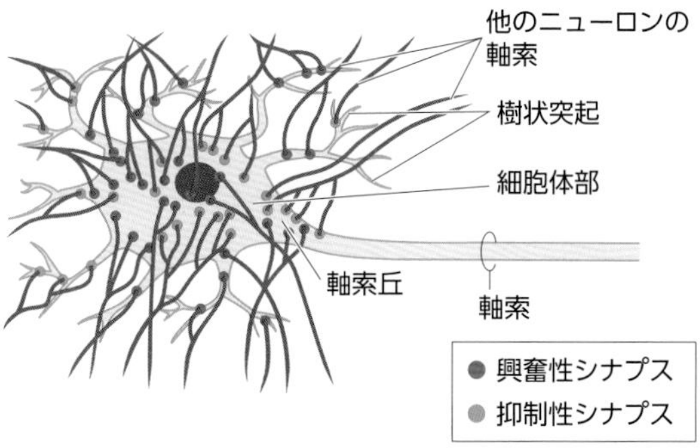
他のニューロンの
軸索
樹状突起
細胞体部
軸索丘
軸索
● 興奮性シナプス
● 抑制性シナプス

●図11-12　1つのニューロンに他のニューロンから多数の軸索がシナプスをつくっていることを示す模式図

参考図書1をもとに作成.

❸活動電位の発生場所

ニューロンが活動電位を発生する場所は**軸索丘**(じくさくきゅう)から**軸索初節**にかけての部位※1である．この部位にだけたくさんの電位依存型Na^+チャネルがニューロン細胞膜に埋め込まれていて，膜の電気的な変化がチャネルを開状態にするのに必要な静止電位からのズレ(**閾値**(いきち)，およそ－50 mV)に達すると，一斉に開状態になる．

いったん電位依存型Na^+チャネルが開状態になると，自動的に閉状態，不活性な閉状態をとるために，活動電位の発生は刺激が閾値以上のときにのみ起こり，閾値以下では全く起こらないという，「**全か無かの法則**(all or none law)」に従った反応をする．

軸索丘に電気的な変化を及ぼすのは，ニューロンの樹状突起と細胞体部にシナプスをつくっている多数のニューロンである(図11-12)．それぞれのニューロンから放出された神経伝達物質(アセチルコリンなど)は，6章-5で説明したように，樹状突起と細胞体部のシナプス後膜に埋め込まれたイオンチャネル連結型受容体に結合して，イオンが通る穴を開ける．その結果，わずかな電位変化がシナプス後膜に生じる．放出される神経伝達物質の量が多ければ多いほど，イオンの通る穴が多くなり電位変化は大きくなる．電位変化の向きは，ニューロンが放出する神経伝達物質の種類と受容体のイオン透過性によって決まる．Na^+を通すイオンチャネル連結型受容体なら静止電位から正の方向への変化(**脱分極**)をするし(**興奮性シナプス後電位**，EPSP)，Cl^-を通すイオンチャネル連結型受容体なら静止電位からさらに負の方向への変化(**過分極**)となる(**抑制性シナプス後電位**，IPSP)．

多数のシナプス後膜で発生したEPSPとIPSPは加算され電気的に軸索丘へ伝えられる．加算結果が閾値よりも高いと活動電位の発生につながる(図11-13)．

❹伝導

軸索丘で発生した活動電位は，軸索を軸索末端に向かって伝導していく．軸索の膜には隙間なく電位依存型Na^+チャネルが並んでいる．最初に軸索丘で活動電位が発生すると，瞬間的に軸索丘の電気的性質が逆転する．すなわちこの領域の細胞内が正に，細胞外が負になる(図11-14A①)．

そのため隣の，まだ静止状態の部位の間に電気的な回路(局所回路)が形成され，隣の部位を刺激する．これにより隣の部位で電位依存型Na^+チャネル

※1 ニューロンの細胞体部から軸索が出る部位は少し膨らんでいるので，ここを軸索丘とよび，軸索丘から一定の太さの軸索に移行する円錐形の部位を軸索初節とよぶ．これ以降は，この部位を便宜的に軸索丘と表現する(⇒図11-8参照)．

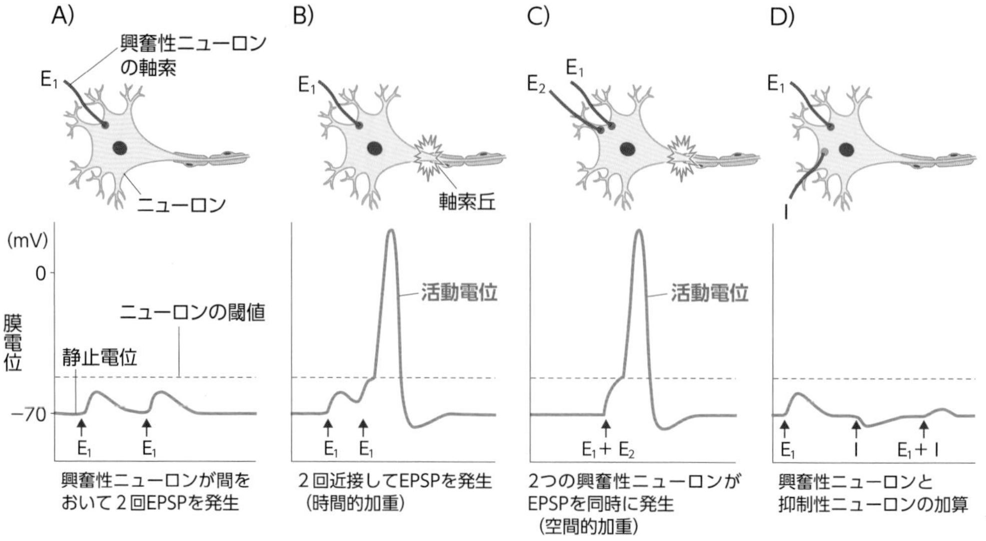
A)
B)
C)
D)
興奮性ニューロンの軸索
E_1
E_2
ニューロン
軸索丘
I
(mV)
0
膜電位
−70
ニューロンの閾値
静止電位
活動電位
E_1 + E_2
E_1 + I
興奮性ニューロンが間をおいて２回EPSPを発生
２回近接してEPSPを発生（時間的加重）
2つの興奮性ニューロンがEPSPを同時に発生（空間的加重）
興奮性ニューロンと抑制性ニューロンの加算

●図11-13　興奮性シナプス後電位および抑制性シナプス後電位の加算を示す模式図
実際にはもっと多数のシナプスからのEPSPとIPSPを瞬時に足し算をしたり引き算をしている．参考図書10をもとに作成．

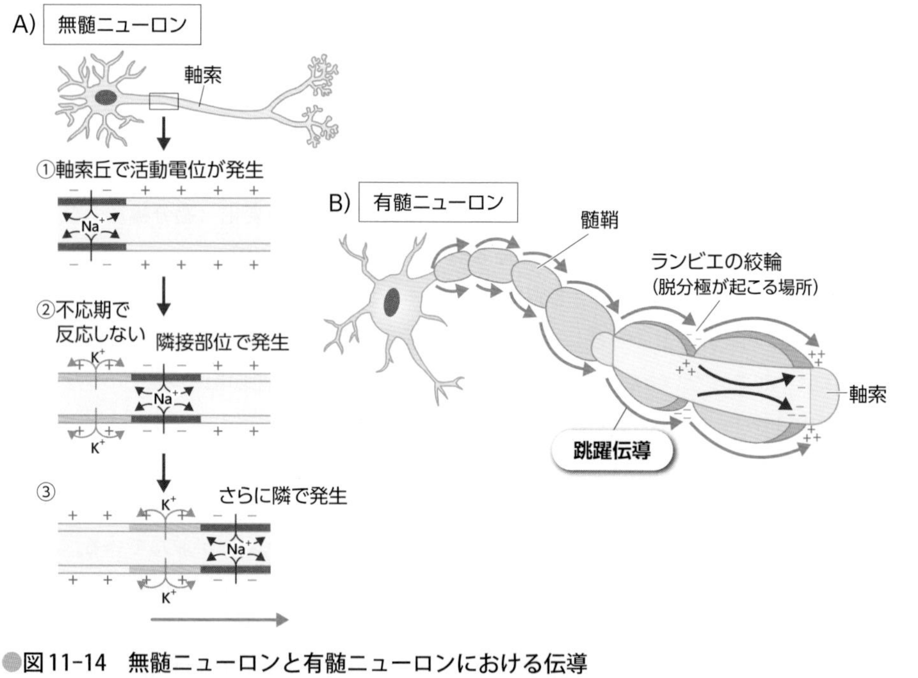
A) 無髄ニューロン
軸索
①軸索丘で活動電位が発生
Na⁺
②不応期で反応しない
隣接部位で発生
K⁺
③
さらに隣で発生
B) 有髄ニューロン
髄鞘
ランビエの絞輪
（脱分極が起こる場所）
軸索
跳躍伝導

●図11-14　無髄ニューロンと有髄ニューロンにおける伝導
参考図書10をもとに作成．

が開いて活動電位が発生する．するとまた隣の部位と局所回路がつくられ，同様にして活動電位が発生する．最初に活動電位が発生した軸索丘は，電位依存型 Na^+ チャネルが閉じた後しばらく不活性の状態になるので，軸索末端側には活動電位は移っていくが反対側に戻ることはない（**図11-14A②**）．こうして次々と軸索末端の方向に活動電位を発生させて，電気信号が伝導していく（**図11-14**）．

軸索に髄鞘が巻きついた有髄ニューロンでは，**ランビエの絞輪**（こうりん）にだけ電位依存型 Na^+ チャネルが分布

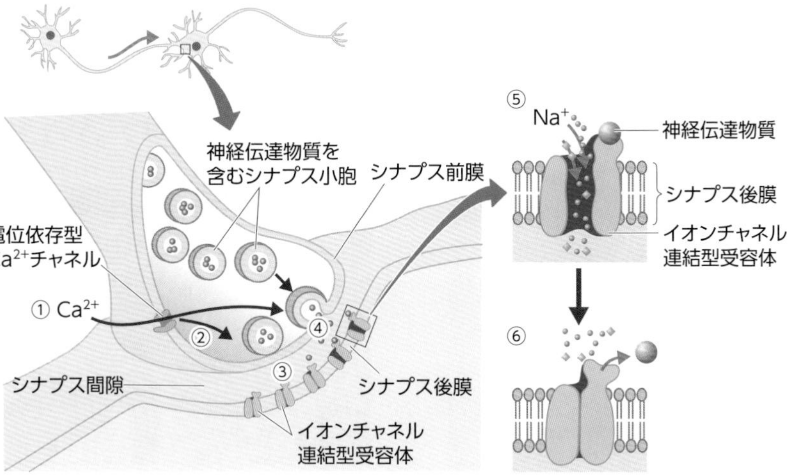
⑤
Na+
神経伝達物質
神経伝達物質を
含むシナプス小胞
シナプス前膜
シナプス後膜
イオンチャネル
連結型受容体
電位依存型
Ca2+チャネル
① Ca2+
②
③
④
⑥
シナプス間隙
シナプス後膜
イオンチャネル
連結型受容体

●図11-15　電気的変化によって神経伝達物質が放出されるしくみを示す模式図
参考図書1をもとに作成.

していることと髄鞘の高い電気抵抗のために，活動電位の発生場所はランビエの絞輪に限られる．そのため，ランビエの絞輪から次の絞輪へ活動電位が飛び飛びに伝導していく．これを**跳躍伝導**とよんでいる（図11-14B）．無髄ニューロンでは伝導速度がおよそ5 m/秒なのに対して，有髄ニューロンではおよそ100 m/秒と速度が大きくなる．無脊椎動物では無髄ニューロンの軸索を太くして伝導速度を速くしているが，脊椎動物では細い軸索にもかかわらず有髄にすることで伝導速度を稼いでいる．

❺伝達

電気的信号が軸索末端まで来ると，膜の電気的な変化によって軸索末端に存在する電位依存型Ca^{2+}チャネルが開き，外からCa^{2+}が軸索末端内部へ流入する．その結果，神経伝達物質を含むシナプス小胞はシナプス前膜に融合して中の神経伝達物質をシナプス間隙に放出する．神経伝達物質はシナプス後膜にあるイオンチャネル連結型受容体と結合してチャネルを開き，シナプス後電位を発生させる（図11-15）．

こうしてニューロンは次のニューロンに信号を伝え，運動ニューロンは筋肉に収縮の指令を伝えることができる（⇒5章-2③）．

③ グリア細胞

❶グリア細胞の種類

神経系はニューロンと**グリア細胞**から構成されている．ニューロンは②で述べたようにきわめて特殊化した細胞なので，グリア細胞のサポートがなければ，その機能を果たすことができない．

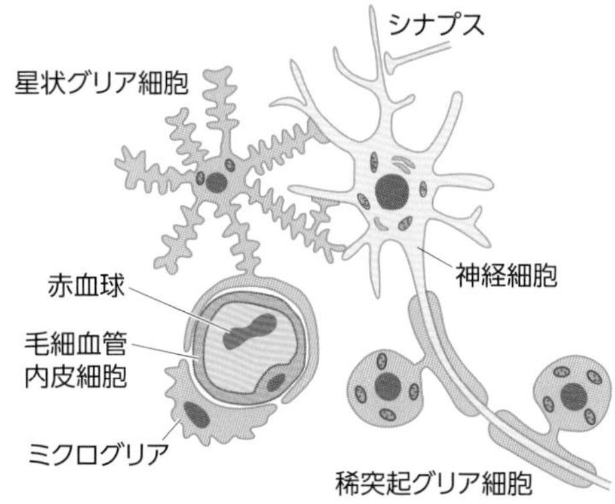
シナプス
星状グリア細胞
神経細胞
赤血球
毛細血管
内皮細胞
ミクログリア
稀突起グリア細胞

●図11-16　ニューロンとグリア細胞の関係を示す模式図

グリア細胞のグリアはギリシャ語で膠（にかわ）という意味で，ニューロンの間を埋めているのでこの名がある．グリア細胞には，突起の多い星形をした**星状グリア細胞**（アストロサイト，astrocyte）と，突起が少ない**稀突起（きとっき）グリア細胞**（オリゴデンドロサイト，oligodendrocyte）がある（図11-16）．

星状グリア細胞は，長い突起で毛細血管に巻きつき，他方でニューロンと接触し，ニューロンへ栄養を供給する．ニューロンは常にATPのエネルギーを使ってNa^{+}–K^{+} ATPaseを駆動してイオンの濃度差

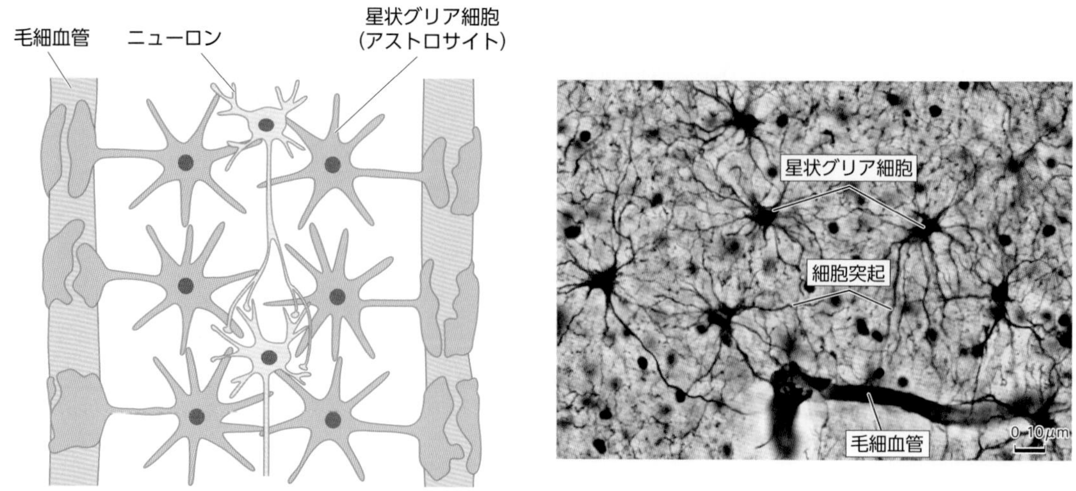

毛細血管
ニューロン
星状グリア細胞
(アストロサイト)
星状グリア細胞
細胞突起
毛細血管
0 10μm

●図11-17　星状グリア細胞のパッチワークシートに乗ったニューロン（左）と星状グリア細胞の顕微鏡写真（右）
この図ではシートは一面しか描かれていないが，実際には何枚も重なって三次元の広がりがある．顕微鏡写真はGolgiの鍍銀染色による．実際にはそれぞれの突起からさらに細かい突起がたくさん出ている．図はWeb版脳科学辞典をもとに作成．写真は「バーチャルスライド　組織学」（駒﨑伸二／著），羊土社，2020より転載．

をつくり出しており，これがニューロンの電気的な活動を保証している．そのため，グリア細胞による栄養の供給が数分途絶えると，ニューロンは致命的なダメージを受ける．

稀突起グリア細胞は軸索に沿って配列し，長い舌状の突起を出して軸索に巻きつき**髄鞘**（ミエリン鞘）を形成する．ちょうど裸の銅線にビニールテープをわずかな隙間を置いて次々と巻きつけたように，髄鞘は前述したランビエの絞輪とよぶ隙間を残して形成される．

この他に血管近くには**ミクログリア**（microglia）があるが，これは脳におけるマクロファージで，細胞表面にはMHCクラスⅡタンパク質やCD4（⇒9章-5）が発現している．

❷グリア細胞の機能

グリア細胞は，これまでは単なるニューロンのサポート役だと考えられてきたが，最近になって神経系の制御機構に重要な役割を担っていると考えられるようになってきた．

中枢神経系の星状グリア細胞（アストロサイト）は，図11-16では1つだけしか描かれていないが，実際には多数の突起をもった星状グリア細胞が，周辺部でつながったパッチワークのシートのようになっていて，これが何枚も重なって敷き詰められている．ニューロンのネットワークは，その中に埋まっている．図11-17にあるように，星状グリア細胞の突起の1つは毛細血管と接触し，他の突起はニューロンの体部や樹状突起と接触して，ニューロンと毛細血管の間の橋渡しをしている．突起はニューロン間のシナプスの周りをも取り囲んでいる．

星状グリア細胞の細胞膜には，さまざまな種類のトランスポーターやポンプが発現している．これらを使って，上で述べたようにニューロンに栄養を供給してその活動を支えているが，そればかりでなく，血液中から脳へ必要な物質を取り込み，またその逆に脳から血液へ不要な物質を排出して，物質の出入りを調節している．このようなはたらきを**血液脳関門**（blood-brain barrier）とよんでいる．

さらに星状グリア細胞は，ニューロンの終末から放出された神経伝達物質を取り込んで，その濃度を下げるとともに，K^+を取り込んでイオン濃度の調整をしている．また星状グリア細胞は，自分自身も伝達物質（gliotransmitter，グリア伝達物質）を放出することができる．星状グリア細胞には各種の神経伝達物質の受容体も発現しているので，ニューロンの軸索末端と次のニューロンの樹状突起の棘（スパイン）を星状グリア細胞の突起の末端が取り囲み，この三者で神経情報の伝達を調整しているという考

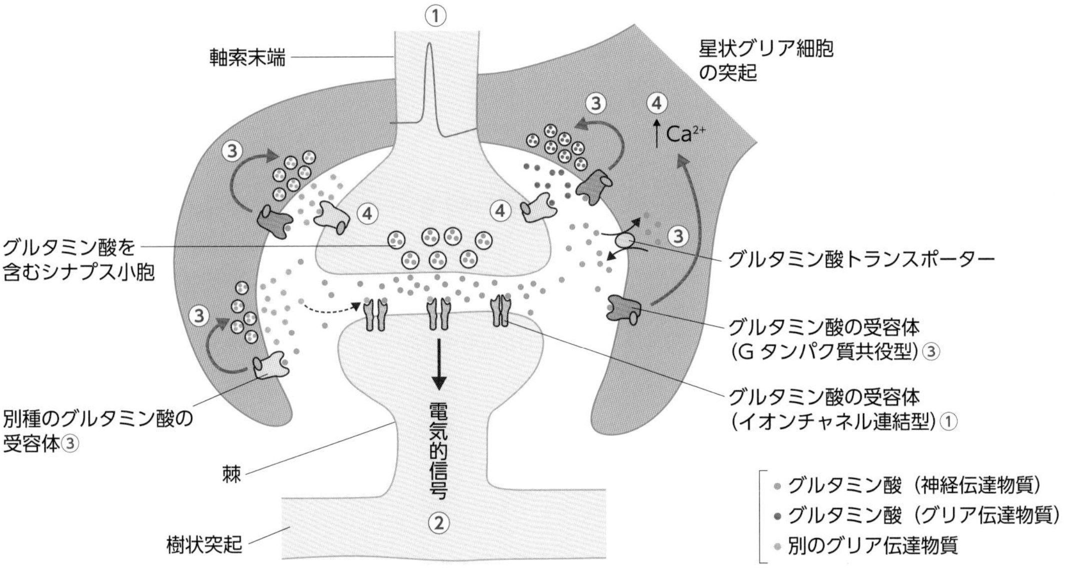
①
軸索末端
星状グリア細胞
の突起
③
④
Ca2+
③
③
④
④
グルタミン酸を
含むシナプス小胞
③
グルタミン酸トランスポーター
③
グルタミン酸の受容体
(G タンパク質共役型) ③
グルタミン酸の受容体
(イオンチャネル連結型) ①
別種のグルタミン酸の
受容体③
電気的信号
棘
②
樹状突起
グルタミン酸（神経伝達物質）
グルタミン酸（グリア伝達物質）
別のグリア伝達物質

図11-18　ニューロンの軸索末端が次のニューロンの樹状突起の棘とシナプスを形成しているところに，星状グリア細胞の突起が周囲を覆っているところ

①インパルスによってシナプス小胞内の神経伝達物質（グルタミン酸）がシナプス間隙に放出，②棘に電気信号が伝わる，③グルタミン酸はシナプス間隙から出て星状グリア細胞のGタンパク質共役型受容体と結合，グリア細胞内のCa^{2+}濃度が上昇，同時にグリア細胞に取り込まれ，④グリア伝達物質が放出され軸索末端の受容体に結合し，軸索末端からの神経伝達物質の放出を調節する．Ca^{2+}の情報は隣り合う星状グリア細胞にギャップ結合で伝わる．Web版脳科学辞典の図をもとに作成．

えが提唱されている（図11-18）．

星状グリア細胞のはたらきを調整しているのは，Ca^{2+}であることがわかってきた．Ca^{2+}の濃度を蛍光指示薬で視覚化できることにより，星状グリア細胞は神経伝達物質の刺激によって，Ca^{2+}濃度を増減させて細胞内に信号を伝えるとともに，ギャップ結合を介して隣の星状グリア細胞にゆっくりではあるが次々に信号を伝えていることが明らかになった．

このように，中枢神経系のグリア細胞は，ニューロンと並んで神経系の制御機構に重要な役割を担っていることが次第に明らかになってきている．

4 神経系の発達

❶神経系の進化

最も単純な神経系として，感覚ニューロンが外界の情報を受容し，これを運動ニューロンに中継して効果器である筋肉を収縮させるという経路が考えられるが，単純な神経系をもつヒドラの**散在神経系**（図11-19A）でも，ニューロンは網目状に連結して神経網を形成している．

介在ニューロンが感覚ニューロンと運動ニューロンの間を取り持つようになると，情報の経路に複雑さが生まれる．介在ニューロンの数が増えると，集まって**神経節**をつくり，介在ニューロン間の経路の数は飛躍的に増大し，情報処理を行えるようになる（図11-20）．ミミズやゴカイなどの環形動物や，エビやバッタなどの節足動物では，神経節が体節ごとに一対ずつあり，これらが神経繊維で連結した**はしご形神経系**を形成する（図11-19BC）．

運動に方向性が生まれると，先端の頭部に情報の入口となる感覚器が集まり，頭部神経節は発達して**脳**とよばれるようになる（頭部集中化，図11-19D）．

❷脊椎動物の神経系

脊椎動物では，発生の初期に誘導される神経管を構成する細胞が分化して，すべてのニューロンがつくられる．神経管は脳や脊髄になって**中枢神経系**（central nervous system）となり，神経管の分化によってできる神経冠から中枢神経系の外にあるニュー

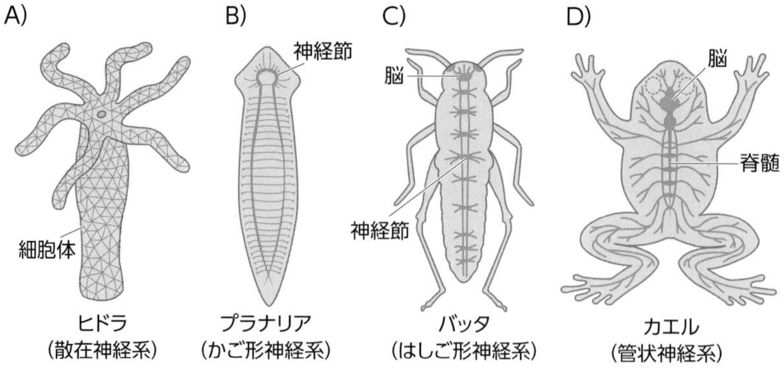
A)
B)
C)
D)
神経節
脳
脳
細胞体
神経節
脊髄
ヒドラ
（散在神経系）
プラナリア
（かご形神経系）
バッタ
（はしご形神経系）
カエル
（管状神経系）

●図 11-19　神経系の進化

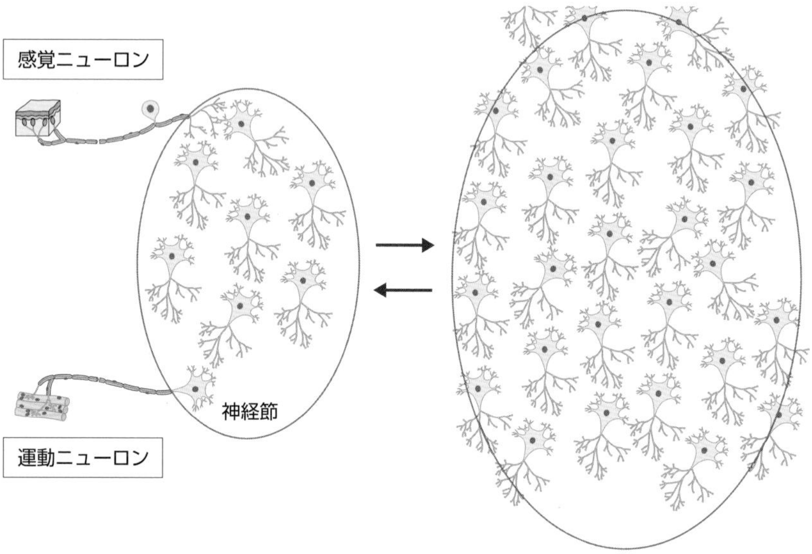
感覚ニューロン
神経節
運動ニューロン

●図 11-20　介在ニューロンの数が増えて，情報の行き交う経路が複雑になることを示す模式図

ロンが生じる．中枢神経系を基点として中枢の外に分布する神経を**末梢神経系**（peripheral nervous system）とよぶ（図 11-21）．

脊椎動物の中枢神経系では頭部集中化が著しく進み，脳が複数の領域に分かれ，感覚ニューロンと運動ニューロンの間を取り持つ介在ニューロンで構成される脊髄を，さらに上位から制御する中枢として重要な位置を占めるようになる（図 11-19D, 20）．

ヒトでは特にこの介在ニューロンの集まりである「脳」が発達し（図 11-20 の右の塊），中枢神経系を構成するようになる（図 11-21）．その結果，脳内に介在ニューロンの集合が生まれ，複雑なネットワークが形成され，ここでいろいろな処理が行われるようになる．ヒトの遺伝子の数は，およそ 20,000 から 25,000 個だが，大脳皮質にあるニューロンの数は，およそ 100 億から 180 億と推定されている．その他の部位を加えると，1,000 億を超えるだろう．そのため，これらのニューロン同士のつなぎ方は膨大な数になり，この膨大な数のつなぎ方 1 つ 1 つを遺伝子が決めることはできない．

したがって，発生の過程で脳のニューロンの数が増えていく胎生期と，ニューロン同士のつなぎ方が決まっていく乳幼児から出生後 6 年ほどの間に，脳内に形成されるニューロンの回路網は，遺伝子によって大まかに決められるが，脳内の環境（例えばステロイドホルモン）によって大きく左右されるものと

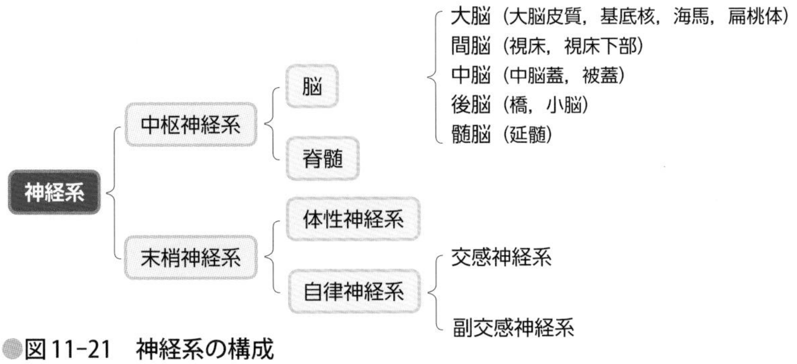
神経系
中枢神経系
末梢神経系
脳
脊髄
体性神経系
自律神経系
大脳（大脳皮質，基底核，海馬，扁桃体）
間脳（視床，視床下部）
中脳（中脳蓋，被蓋）
後脳（橋，小脳）
髄脳（延髄）
交感神経系
副交感神経系

図11-21　神経系の構成

考えられる（⇒図10-9）．多くの動物ではニューロンの回路は遺伝子によって決められるが（氏，nature），ヒトでは脳内を含めた環境（育ち，nurture）によって決まる部分も多いと考えられる（⇒p.295の行動の可塑性も参照）．一卵性双生児の研究がそれをよく示している．「氏より育ち」といわれるゆえんである．

さらに，ニューロンの活動にとって重要な，シナプスにある神経伝達物質の受容体や，シナプス間隙に放出された神経伝達物質を回収する役割をもつ膜タンパク質のトランスポーターはタンパク質である．したがってこれをコードする遺伝子が存在する．この遺伝子のわずかな違い（SNP⇒p.330）によって，タンパク質の機能がわずかなものから大きなものまで，さまざまな度合いの影響を受けることになる．ヒトの場合は，こうして気分や性格などが決まっていくものと思われる（例えば新奇探索傾向とドーパミン）．

❸ヒトの中枢神経系

ヒトの場合，概念的には図11-20にある右のニューロンの塊が脳になり，神経節と書いた部分が何段にも長く積み重なって脊髄になると考えればよい．脳はさらに図11-21にあるように，5つの部域に分かれる．もう少し詳しく見ていこう．

中枢神経系は，発生のところで述べた頭尾に長く伸びた1本の神経管に由来する（図8-13～8-15およびp.202の器官形成参照）．発生の進行に伴って，神経管の先端部分は膨らんで境界のくびれが生じて3つの部域，前脳，中脳，菱脳に分かれ，中脳を境にして大きく屈曲する．さらに発生が進むと，前脳は2つに分かれて終脳と間脳になり，菱脳も2つに分かれて後脳と髄脳になる．終脳は左右に大きく膨らんで最終的には左右の大脳半球となり，以下，間脳は視床と視床下部，後脳は小脳と橋，髄脳は延髄になる．延髄に続いて脊髄が長く伸びる．

管状構造をした神経管に由来するので，脳と脊髄の中心には管状の空所が通っている．脳の部域では管は広がり，大脳では左右の側脳室となり，視床下部では第三脳室となる．さらに小脳と延髄では薄い脈絡叢で天井を覆われた第四脳室となる．脊髄では細いままで中心管とよばれる（図11-22）．

したがって，左右の側脳室，第三脳室，第四脳室，中心管はつながっていて，内部は脳脊髄液で満たされている．脳と脊髄全体を覆う軟膜とその外側にあるクモ膜の間にも空所（クモ膜下腔）があり，ここも脳脊髄液で満たされている．両者はつながっていて，脳脊髄液はゆっくりと循環している．なお，クモ膜のすぐ外側には硬膜があり，これら3つの膜（硬膜，クモ膜，軟膜）を合わせて髄膜という（図11-22）．

❹ヒトの脊髄と脊髄神経，脳神経

脊髄の断面図は図11-23のようである．アゲハチョウを180度回転したような形の**灰白質**が中心部にあり，その周りを**白質**が囲んでいる．灰白質はニューロンで占められた部位で，白質はニューロンの軸索が通る場所である．白いのは有髄神経の髄鞘のためである．

脊髄背側からは後根（背根）が伸び，腹側からは前根（腹根）が出ている．体性神経のうちの**感覚神経**は，偽単極性ニューロン（あるいは双極性ニュー

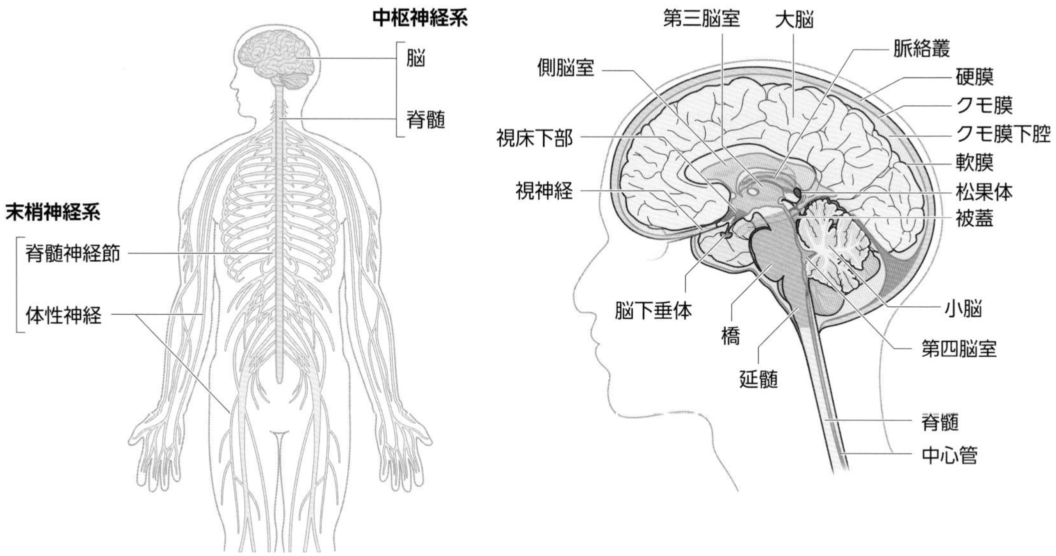
中枢神経系
脳
脊髄
末梢神経系
脊髄神経節
体性神経
第三脳室
大脳
脈絡叢
側脳室
硬膜
クモ膜
視床下部
クモ膜下腔
軟膜
視神経
松果体
被蓋
脳下垂体
小脳
橋
第四脳室
延髄
脊髄
中心管

●図 11-22　ヒトの末梢神経系と中枢神経系
右図の水色は脳脊髄液を示す．視床下部とその上部の視床（描かれていない）が間脳，被蓋が中脳，小脳と橋が後脳である．

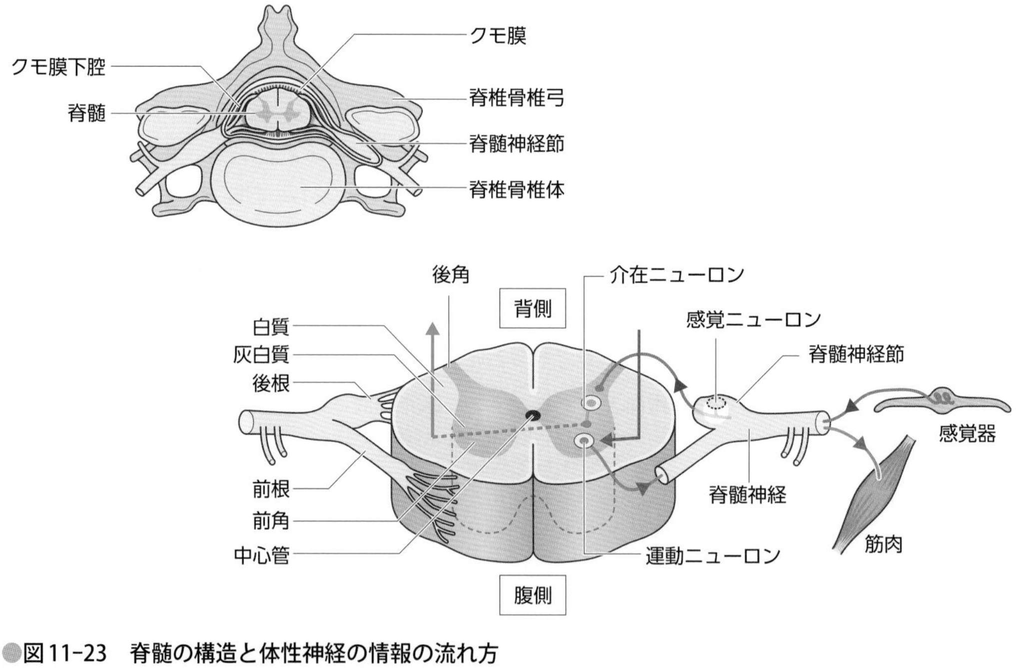
クモ膜
クモ膜下腔
脊髄
脊椎骨椎弓
脊髄神経節
脊椎骨椎体
後角
介在ニューロン
背側
白質
感覚ニューロン
灰白質
脊髄神経節
後根
感覚器
前根
脊髄神経
前角
筋肉
中心管
運動ニューロン
腹側

●図 11-23　脊髄の構造と体性神経の情報の流れ方

ロン）で，後根の脊髄（後根）神経節の中に細胞体部があり，一方の軸索を脊髄の後角内に伸ばし，もう一方の軸索を感覚器官に伸ばしている．

運動神経のほうは，前角内にニューロンの細胞体部があり，軸索は前根を通って脊髄を出て，対応する筋肉に達している．

皮膚の感覚器や筋肉・腱の伸展受容器である筋紡錘・腱紡錘からの情報は，後根を通って脊髄に達し（図の青い線），そこから介在ニューロンを介して反対側の白質を通って上行し（図の緑色の線），視床の中継核のニューロンまで送られる．視床で中継された情報は，大脳皮質の一次体性感覚野の対応する部位に送られ，そこから脳の各部に送られる（図11-23）．

脳の各部の情報は統合されて，大脳半球の中心溝の前方にある一次運動野へ送られる．ちなみに中心溝の反対側には一次感覚野がある．一次運動野が最終的な運動の指令を出す．指令は，中脳の被蓋や橋などにある中継核を経て延髄で交叉し，脊髄前角にある運動ニューロンに送られる（図の赤い線）．その結果，運動ニューロンは筋肉に指令を送ることになる（図11-23）．

感覚ニューロンと運動ニューロンの軸索を含んだ**脊髄神経**は，脊椎骨の椎間孔ごとに左右一対ずつ出るので，脊椎骨の名前に上から順に番号を付してよぶ．ヒトでは，頸神経：C1からC8，胸神経：Th1からTh12，腰神経：L1からL5，仙骨神経S1からS5，尾骨神経：Co1で，31対ある．なお，脊髄神経は椎間孔を出て少し行くと前枝と後枝に分かれ，別の名前でよばれる．

頭部集中化のため，主要な感覚器は頭部にある．これらの感覚器官や顔面，舌などの筋肉に通じる神経を**脳神経**とよぶ．脳神経は末梢神経系に属し，ヒトでは12対ある．ローマ数字ⅠからⅫを付した名称と，対応部位の名前を付した名称がある．例えば第Ⅰ脳神経は嗅神経で，嗅覚をつかさどっている．第Ⅱ脳神経は視神経で視覚をつかさどる．ただし，発生のところで述べたように（⇒p.204），網膜と視神経は前脳から突出した眼杯から分化してできるので，どちらかというと脳の出先機関の趣がある．

以下，第Ⅲ脳神経（動眼），第Ⅳ脳神経（滑車）は運動神経，第Ⅴ脳神経（三叉）は運動神経と感覚神経がミックス，第Ⅵ脳神経（外転）は運動神経，第Ⅶ脳神経（顔面）は運動と感覚，第Ⅷ脳神経（内耳）は聴覚と前庭感覚（平衡感覚），第Ⅸ脳神経（舌咽）は運動と感覚のミックス，第Ⅹ脳神経（迷走）も運動と感覚のミックス，第Ⅺ脳神経（副）は運動神経，第Ⅻ脳神経（舌下）は運動神経である．ただし，Ⅲ，Ⅶ，Ⅸ，Ⅹには副交感神経が含まれている（⇒図11-26）．

❺脳の部位局在性

一次感覚野と一次運動野には，体の各部位に応じた配置が認められる（体部位局在）．基本的に，情報が多く必要なところでは占める領域が広くなっている．例えば，親指とその他の指，手のひらでは広いが，途中の腕の部分は狭くなっている．また顔では口を中心とした部分は広く，特に舌は広い．その結果，全体として普通のヒトとはだいぶプロポーションの異なる姿となる（図11-24）．これを脳の中の小人ホムンクルスと称している．

一次運動野の部位局在性について述べたが，脳には特定の機能が局在した中枢が存在する．視神経の情報は最終的には視覚中枢に送られ処理され，聴神経の情報は聴覚中枢に送られ処理される．視覚中枢には網膜の部位に対応した部位局在性があり，聴覚中枢には音の高低，すなわち蝸牛の基底膜に対応した部位局在性がある．

これらの情報は，他の情報とともに連合野に送られ，より高度な処理をされ，記憶，思考，認知，意思，判断などの精神活動が行われる．これらの活動は，連合野の発達，すなわち大脳皮質の拡大のおかげである．

❻反射

脳の高度の機能から一転して，単純なお話に戻る．これも身を守るために重要な役割をしているからである．それは**反射**である．誤って火に手を近づけすぎたり，画鋲に手をついてしまったとき，「熱い，痛い」と感じる前に手を引っ込めるはずである．これを**屈曲反射**とよび，反射の中枢は脊髄にある（図11-25）．

脊髄反射は次の経路で生じる．①受容器によって不意の刺激を受ける（図の場合は画鋲に手をついた），②感覚ニューロンによって情報が脊髄に送られる，③介在ニューロンが運動神経に情報を送る，④運動神経が反応して効果器である筋肉に情報を送る，⑤思わず手を引っ込める．この一連の経路を反射弓とよぶ．

介在ニューロンによる図の点線と上向き矢印の情報伝達は，上の経路よりもやや遅れるので，熱い，痛いという感覚は後から生じる．火傷やケガから身を守るこのような反射は，生存に必要不可欠だった

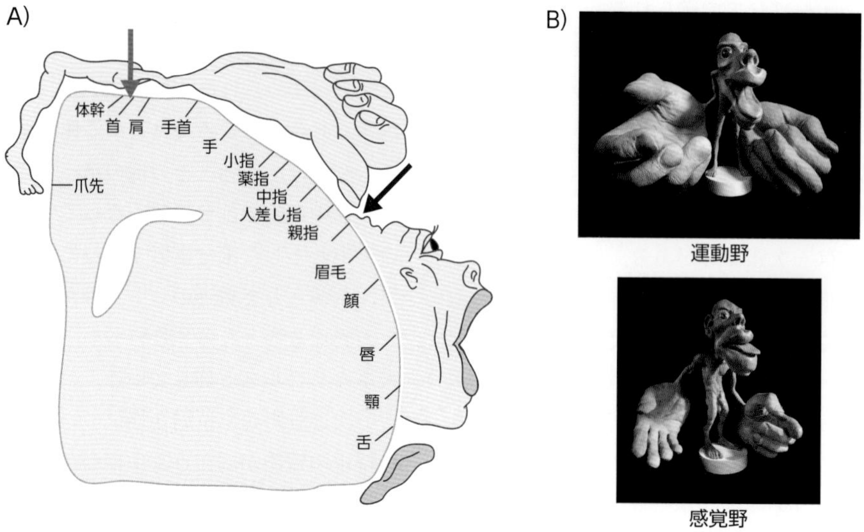
A)
B)
体幹
首
肩
手首
手
小指
薬指
中指
人差し指
親指
爪先
眉毛
顔
唇
顎
舌
運動野
感覚野

図11-24　一次運動野の体部位局在を示す図

A) Penfieldのオリジナルの論文では黒い矢印に首があるとされたが，最新のfMRIによる研究で赤い矢印にあるとされた．J Neurosci, 35：9163-9172, 2015をもとに作成．このヒトの姿は，しばしば脳の中の小人ホムンクルスと称される．一次感覚野に対応するホムンクルスも描かれているが省略する．B) 立体化したホムンクルス．CREDIT：DIOMEDIA / Natural History Museum London UK

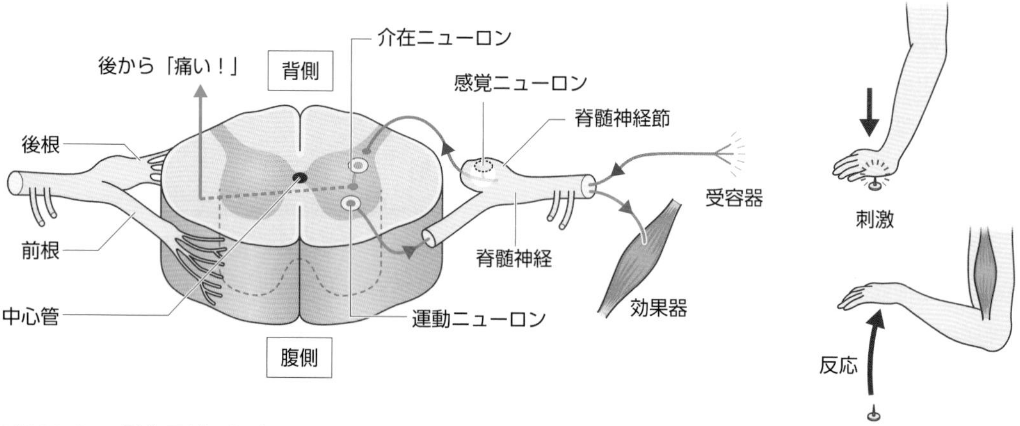
後から「痛い！」
背側
介在ニューロン
感覚ニューロン
脊髄神経節
後根
受容器
前根
脊髄神経
中心管
運動ニューロン
効果器
腹側
刺激
反応

図11-25　屈曲反射のしくみ

に違いない．

屈曲反射は間に介在ニューロンが入る多シナプス反射だが，膝蓋腱（しつがいけん）反射のように筋紡錘から直接，運動ニューロンに刺激が伝わる伸張反射は，単シナプス反射である．また，反射には，反射中枢のレベルによって，脊髄反射，延髄反射，中脳反射がある．刺激によってくしゃみやせき込む反応をするのは，延髄反射である．静止時や運動時に，それぞれ姿勢を保つことができるのは姿勢反射とよばれ，身体各部の筋肉の緊張を一定の幅に収めているためで，脊髄や延髄が関与するが，さらに上位の中脳がこれを監視している．

❼ヒトの末梢神経系

末梢神経系はさらに**体性神経系**（somatic nervous system）と**自律神経系**（autonomic nervous system）に分けられる（⇒図11-21）．体性神経系には，感覚器からの感覚情報を中枢に伝える感覚神経と中枢の司令を筋肉や腺に伝える運動神経がある．前者のように中枢に向かう神経を求心性神経とよび，後者のように中枢から離れていくものを遠心性神経

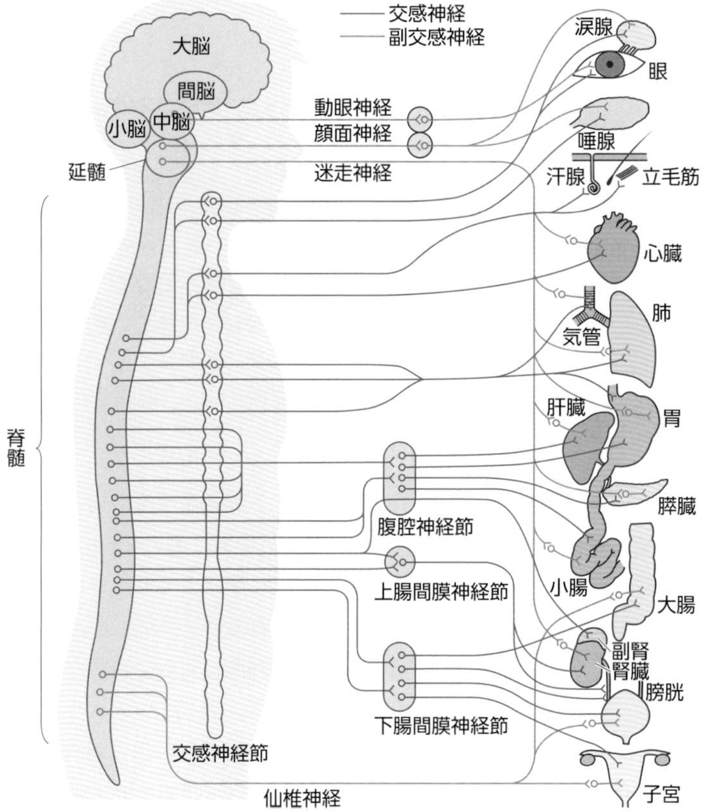

交感神経
副交感神経
大脳
間脳
小脳
中脳
延髄
動眼神経
顔面神経
迷走神経
涙腺
眼
唾腺
汗腺
立毛筋
心臓
肺
気管
肝臓
胃
膵臓
脊髄
腹腔神経節
上腸間膜神経節
小腸
大腸
副腎
腎臓
膀胱
下腸間膜神経節
交感神経節
仙椎神経
子宮

●図11-26　体内の各器官に分布する交感神経系と副交感神経系
参考図書6をもとに作成.

とよぶ.

自律神経系は前節で述べたように，体内の器官の活動を制御して内部環境の恒常性を維持している．例えば，血液量，心臓の拍動数，瞳孔の大きさ，唾液の分泌，呼吸の速さ，腸管の動きなどを調節している．自律神経系の大部分は中枢を基点とする遠心性神経で，**交感神経系**（sympathetic nervous system）と**副交感神経系**（parasympathetic nervous system）とに分けられ，ほとんどの器官には両者が分布していて，多くの場合，一方がそのはたらきを促進すれば他方は抑制するというように拮抗している.

交感神経は，脊髄から出て交感神経節や腹腔神経節で神経を乗り換え，ここから心臓，肺，消化管などの器官に分布している．副交感神経は，中脳から出る動眼神経，延髄から出る顔面神経や迷走神経，脊髄の末端から出る仙椎神経などがあり，分布する各器官のすぐ近くにある神経節で神経を乗り換えて，それぞれの器官に分布する（図11-26）.

中枢から神経節までの神経繊維を**節前繊維**（preganglionic fiber），神経節から先の神経繊維を**節後繊維**（postganglionic fiber）という.

5 内分泌系の中枢

脊椎動物では，内分泌系にも上位の内分泌腺と，そこから分泌されるホルモンによって分泌が制御される下位の内分泌腺とがある．上位の内分泌腺として**脳下垂体**が，間脳の視床下部に接した位置に分化する.

ヒトの脳下垂体からは，生殖に関係するホルモン（生殖腺刺激ホルモンとして黄体形成ホルモンと卵胞刺激ホルモン），乳腺を刺激するプロラクチン，甲状腺刺激ホルモン，副腎皮質刺激ホルモンなどが分泌される.

脳下垂体は視床下部と連結していて，視床下部の制御を受け，内部環境の恒常性に重要な役割を演じている.

11-3 動物の行動

動物の行動は，環境の変化に対応して個体が示す反応や行為の全体を指し，神経系と内分泌系によって制御されている．そのため，動物の行動を考えるときには制御機構の発達を考えに入れないわけにはいかない．制御機構とは中枢神経系のことであり，中枢神経系が発達した動物ほど複雑な行動を行える．

動物の行動は大きく２つに分けることができる．１つは生まれつき備わっている行動，もう１つは学習や知能によって獲得される行動である．

1 生まれつき備わった行動

❶内的行動プログラムと信号刺激

中枢神経系が発達して構成する介在ニューロンの数が増えると，感覚器からの入力および効果器への出力情報を伝えるニューロンよりも両者をつなぐ介在ニューロンの数が増える．その結果，介在ニューロン間のシナプス結合の数が飛躍的に増大する．こうして中枢神経系に生じた介在ニューロン間のネットワーク内に，定型的な行動パターンを生み出す，遺伝子に規定された**中枢行動プログラム発生器**（central program generator：CPG）が生成される．CPGはパターン化された活動電位を発生して，パターン化した行動を起こす．

よく知られた例として，トゲウオの求愛行動についてみてみよう．

- 繁殖期に入ったトゲウオの雄は，縄張りを構えてその中心に粘液で産卵床をつくる
- こうして雌を待つが，自分と同じ腹側の赤い雄が縄張り内に入ると，これを追い払う．模型を使った実験によって，追い払うべき雄と認識されるのは下側の赤い細長いものであればよく，トゲウオの形にそっくりでも腹側が赤くなければ効果がない

この赤い腹のように，特定の行動を引き起こす特徴的な刺激を**信号刺激**という（図11-27）．

- 一方，卵巣が発達して腹側の大きな雌が近づくと，縄張り雄はジグザグダンスをして雌を誘う行動に出る（図11-28）
- ジグザグダンスに対して雌が体を反らして反応すると，これが信号刺激となり雄は反応して雌を産卵床へと導く
- 雌は雄に追随して産卵床に入り産卵し，雄はその後で産卵床に入り精子を卵にふりかけ授精させる

このように複雑に見える繁殖行動も，信号刺激を検出する鍵刺激検出機構と，それに対応する特定のCPGが繁殖行動の要素の数だけあって，それがリレー式に順序よく解発されて行動が完結するものと考えられる．

信号刺激に対して特定な行動が解発される神経機構として，図11-29のようなモデルが考えられている．感覚器からの信号刺激は鍵刺激検出機構によって検知され，CPGへ送られ，定型的な行動パターンが起こるように運動ニューロンへ神経情報が出力され，効果器である筋肉がこれに従って収縮して行動が起こる．

腹側の大きいことが鍵刺激検出機構で信号刺激と受け取られ，これがジグザグダンス発生のCPGへ伝えられて行動が起こる．図11-29にあるように，鍵刺激検出機構とCPGの間には，感覚－運動インターフェイスと司令ニューロンがあって，鍵刺激検出機構で受け取られた入力は，CPGへ送られる間に修飾

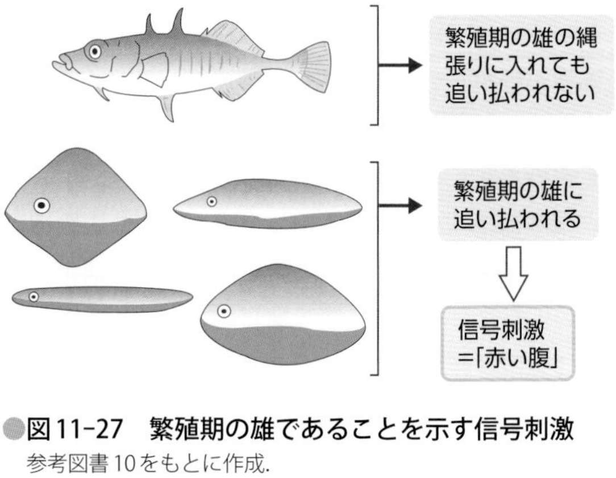

繁殖期の雄の縄張りに入れても追い払われない
繁殖期の雄に追い払われる
信号刺激＝「赤い腹」

●図11-27　繁殖期の雄であることを示す信号刺激
参考図書10をもとに作成．

を受けることができる．

トゲウオの脳にこのようなCPGがあるかどうかは明らかになっていないが，特定の行動パターンを起こすCPGの存在が，無脊椎動物でも脊椎動物でも示されている．

❷生得的行動の修飾

遺伝的に決まった固定的な行動パターンを，**生得的行動**とよんでいる．

内的行動プログラムを担うそれぞれの処理単位は遺伝的に決められたものであるが，それぞれの単位間の結線，すなわち軸索によるシナプス結合のでき方は，必ずしもすべて遺伝的に決められたものではない．神経系が個体発生の過程で軸索を伸ばしてシナプス結合をつくるときには，多めに軸索を伸ばしてネットワークをつくり，結合を形成しなかったニューロンや余分なニューロンは消去している（⇒図10-9）．

このため，ネットワークを形成するときの環境によって，ネットワークのでき方に違いが生じる．行動が遺伝的な背景だけで決まるのではなく，環境要因によっても影響を受けるのはこのためである．

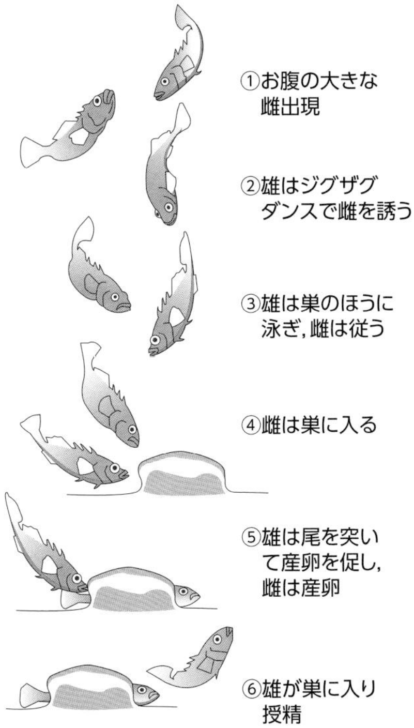
①お腹の大きな
雌出現
②雄はジグザグ
ダンスで雌を誘う
③雄は巣のほうに
泳ぎ，雌は従う
④雌は巣に入る
⑤雄は尾を突いて産卵を促し，
雌は産卵
⑥雄が巣に入り
授精

●図11-28　繁殖期のトゲウオの雄と雌の示すパターン化された生殖行動

参考図書1をもとに作成．

2 学習や知能によって獲得される行動

❶行動の可塑性

前述した修飾が，もっとダイナミックにかつ可塑（かそ）的に起こるのが学習や知能によって獲得される行動である．哺乳類になって，爬虫類では古皮質と旧皮質の間を占めていたわずかな領域であった**新皮質**が飛躍的に発達して左右の大脳皮質となり，ニューロンの数を増やし，その結果，新しいネットワークを形成できるようになった．

それまで脳幹で処理されていた感覚情報は，新しい上位のネットワークに伝えられ，ここで処理され，さらに統合されるようになる．このネットワークの広がりは出力面にも反映され，生得的行動は上位の脳からさまざまな統御を受けることになる．大脳皮質の連合野を中心とした領域につくられるダイナミックなネットワークの形成と消失が，学習や知能によって起こる結果，行動が生得的行動のように固定化されたものでなく，自由度が生まれる．これを**行動の可塑性**とよんでいる．

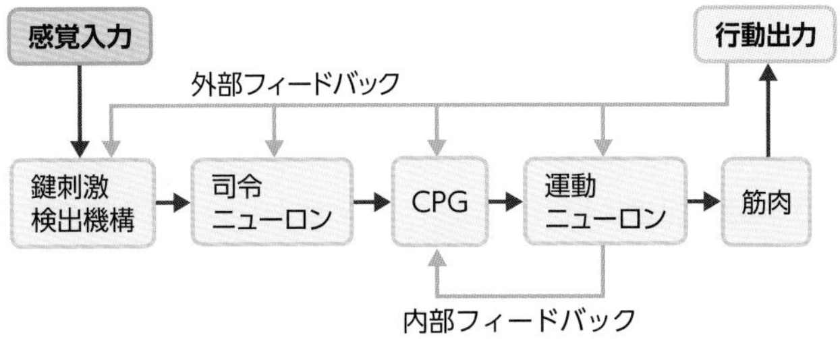
感覚入力
行動出力
外部フィードバック
鍵刺激
検出機構
司令
ニューロン
CPG
運動
ニューロン
筋肉
内部フィードバック

●図11-29　鍵刺激検出機構から行動出力までの経路を示す内的行動プログラム制御機構のモデル

ヒトではこの大脳皮質が著しく発達して体積が拡大したため，表面には溝（いわゆる“しわ”）が多数ある．大脳皮質が発達したおかげで，ヒトは他の哺乳類と比べても著しく高い学習能力を獲得した．ヒトは発達した大脳皮質を使ってコミュニケーションの手段として言語を獲得する．言語を操るためには，連合野だけでなく口蓋や舌を操る運動野が発達する必要があり，さらに発声器官である声帯の構造と機能の進化が必要だった．

行動の可塑性はニューロン間のネットワークのつくりかえによって起こる．軸索が次のニューロンの樹状突起あるいは細胞体部とシナプスを形成することは固定されたものだと考えられていたが，現在ではニューロン間のシナプス結合はもっとダイナミックに変化しているものだということがわかってきた．

シナプスに一過性の刺激を与えると，そのシナプスの伝達特性が長時間にわたって変化する．この性質を**シナプスの可塑性**とよんでいる．このシナプス可塑性は記憶の基礎過程と考えられる．このような行動の長期的変容は，どのようにして起こっているのだろうか．

❷アメフラシでの研究

カンデルは，アメフラシを材料とした研究によって，イオンチャネル連結型の受容体ではなくＧタンパク質共役型受容体あるいは酵素共役型受容体が，シナプスの可塑性に関与していることを明らかにした．アメフラシは，神経系を構成するニューロンが大きく（～100 μm），数も少なく（～10万），その行動もステレオタイプなので解析しやすいという利点をもつ（図11-30）．

アメフラシは，水管を触ると鰓を引っ込めるが，繰り返し触っていると「**慣れ**（habituation）」が起こって水管を触っても引っ込めなくなる．この「慣れ」は，頭を叩いたり尾部に電気ショックを与えると消失し，再びよく反応するようになる（**感度の強化**）．この「感度の強化」は，電気ショックの大きさにより数分から数時間続き，**短期記憶**に相当する．さらに，電気ショックを毎日続けていると，短期記憶は何週間も続く長期的なものに変容する．

この行動の変容は，鰓を引っ込める反射を支配している神経回路内のシナプスの可塑性に帰することができる．

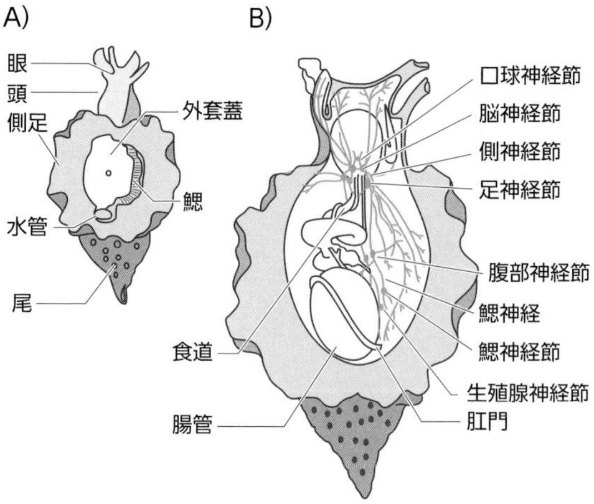

A)
B)
眼
頭
側足
外套蓋
鰓
水管
尾
口球神経節
脳神経節
側神経節
足神経節
腹部神経節
鰓神経
鰓神経節
食道
生殖腺神経節
腸管
肛門

●図11-30　アメフラシの神経系
参考図書11をもとに作成．

水管の感覚ニューロンは，腹部神経節にある鰓を引っ込める運動ニューロンに興奮性シナプスをつくっている．「慣れ」の状態ではシナプス後電位は弱く，「感度の強化」の状態ではシナプス後電位が大きくなっている．

この変化は感覚ニューロンから放出される伝達物質の量によっている．したがって，どうして神経伝達物質放出量がシナプスレベルで変化するかを明らかにすれば手がかりが得られる．

❸Ｇタンパク質共役型受容体が感度の強化にはたらく

シナプスでの伝達物質放出量は，活動電位がシナプス末端に到達したときにシナプス前膜に流入するCa^{2+}によって調節されている．したがって，「慣れ」のときはCa^{2+}の流入が減少し，「感度の強化」のときはCa^{2+}の流入が増加すれば説明がつく．

尾部に電気ショックを与えて「感度の強化」を起こすと，水管からの感覚ニューロンの軸索末端にシナプスをつくる**促通性介在ニューロン**が**セロトニン**を放出する（図11-31）．セロトニンは感覚ニューロンの軸索末端上のＧタンパク質共役型受容体と結合してＧタンパク質を活性化し，cAMPの合成を高める．cAMPはPKAを活性化し，K^{+}チャネルをリン酸化して閉状態にする．その結果，軸索末端の膜の電位が静止電位に戻らなくなり，電位依存型Ca^{2+}チャネルは開状態を続ける．その結果，Ca^{2+}の流入

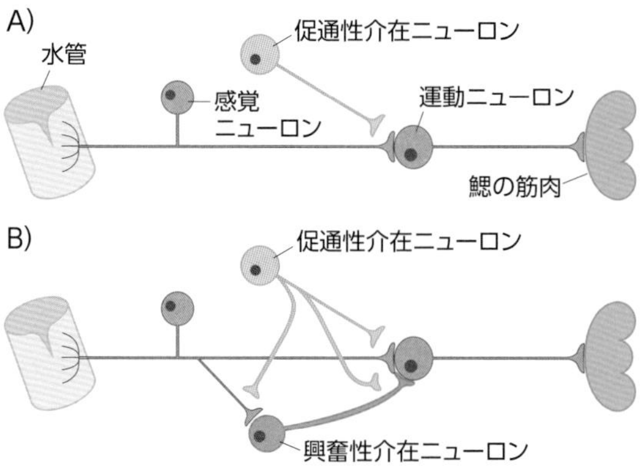
A)
水管
促通性介在ニューロン
感覚
ニューロン
運動ニューロン
鰓の筋肉
B)
促通性介在ニューロン
興奮性介在ニューロン

図11-31　水管の感覚ニューロンから鰓を引っ込める運動ニューロンへのシナプスを修飾する促通性介在ニューロンの2つの結合様式
参考図書11をもとに作成.

が長く続き伝達物質の放出量も多くなる（図11-32Bの黒丸数字）.

これらの実験は，Gタンパク質共役型受容体がイオンチャネルをリン酸化して活性化し，一過性の信号を長く続く信号に変えて行動を変化させるメカニズムがあることを示している.

K^+チャネルの変化は，すぐに脱リン酸化酵素によって元に戻されるので**短期記憶**である．**長期記憶**が生ずるのは，活性型PKA※2がロイシンジッパーモチーフ※3をもつ結合タンパク質（CREBタンパク質）をリン酸化し，これがDNAのcAMP応答エレメントに結合して，タンパク質の転写・翻訳を起こしてチャネルタンパク質の構造を固定化するためであると考えられている（図11-33, 32Bの赤丸数字）.

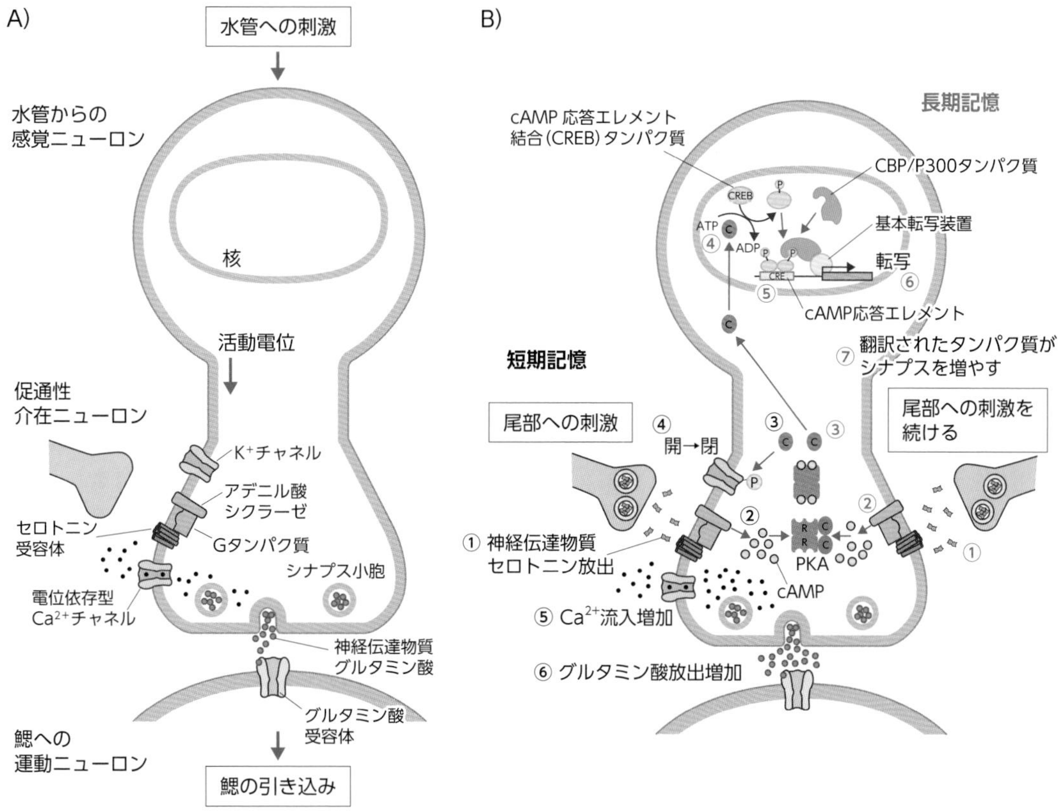
A)
水管への刺激
水管からの
感覚ニューロン
核
活動電位
促通性
介在ニューロン
K⁺チャネル
アデニル酸
シクラーゼ
セロトニン
受容体
Gタンパク質
シナプス小胞
電位依存型
Ca²⁺チャネル
神経伝達物質
グルタミン酸
グルタミン酸
受容体
鰓への
運動ニューロン
鰓の引き込み
B)
長期記憶
cAMP 応答エレメント
結合(CREB)タンパク質
CBP/P300タンパク質
基本転写装置
転写
cAMP応答エレメント
短期記憶
翻訳されたタンパク質が
シナプスを増やす
尾部への刺激
開→閉
尾部への刺激を
続ける
① 神経伝達物質
セロトニン放出
PKA
cAMP
⑤ Ca²⁺流入増加
⑥ グルタミン酸放出増加

図11-32　水管への刺激による鰓引き込み反射（A），感度の強化の短期記憶および長期記憶のメカニズム（B）
実際にはもっと多くの過程が並行して起こるが，簡略化して描いている.

※2 正確にはPKAがcAMPと結合して活性化し，調節ユニット（R）から離れた触媒ユニット（C）が核内に移行する.
※3 ロイシンジッパーモチーフ（leucine zipper motif）：αヘリックスの7残基おきにロイシンが4，5回繰り返し現れる領域をいう．ロイシン側鎖がαヘリックス上に縦に並ぶので，ロイシン同士の疎水結合で2本のαヘリックスが二量体になる．その結果，モチーフに隣接する領域が近づき，DNAを挟むように結合して転写調節を行う.

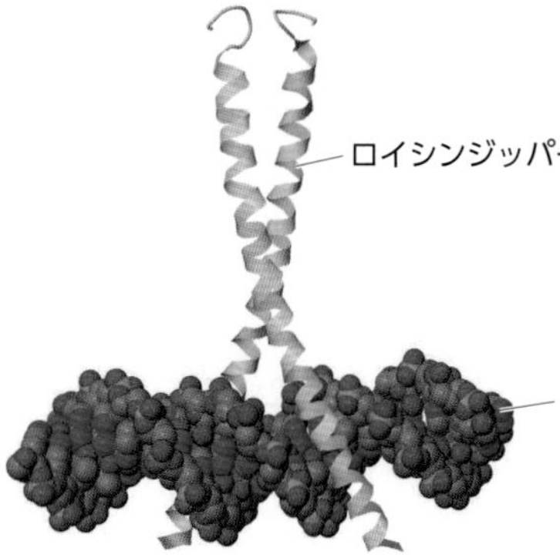
ロイシンジッパーモチーフ
DNA

●図11-33　CREBタンパク質のロイシンジッパーモチーフがDNAと結合している様子
[PDB：1DH3]

❹神経伝達物質に関する補足

ニューロンが信号を伝達するために使う神経伝達物質についてはアセチルコリンについてしか説明してこなかった（⇒6章-5）．アセチルコリンはすでに説明したように，イオンチャネル連結型受容体と結合してNa^+の通り道を開いてシナプス後膜に興奮性シナプス後電位を発生させる．アセチルコリン以外に，アミノ酸の1つであるグルタミン酸がNa^+チャネル連結型受容体に結合して興奮性シナプス後電位を発生させる．**γアミノ酪酸**（γ-aminobutyric acid：GABA）とやはりアミノ酸であるグリシンはCl^-チャネル連結型受容体に結合して抑制性シナプス後電位を発生させる．このように，アセチルコリン，グルタミン酸，GABA，グリシンは，イオンチャネル連結型受容体と結合して速い伝達を行う神経伝達物質である．

セロトニンと同じように，Gタンパク質共役型受容体を介して信号を伝える神経伝達物質には**ノルアドレナリン**（とアドレナリン）がある．ノルアドレナリンは交感神経の節後繊維から放出されて，分布する器官（や細胞）のはたらきを促進している．

一方，副交感神経の節後繊維からはアセチルコリンが放出され，Gタンパク質共役型受容体（ムスカリン受容体）と結合する．活性化したGタンパク質（のβγ二量体）はK^+チャネルに結合して開状態にする．そのため静止電位から過分極側に電位が下がり，電気的に反応しにくくなる（抑制がかかる）．

交感神経系は体を目覚めさせて，何らかの行動を起こすように作用する．そのため，その作用はfight or flight（闘うか逃げるか）であるという．一方の副交感神経系は体を安静にして回復させるようにはたらく．そのため，その作用はrest and digest（休んで消化）であるという．

脳の中では，ニューロンの樹状突起と細胞体部につくられたシナプスのシナプス前膜からは，イオンチャネル連結型受容体に結合してシナプス後電位を発生させる神経伝達物質ばかりでなく，Gタンパク質共役型受容体と結合する神経伝達物質が放出されて，シナプス後ニューロンのイオンチャネルを修飾して反応性を高めたり，抑制をかけたりしている．脳では，さらにこれらの神経伝達物質だけでなく，タンパク質（あるいはペプチド）性の伝達物質もあって，シナプス後ニューロンの状態を修飾している．そのため，同じ刺激を受けても，脳は同じ反応を示さないことがあるのである．

11-4 感覚器官と感覚の受容

トゲウオが信号刺激を受け取るのは**感覚器官**である．お腹が赤いとか大きいというのは視覚の信号なので，信号刺激は視覚の受容器（眼）によって受容される．

動物が適切な行動を行えるのは，外界からの情報を常に受容しているからである．信号を受容し中枢でそれを認めるこの過程を**感覚**（sensation）という．ヒトでは「見えた」とか「聞こえた」ということを伝えることができるが，動物ではそれができないので，体の一部で受け取った刺激が求心性神経により中枢へ伝えられるとき，刺激に対応する反応が記録できればそれを感覚といっている．

1 感覚の種類

感覚には何種類かの**感覚種**（modality）がある．例えば，視覚や聴覚は異なる感覚種である．同じ感覚種でも，その質（quality）や強さの区別，時間的な経過などを認めることができる．質というのは，光感覚（視覚）についていえば，色の違いや明るさの変化などである．中枢のこのようなはたらきを，感覚と区別して**知覚**（perception）という．同じ感覚種であれば，質の違いは同じ受容器で区別して受容するメカニズムがある．

複数の知覚を総合して，知覚されたものが何であるかを認める中枢のはたらきを**認知**（cognition）という．

●表11-1　受容器の違いによる感覚の区分

受容器が特殊化していない感覚
a）体性感覚 皮膚感覚 … 触覚，圧覚，温度覚，皮膚痛覚 深部感覚 … 深部痛覚
b）内臓感覚 内臓痛覚 臓器感覚
特殊感覚
a）味覚（taste） b）嗅覚（smell, olfaction） c）前庭感覚（acceleration and gravity） d）聴覚（hearing） e）視覚（vision）

感覚は，受容器の特殊化の度合いによって２種類に分けることができる（ヒトの場合，表11-1）．受容器が特殊化していない感覚のうち，皮膚感覚などは一次求心ニューロンの末端が特殊化して受容器としてはたらいていると考えられる（皮膚の痛覚，圧覚，温度覚など）が，その他の感覚は単一受容器によるものではなく，複雑な混合による感覚である．深部感覚や内臓感覚になるとさらに不明な点が多い．

ここでは感覚種に対応する受容器がある**特殊感覚**について述べることにする．

刺激には，①**機械的刺激**（前庭感覚，聴覚）と，②**化学的刺激**（視覚，味覚，嗅覚）がある．いずれの場合も，最終的には刺激（の変化）は電気的な変化に変換されて，求心性の感覚ニューロンにより中枢へ伝えられる．したがって，どの感覚細胞も，感覚種によって異なる刺激を電気信号に変換する**トランスデューサー**の役割を果たしている．

2 機械的刺激の変換

❶耳の構造

運動の方向や姿勢，さらに音の受容器として発達したものが**耳**である．耳の中に有毛細胞が巧みに配置され，それぞれの感覚種を有効に受容できるようになっている（図11-34）．

❷有毛細胞

機械的な刺激を変換するトランスデューサーは**有毛細胞**である（図11-35）．有毛細胞には特殊な繊毛が生えていて，運動や姿勢，音の情報は，リンパ液の動きに変えられて有毛細胞に伝えられ，この毛が動かされて電気的変化が生じる．

有毛細胞の運動毛がまっすぐ立っているときは15％ほどのチャネルが開いていて，わずかな伝達物質が放出され活動電位がまばらに発生している（図11-36A）．運動毛が傾くと，極細のフィラメントで連結した不動毛上のチャネルタンパク質が引っ張られて機械的に開き，イオンが有毛細胞内に流入して細胞は興奮し，伝達物質を放出する．その結果，神経伝達物質を受容した求心性感覚ニューロンは活動電位を中枢に伝える（図11-36B）．反対側に傾くと

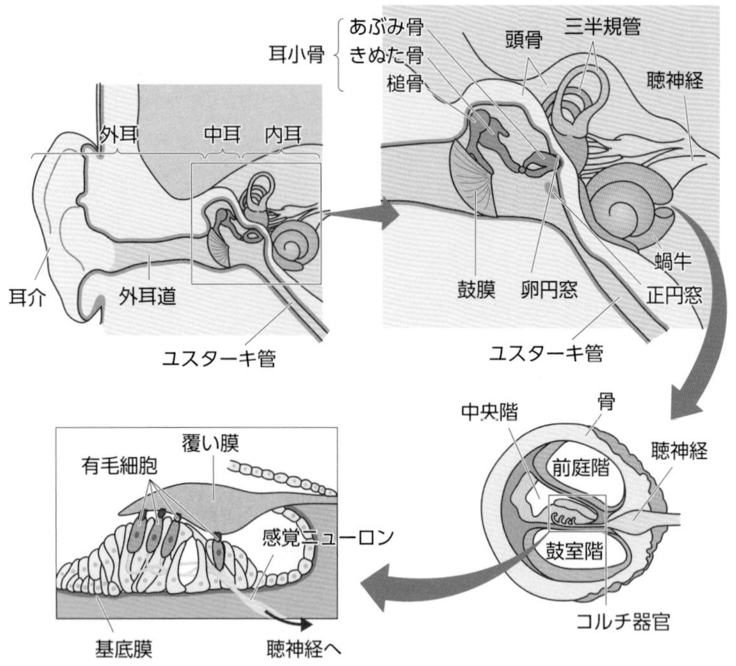
耳小骨
あぶみ骨
きぬた骨
槌骨
頭骨
三半規管
聴神経
外耳
中耳
内耳
耳介
外耳道
ユスターキ管
鼓膜
卵円窓
蝸牛
正円窓
ユスターキ管
中央階
骨
聴神経
前庭階
鼓室階
コルチ器官
覆い膜
有毛細胞
感覚ニューロン
基底膜
聴神経へ

●図11-34　耳の構造
参考図書1をもとに作成.

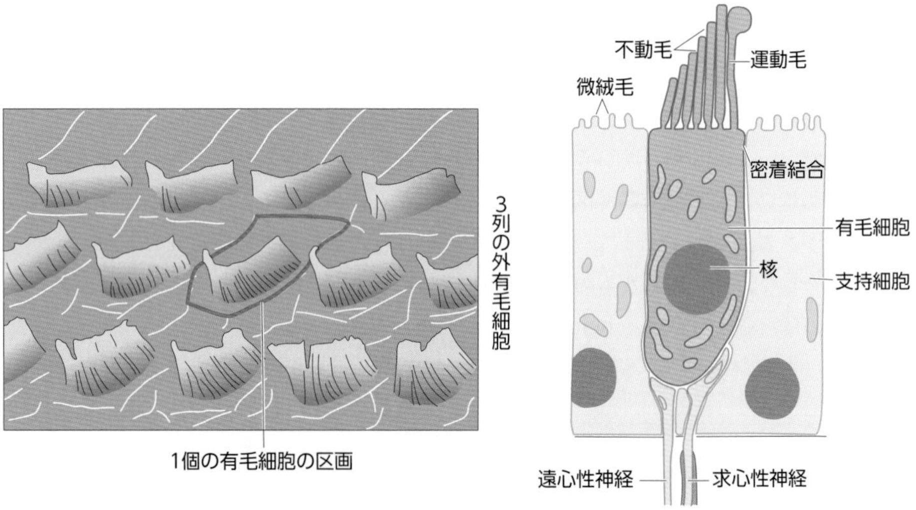
3列の外有毛細胞
1個の有毛細胞の区画
不動毛
運動毛
微絨毛
密着結合
有毛細胞
核
支持細胞
遠心性神経
求心性神経

●図11-35　蝸牛の有毛細胞とその模式図

今度はチャネルが閉じて，神経伝達物質は放出されず活動電位も発生しなくなる（図11-36C）．こうして運動毛の傾きによって，感覚ニューロンが発生する活動電位の頻度が変わる．

有毛細胞のトランスデューサーとしての反応は非常に速く，100～500マイクロ秒で電流は平衡に達する．これはアセチルコリンによって開くカチオンチャネルの開くスピードと同じくらいで，チャネルとリンクしていない受容体の反応よりずっと速い．また非常にわずかな運動毛の変位で反応が起こる．計算によれば，わずか4 nmの移動でチャネルが開くことになる．

❸前庭感覚

運動していることは視覚や皮膚感覚でもわかるが，

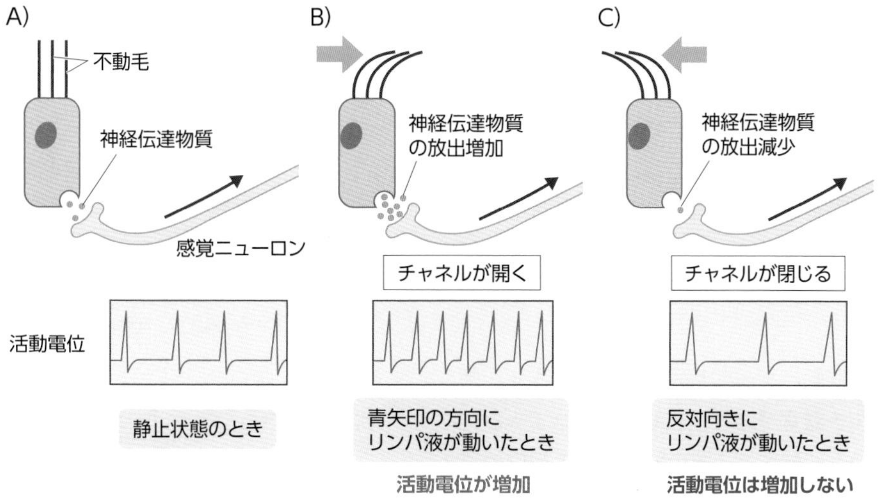
A)
B)
C)
不動毛
神経伝達物質
神経伝達物質
の放出増加
神経伝達物質
の放出減少
感覚ニューロン
チャネルが開く
チャネルが閉じる
活動電位
静止状態のとき
青矢印の方向に
リンパ液が動いたとき
反対向きに
リンパ液が動いたとき
活動電位が増加
活動電位は増加しない

●図11-36　運動毛の動きに従うチャネルの開閉
参考図書1をもとに作成.

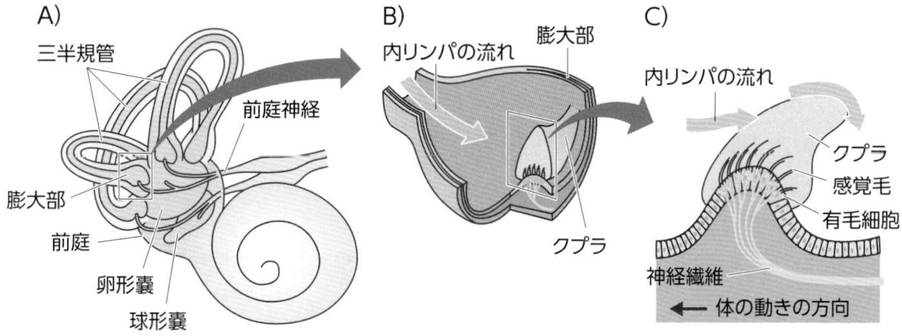
A)
B)
C)
三半規管
前庭神経
膨大部
前庭
卵形嚢
球形嚢
内リンパの流れ
膨大部
クプラ
内リンパの流れ
クプラ
感覚毛
有毛細胞
神経繊維
体の動きの方向

●図11-37　半規管の膨大部の構造
参考図書1をもとに作成.

これらを取り除いても感知することができる．運動の方向や速度の変化は，**半規管**内のリンパ液を動かし，これが半規管の膨大部内にあるクプラ（膨大部頂）の有毛細胞の毛を動かす．半規管は3つあり，xyz座標のように互いに直交しているので，三次元の動きに対応できる（図11-37A）．

半規管の膨大部にみられる構造（図11-37BC）に似たものは，魚類やアフリカツメガエルの側線にもあって，これらの動物では水流を検知するのに使われる．

三半規管の付け根にある球形嚢と卵形嚢内には平衡斑があり，ここにも有毛細胞があり，平衡砂（耳石）を載せている．直進運動の際はこの平衡砂の慣性による相対的移動が表面に並ぶ有毛細胞の毛を傾けて興奮させる．また，平衡砂は身体の姿勢（重力）の情報を中枢に送っている．

❹聴覚

ヒトの聴覚は20～20,000 Hz（ヘルツ）の音に対する感覚で，内耳の蝸牛内部にある有毛細胞が最終的な機械的刺激の受容器である．音は空気の振動で，これが外耳道を通って中耳に伝えられ，中耳の鼓膜を振動させる．鼓膜の振動は，耳小骨により増幅されて蝸牛の卵円窓に伝えられる．

蝸牛（うずまき管）は約3回転の巻貝状の管で，横断面は**基底膜**（basilar membrane）と**前庭膜**（vestibular membrane）によって3つの部屋に分けられている．両膜で囲まれる部分が中央階（蝸牛管）であり，内リンパで満たされている．その上が前庭階，下が鼓室階で，両者は蝸牛の頂上で連なり，外リンパで満たされている（⇒図11-34）．

耳小骨によって卵円窓に伝えられた振動は前庭階の外リンパに伝えられ，さらに前庭膜によって中央階の内リンパに伝えられる．内リンパの振動は基底膜を振動させ，鼓室階に抜けて，正円窓から中耳へ開放される．

内リンパの振動によって基底膜が振動すると，基底膜上の**コルチ器官**が動き，有毛細胞はコルチ器官を覆う覆い膜と接触する．その結果，有毛細胞の運動毛が変位を起こして興奮し，その信号が聴神経を介して中枢に送られる（図11-38A）．

音の場合，質の違いは音の高低である．前庭階から鼓室階へ抜ける位置が，音の高さ（すなわち振動数）によって異なっている．これは基底膜の幅が異なることによっている．

基底膜の幅は，入口が約0.04 mm，一番奥（蝸牛の頂上）が0.5 mmで，細長い台形をしている（図11-38B）．一定の周波数の音は決まった場所の基底膜を振動させる．基底膜上に配列した有毛細胞には場所ごとに別の感覚ニューロンが来ているので，特定の場所の振動はその場所に来ているニューロンのみを興奮させることになる．入口に近いほうが高音に対応し，奥へ行くほど低音に対応する．これは，一定の周波数の音に対しては，基底膜上の一定の場所に最大振幅が生ずるためと考えられている（図11-38C）．こうして，音の高低は，基底膜の細長い台形の場所の違いに変換され，この情報が中枢に送られる．

3 化学的刺激の変換

化学的刺激を変換する受容器に共通していることは，いずれもGタンパク質共役型受容体を利用している点である．味や匂いという化学物質ばかりでなく，電磁波である光も同じような受容機構で検知されているのは驚きである．

❶眼の構造

ヒトの視覚受容器は**眼**である．図11-39のような眼を**カメラ眼**といい，カメラの構造と同じように，

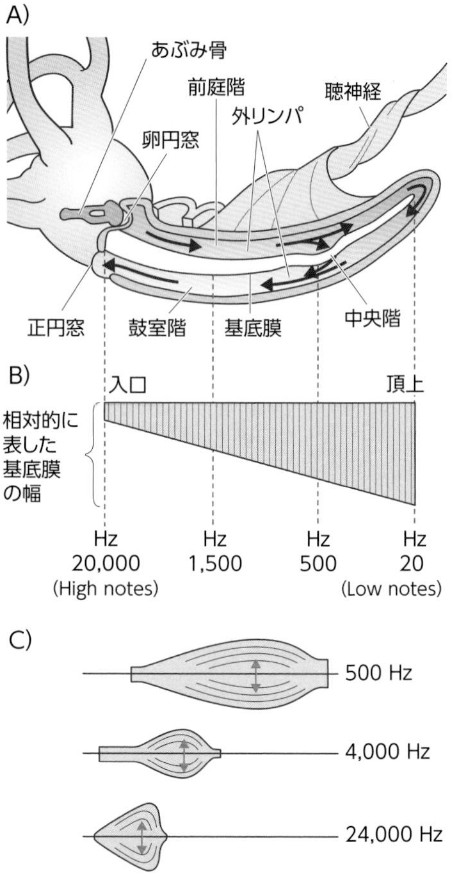

A)
あぶみ骨
前庭階
聴神経
外リンパ
卵円窓
正円窓
鼓室階
基底膜
中央階
B)
入口
頂上
相対的に表した基底膜の幅
Hz 20,000 (High notes)
Hz 1,500
Hz 500
Hz 20 (Low notes)
C)
500 Hz
4,000 Hz
24,000 Hz

図11-38　音の高低が基底膜の位置に変換される模式図
参考図書1をもとに作成.

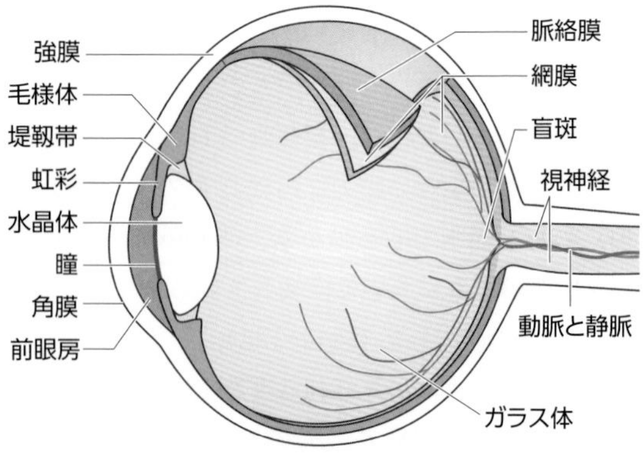

強膜
毛様体
堤靭帯
虹彩
水晶体
瞳
角膜
前眼房
脈絡膜
網膜
盲斑
視神経
動脈と静脈
ガラス体

図11-39　ヒトの眼の構造（縦断図）
参考図書1をもとに作成.

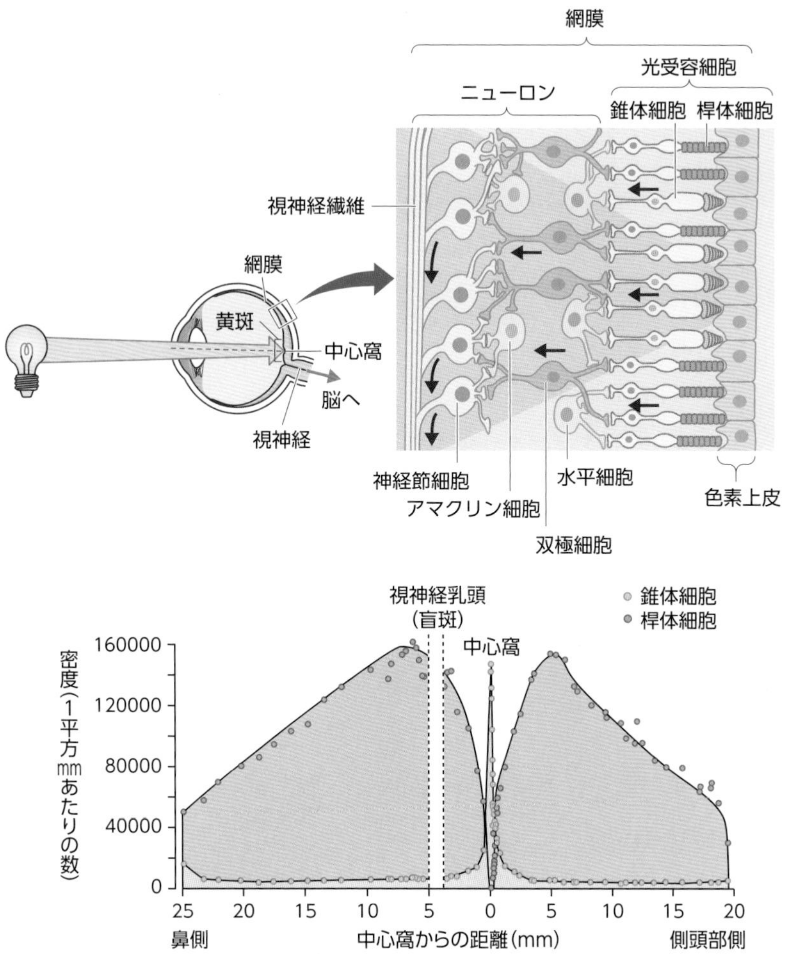
網膜
光受容細胞
ニューロン
錐体細胞
桿体細胞
視神経繊維
網膜
黄斑
中心窩
脳へ
視神経
神経節細胞
アマクリン細胞
双極細胞
水平細胞
色素上皮
視神経乳頭
(盲斑)
中心窩
錐体細胞
桿体細胞
密度(1平方mmあたりの数)
160000
120000
80000
40000
0
25
20
15
10
5
0
5
10
15
20
鼻側
中心窩からの距離(mm)
側頭部側

図11-40　網膜のもつさまざまな細胞と錐体細胞および桿体細胞の分布（上左図は右眼を横断したもの）
上は参考図書1をもとに作成.

光の量を調節する絞り（虹彩）と，フィルム（網膜）上に像を結ばせるためのレンズ（水晶体）を備えている．水晶体の曲率は，毛様体の収縮によって調節される．カメラのフィルムに相当するのが網膜で，光受容細胞がフィルムのハロゲン化銀（デジタルカメラでいえばCCD素子）と同じはたらきをする．

❷光受容細胞

眼の光受容細胞は，網膜（図11-40）にある**錐体細胞**（cone cell）と**桿体細胞**（rod cell）である（図11-41）．錐体細胞は**色覚**に関係し，赤（R），緑（G），青（B）の三原色に対応して3種類あり，興奮するためには強い光が必要である．一方，桿体細胞は**明暗視**に関係し，弱い光でも興奮する．そのため，薄暗い光のもとでは，色がなくなって黒白の形態だけが見えるようになる．

桿体細胞と錐体細胞には**外節**とよばれる構造があり，その形の違いがそれぞれの細胞の名前の由来だが，桿体細胞では円筒状の外節部の中に円盤状の袋が多数積み重なった構造をしている．この円盤の袋の膜には，**ロドプシン**とよばれる分子が多数埋め込まれている．ロドプシンは光を感じる分子で，視物質とよばれる一群の分子の1つである．

ロドプシンはGタンパク質共役型受容体の一種で，7回膜貫通型タンパク質であるオプシンがレチナール（ビタミンAの誘導体）を抱え込んだ構造をしている（図11-42）．レチナールは普段は*cis*－レチナー

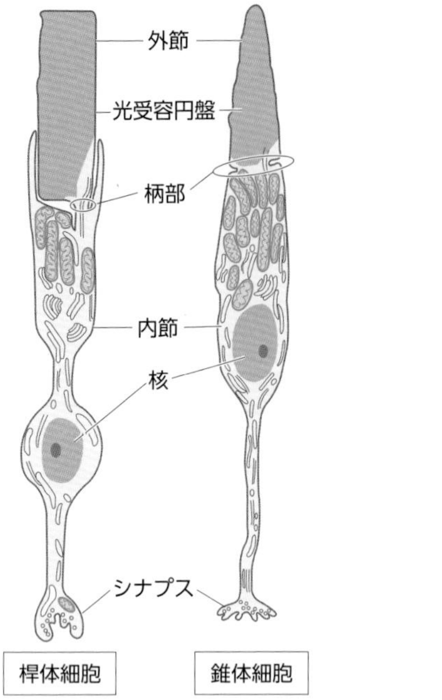

外節
光受容円盤
柄部
内節
核
シナプス
桿体細胞
錐体細胞

●図11-41　2種類の光受容細胞
参考図書3をもとに作成.

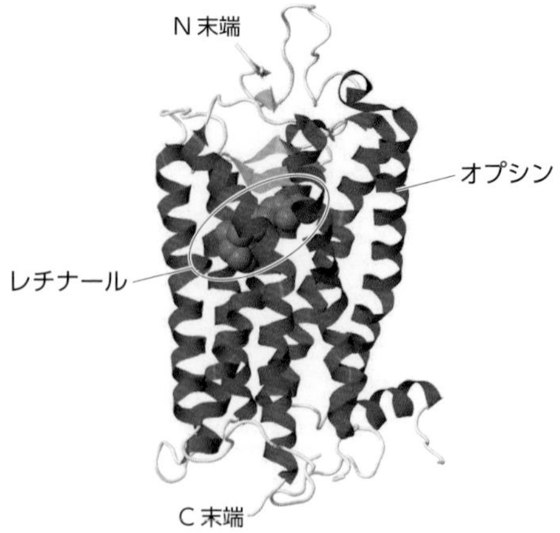

N末端
オプシン
レチナール
C末端

●図11-42　ウシのロドプシンの構造（オプシン＋*cis*-レチナール）［PDB：1F88］

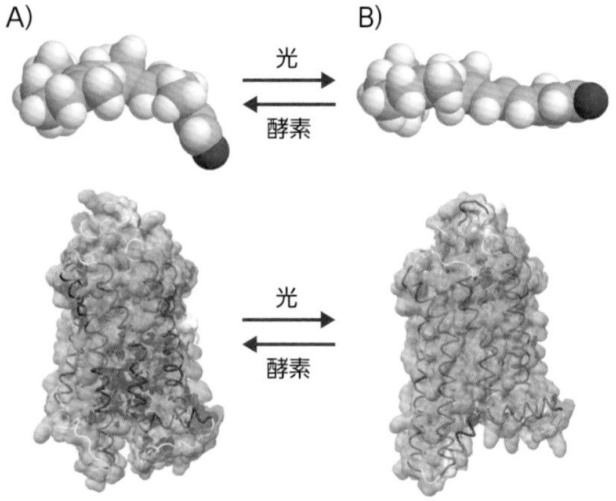

A)
B)
光
酵素
光
酵素

●図11-43　*cis*-レチナール（A）とall-*trans*-レチナール（B）の変化（上）とロドプシンの立体構造の変化（下）［PDB：1U19，3PQR］

ルの構造をとるが，光が当たるとall-*trans*-レチナールに形が変わる（図11-43）.

桿体細胞の細胞膜にはNa^+チャネルと電位依存型Ca^{2+}チャネルが埋め込まれている．光が当たっていない状態ではNa^+チャネルはcGMPと結合して活性化しているため開いた状態になっている．そのため桿体細胞は興奮した状態にあり，電位依存型Ca^{2+}チャネルは開状態を続ける．その結果，Ca^{2+}が細胞内へ流入し，伝達物質は放出され続ける．この情報は双極細胞へ伝えられ，中枢には光が当たっていないという情報が送られる.

❸光を受容すると

光によって*cis*-レチナールがall-*trans*-レチナールに変わると，ロドプシンとは結合を維持できなくなり，外れてサイトソルへ出てしまう．その結果，オプシンの立体構造が変わり，トランスデューシン（transducin，Gタンパク質の一種でG_sと相同）を活性化する．これはホルモンが結合してGタンパク質を活性化するのと基本的に同じ方式である.

トランスデューシンはcGMP ホスホジエステラーゼ（phosphodiesterase）を活性化する．この酵素はcGMPのリン酸エステル結合を切断して5′-GMPにするので，光が当たると桿体細胞内のcGMPの濃度が下がることになる（図11-44）.

cGMPの濃度が低下すると，Na^+チャネルと結合していたcGMPが外れ，その結果，Na^+チャネルは不活性化して閉じてしまう．そのため膜電位は下がり，電位依存型Ca^{2+}チャネルも閉状態になる．桿体細胞内のCa^{2+}の濃度が低下すると伝達物質の放出が低下し，双極細胞へインパルスが送られなくなる（図11-45）.

これが明暗を感ずるしくみである．all-*trans*-レチナールはサイトソルで酵素によって*cis*-レチナールに戻され，再びオプシンと結合できるようになる.

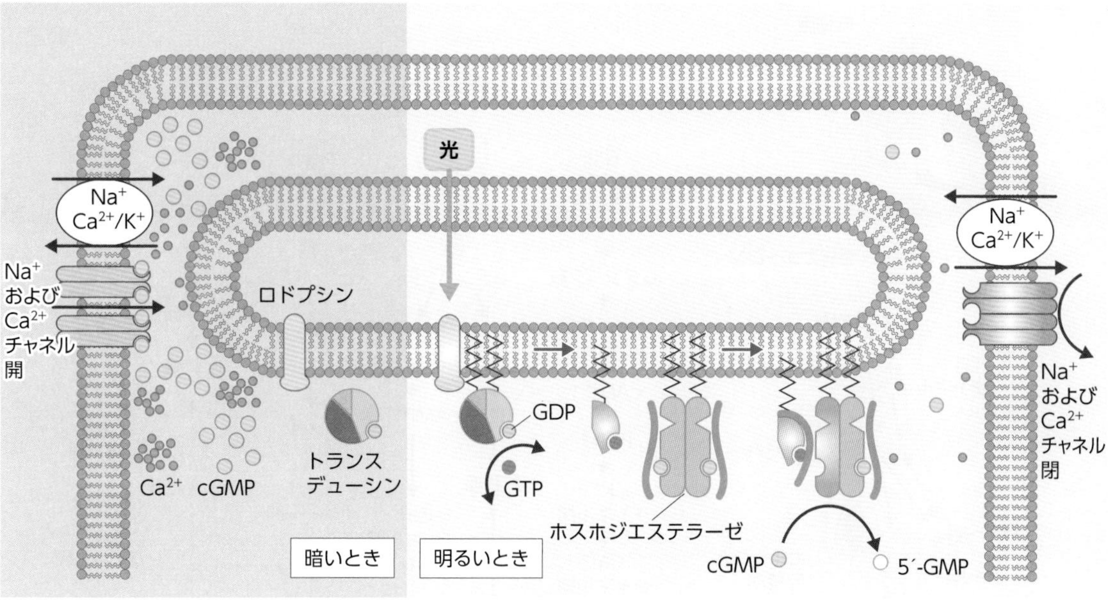
光
Na+
Ca2+/K+
Na+
および
Ca2+
チャネル
開
ロドプシン
トランスデューシン
Ca2+
cGMP
GDP
GTP
ホスホジエステラーゼ
cGMP
5´-GMP
暗いとき
明るいとき
Na+
Ca2+/K+
Na+
および
Ca2+
チャネル
閉

●図11-44　ロドプシンに光が当たったあとの細胞内のシグナル伝達

なお，錐体細胞にはRGBそれぞれに吸収極大をもつ別のタンパク質，フォトプシンが存在する．ロドプシンと3種のフォトプシンは，互いによく似ているタンパク質ファミリーの一員である．

❹味と匂い

味と匂いの受容体の詳細についてはなかなか解明されなかったが，明らかになってみるといずれも（すべてではないが）Gタンパク質共役型受容体であった．

a. 味覚

味覚には，**甘味**，**塩味**，**苦味**，**酸味**，**うま味**の5つの基本味（質）がある．現在，脂肪酸による脂肪味が研究されており，将来は脂肪味がこれに加わることになるかもしれない．

味は舌の味蕾を構成する味覚の受容器細胞（**味細胞**）で感じるが，甘味，苦味，うま味には，それぞれ対応する特異的なGタンパク質共役型受容体があり，味物質が受容体に結合することで，細胞内にシグナル伝達が起こって最終的に細胞内の Ca^{2+} の濃度が高まり，神経伝達物質の放出が起こる．一方，塩味の場合は Na^+，酸味の場合は H^+ が，イオンチャネルを通して味細胞内に入ることによって Ca^{2+} の濃度が高まり，神経伝達物質の放出が起こる（図11-46）．こうして，それぞれの味の情報が中枢に送られる．

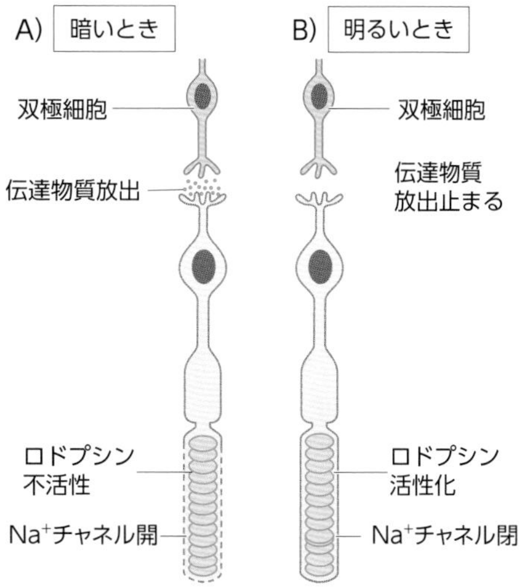
A) 暗いとき
B) 明るいとき
双極細胞
双極細胞
伝達物質放出
伝達物質
放出止まる
ロドプシン
不活性
ロドプシン
活性化
Na+チャネル開
Na+チャネル閉

●図11-45　桿体細胞の2つの状態
暗いと伝達物質を放出し続け，光が当たると放出が止まる．参考図書1をもとに作成．

甘味はエネルギー源として利用できることを示す情報として，うま味はタンパク質を識別する情報として，塩味は無機塩類を含むことを示す情報として，苦味は体に害となる毒物を含むという情報として，また酸味は腐敗していることを示す情報として，いずれも食物をとるときに重要な意味をもつと考えられる．

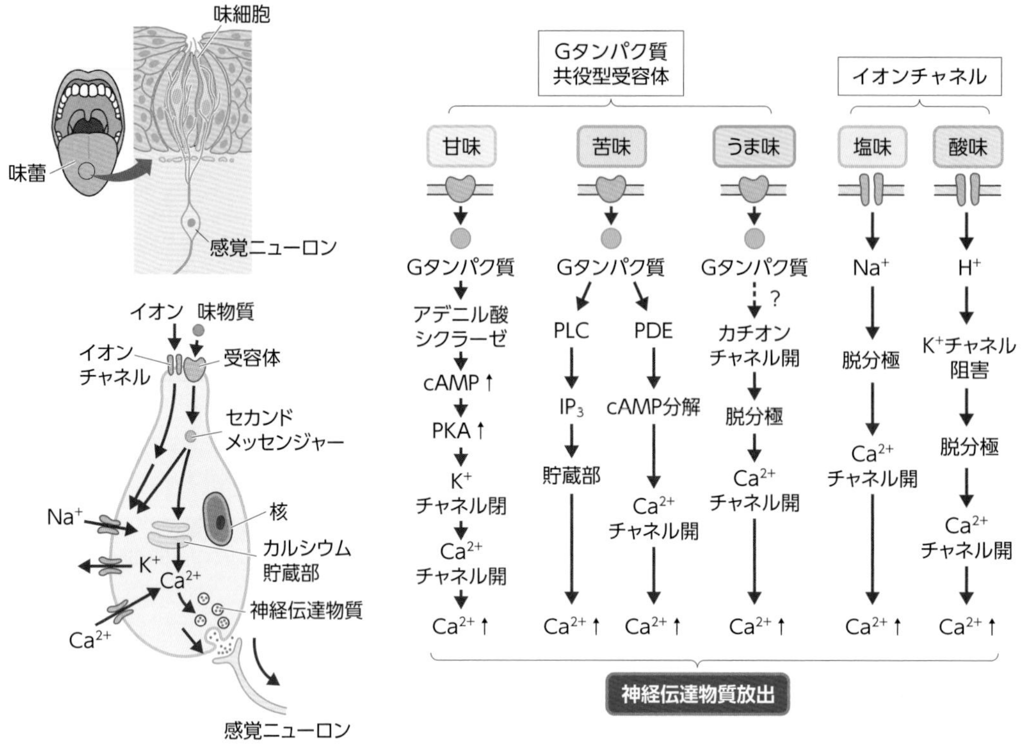
味細胞
味蕾
感覚ニューロン
イオン 味物質
イオンチャネル
受容体
セカンドメッセンジャー
核
Na+
K+
Ca2+
カルシウム貯蔵部
神経伝達物質
Ca2+
感覚ニューロン
Gタンパク質共役型受容体
イオンチャネル
甘味
苦味
うま味
塩味
酸味
Gタンパク質
アデニル酸シクラーゼ
cAMP↑
PKA↑
K+チャネル閉
Ca2+チャネル開
Ca2+↑
Gタンパク質
PLC
PDE
IP3
cAMP分解
貯蔵部
Ca2+チャネル開
Ca2+↑
Ca2+↑
Gタンパク質
?
カチオンチャネル開
脱分極
Ca2+チャネル開
Ca2+↑
Na+
脱分極
Ca2+チャネル開
Ca2+↑
H+
K+チャネル阻害
脱分極
Ca2+チャネル開
Ca2+↑
神経伝達物質放出

●図11-46　味覚のシグナル伝達機構

左下の図は1つの味細胞にまとめて描いているが，実際はそれぞれ別の細胞に発現している．

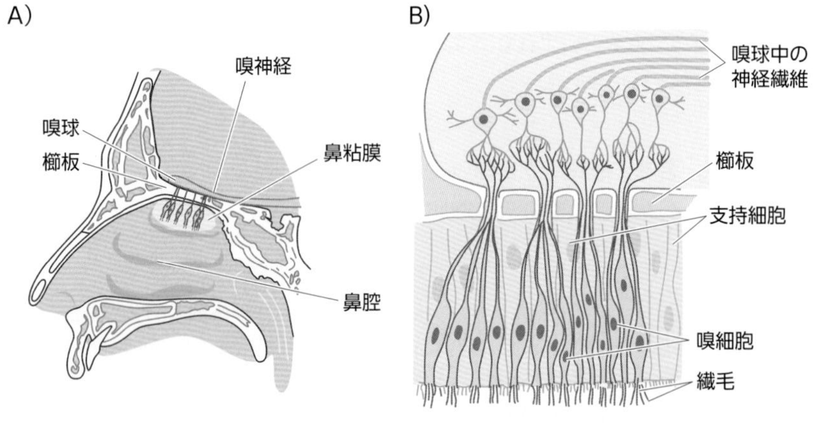
A)
嗅神経
嗅球
櫛板
鼻粘膜
鼻腔
B)
嗅球中の神経繊維
櫛板
支持細胞
嗅細胞
繊毛

●図11-47　ヒトの鼻と嗅上皮の構造

参考図書1をもとに作成．

b．嗅覚

匂い（臭い）は，鼻腔の鼻粘膜に繊毛を出している**嗅細胞**が検知している（図11-47）．空気中を漂う匂い分子は鼻へ入り，嗅細胞の繊毛上にある受容体に結合する．この受容体もGタンパク質共役型受容体であることが明らかになっている．嗅細胞上に発現している受容体は，哺乳類で1,000種類ほどあり，ヒトでは350種類ぐらいだと考えられている．1つの嗅細胞は1つの受容体しか発現していない．匂いの受容体は遺伝子工学的に明らかになったので，すべての受容体と匂い分子の対応がついているわけではない．

匂い分子が受容体に結合すると，味の場合と同じように細胞内のシグナル伝達機構を活性化してCa^{2+}の細胞内濃度を高めて，神経伝達物質の放出を促す．

匂い分子の受容体は鍵と鍵穴のようにきっちりとした対応があるのではなく，1つの匂い分子がいくつかの種類の受容体（したがっていくつかの嗅細胞）に結合することができる．バラの花を例にとれば，バラは複数の匂い分子を発している．複数の匂い分子の1つ1つが複数の受容体と結合し，興奮した複数の嗅細胞が中枢に情報を送る．中枢は送られてくる情報のパターンを認識して，バラの匂いだと知覚していると考えられている．

章末問題

解答 ➡

問1 ホメオスタシスという用語はどのような概念か，また実際にはどのようなメカニズムがはたらいているのか，説明せよ．

問2 神経系と内分泌系の接点として，視床下部の役割が重要だといわれる．視床下部について説明せよ．

問3 ニューロンの軸索丘で活動電位が発生してから，軸索末端で神経伝達物質が放出されるまでの過程を，関係するチャネルをあげて説明せよ．

問4 網膜の桿体細胞はどのようなメカニズムで光を感じて，その情報を中枢に送っているのか，説明せよ．

問5 味と匂いの感覚を受容するメカニズムについて，似ているところと異なるところを比較しながら説明せよ．

Column 錯視，脳が見ている

嗅覚のところで，バラの匂いは複数の感覚情報から脳が判断していると述べたが，感覚器官からの情報は，脳で処理されることによって初めて知覚される．視覚においても網膜の情報は各光受容細胞から送られるただの点であり，これを処理して対象を知覚するのは脳である．

網膜に存在する光受容細胞の数は，錐体細胞が600万個，桿体細胞が1億2,000万個あるといわれている．錐体細胞は中心窩で最も密度が高くその周りでは急激に低くなる．一方の桿体細胞は中心窩には存在せず，中心窩の周りで密度が高く，眼球の周辺に向かって緩やかに減少していく（⇒図11-40）．そのため注視する（目を凝らす）ときには対象物が中心窩に来るように視点を動かしている．一方，図11-39にあるように，視神経は網膜の表面を通って視神経乳頭で視細胞層を貫いて眼球の外に出るので，この部分には視細胞が存在せず，盲斑（盲点）とよばれる．盲斑には視細胞がないので視覚情報は欠落しており，本来ならば視野の中の盲斑に該当する箇所が空白になるはずだが，普通はそんなことは起こらない※．これは，脳が面は滑らかに連続しているとみなし，見えない部分の情報を盲斑の周辺の情報を使って補完しているからである．このように，脳はいろいろな条件（これを拘束条件とよぶ）を使って，網膜からの視覚情報を操作して外界を見ている．

物体の表面は，縁までは連続しているとみなすのも脳である．視細胞の数から考えると，網膜の周辺部は中心窩よりも粗く見えるはずだが，一様に滑らかな面として知覚している．これも脳による充填操作のおかげである．カニッツアの三角形（図1）は描かれていないのに，脳が主観的に正三角形の輪郭を描いてしまう例である．三角形の中の白は周囲の白よりも明るく，浮き上がって見える．いくつかの部品（欠けた円や「くの字」）と見るよりも，単純な三角形で円や三角形が隠されていると解釈したとも考えられる．

われわれを取り巻く環境は三次元空間だが，網膜が受け取る情報は二次元情報である．脳は網膜から送られてくる二次元情報を三次元情報に復元している．これは未知数が3つあるのに，2つの式から解かなければならない連立方程式の問題と似ている．式が2つでは解けないが，いずれの変数も整数であるという条件が加わると解ける場合がある．これと同じように，二次元情報から三次元に復元するには，太陽は常に頭上にあり，光

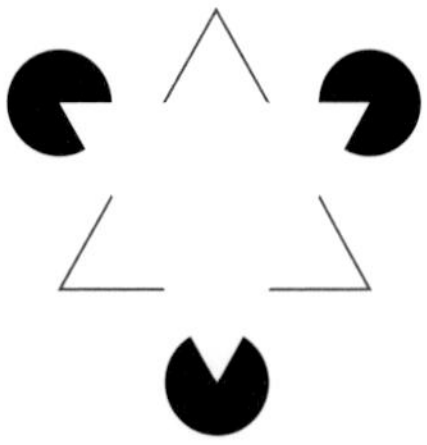

●図1　カニッツアの三角形

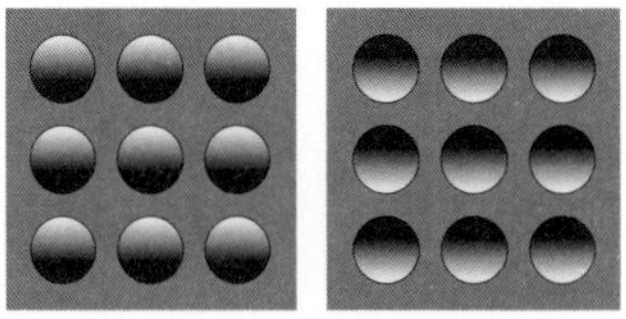

●図2　同じ図が上下逆さにすると凸と凹に見える

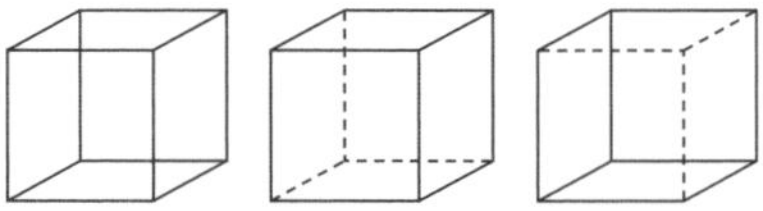

●図3　ネッカーの立方体

※ 盲点があることは，以下のような実験で確認できる．例えば8 cm離して黒丸とXを描き，右目を閉じて左目だけで黒丸を注視しながら顔を近づけていくと，ふっとXが消える位置がある．Xの像が盲斑に投影されたためである．

は上から来るという条件を加える．そのため，次のような平面図も立体的に見えてくる（図2）．この図形は上下の向きを逆さにした同じものだが，左は出っ張っているように見え，右はへこんでいるように見える．光は上から来るので，円の上が白く下が黒いと出っ張ったものと解釈するからである．したがって，このような情報がないと脳は混乱してしまう．例えば線だけで構成された有名な「ネッカーの立方体」（図3）は，見ていると右側の２つの見え方の間を行ったり来たりする．

この他，隠された図形は隠した図形の奥にあると解釈する（図4）．図の右では黒い丸が長方形の奥にあるように見える．また，物体と影の距離が近いと手前に，離れていると奥にあると解釈したりする．

ヒトのように両眼が前面にある動物では，両眼の視差による立体視が重要である．3D映画や3Dテレビが出現して，特殊なメガネをかけると画面から飛び出す映像を鑑賞できるようになったが，これは左右の視差に相当する画像を左目と右目に交互に見せて，立体視を「見せている」．また片方の目をつぶって外界を見ても奥行きがわかるのは，水晶体の厚さを変えてピントを前後に動かし，前後を判断しているためである．

こうして得られた情報は，さらにこれまでの経験や記憶などとすり合わせて文脈から判断される（図5）．真ん中の字は，横にたどるとBと読み，上下にたどると13と読む．また，ネッカーの立方体を見た後では，三角形を寄せ合わせた右の図形が立方体に見えてくる（図6）．

錯視は目の錯覚であるが，脳が間違いを犯しているというわけではない．むしろ，錯視は視覚情報を脳がどのように処理しているかを明らかにする手がかりを与えてくれると考えられている．そのため，さまざまな錯視が報告され，研究の対象となっている．

脳がこのような処理をするためには，ある程度時間がかかるため，実際に起こっている事象を脳が知覚し，認知したときには，その事象は次の場面に移ってしまっているはずである．しかしながらわれわれは，そのような時間差があるとは感じない．これは，時間軸に沿って連続的に起こっている事柄を少し未来へ補完しているためと考えられている．野球選手の中には優れた動体視力をもつ人がいるが，これはこのような能力が特に優れているためだと考えられる．

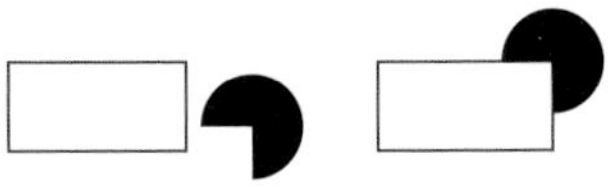

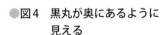

●図4　黒丸が奥にあるように見える

●図5　数字にもアルファベットにも見える

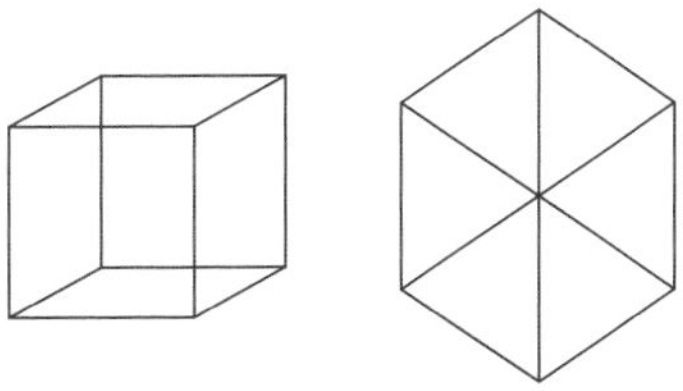

●図6　左から類推して右も立体に見える

演習⑦ 静止電位と活動電位を描いてみよう

11章の図11-11に描かれている活動電位の発生を，図11-13のシナプス後電位を加味してExcelで描いてみよう（Excelの使い方の簡単な紹介は**演習①**を参照のこと）．

1）静止電位を描く

まずは静止電位を描いてみよう．

新しいブックを開き，A1にタイトル「静止電位と活動電位の発生」と入力し，C3に「静止電位」と入力する．次にD3に「濃度（mM）」，C4に「K+ in」，C5に「K+ out」，C7に「Time (ms)」，D7に「Voltage（mV）」とそれぞれ文字列を入力する．

D4に「140」，D5に「8」と入力する．これらの値は細胞内外のカリウムイオンの濃度で，定数であるが，あとで自由に変更できる．

C8に「0」を入力し，セルの右下の小さな四角形の上にマウスのポインターを置くと＋に変わり，次にコントロールキー（Macではオプションキー）を押すと，小さな「＋」の表示が現れるはずである．そうしたらそのまま，左ボタンを押して，下方向にC23まで（すなわちセル15個分）ドラッグしていく．これで0から15までの連続した数値が入力される（オートフィル）．

さて最後に数式である．p.282にある，定数部分のRT/Fzを含めて常用対数に変換したVr=0.058*log(K⁺out/K⁺in）を使う．Excelには常用対数が関数LOGとして用意されているので，これを使い次の式をD8に入力する（なお，上の式の答えの単位はVなので，あらかじめ1000を掛けて，係数を58にして，答えの単位をmVにしておくことにする）．

「=58*LOG(D5/D4)」 D5は細胞外，D4は細胞内のカリウムイオン濃度

この式をD9からD23まで上で述べたように（今度はコントロールキーを押さずに）コピーする．セルの番地は自動的に数字が増えていってしまい，#DIV/0!というErrorが表示される（空白セルを指定しているため）ので，Dの後の数字を，それぞれ「5」と「4」に変更する．こうすると，変更した瞬間，正しい数値が表示される．数字はすべて「-72.09621」となっているはずである．

このグラフはX軸に平行な直線だが，練習のために次のようにしてグラフを描く．

まず，マウスでD7の「Voltage」と書かれたセルをクリックし，そのまま下へD23までドラッグすると，この範囲が網掛けになり選択されたことを示すようになる．うまく選択できたら，「挿入」と書かれたタブ（リボン）をクリックし，グラフの中から折れ線グラフをクリックする．2Dグラフとしていくつかのグラフ形式が表示されるので，左上のシンプルな形式を選択すると，すぐに新しくウィンドウが開いて，その中にグラフが描かれるはずである．グラフを適当な位置に移動する．

描かれたグラフは表の数値が一定なため，自動的に描かれた縦軸の範囲が適当でないので，縦軸の上限を80，下限を-80にしよう．グラフの縦軸に振られた数字の上にマウスのポインターを置いて左ボタンをクリックすると，縦軸の数値全体が枠で囲われるので，マウスの右ボタンを押す．するとウィンドウが開き，軸の設定ができる．一番下にある「軸の書式設定」をクリックし，現れた軸のオプションから，最大値を80，最小値を-80，目盛間隔（単位）を20に直す．これで何の活動もしていないニューロン（これはあり得ないことだが）が一定の静止電位を保っているグラフを描くことができた．

2）活動電位を描くための表をつくる

次は，活動電位のほうである．基本的なやり方は静止電位の場合と同じである．F3に「活動電位」と入力する．次にG3に「濃度（mM）」，F4に「Na+ in」，F5に「Na+ out」，F7に「Time (ms)」，G7に「Voltage（mV）」と，それぞれ文字列を入力する．

G4に「15」，G5に「135」と数値を入力する．これらはそれぞれ，細胞内外のナトリウムイオンの濃度である．

さらに，I3に「入力（mV）」と文字列を入力し，I4からI6に「0」，「0」，「0」と入力をしておく．これらの値はニューロンの樹状突起への入力を表し，後で3つのマス目に順番に入力することで，時間的加重をシミュレートしてニューロンを刺激することができるようになっている．K3には「閾値（mV）」と，K4に「-50」と入力する．

F8からF23まで，「0」から「15」の連続数を入力する．

G8には初期値として静止電位の式（式1）を入力する（D8をコピペし，G5/G4をD5/D4にする）．

G9からG23に入れる数式は少し工夫が必要である．

G9に入れる数式は入力を1つだけ加えたものとして式2を入力する．

G10に入れる数式は入力を2つ加えたものとして式3を入力する．

G11に入れる数式は入力を3つ加え，静止電位から脱分極方向への電位の上昇が閾値を超えるかどうか判断するためにIF関数を使う（IF関数は分岐条件の式の後に，真の場合と偽の場合をカンマで区切って並べる）．閾値を超えた場合（真）は，ナトリウムイオンの濃度のみに依存する平衡電位の式が返され，超えない場合（偽）は，入力を3つ加算した元の式が返される（式4）．

G12は電位依存型Na^+チャネルが閉

「=58*LOG(D5/D4)」 …… (式1)
「=I4+58*LOG(D5/D4)」 …… (式2)
「=I4+I5+58*LOG(D5/D4)」 …… (式3)
「=IF(I4+I5+I6+58*LOG(D5/D4)>K4, 58*LOG(G5/G4), I4+I5+I6+58*LOG(D5/D4))」 …… (式4)
「=IF(I4+I5+I6+58*LOG(D5/D4)>K4, I4+I5+I6+58*LOG(D5/D4), I4+I5+I6+58*LOG(D5/D4))」 …… (式5)
「=IF(I4=0, 58*LOG(D5/D4), 58*LOG(D5/D4)+0.1*58*LOG(G5/G4))」 …… (式6)
「=IF(I5=0, 58*LOG(D5/D4), 1.04*58*LOG(D5/D4))」 …… (式7)
「=IF(I6=0, 58*LOG(D5/D4), 1.02*58*LOG(D5/D4))」 …… (式8)

じ始め，電位依存型K⁺チャネルが開き始める電位をシミュレートするために，分岐後の真偽の式を同じにしている（式5）．

G13はI4への入力が0だったときには静止電位を返し，0以外の場合は，電位依存型Na⁺チャネルがほぼ閉じて不応期になり，電位依存型K⁺チャネルが全開した状態をシミュレートするために，適当な係数を掛けた式にしている（式6）．

G14も上と同じように，I5への入力が0だったときには静止電位を返し，0以外の場合は，電位依存型K⁺チャネルが閉じてK⁺リークチャネルへ移行する後過分極電位をシミュレートするために，式に係数を掛けている（式7）．

G15も上と同じように，I6への入力が0だったときには静止電位を返し，0以外の場合はリークチャネルへの移行の段階で生じる後過分極電位をシミュレートするために，適当な係数を式に掛けている（式8）．

G16からG23までは静止電位の式をコピーする．

最後にグラフに閾値（閾電位）のグラフを加えるために，H8からH23まで「=K4」をコピーする．

3）活動電位のグラフを描く

G8からH23までを選択する．次に「挿入」リボンから，上に述べたように2D折れ線の左上のグラフを選べば，静止電位と閾電位が同じグラフ上に表示される．静止電位の場合と同じように，軸の書式設定で，縦軸の上限を80，下限を−80に設定する．さらに，X軸の目盛りがグラフの真ん中（Y軸の0と交わるX軸のすぐ下）に表示されてしまうので，同じく軸の書式設定で「ラベル」を選び，ラベルの位置を「下端/左端」に変更する．これで，グラフの下に数字が付されるようになる．さらに1から始まっているので，0から始まるように直すために，グラフ上の線をマウスで右クリックし，表示されたウィンドウの中から「データの選択」をクリックし，横軸ラベルの下にある編集を選び，表示されるウィンドウの軸ラベルの範囲として，シート上の該当する範囲（F8からF23）をドラッグして選択すると，正しく0から15が表示される．

4）ニューロンへの入力を行う

これで活動電位のグラフが完成した．でも静止電位のグラフと同じではないかと思うなかれ．先ほど「入力（mV）」下のI4からI6までに「0」を入れておいたが，I4に正の数値，例えば「5」を入力して，興奮性シナプス後電位（EPSP）を発生させてみよう．ここではEPSPの値はそのまま軸索丘に及ぶと考えることにする（本当は違うが）．するとグラフは少し脱分極側（上方）へ振れるが，元に戻ってしまう．さらにI5に「10」と入力してみよう．これは2つのEPSPが時間的に加算されることを表している．脱分極は先ほどよりも大きくなるが，閾値までは達しなかった．

最後に，I6に「10」と入力してみよう．これで3つのEPSP（I4+I5+I6）が時間的に加算され，その結果が閾値を超えるので，I6に入力した瞬間に，電位はナトリウムの平衡電位である55.346 mVまで跳ね上がる．これが軸索丘（と軸索初節）における活動電位の発生である．

I6に「−10」を入力してみよう．これは正の2つのEPSPが時間的に加算された直後に，抑制性の神経伝達物質により負のIPSPが加算されることをシミュレートしている．すると活動電位の発生は起こらなくなってしまう．

I6の値はいろいろ変えられるが，グラフの形が本物らしくなるのは，「−10」から「20」までの範囲である（Excelを使ったシミュレーションの限界です）．

表にある，イカの巨大軸索やカエル縫工筋の細胞内外のナトリウムイオンとカリウムイオンの濃度を参考に，値を変えてみたり，さらには閾値の値を変えてみたりすると，それに応じたグラフが瞬時に表示されるので，いろいろと試してみよう（グラフの表示範囲の下限を変える必要があるかもしれないが）．

●表　細胞内外のイオン濃度の例

	細胞内			細胞外		
	K^+	Na^+	Cl^-	K^+	Na^+	Cl^-
イカ巨大軸索	400	50	40～150	20	440	560
カエル縫工筋	125	15	1.5	2.6	110	77
哺乳類神経細胞	140	5～15	4～30	5	145	110

（mM）

最後にファイルリボンから「名前を付けて保存」すれば，楽しみを後に残すことができる．

ここではRT/FzのT（絶対温度）を273.15+20℃としているが，ヒトの場合は体温が37℃なので，変換後の式はVr=0.06154*log(K⁺out/K⁺in）となるが，ここではp.282にあわせた値とした．

ちなみに，この演習では，カリウムイオンとナトリウムイオンだけに着目し，ネルンストの平衡電位で静止電位と活動電位を説明している．大筋はこれで正しいが，ニューロンの静止電位には，ナトリウムイオンと塩化物イオンの寄与（異なる透過係数で）があるので，カリウムイオンのみの平衡電位とは少し異なる．そのため，ここではカリウムイオンの濃度を，細胞外で少し高めにしてある．さらに学びたい人は，ゴールドマン-ホジキン-カッツの式を適用することを考えてみるとよい．ここでは複雑になりすぎるので，これでよしとする．

Supplemental Data

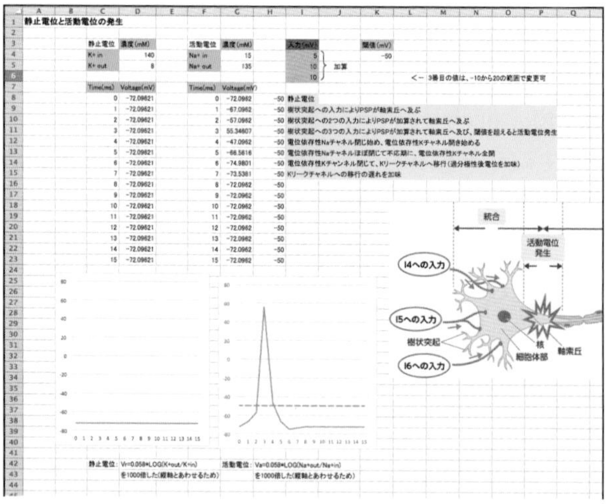

静止電位と活動電位の発生
統合
活動電位発生
I4への入力
I5への入力
I6への入力
樹状突起
核
細胞体部
軸索丘

本演習に連動したExcelファイルをダウンロードできます（⇒目次の次頁参照）．

12章 生物の進化と多様性

公転軌道が太陽から適当な距離にあり，水と空気が存在するために，地球上には多様な環境が生まれた．それぞれの環境では，資源量や捕食圧などの限定要因のため，個体群の数は無限に増えることはできず，次の世代に遺伝子を引き継ぐことができる個体は限られる．個体群に存在する遺伝的な多様性は，突然変異と周辺個体群からの個体の流入のために生まれる．こうした変異は，次世代を残すために不利なものは取り除かれ，有利なものは残って個体群に固定されていく．これを自然選択といい，ランダムに起こる突然変異に方向が生まれる．地理的あるいは生殖的に１つの個体群が分断されると，それぞれの場所で自然選択がはたらき，種分化が起こる．雌の選り好みによる性選択によっても変異が方向づけられる．一方，突然変異には有利・不利とは関係ない中立なものもある．中立な突然変異が次世代に引き継がれるかどうかは，偶然に大きく左右される．これを遺伝的浮動といい，個体群のサイズが小さいと効果が大きい．表現型をコードしていない遺伝子の中立な突然変異が蓄積して，種よりも上位の分類群の進化が断続的に起こったと考えられる．

多様な生物は，生態系の中でお互いに関係をもちながら生きている．生物多様性は，個体群を構成する個体の遺伝子の多様性，ある地域の生態系を構成する種の多様性，生態圏を構成する群集と生態系の多様性で評価することができる．ところが，ヒトの活動によって生物多様性が破壊されている．ヒト個体群サイズの成長を維持するため，資源量や捕食圧などの限定要因を「知恵」で解決し，その結果，環境を改変したからである．持続可能な成長の道を模索するために，「知恵」をはたらかす時がきている．

12-1 個体の生きる場所（多様な環境に適応して生きる）

1 多様な生物を支える多様な生態圏

どんな生物も，地球という「**環境**」の中でしか生息することはできない．生物は地球上のさまざまな環境のもと，生き残りをかけて生きている．生き残らなければ子孫を残せないからである．そのため，同種の生物と資源（生きていくための食物，繁殖のための場所，つがいの相手，子を育てるための食物）をめぐって競争が生まれ，さらに同じ地域に棲む他の動物と捕食者－被捕食者の関係も生じる．ある個体が生息する一定範囲を**生息場所**（habitat）という．

生物は生息場所の環境に適応するとともに，環境に影響を与える．地球の環境を考えるためには，生物が積極的に地球に与える影響を忘れてはならない．特に人間の活動が与える環境への影響はきわめて大きくなっていることに注意を払う必要がある．

この地球「環境」を構成するさまざまな要素や状態量を**環境要因**といい，次に示すような非生物的環境要因と生物的環境要因がある．

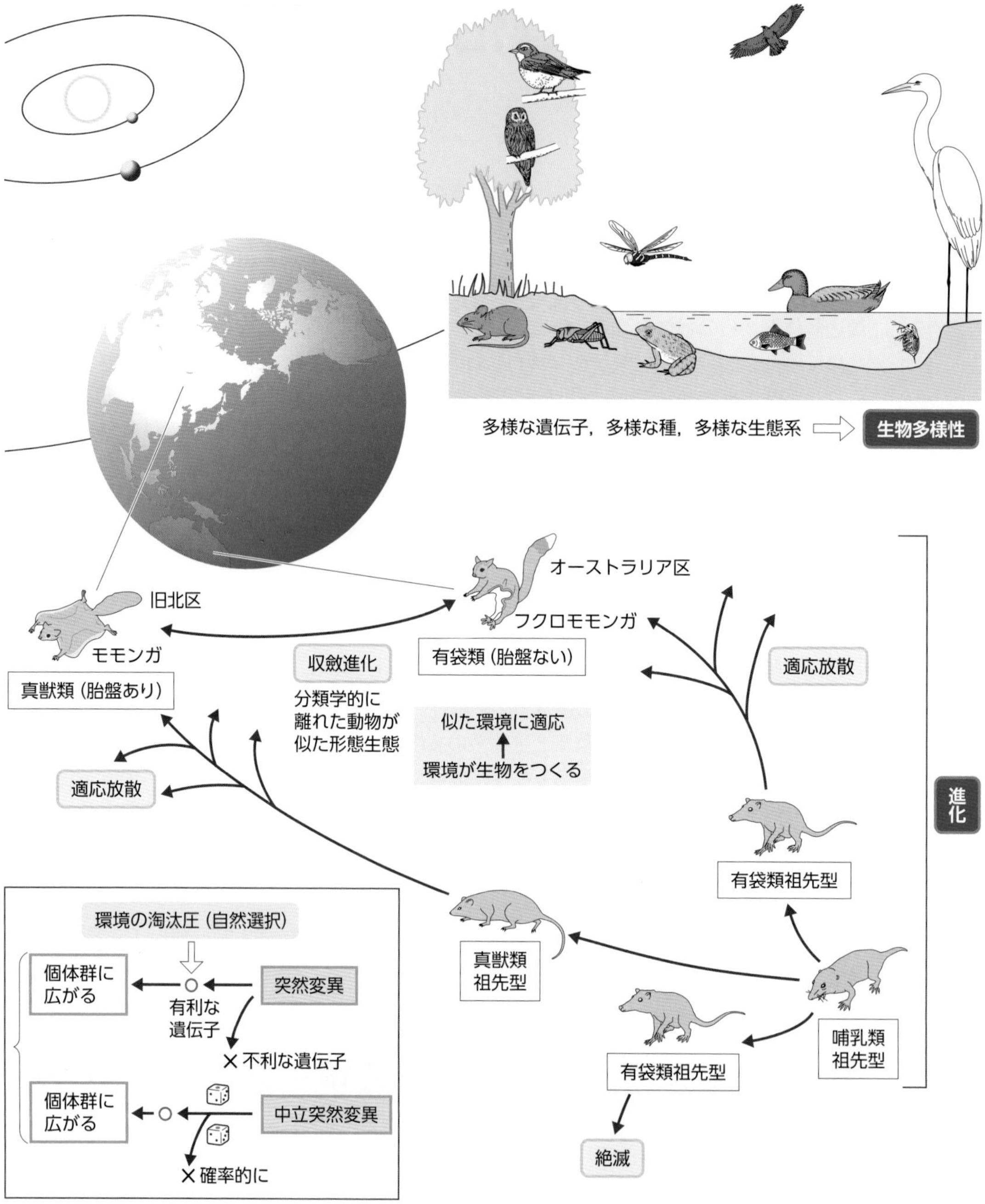

多様な遺伝子，多様な種，多様な生態系
生物多様性
オーストラリア区
旧北区
フクロモモンガ
モモンガ
収斂進化
有袋類（胎盤ない）
真獣類（胎盤あり）
適応放散
分類学的に
離れた動物が
似た形態生態
似た環境に適応
環境が生物をつくる
適応放散
進化
有袋類祖先型
環境の淘汰圧（自然選択）
個体群に
広がる
突然変異
有利な
遺伝子
×不利な遺伝子
真獣類
祖先型
哺乳類
祖先型
有袋類祖先型
個体群に
広がる
中立突然変異
×確率的に
絶滅

概略図●環境が生物を進化させ，多様な生物を生み出した

①非生物的環境要因

光要因，温度要因，(水分要因，酸素要因，二酸化炭素要因，土壌要因)，
生息場所の地理的・気候的要因（緯度，高度，降雨，積雪など）

②生物的環境要因

食物要因，植生，同種他個体，異種個体

上に述べた環境要因は，地球上の経度，緯度，高度に応じて組合わせることができるので，さまざまな生息場所ができあがる．例えば，森林（針葉樹の森林，広葉樹の森林，混交林，熱帯雨林など），サバンナ，砂漠，ツンドラ，海（海岸の潮間帯，浅い海，深海，暖かい海，冷たい海），河，湖沼，草原など，思いつくままに書いただけでもいろいろな生息環境が考えられる．このような生息環境には特徴的な植物群が生息し，植物群が生み出した環境に適応した動物，菌類などのさまざまな生物が生息することになる．このような相互に依存しあう生物群をひとまとめにして**生物群系（バイオーム，**biome）とよぶ（図12-1）．生物群系の名前は極相になった植物群系に基づいてつけられる（例えば，熱帯雨林，温帯落葉樹林など）．**生態系**（ecosystem）という語が，生物群系と同じ意味で使われることもあるが，生態系という場合は，生物的な環境と非生物的な環境との相互作用を合わせて考えていることが多い．また，それほど広くない，ある特定な環境と，そこに生息する生物群集の相互作用の全体を指す場合は，生態系を使う（例えば倒木の生態系，里山の生態系，河川の生態系など）．

さらに地球は地軸が23.4度傾いて自転しながら太陽の周りを公転しているので，環境要因には1日単位の変化が生まれ，1年のうちに季節がつくられる．

図12-1を見ると，同じ緯度であれば比較的，似た生態系になることがわかる．例えばサバンナはアフリカにも南アメリカにもオーストラリアにもある．しかしながら，それぞれのサバンナに生息している生物はかなり異なっている．現在，生息している生物をもとに地球上の地域を区分したものが**生物地理区**であるが（図12-2），エチオピア区であるアフリカのサバンナにはライオンがいるが，新熱帯区である南アメリカにもオーストラリア区であるオーストラリアにもライオンはいない．オーストラリアのサバンナに生息するカンガルーは，アフリカにも南アメリカにもいない．

これは，地球の地理的な歴史に起因している．大陸は長い地球の歴史の中で，1つの塊から分散，集合を繰り返して現在の姿になったと考えられている（プレートテクトニクス理論）．オーストラリア区を例にとれば，オーストラリア大陸は哺乳類が進化し

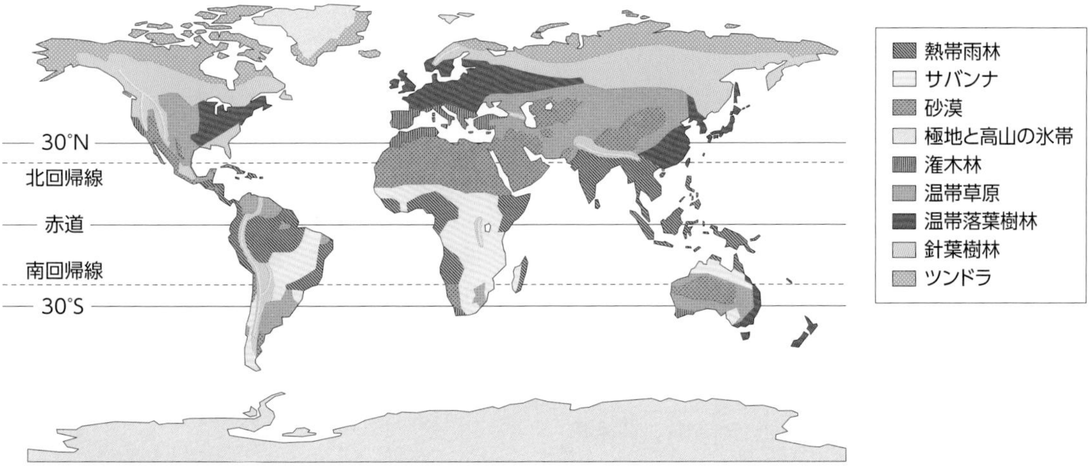
30°N
北回帰線
赤道
南回帰線
30°S
熱帯雨林
サバンナ
砂漠
極地と高山の氷帯
潅木林
温帯草原
温帯落葉樹林
針葉樹林
ツンドラ

図12-1　陸の生物群系
実際の生物群系は，図のように画然と分けられるわけではないし，高度によっても異なる．この図は高地の氷帯を除き，低地の群系を示している．参考図書1をもとに作成．

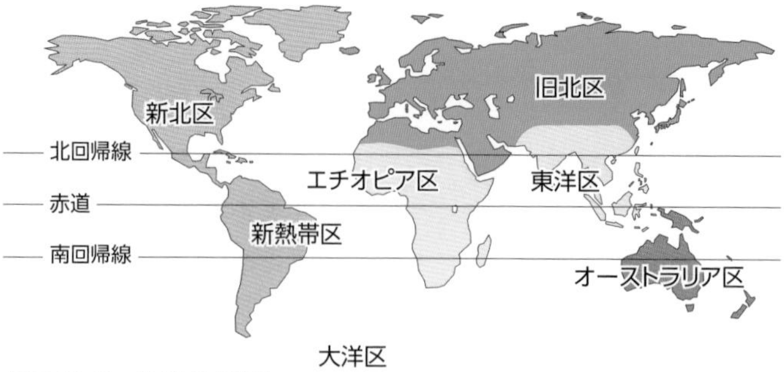
旧北区
新北区
北回帰線
エチオピア区
東洋区
赤道
新熱帯区
南回帰線
オーストラリア区
大洋区
図 12-2　生物地理区

た早い時期に他の大陸群から分離し始めた．そのときまでに哺乳類のなかで胎盤をつくらない**有袋類**（と単孔類）が栄えていたが，オーストラリア以外の大陸では胎盤をもつ哺乳類が進化してきて有袋類を絶滅させた．分離したオーストラリアではそのような進化は起こらず，また他から胎盤をもつ哺乳類が侵入しなかったので，有袋類がオーストラリアの環境に適応していろいろな種が生まれた．

有袋類はオーストラリアの新しい環境に適応して進化した．例えば，フクロモモンガが空中を滑空する種として進化した．胎盤をもつ哺乳類のなかにも，滑空をする同じような形態をもったモモンガが後から独立して現れた．土の中に棲むフクロモグラとモグラも，同じようによく似ていて前脚が土を掘るのに適した形態をしている．このように，異なる種が同じような環境に適応した結果，似た形態をとるようになることを**収斂進化**（しゅうれん）という．これらの例は，環境の**淘汰圧**が個体の表現型である形態をつくり出していることを示している（図12-3）．

生物地理区は，過去の地球の歴史に，海や川，高い山や砂漠などの現在の地理的障壁による分布の途切れを重ね合わせた結果となっている．

有袋類
胎盤をもつ哺乳類
プラニガーレ
シロアシネズミ
モグラ
フクロモグラ
モモンガ
フクロモモンガ
ウッドチャック
ウォンバット
クズリ
タスマニアデビル
カンガルー
パタゴニア
モルモット
図 12-3　有袋類と胎盤を有する哺乳類の収斂進化
参考図書1をもとに作成．

2 個体群密度

❶ 個体群密度を規定する要因

個体は生息場所では個体群の一員として生息しているので，個体群を対象とした研究が重要になる．個体群を扱うときに重要なパラメーターは，**個体群密度**（単位面積あたりの生息個体数），その空間パターンと変動である．ここでは個体群密度についてだけ述べることにする．

個体群密度は次の２つの条件によって規定される．

①資源：食物供給量，巣をつくる場所など生息場所の構造，天候など環境の質の良し悪し（ボトムアップ効果）

②制限要因：病気，寄生虫，捕食者，種間競争（トップダウン効果）

環境収容力（carrying capacity，Kで表す）は，個体群を維持できる最大の個体群の数で，①によって規定される．もしもある一定条件の環境に個体群

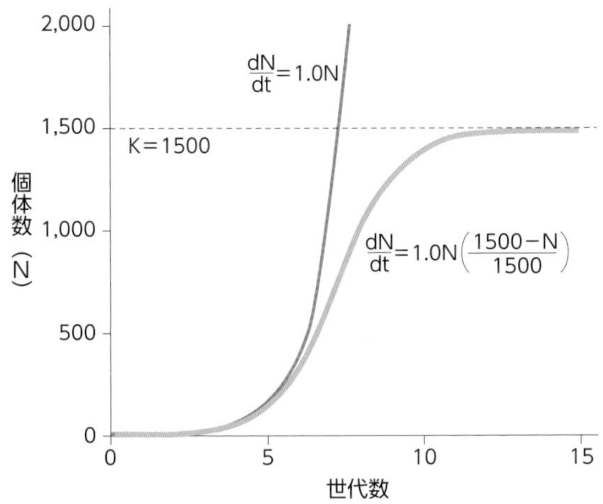

2,000
1,500
1,000
500
0
K=1500
$\frac{dN}{dt}=1.0N$
$\frac{dN}{dt}=1.0N\left(\frac{1500-N}{1500}\right)$
個体数（N）
0
5
10
15
世代数

図12-4　個体群成長のロジスティック曲線
参考図書1をもとに作成.

を放して，その個体群の成長を観察したとすると，個体群はシグモイド曲線を描いてKに限りなく近づくような成長曲線を描くはずであるが（図12-4），実際には②のトップダウン効果のために，環境収容力よりも低いところで一定になる場合が多い.

❷個体群成長のモデル

野外からゾウリムシを採集してきて，ゾウリムシの生息にとって理想的な環境となるようにしたビーカーの中に入れ，個体数の増加を調べてみたとしよう．ゾウリムシの個体数は，最初のうちは指数関数的に増えていく．ゾウリムシは二分裂で増えていくので，個体群の数Nと時間tの関係は，次の式で表され（rは増加率＝出生率－死亡率）

$$\frac{dN}{dt}=rN$$

となり，図12-4の赤線のようなグラフを描く．実際には，ゾウリムシはこのように無限に増えていくことはできない．ビーカーの大きさがゾウリムシの収容する数を規定するからである．すでに述べた環境の収容力（K）をここに導入する.

$$\frac{dN}{dt}=rN\left(1-\frac{N}{K}\right)$$

一例として，環境の収容力を1,500としてrを1.0とすると，このカーブは図12-4の水色の太線のようになる．これを**ロジスティック個体群成長**（logistic population growth）モデルという.

❸成長を抑制する因子

前述の式には個体群への個体の移入と移出は考えていない．移入と移出が同数で無視できるとすると，個体群の成長に影響を与えるのは，出生率と死亡率である．この差が正で大きいと成長率が大きくなり，死亡率が出生率に近づくと成長率が鈍ってくる．ロジスティックモデルは，個体数が大きくなると，出生率が低下し死亡率が大きくなることを示している.

実際に個体群密度が大きくなると，繁殖能力が落ちるという．また個体群密度が高くなると死亡率が大きくなる例もたくさん知られている．したがって個体群密度が高まると，何らかの理由で出生率が低下し死亡率が高まり，その結果，成長率が鈍る．個体群密度の増大が刺激となって（ストレスに関係する）内分泌系が影響を受け，生殖を支配する内分泌系に影響を与えるものと考えられているが，詳しいメカニズムに関してはまだまだ不明な点が多く残されている.

❹人類の成長

人類を個体群としてみたとき，その性質はこれまでみてきたものとはだいぶ異なった特徴を有している．図12-5は紀元前からの人口推移を描いたグラフである．ずっとわずかな増加率を示していた人口は，ペスト流行による人口の減少のあと，増加率がやや大きくなり，さらに18世紀の中頃に始まった産業革命後に急速な増加がみられる．その増加率はうなぎ

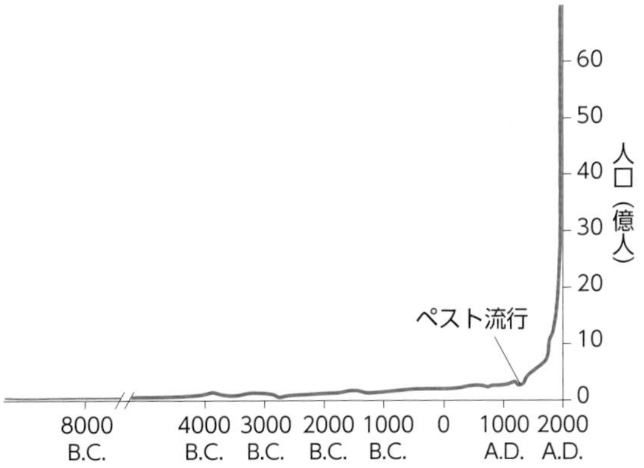

60
50
40
30
20
10
0
人口（億人）
ペスト流行
8000 B.C.
4000 B.C.
3000 B.C.
2000 B.C.
1000 B.C.
0
1000 A.D.
2000 A.D.

図12-5　ヒトの個体群成長曲線
参考図書1をもとに作成.

登りで，いまだに増加を続けているように見える※1．これは人類が環境の収容力を人為的に増やしてきたためであるが，そのために環境の破壊を起こしているのも事実である．地球環境の収容力が無限であることはありえない．この先，人類はどのようになるのだろうか．

12-2 進化と多様性の創出

前節では，生物の多様性は環境の多様性によって生まれると述べたが，外的要因を受けても変化する素地がなければ進化は起こらない．この内的な素地が**遺伝子の変異**である．

1 進化は個体群で起こる

生体には遺伝子の変異を修復したり除去する機構が備わっているが，それでも生殖細胞に変異が残ってしまう確率はゼロではない．生殖細胞に起こった変異は，その個体が繁殖に参加できれば次の世代に受け継がれ，次の世代の個体が繁殖できるようになるまで生存して繁殖に参加できれば，変異は個体群の中に残っていく．繁殖できなければ変異は淘汰される．

メンデルの法則では，遺伝子型と表現型が一意に結びついていて，紫の花か白い花かどちらか一方しかとらない表現型を対象とした．しかしながら多くの表現型には，複数の遺伝子が関係している．身長を考えてみるとすぐわかるが，背の高さは高い人か低い人かという二者択一ではなく，ある平均値の両側に正規分布をするような表現型となる（図12-6）．背の高さを規定する遺伝子がどのようなものかは明らかではないが，表現型の連続的な変異は，複数の遺伝子の変異が組合わさって生じると考えられる．

メンデル遺伝学は，基本的にはいつも表現型に関して変異のない個体群（純系）を出発点とする．しかしながら実際の個体群はこのような理想的なものではない．ここで**集団遺伝学**（population genetics）の考え方が重要になる．

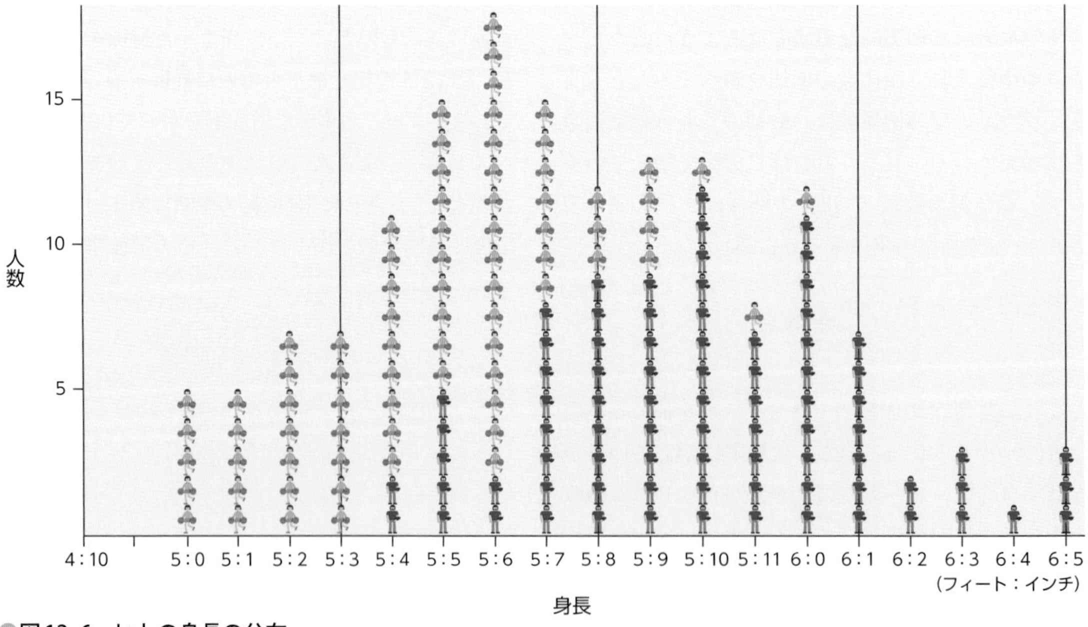

人数
15
10
5
4:10
5:0
5:1
5:2
5:3
5:4
5:5
5:6
5:7
5:8
5:9
5:10
5:11
6:0
6:1
6:2
6:3
6:4
6:5
（フィート：インチ）
身長

図12-6 ヒトの身長の分布
ある大学のアメリカンフットボール部の男子学生（）とチアリーダーの女子学生（）を例として．

※1 2019年時点で，約77億人である．

個体群（集団ともいう，population）とは，ある特定の地域に生息する交配可能な個体の集まりであり，個体群をまとめた概念的な集団が**種**（species）である．変異は個体で起こり，自然選択の対象となるのも個体であり，変異が個体群の中に広がって多数派となって初めて「**進化**」が起こる．したがって，進化は，個体ではなくて個体群で起こる．だから，進化を理解するためには個体群で起こる遺伝学の理解が欠かせない．

2 ハーディー-ワインベルグの法則

❶遺伝子頻度

個体群を構成している各個体は，すべての遺伝子座について全く同一な対立遺伝子（allele）をもっているのではない．これが集団内に存在する変異である．個体群を構成する各個体のもっているすべての遺伝子座の対立遺伝子を合わせたものを，その個体群の**遺伝子プール**（gene pool）とよぶ．

遺伝子プール内の変異は，それぞれの遺伝子座に対応する対立遺伝子の相対的な比率で表すことができる．これを**対立遺伝子頻度**あるいは単に**遺伝子頻度**（gene frequency）とよんでいる．

1908年に，イギリスの数学者ハーディーとドイツの産婦人科医ワインベルグは独立に次のことを発見する．

> 「一定の理想的な状況のもとでは，有性生殖を行う集団における対立遺伝子の頻度は，一世代で一定となり，その後，世代を越えて一定に保たれる．また，遺伝子型の頻度は，この遺伝子型を構成する遺伝子の頻度の積で表すことができる．」

これは今では**ハーディー-ワインベルグの法則**とよばれ，対立遺伝子の変更が起こらないような個体群のことを，その個体群はハーディー-ワインベルグの平衡あるいは**遺伝子平衡**にあるという．ハーディー-ワインベルグの法則は，「法則」というよりも「原理」といったほうが正確なのだが，これまでずっと「法則」といわれてきたので，ここでも「法則」という言葉を使うことにする．

この法則は「一定の理想的な条件のもとで」成り立つ．その理想的な条件とは表12-1の5項目である．

表12-1　ハーディー-ワインベルグの法則が成り立つ条件

①個体群の中に変異が起こって新しい対立遺伝子が生じない

②個体群から離脱する個体も，流入する個体も存在せず，したがって新しい対立遺伝子が個体群へ入り込むことも，出ていくこともない

③個体群のサイズが十分大きく，遺伝子頻度の有意な変化が偶然に起こることはない

④個体群に属するすべての個体は，繁殖可能になるまで生き残って同等に繁殖する

⑤遺伝子型は有性生殖によってランダムに混ぜ合わせられる（例えば，つがい相手の好みによる選択などが起こらない）

❷法則の意味

ある個体群の遺伝子プールに，Aとaのような対立遺伝子が，それぞれ頻度pとqで存在するとする（p＋q＝1）．この集団のつくる生殖細胞はpAとqaになるので，自由な交配が起これば，次の代は

$$(pA + qa)^2 = p^2AA + 2pqAa + q^2aa$$

で求めることができ，遺伝子型の比はAA：Aa：aa＝p^2：2pq：q^2となり，表現型の比は（AA＋Aa）：aa＝(p^2＋2pq）：q^2となる．

一方，Aとaの遺伝子頻度はそれぞれ

$$\frac{p^2 + pq}{p^2 + 2pq + q^2} = \frac{p}{p + q} = p$$

$$\frac{pq + q^2}{p^2 + 2pq + q^2} = \frac{q}{p + q} = q$$

で，前の世代と変わらない．

したがって，遺伝子平衡にある個体群では，対立遺伝子の頻度がわかれば遺伝子型の頻度を計算できることになる．

例えば，A（p）を0.60，a（q）を0.40とすると，

AAの頻度＝p^2＝$(0.60)^2$＝0.36

aaの頻度＝q^2＝$(0.40)^2$＝0.16

Aaの頻度＝2pq＝2×(0.60)×(0.40)＝0.48

となり，合計は1になる．遺伝子型の比率は，AA：Aa：aa＝0.36：0.48：0.16となり，整数比に直すと9：12：4となる．

この頻度で対立遺伝子をもつ500頭の個体群があったとすると，それぞれの遺伝子型をもった個体の数は

AAの個体数＝0.36 × 500＝180
Aaの個体数＝0.48 × 500＝240
aaの個体数＝0.16 × 500＝80

となり，表現型で表せば（180＋240）：80で420：80になる．

ヒトでは交配実験ができないので，人類遺伝学はハーディー－ワインベルグの法則を出発点とする．日本人全体を1つの集団と考えたとき，表12-1の5つの条件を満たしているとみなせるので，遺伝子頻度を計算によって求めることができる．このような集団を**メンデル集団**とよぶ．

3 実際の個体群は遺伝子平衡ではない

遺伝子平衡が成り立つのは，前述の5つの条件が満たされるときである．日本人全体はメンデル集団として近似的に遺伝子平衡が成立すると考えることができるが，このような近似はすべての個体群に当てはまるわけではない．逆にいうと，これらの条件が満たされないと，遺伝子頻度に変化が生じることになる．

自然の環境のもとで生息している個体群では，次のような現象のために5つの条件を満たすことはない．

① **突然変異**（mutation）：個体群の中に変異が起こって新しい対立遺伝子が生じないとしたが，実際には個体群を構成する個体に突然変異によるDNAの変更が起こり，これが遺伝子プールに加わる．

② **遺伝子流**（gene flow）：集団から離脱する個体も集団へ流入する個体も存在せず，新しい対立遺伝子が集団内へ入り込むことも出ていくこともないとしたが，実際には周辺の個体群から新たな個体が加わったり，個体群から離脱する個体がいて，遺伝子が流入したり流出していく．

③ **遺伝的浮動**（genetic drift）：個体群のサイズが十分大きく，対立遺伝子頻度の有意な変化が偶然に起こることはないとしたが，実際には，遺伝子頻度は世代間で偶然に変動する．特に，個体群のサイズが小さいと，何らかの力がはたらかなくても，配偶子に入る遺伝子に偏りが生じ，その結果，生じた接合子の遺伝子頻度が変化する．統計学でいうサンプリングエラーで，さいころを転がして2の目の出る確率は，多数回，振れば収束して6分の1になるが，最初の何回かは（標本数が少ないときは）6分の1からは偏った比率になるのと同じである．遺伝的浮動によって，多様性が減少したり，対立遺伝子の頻度が変化する．

④ **自然選択**（natural selection）：個体群に属するすべての個体は，繁殖可能になるまで生き残って同等に繁殖するとしたが，実際には繁殖可能になるまで生き残る確率は，すべての個体で同等ではない．例えば，餌をとる能力が極端に低かったり，子を育てる能力が低いと，繁殖年齢まで生存できなかったり，子を残せなかったりする．

⑤ **非ランダム交配**（non-random mating）：遺伝子型は有性生殖によってランダムに混ぜ合わせられるとしたが，実際にはつがい間の選り好みによる選択が起こりうる．

したがって自然環境下で生息している個体群では，遺伝子頻度の変更がいつも起こっていることになる．集団遺伝学の立場から見ると，「進化」はこれらの5つの要因が単独あるいは複合して個体群にはたらき，遺伝子頻度に変更が起こることだと定義することができる．5つの要因のうち突然変異と遺伝子流によって新しい遺伝子が個体群に導入され，遺伝的浮動，自然選択，非ランダム交配によって，どの遺伝子が次の代に引き渡されるかが決まる．

4 ランダムな変異を方向づける

個体群には変異が内包されているが，変異に方向性があるわけではない．生息場所の環境の淘汰圧が遺伝子変異を選び，この変異を方向づけている．

ウサギの足の速さも，身長と同じように正規分布をするだろうと考えられる．ウサギを捕食する動物の足の速さが，ウサギの足の速さの平均値と最大値

の中間辺りにあると仮定すると，それよりも足の速いウサギは捕食されにくいので，生き残って子を残す確率は高くなるが，それより足の遅いウサギは捕食者に食べられてしまう確率が大きくなるので，その遺伝子は次の世代に引き渡されにくくなる．その結果，世代が進むに従って個体群のなかで足の速い個体の割合が増えていく．

つまり捕食者のいる環境では，変異によって次世代に子を残す確率に違いが出て，有利な個体が多くなる方向に変異が偏ることになる．したがって，自然選択（淘汰圧）には**方向性**があることになる．

❶蛾の工業暗化

この方向性のある自然選択の例としてよく取り上げられるのが，イギリスで観察されたオオシモフリエダシャク（*Biston betularia*）という蛾の**工業暗化**の例である．産業革命以後，工場から排出される煤煙によって木の幹に張り付いていた地衣類が枯れ，幹も黒くなった．その結果，白い地衣類の上では目立たなかった霜降り模様の蛾の数が減り，黒っぽい幹の上で目立たない黒い蛾の数が増えた（図12-7）．

オオシモフリエダシャクは，産業革命以前の採集標本などを見るとほとんどが霜降り模様（野生型）で，黒い個体は2％もいなかった．ところが，工業化が進んだ地域では蛾のほとんどが黒化型だった．ケトルウェルは，2つのタイプの違いは鳥による捕食のされやすさの違いによるものだと仮定した．図12-7にあるように，野生型（赤丸の中にいる）は地衣類の上では目立たず黒化型は目立つが，幹が黒くて地衣類が付着していない幹の上では逆に黒化型が目立たず野生型が目立つ．この違いが捕食のされやすさの違いになったのだと考えたのである．

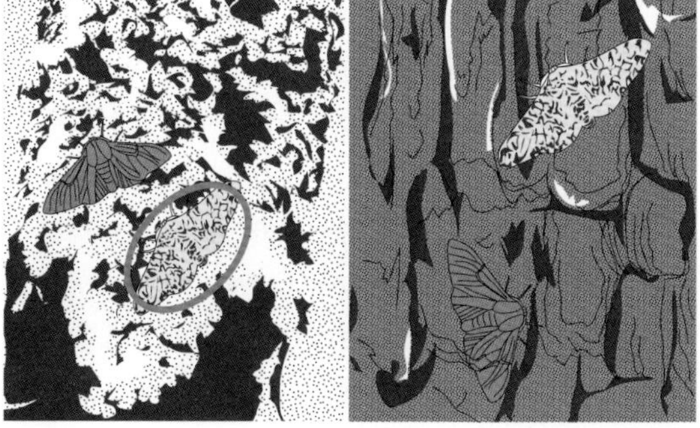
A)
B)

●図12-7　オオシモフリエダシャクの野生型と工業暗化型

A）白っぽい地衣類の上，B）煤けた幹の上

この仮説を実験的に証明するために，彼は両方の型の蛾を放して，一定時間後に再捕獲をしてその回収率を求めた．汚染の進んでいない地域では，野生型：黒化型＝13.7：4.7（％）だったのに対して，汚染の進んだ工業地帯では，野生型：黒化型＝13：27.5（％）だった．この結果は，工業地帯では黒化型が（目立たないので）捕食されにくいと推定できる．

そこで本当に捕食されやすさがあるかどうかを確かめるために，野生型と黒化型の蛾を野外の木に置いて調べてみた．その結果は，野生型は地衣類のある幹で捕食されにくく，黒化型は地衣類のない幹で捕食されにくかった（表12-2）．

●表12-2　蛾のタイプによる捕食されやすさの違い

蛾のタイプ	木の幹のタイプ	
	地衣類あり	地衣類なし
野生型	30/148（20%）	31/70（44%）
黒化型	16/40（40%）	27/178（15%）

%：捕食された割合

❷自然選択の種類

上記の結果は，鳥による捕食の差が，2つの型の蛾の適応度に差をもたらし，工業地帯では黒化型の頻度が増すように自然選択がはたらいたと考えることができる．このような，環境に適した形質に偏るようにはたらく自然選択を，方向性のある自然選択（directional selection）とよんでいる．模式的に示すと図12-8Aのようになる．

自然選択には，このような方向性のあるものばかりではなく，変異の幅を狭めるようにはたらく安定化自然選択（stabilizing selection）や（図12-8B），変異の中間にはたらきかけて変異の範囲を分断するようにはたらく分断化自然選択（disruptive selection）がある（図12-8C）．

このように，遺伝学の成果を取り入れた進化の総合説では，その環境にとって有利な突然変異は選択されて個体群に固定され，不利なものは除かれると考える．

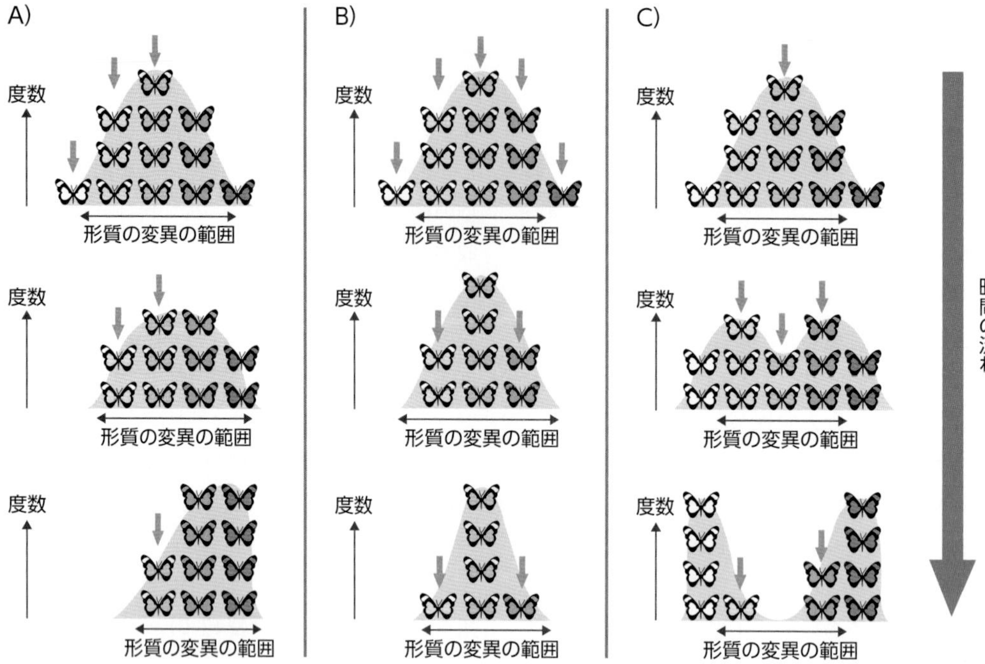
A)
B)
C)
度数
形質の変異の範囲
時間の流れ

●図12-8　方向性のある自然選択（A），安定化に向かう自然選択（B），分断に向かう自然選択（C）
ピンクの下向き矢印は個体群にかかる淘汰圧を示す．

❸性選択

自然選択による進化を証明しようとしていたダーウィン（⇒1章-3）を悩ませたのが，著しく生存に不利な形質が雄に認められることだった．自然選択の考え方では，生存に不利な変異は個体群から取り除かれていくはずだからである．例えば，クジャクの長い尾羽や，絶滅してしまったが枝角（antler）が著しく発達したアイリッシュエルクがその例である．

そこでダーウィンは自然選択の考えを補強するために，雌による雄の選択という要因を考え，**性選択**（sexual selection）という概念を進化の枠組みに導入した．長い尾羽のほうが雌をひきつけるので，その形質が個体群内に固定されていくという考えである．

この考えは発表された当時は不評だったが，クジャクの尾羽の長さを人為的に変えて雌の選り好みを調べた実験が行われて，雌による選り好みがあることが示された．目玉模様の数が重要な要因だという．さらに，雄ツバメの尾羽の長さに対する雌の選り好みと，尾羽の長さが雄の生存に負荷をかける適応度のバランスで，尾羽の長さが決まっているという実験結果が示されて，性選択の進化への寄与が決定的になった．

目立たない雌が，より目立つ派手な雄を選択するために，雄の目立つ派手な形質が個体群に固定されていくことが実験的に示されたが，なぜ雌は目立つ派手な雄を選ぶのかに関しては，いろいろな理論が提案されている．生存には不利なのに派手な形質を維持できるのだから生存能力が優れていることを示しているためだというような説明が行われているが，本当のところはわからない．

5 中立的な突然変異と遺伝的浮動

❶分子進化の中立説の提唱

こうして進化は，個体群の遺伝子の変異が自然選択と性選択によって方向づけられることが確かめられた．ところが分子生物学の発展で，いろいろなタンパク質のアミノ酸配列が明らかになってくると，自然選択で有利な形質が選ばれていると考えるのでは説明ができない突然変異が存在することに気がついた人がいた．それが木村資生（もとお）である．

脊椎動物のいろいろな種のヘモグロビンのアミノ酸配列を比較して，種が分岐してから現在までの時間の長さと異なるアミノ酸の数から，単位時間あたりに起こった変異率を求めることができる．これをアミノ酸の置換率という．置換率は，ほぼ一定であることが明らかになり，これを時計のように使えることが示された（分子時計）．各動物の形態は大きく異なるのに，タンパク質という分子のレベルでは一定であるというのは意外な感じがする．

アミノ酸置換率は，タンパク質によっても異なっている．例えば，シトクロムcの置換率はヘモグロビンの3分の1程度だった．当時わかっていたタンパク質と比較すると，フィブリンペプチドでは置換率が高く，ヒストンH4では低かった．

これらをもとに，外挿して哺乳類のゲノムあたりの変化率を求めたところ，進化の過程で平均して2年に1個くらいの率で新しい突然変異を蓄積してきたという推定値が得られた．予想よりも大きなこの値を説明するためには，分子レベルでの突然変異には自然選択にかからない（自然選択に中立な）ものがあると仮定しなければ説明できないと木村は考えた（**分子進化の中立説**）．この考えは，生存にとって有利な突然変異が残り，不利なものが除かれるという，自然選択万能の，それまでの考えとは異なるものだったので，激しい論争になった．

❷分子進化の中立説を支持する証拠

しかしながら分子進化の中立説でなければ説明が難しい事実や，これを裏づける証拠が次第に蓄積してくる．その1つは，「**機能的な制約**」とよばれる現象である．これはその分子が機能を発揮するのに重要な部分では置換が少なく，機能にはあまり関係しない部位では置換が多いという事実である．

例えば，ニワトリ卵白のリゾチームとヒトの涙の中のリゾチームは，同じ酵素作用を示すが，アミノ酸の一次配列はかなり異なっている（⇒4章-3②）．このことから，アミノ酸の置換は構造に大きな影響を与えない部分で起こっていることが両者の立体構造を比べるとわかる．また，両者で変化していない（保存されている）領域は，リゾチームの活性中心である．

インスリンのC鎖とインスリン本体を構成するA鎖とB鎖での置換率に差がある．インスリンは，膵臓のランゲルハンス島のB細胞で合成されて分泌されるが，プロインスリンとよぶ1本のペプチド鎖として合成される．S–S結合が3カ所架けられ，分泌されるときはC鎖部分が切り離され，2本のペプチド鎖が2本のS–S結合によって結合された形となる．C鎖は分泌されるが，インスリンのはたらきとは関係がない（図12-9）．

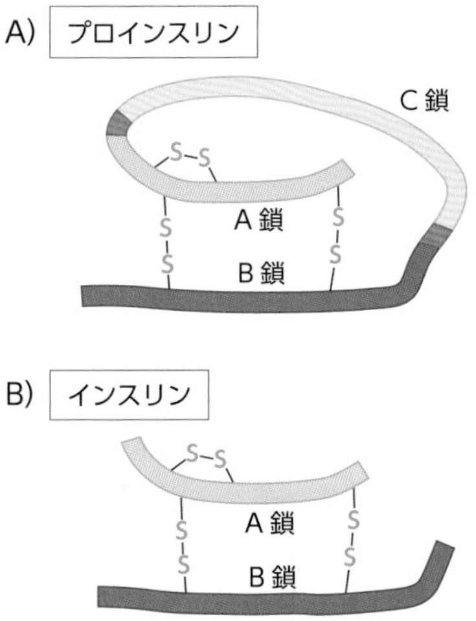
A) プロインスリン
C鎖
S–S
A鎖
S
S
B鎖
B) インスリン
S–S
A鎖
B鎖

●図12-9　プロインスリンとインスリン

そこで，AとB，C鎖それぞれのアミノ酸置換率を求めてみると次のようになった．

AとB鎖　：0.4×10^{-9}
C鎖　　　：2.4×10^{-9}
（アミノ酸の置換の数/年）

これはC鎖のほうが6倍も置換率が高く，突然変異が残る確率が高いことを示している．

DNAの塩基の配列を直接，解読することができるようになると，分子進化の中立説に有利な証拠はさらに増えていった．例えば，アミノ酸の変化を伴わないコドンの3番目の塩基の置換（同義置換）は，それ以外の置換に比べるとずっとその数が多い．しかもタンパク質の種類にかかわらず，その置換率は3×10^{-9}〜4×10^{-9}（アミノ酸の置換の数/年）という狭い範囲に収まることがわかった．

さらに**偽遺伝子**（pseudogene）が発見されて分子進化の中立説は確かなものとなる．偽遺伝子というのは，正常な遺伝子と非常によく似た塩基配列をもっているにもかかわらず，遺伝子としての機能を失っているDNAの領域をいう．例えば，ヘモグロビンを構成するβグロビンの遺伝子族は，11番染色体に図12-10のように配列しているが，Ψ(プサイ)が偽遺伝子である．Ψの塩基配列を調べてみると，機能的な制約がないので予想通り突然変異の頻度はずっと大きなものだった．

このように，機能的制約という現象が観察できるのは，次のような理由による．タンパク質には固有の機能があり，その機能を発揮するために必要な部位を構成するアミノ酸（配列）があって（酵素の活性中心など），この部位をコードする遺伝子に突然変異が起こると，タンパク質の機能に重大な影響を及ぼすので，そのような突然変異が起こった個体は生存に不利となり，個体群から消えていく．一方，機能にあまり関係ない，あるいは立体構造の変化を起こさないアミノ酸（配列）をコードする遺伝子に起こった突然変異は，生存に有利でも不利でもないので（中立），個体群の中に確率論的に固定される．こうして，突然変異の頻度がアミノ酸（配列）の場所によって異なり，制約があるように見えるのである．ランダムに起こる突然変異が，形質のレベルで起こる自然選択と分子のレベルで起こる遺伝的浮動の兼ね合いによって起こっているのが機能的制約という現象である．

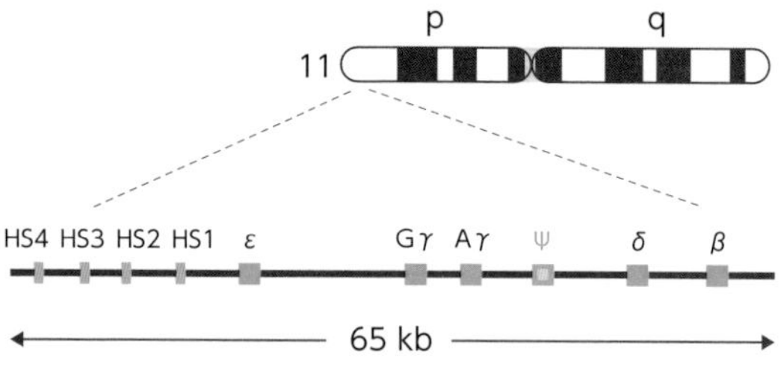
p
q
11
HS4
HS3
HS2
HS1
ε
Gγ
Aγ
ψ
δ
β
65 kb

●図12-10　ヒトヘモグロビンβ鎖の遺伝子の位置と偽遺伝子
kbはキロベースの略で1,000塩基を表す．

❸遺伝的浮動による突然変異の固定

中立的な突然変異は自然選択の網にかからないのだから，自然選択によって個体群内に固定されることはない．それではどのようなメカニズムで個体群内に拡がって固定されるのであろうか．それは12章-2③で述べた**遺伝的浮動**とよばれる偶然（サンプリングエラー）によっている．

数式を使わず，イメージで示すと図12-11のようになる．個体群の中でそれぞれの個体が生殖細胞をつくって次世代を残せる数は偶然に変動する．そのために，次の世代の遺伝子頻度は最初のものとは異なってしまうことがある．同じことが続けば，極端な例だが第三代目には，遺伝子頻度が片方に固定されることがわかる．

こうして，個体群の中で個体に生じた突然変異は確率論的に変動して，個体群から取り除かれたり個体群の中に固定されることになる．個体群の大きさが小さいと遺伝的浮動の効果は大きくなる．

ここまでをまとめてみよう．自然環境下で生息し

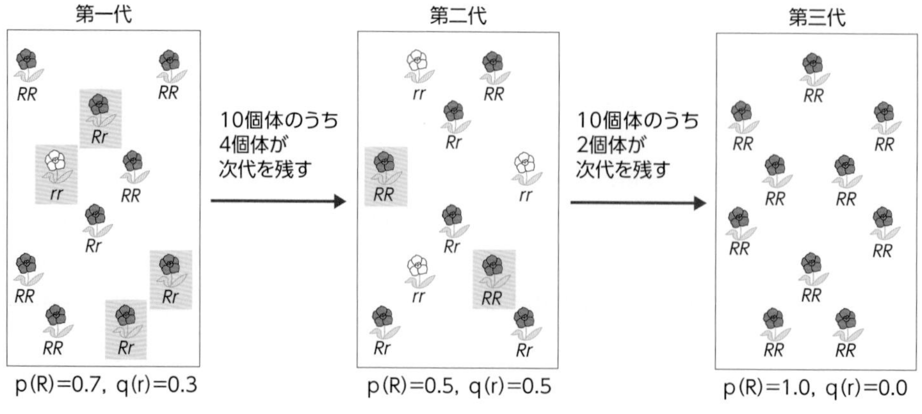
第一代
RR
RR
Rr
rr
RR
Rr
RR
Rr
RR
Rr
p(R)=0.7, q(r)=0.3
10個体のうち
4個体が
次代を残す
第二代
rr
RR
Rr
RR
rr
Rr
rr
RR
Rr
Rr
p(R)=0.5, q(r)=0.5
10個体のうち
2個体が
次代を残す
第三代
RR
RR
RR
RR
RR
RR
RR
RR
RR
RR
p(R)=1.0, q(r)=0.0

●図12-11　遺伝的浮動による固定
参考図書1をもとに作成．

ている個体群では，常にDNAの塩基の変更による突然変異が起こっている．突然変異には方向性はなく，その結果が有利になるか，不利になるか，どちらでもない中立かは，起こったときはわからない．さらに，個体群には周辺から個体が加わったり，逆に抜けたりする．この突然変異と遺伝子流という2つの要因によって，個体群に新しい遺伝子が導入される．

新しい遺伝子のうち，形質に現れて，生存に有利なものは自然選択（淘汰圧）によって，パートナーをよりひきつけるものは性選択（選り好み）によって，より多く次の世代に引き渡される．一方，不利なものは，その個体は生殖に参加できないので次の世代に引き渡されず消えていく．生存にとって有利でも不利でもない（中立な）遺伝子は，偶然によって（確率論的に）個体群から消失したり，固定されたりする（遺伝的浮動）．

このように，分子進化の中立説は，ダーウィンの進化の考え方を補完するもので，両方の考え方によって初めて生物の進化が無理なく説明できるようになった．

6 漸進説，種分化，小進化

個体群の中で世代を通じて遺伝子頻度が伝えられていくのは生殖によってである．そこで有性生殖が非常に重要になる．もしも個体群が何らかの原因で，自由に交配ができなくなると，分断された2つの集団は別々の道を辿ることになる．この交配を妨げる最も大きな原因が**地理的隔離**（geographic isolation）である．

アメリカ・グランドキャニオンの南と北では，生息するジリスの種が異なっている．グランドキャニオンを飛び越えることのできる鳥では，このような種の分化は起こっていない．明らかにもとは1つの個体群だったものが，川の流れによって分断され，別々な進化の道筋を辿って別の種になったことを示している．また，島による分断によって種（あるいは亜種）に分化している例は枚挙に暇がない．有名なダーウィンフィンチもこの例である．このように，個体群のもっている変異が，隔離によって分断され，それぞれの集団で別な変異の固定が行われて種が生じる．このような種分化を**異所的種分化**（allopatric speciation）という．

同じ個体群の中でも，たまたま何らかの原因で生殖ができなくなると，個体群は地理的に隔離されていなくても，分断される場合がある．これを**生殖隔離**（reproductive isolation）という．例えば，何らかの理由で個体群の中に生殖行動の信号系（鍵刺激とその受容機構）がはたらかなくなった亜集団ができると，種は分断されることになる．生殖器の構造が変わっても同じことが起こる．あるいは活動の時間帯が異なってしまったために交配が不可能になることもありうる．同じ環境内で起こるこのような種分化を**同所的種分化**（sympatric speciation）という．

こうして，新しい環境のもとに，その環境に適応して次第に変異が固定されて（**漸進説**），新しい種が生まれてくる．これを**種分化**といい，このような規模の進化を**小進化**という．

7 断続平衡説，大進化

種分化までの小進化は，ライエルの考えを受け継いだダーウィンの考え方，すなわち少しずつの変化が自然選択と性選択によって個体群に固定され，これが積み重なって起こるのだ，という考え方で説明できる．それでは，このような小進化の積み重ねでもっと大きなカテゴリーの進化，すなわち**大進化**が生じるだろうか．

現在では，前述した漸進説に対して，生物の進化には大きな節目があるという考え方のほうが優勢になっている．図12-12は，化石の記録をもとに，陸生と海生の生物の絶滅率と分類学上の科の数の変動を，地質年代を横軸にとって描いたものである．生物の多様性（科の数）は右肩上がりに上昇していくが，繰り返し絶滅が起こっていることを示している．特に大きい大絶滅（mass extinction）は，先カンブリア時代からカンブリア紀の境，古生代から中生代への境であるペルム紀，新しいところで中生代白亜紀から新生代第三紀の境（KT境界線）で起こっている．絶滅によって科の数が一時的に減少するが，その後急激な上昇に転じるのがわかる．進化は漸進的には起こっていないのだ．

化石を調べてみると，長い間，基本的な形態はあ

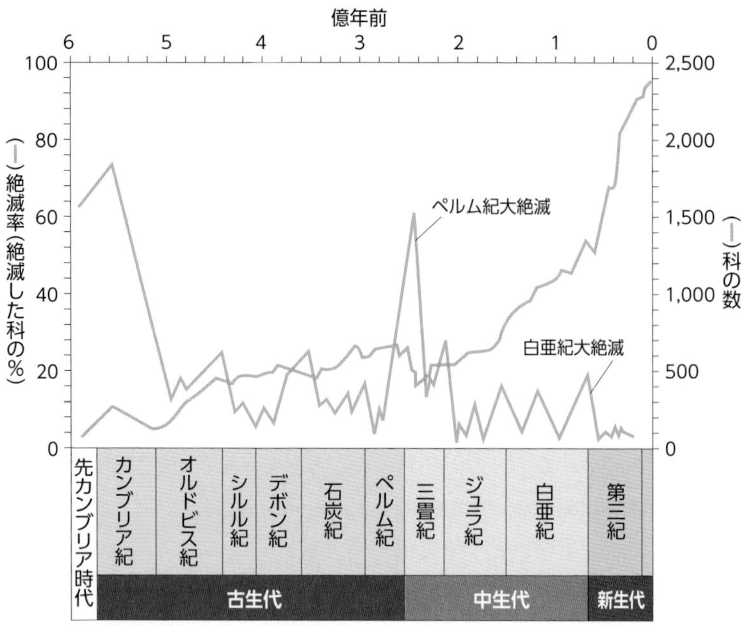
億年前
6
5
4
3
2
1
0
100
80
60
40
20
0
2,500
2,000
1,500
1,000
500
0
(—)絶滅率(絶滅した科の%)
(—)科の数
ペルム紀大絶滅
白亜紀大絶滅
先カンブリア時代
カンブリア紀
オルドビス紀
シルル紀
デボン紀
石炭紀
ペルム紀
三畳紀
ジュラ紀
白亜紀
第三紀
古生代
中生代
新生代

図12-12　科の数の増加と絶滅率
参考図書1をもとに作成.

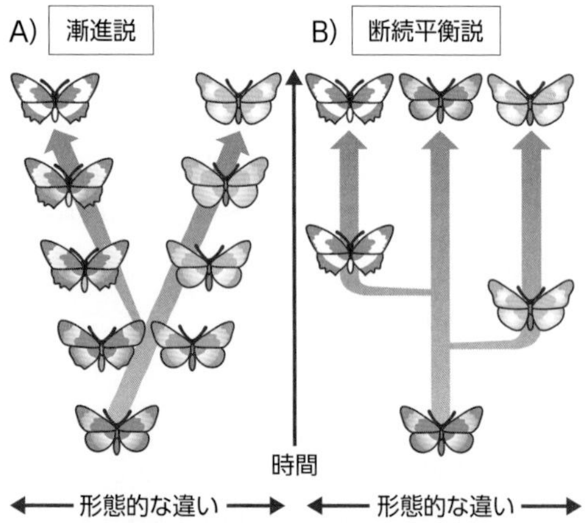
A) 漸進説
B) 断続平衡説
時間
形態的な違い
形態的な違い

図12-13　漸進説と断続平衡説
参考図書1をもとに作成.

まり変化しないで安定な状態にあり，新しい形態をもつ化石は，ある地層に突如として現れ，その後長い年月の間，形態は再び安定して変化しないという傾向がある．このような現象はかなり以前から知られていたが，エルドリッジとグールドは，この現象を「断続平衡現象」とよび，以後，「漸進説」に対して**断続平衡説**とよばれるようになる（図12-13）．

集団遺伝学の立場から，「進化」は突然変異と遺伝子流によって個体群の遺伝子プールが変化し，これが自然選択と性選択によって次の代に伝えられる間に個体群の遺伝子頻度が変わっていくことだと定義された．表現型に現れなくても，DNAのレベルで変異は続いている．ここで重要になるのが，①中立的な突然変異と遺伝的浮動による遺伝子頻度の変化と，②偽遺伝子のように，遺伝子重複によって機能的制約から解放されたDNA領域への突然変異の蓄積である．こうした蓄積が，あるとき，表現型の進化として目に見える（化石として残る）ようになる．これが断続平衡説の分子生物学的な解釈である．

最近の研究によると，ある動物群がもっている機能的な遺伝子と相同な遺伝子が，その動物群よりも系統的に「古い」動物群ですでに存在する例が多く見つかっている．さらに，**遺伝子重複**によって，遺伝子のコピーを増やし，機能的な部分は保存しながら，コピーのほうに突然変異を蓄積させて，あるときにコピーのほうにも，別な似たような機能をもたせることが起こったと考えられている．例えば7回膜貫通型受容体ファミリーなど，タンパク質ファミリーが多数存在するのは，このような現象のためだと説明できる．1つの遺伝子だけでなく，まとまった遺伝子領域がコピーされることもあるらしい．さらに，無脊椎動物から脊椎動物の進化の過程で，大規模な遺伝子のコピーである，染色体の倍数化（全ゲノム重複）が2〜4回，起こった可能性が高いといわれている．

また，遺伝子がコードしているタンパク質は何も構造遺伝子ばかりではないことも重要な要因である．転写調節因子をコードしている遺伝子にも同じように変異が起こる．転写調節因子への突然変異の蓄積は，表現型に現れることなしに起こることは十分考えられる．

おそらく，このようなメカニズムで大きな分類群の進化が起こり，漸進的な変異の蓄積でさらに下位の分類群の進化が起こったのだろう．

12-3 地球上の生物多様性を守るために

1 なぜ生物の多様性か

こうしてこの地球上に**生物の多様性**（biodiversity）が生まれ，多様な環境に適応してさまざまな生物が生息することになった．これらの多様な生物は，昔，考えられたように神が創ったものではない．単純な生命が地球の歴史の遠い過去に誕生し，それから長い時間をかけて進化してきたものである．現在の生命の繁栄は，長い時間のかかった適応と進化の産物である．広大な宇宙空間の中で，なぜ銀河系の中の太陽系の一惑星である地球にだけ生命が誕生し，繁栄しているかを理解し，評価できるようになることは，ゼロから学んできた生物学の最後の目的である．

地球上の生物はきわめて多様だが孤立して生きているわけではない．お互いにどこかで関係しあいながら生きている．食べたり食べられたりする関係が大部分だが，多様な生物はお互いに網の目のようにつながっているのである（図12-14）．

2 生物の多様性とは

それでは，「生物の多様性」とはどのようなことをいうのであろうか．いろいろな種類の生物がいるというのは種レベルの多様性である．生物多様性というときは，種からさらに広げて次の3つをいう．①**遺伝子レベル**の多様性，②**種レベル**の多様性，③**群集と生態系レベル**の多様性，の3つである（図12-15）．

❶遺伝子レベルの多様性

図12-15Aのネズミを考えたとき，普通は遺伝子が均一であることはない．前節で述べたように，個体群の遺伝子プールには必ず変異が存在する．1つの遺伝子座を考えたときでも，表現型は同じだがホモの個体とヘテロの個体がいる．遺伝子プールのこのような遺伝子の違いの組合わせが遺伝子レベルの多様性である．

したがって，ある地域に生息する個体群は，他の地域に生息する個体群とは遺伝子のレベルで異なっている（**地域個体群**という）．ある地域個体群が失われると，その地域個体群がもっていた遺伝子の多様性を永久に失うことになるばかりでなく，その地域個体群からの遺伝子流によって隣接個体群へ遺伝子が流入し，隣接個体群の遺伝子プールの多様性を増加させる可能性も絶たれるので，種全体としてみたときに適応力を失わせる結果となる．

❷種レベルの多様性

ある地域の生態系を考えたとき，その生態系を構成する種がどれほど多様であるかが，種レベルの多様性である（図12-15B）．生物多様性というときは，この種の多様性が真っ先に頭に浮かぶ．政治的なコンテクストで生物多様性というときも，この種レベルの多様性を指すことが多い．1章で述べたように，種の記載がすべて終わっているわけではないので，種レベルの多様性の変化を記述するのは難しい．実際の種の多様性は推測するしかないが，今この時点でも絶滅している種があり，種の多様性を保全する道筋を早急に考え，行動に移す必要がある．

❸群集と生態系レベルの多様性

生態圏を構成する群集あるいは生態系の多様性が，三番目の生物多様性である（図12-15C）．地球という生態圏には多様な生態系があり，それぞれの生態系は，複数の個体群から構成され，異なる個体群がお互いに相互関係のネットワークをつくって**群集**（植物の場合は**群落**）を形成している．各個体群は，こ

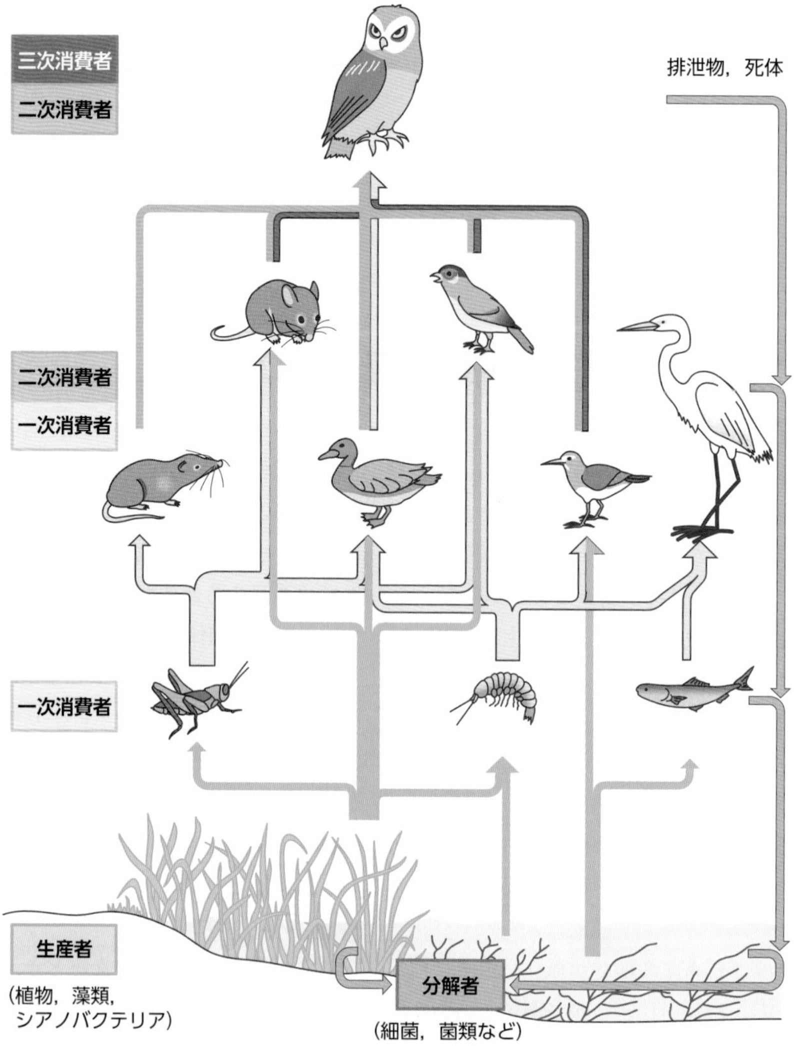
三次消費者
二次消費者
排泄物，死体
二次消費者
一次消費者
一次消費者
生産者
(植物，藻類，
シアノバクテリア)
分解者
(細菌，菌類など)
●図12-14　食物連鎖（食物網）

の群集のネットワークの一員として，それぞれ重要な役割を担っているので，ある個体群が消失すると生態系に大きな影響を与える．これは食物連鎖（食物網）を考えればすぐに理解できる．生態系が影響を受けると，地球全体としてみた生態圏のバランスが崩れる可能性が高い．

3 生物多様性消失の要因と多様性の保全

生物多様性に対する脅威としては次のような要因が考えられる．いずれもヒトの活動によっている．

①生息場所の破壊（habitat destruction）
②外来種の移入（introduced species）
③乱獲（overexploitation）
④食物連鎖の撹乱（food chain disruption）

現在，最も危機に陥っている例が人為的な熱帯雨林の消失である．熱帯雨林のもつ二酸化炭素の吸収機能が破壊されたときに，どのような影響が出るか簡単に想像することができる．種の絶滅というときは，特定の種を選び出して絶滅させているのではない．多くの場合，生態系の破壊によって，そこに生息する多数の種を根こそぎ破壊しているのである．

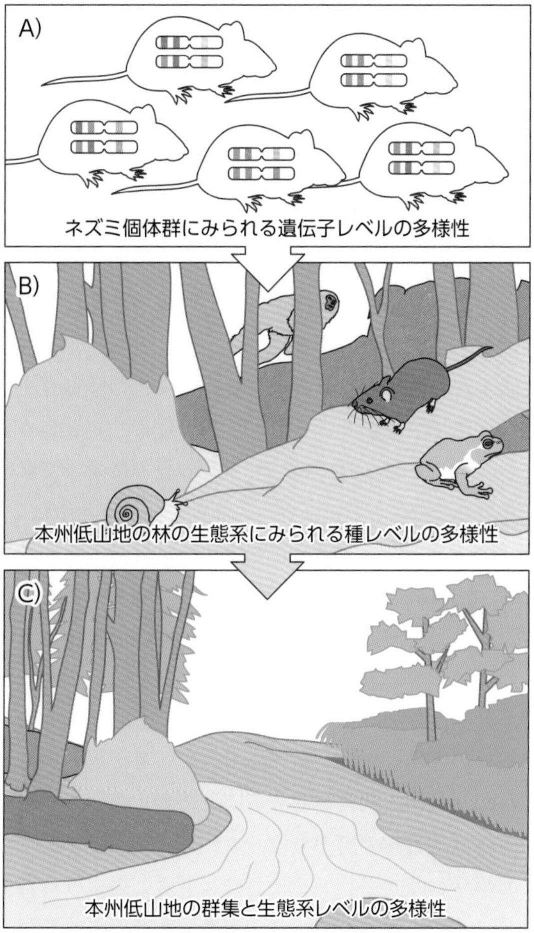
A)
ネズミ個体群にみられる遺伝子レベルの多様性
B)
本州低山地の林の生態系にみられる種レベルの多様性
C)
本州低山地の群集と生態系レベルの多様性

●図12-15　生物多様性の3つのレベル
参考図書1をもとに作成.

それではどうして生物多様性を守らなければならないのだろうか．また，どうやって生物多様性を守っていけばいいのだろうか．

環境省の「生物多様性情報システム」ホームページにあった「よくある質問」のコーナーには次のように書かれていた（2006年10月時点）．

「多様な生物は，それぞれが生態系の中で大切な役割を担っており，相互に影響しあって私たち人間の生存に欠かすことができない自然環境のバランスを維持してくれています．私たちの生活は，農作物や魚貝類などの食品ばかりでなく，工業材料，皮革製品，医薬品，燃料などに至るまで，多様な生物を利用することによって成り立っています．

また，多様な生物のすむ環境は，私たちの心に豊かな潤いを与えてくれます．レクリエーションや観光の対象，科学や芸術を生み出す糧としても，生物はかけがえのない存在です．」

最初に「多様な生物は，生態系の中での大切な役割を担っている」と書かれているが，続いて，食料資源，工業材料，皮革製品，医薬品，燃料などとしての多様な生物を，人間が利用するために多様性を守る必要があるという書き方がしてある．多様な生物のすむ環境が私たちの心を豊かにするのだから重要なのだと書いている．

ここには人間のためにという視点が色濃く出ている．もしもこのような視点に立つと，別な方法，例えば遺伝子操作やバーチャルな空間によって人工的にそのような利益が得られるのなら，生物多様性などは顧慮しなくてもいいことになる．

生物多様性条約は，1992年にブラジルのリオデジャネイロで世界環境会議が開かれ，参加した各国が署名をし，その後，各国内で加盟の手続きをとって発効した．日本は翌年に加盟している．

この条約でも，生物多様性の内在的価値の認識と並べて，人間の資源として生物多様性が重要であるという視点でつくられている．前文の最初に「生物の多様性が有する内在的な価値並びに生物の多様性及びその構成要素が有する生態学上，遺伝上，社会上，経済上，科学上，教育上，文化上，レクリエーション上及び芸術上の価値を意識し」と書かれていることからわかる．

生物多様性条約が各国で承認され加盟したのち，これまで条約締結国会議（COP）がほぼ2年に1回，開催され，2010年10月には名古屋で第10回の会議（COP10）が開催された．この会議でも，大きな争点となったのは，多様性をどう守るかという点よりも，多様性に起因する遺伝資源へのアクセスと利益配分をどうするかという点だった．各国の利害の対立が大きく，最終日にようやく議長国日本の努力もあって名古屋議定書としてまとめられた．

最近になって，SNP（スニップ）（single nucleotide polymorphism，一塩基多型）という遺伝子DNA塩基配列が1カ所だけ個人によって違う個所が，日本人では19万個あると発表された．見かけは同じでも，遺伝子のレベルで見れば，われわれはこのような多様性を内包しているのである．

生物多様性に関する環境省のホームページも刷新され※2，「生物多様性とは」というページには，3つのレベルの多様性の説明があり，多様性の恵みとして，「生きものがうみだす大気と水」，「暮らしの基礎」，「文化の多様性を支える」，「自然に守られる私たちの暮らし」という分け方で，生物多様性のたくさんの恵みによって私たち人間を含む「いのち」と「暮らし」が支えられていると書かれていて，生物多様性それ自身の重要性に力点が置かれている．

生物多様性は進化を考えれば当然の帰結である．生物多様性を全体として認め，そのなかで生きていくのが生物としてのヒトの正しい生き方だと思う．こう書くと，便利さを捨てて原始の時代に帰れと主張していると思われるかもしれないが，持続可能な成長を考えるべきだということである．ここまでゼロから生物学を学んできたことをふまえて，われわれヒトはどのような行動をとったらいいのか，もう一度考えてみようではないか．

※2 URL：http://www.biodic.go.jp/biodiversity/

章末問題

解答 ➡

問1 旧北区には真獣類のモモンガが生息し，オーストラリア区には有袋類のフクロモモンガが生息しているが，これは地球の歴史と進化の観点からどのようなことを意味しているのか，説明せよ．

問2 ゾウリムシ個体群の成長は，理想的な環境では指数関数的な曲線を描くが，密度効果のために環境収容力を漸近線とするロジスティック曲線を描く．両者を実験的に確かめるために，どのような実験を行えばよいか，述べよ．

問3 工業暗化の実験で，ケトルウェルは実験的に証明するために，蛾を放して一定時間後に再捕獲し，回収率を求めたとある（本章-2④）．一般には，個体群密度（個体群の大きさ）を推定するためにこのような調査を行い，これを標識採捕法とよんでいる．どのような手順で個体群密度を推定するのか，述べよ．

問4 生物の進化を疑う者はいないが，ダーウィンの考えた，「進化は自然選択と性選択によって変異が固定されることによって徐々に起こる」という考えは，修正されてきている．どのような修正（あるいは補強）がなされてきたか，述べよ．

問5 ヒトの活動による環境の破壊が原因となって生物多様性が消失している場合が多いが，地球環境の収容力とヒトの活動をどのように折り合っていけばよいか，議論してまとめよ．

演習⑧ 成長曲線を描いてみよう

1）指数関数的成長曲線を描く

12章の図12-4に描かれている成長曲線を，Excelを使って描いてみよう（Excelの使い方の簡単な紹介は，**演習①**を参照）．

新しいブックを開き，A1に「指数関数的成長」，F1に「ロジスティック成長」と入力する．次にA4に「N_0（最初の個体数）」，A5に「出生率」，A6に「死亡率」，A7に「r」，F4に「環境収容力」とそれぞれ文字列を入力する．B7に「=B5-B6」と入力する．rは出生率と死亡率の差で，増加率を表す．B4からB6までは，p.317に従って，それぞれ1，1.2，0.2を，G4には1500を入力しておく．これらの数値は定数であるが，あとで自由に変更できる．

C9とH9に「世代数」と入力し，D9とI9に「個体数」と入力する．

C10に「1」と入力し，オートフィルの機能を使ってC29までドラッグし，「20」までの数値を入力する．H10からH29までも同じ操作を加えて，「1」から「20」までの数値を入力する．

1世代目（初期値）として上で入力したB4の値を使うので，D10には「=B4」と入力する．さて最後に数式である．微分方程式dN/dt=rNを解くと，$N = N_0 * e^{rt}$となる．ExcelにはExponential関数がEXPと用意されているので，これを使い次の式をD11に入力する．D10，B7は定数なので，絶対参照とするためにセルの列番号と行番号の前に$を入れる．

> 「=$D$10*EXP($B$7*C11)」
> D10は初期値のN_0，B7は増加率r，
> C11は世代数t（変数）

この式をD12からD29までオートフィルでコピーする．今度はコントロールキーを押す必要はない．変数であるC11部分だけが自動的に1ずつ増えていき，計算結果が表示される．これを見ると20世代目には485165195.4あるいは4.85E+08となっているはずである．E+08は10^8を意味する．

表で見るよりもグラフを描いたほうがわかりやすいので，D9からD29までのセルを選択し，「挿入」，「グラフ」，折れ線グラフを選び，個体数のグラフを描く．

描かれたグラフは表の数値をカバーするために，縦軸がとてつもなく大きな範囲になっている．図12-4のグラフのようにするために，縦軸の上限を2000にしよう．グラフの縦軸に振られた数字の上で左クリックし，その状態で右クリックをして，軸の書式設定を選び，最大値を2000，目盛間隔（単位）を500に直す．するとその瞬間，グラフは図12-4と同じものになる（世代数が15ではなく20だが）．これでゾウリムシの理想的な環境下での成長曲線を描くことができた．

なお，グラフを滑らかな線にするためには，「折れ線」ではなく「散布図」を選ぶと，より図12-4に近い結果が得られる．

2）ロジスティック成長曲線を描く

次は，ロジスティック成長曲線のほうである．基本的なやり方は指数関数的成長の場合と同じだが，I11からI29に入れる数式だけが異なる．I11に入れる数式は以下のようになる．

> 「=$I$10*EXP($B$7*H11)/(1+$I$10*(EXP($B$7*H11)-1)/$G$4)」
> I10は初期値のN_0，B7は増加率r，
> H11は世代数t，G4は環境収容力K

あとはI29まで数式をコピーすればよい．表が完成すると，I29の20世代目の数値は1499.995になっているはずである．グラフは指数関数的成長の場合と同じようにして描くことができる．

3）2つのグラフを融合する

グラフが2つ，別々に描かれているので，図12-4のようにするために，次のようにして2つのグラフを同じ座標軸に描いてみよう．

D9からD29までドラッグして選択した後，コントロールキー（Macではコマンドキー）を押しながらI9からI29までをドラッグして，選択範囲を2つにする．次に挿入リボンから2D折れ線の左上のグラフを選べば，2つの曲線が同じグラフ上に表示される．ここでも縦軸の上限が大きすぎてロジスティック成長の線が地を這っているので，縦軸の上限を2000に，目盛間隔（単位）を500にする．すると，まさに図12-4のグラフが描けた．なお，散布図でグラフを描くときは，共通のX軸を指定するために，「世代数」を含めたC9からD29までを選択した後に，コントロールキーを押してI9からI29までを選択する．

あとは初期値や出生率，死亡率，あるいは環境収容力の数値を，別な値（いずれも正の数値）に変えると，それに応じたグラフが瞬時に表示されるので，いろいろと試してみよう．

最後にファイルタブを選び「名前を付けて保存」すれば，楽しみを後に残すことができる．

ちなみに，このようなロジスティック成長曲線がうまくあてはまるのは，ここで述べたゾウリムシ以外に，細菌などの比較的単純な生物だけで，大型の動物になると，野外での鳥類個体群の成長曲線のように，必ずしもあてはまらない場合が多い．これはp.316にある個体群密度を規定する②のトップダウン効果である病気や捕食者などの要因が大きな影響を与えるからである．

Supplemental Data

本演習に連動したExcelファイルをダウンロードできます（⇒目次の次頁参照）．

演習⑨ 分子系統樹を描いてみよう

5章演習④でヒトとチンパンジーの成長ホルモンのアミノ酸配列を比較したが，両者の違いはアミノ酸1つであった．このことはヒトとチンパンジーが近縁であることを示している．それでは，その他の動物の成長ホルモンのアミノ酸配列を比較すると，種の間の近縁度がわかることになり，分子系統樹を描くことができるのではないだろうか．実際に試してみよう．

チンパンジーに加えて，アカゲザル（*Macaca mulatta*），ウシ（*Bos taurus*），ラット（*Rattus norvegicus*），ニワトリ（*Gallus gallus*），アフリカツメガエル（*Xenopus laevis*），サケ（*Oncorhynchus keta*）の成長ホルモン（somatotropin）の一次構造（アミノ酸配列）を，ヒトの場合と同様にデータベースで調べ，アミノ酸配列を比較する．UniProtでタンパク質のアクセッション番号を取得し，**演習④**で述べたサイトへアクセスして，このアクセッション番号を入力して，ヒトとこれらの動物のアミノ酸の相同性の%値を求める．動物によっては，アミノ酸の数がヒトよりは少ないものがいるが，自動的に空白を入れ（これをギャップという），最適にして（これをアライメントとよぶ）比較してくれるので心配いらない．

こうして，ヒトとその他の動物の成長ホルモンのアミノ酸配列の相同性の%値が求められる．この%の値は，遺伝子が一定の割合で突然変異を起こし，その結果としてアミノ酸が異なったために，同じはたらきをするホルモンでも動物によるアミノ酸配列に違いが生じたこと（すなわち進化してきたこと）を反映している．今，突然変異によるアミノ酸置換の起こる割合は一定であると仮定すると，アミノ酸の違いは時間の長さ（年）に比例する．そこで，このヒトとの相同性を横軸にとって，動物種を並べていくと，系統樹もどきを描くことができる．右端に上から等間隔でヒトからサケまで書き，次にヒトとチンパンジーを逆コの字で結び，コの横棒を0.5（100－99.5）の長さにする．次に，ヒトとアカゲザルの距離を3.7（100－96.3）として逆コの字で結ぶ．ただし，上の横棒はヒトとチンパンジーを結んだ逆コの字の縦棒の真ん中と結ぶことにする（図1）．

以下，同様にして他の動物との距離を下に書き足していくと，サケからヒトまでの分子系統樹を描くことができる．現在使われている系統樹の描き方は，このような方法で描いたのではないが，基本的は考え方は同じである．脊椎動物がどのように進化してきたかが，なんとなく見えてくるのではないだろうか．

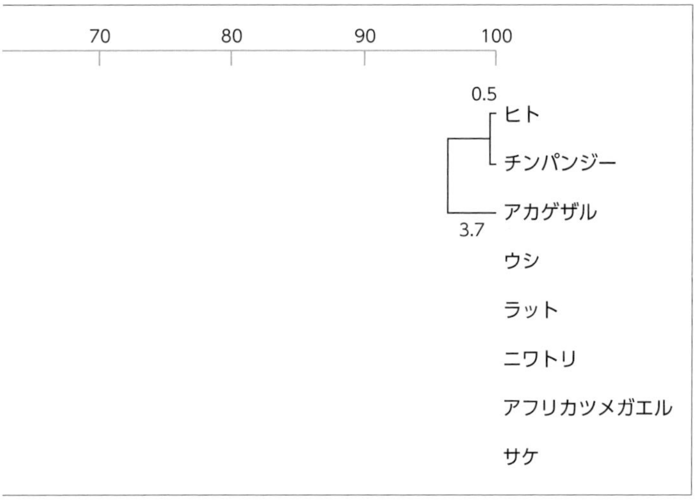

70
80
90
100
0.5
ヒト
チンパンジー
アカゲザル
3.7
ウシ
ラット
ニワトリ
アフリカツメガエル
サケ

図1　成長ホルモンのアミノ酸配列の置換率をもとに系統樹を描く
左端はもっと長くなるが省略してある．

専門的になりすぎるが，下記のサイトへアクセスしてプログラムをダウンロードすれば，現在，研究者が使っている描き方を自分のパソコン上に実現することができる．

https://www.megasoftware.net/

ここでもアクセッション番号を入力すれば，自動的にアミノ酸配列を取得し，あとはソフトウェアがアライメントを行い，系統樹をさまざまな方法（近隣結合法や最尤（さいゆう）法，最大節約法など）で描いてくれる．ここでは一例として，非加重結合法で描いたものを載せておく（図2）．それ以外の方法による系統樹は，**Supplemental Data**（⇒目次の次頁参照）としてダウンロードできる．また，図1に使用したデータのまとめもダウンロードできる．

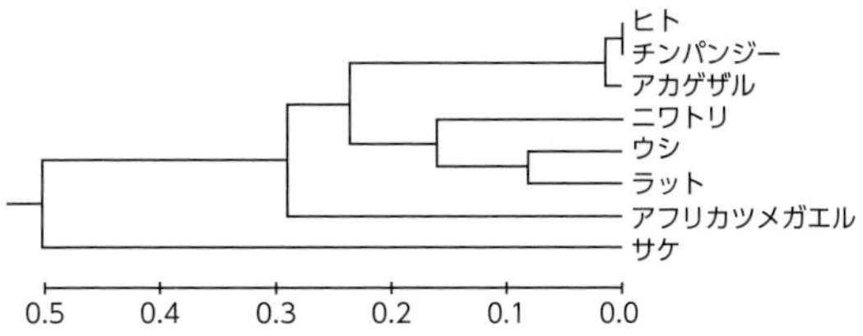

ヒト
チンパンジー
アカゲザル
ニワトリ
ウシ
ラット
アフリカツメガエル
サケ
0.5
0.4
0.3
0.2
0.1
0.0

図2　MEGA6により非加重結合法で描いた分子系統樹

参考図書 & Further readings

参考図書

1）「*Biology 6th ed*」(Campbell NA & Reece JB), Benjamin Cummings, 2002
2）「*Essential Cell Biology 4th ed*」(Alberts B, et al), Garland Science, 2014
3）「*Molecular Biology of the Cell 6th ed*」(Alberts B, et al), Garland Science, 2014
4）「*Developmental Biology 6th ed*」(Gilbert SF), Sinauer Associates Inc, 2000
5）「*Becker's World of the Cell 8th ed*」(Hardin J, et al), Benjamin Cummings, 2011
6）「高等学校 生物Ⅰ」，第一学習社，2010
7）「高等学校 生物Ⅰ」，東京書籍，2010
8）「*Life: The Science of Biology*」(Purves WK et al), Sinauer Associates Inc, 1998
9）「高等学校 生物基礎」，東京書籍，2012
10）「*Campbell Biology 10th ed*」(Reece JB, et al), Benjamin Cummings, 2013
11）「*An Introduction to Molecular Neurobiology*」(Hall ZW), Sinauer Associates Inc, 1992

Further readings

それぞれの章の内容をさらに広げ，深めたいと思っている人のために，比較的手に取りやすい新書を中心に，著者が読んで面白かったと思う本やwebサイトを紹介します．なお，分子生物学的な内容をさらに詳しく知りたい人には，羊土社から出版されている**『分子生物学講義中継』**のシリーズ（Part0上・下，Part1～3）を薦めます．

序章

『人間にとって科学とは何か ［新潮選書］**』**（村上陽一郎／著），新潮社，2010

『科学哲学の冒険 ［NHKブックス］**』**（戸田山和久／著），日本放送出版協会，2005

『「科学的」って何だ！ ［ちくまプリマー新書］**』**（松井孝典，南　伸坊／著），筑摩書房，2007

『疑似科学入門 ［岩波新書］**』**（池内　了／著），岩波書店，2008

1章

『DNA－すべてはここから始まった』（ジェームス・D・ワトソン，アンドリュー・ベリー／著，青木　薫／訳），講談社，2003
➡ブルーバックス（上・下）としても刊行されている．

『ダーウィン－世界を揺るがした進化の革命 ［オックスフォード科学の肖像シリーズ］**』**（レベッカ・ステフォフ／著，西田美緒子／訳），大月書店，2007

『進化の存在証明』（リチャード・ドーキンス／著，垂水雄二／訳），早川書房，2009

『細胞発見物語 ［ブルーバックス］**』**（山科正平／著），講談社，2009

『メンデル－遺伝の秘密を探して ［オックスフォード科学の肖像シリーズ］**』**（エドワード・イーデルソン／著，西田美緒子／訳），大月書店，2008

『形の生物学 ［NHKブックス］**』**（本多久夫／著），日本放送出版協会，2010

WEB **『DNA from the beginning』** http://www.dnafromthebeginning.org/

2章

『新・細胞を読む［ブルーバックス］**』**（山科正平／著），講談社，2006

『超ミクロ世界への挑戦－生物を80万倍で見る［岩波新書］**』**（田中敬一／著），岩波書店，1989

『ミトコンドリア・ミステリー［ブルーバックス］**』**（林　純一／著），講談社，2002

『アメリカ版　大学生物学の教科書　第1巻　細胞生物学［ブルーバックス］**』**（デイヴィッド・サダヴァ他／著，石崎泰樹，丸山　敬／監訳），講談社，2010

WEB **『Inside the Cell: Chapter 1 : An Owner's Guide to the Cell』**
https://www.nigms.nih.gov/education/Booklets/Inside-the-Cell/Documents/Booklet-Inside-the-Cell.pdf

3章

『DNA学のすすめ［ブルーバックス］**』**（柳田充弘／著），講談社，1984

『アメリカ版　大学生物学の教科書　第2巻　分子遺伝学［ブルーバックス］**』**（デイヴィッド・サダヴァ他／著，石崎泰樹，丸山　敬／監訳），講談社，2010

『生命のセントラルドグマ［ブルーバックス］**』**（武村政春／著），講談社，2007

WEB **『DNA — The Double Helix』**
http://nobelprize.org/educational/medicine/dna_double_helix/
➡ノーベル賞財団のオフィシャルページにある1962年度のDNA構造に対する授賞に関連したEducational Pageで，ゲームもあり，関連分野の記述もある．

4章

『アメリカ版　大学生物学の教科書　第1巻　細胞生物学［ブルーバックス］**』**（デイヴィッド・サダヴァ他／著，石崎泰樹，丸山　敬／監訳），講談社，2010

『ミトコンドリアの謎［講談社現代新書］**』**（河野重行／著），講談社，1999

『ミトコンドリアはどこからきたか－生命40億年を遡る［NHKブックス］**』**（黒岩常祥／著），日本放送出版協会，2000

『光合成とはなにか［ブルーバックス］**』**（園池公毅／著），講談社，2008

5章

『タンパク質の一生－生命活動の舞台裏［岩波新書］**』**（永田和宏／著），岩波書店，2008

『完全版　分子レベルで見た体のはたらき［ブルーバックス］**』**（平山令明／著），講談社，2003

『酵素反応のしくみ［ブルーバックス］**』**（藤本大三郎／著），講談社，1996

6章

『分子生物学入門［岩波新書］**』**（美宅成樹／著），岩波書店，2002

『細胞から生命が見える［岩波新書］**』**（柳田充弘／著），岩波書店，1995

『生命をあやつるホルモン［ブルーバックス］**』**（日本比較内分泌学会／編），講談社，2003

『比較内分泌学入門』（和田　勝／著），裳華房，2017

7章

『DNA複製の謎に迫る［ブルーバックス］**』**（武村政春／著），講談社，2005

WEB **『Mitosis**［Wikipedia］**』**　http://en.wikipedia.org/wiki/Mitosis
➡体細胞分裂の過程（External linksにあるMitosis Animationも見てください）

8章

『卵が私になるまで［新潮選書］**』**（柳澤桂子／著），新潮社，1993

『精子の話［岩波新書］**』**（毛利秀雄／著），岩波書店，2004

『新しい発生生物学［ブルーバックス］**』**（木下　圭，浅島　誠／著），講談社，2003

『性のお話をしましょう』（団まりな／著），哲学書房，2005

『左右を決める遺伝子［ブルーバックス］**』**（柳澤桂子／著），講談社，1997

『エピジェネティクス入門［岩波科学ライブラリー］**』**（佐々木裕之／著），岩波書店，2005

WEB **『Meiosis**［Wikipedia］**』** http://en.wikipedia.org/wiki/Meiosis
➡減数分裂の過程（External links にある Meiosis Flash Animation も見てください）

9章

『現代免疫物語［ブルーバックス］**』**（岸本忠三，中嶋　彰／著），講談社，2007

『新・現代免疫物語－「抗体医薬」と「自然免疫」の驚異［ブルーバックス］**』**（岸本忠三，中嶋　彰／著），講談社，2009

『免疫学個人授業［新潮文庫］**』**（多田富雄，南　伸坊／著），新潮社，2001

『免疫の意味論』（多田富雄／著），青土社，1993

『植物たちの戦争［ブルーバックス］**』**（日本植物病理学会／編著），講談社，2019

10章

『進化から見た病気［ブルーバックス］**』**（栃内　新／著），講談社，2009

『分子レベルで見る老化［ブルーバックス］**』**（石井直明／著），講談社，2001

『老化はなぜ進むのか［ブルーバックス］**』**（近藤祥司／著），講談社，2009

『がん遺伝子の発見［中公新書］**』**（黒木登志夫／著），中央公論社，1996

11章

『生体電気信号とはなにか［ブルーバックス］**』**（杉　晴夫／著），講談社，2006

『基礎から学ぶ神経生物学』（岡　良隆／著），オーム社，2012

『どうしてものが見えるのか［岩波新書］**』**（村上元彦／著），岩波書店，1995

『「見る」とはどういうことか［DOJIN選書］**』**（藤田一郎／著），化学同人，2007

『脳のなかの匂い地図［PHPサイエンス・ワールド新書］**』**（森　憲作／著），PHP研究所，2010

『皮膚は考える［岩波科学ライブラリー］**』**（傳田光洋／著），岩波書店，2005

『単純な脳、複雑な「私」』（池谷裕二／著），朝日出版社，2009

『進化しすぎた脳［ブルーバックス］**』**（池谷裕二／著），講談社，2007

12章

『ダーウィン以来－進化論への招待［ハヤカワ文庫NF］**』**（スティーヴン・ジェイ・グールド／著，浦本昌紀，寺田　鴻／訳），早川書房，1995　➡同じ著者の他のシリーズもどうぞ

『銃・病原菌・鉄［上・下］**』**（ジャレド・ダイアモンド／著，倉骨　彰／訳），草思社，2000

『生態系ってなに？［中公新書］**』**（江崎保男／著），中央公論新社，2007

『新動物生態学入門－多様性のエコロジー［中公新書］**』**（片野　修／著），中央公論社，1995

『地球をこわさない生き方の本［岩波ジュニア新書］**』**（槌田　劭／著），岩波書店，1990

索　引

＊下線は本文中で太字の頁を示す．

数　字

ギリシャ文字

欧　文

A

B

C

い

う

え

お

か

こ

さ

し

す

せ

プロフィール

和田　勝（わだ　まさる）

1969年，東京大学理学部動物学科卒業，同大学院理学研究科博士課程を修了後，1年間アメリカ・ワシントン大学動物学部でリサーチ・アソシエイトの後，'75年より東京医科歯科大学医用器材研究所助手，'84年同大学教養部助教授，'87年より同教授として生物学の講義と実習を担当．大学院のときより鳥類繁殖の内分泌学を研究，特に繁殖の開始と終了の内分泌機構と環境要因との関係を明らかにする研究を，実験室のウズラを使って行った．その後，人工環境下での研究に飽き足らず，フィールドでの内分泌学研究を目指し，野生のウグイスを使った研究や，飼育下だが屋外飼育のフンボルトペンギンを使った繁殖年周期の研究などを行った．また，内分泌撹乱化学物質の鳥類の繁殖に対する影響の研究も手がけた．2010年，同大学を退職，同大学名誉教授．この間，放射線医学総合研究所，早稲田大学，岐阜大学，富山大学，東京大学教養学部，東京農工大学，埼玉大学，名古屋大学，東京農業大学大学院で非常勤講師を務め，1993年から1年間は，アメリカ・ワシントン大学動物学部 Visiting Professor．退職後も東京藝術大学，東京農業大学，関東学院大学，早稲田大学で非常勤講師として生物学を教えた．現在，NPO法人「科学技術振興のための教育改革支援計画（SSISS）」の理事．ホームページ http://www.masaruwada.com/

髙田 耕司（たかだ　こうじ）

1980年，早稲田大学教育学部理学科生物学専修卒業，同大学院理工学研究科博士課程を修了後，'85年東京慈恵会医科大学（慈恵医大）医化学講座助手，'91年株式会社SRL研究部主任研究員，'95年慈恵医大生化学講座講師，2001年同助教授・准教授を経て，'13年より慈恵医大自然科学教室生物学研究室教授．様々な生命現象における細胞内タンパク分解系の役割に興味をもち，近年は老化および加齢性疾患との関連について研究を進めている．

基礎から学ぶ生物学・細胞生物学　第4版

2006年12月10日　第1版第1刷発行
2010年 2月15日　第1版第8刷発行
2011年 1月20日　第2版第1刷発行
2015年 3月 5日　第2版第6刷発行
2015年12月15日　第3版第1刷発行
2020年 2月 5日　第3版第6刷発行
2020年11月 1日　第4版第1刷発行
2024年 2月25日　第4版第4刷発行

ISBN978-4-7581-2108-8

著　者　和田　勝
編集協力　髙田耕司
発行人　一戸裕子
発行所　株式会社　羊　土　社
〒101-0052
東京都千代田区神田小川町2-5-1
TEL　03（5282）1211
FAX　03（5282）1212
E-mail　eigyo@yodosha.co.jp
URL　www.yodosha.co.jp/
表紙立体イラスト　Kamihasami
印刷所　株式会社Sun Fuerza

羊土社　発行書籍

基礎からしっかり学ぶ生化学

基礎からしっかり学ぶ
生化学

山口雄輝／編著　成田　央／著
定価 3,190円（本体 2,900円＋税10%）　B5判　245頁　ISBN 978-4-7581-2050-0

理工系ではじめて学ぶ生化学として最適な入門教科書．翻訳教科書に準じたスタンダードな章構成で，生化学の基礎を丁寧に解説．暗記ではない，生化学の知識・考え方がしっかり身につく．理解が深まる章末問題も収録．

基礎から学ぶ遺伝子工学　第3版

基礎から学ぶ
遺伝子工学

田村隆明／著
定価 3,960円（本体 3,600円＋税10%）　B5判　304頁　ISBN 978-4-7581-2124-8

カラーイラストで遺伝子工学のしくみを解説した定番テキスト．使用頻度が減った実験手法は簡略化し，代わりにゲノム編集やＮＧＳ，医療応用面を強化．実験で手を動かす前に押さえておきたい知識が無理なく身につく．

基礎から学ぶ統計学

基礎から学ぶ
統計学

中原　治／著
定価 3,520円（本体 3,200円＋税10%）　B5判　335頁　ISBN 978-4-7581-2121-7

理解に近道はない．だからこそ，初学者目線を忘れないペース配分と励ましで伴走する入門書．可能な限り図に語らせ，道具としての統計手法を，しっかり数学として（一部は割り切って）学ぶ．独習・学び直しに最適．

基礎から学ぶ免疫学

基礎から学ぶ
免疫学

山下政克／編
定価 4,400円（本体 4,000円＋税10%）　B5判　288頁　ISBN 978-4-7581-2168-2

初学者目線の教科書，登場！全体を俯瞰してから各論に進む構成なので，情報の海におぼれません．免疫学の本質が伝わるよう精選された内容とフルカラーの豊富な図表が理解を助けます．免疫学に興味をもつ全ての人に．

生命科学　改訂第3版

Life Science
生命科学

東京大学生命科学教科書編集委員会／編
定価 3,080円（本体 2,800円＋税10%）　B5判　183頁　ISBN 978-4-7581-2000-5

東大をはじめ全国の大学で多数の採用実績をもつ定番教科書が改訂！幹細胞，エピゲノムなど進展著しい分野を強化し，さらに学びやすく，さらに教えやすくなりました．理系なら必ず知っておきたい基本が身につく一冊．

理系総合のための生命科学　第5版　分子・細胞・個体から知る“生命”のしくみ

理系総合のための
生命科学
第5版

東京大学生命科学教科書編集委員会／編
定価 4,180円（本体 3,800円＋税10%）　B5判　343頁　ISBN 978-4-7581-2102-6

最新知見をふまえつつ，分子から生態系まで，生物系医学系なら知っておきたい各分野の基礎を，読んで理解できるぎりぎりまで内容を厳選し凝縮．創薬・生物情報などAdvanceも追加された，長く使えるテキスト．

数でとらえる細胞生物学

数でとらえる
細胞生物学

舟橋　啓／翻訳，Ron Milo，Rob Phillips／著
定価 5,940円（本体 5,400円＋税10%）　B5判　320頁　ISBN 978-4-7581-2106-4

「ヒト細胞はどのくらいの大きさか」「mRNA とタンパク質どちらが大きいか」定量視点・数値情報から，定性的な生命科学知見を再整理．未知数への推算アプローチもわかり，研究の基礎資料にも，講義資料にも活躍．

生理学・生化学につながる　ていねいな生物学

白戸亮吉，小川由香里，鈴木研太／著
定価 2,420円（本体 2,200円＋税10％）　B5判　220頁　ISBN 978-4-7581-2110-1

医療者を目指すうえで必要な知識を厳選！生理学・生化学・医療に自然につながる解説で，１冊で生物学の基本から生理学・生化学への入門まで．親しみやすいキャラクターとていねいな解説で楽しく学べます．

生理学・生化学につながる
ていねいな
生物学

生理学・生化学につながる　ていねいな化学

白戸亮吉，小川由香里，鈴木研太／著
定価 2,200円（本体 2,000円＋税10％）　B5判　192頁　ISBN 978-4-7581-2100-2

医療者を目指すうえで必要な知識を厳選！生理学・生化学・医療とのつながりがみえる解説で「なぜ化学が必要か」がわかります．化学が苦手でも親しみやすいキャラクターとていねいな解説で楽しく学べます！

生理学・生化学につながる
ていねいな
化学

ていねいな保健統計学　第２版

白戸亮吉，鈴木研太／著
定価 2,420円（本体 2,200円＋税10％）　B5判　199頁　ISBN 978-4-7581-0976-5

看護師・保健師国試対応！ 難しい数式なしで基本的な考え方をていねいに解説しているから，平均も標準偏差も検定もこれで納得！ はじめの一冊に最適です．第２版では統計データを更新．国試過去問入りの練習問題付き．

ていねいな
保健統計学
第２版

楽しくわかる栄養学

中村丁次／著
定価 2,860円（本体 2,600円＋税10％）　B5判　215頁　ISBN 978-4-7581-0899-7

「どうしてバランスのよい食事が大切なのか」「そもそも栄養とは何か」という栄養学の基本から，栄養アセスメント，経腸栄養など医療の現場で役立つ知識まで学べます．栄養の世界を知る第一歩として最適の教科書．

楽しくわかる
栄養学
栄養学とはなにか？

よくわかるゲノム医学　改訂第２版　ヒトゲノムの基本から個別化医療まで

服部成介，水島－菅野純子／著，菅野純夫／監
定価 4,070円（本体 3,700円＋税10％）　B5判　230頁　ISBN 978-4-7581-2066-1

ゲノム創薬・バイオ医薬品などが当たり前になりつつある時代に知っておくべき知識を凝縮．これからの医療従事者に必要な内容が効率よく学べる．次世代シークエンサーやゲノム編集技術による新たな潮流も加筆．

よくわかる
ゲノム
医学
ヒトゲノムの基本から個別化医療まで
改訂第2版

基礎から学ぶ遺伝看護学　「継承性」と「多様性」の看護学

中込さと子／監，西垣昌和，渡邉　淳／編
定価 2,640円（本体 2,400円＋税10％）　B5判　178頁　ISBN 978-4-7581-0973-4

遺伝学を基礎から学べ，周産期・母性・小児・成人・がん…と様々な領域での看護実践にダイレクトにつながる，卒前・卒後教育用の教科書．遺伝医療・ゲノム医療の普及が進むこれからの時代の看護に必携の一冊．

基礎から学ぶ
遺伝看護学

ひと目でわかるビジュアル人体発生学

山田重人，山口　豊／著
定価 3,960円（本体 3,600円＋税10％）　A5判　189頁　ISBN 978-4-7581-2109-5

受精や筋骨格・臓器・神経系形成など幅広い項目を精密なイラストで解説し，ヒトの発生がすぐわかる！分子生命科学分野は省き，立体的・連続的な発生学を学習できます！学生から小児科医，産婦人科医まで必携の一冊．

ひと目でわかる
ビジュアル
人体
発生学